普通遗传学

（第三版）

张飞雄　李雅轩　主编

科学出版社

北　京

内 容 简 介

本书以“基础性、前瞻性、实验性和系统性”为原则，对遗传学的基本概念和原理做了系统、翔实的介绍，并将遗传学的最新进展适时穿插其中；同时，从分子水平、细胞水平、个体水平和群体水平，从现象到本质进行了较为集中和深入的讨论，使学生在掌握遗传学的基本知识和基本技能的基础上，把握遗传学的发展全貌、动态和趋势。

全书共14章，包括遗传物质的结构、功能以及传递规律、Mendel定律及其扩展、性别决定与伴性遗传、连锁互换与基因作图、细菌与噬菌体的遗传、基因组学和蛋白质组学、遗传重组、染色体畸变、基因突变、表观遗传学、细胞质遗传、数量性状的遗传、基因调控与发育、群体遗传与进化等。每章之前都有提要，之后附有思考题，以利于巩固所学知识。

本书特为高等师范院校本科生编写，也可供综合性大学以及农、林、牧、医等相关学科的研究生、本科生、专科生以及中等学校生物类教师和科技工作者等参考。

图书在版编目(CIP)数据

普通遗传学/张飞雄，李雅轩主编. —3版. —北京：科学出版社，2015.2
高等师范院校生命科学规划教材
ISBN 978-7-03-043256-8

Ⅰ.①普… Ⅱ.①张… ②李… Ⅲ.①遗传学-师范大学-教材 Ⅳ.①Q3

中国版本图书馆CIP数据核字(2015)第023024号

责任编辑：陈 露 杨晓庆
责任印制：谭宏宇/封面设计：殷 靓

科学出版社 出版
北京东黄城根北街16号
邮政编码：100717
http://www.sciencep.com
南京展望文化发展有限公司排版
广东虎彩云印刷有限公司印刷
科学出版社发行 各地新华书店经销

*

2004年8月第 一 版 开本：A4(890×1240)
2015年2月第 三 版 印张：16 1/2
2021年7月第十四次印刷 字数：526 000

定价：48.00元

《普通遗传学》(第三版)编辑委员会

主　编　张飞雄　李雅轩

副主编　毛春晓　居超明　顾　蔚

编　委　(按姓氏笔画排序)

马伯军　王　娟　王身立　毛春晓　杜启艳
李小辉　李坊贞　李雅轩　朱道玉　任少亭
任翠娟　汪　鸣　张飞雄　汪琛颖　何风华
居超明　武丽敏　胡英考　赵　昕　顾　蔚
顾志敏　徐学红　郭　彦　梁国庆　蔡民华

《高等师范院校生命科学规划教材》编写委员会

主任委员　王全喜

副主任委员　安利国　何奕騉

委　　员　(按姓氏笔画排序)

王全喜　王宝山　王曼莹　安利国　朱　笃
杨　玲　何奕騉　张飞雄　张红绪　张恒庆
张彦定　林跃鑫　侯和胜　聂刘旺　徐来祥
彭贤锦　魏学智

执行秘书　陈　露

第三版前言

承蒙编委会各位成员的共同努力、使用该教材的同仁和学生的精心指点以及科学出版社上海分社的鼎力帮助，本教材自2004年出版至今已经走过了10来个年头。不过在使用过程中大家都感觉尚存在诸多不足，特别是遗传学的一些新概念、新进展、新成果等未能得到体现。为此，编委会于2012年9月在京召开了“《普通遗传学》第三版编写讨论会”，就有关章节的更新调整、逻辑关系的理顺、新的知识点的添加等作了充分的讨论；同时恩师武汉大学生命科学学院的宋运淳教授逐字逐句审阅了全部书稿并提出许多宝贵性意见。于是本教材第三版的编写工作开始启动。

第三版在修正前两版不足的基础上，继续秉承“基础性、前瞻性、实验性和系统性”的原则，并结合高等师范院校对学生知识的要求和培养性质与特点，充分把握中学生物学教学实际，对教学体系和内容进行了进一步的改革整合，从遗传物质及其传递规律出发，层层深入，在重点阐述遗传学基本知识和基本技能的同时，把遗传学的各分支学科特点，遗传学的发展动态等有机地结合到每一章节，同时将新的知识点增列了两章，使学生在掌握基本原理和技能的基础上，从宏观视野了解遗传学的发展趋势。每章之前都编有提要，使读者了解其概况；每章之后都附有练习思考题，希望能有助于学生总结消化所学过的内容；书后附有参考文献，供读者检索和进一步学习之用。

本书共15章，各章具体分工如下：绪论由首都师范大学张飞雄老师编写；第一章由首都师范大学胡英考老师编写；第二章和第七章由首都师范大学李雅轩老师编写；第三章由安徽师范大学汪鸣老师编写；第四章由浙江师范大学马伯军和顾志敏老师共同编写；第五章由陕西师范大学顾蔚老师编写；第六章由杭州师范大学梁国庆和首都师范大学李小辉老师共同编写；第八章由河南师范大学杜启艳老师编写；第九章和第十章由湖北大学居超明老师编写；第十一章由华东师范大学毛春晓和杭州师范大学武丽敏老师共同编写；第十二章由首都师范大学蔡民华老师编写；第十三章由陕西师范大学徐学红老师编写；第十四章由华南师范大学何风华老师编写；遗传学大事年表由湖南师范大学王身立老师提供；首都师范大学李雅轩老师和华东师范大学毛春晓老师对全书进行了统稿；首都师范大学赵昕老师在目录、参考文献的整理以及遗传学大事年表的更新方面作了许多细致的工作。武汉大学、北京师范大学、中央民族大学、深圳大学、聊城大学、贵州师范学院、信阳师范学院、菏泽学院和赣南师范学院等高校同仁提出了很多有价值的建设性意见；科学出版社上海分社陈露和封婷编辑对本书的编辑和顺利出版花费了大量心血。在此一并表示最诚挚的谢意！

限于编者水平有限，加之编写仓促，书中的错漏和缺点在所难免，竭诚希望广大读者一如既往关注本书，提出诚恳意见，以便在今后的编撰过程中加以完善。

首都师范大学生命科学院
张飞雄
2014年11月

目　　录

绪　论

提　要

遗传与变异是生物界的两大基本特征，研究这两个基本特征的遗传学已成为当今自然科学中发展最快、最活跃的学科之一。绪论介绍了遗传学的基本概念、研究范围和任务、发展概况及趋势，以及遗传学的应用领域。

0.1　遗传学的基本概念

遗传学(genetics)是研究生物遗传与变异的科学。它是1905年由英国科学家Bateson(1861～1926)所下的定义。

1. 遗传(heredity)

遗传是指生物繁殖过程中，亲代与子代以及子代各个个体之间在各方面相似的现象。俗话中所说的"种瓜得瓜、种豆得豆"即是对遗传现象的简单说明。

遗传保证了生物的基本特征在世代间的传递、延续。

2. 变异(variation)

变异是指亲代与子代以及子代各个个体之间总是存在不同程度的差异，有时子代甚至产生与亲代完全不同性状表现的现象。人们常说的"一母生九子，九子有别"就说明亲子间存在着变异。

3. 遗传与变异的相互关系

无论哪种生物，动物还是植物，高等还是低等，复杂的如人类本身，简单的如细菌和病毒，都表现出子代与亲代之间的相似或类同；同时，如果对生物进行仔细观察，总能发现子代与亲代之间、子代个体之间都会存在不同程度的差异，即使是同卵双生也如此。这种遗传和变异现象在生物界普遍存在，是生命活动的基本特征之一，即它们是生物界最普遍和最基本的现象。

遗传和变异之间是相互对立而又相互联系的，因而是辩证统一的关系。遗传是相对的、保守的，变异是绝对的、发展的。没有遗传，就不可能保持性状和物种的相对稳定性，就是产生了变异也不能传递下去，变异不能积累，那么变异也就失去其意义了；没有变异，就不会产生新的性状，也就不可能有物种的进化和新品种选育的基础，遗传只是简单的重复。只有遗传与变异这对矛盾不断地发展，经过自然选择，才形成了形形色色的物种。

0.2　遗传学研究的范围和任务

随着遗传学学科的不断发展，遗传学研究的范围也越来越广泛，其主要内容包括遗传物质的本质、遗传物质的传递和如何使得遗传功能得以实现三个方面。

遗传物质的本质包括基因的化学本质、它所包含的遗传信息以及DNA和RNA的结构组成和变化等。

遗传物质的传递包括遗传物质的复制、染色体的行为、遗传规律和基因在群体中的数量变迁等。

遗传信息的实现包括基因的功能、基因的相互作用、基因作用的调控以及个体发育中基因的作用机制等。

遗传学的任务是：阐明生物遗传与变异现象及其表现的原因和规律；深入探索遗传和变异的原因及其物质基础，并弄清楚其作用机制，揭示其内在的规律，以进一步指导动植物和微生物的育种实践，提高医学水平，为人民谋福利。另外，有关生命的本质及生物进化规律等生物学中一些重要问题的答案也只能从遗传学中去寻找，因此研究种群变化及物种形成的理论，也是遗传学的重要任务之一。

0.3 遗传学发展概况

人们早在古代就认识到了优良的动植物能够产生与之相似的优良动植物后代，同时开始选择有用的动植物品系。古代巴比伦人和古埃及人早就学会了人工授粉的方法(图 0.1)。遗传学在 20 世纪前发展较为缓慢，直到 20 世纪初 Mendel 的遗传学规律被重新发现之后，遗传学才得到迅速的发展。下面我们介绍历史上对遗传和变异现象所提出的一些假设，从而认识遗传学的发展过程。

图 0.1 人工授粉的雕刻图

(引自 Klug WS, Cummings MR, 2002)

1. 血液传递说

早在公元前 3 世纪，希腊哲学家 Aristotle(384～332 B. C.)认为遗传是通过血液进行传递得以实现的，即小孩从父母那里接受了一部分血液，因而相似于父母。现在所用的血缘关系、血统等名词即来源于此。

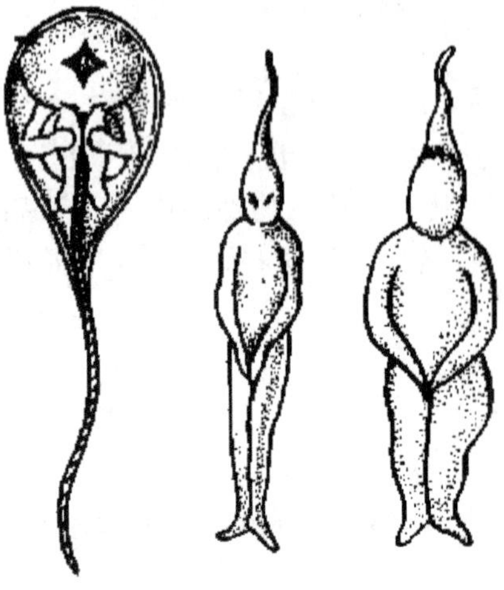

2. 先成论

随着精子的发现，荷兰科学家 Swammerdam(1637～1680)提出每个精子中带有一个小人，精子在雌性子宫的保护和培养下可以长成为一个婴儿(图 0.2)。这就是所谓的“先成论”(theory of prefermation)。而相反的观点也提出来了，即英国学者 Harvey(1578～1657)提出的“渐成论”(theory of epigenesis)，认为婴儿的各种组织器官是在个体发育过程中逐渐形成的。这两种观点曾经过长时间的论战，最后以渐成论胜利而告终。

这些论点把精卵作为上下代遗传的传递者，显然比血液传递的思想进了一大步。

图 0.2 按照 Swammerdam 推测所绘制的精子头部小人图

(引自王亚馥等，1990)

3. 进化论

18世纪下半叶和19世纪上半叶，Lamarck(1744～1829)和Darwin(1809～1882)对生物的遗传和变异进行了系统的研究。

Lamarck提出了变异的观点，认为环境条件的改变是生物变异的根本原因，同时提出了器官的"用进废退"(use and disuse of organ)和"获得性状遗传"(heredity of acquired characters)等学说。虽然他错误地认为动物的意识和欲望在进化中发生重大作用，适应是生物进化的主要过程，但因为他是生物学伟大的奠基人之一，首先提出系统的生物进化学说，是进化论的倡导者和先驱，他的许多论点在后来的生物进化学说和遗传与变异的研究中起着重要的推动作用。

Darwin是进化论的奠基人。他根据当时的生产成果和生物科学资料，在历时5年(1831～1836)环球考察和对生物遗传、变异与进化关系进行综合研究的基础上，于1859年出版了震动当时学术界的巨著——《物种起源》(*The Origin of Species*)，提出了以自然选择为基础的进化学说，不仅否定了物种不变的谬论，而且有力地论证了生物界是由简单到复杂、由低级向高级逐渐进化的。这是19世纪自然科学中的伟大成就之一。

另外Darwin还支持Lamarck的获得性状遗传的一些观点，并为此在1868年提出了"泛生论假说"(hypothesis of pangenesis)，认为动物每个器官里都普遍存在微小的泛生粒(pangene)。这些小粒能分裂繁殖并在体内流动聚集到生殖器官里形成生殖细胞。当受精卵发育成成体时，这些泛生粒就进入各器官发生作用，因而表现出子代与亲代相同的性状；如果亲代的泛生粒发生改变，则子代表现变异。

4. 新Darwin主义

这是在Darwin以后在生物科学界广泛流行的一种理论。它支持Darwin的选择理论，但否定获得性状遗传。Weismann(1834～1914)是新Darwin主义的首创者。

他做了一个著名的实验，即把刚生出来的小鼠尾巴切断，然后让它们交配产生后代，这样连续做了22代，但每代生出来的小鼠均有尾巴。根据这一实验，他于1892年提出了"种质学说"(the germ plasm theory)，认为多细胞的生物体是由体质和种质两部分组成的，生殖细胞里的染色体是种质，身体的其他部分是体质。种质是独立的、连续的，它能产生后代的种质和体质，而体质是不能产生种质的；同时环境造成的体质变异，即后天个体发育中获得的性状是不能遗传的，只有种质的变异才能遗传。

种质理论首先提出了遗传有其物质基础，因而在生物学界产生了广泛的影响，以后的遗传学研究，包括分子遗传学研究都接受和发展了种质论的一些论点。但Weismann把生物体绝对地划分为种质和体质不太符合实际。另外，他也没能发现遗传的基本规律。

5. Mendel遗传定律和遗传学的诞生

最早揭示出遗传规律的是Mendel(1822～1884)，他是奥地利遗传学家，遗传学的奠基人。他在前人植物杂交试验的基础上，于1856～1864年从事豌豆杂交实验，进行细致的后代记载和统计分析后，于1866年发表了*Experiment on plant hybridization*论文，认为生物性状的遗传是由遗传因子控制的，并提出了遗传因子的分离和自由组合定律。

可惜的是，这一重要的理论当时未能受到重视，直到1900年，荷兰的de Vris、德国的Correns和奥地利的Tschermak的研究结果都分别证明了Mendel所提出的原理的正确性，使Mendel的遗传规律成为近代遗传学的基础，并确认Mendel是遗传学的先驱者。

因而，1900年被公认为遗传学诞生并正式成为独立学科的一年。

6. 遗传学的迅猛发展

1902年，Sutton和Boveri发现染色体的行为与遗传因子的行为一致，提出了遗传的染色体学说(The Chromosomal Theory of Inheritance)。

1905年，英国科学家Bateson正式命名这个发展迅速的学科为遗传学(Genetics)。

1909年，丹麦遗传学家Johannsen提出基因(Gene)这个术语来代替Mendel提出的遗传因子。

1906年，Bateson在香豌豆杂交实验中发现了性状连锁现象。1910年前后，Morgan(1866～1945)及其学生用果蝇为材料，同样发现了性状连锁遗传现象，确立了伴性遗传规律和基因的连锁互换规律，创立了"基因学说"(Theory of Genes)，并综合细胞学和遗传学成就发展成了细胞遗传学(Cytogenetics)。由于这些卓越成就,Morgan 于 1933 年获得了诺贝尔奖。

进入 20 世纪 40 年代以来,遗传学的发展非常迅猛:

1941 年 Beadle 和 Tatum 提出了“一个基因一个酶”(One gene-One enzyme)的理论,发展了微生物遗传学(Microbial Genetics)和生化遗传学(Biochemical Genetics)。不过随着研究的深入,目前学术界一致认为“一个基因一条多肽链假说”(One gene one polypeptide chain hypothesis)更加科学。

1944 年,Avery 证实遗传物质为 DNA。

1953 年,Watson 和 Crick 提出了 DNA 分子的双螺旋结构模型,这一模型为 DNA 的分子结构、自我复制、相对稳定性和变异性以及遗传信息的传递等提供了合理的解释,明确了基因是 DNA 分子上的一个特定片段,揭开了分子遗传学(Molecular Genetics)的序幕,使遗传学研究跨入了一个新纪元。

随后,跳跃基因的发现及证实,断裂基因、重叠基因等的发现,逐步加深了人们对基因结构和功能的认识。限制性内切酶的发现,人工分离和人工合成基因及 PCR 技术、克隆技术的建立完善,“多利羊”的诞生,有力地推动了基因工程技术和生物技术及其产业的发展。

21 世纪初,人类基因组框架图的完成,拟南芥、果蝇以及水稻等重要生物全基因组序列的完成,标志着遗传学研究进入了后基因组(Post-Genomics)时代,即从结构基因组(Structural Genomics)时代迈向功能基因组(Functional Genomics)时代并迈向蛋白质组(Proteomics)时代。

早在 1942 年,英国学者 Waddington(1905～1975)就提出了“表观遗传学(Epigenetics)”这一术语,认为在 DNA 编码序列不发生改变的情况下,基因的表型效应会发生可逆的、可遗传的改变。由于表观遗传学研究对于认识基因表达调控规律、人类疾病和癌症发生机制以及衰老等至关重要,因此成为当今遗传学研究的主要热点之一。

总之,遗传学一直是、并将继续为生命科学中发展最快的学科之一。

当然,遗传学的发展,特别是基因工程技术、生物技术、克隆技术等的发展,也给我们带来了许多值得思考和探讨的问题,特别是生物技术的安全性问题、克隆人的伦理学问题等,这些问题的解决已受到生物界的广泛重视,这也是我们在学习和研究过程中应时时关注的问题。

0.4 遗传学的应用

遗传学的深入研究,不仅直接关系到遗传学自身的发展,而且在理论上对于探索生命的本质和生物的进化,进而推动整个生命科学和相关学科的发展都有着巨大的作用。遗传学也在生产实践上取得了很大的成就。

例如,在农业方面,杂交玉米、杂交水稻、优质高产小麦、油菜等农作物新品种的获得,对解决人们生活所需功不可没。

在医药卫生方面,通过基因工程、遗传诱变等技术获得了大量的胰岛素、生长因子、干扰素等多种高效新药,也使抗生素(如青霉素、链霉素等)的产量提高了上万倍,这些研究成果都可直接应用于疾病防治,有利于延长人类的寿命,促进人们的健康。

遗传学与医学也密切相关。现在的统计数字表明,人类大约有六千多种遗传病,有15%～20%的新生儿患有遗传缺陷,在医院就诊的病人中,大约有 25% 的疾病与遗传有关。通过遗传学研究,已经可以对不少遗传疾病进行准确的诊断,同时还可以预期它们发病的可能性而加以控制。目前全世界正在开展的针对遗传病的基因疗法(gene therapy),以直接治疗遗传疾病,也需要遗传学理论和技术来解决,等等。

由此看来,遗传学的应用前景非常广泛。

思 考 题

1. 名词解释

遗传学　遗传　变异　种质学说　基因学说　基因治疗

2. 比较先成论和渐成论，并谈谈你的看法。
3. 如何认识 Darwin 的“泛生论”学说？
4. 如何认识“一个基因一个酶”理论？
5. 遗传学已经取得了哪些成就？应用前景如何？

推荐参考书

1. 戴灼华，王亚馥，粟翼玟. 2008. 遗传学(第 2 版). 北京：高等教育出版社
2. 徐晋麟，徐沁，陈淳. 2011. 现代遗传学原理(第 3 版). 北京：科学出版社
3. Hartwell LH, Hood L, Goldberg ML et al. 2011. Genetics: From Genes to Genomes. 4th ed. McGraw-Hill Companies, Inc.
4. Klug WS, Cummings MR. 2002. Essentials of Genetics. 4th ed. Prentice-Hall, Inc.

第 1 章 遗传物质

提 要

本章以遗传物质为主线，介绍了遗传物质的组成、复制与传递规律。内容包括：核酸是遗传物质的证据及其组成；DNA 合成和序列测定的原理与方法；核酸的复制及其在生物上下代间的传递，以及真核生物是如何通过有丝分裂和减数分裂来传递遗传物质的等内容。

在遗传学诞生之初，人们并不知道在生物的上下代之间起遗传作用的物质是什么。随着遗传学的发展和技术的进步，人们逐渐认识到，核酸是遗传物质，它在物种上下代间的传递依靠的是自身复制，并将其中的一份传递给后代，使子代的遗传物质与亲代保持一致，维持物种遗传物质的稳定性，使物种不断繁衍与发展。本章我们将从核酸是遗传物质的实验证据入手，介绍核酸的组成与复制，核酸的体外合成与测序以及核酸的传递等内容。

1.1 核酸是遗传物质的证据

1.1.1 肺炎链球菌的转化实验

DNA 作为遗传物质最早的证据来自肺炎链球菌(*Streptococcus pneumoniae*)的转化实验。肺炎链球菌呈球形，在悬浮培养中常成双生长，所以也称为肺炎双球菌。它会使哺乳动物患肺炎，其致病菌株能合成一种酶，控制荚膜多糖的形成，这种多糖可组成多糖外膜，以保护细菌细胞不被寄主免疫系统的吞噬细胞所破坏。致病菌株在固体培养基上生长时，就会长成有光泽的光滑型(smooth form)菌落，又称 S 型。它有一种突变型是不能合成多糖荚膜的，这样的菌株由于没有多糖荚膜，所以在固体培养基上形成粗糙型(rough form)菌落，也叫 R 型，该类型不致病，因为动物感染后会产生抗体，导致细胞吞噬作用，使细菌死亡。

Griffith(1928)首先发现肺炎链球菌的转化作用。他将 R 型活细胞和加热杀死的 S 型死细胞分别注入不同小鼠的体内，结果两种处理的小鼠都不致病；如果把加热杀死的 S 型死细胞与 R 型活细胞一起注入小鼠体内，结果小鼠致病死亡。对死亡小鼠的尸检表明，死亡是由 S 型活细胞引起的，因为细菌细胞外含有多糖荚膜，这说明经加热杀死的 S 型细胞的某种物质使非致病的 R 型细胞转变为致病菌，这种现象称为转化(transformation)。所谓转化，就是指一种生物或者细胞接受了另一种细胞的遗传物质而表现出后者的遗传性状，或发生遗传性状改变的现象，其中提供遗传物质的细胞称为供体(donor)，接受外来遗传物质的细胞称为受体(receptor)。那么这种转化是什么物质引起的呢？可以肯定的是它是一种遗传物质，因为它能引起遗传性状的改变，但具体是什么物质并不明确(图 1.1)。

直到 1944 年，Avery 等不仅在体外成功地重复了上述实验，而且用生物化学的方法证明了转化因子(transforming factor)是 DNA，而不是多糖荚膜，也不是蛋白质和 RNA。Avery 等将 S 型细菌杀死，然后分别分离纯化出 DNA、RNA、蛋白质和多糖荚膜，用这 4 种物质分别与 R 型细菌共同感染小鼠，结果发现，只有 DNA 与 R 型细菌共同感染小鼠才能引起小鼠肺炎，其他组分都不能引起小鼠肺炎。如果用 DNA 酶(DNase)处理使 DNA 降解，则不出现转化现象；如果用其他的酶如蛋白酶进行处理，则对转化没有影响，这就充分地证明了使 R 型细胞转化为 S 型细胞是由于 S 型细胞中的 DNA 片段转入了 R 型细胞的结果，即引起这种改变的遗传物质是 DNA。以后的实验表明，转化的频率随着 DNA 纯度的提高而增加，转化也可以在体外进行。

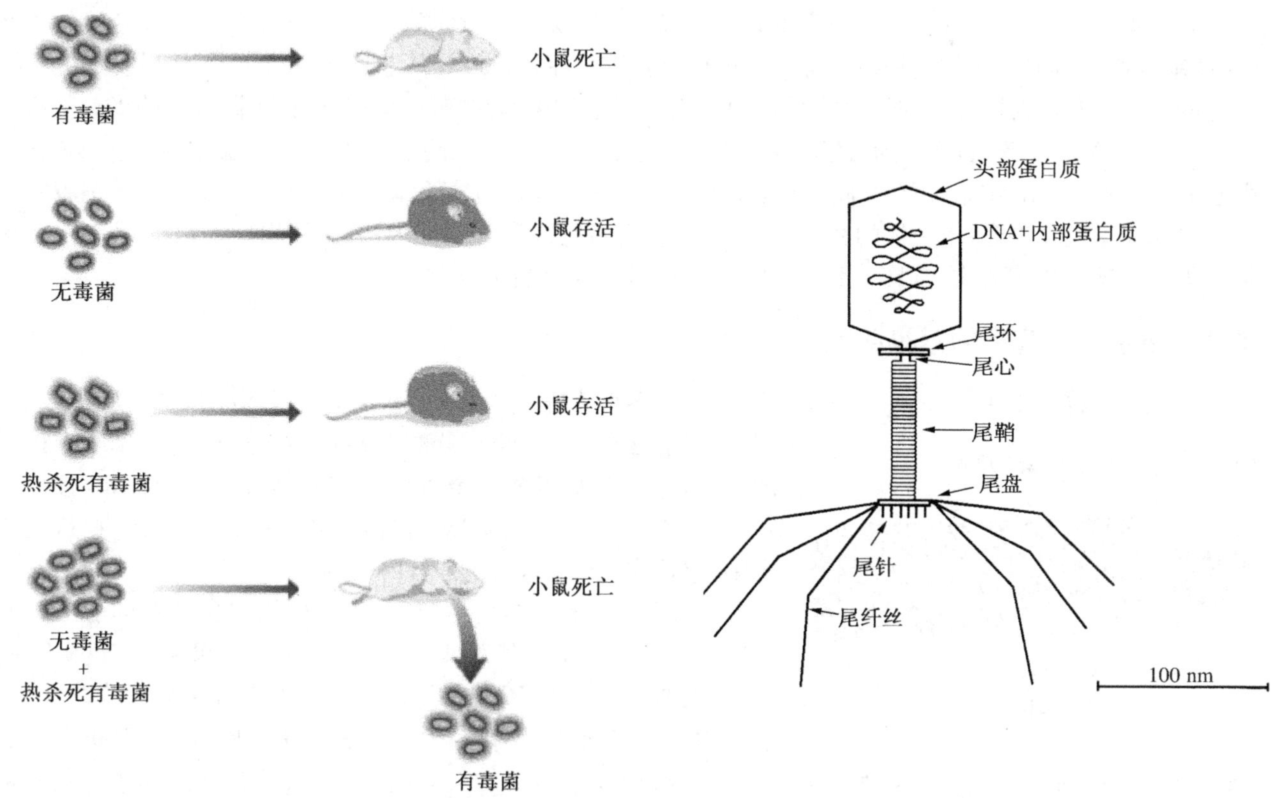

图 1.1　Griffith 肺炎链球菌的遗传转化实验

图 1.2　T2 噬菌体的结构示意图

1.1.2　T2 噬菌体的感染实验

DNA 是遗传物质的另一个实验证据是 T2 噬菌体侵染大肠杆菌(*Escherichia coli*,*E. coli*)的实验。能够感染细菌的病毒称为噬菌体(bacteriophage,简称 phage)。噬菌体的结构十分简单,由蛋白质外壳和 DNA 组成。如 *E. coli* 的 T2 噬菌体,它具有一个六角型的头部,外壳是蛋白质,包裹在外壳蛋白内部的是双链的 DNA 分子,尾部由中心轴、收缩鞘组成,末端由基盘、尾锥和尾丝组成(图 1.2)。整个 T2 噬菌体约含 40%的 DNA 和 60%的蛋白质。

T2 噬菌体在侵染 *E. coli* 时,先用尾丝附着在细菌表面特定的受体位点上,接着释放溶菌酶将细菌细胞壁溶解形成一个小孔,并将它的 DNA 通过小孔注入细菌细胞内,而蛋白质外壳则留在细菌体外。噬菌体 DNA 在进入细菌细胞后,立即接管细菌的全部生物合成机构,按照噬菌体 DNA 的遗传信息,大量合成噬菌体自身的 DNA 和外壳蛋白,并组装成新的 T2 噬菌体,一旦寄主细胞营养消耗完毕,细胞就会裂解并放出大量和原来一样的 T2 噬菌体,然后再侵染其他细菌细胞(图 1.3)。

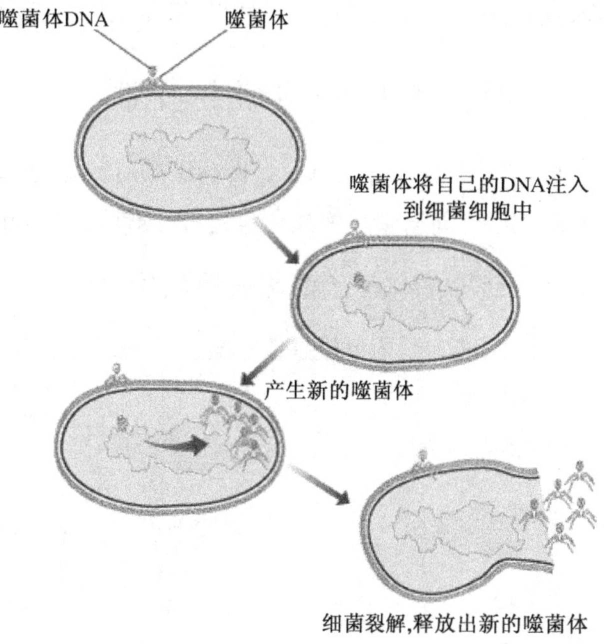

图 1.3　噬菌体的感染过程

我们知道,在 DNA 中含有 P 元素但不含有 S 元素,在蛋白质中含有 S 元素但不含有 P 元素;我们还知道,T2 噬菌体侵染 *E. coli* 时有一种物质进入 *E. coli* 细胞,繁殖出更多的 T2 噬菌体,那么进入 *E. coli* 的这种物质肯定是遗传物质。采用放射性同位素对 T2 噬菌体的蛋白质和 DNA 分别进行标记,可以证实 T2 噬菌体侵染过程中,上下代间的连续物质是 DNA 还是蛋白质。用含有^{32}P 同位素的培养基培养 *E. coli*,用 T2 噬菌体去感染,产生的后代噬菌体其 DNA 中就含有^{32}P 同位素,用这种被标记的噬菌体再去感染在正常培养基上培养的 *E. coli*,结果发现进入细胞内部的物质具有放射性,这说明是噬菌体的 DNA 进入了细菌的细胞;如果用含有^{35}S 同位素的培养基培养 *E. coli*,用 T2 噬菌体去感染,产生的后代噬菌体其外壳蛋白中就含有^{35}S 同位素,用这种噬菌体再去感染在正常培养基上培养的 *E. coli*,结果含有^{35}S 同位素的物质都留在细菌细胞的外部,即外壳蛋白并不进入细菌细胞。

如果除去蛋白质外壳,噬菌体的感染过程仍可进行,由此认为,在噬菌体的生活周期中,只有 DNA 在噬菌体上下代之间是连续的物质,具有遗传稳定性,说明 DNA 是遗传物质。

1.1.3 烟草花叶病毒的感染实验

烟草花叶病毒(tobacco mosaic virus,TMV)是一种植物病毒(图 1.4),它是由 RNA 和蛋白质组成的,RNA 大约含有 6 400 个核苷酸,蛋白质外壳约含有 2 130 个相同的亚基,这些亚基组成一个管状的结构,长度为 300 nm,直径为 15 nm,RNA 约占病毒的 6%,蛋白质约占病毒的 94%,在这类病毒中,遗传物质是 RNA 还是蛋白质呢?

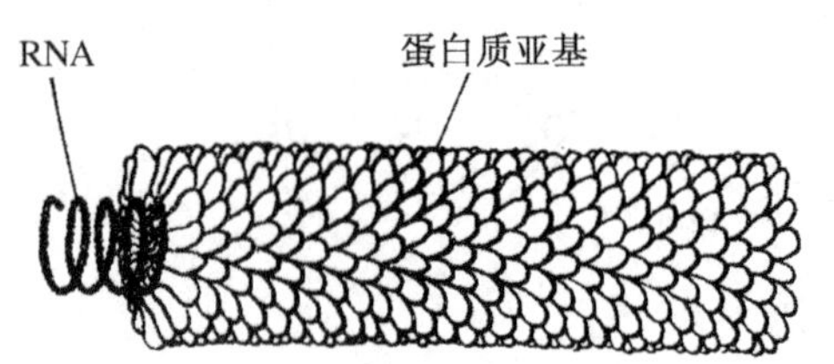

图 1.4 烟草花叶病毒(TMV)的形态结构示意图

已知 TMV 有许多变种,每个变种感染寄主植物的能力各不相同,外壳蛋白的氨基酸组成也不相同。如果将 A 型变种的 TMV 分成蛋白质和 RNA 两部分,将 B 型变种也分成这两部分,然后用 A 型变种的 RNA 与 B 型变种的蛋白质重建成新的杂合病毒颗粒,再感染烟草,结果得到 A 型变种 TMV 子代,由此证明只有 RNA 决定子代遗传特性和子代病毒蛋白质成分,而重组杂合病毒的蛋白质外壳特性不能传给后代。

如果用 TMV 的某一变种的全病毒、RNA 和蛋白质分别感染烟草,则只有全病毒和 RNA 具有感染能力,单独的蛋白质根本没有感染能力。如果用核糖核酸酶进行处理,则会破坏上述感染能力。这就说明,在烟草花叶病毒的上下代之间,只有 RNA 是连续的物质,具有遗传稳定性,是遗传物质。

以上三个实验充分地证明,DNA 是遗传物质,在没有 DNA 的生物中,RNA 就是遗传物质,由此我们说,核酸是遗传物质。

值得一提的是,近年来发现了一类能侵染动物并在宿主细胞内复制的小分子无免疫性疏水蛋白,即朊病毒(prion),其生物性状与病毒差异很大,但却既有感染性,又有遗传性,并且具有和一切已知传统病原体不同的异常特性,其生物学位置还未确定。就生物理论而言,朊病毒的复制并非以核酸为模板,而是以蛋白质为模板,这必将对探索生命的起源与生命现象的本质产生重大的影响。

1.2 遗传物质的组成与复制

核酸(nucleic acids)是脱氧核糖核酸(DNA)和核糖核酸(RNA)的统称。作为遗传物质,其化学组成与分子结构必然符合遗传物质稳定性、连续性和多样性的要求。

1.2.1 核酸的化学组成与分子结构

核酸的基本结构单位是核苷酸(nucleotide),每个核苷酸由一个分子的磷酸基团、一个分子的五碳糖和一个含氮的碱基构成(图 1.5)。

(a) 腺嘌呤核苷酸

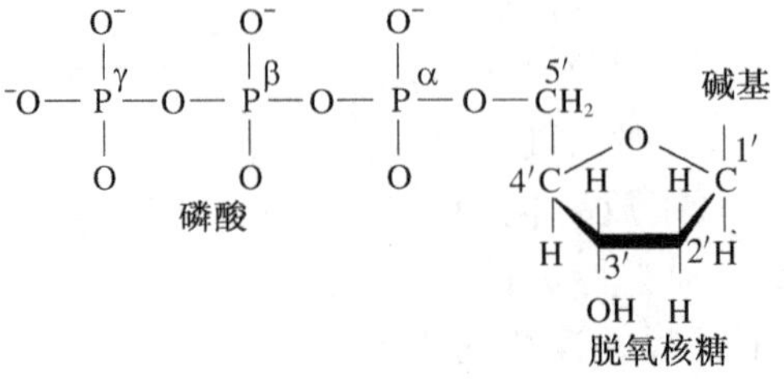

磷酸　碱基　脱氧核糖

(b) DNA 中的 4 种碱基

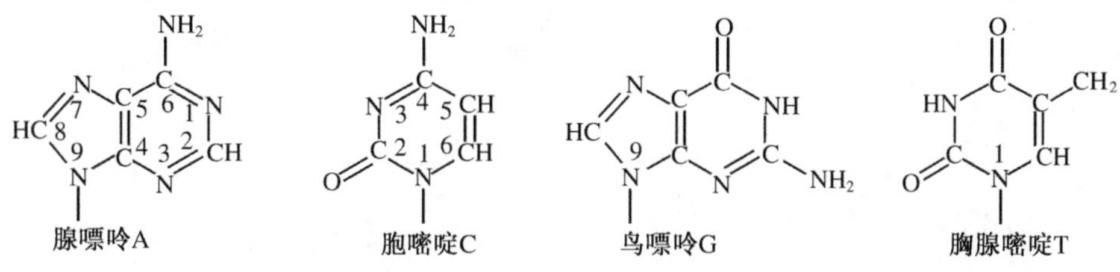

图 1.5 核苷酸与碱基

脱氧核糖核酸的五碳糖是脱氧核糖(deoxyribose),含氮的碱基是腺嘌呤(adenine,A)、鸟嘌呤(guanine,G)、胞嘧啶(cytosine,C)和胸腺嘧啶(thymine,T);每个碱基与一个分子的脱氧核糖结合形成相应的脱氧核苷(deoxynucleoside),即脱氧腺苷(deoxyadenosine, dA)、脱氧鸟苷(deoxyguanosine, dG)、脱氧胞苷(deoxycytosine,dC)和脱氧胸苷(deoxythymidine,dT);一个脱氧核苷再与一个磷酸根结合,形成相应的脱氧核苷酸(deoxyribonucleotide),即脱氧腺苷酸、脱氧鸟苷酸、脱氧胞苷酸和脱氧胸苷酸。

核糖核酸的五碳糖分子是核糖(ribose),含氮的碱基是腺嘌呤(A)、鸟嘌呤(G)、胞嘧啶(C)和尿嘧啶(uracil,U);每个碱基与一个分子的核糖结合形成相应的核苷(nucleoside),即腺苷(adenosine,A)、鸟苷(guanosine,G)、胞苷(cytosine,C)和尿苷(uridine,U);一个脱氧核苷再与一个磷酸根结合,形成相应的核苷酸(nucleotide),即腺苷酸、鸟苷酸、胞苷酸和尿苷酸。

DNA 是 4 种脱氧核苷酸的多聚体,Watson 和 Crick(1953)根据碱基互补配对的规律以及对 DNA 分子的 X 射线衍射的研究结果,提出了著名的 DNA 分子的右手双螺旋结构模型(图 1.6),该模型的要点是:① 脱氧核糖和磷酸基通过 3′,5′-磷酸二酯键交互连接,成为螺旋链的骨架,两条主链以反向平行的方式组成双螺旋,主链处于螺旋的外侧,碱基则处于螺旋的内侧;② 两条长链彼此以互补碱基之间的氢键相连,碱基互补配对关系只能是 A 与 T 以两个氢键配对,G 与 C 以三个氢键联结配对,所以在 DNA 分子中,A 与 T 相等,G 与 C 相等,即 A/T=G/C=1,这称为 Chargaff 法则;③ 该模型的螺距是 34Å,即双螺旋链中任意一条链绕轴一周(360°)所升降的距离。该模型每个螺距含 10 对核苷酸,即每两个碱基平面的垂直距离为 3.4Å,相对于螺旋轴移动 36°;④ 沿螺旋轴方向观察,双螺旋的表面形成两条凹槽,一条宽而深叫大沟,一条狭而浅叫小沟,大沟对于遗传上具有重要功能的蛋白质识别 DNA 双螺旋结构上的特定信息非常重要。

上述 DNA 的右手双螺旋结构模型相当于 DNA 二级结构的 B 构象,也是细胞采取的主要构象方式,除此之外,还有 A 构象、C 构象、D 构象和 E 构象等右手双螺旋构象,以及左手双螺旋的 Z 构象,在此不一一列举。

RNA 分子是 4 种核糖核苷酸的多聚体,其种类繁多,其中我们熟知的有信使 RNA(mRNA)、转移 RNA(tRNA)和核糖体(rRNA),除此之外,还有一些在生命活动中起重要作用的 RNA 分子,如小核 RNA(snRNA)、微小 RNA(miRNA)等小分子 RNA。除 tRNA 外,其他 RNA 分子大多不具有稳定的二级结构,具有二级结构的 RNA 分子,其二级结构也没有一个统一的模式,但几乎全部都是分子内部碱基互补配对形成的。

1.2.2 核酸复制的一般规律

DNA 能够作为遗传物质的一个很重要的原因是它具有准确的自我复制能力,遗传物质只有经过复制,才能将遗传信息由亲代分子传给子代分子,由亲代细胞传给子代细胞,由亲代个体传给子代个体。从而保证遗传物质在上下代之间保持连续性和相对的稳定性。

DNA 分子中的两条链一般是同时进行复制的,那么其复制的方式可能有三种,即全保留复制(conservative replication)、半保留复制(semiconservative replication)和弥散复制(dispersive replication)。但大量的实验证明,DNA 的复制是以半保留的方式进行复制的。

1. DNA 的半保留复制

Watson 和 Crick 在提出 DNA 的双螺旋模型时就提出了 DNA 的半保留复制机制,即在复制过程中各以双螺旋 DNA 的其中一条链为模板,合成其互补链,新生的互补链与母链构成子代 DNA 分子。

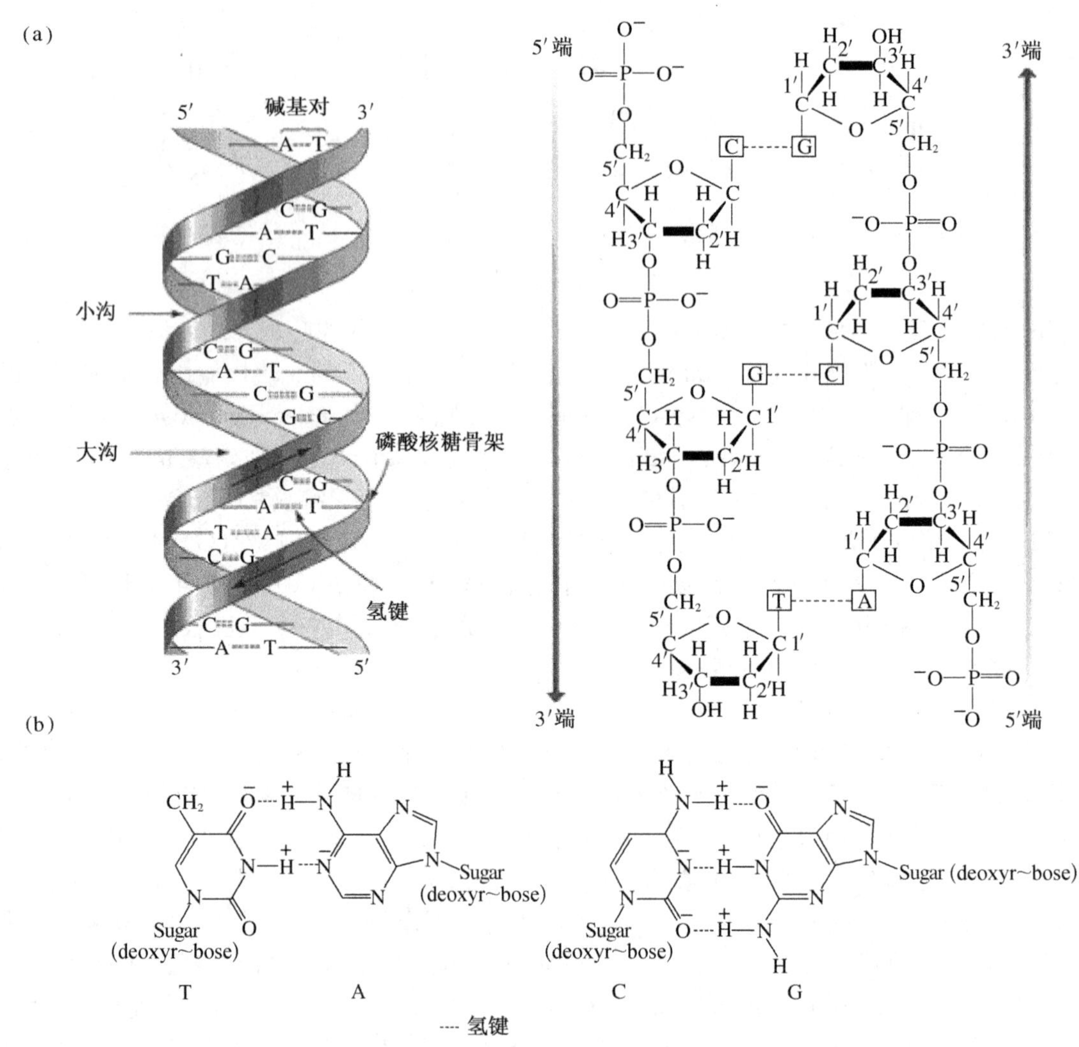

图 1.6 DNA 双螺旋结构

上述设想被 Meselsen-Stahl 的实验所证实。他们首先将 *E. coli* 培养在含重同位素(^{15}N)的培养基中,使细菌中的 DNA 完全被^{15}N标记上,然后将细菌转入含轻同位素(^{14}N)的培养基中,经过一次或两次细胞分裂,不同时间取样抽提 DNA,进行氯化铯(CsCl)密度梯度离心,测 DNA 的浮力密度。

氯化铯溶液经过超速离心之后,会在离心管内产生一个连续的密度梯度,管底密度最大,管顶密度最小。如果将待测 DNA 样品加入离心管中离心,则 DNA 会逐渐聚集在与氯化铯密度相同的带上,含^{15}N的 DNA 分子在离心管的较下部位,称为重带,只含^{14}N的 DNA 在离心管较上部位,称为轻带,含有一半^{15}N一半^{14}N的 DNA 分子位于两者之间(图 1.7)。

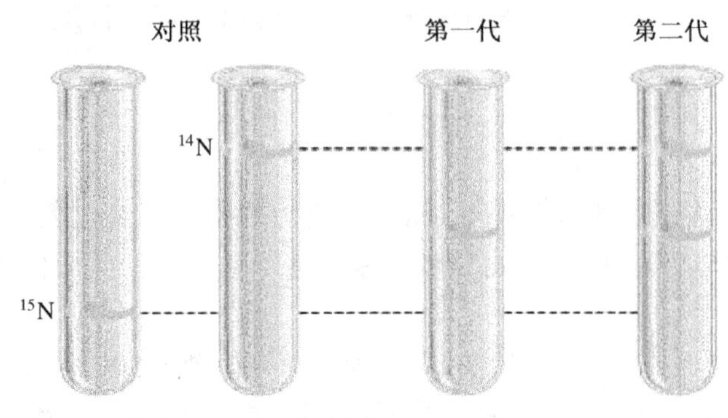

图 1.7 Meselsen-Stahl 的实验

对不同时期样品取样离心,得到如下结果:细菌在含^{15}N的培养基中培养若干代后,其 DNA 在离心时,全部集中在重带区;将含^{15}N的细菌转入只含有^{14}N的培养基中,培养一个世代取样,DNA 聚集成两条带,一半是中间带,一半是轻带。这一结果正好符合半保留复制的预期结果,即在 DNA 复制过程中,两条链间的氢键断裂,各以自己为模板(template),按碱基互补配对规律,各自形成一条新的互补链,与亲本链一起形成双螺旋结构。

如果将子一代 DNA 双链变性分开,然后离心,此时看到的两条带一条是重带,一条为轻带,这就进一步证明了 DNA 确实是半保留复制的。

2. DNA 复制的半不连续性

DNA 的两条链是反向平行的，而 DNA 聚合酶（DNA polymerase）只能使新生链按 5′→3′的方向生长，而不能相反。这样，DNA 拆开后的两条链就不能在同一时刻朝同一方向复制，那么就有两种可能的复制方式：一种是从亲本链的两端开始复制，各有一个复制叉，当两个复制叉相遇时就能得到两个分子，每个分子有半截是单链状态；另一种方式是从一个复制叉上以不同的方向复制新生链。实际上，第一种复制方式是不可能的，因为细菌 DNA 在任何时刻大约只有 5%处于单链状态。

第二种方式又有两种可能性，一种是半不连续的复制方式，新生链是分别复制的，一条是连续的，另一条是不连续的；第二种可能性是模板转辙的复制方式，新生链先以其中一条链为模板，在复制叉处转而以另一条单链为模板，在变性后可形成发夹结构。但实验证明，新生的 DNA 分子是完全可以变性的，所以模板转辙的复制方式是不正确的。

半不连续的复制方式中的不连续片段称为前体片段，由于是由冈崎 Okazaki 于 1968 年首先发现的，所以又称冈崎片段（Okazaki fragments），其片段大小为 1 000～2 000 个核苷酸，不连续的 Okazaki 片段再通过 DNA 连接酶（DNA ligase）连接起来，形成一条连续的链，完成 DNA 的复制（图 1.8）。

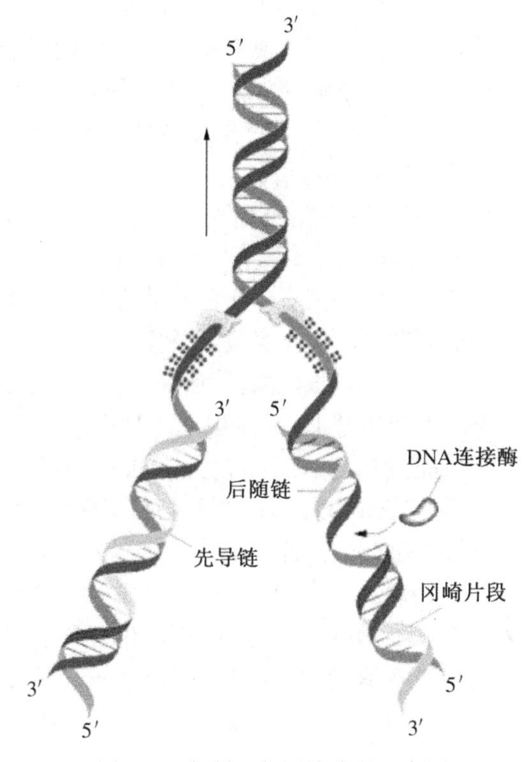

图 1.8 复制叉与冈崎片段示意图

3. DNA 复制的原点、方向与方式

DNA 复制是从特定的位置开始的，这一位置叫复制原点，许多生物的复制原点都是双螺旋 DNA 呼吸作用强烈的区段，即富含 AT 的区段。从原点开始，DNA 的复制大多是双向进行的，但也有单向的或以不对称的双向方式进行的，这取决于原点的性质。

DNA 复制的方式一般分为两类：一类叫做从头起始（de novo initiation），即复制叉式复制；另一类叫共价延伸（covalent extension），即先导链是共价结合在一条亲本链上，这主要是滚环式复制。

复制叉式复制首先在复制原点解开成单链状态，两条链分别作为模板，各自合成其互补链，出现复制叉。如果是环状双链 DNA，则其复制叉的形状类似于希腊字母 θ，因而叫 θ 复制，由于是 Cairns 发现的，因而又叫 Cairns 复制。θ 复制也有单向和双向之分（图 1.9）。

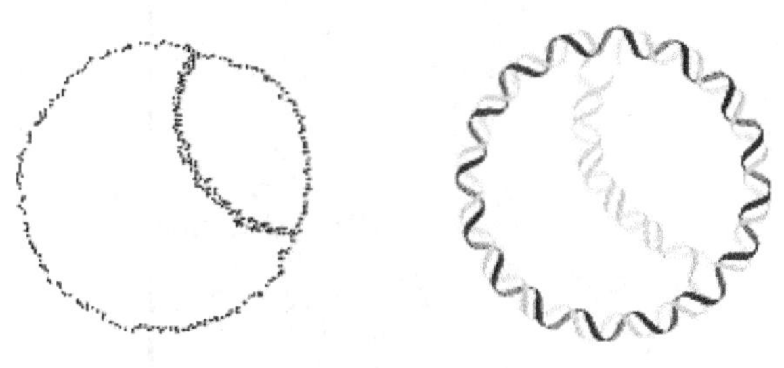
图 1.9 θ 复制

滚环式复制是某些环状双链 DNA 的复制方式，在复制时，切断其中一条单链，其 5′端与蛋白质结合，3′端在 DNA 聚合酶的催化下，以未切断的一条环状链为模板，加上新的核苷酸，3′端不断延长，5′端就不断地被甩出，好像环在滚动一样，因而叫滚环复制。又因其形状像希腊字母 σ，因而又叫 σ 复制。被甩出的单链达到一定长度后，就开始复制其互补链（图1.10）。

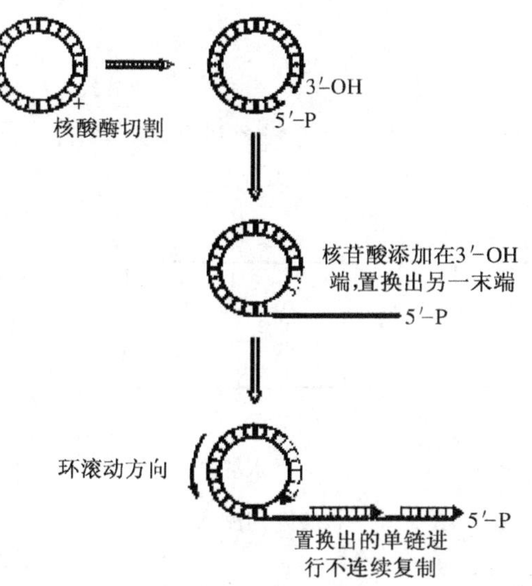

图 1.10 滚环复制

4. DNA 复制的酶学

（1）DNA 聚合酶：DNA 的复制是一个非常复杂的酶学过程，需要 30 种以上的酶和蛋白质的参与，其中聚合酶是复制过程的核心酶，没有聚合酶也就没有所谓的 DNA 复制。目前，在 *E. coli* 中已发现了 3 种 DNA 聚合酶,分别称为 DNA 聚合酶Ⅰ、Ⅱ和Ⅲ,其中聚合酶Ⅱ的功能现在还未知,DNA 聚合酶Ⅲ在 *E. coli* 中是主要的聚合酶。下面我们简要介绍一下 DNA 聚合酶Ⅰ和Ⅲ的主要特性与功能,并对它们进行简单的比较。

1) DNA 聚合酶活性　DNA 聚合酶Ⅰ和Ⅲ都具有 DNA 聚合酶活性,都需要模板和引物,都需要引物具有 3′- OH。但 DNA 聚合酶Ⅰ的主要功能在于 DNA 的修复和 RNA 引物的替换;而 DNA 聚合酶Ⅲ的主要功能是 DNA 链的延长。

2) 3′→5′外切核酸酶活性　DNA 聚合酶Ⅰ和Ⅲ都具有这种酶活性。它作用于 3′端,当复制时错误地掺入一个碱基时,则该碱基与模板不能配对,这两种酶都可以将 3′端所掺入的错误碱基切除(图 1.11)。这种酶活性对于保证聚合作用的正确性是不可缺少的,该功能也称校对功能,对于作为遗传物质的 DNA 所需要的稳定性和极高的保真度至关重要。

3) 5′→3′外切核酸酶活性　DNA 聚合酶Ⅰ和Ⅲ都具有这种酶活性,但作用方式不同。DNA 聚合酶Ⅲ只能作用于单链 DNA;而 DNA 聚合酶Ⅰ的 5′→3′外切核酸酶活性具有以下特征:核酸必须有 5′-磷酸末端,必须是已经配对的,去除方式是一个接着一个,可以是脱氧核糖核酸,也可以是核糖核酸。

DNA 聚合酶Ⅰ的 5′→3′外切核酸酶活性与聚合酶活性一起,可以产生切口平移(nick translation),这是分子遗传学研究中探针标记的一个十分重要的方法。所谓切口平移,就是双链 DNA 的一条链发生断裂,产生一个 5′-磷酸和 3′- OH;在 5′-磷酸端,DNA 聚合酶Ⅰ行使5′→3′外切核酸酶活性,将核苷酸一个个地切除,同时在 3′- OH 端又行使 DNA 聚合酶活性进行聚合反应;随着两种反应的进行,切刻由 5′端向 3′端转移,由于 DNA 聚合酶Ⅰ不具有 DNA 连接酶活性,所以切口一直保留,所以叫切口平移(图 1.12)。

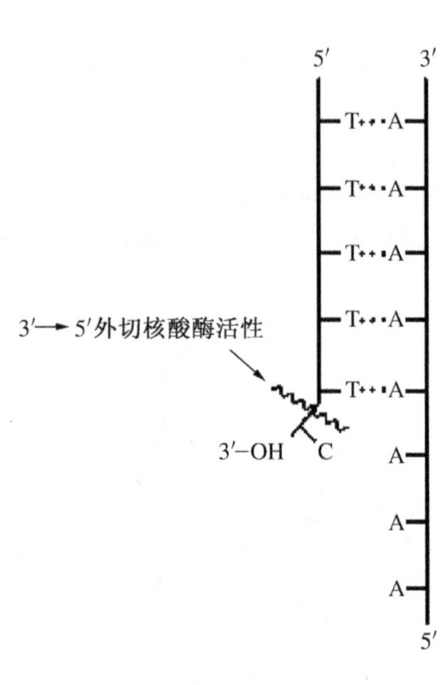

图 1.11　5′→3′外切核酸酶活性

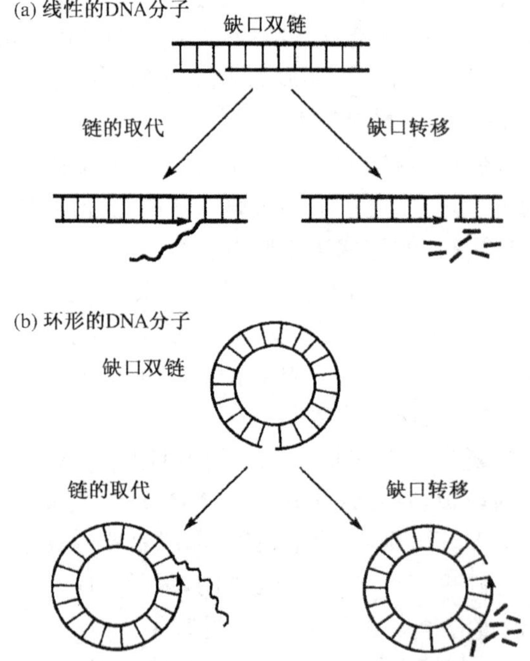

图 1.12　在线型和环型 DNA 分子上所发生的链的置换和缺口转移

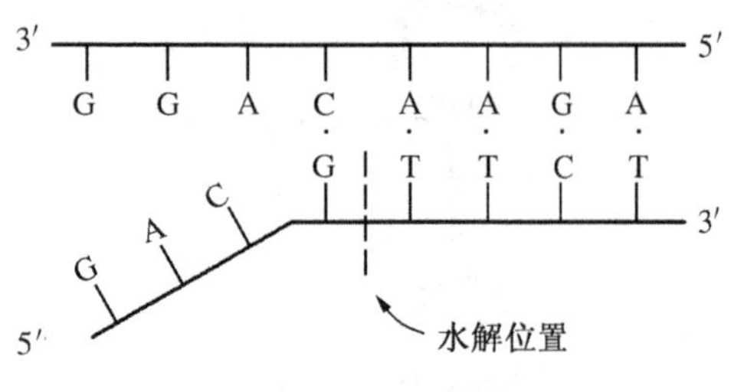

图 1.13　核酸内切酶活性

4) 核酸内切酶活性　DNA 聚合酶Ⅰ具有这种能力,当 5′-磷酸是不配对的单链时,它作用于与单链相连的两个配对碱基之间,切断磷酸二酯键(图 1.13)。

5) 缺口填充能力　DNA 聚合酶Ⅲ只能填充几个碱基的小缺口,而 DNA 聚合酶Ⅰ则能填充很大的缺口,甚至能完成几乎整个互补链的复制。

(2) 引发酶(primase):任何一种 DNA 聚合酶都不能从头起始一条新的 DNA 链,而必须有一段引物,这一段引物大多为一段 RNA。作为引物的 RNA 与典型的 RNA(如 mRNA)是不同的,它们在合成后并不与模板分离,而是以氢键与模板结合,合成这种引物的酶称为引发酶。

(3) DNA连接酶和其他相关酶:当DNA聚合酶Ⅲ将一段DNA链延伸到前一个前体片段的引物RNA时,它既不能继续合成DNA,也不能水解RNA引物,结果留下切刻或缺口,这时必须由DNA聚合酶Ⅰ的5′→3′外切核酸酶活性来切除RNA引物,同时以其5′→3′聚合酶活性将适当的脱氧核苷酸聚合上来,即进行连续的切口平移或缺口填充。

DNA聚合酶能够填充缺口,但无法使切口接合成完整的DNA链,切口的接合,需要DNA连接酶来完成,DNA连接酶只作用于3′-OH和5′-磷酸相邻并且各自的碱基处于配对状态时。

在DNA复制过程中还需要解旋酶(helicase),它能促进DNA的两条互补链分离;还需要DNA旋转酶,即拓扑异构酶的参与。

1.2.3 原核生物核酸的组成与复制

原核生物(prokaryote)是以原核细胞(prokaryocyte)为基本单位的生物,原核细胞没有核膜,因而也就没有细胞核,只有染色质区,称为拟核(nucleoid);原核细胞没有线粒体(mitochondria)和质体(plastid)等细胞器(organella);原核细胞的遗传物质是一条裸露的DNA分子,虽与少量蛋白质结合,但不形成染色体结构,习惯上,原核生物的核酸分子也常被人们称为染色体;一般来说,原核细胞一经分裂就相互分离,呈单细胞状态。

原核生物DNA的复制按前述的从头起始和共价延伸两种方式进行。

1.2.4 真核生物DNA的复制

真核生物(eukaryote)是以真核细胞(eukaryocyte)为基本单位的生物,真核细胞具有核膜,其染色体与细胞质是分开的,存在于界限分明的细胞核内;真核细胞都有线粒体,植物细胞中还有质体,这两种细胞器都携带遗传信息;真核生物的染色体是一个较大的双链DNA分子,与蛋白质结合成复杂的超螺旋结构。

在原核生物*E. coli*中,DNA的复制速度大约是10^5 bp/min,而真核细胞DNA聚合酶的活性要低得多,复制速度为500～5 000 bp/min。如果按典型哺乳动物染色体DNA的大小来计算,真核DNA的复制时间约需一个月的时间,而实际上真核生物DNA复制时间一般为几个小时,这是通过从许多复制原点同时开始并双向复制而实现的。真核生物复制原点的DNA序列并无固定的模式,但大多包括一个富含AT的序列。

对SV40 DNA复制的研究表明,真核生物DNA复制过程可能包括以下步骤:首先,由特异的蛋白质识别复制原点并与之结合,然后由解旋酶促进负超螺旋状态下的复制原点的解链,由单链结合蛋白维持单链状态,接着,DNA聚合酶α和引发酶与原点序列上的特异蛋白质相互作用,引发一个复制叉先导链的合成,然后再引发另一个先导链的合成。真核生物染色体DNA从许多复制原点开始复制,当相邻的两个复制叉会合时就完成了这一段DNA的复制。

1.2.5 病毒核酸的组成与复制

病毒既不是原核生物,也不是真核生物。它们是一种超分子的亚细胞生命形式,它们的繁殖必须在寄主体内进行,因而其遗传机制与寄主密切相关,例如噬菌体适应了原核生物的遗传战略,而动植物病毒则使用真核生物的遗传法则。

根据寄主的不同,病毒可分为动物病毒、植物病毒和噬菌体(原核生物病毒)。根据病毒中所含核酸类型的不同,可分为DNA病毒和RNA病毒;其中DNA病毒又包括单链DNA病毒和双链DNA病毒,而RNA病毒则包括正链RNA病毒(其RNA可作为mRNA使用)、负链RNA病毒(其RNA链的互补链可作为mRNA使用)和双链RNA病毒等。

双链DNA病毒的复制与寄主密切相关。如T7噬菌体,它的复制主要使用寄主的复制机构,也有复制原点,形成复制叉,与寄主复制方式一致。

单链DNA病毒的复制较为特殊。例如ΦX174噬菌体,其遗传物质是环状单链DNA,称为正链DNA。当它进入寄主细胞后,其单链全部与单链结合蛋白相结合,在引发位点上,由DNA聚合酶Ⅲ以引物RNA为依托,以正链DNA为模板,合成DNA直至引物RNA处;以DNA聚合酶Ⅰ的5′→3′外切核酸酶活性水解引物RNA并以DNA取代它;最后由DNA连接酶连接成共价封闭环,由DNA旋转酶形成负超螺旋。

上述的单链环状 DNA 是 ΦX174 的复制形式,它有一个复制原点,在该处正链发生断裂,产生一个 3′-OH,在 DNA 聚合酶Ⅲ和单链结合蛋白等的协同作用下,5′端不断被甩出,当复制出一个分子长时,就环化起来。滚环复制出的正链 DNA 可以复制成双链分子,也可以用于子代噬菌体的装配。

在细胞中,RNA 是不能够做模板来形成新的 RNA 链的,因此,许多 RNA 病毒的复制就需要另一种酶的参与,这种酶称为 RNA 复制酶(RNA replicase),它能够在亲本 RNA 模板上合成出新的 RNA 链,这与 DNA 聚合酶和 RNA 聚合酶一样,它们都能在单链模板(single strand template)上催化合成一条互补链。

许多单链 RNA 病毒含有的是正链 RNA,当病毒感染寄主时,正链 RNA 进入寄主细胞,利用寄主的转录翻译机器,以正链 RNA 为模板,编码 RNA 复制所必需的 RNA 复制酶分子,复制酶结合到正链 RNA 的 3′端,以 5′→3′方向合成其产物负链 RNA,并负责保持正负链分开,不形成双螺旋结构。完整的子代负链和原来的正链都可作为模板来合成更多的正负链。这类病毒包括多瘤病毒、各种 RNA 噬菌体、烟草花叶病毒等。

含单股负链的 RNA 病毒,由于携带的核酸不能作为 mRNA 使用,所以,在病毒中装有复制酶颗粒,在侵染时与 RNA 一道进入寄主细胞,立即开始以负链 RNA 为模板拷贝一条正链 RNA。

1.2.6 DNA 的体外合成

随着技术的发展,人们不仅能够从活体生物中获得核酸,而且还可以通过人工的方法在体外合成核酸。这包括两种方法:一种是以化学的方法合成寡核苷酸;另一种是聚合酶链反应(polymerase chain reaction, PCR),在体外模拟 DNA 的复制,选择性地扩增 DNA 的某一片段。

1. DNA 的人工合成

化学法合成寡核苷酸序列现在已经在 DNA 合成仪上自动化,其基本方法是利用固相的磷酸三酯法或亚磷酸三酯法。由于亚磷酸三酯法反应速度快,合成效率高和副反应极少等优点,被广泛应用于机器的自动 DNA 合成。

DNA 人工合成的基本原理是:首先,将所要合成寡聚核苷酸链的 3′-OH,与一个不溶性载体(如多孔玻璃珠)相连,使之固定;然后,按照 3′→5′的方向将核苷酸单体逐个加上去。为减少副反应的发生,核苷酸上的所有活泼基团,如氨基和羟基等,都用不同的保护基予以保护,其中 5′-OH 用 4,4′-二对甲氧基三苯基(DMT)保护,3′端的二异丙基亚磷酰胺上磷酸的-OH 用甲基或β氰乙基保护。合成步骤如下(图 1.14):

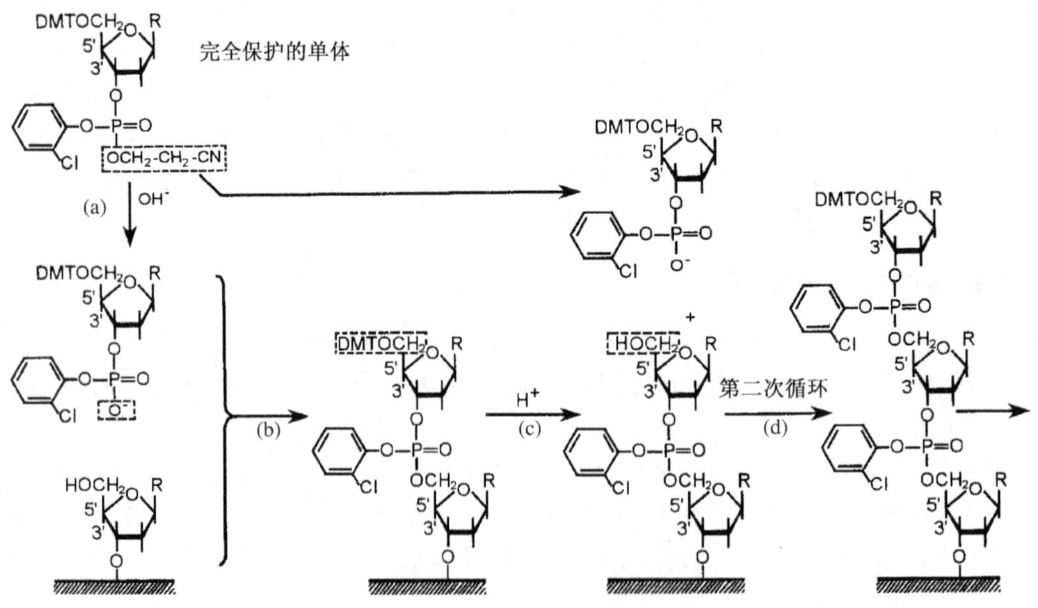

图 1.14 固相磷酸三酯法合成寡聚脱氧核苷酸片段

(a) 完全保护的脱氧单核苷酸衍生物,通过三乙胺(triethylamine)的作用,使其 3′-P 位置处于未保护状态;(b) 于是它便可同 3′-OH 端被固定在固相支持物上的另一个脱氧单核苷酸分子上未保护的 5′-OH 缩合,形成二核苷酸;(c) 加酸处理,使其脱去 5′-OH 上的保护基团 DMT;(d) 这样它又可同具 3′-活性末端的另一个脱氧单核苷酸分子缩合,形成三核苷酸分子。如此重复进行,到反应最后完成时,所有的保护基团都要被清除掉,并通过高效液相色谱法(HPLC)纯化合成产物

图中 R 分别为苯甲酰腺嘌呤(benzoyl adenine)、苯甲酰胞嘧啶(benzoyl cytosine)、异丁基鸟嘌呤(isobutyryl guanine)或胸腺嘧啶

1) 5′端保护基的脱除　在核苷酸单体1中加入 $ZnBr_2$ 或三氯乙酸，脱去4,4′-二对甲氧基三苯基，释放出核苷酸单体1上的5′-OH，3′端仍与固相载体相连。

2) 缩合反应　将带保护基的核苷酸单体2加入，在弱酸的催化下，与单体1发生缩合反应，形成3′,5′-磷酸二酯键，其中的磷为三价，不稳定。

3) 盖帽反应　在上述反应中，尚有少数单体1分子未参加缩合反应，所以，加入乙酸酐，使未缩合的单体1的5′-OH乙酰化，终止其以后参与缩合的资格，减少合成错误序列的机会。

4) 氧化反应　上述缩合反应形成的3′,5′-磷酸二酯键中的磷为三价，不稳定，易被酸或碱解离，加入 I_2 使其氧化成五价磷。

循环以上步骤，直到合成出所需要长度的寡核苷酸片段，从固相载体上脱下来，再去除其余的所有保护基，就可得到所需要的寡聚核苷酸，可通过凝胶电泳法或高效液相色谱法进一步纯化。

人工化学合成的寡聚核苷酸在分子遗传学研究中具有广泛的用途，例如它可以用来作为核酸分子杂交的探针；可以作为基因合成的元件；可以作为酶促DNA合成的引物，用于PCR和DNA序列分析等。

2. 聚合酶链反应

聚合酶链反应，即PCR技术，是美国科学家Mullis发明的一种在体外快速扩增特定基因或DNA序列的方法，又称为基因的体外扩增法。它可以在试管中建立反应，经数小时之后，就能将极微量的目的基因或某一特定的DNA片段扩增数十万乃至千百万倍，无需通过烦琐费时的基因克隆程序，便可获得足够数量的精确的DNA拷贝，所以人们也将它称之为无细胞分子克隆法。

PCR技术的原理与细胞内发生的DNA复制过程十分类似(图1.15)，首先，双链DNA分子在临近沸点的温度下加热分离成两条单链DNA分子；然后，加入到反应混合物中的引物与模板DNA的特定末端相结合；接着，DNA聚合酶以单链DNA为模板，利用反应混合物中的4种脱氧核苷三磷酸，在引物的3′-OH端合成新生的DNA互补链。

合适的引物是PCR扩增的一个很关键的因素。在PCR反应中选用的一般是一对引物，他们是按照与扩增区段两端序列彼此互补的原则设计的，因此每一条新生链的合成都是从引物的退火结合位点开始，并朝相反方向延伸的，这样在每一条新合成的DNA链上都具有新的引物结合位点。整个PCR的全过程，即DNA解链(变性)、引物与模板DNA相结合(退火)、DNA合成(链的延伸)三步，可以被不断重复。经多次循环之后，反应混合物中所含有的双链DNA分子数，即两条引物结合位点之间的DNA区段的拷贝数，理论值应为 2^n。

由于PCR技术应用十分广泛，DNA样品的来源多种多样，引物的长短与核苷酸组成各不相同等原因，不可能给出一个统一标准的PCR温度循环参数。但在一般情况下，首先是将含有待扩增DNA样品的反应混合物，放置在高温(>91℃)环境下加热1 min，使双链DNA变性，形成单链模板DNA；然后降低反应温度(约50℃)，保持1 min，使引物与两条单链DNA模板发生退火作用，结合在靶DNA区段两端的互补序列位置上；最后，将反应混合物的温度上升到72℃左右保温1～2 min，在DNA聚合酶的作用下，从引物的3′端加入

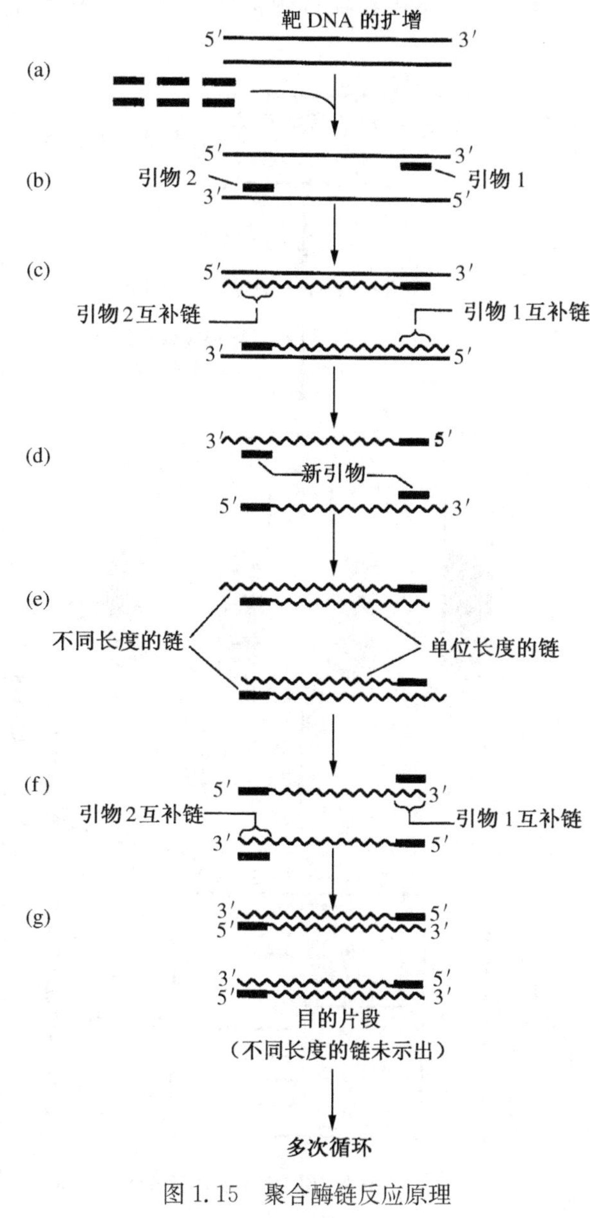

图1.15　聚合酶链反应原理

脱氧核苷三磷酸,并沿着模板分子按 5′→3′方向延伸,合成新生 DNA 互补链。

PCR 技术已发展出许多新的方法,应用于许许多多的研究领域,例如基因组克隆、反向 PCR、不对称 PCR、RT-PCR、基因的体外诱变与突变的检测、基因组的比较研究等等。

1.2.7 DNA 的序列分析

对 DNA 的序列进行分析是基因组研究的一个十分重要的方面,只有全面彻底地测定生物的 DNA 序列,才能进一步揭示生命的奥秘。测定 DNA 序列的方法主要有两种:一种是化学法,又叫 Maxam-Gilbert 法;另一种是双脱氧法,又叫酶法、Sanger 法或链终止法,在这两种方法的基础之上,又提出了不少改进的方法。

1. 化学法测定 DNA 序列

用特异的化学裂解法测定 DNA 的核苷酸序列是由美国哈佛大学的 Maxam 和Gilbert发明的,其基本程序如下。

1) 制备末端标记的单链 DNA。一般采用多核苷酸激酶将[γ-^{32}P]-ATP 中的[γ-^{32}P]引入双链 DNA 的 5′端,此时双链都被标记,用内切酶切除一端,则剩下的 DNA 就只有一条链被标记,这就是放射性标记的单链 DNA。

2) 用适当的化学试剂处理上述标记的单链 DNA,使标记的 DNA 在四种核苷酸中的一种核苷酸处断开。例如要使 DNA 在嘌呤处断裂,可选用硫酸二甲酯(dimethylsulphate),它能使嘌呤发生甲基化,甲基化的嘌呤在中性 pH 条件下加热断裂,嘌呤碱基脱掉,再在碱性条件下加热就使骨架断裂和糖基消除。由于鸟嘌呤甲基化速度比腺嘌呤快,以上处理主要造成 DNA 在鸟嘌呤处断裂;如果甲基化后用稀酸处理,则主要在腺嘌呤处断裂,因为甲基化鸟苷的糖苷键比甲基化腺苷的糖苷键稳定。要想使 DNA 在嘧啶处断裂,可在肼(hydrazine)的作用下分解嘧啶,骨架由六氢吡啶(piperidine)断裂。为了区别胞嘧啶和胸腺嘧啶的断裂位点,可将肼反应在 2 mol/L NaCl 存在的条件下进行,此时胸腺嘧啶的反应受到抑制,DNA 的断裂主要发生在胞嘧啶处。

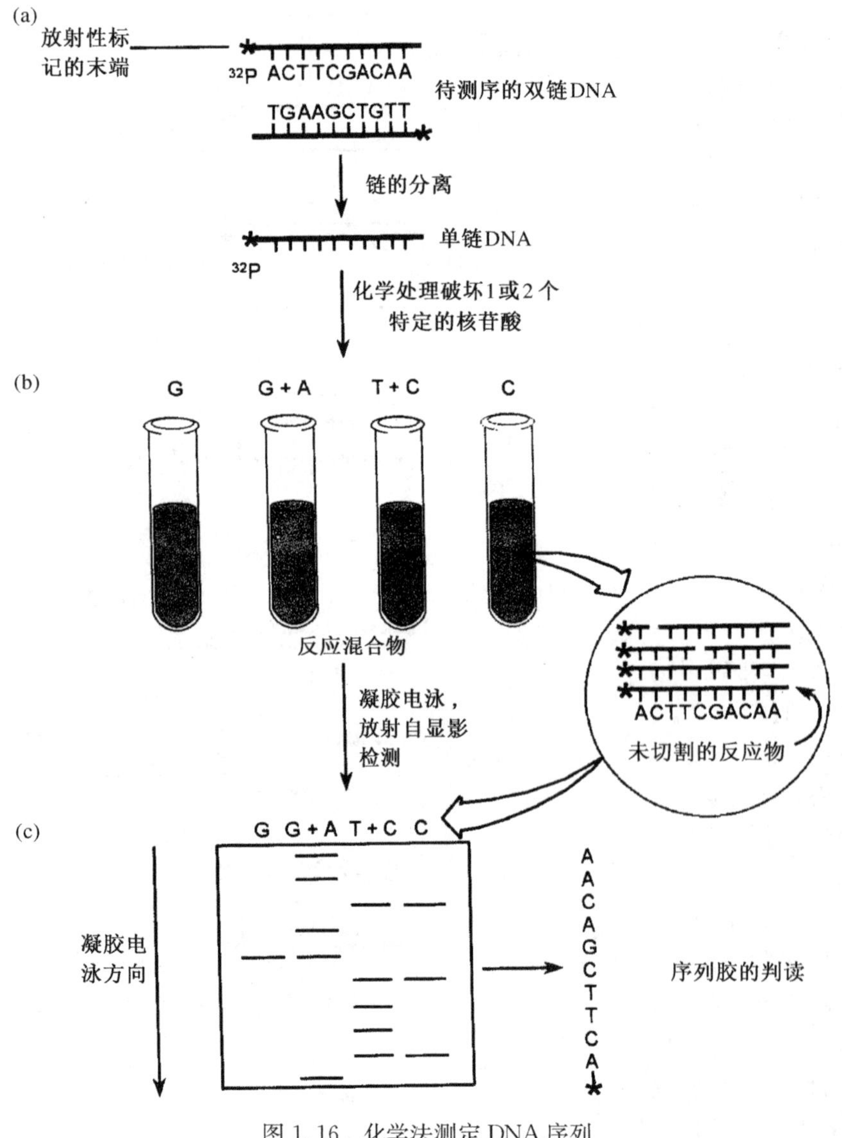

图 1.16 化学法测定 DNA 序列

通过 4 种不同的处理方法,使 DNA 的断裂分别发生在 A、G、C 和 T 处,每个分子断裂的次数平均少于或等于一次,这样就会得到各种长度的放射性 DNA 片段群体。

3) 将 4 组片段进行聚丙烯酰胺凝胶电泳分离,用 X 射线胶片对电泳胶进行放射自显影,就可以从胶片上读出 DNA 的核苷酸顺序(图 1.16)。

例如,我们要对这样的一段 DNA 进行测序:5′^{32}P-ATGCATGC-3′,在 4 种核苷酸处分别断裂后就产生下列4组放射性群体：

反应1在A处断裂，产生的片段为：$5'^{32}P$-ATGC；

反应2在G处断裂，产生的片段为：$5'^{32}P$-AT，$5'^{32}P$-ATGCAT；

反应3在C处断裂，产生的片段为：$5'^{32}P$-ATG，$5'^{32}P$-ATGCATG；

反应4在T处断裂，产生的片段为：$5'^{32}P$-A，$5'^{32}P$-ATGCA。

化学法分析DNA序列主要用于DNA序列较短或DNA序列由于二级结构的存在难于用双脱氧法测准时，但改进的方法可以用于大片段DNA的测序，采用耐热的DNA聚合酶也可以用双脱氧法对存在二级结构的单链DNA进行测序。大规模DNA测序则主要采用双脱氧的方法。

2. 双脱氧链终止法测定DNA序列

双脱氧链终止法是英国剑桥大学的Sanger等于1977年发明的一种用于DNA序列测定的方法，其原理是在体外合成DNA的同时，加入使链合成终止的试剂(通常是2′,3′-二脱氧核苷酸)，与4种脱氧核苷酸按一定比例混合，参与DNA的体外合成，产生长短不一、具有特定末端的DNA片段，由于二脱氧核苷酸没有3′-OH，不能进一步延伸产生3′,5′-磷酸二酯键，合成反应就在该处停止，该方法由此命名为双脱氧法。双脱氧法测定DNA顺序的基本程序是(图1.17)：

1) 选取待测DNA的一条链为模板，用5′端标记的短引物与模板的3′端互补。

2) 将样品分为4等份，每份中添加4种脱氧核苷三磷酸和相应于其中一种的双脱氧核苷酸。例如，第一份中添加4种dNTP和一定比例的ddATP，第二份则添加4种dNTP和一定比例的ddGTP，第三份添加ddCTP，第四份添加ddTTP。

3) 加入DNA聚合酶引发DNA合成，由于双脱氧核苷酸与脱氧核苷酸的竞争作用，合成反应在双脱氧核苷酸掺入处终止，结果合成出一套长短不同的片段。

4) 将4组片段进行聚丙烯酰胺凝胶电泳分离，根据所得条带，读出待测DNA的碱基顺序。

待测的DNA片段一般为单链，克隆至M13或其衍生载体上，用一个通用引物(universal primer)来起始合成。待测的DNA片段也可以是双链的，其原理与此相同。

DNA测序法已日益走向成熟，随着许多生物基因组计划的展开，测序的工作越来越繁重，现在的测序已经自动化，标记物也由原来的放射性标记改为荧光标记，大大提高了灵敏度，自动测序仪的应用大大提高了测序的速度和准确度，为基因组研究所需要的大规模

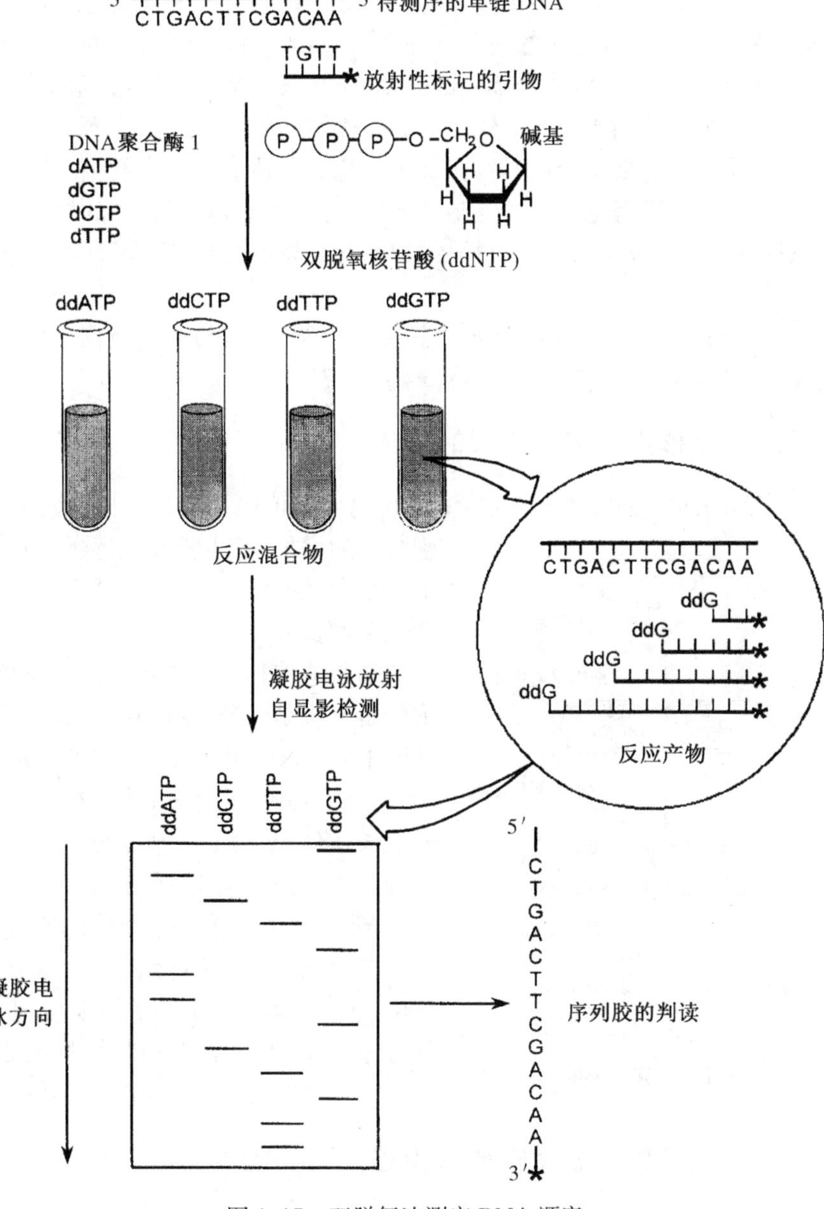

图1.17 双脱氧法测定DNA顺序

分析提供了强有力的保障。

自从20世纪70年代末期DNA测序技术问世以来,虽然人们对技术进行了大量的重要改进,但其原理并没有改变。最近提出的杂交测序法(sequencing by hybridization,SBH),则从原理上具有根本的创新。它利用一组已知序列的寡核苷酸短序列作探针,同某一特定的较长的靶DNA分子进行杂交,从而测定靶DNA分子的核苷酸序列。DNA杂交测序法不仅避免了传统测序法必不可少的操作繁琐的凝胶电泳,而且既不需要使用价格昂贵的核酸酶,也不需要进行复杂的化学反应,被公认为是一种有发展潜力的适合于大规模DNA测序工作的新方法。

1.3 遗传物质传递的细胞学基础

我们所说的遗传物质的传递是指遗传物质由亲代传递给子代的现象,这种传递方式的实质是通过繁殖将亲代的遗传物质及其所含有的遗传信息,准确地传给子代,而保证这种准确性的就是上一节所讲的核酸的复制。

1.3.1 病毒中遗传物质的传递

病毒中所含有的遗传物质为DNA或为RNA,它没有细胞结构,只是外壳蛋白包裹着核酸这样一种超分子结构,它在单独存在的情况下并无活性,既不能复制自己的核酸,也不能繁殖后代,只有在感染寄主细胞时,才能利用寄主细胞的全部或部分复制、转录和翻译机器,繁殖出子代病毒。

病毒中遗传物质在上下代传递的一般过程是:首先,病毒颗粒附着在寄主细胞的表面,识别寄主细胞的专一性受体并与之结合;然后,在寄主细胞表面造成一个穿孔,将病毒的核酸释放入寄主细胞内;接着,病毒的核酸全面接管寄主细胞的复制、转录和合成机器,复制自己的核酸,合成自己的外壳蛋白,并进而装配成子代病毒;当寄主细胞的养分被耗尽,细胞就会裂解,释放出大量的子代病毒,完成遗传物质从亲代到子代的传递(图1.3)。

病毒的结构简单,只要完成了核酸的复制,然后与外壳蛋白装配成完整的病毒颗粒,就完成了繁殖的过程,并将亲代的遗传信息完整地传给了子代。

1.3.2 原核生物遗传物质的传递

细菌是单细胞的原核生物,其遗传物质的传递是通过生长和繁殖来实现的,而细菌的生长与繁殖就是细胞数目的增加,其生长速度远远超过高等动植物的生长速度。如果将细菌培养在合适的培养基上,在适当的条件下,在很短的时间内,细菌的数目就会成倍增长。

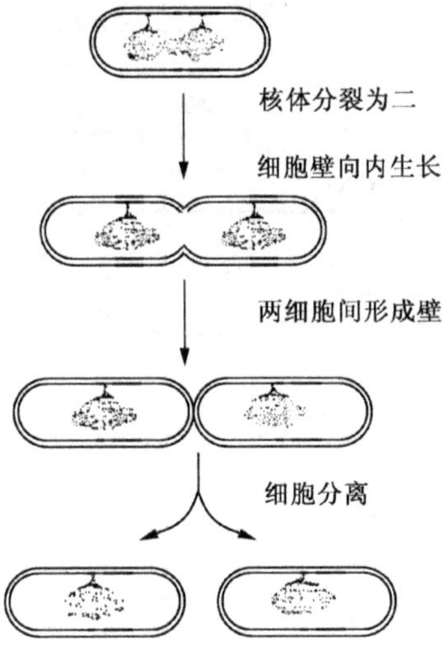

细菌遗传物质的传递是通过细胞分裂的繁殖方法来实现的,细菌的细胞分裂方式是二分裂(binary fission)。二分裂是一种无性生殖过程,首先,细胞中的DNA先进行复制加倍,由原来一条双链DNA分子变为两条双链DNA分子,并彼此分开;然后在细菌的中间形成一个隔膜,接着,细胞壁向内生长,将原来的一个细胞分成两个细胞,由亲代的一个细菌就变成了子代的两个细菌。由于DNA复制的忠实性,子代细菌中的遗传物质与亲代一致,即亲代的遗传信息准确地传给了子代(图1.18)。

二分法是细菌繁殖的主要方式,除此之外,有些细菌则靠出芽(budding)生殖:在细胞的一端生出一个小芽,芽长大成一个新细胞,最后与母体分离,由一个细菌变成两个细菌。无论采用何种方式,DNA都必须首先进行复制,并将复制的一份传递给子代细胞。

图1.18 细菌的细胞分裂

1.3.3 真核生物遗传物质的传递

真核生物特别是高等真核生物都是多细胞的,其遗传物质的传递和生命的连续性完全依赖于细胞的分裂。细胞分裂的方式可分为无丝分裂(amitosis)、有丝分裂(mitosis)和减数分裂(meiosis),但无论何种分裂方式,在分裂之前,都有一个DNA复制加倍的过程。其中无丝分裂是细胞核拉长,缢裂成两部分,接着细胞质也分裂,从而成为两个细胞,由于整个分裂过程看不到纺锤丝,所以称为无丝分裂,但这种分裂方式在高等生物中属于一种次要的分裂方式。

高等生物细胞分裂的两种主要方式是有丝分裂和减数分裂,生物个体在生长发育和无性生殖(asexual reproduction)时主要行有丝分裂,而在有性生殖(sexual reproduction)时主要行减数分裂。

1. 有丝分裂

多细胞生物的生长主要是通过细胞数目的增加和细胞体积的增大而实现的,所以,通常也把有丝分裂称为体细胞分裂。有丝分裂包括两个紧密相连的过程:首先是细胞核分裂为两个;然后是细胞质一分为二,各含一个细胞核。一般人为地根据有丝分裂过程中核的变化将其分为四个时期:前期(prophase)、中期(metaphase)、后期(anaphase)和末期(telophase),在两次连续的细胞分裂之间,还有一个间期(interphase)。现将这五个时期简述如下(图1.19)。

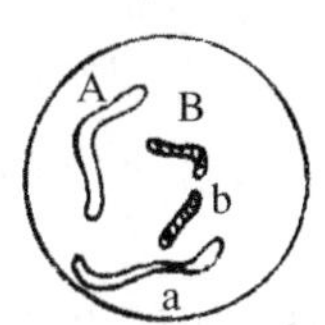

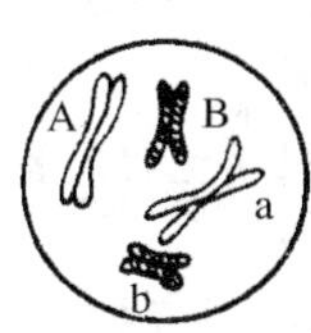

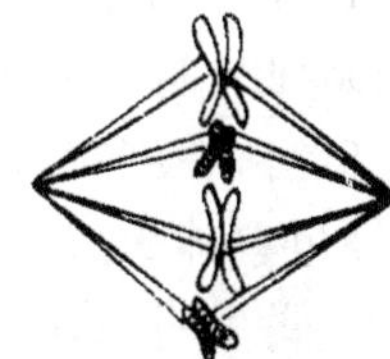

图1.19 真核细胞的有丝分裂

(1) 间期:细胞连续两次分裂之间的一段时期,称为间期。该时期从细胞看上去似乎是静止的,而实质上,间期的细胞核处于高度活跃的生理、生化的代谢阶段,为细胞分裂准备条件。细胞分裂前的首要工作是在间期进行遗传物质的复制,这个时期核内DNA含量加倍,与DNA相结合的组蛋白也是加倍合成的。

根据间期DNA合成的特点,间期又可分为三个时期:合成前期G_1(pre-DNA synthesis,1st Gap),G_1期是细胞分裂周期的第一个间隙,它为DNA的合成作准备;合成期S(period of DNA synthesis),是DNA合成期;合成后期G_2(post DNA synthesis, 2nd Gap),是DNA合成后至核分裂开始之间的第二个间隙。这三个时期的长短因物种、细胞种类和生理状态而不同,一般S期的时间较长且较稳定,G_1和G_2期的时间较短,变化也较大。

(2) 前期:细胞核内出现细长而卷曲的染色体,以后逐渐缩短变粗,每个染色体有两个染色单体,但染色体的着丝粒还没有分裂,这时核仁和核膜逐渐模糊不清。在前期的最后阶段将逐渐形成纺锤丝(spindle fiber)。

(3) 中期:核仁和核膜均消失了,核与细胞质已无可见的界限,细胞内出现清晰可见的由来自两极的纺锤丝所构成的纺锤体(spindle)。各个染色体的着丝粒均排列在纺锤体中央的赤道面上,而其两臂则自由地分散在赤道面的两侧。由于这时染色体具有典型的形状,最适于染色体制片和染色体计数。

(4) 后期:每个染色体的着丝粒分裂为二,这时各条染色单体各成为一条染色体。随着纺锤丝的牵引,每条染色体分别向两极移动,因而两极各具有与原来细胞同样数目的染色体。

(5) 末期:在两极,围绕着染色体出现新的核膜,染色体又变得松散细长,核仁重新出现,于是在一个母细胞内形成两个子核,接着细胞质分裂,在纺锤体的赤道板区形成细胞板,分裂为两个子细胞,又恢复为分裂前的间期状态。

在有丝分裂的过程中,首先是核内每条染色体准确地复制为二,为形成的两个子细胞在遗传组成与母细胞完全一样提供了基础;其次是复制的各对染色体有规则而均匀地分到两个子细胞的核中,从而使两个子细胞与母细胞具有同样质量和数量的染色体,这样既维持了个体的正常生长发育,也保证了物种的连续性和稳定性。

真核生物的无性生殖是通过亲本营养体的分割而产生后代个体,它是通过体细胞的有丝分裂而生殖的,因而后代与亲代具有相同的遗传组成。例如,植物利用块茎、鳞茎、球茎、芽眼和枝条等营养体产生后代,这都属无性生殖,上下代都保持着相同的遗传组成,后代与亲代总是保持相似的性状。

2. 减数分裂

真核生物的生殖方式基本上有两种,除无性生殖外,还有有性生殖。有性生殖是通过亲本的雌配子(female gamete)和雄配子(male gamete)受精融合而形成合子(zygote),随后进一步分裂、分化和发育而产生后代,这是最普遍而重要的生殖方式,大多数动植物都是行有性生殖的。

有性生殖的雌雄配子是通过减数分裂形成的,而减数分裂是在性母细胞成熟时,配子形成过程中所发生的一种特殊的有丝分裂,因为它使体细胞的染色体数目减半,故称减数分裂。减数分裂首先是各对同源染色体在细胞分裂的前期配对(pairing)或称联会(synapsis);然后是细胞分裂过程中的两次分裂,第一次是减数的,第二次是等数的。整个减数分裂的过程可以概述如下(图 1.20)。

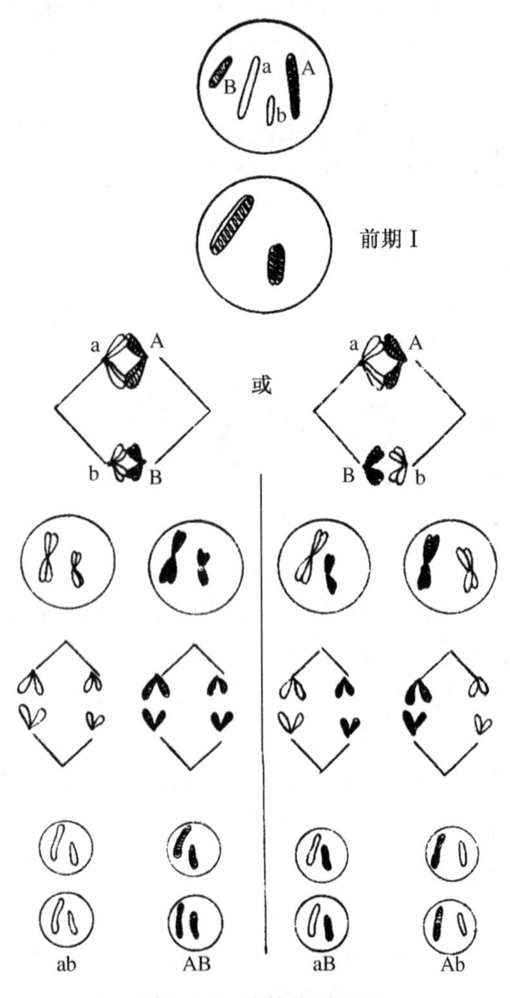

图 1.20 减数分裂图解

第一次分裂

(1) 前期Ⅰ:这一时期可以分为以下 5 个时期。

1) 细线期(leptotene) 核内出现细长如线的染色体,由于染色体在细胞分裂间期已经复制,所以每条染色体都是由两条染色单体组成。

2) 偶线期(zygotene) 同源染色体配对,出现联会现象,各对同源染色体的对应部位相互紧密并列,逐渐沿纵向联结在一起,这样联会的一对同源染色体,称为二价体(bivalent)。

3) 粗线期(pachytene) 二价体逐渐缩短变粗,因为二价体包括四条染色单体,故又称为四合体。在二价体中一条染色体的两条染色单体,互称为姐妹染色单体;而不同染色体中的染色单体,则互称为非姐妹染色单体。此时非姐妹染色单体间出现交换(crossing over),将造成遗传物质的重组。

4) 双线期(diplotene) 四合体继续缩短变粗,联会的二价体虽因非姐妹染色单体相互排斥而松散,但仍被一至几个交叉联结在一起。

5) 终变期(diakinesis) 染色体变得更为浓缩和粗短,这是前期Ⅰ终止的标志。这一时期交叉向染色体两端移动,并逐渐接近于末端,该过程叫交叉的端化(terminalization)。这时的每个二价体分散在整个核内,可以一一区分开来,是鉴定染色体数目的最好时期。

(2) 中期Ⅰ:核仁和核膜消失,细胞质里出现纺锤体,纺锤丝与各染色体的着丝粒相连,从极面观察,各二价体分散排列在赤道板的近旁。这一时期也是鉴定染色体数目的最好时期。

(3) 后期Ⅰ:由于纺锤丝的牵引,各个二价体各自分开,把两个同源染色体分别拉向两极,每一极只分到一对同源染色体中的一个,实现了 $2n$ 数目的减半(n),这时的每条染色体仍然包含两条染色单体。

(4) 末期Ⅰ:染色体移到两极后,松散变细,逐渐形成两个子核,同时细胞质分为两部分,形成两个子细胞,称为二分体(dyad)。在末期Ⅰ后大都有一个短暂的停顿期,称为中间期(interkinesis),相当于有丝分裂的间期,但有两点显著的不同:一是时间很短,二是 DNA 不复制,所以中间期的前后 DNA 含量没有变化。

第二次分裂

(1) 前期Ⅱ:每个染色体含有两条染色单体,着丝粒仍连在一起,染色单体彼此分得很开。

(2) 中期Ⅱ:每条染色体的着丝粒整齐地排列在赤道板上,着丝粒开始分裂。

(3) 后期Ⅱ:着丝粒分裂为二,各个染色单体变成染色体,由纺锤丝分别拉向两极。

(4) 末期Ⅱ:拉到两极的染色体形成新的子细胞核,同时细胞质又分为两部分。这样经过两次分裂,形成四个子细胞,这称为四分体(tetrad)或四分孢子(tetraspore),各细胞的核里只有最初细胞的半数染色体,

即从 $2n$ 减数为 n。

减数分裂是有性生殖生物配子形成过程中的必要阶段，通过减数分裂，既可以实现遗传物质在上下代之间传递的稳定性，也可以实现遗传物质重新组合所产生的丰富变异，增强物种的适应性。首先，减数分裂时核内染色体严格按照一定的规律变化，最后分裂成四个子细胞，发育成雌雄配子，各具有体细胞半数的染色体(n)，在雌雄配子结合为合子时，又恢复为体细胞全数的染色体($2n$)，从而保证了亲代与子代间染色体数目的恒定性，为后代的正常发育和性状遗传提供了物质基础，同时保证了物种的稳定性。其次，各对同源染色体在减数分裂中期Ⅰ排列在赤道板上，在后期Ⅰ各对染色体的两个成员是随机分向两极的，各个非同源染色体间均可能自由组合在一个子细胞中，如果有 n 对同源染色体，就可能有 2^n 种自由组合方式。如水稻 $n=12$，其非同源染色体分裂时可能的组合数为 $2^{12}=4\ 096$ 种。这说明各个子细胞之间在染色体组成上将可能出现多种多样的组合。另外，在减数分裂过程中，同源染色体的非姐妹染色单体间还有可能发生交换，这样就更增加了这种差异的复杂性。

总之，进行有性生殖的真核生物，其遗传物质的传递方式是：亲代遗传物质(DNA)先进行复制，然后经减数分裂产生减半遗传物质的配子；雌雄配子两两结合而成合子，遗传物质含量又恢复为亲代状态，完成上下代遗传物质的传递。合子再经有丝分裂，生长成新的个体，个体每个细胞的遗传组成都同合子一样，完成上下代细胞间遗传物质的传递。

思 考 题

1. 如何证明核酸是遗传物质?
2. 试比较 *E. coli* DNA 聚合酶Ⅰ与 DNA 聚合酶Ⅲ主要功能的异同。
3. 什么叫切口平移? 它有什么应用?
4. 试说明 PCR 的原理与方法。
5. 试说明双脱氧法测定 DNA 序列的原理与方法。
6. 试解释有丝分裂与减数分裂是如何维持遗传物质的稳定性的。

推 荐 参 考 书

1. 吴乃虎. 2001. 基因工程原理(第 2 版). 北京：科学出版社
2. 徐晋麟，徐沁，陈淳. 2011. 现代遗传学原理(第 3 版). 北京：科学出版社
3. Griffiths AJF, Miller JH, Suzuki DT, et al. 1996. An Introduction to Genetic Analysis. 6th ed. New York: W H Freeman and Company
4. Hartwell LH, Hood L, Goldberg ML, et al. 2011. Genetics: From Genes to Genomes. 4th ed. McGraw-Hill Companies, Inc.
5. Klug WS, Cummings MR. 2002. Essentials of Genetics. 4th ed. New York: Pearson Education

第2章

Mendel 定律及其扩展

提　要

Mendel 通过豌豆的杂交实验提出了遗传的分离和自由组合定律，其实质是在减数分裂过程中，同源染色体彼此分离，非同源染色体自由组合，而位于染色体上的遗传因子(基因)伴随着染色体的分离和组合发生着有规律的活动。遗传学定律的发现得益于 Mendel 对数据进行合理的数理统计分析。随着研究的深入，人们发现基因与环境、等位基因之间、非等位基因之间能够相互作用，共同决定生物性状的表达，从而扩展了 Mendel 定律。

Mendel 定律是遗传学中的基本定律，是遗传学发展的基石。Mendel 是遗传学的创始者，他通过对生物性状传递规律以及控制生物性状的遗传因子的研究，提出了遗传的分离和自由组合定律。他的论文"植物杂交实验"曾在 1865 年 2 月 8 日 Brünn 自然科学学会上宣读，1866 年刊登在 Brünn 博物学会会刊上。在 Mendel 之后，许多科学家利用不同的试验材料，对 Mendel 定律进行了重复和验证，进一步证明和发展了这一在遗传学中的重要定律，使遗传学在 20 世纪迅猛发展起来。即使是在今天分子遗传学快速发展的时期，Mendel 定律仍具有重要的意义。

2.1　遗传的分离和自由组合定律

作为遗传学的创立者，Mendel 学习总结了前人的工作方法与经验教训，从独特的视角出发，得出了重要的遗传规律。

2.1.1　Mendel 试验

Mendel 进行了大量的试验，由简入繁，得到了许多重要的试验数据，为遗传规律的得出提供了试验依据。

1. 试验材料及研究的性状表现

Mendel 在豌豆试验中研究了多对相对性状，并以其中的 7 对相对性状及其表现作为对象开展分析和研究。这 7 对相对性状分别如下。

1）成熟的种子具有不同的形态表现　　相对性状的一方种子呈球形或圆形，其表面没有凹陷或只有很浅的凹陷；另一方种子有不规则的棱角，表面有很深的皱褶。

2）种子子叶的颜色不同　　一方表现为黄色或橘黄色；另一方为浓绿色。这可以从种子外面透过种皮加以区别。

3）种皮的颜色不同　　一方为白色，其花瓣亦为白色；另一方为灰色或灰褐色或黄褐色等，花瓣是紫色。

4）豆荚的形状不同　　一方饱满；另一方有深深的缢痕或皱褶。

5）未成熟的豆荚具有不同的颜色　　一方为绿色；另一方为黄色，其茎、叶脉、萼片也是黄色。

6）花着生的位置不同　　一方为腋生，沿主轴分散；另一方是顶生，聚集在近于主轴的顶端处，在此情况下，茎的上端变得多少有些平齐。

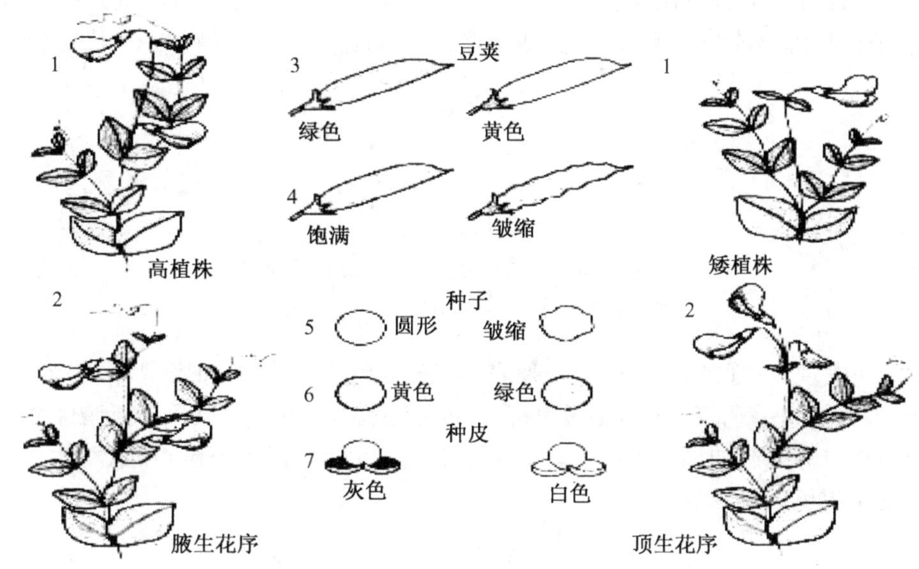

图 2.1 Mendel 杂交试验所用的 7 对相对性状

(引自 Passarge E,1998)

7) 茎的高度不同　　一方茎高约 2 m;另一方是约 30 cm 的矮茎。

2. Mendel 试验

(1) 几个基本的概念:在介绍 Mendel 试验之前,有必要对一些专有名词进行解释,以便于在学习中理解。

1) 性状(character)、单位性状(unit character)、相对性状(relative character)　　性状是指生物体所表现出来的形态、结构和生理生化等特征的总和。如形状、颜色、高度等。而任一生物体的性状又可以分为很多单位,这些单位就称为单位性状。例如:种子的形状、花的颜色、茎的高度等。不同的个体在每个单位性状上具有各种不同的表现,这就称为相对性状。如种子的形状——有圆形和皱形;花的颜色——有红花和白花;茎的高度——有高茎和矮茎等。

2) 等位基因(allele)　　在同源染色体的相同座位上控制同一性状的不同形式的基因。

3) 座位(locus)　　基因在染色体上的位置。每个基因在染色体上都有一个座位。

4) 纯合体(homozygote)和杂合体(heterozygote)　　在一定的座位上带有两个相同的等位基因的个体是纯合体;在一定的座位上带有两个不同的等位基因的个体为杂合体。

5) 基因型(genotype)和表现型(phenotype)　　基因型是指一个个体染色体上基因的集合,即它所包含的每一对基因。表现型也简称表型,是指一个个体所含有的各种基因所制造的产物如蛋白质、酶等,以及个体的各种表现特征,甚至包括它的行为等。除了基因的作用外,环境条件也能影响个体的表现型。

6) 野生型(wild type)和突变型(mutant)　　野生型也叫正常型,是指自然界中出现最多的类型。突变型是由野生型基因发生突变而形成的类型。

7) 显性基因(dominant gene)和隐性基因(recessive gene)　　把控制显性性状的基因称为显性基因;决定隐性性状的基因称为隐性基因,它只有在显性基因不存在的情况下才能表现出来。为了区别起见,使用不同的符号来区分显性和隐性基因。最常见的方法是用大写的英文字母表示显性基因,用该字母的小写表示相对的隐性基因(如用 A 表示豌豆的红花——显性基因,用 a 表示白花——隐性基因)。由于基因很多,在许多情况下要用两个以上的字母表示,在这种情况下,区别显、隐性基因只用第一个字母的大、小写表示,第二个及其以后的字母一律用小写(如 Wx 表示玉米籽粒非糯性——显性基因,用 wx 表示糯性——隐性基因)。

在两对以上基因决定同一性状的情况下,通常用不同的数字下标以示区别(如决定玉米叶舌的第一对基因用 Lg_1 和 lg_1 表示,第二对基因用 Lg_2 和 lg_2 表示)。为简便起见,有时用“+”表示野生型显性基因,而把隐性突变基因用小写字母或“−”表示。

(2) 单因子杂交试验:在单因子杂交实验中,Mendel 对其所研究的多对性状分别进行了研究。以具有相对性状的纯合体作为亲本进行杂交,得到 F_1 代;F_1 代自交后,在 F_2 代中重新出现两纯合亲本的表现类型,并且显性性状与隐性性状的分离比为3∶1。在F_2代同时出现显、隐性性状的现象被称为性状分离。

例如:以黄色子粒的豌豆纯合品系与绿色子粒的豌豆品系进行杂交,得到的F_1代自交,结果如下。

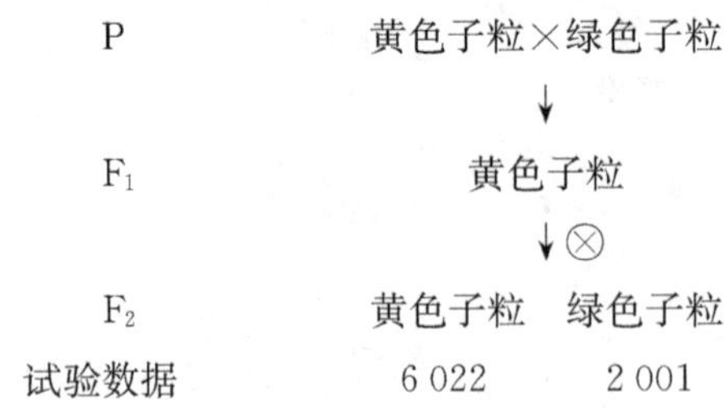

Mendel在试验中发现,不管是F_1代中的一种表型,还是F_2代中的两种表型,都与亲本的表型相同,都没有出现混合现象。根据这一现象Mendel认为每一性状都是由一对遗传因子决定的,这对遗传因子在传递过程中互不混杂,独自分开。如果分别以Y,y表示控制显性性状(黄色子粒)和隐性性状(绿色子粒)的遗传因子,则上述杂交过程可以表示为:

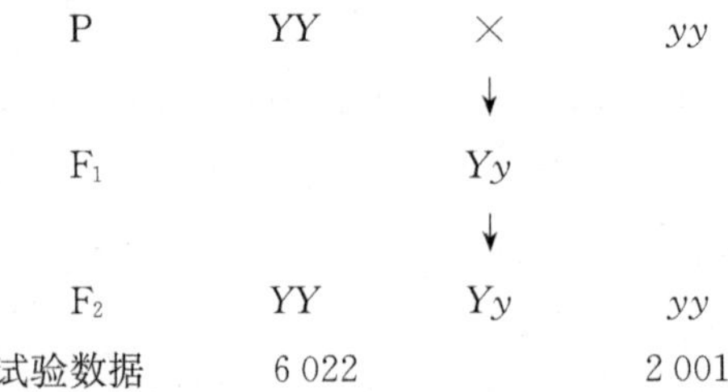

F_1代中,具有不同遗传因子组成的杂合体表现为显性性状,在F_2代出现3∶1的分离比。Mendel所研究的另六对相对性状亦有相似的分离比出现(见表2.1)。

表2.1 Mendel豌豆杂交试验结果

性　状	亲本类型	F_1	F_2	F_2分离比
种子形状	圆形×皱缩	全部圆形	5 474圆形,1 850皱缩	2.96∶1
子叶颜色	黄色×绿色	全部黄色	6 022黄色,2 001绿色	3.01∶1
种皮颜色	褐色×白色	全部褐色	705褐色,224白色	3.15∶1
豆荚形状	饱满×缢缩	全部饱满	882饱满,299缢缩	2.95∶1
豆荚颜色(未成熟)	绿色×黄色	全部绿色	428绿色,152黄色	2.82∶1
花着生部位	腋生×顶生	全部腋生	651腋生,207顶生	3.14∶1
茎的高度	高茎×矮茎	全部高茎	787高茎,277矮茎	2.84∶1

(3)**遗传因子分离假说的内容**:Mendel将上述试验现象进行了归纳、分析与总结,提出了遗传因子的分离学说,认为生物性状的遗传由其细胞内的遗传因子决定,遗传因子有规律地向后代传递,使杂交后代出现一定的分离比。其内容归纳表述如下。

1)性状是由颗粒性的遗传因子(基因)决定的。

2)一对相对性状由一对等位基因决定,F_1代植株中至少有一个基因决定显性性状,另一个基因决定隐性性状。

3)每一对基因的成员均等地分配到生殖细胞中去,每一个生殖细胞含有每对基因中的一个。

4)个体细胞的每一对基因中,一个来自父本雄性生殖细胞,另一个来自母本雌性生殖细胞。

5)在形成下一代(或合子)时,配子的结合是随机的。

这一理论在现在来看基本是正确的,它为遗传学的建立与发展奠定了理论基础。但目前通过对基因或是Mendel所称的遗传因子的本质进行分析研究的结果表明基因是可分的,并非是不可分的颗粒。

Mendel在研究单对遗传性状的表现和传递规律以后,将视角转向研究和分析两对、三对以及多对遗传性状的传递规律,并提出了遗传因子的自由组合定律。

(4) 双因子杂交试验：种子的形状有圆形和皱形两种表现；种子的颜色有黄色和绿色两种表现。Mendel 所进行的杂交过程如下：

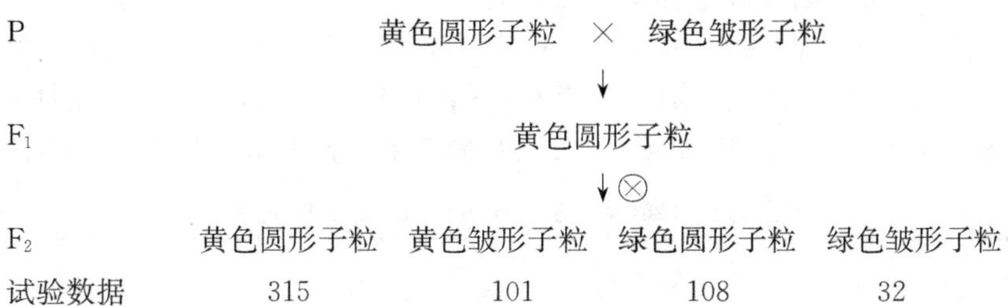

如果分别以 Y，y 表示控制黄色和绿色的遗传因子，以 R，r 表示控制圆形和皱形子粒的遗传因子，则上述杂交过程可以表示为：

P　　$YYRR$　×　$yyrr$

↓

F_1　　$YyRr$

↓⊗

F_2

♂配子 / ♀配子	RY	Ry	rY	ry
RY	$RRYY$ 黄圆	$RRYy$ 黄圆	$RrYY$ 黄圆	$RrYy$ 黄圆
Ry	$RRYy$ 黄圆	$RRyy$ 绿圆	$RrYy$ 黄圆	$Rryy$ 绿圆
rY	$RrYY$ 黄圆	$RrYy$ 黄圆	$rrYY$ 黄皱	$rrYy$ 黄皱
ry	$RrYy$ 黄圆	$Rryy$ 绿圆	$rrYy$ 黄皱	$rryy$ 绿皱

从表中可以看出，F_2 代有 4 种表型、9 种基因型，总结如下：

表型种类	基因型种类				比　例
黄圆种子	$RRYY$(1)	$RrYY$(2)	$RRYy$(2)	$RrYy$(4)	9
黄皱种子	$rrYY$(1)	$rrYy$(2)			3
绿圆种子	$RRyy$(1)	$Rryy$(2)			3
绿皱种子	$rryy$(1)				1

仔细分析可以发现：每一对性状的分离比仍然为 3∶1($R\_ : rr = 3 : 1$；$Y\_ : yy = 3 : 1$)，而把两对性状综合分析时，则出现 9∶3∶3∶1 分离比。在这里 $R\_$ 和 $Y\_$ 分别代表 RR/Rr 和 YY/Yy 基因型，即 $R\_$ 表示有可能为杂合，也有可能为纯合，但至少含有一个显性基因，因此表现出显性性状。$Y\_$ 亦如此，代表纯合或杂合的显性类型。

2.1.2　分离和自由组合定律

Mendel 在对上述试验进行分析、归纳和总结后，提出了遗传的分离和自由组合定律。分离定律是指一对遗传因子在杂合状态时互不污染，保持独立性；F_1 代在形成配子时，又按原样各自分离到不同的配子中去；在一般情况下，配子的分离比是 1∶1，F_2 代的基因型比为 1∶2∶1，F_2 代的表现型分离比为 3∶1。而自由组合定律则表述了两对或多对遗传因子在杂合状态时保持其独立性，互不污染的情形；在形成配子时，同一对遗传因子彼此分离，独立传递；不同对的遗传因子则自由组合。对于双因子杂交试验而言，F_1 代产生四种配子，比例为 1∶1∶1∶1，F_2 代基因型比为 $(1:2:1)^2$，F_2 代的表型分离比为 $(3:1)^2$。

无论是 Mendel 所提出分离还是自由组合，都是指在形成配子过程中遗传因子(或等位基因)的行为，而不是配子的行为。

2.1.3 多因子的自由组合

1. 利用 Punnett 方格分析杂交后代的基因型和表现型

Punnett 方格是由英国科学家 Punnett(1875～1967)提出的一种分析方法。它按照遗传的基本原理，将可以随机结合的非等位基因或配子类型在表格的一侧分别纵向或横向排列，而表格的主体部分显示的是配子组合或子代的基因型。利用 Punnett 方格(Punnett square)或称棋盘法分析 *AaYyRr* 自交后代结果如表 2.2 所示。

表 2.2 Punnett 方格分析 *AaYyRr* 自交后代结果

配　子	*AYR*	*AYr*	*AyR*	*Ayr*	*aYR*	*aYr*	*ayR*	*ayr*
AYR	*AAYYRR*	*AAYYRr*	*AAYyRR*	*AAYyRr*	*AaYYRR*	*AaYYRr*	*AaYyRR*	*AaYyRr*
AYr	*AAYYRr*	*AAYYrr*	*AAYyRr*	*AAYyrr*	*AaYYRr*	*AaYYrr*	*AaYyRr*	*AaYyrr*
AyR	*AAYyRR*	*AAYyRr*	*AAyyRR*	*AAyyRr*	*AaYyRR*	*AaYyRr*	*AayyRR*	*AayyRr*
Ayr	*AAYyRr*	*AAYyrr*	*AAyyRr*	*AAyyrr*	*AaYyRr*	*AaYyrr*	*AayyRr*	*AayyRr*
aYR	*AaYYRR*	*AaYYRr*	*AaYyRR*	*AaYyRr*	*aaYYRR*	*aaYYRr*	*aaYyRR*	*aaYyRr*
aYr	*AaYYRr*	*AaYYrr*	*AaYyRr*	*AaYyrr*	*aaYYRr*	*aaYYrr*	*aaYyRr*	*aaYyrr*
ayR	*AaYyRR*	*AaYyRr*	*AayyRR*	*AayyRr*	*aaYyRR*	*aaYyRr*	*aayyRR*	*aayyRr*
ayr	*AaYyRr*	*AaYyrr*	*AayyRr*	*Aayyrr*	*aaYyRr*	*aaYyrr*	*aayyRr*	*aayyrr*

对于研究少数几对基因决定的性状表现时，后代各基因的组合情况可以应用这一方法较清晰地表示出来。但在研究多对因子决定的性状表现状况时，此方法就显得太繁杂，因此，人们提出了另外一种分析方法——分支法。

2. 分支法分析杂交后代的基因型和表现型

利用分支法计算配子的种类和分离比，以及 F_2 代各种类型的基因型及表现型比时，可以根据单基因的分离比加以简化，合并同类。因此是简单的计算统计方法之一。

(1) F_1 代(*AaBbDd*)所产生的配子种类和比例的计算：根据遗传学基本原理可知，*A*/*a*、*B*/*b* 以及 *D*/*d* 三对等位基因将彼此分离，进入到不同的配子中；而 *A* 与 *B*、*D* 基因座上的非等位基因可以发生随机的自由组合。因此，产生配子的种类和比例可以归纳总结如下：

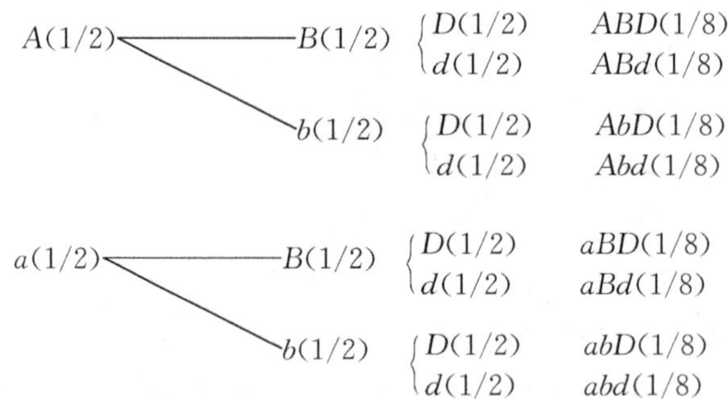

即它可以产生 8 种类型的配子，分离比为 1∶1∶1∶1∶1∶1∶1∶1。

(2) F_2 代基因型种类和比例的计算：依据基因的分离和自由组合定律可以将 F_1 代(*AaBbDd*)自交产生 F_2 代基因型的种类和比例按分支法推导计算出：

AA(1/4)
- *BB*(1/4)
  - *DD*(1/4)→*AABBDD*(1/64)
  - *Dd*(2/4)→*AABBDd*(2/64)
  - *dd*(1/4)→*AABBdd*(1/64)
- *Bb*(2/4)
  - *DD*(1/4)→*AABbDD*(2/64)
  - *Dd*(2/4)→*AABbDd*(4/64)
  - *dd*(1/4)→*AABbdd*(2/64)
- *bb*(1/4)
  - *DD*(1/4)→*AAbbDD*(1/64)
  - *Dd*(2/4)→*AAbbDd*(2/64)
  - *dd*(1/4)→*AAbbdd*(1/64)

- $Aa(2/4)$
  - $BB(1/4)$
    - $DD(1/4) \longrightarrow AaBBDD(2/64)$
    - $Dd(2/4) \longrightarrow AaBBDd(4/64)$
    - $dd(1/4) \longrightarrow AaBBdd(2/64)$
  - $Bb(2/4)$
    - $DD(1/4) \longrightarrow AaBbDD(4/64)$
    - $Dd(2/4) \longrightarrow AaBbDd(8/64)$
    - $dd(1/4) \longrightarrow AaBbdd(4/64)$
  - $bb(1/4)$
    - $DD(1/4) \longrightarrow AabbDD(2/64)$
    - $Dd(2/4) \longrightarrow AabbDd(4/64)$
    - $dd(1/4) \longrightarrow Aabbdd(2/64)$

- $aa(1/4)$
  - $BB(1/4)$
    - $DD(1/4) \longrightarrow aaBBDD(1/64)$
    - $Dd(2/4) \longrightarrow aaBBDd(2/64)$
    - $dd(1/4) \longrightarrow aaBBdd(1/64)$
  - $Bb(2/4)$
    - $DD(1/4) \longrightarrow aaBbDD(2/64)$
    - $Dd(2/4) \longrightarrow aaBbDd(4/64)$
    - $dd(1/4) \longrightarrow aaBbdd(2/64)$
  - $bb(1/4)$
    - $DD(1/4) \longrightarrow aabbDD(1/64)$
    - $Dd(2/4) \longrightarrow aabbDd(2/64)$
    - $dd(1/4) \longrightarrow aabbdd(1/64)$

由此看来，基因型为 $AaBbDd$ 的个体自交能产生 27 种不同基因型的个体，各基因型后边的数字表示其分离比例。

(3) F_2 代表现型的种类和比例：根据同样的原理，可按分支法推知 F_2 代表现型的分离比：

- $A\_(3/4)$
  - $B\_(3/4)$
    - $D\_(3/4) \longrightarrow A\_B\_D\_(27/64)$
    - $dd(1/4) \longrightarrow A\_B\_dd(9/64)$
  - $bb(1/4)$
    - $D\_(3/4) \longrightarrow A\_ddD\_(9/64)$
    - $dd(1/4) \longrightarrow A\_bbdd(3/64)$

- $aa(1/4)$
  - $B\_(3/4)$
    - $D\_(3/4) \longrightarrow aaB\_D\_(9/64)$
    - $dd(1/4) \longrightarrow aaB\_dd(3/64)$
  - $bb(1/4)$
    - $D\_(3/4) \longrightarrow aabbD\_(3/64)$
    - $dd(1/4) \longrightarrow aabbdd(1/64)$

即，三基因杂合体 $AaBbDd$ 自交可以产生 8 种不同的表现型，比例为 27∶9∶9∶3∶9∶3∶3∶1。

依此类推，我们可以对更多对基因的分离和组合状况进行总结分析。

3. 多对独立遗传基因分离组合时 F_1 代和 F_2 代的遗传表现

多对独立遗传基因分离组合时 F_1 代和 F_2 代的遗传表现结果总结于表 2.3：

表 2.3　多对杂合基因产生配子类型及其杂交后代基因型、表现型及分离比

分离基因对数	F_1 代形成配子种类	F_2 代					
		自交产生 F_2 代时的配子组合数	完全显性时表型		基因型种类数	纯合基因型种类数	杂合基因型种类数
			种类数	分离比			
1	2	4	2	(3∶1)	3	2	1
2	4	4^2	4	$(3:1)^2$	9	4	5
3	8	4^3	8	$(3:1)^3$	27	8	19
4	16	4^4	16	$(3:1)^4$	81	16	65
5	32	4^5	32	$(3:1)^5$	243	32	211
⋮	⋮	⋮	⋮	⋮	⋮	⋮	⋮
n	2^n	4^n	2^n	$(3:1)^n$	3^n	2^n	3^n-2^n

依据此表可以对多对基因个体间杂交形成后代(F_1、F_2)的各种类型及分离比进行分析，并可预测 F_3 代

或 F_4 代等的遗传表现及分离比。

4. 家系(谱)分析

基因的分离与组合定律同样适合于人类中由单因子或多因子决定的遗传性状和遗传病的分析。家系分析方法是人类遗传学中常用的一种十分有效的分析人类性状或遗传病在亲子代之间传递规律的方法。

(1) 家系分析常用的符号：为了方便地对人类性状遗传进行家系分析，人们常用一些特殊的符号、连线或图形表示性别、婚配和世代关系、后代及其特性等，如图 2.2 所示：

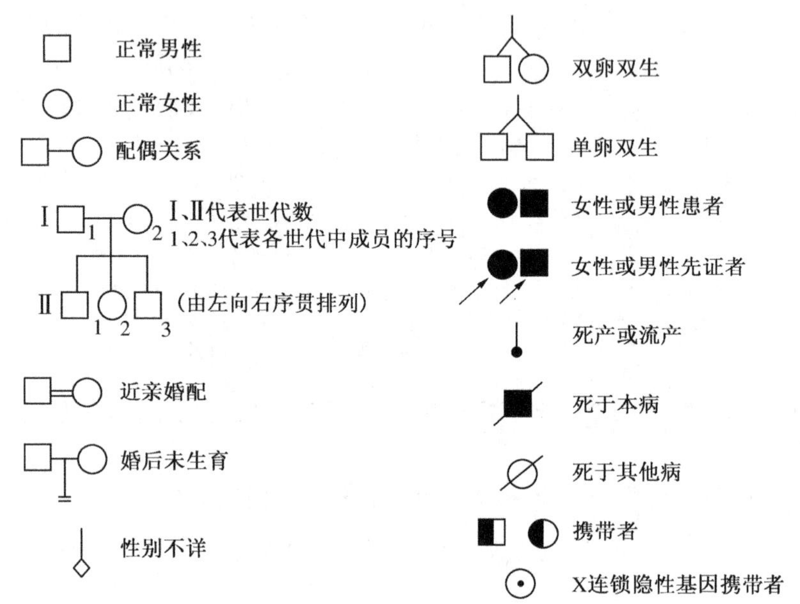

图 2.2　系谱图中常用符号

(引自戴灼华等，2008)

所谓家(系)谱(pedigree)是指用来表示祖先或血缘关系的格式。是人类遗传学研究的重要手段。在系谱中，家系中最先发现遗传疾病的个体被称为先证者(propositus)，而家系中遗传疾病的患者被称为受累者(affected)。应用系谱分析方法，可以由亲本类型推知后代可能的基因型和表现型，并且推测出后代患有某种遗传病的概率。

(2) 人类遗传病：人类中有许多遗传病是由单基因决定的，有的位于常染色体上，有的位于性染色体上。这里主要介绍常染色体遗传病，可以分为两种：

1) 常染色体显性遗传病(autosomal dominance，AD)(图 2.3)　致病基因位于第 1～22 号染色体上。其系谱具有以下几个特点。

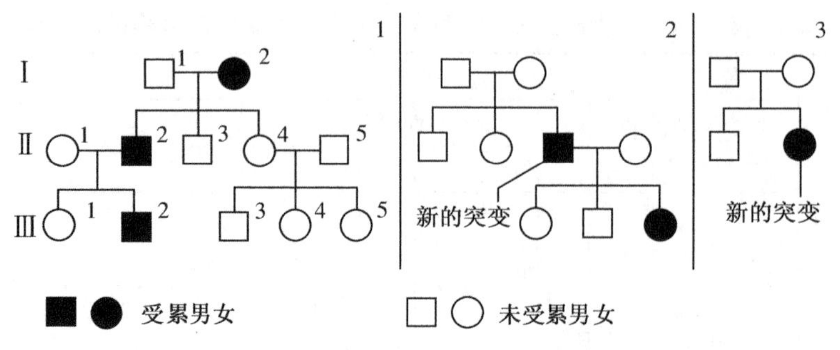

图 2.3　常染色体显性遗传病的传递特点

① 患者双亲中一方患病时。该致病基因可由患者的亲代传来；如果双亲都未患病，则可能是新发生的突变所致，这种情况在一些突变率较高的病中可以见到。

② 患者同胞中 1/2 将会发病，而且男女患病机会均等。这一点在同胞数多的家庭中才能看到；在同胞数少的家庭中则看不到相应的发病比例，这时必须观察多个相同婚配方式的家庭后，汇总起来才能得到相近

的发病比例。

③ 患者子代中有 1/2 将患病，也可以说患者婚后每生育一次，都有 1/2 的风险生出该病患儿。

④ 本病在一家中连续几代都会有发病患者，即具有连续传递的特点。但该性状一旦在该家系中消失，则正常性状可以稳定遗传。

2) 常染色体隐性遗传病(autosomal recessive, AR)(图 2.4)　常染色体隐性遗传病(AR)的致病基因也位于第 1～22 号常染色体上，为隐性，即杂合时并不发病，但携带致病基因向后代传递，称为携带者。

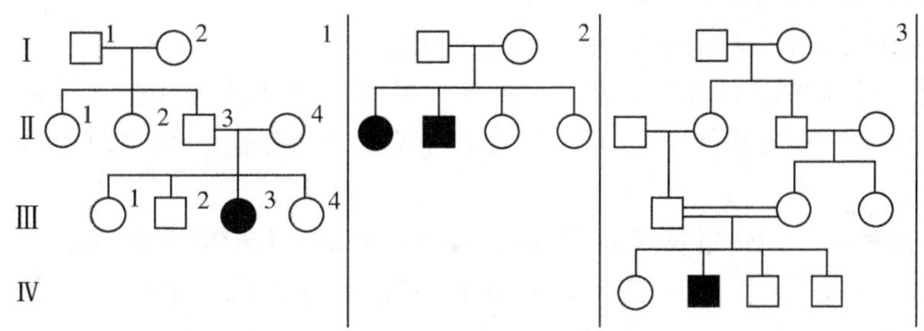

图 2.4　常染色体隐性遗传病的传递特点

其系谱具有以下特征。

① 患者双亲都无病但是肯定为携带者；AR 病患者常常是两个携带者之间的婚配所生的后代，所以，患者的双亲又称肯定携带者。

② 患者同胞中将会有 1/4 患病而且男女患病机会均等。在小家庭中由于子女数目少，所以往往得不到这种发病比例，所得到的发病比例往往偏高。

③ 患者子女中，一般不发病，所以看不到连续传递现象，常为散发的病例。

④ 两个杂合的携带者(Aa)婚后所生子女中，将有 1/4 个体是该病患者，也可以说，他们每生育一次，都有 1/4 的机会生出该病患儿。

⑤ 在近亲婚配的情况下，子女中发病风险增高。在那些致病基因频率低的 AR 病中，患者往往是近亲婚配者所生后代。

3) 常见遗传病介绍

A. 常染色体显性遗传病

例 1：并指Ⅰ型(MIM 185900)

患者 3、4 指间有蹼，其末节指骨愈合(图 2.5 右)；足的第 2、3 趾间有蹼。该病完全符合常染色体显性遗传的特点。

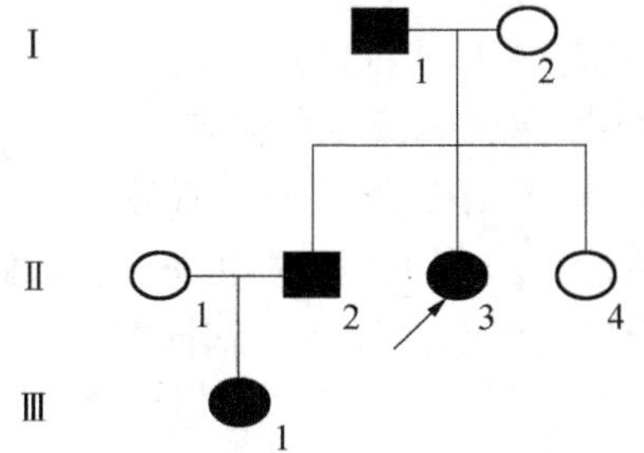

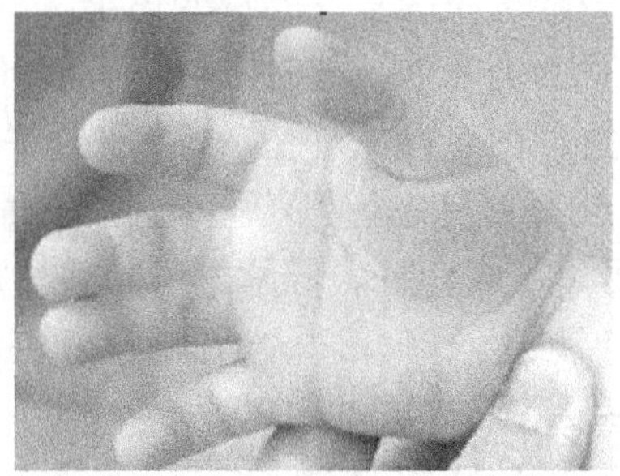

图 2.5　左：并指家系；右：并指表现

例 2：家族性高胆固醇血症或高脂蛋白血症Ⅱ型(MIM 143890)

本病的杂合子患者在人群中约有 1/500，其血清中的胆固醇为 300～400 mg/dl，手、肘、膝、踝可有黄瘤，并有角膜弓，40～60 岁可发生冠心病；纯合子患者少见，估计约 1/1 000 000，其血清中胆固醇严重升高，约 600 mg/dl 以上，幼年时即可出现黄瘤和角膜弓，20 岁前即可发生冠心病。正常人的血清胆固醇为 150～250 mg/dl。本病的基本缺陷为细胞膜上低密度脂蛋白受体(LDLR)缺陷，这是 LDLR 基因突变所致。杂合子有功能的 LDLR 仅为正常人的 1/2。在正常情况下，LDL 与 LDLR 结合后，经内吞而进入细胞，被溶酶体水解,蛋白质降解而胆固醇酯则释放游离胆固醇。游离胆固醇抑制微粒体上的 3-羟基-P-甲基戊二酰辅酶A 还原酶活性,从而引起胆固醇合成的降低;并激活胆固醇酯化酶,合成胆固醇酯而贮存起来。如果 LDLR 基因突变,则使 LDL 不能与有缺陷的 LDLR 结合,或虽与之结合而不能内化,则只有少量或无 LDLR 进入细胞,不能产生反馈调节,胆固醇合成不受抑制,胆固醇酯也不能形成,而游离胆固醇过多,导致高胆固醇血病。

致病基因(FH)已定位于 19p13,它长约 45 kb,含 18 个外显子。

例 3: MN 血型(MN blood group)(MIM 111300)

人类红细胞表面的血型糖蛋白中,有 M 和 N 糖蛋白的差异,称为 MN 血型,这分别决定于 4q28～q31 上的 M 基因和 N 基因。MM 基因型与 NN 基因型所形成糖蛋白的差异表现在其氨基端第 1 和第 5 位氨基酸的不同,MM 型者分别为丝氨酸和甘氨酸,NN 型者为亮氨酸和谷氨酸。MN 型者则具有这两种抗原。

此性状为共显性。

例 4: Huntington 舞蹈症或遗传性舞蹈症(Huntington's chorea)(MIM 143100)

本病常于 30～40 岁发病,但也有 10 余岁发病或 60 岁以后才发病的病例。患者有大脑基底神经节变性,主要损害在尾状核、壳核和额叶。患者有进行性不自主的舞蹈样运动,舞蹈动作快,常累及躯干和四肢肌肉,以下肢的舞蹈动作最常见,并可合并肌强直。随着病情加重,可出现精神症状,如抑郁症,并有智能衰退,最终成为痴呆。

此病为延迟显性。杂合子(*Aa*)在生命的早期致病基因并不表达,达到一定年龄以后,其作用才表达出来,这就称为延迟显性。

该病的致病基因被定位于 4p16.3,正常情况下,基因编码一种称为 huntington 的蛋白,其编码区 5′端 CAG 的动态突变可导致疾病的发生,且 CAG 重复的多少与疾病发病的早晚、病症的严重程度成正比。正常人的 CAG 重复次数在 9～34 次,Huntington 舞蹈症的患者 CAG 的重复次数大于 36 次,最多超过 120 次。

常见的常染色体显性遗传病还有:急性间歇性叶啉症、迟发性成骨发育不全症、成年多囊肾病、α-珠蛋白生成障碍性贫血、肌强直性营养不良、Noonan 综合征、神经纤维瘤、结节性脑硬化、多发性家族性结肠息肉症(肠息肉 1 型)、Peutz-Jeghers 综合征(肠息肉 D 型)以及家族性痛风等。

B. 常染色体隐性遗传病

例 1: 苯丙酮尿症Ⅰ型(MIM 261600)

这是一种遗传性代谢病,在我国的发生率为 1/16 500。患儿出生时正常,毛发淡黄,皮肤白皙,虹膜黄色,尿有鼠味或霉臭味。3～4 个月后,出现智力发育障碍,肌张力高,常有痉挛发作,行走时步态不稳。约有 1/2 患胎早期流产,1/2 患儿生长迟缓、小头并有严重的智力低下。致病基因(PAH)已定位于 12q24.1,它长约 85 kb,有 13 个外显子,其 mRNA 长约 2 300 nt,编码 451 个氨基酸。该基因的突变可导致 PAH 功能缺陷而发生苯丙酮尿症。我国常见的突变为第 7 外显子 243 密码子由 CGA 变成 CAA,编码的精氨酸变成谷氨酰胺。华北常见的突变为第 12 外显子 413 密码子由 CGC 变成 CCC,编码的精氨酸变成脯氨酸;华南常见的突变为第 4 内含子的 3′接头部位 AG 变成 AA,导致剪接错误而使 PAH 功能障碍。

苯丙酮尿症(PKU)是一种遗传性新陈代谢病,患者的身体排不出多余的苯丙氨酸,从而使其大脑受到伤害,严重的话可以变成痴呆。低苯丙氨酸饮食疗法是目前治疗经典型 PKU 的唯一方法,通过使苯丙氨酸的摄入量限制在保证生长和代谢的最低需要量上,以预防由于代谢障碍而导致的脑损伤。

例 2: 白化病Ⅰ型(MIM 203100)

本病也是一种遗传性代谢病。患者皮肤呈白色或淡红色、毛发银白或淡黄色、虹膜及瞳孔呈淡红色并羞明,有时有眼球震颤。患者皮肤不耐日晒,日晒后易生日光性皮炎,并可发生基底细胞癌。

本病的发生率约 1/20 000,致病基因(OCA1)已定位于 11q14～q21,它长约 50 kb,有 5 个外显子。已发现 OCA1 的多种突变,例如第 81 密码子由 CCT 变为 CTT,编码的脯氨酸变为亮氨酸,即可导致酪氨酸酶的功能缺陷,不能将酪氨酸转变成多巴,从而不能形成黑色素,导致白化病。

例 3: 先天性聋哑Ⅰ型(MIM 220700)

F. C. Ormerod 将先天性聋哑Ⅰ型分为 6 个亚型,其表现如下:1 亚型,内耳完全未发育;2 亚型,耳蜗只形成一个弓形管,前庭管也发育不良;3 亚型,骨迷路发育良好而膜迷路发育不良;4 亚型最常见,前庭发育良好且有功能，耳蜗和球囊发育异常；5 亚型，中耳由于甲状腺缺陷而发育异常；6 亚型，小耳和外耳道闭锁。N. E. Morton 认为，隐性的先天聋哑占所有先天聋哑的 68%，有 35 个基因座位，其中任何一个纯合后均可导致聋哑，估计群体中 16%的人为携带者。因为存在上述的遗传异质性(heterogeneity)，即不同的遗传改变导致相同的疾病，所以有时可看到两个先天聋哑患者婚后所生子女中，并无聋哑的患者出现。

例 4：高度近视(MIM 255500)

本病在我国的发生率约为 1/100。高度近视是指屈光度在－6.0 度以上，常常有－10.0～－8.0度以上的近视。幼年时即可出现近视，由于眼轴过长而致眼球突出，可有玻璃体混浊，豹纹样眼底，黄斑区有黄白色条纹、黄斑出血等现象。人群中杂合子携带者的频率约为 18%，在随机婚配情况下，杂合子通婚($Aa \times Aa$)的概率约为 1/25。偶见纯合患者与携带者之间通婚，这种情况下，子女中患高度近视者的风险为 1/2。

常见的常染色体隐性遗传病还有：镰状红细胞贫血症、β-珠蛋白生成障碍性贫血、苯丙酮尿症、尿黑酸尿症、半乳糖血症、肝豆状核变性(Wilson 病)、遗传性肺气肿、先天性肾上腺皮质增生、婴儿黑朦性白痴、同型胱氨酸尿症、丙酮酸激酶缺乏症等。

在人类正常性状和致病基因的表达和传递过程中，除有常染色体上单基因决定的性状和疾患以外，还有由位于性染色体上的单基因决定的性状表达，或由多基因决定的性状表达。这部分知识会在后续课程中介绍。

2.1.4　分离定律和自由组合定律的验证

Mendel 定律的提出和确定，是经过了许多试验加以分析和证明的。常用的验证方法为测交验证法和自交验证法。

1. 测交验证法

以杂种 F_1 代与纯合隐性亲本类型进行杂交，由于隐性亲本类型的个体只能形成一种只含有隐性基因的配子，当这种类型的配子与 F_1 代个体形成的配子结合时，测交后代的表现类型仅取决于杂种 F_1 所产生的配子类型。因此，在单因子杂交中，由于 F_1 代个体只能产生两种类型配子，比例为 1∶1，则测交后代也只有两种类型，比例为 1∶1。而双因子杂交试验中，F_1 代可以形成四种类型配子，分离比为 1∶1∶1∶1，所以测交后代有四种基因型，分离比为 1∶1∶1∶1。例如：性状表现为绿豆荚(G)圆形种子(R)的纯合个体与黄豆荚(g)皱形种子(r)的纯隐性个体杂交后，其 F_1 代进行测交，则后代出现 1∶1∶1∶1 分离比。

以图表示为：

$$GgRr \quad \times \quad ggrr$$
$$\downarrow$$

测交后代基因型	GR/gr	Gr/gr	gR/gr	gr/gr
分离比	1 ∶	1 ∶	1 ∶	1

实际结果与理论推测结果一致，由此可以证明 Mendel 定律的正确性。

2. 自交验证法

根据 Mendel 定律，对于具有两对基因差异的个体而言，F_1 代可以形成四种配子，其分离比为 1∶1∶1∶1；各种配子随机结合，形成不同的基因组合，根据显隐性关系，自交后代有四种表现型，且分离比为 9∶3∶3∶1。例如：表现型为绿豆荚圆形种子的双因子杂合体($GgRr$)，自交后发生性状分离，出现四种表现类型，且分离比为 9∶3∶3∶1，以图表示为：

$$GgRr$$
$$\downarrow \otimes$$

自交后代	$G\_R\_$	G_rr	$ggR\_$	$ggrr$
	9 ∶	3 ∶	3 ∶	1

除此以外，用得较多的验证方法还有花粉粒测验法、子囊孢子验证法等，因为花粉粒和子囊孢子为单倍性，染色体上基因所控制的性状可以直接表现出来。因此，对花粉粒和子囊孢子进行直接的观察与统计，可以验证同源染色体的分离和非同源染色体的自由组合。

例如：小麦的雄性败育由核基因控制，败育的花粉粒表面褶皱，其中所含淀粉为支链淀粉，而支链淀粉遇 I_2 - KI 为碘黄色；可育花粉粒表面光滑，其中所含淀粉 78% 为支链淀粉，22% 为直链淀粉，直链淀粉遇 I_2 - KI 为蓝黑色。将杂种 F_1 代产生的花粉用 I_2 - KI 染色，观察花粉的种类和数目，可见 1∶1 的分离现象，说明该性状由 1 对等位基因控制。再如通过脉孢霉子囊孢子的表现可测定减数分裂后形成的单倍体类型及其表现(见第 3 章)。

2.1.5 遗传的染色体学说

尽管 Mendel 对遗传因子的独立分配和自由组合现象提出了自己的解释，但缺乏理论依据。即使在 1900 年 Mendel 遗传定律被重新发现，人们仍不清楚遗传因子的行为与染色体动态之间的关系。

1902 年，Sutton 和 Boveri 通过观察蝗虫的减数分裂过程，发现了遗传因子与性母细胞减数分裂中染色体的行为有着平行的关系，由此各自提出了染色体有可能是基因载体的学说。

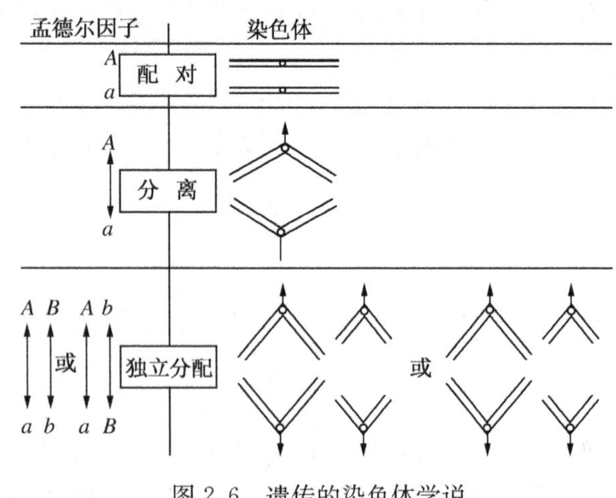

图 2.6 遗传的染色体学说

1910 年，Morgan 通过对果蝇性状遗传特点的研究，首次证明了一个特定的基因(即遗传因子)的行为对应于某一特定的染色体，即控制果蝇白眼性状的基因位于性染色体上。

1916 年，Morgan 的学生 Bridges 也是以果蝇作为研究对象，将细胞学研究，即染色体行为及组成的分析，与生物性状表达联系起来，进行综合分析，直接证明了基因是位于染色体上的。

所谓遗传的染色体学说是指 Mendel 提出的遗传因子在减数分裂过程中，前期 I 同源染色体彼此配对，成对存在的遗传因子在减数分裂后期 I 随着同源染色体的分离进入到不同的子细胞中，而位于非同源染色体上的非成对遗传因子则可以随机组合(见图 2.6)。

2.2 遗传学数据的统计和分析

在生物学的发展进程中，由于 Mendel 成功地将统计学原理引入到研究生物性状的分析过程，由此而诞生了伟大的遗传学，并作为一门独立的学科迅猛发展起来。因此，对于科学研究而言，采取适当的研究手段对得出正确的结果是非常重要的。在遗传学的学习和研究中，统计学的学习与应用是相当有效的。

2.2.1 概率及其应用

一个事件的概率(probability, p)就是这一事件将要发生的次数在大量重复的试验中所占的比例。

例如：当抛掷的硬币落下时，我们不知道哪面向上，因为这是一个随机事件。我们只能说有 0.5(50%)的可能性是正面向上，0.5 的可能性是反面向上，在多次试验中，两种结果很可能相等。当我们不能预测某一具体事件发生的结果时，概率论告诉我们如何通过特定的方式去预知。

在遗传学研究中人们往往应用概率来推算遗传比率，从而分析判断该比率发生的真实性和可靠性。常用的原理有概率统计中的加法定理和乘法定理。所谓加法定理是指互斥事件出现的概率是所研究事件各自发生的概率之和。乘法定理则是指两件独立的事件同时或相继发生的概率是各自概率的乘积。

加法定理(相加)用于互斥事件总的概率的计算。一个骰子有 6 个标有数字的面，每面向上的概率均为 1/6，得到 5 或 6 的概率(得到 5 或 6 是互斥事件)是：$1/6 + 1/6 = 2/6 = 1/3$。可表示为 $p(5\text{或}6) = p(5) + p(6)$。

乘法定理(相乘)用于独立事件发生概率的计算。例如：一孕妇生男孩的概率是 0.5，生女孩的概率也是 0.5[$p(\text{男}) = 0.5, p(\text{女}) = 0.5$]。如果这一家庭计划要两个孩子，则两个孩子都是男孩(或都是女孩)的概率就等于两概率的乘积：$0.5 \times 0.5 = 0.25$(即 1/4)。也就是说这一家庭中两个孩子都是男孩或都是女孩的概率为 1/4。

独立事件不受以前的事件影响。若一家庭前 3 个孩子均为男孩，第 4 个孩子为女孩的概率仍为 1/2。

乘法定理和加法定理常联合使用。例如要计算连续两个孩子均为男孩和均为女孩的概率是：

$$0.5^2(\text{全男}) + 0.5^2(\text{全女}) = 0.5(\text{即 } 1/2)$$

对于具体的遗传学事件，如进行双因子杂交 ($AABB \times aabb$)，要想知道 F_2 代群体中 $aaBb$ 出现的概率是多少，怎么计算呢？Mendel 分离比告诉我们，隐性纯合(aa)的概率为 1/4，杂合(Bb)的概率为 1/2，由于二者是独立事件，所以 $aaBb$ 出现的概率为 $\frac{1}{4} \times \frac{1}{2} = \frac{1}{8}$。

2.2.2　二项式及二项概率

二项式展开式通常应用于分析某一事件的各种组合所出现的概率。

例如：基因型分别为 AA、Aa 的个体婚配后生有三个孩子，这三个孩子可能的基因型组合方式有四种，分别为：均为 AA；两个为 AA 和一个为 Aa；一个为 AA 和两个为 Aa；均为 Aa。由于 AA 和 Aa 结合后，其后代的基因型可能为 AA 和 Aa，且它们的概率都为$\frac{1}{2}$。因此利用二项式展开式可以计算各种后代基因型组合的概率，其概率可以计算如下：

$$(p+q)^3 = 1p^3 + 3p^2q + 3pq^2 + 1q^3 = 1AA^3 + 3AA^2Aa + 3AA\,Aa^2 + 1Aa^3$$

p、q 分别表示后代基因型出现的概率，在此即为后代 AA 和 Aa 出现的概率；各项指数分别为具各基因型的个体数。例如第一项 AA^3 表示三个孩子的基因型均为 AA 的概率。此题中 p、q 分别为 1/2，所以三个孩子可能的基因型组合的概率分别为 1/8、3/8、3/8 和 1/8。

如果后代个体数较多，利用二项式展开每一项难度较大，此时，可以利用二项式展开式的通式进行计算：$(p+q)^n$ 展开式的通式为$\frac{n!}{s!t!} \times p^s q^t$，其中 p，q 分别为后代个体各表现型或基因型出现的概率；n 为后代个体总数；s 和 t 分别代表概率为 p，q 的表现型和基因型的个体数；! 代表阶乘。

所以如果具有上例基因型的双亲有五个孩子，其中 3 个为 AA、两个为 Aa 的概率为：

$$\frac{5!}{3! \times 2!} \times \left(\frac{1}{2}\right)^3 \times \left(\frac{1}{2}\right)^2 = \frac{5}{16}$$

此外，也可以通过排列方式分析后代某一组合出现的概率。排列就是通过不同方式(安排、组合)得到相同的结果。一男一女两个孩子有两种排列方式：男孩可以是前一个，也可以是后一个，第一个为男孩(0.5)、第二个为女孩(0.5)的概率为 $0.5^2 = 0.25$；同理，第一个为女孩(0.5)、第二个为男孩(0.5)的概率也是 0.25。因此，如果有两个孩子，且为一男一女而不考虑顺序的概率是 $0.25 \times 2 = 0.5$。在后代中所有可能结果概率之和应为 1，两个男孩的概率为0.25，一男一女的概率是 0.5，两个女孩的概率是 0.25。

排列数就是二项式$(p+q)^n$ 展开的系数：$\left(\frac{n!}{s! \times t!}\right)$

式中，n 为试验次数(如后代的总数)；s 为其中一种结果的数目(如男孩数)；t 为另一种结果的数目(如女孩数)，且 $s+t=n$。如果得到第一种结果的概率为 p，第二种结果的概率为 q (其中 $p+q=1$)，则在 n 次试验中出现第一种结果 s 次，第二种结果 t 次的概率为(其中 $s+t=n$)

$$p_{(s+t)} = \frac{n!}{s! \times t!} p^s q^t$$

式中，系数 $\left(\frac{n!}{s! \times t!}\right)$ 是排列数；$p^s q^t$ 是事件以一定顺序发生的概率。当有 n 个事件，每个事件有两种可能性时，共有 $n+1$ 情况：例如，如果有三个孩子，则可能有 0 个、1 个、2 个、3 个男孩共 4 种情况，每种情况的系数(即得到此种情况的方式数)可以直接从 Pascar 三角形的第 $n+1$ 行得到。当每个事件有多于两个取舍的结果时(如一个骰子有 6 面)，就要用多项式展开进行分析。

Pascar 三角形中给出了二项展开式的全部系数(即排列数)。其中每行的开始和结束均为 1,每个系数都是上一行相邻两项之和。

在上述 3 个孩子的例子中 ($n=3$),我们可以用 Pascar 三角形的第 4 行分析。此例中,可能有 0、1、2 或 3 个男孩,Pascar 三角形的第 4 行显示:0 个男孩仅一种方式,一个男孩共有 3 种方式,两个男孩也有 3 种方式,三个男孩也仅有一种方式,表现为 1∶3∶3∶1 的分离比。而如果要计算各组合事件出现的概率,则需要了解每一个基因型出现的概率。

行	Pascar 三角形	总数
1	1	1
2	1 1	2
3	1 2 1	4
4	1 3 3 1	8
5	1 4 6 4 1	16
6	1 5 10 10 5 1	32
7	1 6 15 20 15 6 1	64
8	1 7 21 35 35 21 7 1	128
9	1 8 28 56 70 56 28 8 1	256

Pascar 三角形显示了二项式展开的系数(排列数),由此可以推知某一事件发生的概率。现在,很容易将此方法推广到多项式展开以解决三种或更多种可能性的情况。例如:如果花色为红、粉红、白的概率分别是 p、q、r,则得到 s 朵红、t 朵粉红和 u 朵白的概率是:

$$p=\left(\frac{n!}{s!\times t!\times u!}\right)p^{s}q^{t}r^{u}$$

其中共有 n 朵花,$n=s+t+u$。实际上,此方法可推广到任何多类别的情况。

2.2.3 卡方检验法(适合度检验)

在实际工作中,我们往往从某群体中抽取若干个样品进行分析。如果群体较大,而实际条件控制得很严,那么实际值与预期的理论值可能比较接近;如果样品较少又有许多条件限制,二者之间就有可能出现偏差。这种偏差到底是由于试验机误造成的还是由于真正存在的差异造成的,在遗传学上通常采用卡方检验法来判断。所谓的卡方检验法就是将实际数值与理论数值进行比较,以确定二者的符合程度,从而确定某一分离比例是否能用某种遗传规律去解释。例如我们调查了 100 个新生婴儿,其中男婴 54 个,女婴 46 个,这就需要用卡方检验法去分析与理论比例(1∶1)之间的误差是由于机误造成的还是本质的不同。

卡方检验时一般按下列步骤进行。

1) 明确理论假说:根据总数与理论上预期的比例求理论值。

如上述 100 个新生婴儿应符合男∶女=1∶1 的比例,根据该理论比例可以求出理论值为:男婴为 50 个,女婴也为 50 个。

2) 求差数并计算卡方值(χ^2):先求出实际值与理论值的差数,然后按下面的计算公式求 χ^2 值。卡方值的计算公式为:

$$\text{卡方值}(\chi^2)=\sum\frac{(\text{观测值}-\text{理论值})^2}{\text{理论值}}$$

3) 求自由度(degree of freedom, df):所谓自由度是指在总数确定后,实际变数中可以变动的项数。通常是总项数减 1(即 $n-1$)。举例说明:

有 100 粒麦子,3 只鸡去啄食。如果第 1 只鸡吃了 40 粒,第 2 只鸡吃了 35 粒,第 3 只鸡就只能吃 25 粒。如果第 1 只鸡吃了 30 粒,第 2 只鸡吃了 18 粒,第 3 只鸡就能吃 52 粒。可见麦子的总数已确定,若前两只鸡吃的粒数,即自由变动的数目一经确定,则第 3 只鸡所吃的麦子数没法变动,这里能变动的项数就只有 3−1=2 了,亦即自由度为 2。

4) 确定符合概率(p 值)的标准,以便确定或否定所假设的理论。一般将标准定为 $p=0.05(5\%)$。p 大于 0.05 表明实际值与理论值差异不大，从而可以确定所作的假说；p 小于 0.05 表明二者差异显著，不符合假说；p 小于等于 0.01 表明差异极显著，极不符合假说，可以重新设立新的假说去解释实验结果。

5）如何找 p 值？依据 χ^2 值和自由度查 χ^2 值表，就能找到对应的 p 值，从而按照(4)的标准去检验符合情况。

例：如下杂交实验结果是否符合 Mendel 的分离比例？

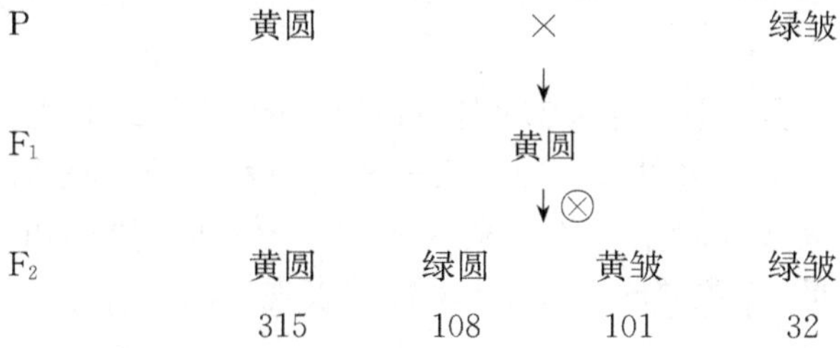

解：1）理论假说：Mendel 的分离比例(2 对因子，9∶3∶3∶1)。

2）计算 X^2 值：

	黄圆	绿圆	黄皱	绿皱	总数
观测值	315	108	101	32	556
理论值	312.75	104.25	104.25	34.75	556
差　值	2.25	3.75	−3.25	−2.75	0
卡方值	0.016 2	0.134 9	0.101 3	0.217 6	0.47

3）求自由度：有四种类型，因此 $df = n - 1 = 3$。

4）查表找 p 值：在 $df = 3$，χ^2 值 $= 0.47$ 时，p 值介于 0.50～0.95 之间，远远大于 0.05，说明实际值与理论值相符，试验结果符合 Mendel 的分离比例。

表 2.4　χ^2 表(常用数值摘录)

df \ p	0.99	0.95	0.50	0.10	0.05	0.02	0.01
1	0.000 16	0.003 9	0.46	2.71	3.84	5.41	6.64
2	0.020 1	0.103	1.39	4.61	5.99	7.82	9.21
3	0.115	0.352	2.37	6.25	7.82	9.84	11.35
4	0.297	0.711	3.36	7.78	9.49	11.67	13.28
5	0.554	1.145	4.35	9.24	11.07	13.39	15.09
⋮	⋮	⋮	⋮	⋮	⋮	⋮	⋮
10	2.558	3.940	9.34	15.99	18.31	21.16	23.21

从 χ^2 表中我们可以看到，当自由度相同时，随着概率值的降低，其相应的 χ^2 值越大，所以我们只需记住常用自由度的 χ^2 临界值 ($p = 0.05$)，当实际所测 χ^2 值大于 $\chi^2_{0.05}$ 时，$p < 0.05$，则不符合相应的假说，差异显著；反之，则可以接受所设立的假设，差异不显著。

2.3　Mendel 遗传比例的扩展

在 Mendel 所做的杂交实验中，F_2 代出现了 3∶1 和 9∶3∶3∶1 分离比例。这种比例并不是在任何情况下都能出现的，它的出现需要有特定的条件：① 杂交的双亲必须是纯系；② 在有性染色体分化的生物中，决定性状的基因位于常染色体上且等位基因要完全显性；③ 各种类型配子随机结合，且存活率相当；④ 所有的杂种后代都应该处于比较一致的环境中且存活率相同；⑤ 供试群体中的个体数要足够多。

在上述条件不能满足的情况下，分离比会出现一定的变化，例如性状的表达会受到环境的影响、等位基因之间并不是绝对的显性作用、而非等位基因之间也会出现各种各样的相互作用等。本节将就以上问题进行阐述。

2.3.1 基因与环境

生物的生长和发育不是孤立的,它们均处于一定的环境中。从基因型到表现型,即从遗传的可能性到性状表现的现实性之间,有一个个体发育的过程,其中包括一系列相当复杂的形态变化、生理生化反应以及分化等过程。这些错综复杂的变化,离不开生物体内在和外在环境条件的作用,因此,表现型是基因型和内外环境条件相互作用的结果,常用"基因型 + 环境 = 表现型"这一公式来表示这层关系。

1. 基因与环境作用的关系

(1) *显隐性的相对性*:性状的显、隐性表现有时是可以改变的,不能绝对化。因为,性状的发育受外界环境条件的影响。由于环境的影响,显性可以从一种性状表现变为另一种性状表现,这种现象称为条件显性。例如曼陀罗茎秆颜色的遗传,当紫茎和绿茎个体杂交后,F_1 代个体在夏季的田间生长时,茎是紫色的,说明紫茎对绿茎为显性;但在温度较低、光照较弱时,F_1 代个体则表现为淡紫色茎,又呈现不完全显性,说明显隐性可依条件而转化。

生物的显隐性表现在同一世代个体不同的发育时期还可以发生变化。如香石竹的花苞颜色有白色和暗红色之分,让开白花的植株与开暗红花的植株杂交,F_1 代的花最初是纯白的,以后慢慢变为暗红色。这是因为体内的酸碱度在开花时发生了变化,影响了花的颜色。

另外,在杂种所处的外界环境条件变化很大时,还会发生显、隐性向相反方向转化的现象。例如在正常水肥条件下,当用高茎豌豆品种与矮茎品种杂交时,F_1 代表现为高茎,此时高茎为显性性状;若把 F_1 代种植在水肥条件很差的条件下,植株长得很矮,似乎矮秆又成为显性性状了。

(2) *多因一效与背景基因*:前面介绍的 Mendel 关于遗传因子与性状的关系是"一对一"的关系,即一对基因控制一对相对性状。实际情况往往并非如此,有时一个性状的表现是许多基因共同作用的结果。这种一种性状的发育受多对基因影响的现象称为多因一效(multigenic-effect)。

研究表明,玉米糊粉层的颜色这一性状受 7 对基因控制,其中 4 对基因的作用明显,即:A_1/a_1 决定花青素的有无,A_2/a_2 决定色素是否形成,C/c 决定糊粉层的颜色有无,R/r 决定糊粉层和植株颜色的有无。当上述基因均为显性时,糊粉层在 Pr 和 pr 时分别呈紫色和红色。在这里,Pr 和 pr 为主效基因,当其他基因座上的基因均为显性时,这一对基因的组成决定了生物性状表达的差异;而其他基因为背景基因。所谓背景基因型就是指和所研究的表现型直接相关的基因以外的全部基因型的总和。

(3) *反应规范*(reaction norm):前已谈到,个体的基因型产生什么样的表现型与环境有关。但是各种基因型对环境条件的反应也不是随意的,有一定的变化范围。遗传学上将基因型对环境反应的幅度(范围)称为反应规范。

大家在山间溪水中经常能见到一种水生植物——水毛茛,仔细观察你会发现水毛茛的同一植株,长在水面上的叶片是正常的扁形叶,长在水面以下的叶片深裂呈丝状。同一个体的叶片形态表现差异很大,说明其反应规范很大。

人类的白化症患者,不论接受多少阳光都很少或不形成色素,说明它的反应规范很窄。正常人皮肤色素的形成却受基因和环境两方面因素的影响,同一个体接受阳光多时,皮肤色素积累多,往往表现较黑;若长时间避光,则皮肤色素积累少,表现较白。这说明正常人肤色的反应规范广泛。另外,相对于不同种族的人而言,皮肤对环境的反应规范也有所不同,一般来讲,黄色人种皮肤颜色的表现反应规范较为宽泛,而黑色人种或白色人种的反应规范较窄。

2. 表现度和外显率(expressivity and penetrance)

在生物性状的表达过程中,并不是具有某一基因型的个体都表现出该基因型所控制的性状;即使表现相同的性状,其表现程度也会有所不同。人们把具有相同基因型的个体间基因表达的变化程度称为表现度。

例如人的多指(趾)症是单基因显性遗传病,但具有同样基因型的个体在表现程度上各不相同:有的人每只手和每只脚都多长出一个或几个指或趾,有的人仅多长出 1 个手指或脚趾;有的人多指(趾)长得很小,有的则较完整,甚至还可以长出指(趾)甲,等等。这是由于在胚胎发育过程中,个体的表现既受其基因型的影响,又受体内激素、母体的营养等环境条件影响的结果。

此外,基因控制性状的发育,不可能完全孤立地起作用,而是与其他基因有密切关系,所以基因所处的遗传背景不同，也会影响其表现度。

研究发现，在黑腹果蝇中有二十多个基因与眼睛的色泽有关，这些基因的表现度很一致，虽然眼睛的颜色会随着年龄的增长而加深，但程度是一样的。然而黑腹果蝇中有一个细眼基因，它可以影响复眼中的小眼数，它的表型变化程度很大，具有该基因的个体，有的眼睛很小，只有针尖大小，有的眼睛很大，与正常野生型个体表现基本相同。

由于具有同一基因型的个体表现程度不同，因此推之至极限，就会有一些具有某一基因型的个体，并不表示出该基因型所控制的性状。这种在具有特定基因型的一群个体中，表现出该基因型所控制性状的个体的百分数，被称为外显率。

例如正常人的巩膜为白色，而有的人是蓝色巩膜，它是某一基因突变的结果。据统计，10 个具有这种突变基因的人中有 9 人表现出蓝色巩膜，表明其外显率为 90%，剩下的 10% 称为“外显不全”，即指具有某一基因型，但不表现出该基因型所控制性状的现象。在这 9 个表现蓝色巩膜的个体中，蓝色的深浅程度不一，有的较淡、有的很深很蓝、有的中等。这种现象表明该性状的表现度不同。

因此，外显率是指一个基因效应的表达或不表达，不管表达的程度如何。而表现度则适用于描述基因表达的不同程度。

当然，也有完全的外显率和完全的表现度的基因。如 Mendel 的试验中，豌豆具黄色等位基因(纯合或杂合)的子叶全为黄色，具绿色等位基因纯合体的子叶全为绿色。

由此可见，在研究性状的显、隐性关系时，必须特别注意杂种所处的环境条件，要尽可能保持与亲本所处的环境一致，要保证具有该性状发育所需的充分条件，这对于那些对外界环境条件反应比较敏感的性状尤为重要。

3. 表型模写(phenocopy)

由于环境因素所引起的表型改变与某基因突变所引起的表型变化相一致的现象被称为表型模写。

例如人体由于基因突变造成体内缺乏 21-羟化酶从而引起肾上腺生殖系统综合征。但是，当某一个体并没有发生相应的基因突变，而是在胎儿时期，其母亲患上肾上腺肿瘤时，也会引起类似的症状表现。这种现象就是表型模写。模拟的表现性状是不能遗传的。

世界上最典型的相关事例莫过于塞拉多米事件了。在 20 世纪 50 年代，原联邦德国曾经合成了一种高效的安眠剂——塞拉多米，又叫反应停。这种药物具有剂量低、疗效高、副作用小、服后不发生头痛等优点，因此一时间备受欢迎，广为应用。但是，经过若干年实际应用后，于 60 年代初，相继报告了一些孕妇在服用塞拉多米后所生婴孩为畸形儿的事例，其中有的四肢畸形，有的为脑畸形。到 60 年代中期，在原联邦德国、日本和法国等国家陆续发现了一万余例畸形婴儿，于是引起了人们尤其是医务界的极大重视。通过研究发现，该病患者在幼年时表现特征与常染色体显性遗传的心肢综合征表现极为相似，心肢综合征是一组骨骼、肌肉及心血管畸形综合征。但这些患儿是由于母体内环境物质发生改变而引起的，这些现象就被称为表型模写。由此可见，环境因素对于个体的发育具有重要的作用，在一定条件下还会起着决定性的作用。

2.3.2 等位基因间显隐性的相对性

1. 等位基因间的显隐性关系

等位基因间的相互作用主要表现为显、隐性和共显性关系。Mendel 所研究的豌豆的 7 对相对性状中，杂合体与显性纯合体在性状的表型上完全相同，即两个不同的遗传因子同时存在于某一个体细胞中时，其中只有一个遗传因子(基因)的表型效应得以完全表现，这是一种最简单的等位基因之间的相互作用，即完全显性。但后来发现由一对等位基因决定的相对性状中，显性是不完全的，或是出现其他的遗传现象。但这并不有悖于 Mendel 定律，而是其原理的进一步发展和扩充，主要体现在以下几个方面。

(1) 完全显性(complete dominance)：F_1 代所表现的性状与具有显性性状的亲本完全相同，若与该亲本种在一起，根据该性状无法将亲本与 F_1 代区别开来的现象。

例如，当用纯种红花豌豆与白花豌豆杂交时，F_1 代所有的个体都开红花，红色的程度与红花亲本完全一样，彼此无法区分。

(2) 不完全显性(incomplete dominance)：F_1 代表现的性状趋向于某一亲本，但并不等同于该亲本的性状的现象。

用紫茉莉开红花的品种与开白花的品种杂交，F_1 代表现为粉红色，是双亲的中间类型。F_1 代自交，F_2 代中有 1/4 红花，2/4 粉红，1/4 白花。这说明白花基因在杂合体 *Cc* 中没有被污染混杂，而保持了其纯洁性，在 F_2 代个体又按原样分离出来。F_2 代的中间类型是 *C* 基因对于 *c* 基因的不完全显性所造成。因此，F_2 代的表现型及基因型比均为 1∶2∶1。

(3) 共显性(codominance)：一个基因的两个等位基因分别和不同物质的形成有关，这两种物质同时在杂合体中出现的现象称为共显性。

例如，人的 ABO 血型系统的遗传，当个体基因型为 I^AI^B 时，在红细胞表面既可以形成 A 抗原，也可以形成 B 抗原，因而表现为 AB 血型，具有双亲的性状表现。MN 血型的遗传也具有同样的特点。

(4) 镶嵌显性(mosaic dominance)：指两个亲本的性状同时在 F_1 代个体上表现的现象。它与共显性的不同之点在于两个亲本的性状在不同的细胞或部位同时表现。

例如异色瓢虫的鞘翅有很多色斑变异。鞘翅的底色是黄色，但不同的色斑类型在底色上呈现不同的黑色斑纹，黑缘型鞘翅只在前缘呈黑色，由 S^{AU} 基因决定；均色型鞘翅则只在后缘呈黑色，由 S^E 基因决定。纯种黑缘型($S^{AU}S^{AU}$)与纯种均色型(S^ES^E)杂交，F_1 杂种($S^{AU}S^E$)既不表现黑缘型，也不表现均色型，而出现一种新的色斑，即按两个亲本的色斑类型镶嵌：鞘翅的前缘和后缘都为黑色。F_1 代互相交配，在 F_2 代中有1/4黑缘型 $S^{AU}S^{AU}$；2/4$S^{AU}S^E$，表型与 F_1 代杂种相同，另外 1/4S^ES^E，表型为均色型。

(5) 超显性(superdominance)：指 F_1 代的表现超过亲本表现的现象。在数量性状遗传中经常能观察到这种遗传现象。

2. 致死基因(lethal genes)

致死基因是指那些使生物体不能存活或使生物体生命力降低的等位基因。该类基因多数为隐性，只有在纯合状态时才有致死效应；也有少数是显性致死的，杂合状态即表现致死作用。

(1) 隐性致死基因：1904 年，法国遗传学家 Cuénot 在小鼠(*Mus musculus*)中发现了一种黄色皮毛的性状，该性状的特点是它永远不会是纯种，不管是黄鼠与黄鼠交配，还是黄鼠与黑鼠交配，子代均出现分离：

A. 黄鼠×黑鼠→黄鼠(2378)，黑鼠(2398)，比例为 1∶1

B. 黄鼠×黄鼠→黄鼠(2396)，黑鼠(1235)，比例为 2∶1

C. 黑鼠×黑鼠→黑鼠(全部)

从上述情况可以看出，黄鼠是杂合体而黑鼠是隐性纯合体，因而出现(A)中 1∶1 的比例；那么从理论上讲，(B)中的比例应是 3∶1，但实际结果是 2∶1，缺少 1/4 的黄鼠数。这是为什么呢？经解剖发现，约有 1/4 的胚胎不正常，在受精后 8 天就死亡了。据此 Cuénot 提出，决定黄色的基因具有显性的表现效应，但在致死效应上却是隐性的，纯合状态下才表现。

这样一个基因影响两种不同的表型甚至更多性状的表型是很常见的，这也表现了某一基因的多效性和显隐性的相对性。

植物中的白化基因，控制人类镰状细胞贫血症和新生儿先天性鱼鳞癣等基因，都具有隐性致死作用。

(2) 显性致死基因：由显性基因 Rb 引起的视网膜母细胞瘤是一种眼科致死性遗传病，常在幼年发病，患者通常因肿瘤长入单侧或双侧眼内玻璃体，晚期向眼外蔓延，最后可转移到全身而死亡。又如人类的Ⅱ型家族性高脂蛋白血症也是显性致死的，患者表现为高血脂和多发性黄色瘤，早年死于心肌梗塞。

致死作用可以发生在个体发育的各个时期。致死基因的存在是生物生存能力下降的一种极端表现，在有些情况下某一基因的存在，并不表现为完全的致死作用，而只是表现为后代的分离比会偏离 Mendel 经典的分离比例，其中导致生存比例低于理论比例的基因被人们称为是低生活力的或亚致死的。也就是说致死现象只表现在部分个体上。亚致死现象发生的比例可在 1%～100%之间。例如果蝇的缺刻翅，这是由隐性等位基因产生的。有这种效应的等位基因被看作为半致死基因。

3. 复等位基因(multiple allele)

Mendel 所研究的每一对相对性状都只有两种不同的表现形式，控制某一性状的基因均为一对等位基因，且仅有两个等位形式，它们成对地位于同源染色体相同的座位上。但就整个群体而言，后来的研究发现同一座位上有两个以上等位基因的现象。人们把种群中同源染色体同一座位上存在的两个以上的等位基因称为复等位基因。

要注意的是：对于一个二倍体个体而言，在某一基因座位上最多只能存在某一基因的两种等位形式。"复等位基因"是应用于群体的概念。

复等位基因的存在，正是生物多态性(polymorphism)在遗传上的直接原因。在一个复等位基因系列中，可能有的基因型数目取决于复等位基因的数目。一般而言，n 个复等位基因的基因型数目为 $n+\frac{n(n-1)}{2}$，其中纯合体为 n 个，杂合体为$\frac{n(n-1)}{2}$。

例如在兔子的皮毛颜色的表现上，一个基因座上的多个复等位基因形式与许多不同的毛色表型相关。在这个等位系列中有4个成员：野生灰色、青灰色、喜玛拉雅和白化体。纯合时，每个等位基因都产生一种独特的毛色。杂合体中，有一清楚的显性关系：野生灰色对其他等位基因都为显性。青灰色对喜玛拉雅和白化体显性。喜玛拉雅仅对白化体为显性。白化体不能产生任何色素，因而对其他等位基因都为隐性。

这些基因系列在决定家兔毛皮颜色时表现型与基因型的对应关系如表2.5所示：

表2.5　家兔皮毛颜色遗传

毛皮颜色表型	基因型
全　色	CC 或 Cc^{ch} 或 Cc^{h} 或 Cc
青旗拉(Chinchilla)	$c^{ch}c^{ch}$ 或 $c^{ch}c^{h}$ 或 $c^{ch}c$
喜玛拉雅(Himalayan)	$c^{h}c^{h}$ 或 $c^{h}c$
白　化	cc

人类的ABO血型是典型的复等位基因决定的性状，是由 I^A、I^B 和 i3个等位基因决定的。这些基因各自编码特定的红细胞表面抗原。就每一个人而言，只可能具有这3个复等位基因中的2个，从而表现出特定的血型。在这里，I^A、I^B 对 i 而言是显性；I^A 和 I^B 则是共显性；i 是隐性。血型的基因型和表现型具有下列关系：

血型表型	基　因　型
O	ii
A	I^AI^A，I^Ai
B	I^BI^B，I^Bi
AB	I^AI^B

根据ABO血型的遗传规律，可将血型遗传作为亲子鉴定的一个指标。表2.6可说明父母亲血型与子女血型的关系。

表2.6　父母血型与子女血型的相互关系

母亲血型 / 父亲血型	A	B	AB	O
A	A、O	A、B、O、AB	A、AB	A、O
B	A、B、O、AB	B、O	AB、B	B、O
AB	A、B、AB	A、AB、B	A、B、AB	A、B
O	A、O	B、O	A、B	O

尽管人类的ABO血型由 I^A、I^B 和 i 这一复等位基因系决定，但其前体代谢过程中仍需其他正常的基因发挥作用，当这些基因(如 H 基因可形成H抗原)发生变异时会对最终的表型产生影响。

1952年在印度的孟买曾发现了一个血型奇特的家系。家系中测得Ⅰ$_1$ 为O型血、Ⅰ$_2$ 为B型血；Ⅱ$_5$ 为A型血、Ⅱ$_6$ 为O型血。依据遗传规律推测Ⅱ$_5$ 和Ⅱ$_6$ 后代表现只能为O型或A型血，实际发现其后代Ⅲ$_1$ 为AB血型(见图2.7)。此结果与理论相矛盾，其 B 基因是从何而来的呢？经过研究发现家系中Ⅱ$_3$、Ⅱ$_4$、Ⅱ$_6$ 既无A、B抗原，也没有H抗原，但携带有 I^B。这种血型第一次在印度孟买发现，所以叫孟买型(Bombay phenotype),记为“O_h”。

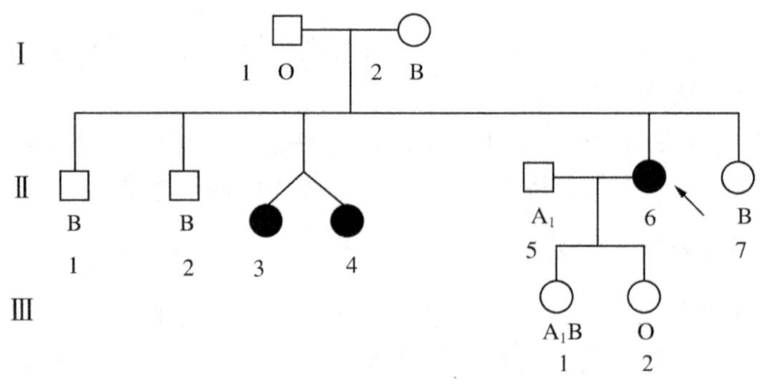

图 2.7 三个孟买血型人的家系

根据先前所述的遗传原理和后代的表型,可以推断上述家系中各成员的基因型。

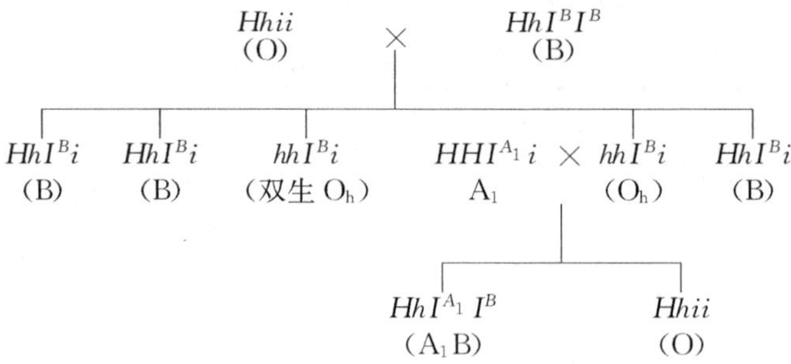

经过分析发现:$Ⅱ_3$、$Ⅱ_4$、$Ⅱ_6$ 个体虽然表现为 O 型血,但是其控制血型的基因组成并不是 ii,她们表现为 O 型血的原因在于形成抗原的前体不能转化为 H 抗原,因此只能停留在前体阶段,无 A、B、H 抗原的形成。

A、B、H 抗原的形成过程可以分别表述如下:

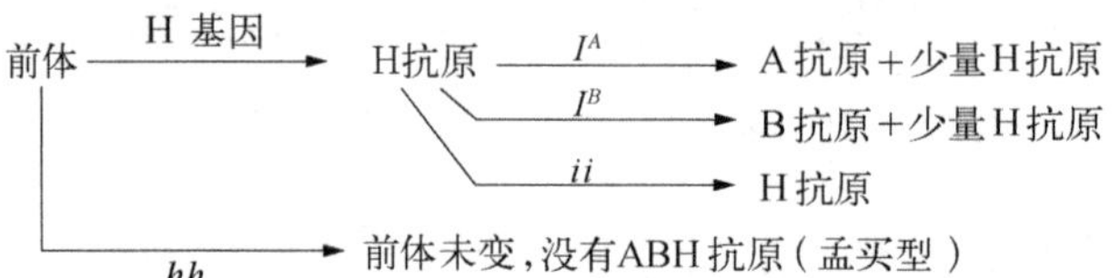

由此看来,没有 H 基因的作用,即使有 I^A、I^B 基因存在,也不能形成相应的抗原。而在一般血型鉴定时,只测定是否有 A、B 抗原,当既无 A 抗原,也无 B 抗原时,则认为其为 O 型,在不进行 H 抗原的测定时,往往造成上述结论的错误。

人类的血型是一非常复杂的系统,依据不同的研究标准可以分为不同的血型系统。有一种血型系统被称为 RH 血型系统,相应的血型表现为:RH 阳性个体,含 RH^+ 基因,在其红细胞表面有一种特殊的黏多糖,叫 H 抗原;RH 阴性个体,含 RH^- 基因,即红细胞表面没有这种特殊的黏多糖,在正常情况下并不含有对 RH 阳性细胞的抗体。RH^+ 对 RH^- 为显性。在输血过程中,或新生儿个体中,有时会出现一定比例的溶血现象,这也是一种抗原-抗体反应。溶血现象如果发生在输血过程中,则可以图 2.8a 表示;溶血现象也可以发生在母子之间,则可以图 2.8b 表示。

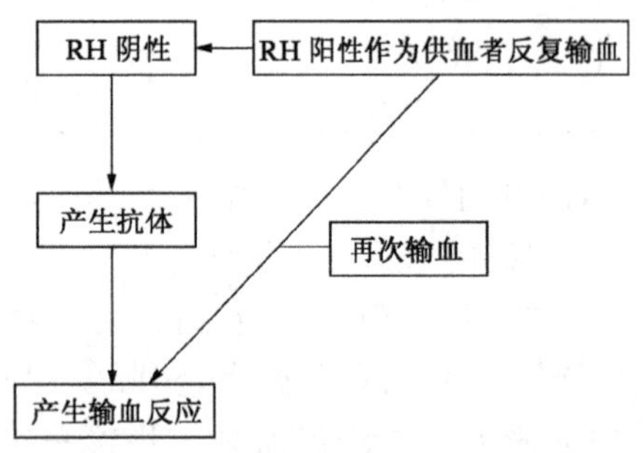

图 2.8a 由于输血而产生的溶血反应

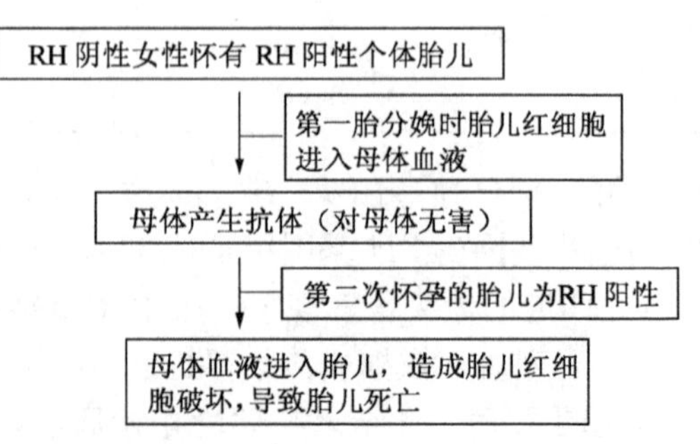

图 2.8b 亲子代造成的溶血现象

不过，这种现象并不是绝对不能避免。例如：对于 RH 阴性的个体，输血时就要检验相应的 H 抗原，可以进行同血型输血。如果夫妇血型分别为 RH 阳性和 RH 阴性，则分娩第一个婴孩后 48 小时之内产妇肌肉注射球蛋白，产生一种抗体，可以破坏 RH 阳性的红细胞，使 RH 阴性个体不再产生抵抗 RH 阳性细胞的抗体，以保证第二胎婴儿不会发生新生儿溶血现象。

在人类和其他动植物中还有很多复等位基因存在的实例，限于篇幅不一一作介绍，同学可以通过查阅文献了解。

总之：等位基因在控制生物性状的过程中有着复杂的表现形式。同时，复等位基因、一因多效以及致死基因的存在，使生物性状的表现更趋于复杂化。因此，在通过亲子代性状表现研究其遗传物质基础及传递规律时，需加以细致考察才能确定。

2.3.3　非等位基因间的相互作用

以上我们讨论了等位基因之间的相互作用方式。不过生物的大多数性状往往并不是由单一基因座上的等位基因所决定的，而是由许多对基因共同作用的结果。当几个处于不同染色体上的非等位基因影响同一性状时，可能产生非等位基因间的相互作用。所谓相互作用，一般是指基因的代谢产物间的互作，少数情况涉及基因的直接产物，即蛋白质之间的相互作用。

一个基因在单独存在的情况下可能没有活性，它的效应不仅决定于它自身的功能而且在合适的环境下还受到其他基因功能的影响。多数情况下，遗传分析可以检测出主要基因间复杂的相互作用。非等位基因相互作用的典型结果是 Mendel 比率被修饰，其分离比率发生变化。

1. 基因互作(gene interaction)产生新性状

家鸡的鸡冠有多种表现型，除了常见的单冠外，还有玫瑰冠、豆冠和胡桃冠(图 2.9)。

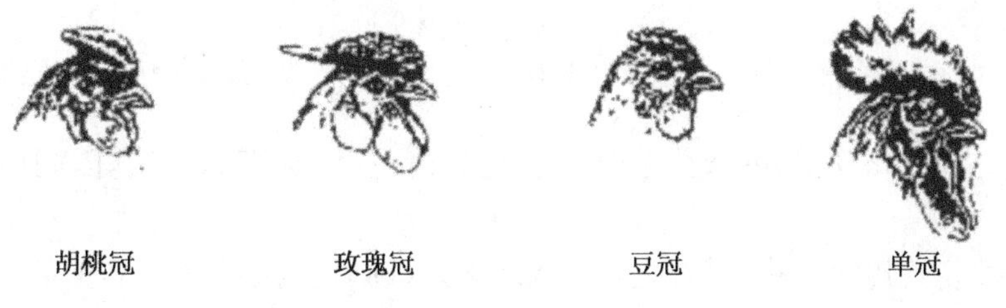

图 2.9　鸡冠的四种表现型

让玫瑰冠个体与豆冠个体杂交，F_1 代既非玫瑰冠形，也非豆冠形，而是一种不大美观的新类型，因非常像半个胡桃仁，被称为“胡桃冠”。F_1 代互相交配，F_2 代鸡群中大约有 9/16 胡桃冠，3/16 玫瑰冠，3/16 豆冠，1/16 单冠。从四种表现类型分离比可以清楚地看出，这符合两对因子自由组合产生 F_2 代的分离比，说明有两对基因在起作用。同时，玫瑰冠和豆冠分别同单冠杂交的结果都表现显性，单冠为隐性。这样，若以 P 代表显性的豆冠基因，R 代表显性的玫瑰冠基因，则杂交图式可以表示如下：

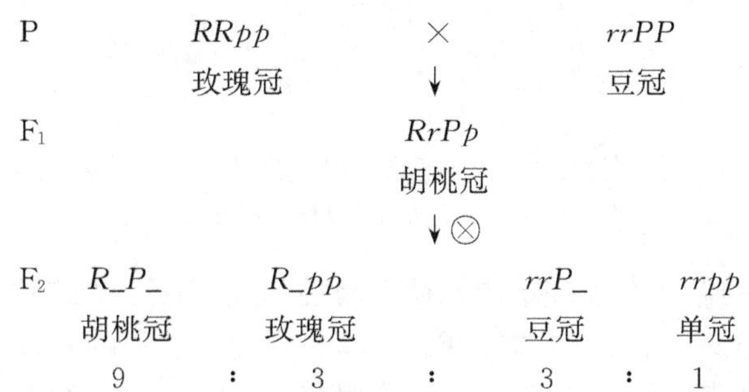

很明显，胡桃冠和单冠分别是显性基因 R 和 P 以及隐性基因 p 和 r 相互作用产生的新性状。9∶3∶3∶1的表型比等同于 Mendel 所假设的两对基因决定两对相对性状的分离比，所不同的是这两对基因互作决定了鸡冠这一性状的四种不同表现形式。

蛇皮肤花纹的遗传方式与鸡冠的相同。有一种无毒蛇，皮肤由两种酶控制而形成黑色和橘红色(黑色素在橘红色斑纹两边)花纹,为野生型,其基因型为 *OOBB*;另一种全身花纹为黑色,橘红色的性状基本消失,其基因型为 *ooBB*;当基因型为 *OObb* 时,蛇全身皮肤的表型为美丽的橘红色斑纹;第四种表型则是既无黑色又无橘红色斑纹的白色蛇,其基因型为 *oobb*。当以纯合的黑蛇和橘红蛇进行杂交时,其 F_1 代全为野生型(红、黑相间);F_1 代自交产生 F_2 代时,会出现 4 种表现类型,其中 9/16 为野生型,3/16 为黑色花纹,3/16 为橘红色花纹,1/16 为白色。杂交图式如下:

P　*ooBB*　×　*OObb*
　黑色　↓　橘红色
F_1　*OoBb*
　野生型
　↓⊗
F_2　*O_B_*　*O_bb*　*ooB_*　*oobb*
　野生型　橘红色　黑色　白色
　9/16　3/16　3/16　1/16

2. 互补作用(complementary effect)

若干个非等位基因只有同时存在时才出现某一性状,其中任何一个基因发生突变时都会导致同一突变型性状的现象称为互补作用,这些基因被称为互补基因(complementary gene)。此时 Mendel 比率被修饰为 9∶7。

香豌豆花色的遗传是基因之间互补作用经典的例子:

P　白花(*AAbb*)　×　白花(*aaBB*)
　↓
F_1　紫花(*AaBb*)
　↓⊗
F_2　9 紫花(*A_B_*)　7 白花(*A_bb*,*aaB_*,*aabb*)

在这里,基因型为 *A_bb*,*aaB_*,*aabb* 时,个体均表现为白花;但是当 *A*、*B* 基因同时存在时,则个体表现为开紫色的花朵。

白花三叶草有两个稳定遗传的品种:叶片内含较高水平氰(HCN)的品种和不含氰的品种。两个不含氰的品种进行杂交,F_1 代全部含高水平的氰化物,对生物体极其有害;F_2 代则出现9/16含氰,7/16 不含氰的分离现象。

其代谢过程和遗传分析图式如下:

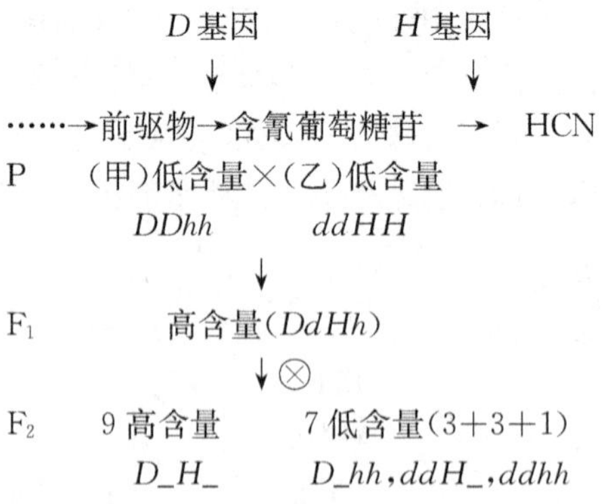

在代谢过程中,基因 *D* 的作用在于决定产氰糖苷酶的合成,基因 *H* 的功能在于决定氰酸酶的合成。只有当基因 *D* 和 *H* 的功能完全时,叶片中才能生成氰,基因型为 *D_H_* 的叶片必定同时具有含氰糖苷和氰酸酶;在基因型为 *D_hh* 的三叶草叶片中,应该只含有含氰糖苷,由于缺乏氰酸酶,所以其代谢途径被中止在含氰葡萄糖苷;基因型为 *ddH_* 的叶片中应含有氰酸酶,但由于前驱物不能形成含氰糖苷,因此也就不能形成氰;*ddhh* 的叶片中既无含氰糖甘又无氰酸酶,所以就更加不可能通过这一途径形成 HCN 了。为了证明上述推论,人们设计了下列试验:将上述杂交 F_2 代各种表型的植株叶片提取液中分别加入含氰糖苷和氰酸酶,测定产氰情况,结果如下:

表 2.7 F_2 叶片产生氰的测定结果

F_2 比例	表 型	基 因 型	含氰提取液	提取液加含氰糖苷	提取液加氰酸酶
9/16	产氰	$D\_H\_$	+	+	+
3/16	不产氰	D_hh	−	−	+
3/16	不产氰	$ddH\_$	−	+	−
1/16	不产氰	$ddhh$	−	−	−

"+"表示产氰,"−"表示不产氰

实验结果与预期的结果完全相同,从而印证了上述推断。

综上所述,在不排斥其他作用机制的情况下,互补基因的相互作用可以用下列通式表达:

$$\begin{array}{ccc} X & Y & Z \\ \downarrow & \downarrow & \downarrow \end{array}$$
$$\text{底物} \rightarrow X' \rightarrow Y' \rightarrow Z'$$

在这一代谢过程中,X、Y、Z 基因控制产生的酶分别对底物→X'、X'→Y'、Y'→Z'的代谢途径起到调控作用。X'、Y'为代谢的中间产物,没有表型效应。Z'为终产物,有表型效应。当X、Y、Z基因发生突变时,均可导致不能形成终产物Z,使表现型发生改变。

3. 上位性(epistasis)

在有些情况下,一对基因可以影响另一对非等位基因的效应,这种非等位基因间的相互作用方式称为上位性。上位性与显性相似,因为这两者都是一个基因掩盖了另一个基因的表达,但后者是一对等位基因中一个基因掩盖另一个基因的作用,而前者是非等位基因间的掩盖作用。在这里,掩盖者称为上位基因(epistatic gene),也称为异位显性。被掩盖者称为下位基因(hypostatic gene)。起到上位效应的基因既可以是隐性基因,也可以是显性基因,由此可以将上位性分为隐性上位和显性上位两类。

(1) 隐性上位(recessive epistasis):某对隐性等位基因对另一对等位基因(显性和/或隐性)起掩盖作用的现象。此时 Mendel 比率被修饰为 9∶3∶4。

例如家兔的皮毛有灰色($CCDD$)和白色($ccdd$)两种颜色。将这两种毛色类型的纯种家兔进行杂交,F_1 代全为灰色兔;F_1 代进行兄妹交,在 F_2 代中出现灰色、黑色和白色三种毛色,且分离比为 9∶3∶4。从比例可以看出,这也是 9∶3∶3∶1 分离比的变形;同时在 F_2 代中,有色对白色为 3∶1,有色个体内,灰色对黑色也是 3∶1,说明家兔的毛色为两对非等位基因控制,以杂交图谱进行分析如下:

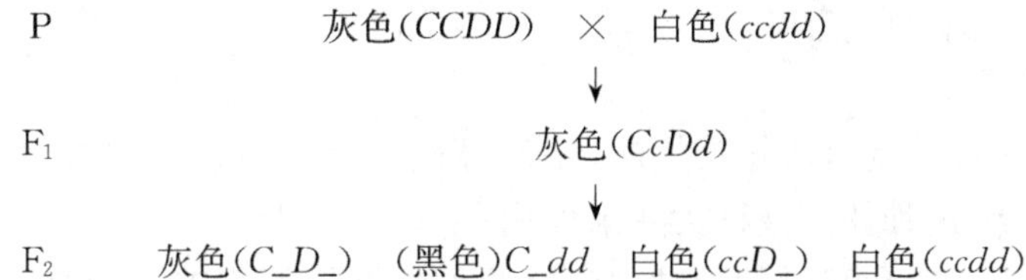

这里,cc 为上位基因,它掩盖了 $D_$和 dd 的作用使个体表现为白色,从而出现了 9∶3∶4 的分离比。

(2) 显性上位(dominance epistasis):某一显性基因对另一对显性基因起遮盖作用,并表现出自身所控制的性状,这种基因被称为显性上位基因。只有在上位基因不存在的时候,被遮盖的基因才有可能表现出它所控制的性状的现象称为显性上位。

在燕麦中,让黑颖品系和黄颖品系杂交,F_1 代全表现黑颖,F_2 代的分离比是黑颖 12∶黄颖 3∶白颖 1。杂交结果如下:

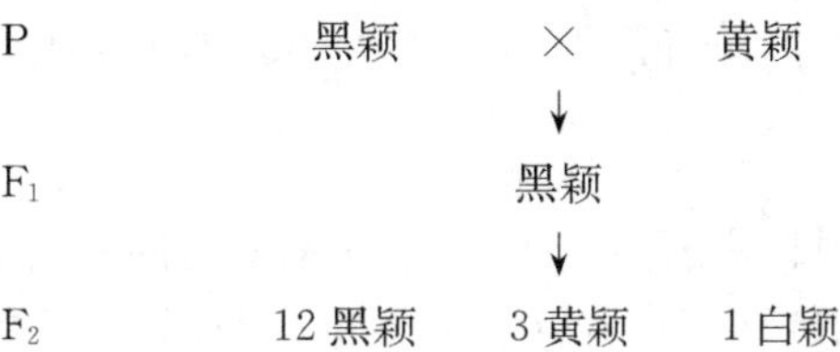

怎么解释呢？从图式可以看到，黑颖对非黑颖(黄颖和白颖)是 3∶1；而在非黑颖中，黄颖和白颖之比也是 3∶1。说明有两对基因控制性状的表现，其中一对为 Bb，分别控制黑颖和非黑颖，另一对为 Yy，分别控制黄颖和白颖。以图式表示为：

P	$BByy$ × $bbYY$	
	↓	
F_1	$BbYy$	
	↓	
F_2	12(9$B_Y_$ 3B_yy) 3$bbY_$ 1$bbyy$	

其中，B 基因控制黑色素的形成，Y/y 基因分别控制黄色与白色素的形成。当有 B 基因存在时，无论在 Y 基因座位点是 Y，还是 y，均表现为黑色。因为 B 基因控制形成的黑色素颜色深，所以只要 B 基因存在，Y 基因所控制的黄色素就不能表现；只有当 B 基因不存在时，Y 基因的作用才能显示出来。这就是显性上位。在此，B 是上位性的基因，而 Y 是下位性的基因，Mendel 比率被修饰为 12∶3∶1。

4. 抑制作用(inhibiting effect)

在两对独立基因中，一对基因是显性基因，它本身并不控制性状的表现，但是对另一对基因的表现具有抑制作用，前者被称为抑制基因，而由此所决定的遗传现象被称为抑制作用。

例如，家蚕的茧色有白色与黄色之分。如果将结白茧的中国品种家蚕和结黄茧的家蚕进行杂交，F_1 代全为黄茧，说明中国品种的白茧是隐性的。但把结黄茧的家蚕品种与结白茧的欧洲家蚕品种交配，F_1 全为白茧，表明欧洲品种的白茧为显性，将 F_1 结白茧的家蚕相互交配，F_2 代中结白茧的个体与结黄茧的个体分离比为 13∶3。从比例数可以进行判断，该性状由两对等位基因控制。设黄茧基因为 Y，白茧基因 y，另一个非等位的抑制基因 I，它可以抑制黄茧基因 Y 的作用，则：

P	白茧($IIyy$) × 黄茧($iiYY$)
	↓
F_1	白茧($IiYy$)
	↓
F_2	白茧($I\_Y\_$) 白茧(I_yy) 黄茧($iiY\_$) 白茧($iiyy$)
F_2 分离比	白茧∶黄茧=13∶3

在上述实验中，当基因 I 存在时，抑制了黄茧基因 Y 的作用，只有 I 不存在时，Y 基因的作用才能表现出来，所以在 F_2 代中的表型比例是白茧 13(=9+3+1)∶黄茧 3。

5. 叠加作用(duplicate effect)

当多对基因共同对某一性状起到决定作用时，不论显性基因多少，都影响同一性状的发育，只有隐性纯合体才表现相应的隐性性状，这种作用被称为叠加作用。

例如荠菜的蒴果形状有三角形和卵形两种。将这两种类型的荠菜进行杂交，F_1 代荠菜的蒴果全是三角形的。在 F_2 代中，结三角形蒴果的荠菜占 15/16，而结卵形蒴果的荠菜只占1/16。由此可推断有两对等位基因决定同一性状的表达，而且具有叠加作用。遗传学上称这些具有相同效应的非等位基因为叠加基因。

P	三角形($A_1A_1A_2A_2$) × 卵圆形($a_1a_1a_2a_2$)
	↓
F_1	三角形($A_1a_1A_2a_2$)
	↓
F_2	三角形($A_1\_A_2\_$) 三角形($A_1\_a_2a_2$) 三角形($a_1a_1A_2\_$) 卵圆形($a_1a_1a_2a_2$)

6. 积加作用(additive effect)

所谓积加作用是指当两对显性基因单独存在时生物体表现为同一种显性性状，同时存在时则表现为另一种性状，而没有显性基因存在时则出现第三种性状的现象。所以在 F_2 代出现 9∶6∶1 的比率。例如南瓜的果形，圆形对长形为显性性状，但是在用两种不同基因型的圆形南瓜杂交时，F_1 代为扁盘形，F_2 代出现扁盘形、圆形和长形三种表现型，表现型的分离比为：9∶6∶1。

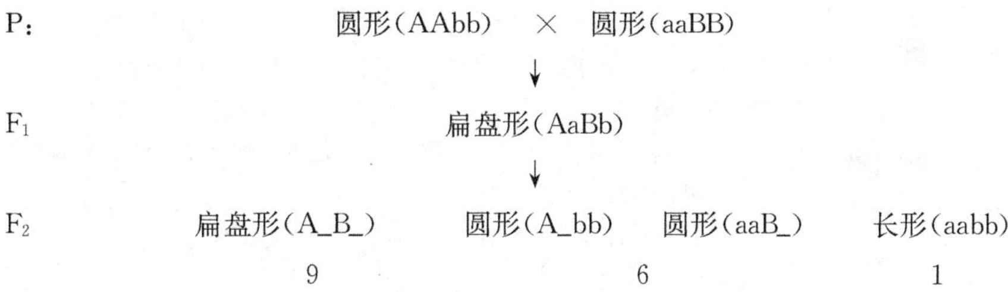

综上所述，当两对非等位基因共同决定同一性状的表达时，由于基因之间的各种相互作用而修饰了 Mendel 比率。从遗传学发展的角度来理解这些非等位基因之间的相互关系，应该将其视为对 Mendel 遗传比例的扩展，而不是否定。现归纳基因互作所出现的被修饰的表型比率，如图 2.10 所示：

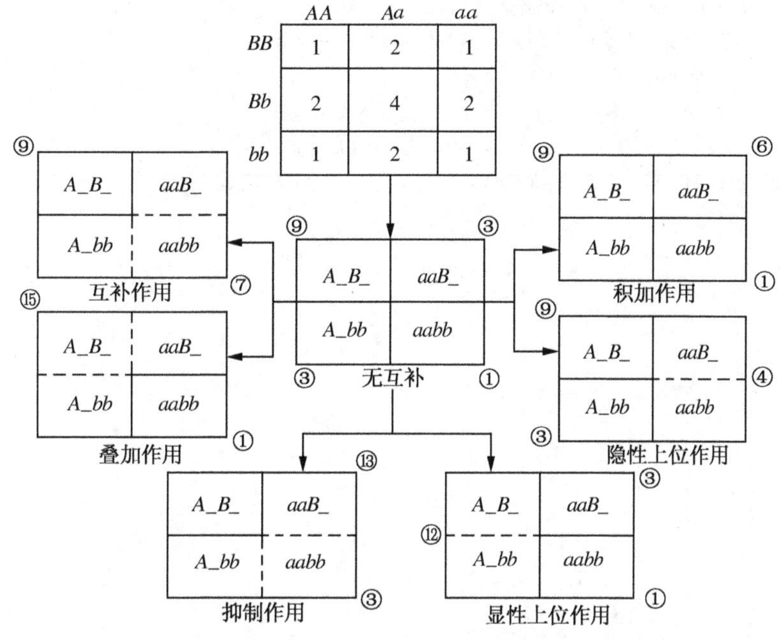

图 2.10　两对基因互作分离比的模式图

在这里，为了便于解释和描述，我们只讨论了一些有关两对非等位基因的独立分配的实例，但这并不是说，基因的相互作用只限于两对非等位基因之间，实际上有许多生物的性状是由 3 对或 3 对以上基因的相互作用共同决定的，因此会出现更为复杂的分离比，但其本质与上述论述一致。

总之，基因与遗传性状的相互关系非常复杂，绝不应该认为生物遗传的所有秘密都被 Mendel 所发现的原理概括了。Mendel 的主要贡献在于指出了明确的研究方向，并且提供了一些正确的研究方法，这对于一门科学的发展来讲是非常重要的。

思　考　题

1. 在花园中种植的某种植物，其花色可以表现为红花与白花两种相对性状。取两株开白花的植株进行杂交，无论正反交，其 F_1 代总是表现为一部分开白花，一部分开红花。用开白花的 F_1 代植株进行自交，其后代都开白花；而开红花的 F_1 代植株进行自交，其后代既有开红花的，也有开白花的，统计结果为：1 809 个个体开红花，1 404 个个体开白花，试写出最初两个开白花的亲本基因型，并用你假设的基因型分析说明上述实验结果。
2. 玉米中有三个显性基因 *A*、*C* 和 *R* 决定种子颜色，基因型 A_C_R_是有色的，其他基因型皆无色。有色植株与 3 个测试植株杂交，获得如下结果：与 *aaccRR* 杂交，产生 50%的有色种子；与 *aaCCrr* 杂交，产生 25%的有色种子；与 *AAccrr* 杂交，产生 50%的有色种子。问这个有色植株的基因型是什么？

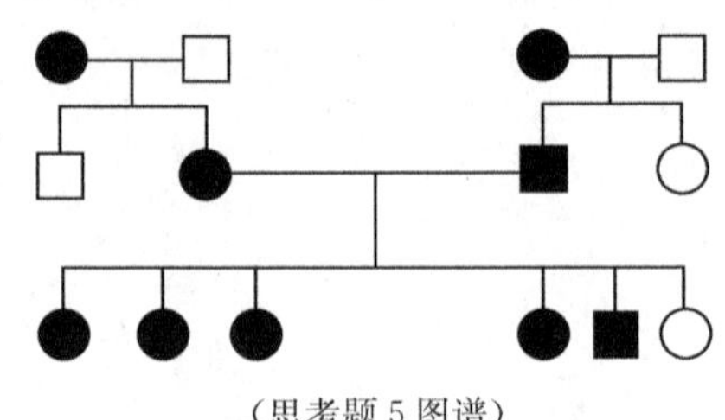

(思考题5图谱)

3. 如果有一个植株对4个显性基因是纯合的，另一植株对相应的4个隐性基因是纯合的。两植株杂交，问F_2代中基因型及表现型像亲代父母本的各有多少？
4. 在一个牛群中，外貌正常的双亲产下一头矮生的雄犊，看起来与正常的牛犊显然不同，你能列出各种可能的原因吗？请对每一种可能性提出进行科学分析或科学验证的方法。
5. 左图谱系中，涂黑者为带有性状W的个体，这种性状在群体中是罕有的。请说明该性状由显性基因控制还是由隐性基因控制，是由位于常染色体上基因控制，还是由位于性染色体上基因控制？试说明理由。
6. 如何区分上位作用和显性作用，二者有何区别？

推荐参考书

1. 陈竺. 2001. 医学遗传学. 北京：人民卫生出版社.
2. 戴灼华，王亚馥，粟翼玟. 2008. 遗传学(第2版). 北京：高等教育出版社.
3. 李璞. 1999. 医学遗传学. 北京：北京协和医科大学出版社.
4. 刘祖洞. 1991. 遗传学(第2版)(上、下册). 北京：高等教育出版社.
5. 徐维衡. 1998. 医学遗传学基础. 北京：北京医科大学北京协和医科大学联合出版社.
6. 中泽信午. 1985. Mendel的生涯及业绩. 北京：科学出版社.
7. Klug WS, Cummings MR. 2002. Essentials of Genetics. 北京：高等教育出版社.
8. Passarge E. 1998. 遗传学与医学遗传学彩色图解. 北京：中国医药科技出版社.
9. Winter PC, Hickey GI, Fletcher HL. 1999. Instant Notes in Genetics. 北京：科学出版社.

第3章 性别决定与伴性遗传

提 要

雌雄性别是生物界的普遍现象之一。性别的形成是个体遗传基础与环境因素相互作用的结果，它包括性别决定和性别分化两个过程。性连锁性状的遗传与性别相关联而表现出特有的规律。性别存在的意义在于生物体可以通过有性生殖的方式繁衍，其结果是使生物体能储存大量的变异，这一点在生物进化的历程中是至关重要的。

3.1 性别决定

1902年McClung等通过对昆虫的研究，揭开了生物性别决定的奥秘。此后，大量的研究表明，生物的性别决定大致有遗传型性别决定(genotypic mechanisms of sex determination, GSD)和环境性别决定(environmental mechanisms of sex determination, ESD)两种类型。

3.1.1 遗传型性别决定类型

GSD类型是指子代的性别通过受精作用来决定的一种机制，它不受外界环境的影响，常见的有以下几种。

1. 性染色体决定性别

性染色体(sex chromosome)：是指一个生物体或细胞内形态互不相同、与性别有关或决定性别的染色体。除性染色体以外的其余各对染色体统称为常染色体(autosome)，用A表示。

(1) XY型：凡雄性个体含有两条异型性染色体的生物，其性别决定类型称为XY型。雄性为异配性别(性染色体的组成为XY，能产生带有X或Y染色体的两种不同类型的精子)，雌性为同配性别(性染色体的组成为XX，只能产生一种含有X染色体的卵子)。这是生物界较普遍的类型。人类，所有哺乳类，某些两栖类、爬行类动物和鱼类，以及很多昆虫和一些雌雄异株的植物等的性别决定都是XY型。

(2) ZW型：凡雌性个体含有两条异型性染色体的生物，其性别决定类型称为ZW型。雌性为异配性别(性染色体的组成为ZW)，雄性为同配性别(性染色体的组成为ZZ)。鳞翅目昆虫，某些两栖类和爬行类动物，鸟类的性别决定属于这一类型。

(3) XO型：直翅目昆虫(如蝗虫、蟋蟀和蟑螂等)属于这种类型。雌体的性染色体成对，为XX；雄体只有一条性染色体，为XO。例如蝗虫雌体共有24条染色体，为22A+XX；雄体则为22A+XO，只有23条染色体。

2. 性指数决定性别

在明确了性染色体与性别决定之间的关系以后不久，人们便发现性别的决定远远不像一对染色体分离那样简单。Bridges(1925)在果蝇的研究中提出：果蝇虽然也有X和Y染色体，但其性别决定不是取决于Y染色体是否存在，而是取决于性指数(sex index)，即X染色体的数目和常染色体组数的比值。性指数为0.5(如X/2A，2X/4A等)时，果蝇为雄性；性指数为1(如2X/2A，3X/3A，4X/4A等)时果蝇为雌性；性指数介于0.5和1.0之间，果蝇为雌雄兼性；性指数小于0.5(如1X/3A)时，果蝇为变态雄性或称超雄；性指数大于1.0(如3X/2A)时，果蝇为变性雌性或称超雌。其发育机制将在第13章介绍。

3. 染色体组的倍性决定性别

蜜蜂、蚂蚁等膜翅目昆虫的性别决定比较特殊，其性别决定于卵细胞是否受精。例如，雄性蜜蜂是由未受精的卵孤雌生殖发育而成的，只具有单倍体的染色体数 ($n=16$)；雌蜂则由受精卵发育而成，具有二倍体染色体数($2n=32$)。这类昆虫二倍体雌体的减数分裂行为正常，产生单倍体卵；而雄体的减数分裂很特殊，在减数第一次分裂时，出现单极纺锤体，染色体全部向一极移动，第二次分裂是正常的，形成单倍体精子。

3.1.2 环境性别决定类型

ESD类型是指卵细胞在受精后，其子代性别由环境中的因子(如卵周围的温度、湿度、pH、激素等)作用来决定。

1. 爬行类的温度性别决定

爬行类的性别决定十分复杂。大部分蛇类和蜥蜴类的性别决定为GSD型，而一些龟鳖类和所有的鳄鱼的性别决定则属于ESD型。这些爬行类受精卵在发育的某个时期的温度是性别的决定因子。当卵在22～27℃温度中孵化时，个体为同一种性别；若孵化温度高于32℃，则全部产生另外一种性别。只有在很小的温度范围内同一批卵才会孵化出雌性和雄性两种个体(图3.1)。

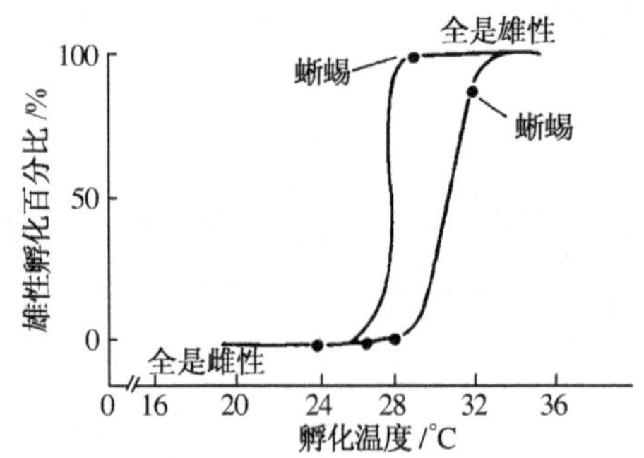

图3.1 两种蜥蜴高温孵化的子代全是雄性

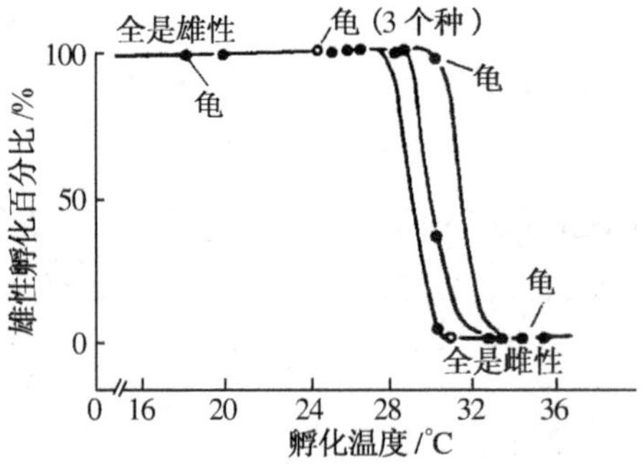

全是雄性 龟(3个种) 龟 龟 龟 全是雌性
雄性孵化百分比/% 100 50 0
0 16 20 24 28 32 36
孵化温度/℃

图3.2 几种龟鳖类高温孵化的子代全是雌性

图3.2表明有一些龟鳖类的卵在低于28℃温度下孵化时，所有孵化出的个体都是雄性；如孵化温度高于32℃，则孵化出的都是雌性；在介于28℃与32℃之间孵化时，才能同时孵出雌性和雄性个体。

2. 后螠的性别决定

海生蠕虫后螠(*Bonellia viridis*)雌雄个体的大小差异悬殊：雌虫长6 cm左右，体形像一颗豆子，有一个很长的口吻，远端分叉；雄虫很小，只有1～3 mm，生活在雌虫的子宫中，像一种寄生虫。这种蠕虫的性别决定取决于外界环境。自由游动的幼虫是中性的，如果落到海底就成为雌虫；如果由于机会，也可能由于一种吸引力，幼虫落在雌虫的口吻上，它就会进入雌虫体内发育成为一个雄虫。把已经落在雌虫口吻上的幼虫移去，让它在离开雌虫的情况下继续生长，则发育成为间性，间性偏向雌性或雄性的程度，取决于幼虫待在雌虫口吻上的时间长短，这表明雌虫口吻组织里含有影响性别形成的化学物质。

3.2 伴性遗传

性染色体与性别决定关系密切，因而性染色体上的基因所控制的性状在遗传上总是和性别相关的，这种与性别相关联的性状遗传方式称为伴性遗传(sex-linked inheritance)或称性连锁遗传(sex-linkage inheritance)。

3.2.1 X连锁遗传

1. 果蝇的X连锁遗传

首先发现伴性遗传现象的是Morgan。1909年，Morgan开始研究黑腹果蝇(*Drosophila melanogaster*)的遗传。黑腹果蝇是一种双翅目昆虫，它个体小(3～4 mm)，易于饲养，生活周期短，繁殖力强，很多性状易于识别，是遗传学研究的常用材料之一。

1909年Morgan在他饲养的果蝇群体中发现了一只例外的白眼雄蝇。利用这只白眼雄蝇，Morgan进行了一系列设计精巧的实验，为遗传学的发展作出了杰出的贡献。

(1) *Morgan 的果蝇实验*：用白眼雄蝇与红眼雌蝇交配，F_1 代都是红眼；F_2 代中，红眼果蝇 3 470 只，白眼果蝇 782 只。统计学分析结果与 Mendel 的分离比是一致的。

P　红眼(♀)　×　白眼(♂)
↓
F_1　红眼(♀,♂)　1 237 只
↓(⊗)
F_2　红眼(♀)　红眼(♂)　白眼(♂)
2 459 只　1 011 只　782 只

重要的是 Morgan 没有忽视实验中不同于 Mendel 规律之处：F_2 代中分离产生的白眼果蝇都是雄性的，即果蝇眼色遗传与性别相关。

同时，Morgan 还将 F_1 代中红眼雌蝇与最初的那只白眼雄蝇进行了回交。回交后代中，红眼雌蝇 129 只，红眼雄蝇 132 只，白眼雌蝇 88 只，白眼雄蝇 86 只。统计学分析结果与 Mendel 分离比也是一致的。

根据实验结果，Morgan 作出了如下假设：控制白眼性状的基因 w 位于 X 染色体上，是隐性的；而 Y 染色体上不带有相应的等位基因。根据假设，则可以圆满地解释上述实验结果。

亲本红眼雌蝇与白眼雄蝇杂交：
P　X^+X^+　×　X^wY
(红♀)　↓　(白♂)
F_1　X^+X^w，X^+Y
(红♀)　↓　(红♂)
F_2　X^+X^+　X^+X^w　X^+Y　X^wY
(红♀)　(红♀)　(红♂)　(白♂)
F_2 代中，红眼∶白眼＝3∶1

F_1 红眼雌蝇回交：
X^+X^w　×　X^wY
(红♀)　↓　(白♂)
X^+X^w　X^wX^w　X^+Y　X^wY
(红♀)　(白♀)　(红♂)　(白♂)
1　∶　1　∶　1　∶　1

根据假设，Morgan 又预期了下列实验的结果：① 白眼雌蝇与红眼雄蝇杂交，子代中雌蝇都是红眼，雄蝇都是白眼。② 白眼性状可以真实遗传。预期试验的结果与假设完全相符。

从以上实验结果可以归纳出伴性遗传的几个特点：① 正反交结果不同：这是区别常染色体遗传与伴性遗传常用的实验方法。② 性状遗传与性别相关联：这种母亲把一条 X 染色体传给儿子，父亲把其 X 染色体传给女儿的现象被称作交叉遗传(criss-cross inheritance)。

(2) *遗传的染色体学说的直接证据*：Morgan 关于果蝇白眼性状遗传的研究，第一次把一个基因(w)定位于一条特定的染色体(X)上，为遗传的染色体学说提供了有力的证据。然而这一学说的直接证据却是由他的学生 Bridges(1916)提供的。他在重复 Morgan 的果蝇白眼伴性遗传实验时，又发现了例外现象。

他观察了大量的白眼雌蝇(X^wX^w)与红眼雄蝇(X^+Y)杂交后代，发现大约每 2 000 个子代个体中，有一个可育的白眼雌蝇或不育的红眼雄蝇。Bridges 把这些例外子代称之为初级例外子代。当他把初级例外的白眼雌蝇与正常的红眼雄蝇杂交时，又发现有 4%的子代是白眼雌蝇和红眼雄蝇，而且都是可育的。这些子代个体被称为次级例外个体。

如何解释这些例外个体的出现呢？通过分析，Bridges 推测：例外现象的产生是由于 X 染色体不分开(nondisjunction)造成的，即两条 X 染色体在减数分裂中没有分开，一并进入了同一极，产生的卵或为 XX 或为 0。这两种例外的卵细胞受精后即产生初级例外的子代个体——白眼雌蝇(X^wX^wY)(表 3.1)。

表 3.1　减数分裂时两个 X 染色体的不分开，结果产生初级例外个体

♀ \ ♂	X^+	Y
X^wX^w 0	$X^+X^wX^w$(死) X^+0(红眼♂，不育)	X^wX^wY(白眼♀) 0Y(死)

初级例外的白眼雌蝇在进行减数分裂时，通常是两条 X 染色体配对，而 Y 染色体游离，这样将形成等效的 X 卵和 XY 卵。但也有部分(约 16%)的 $X^{w}X^{w}Y$ 雌蝇减数分裂时，X^{w} 与 Y 配对，另一条 X^{w} 随机进入任何一极，这样将有一半的 X^{w} 卵和 $X^{w}Y$ 卵，而另一半(8%)将形成 $X^{w}X^{w}$ 卵和 Y 卵。受精后就会产生次级例外的子代个体(表 3.2)。

表 3.2 初级例外白眼雌蝇($X^{w}X^{w}Y$)与正常红眼雄蝇杂交结果

♂ / ♀		X^{+}(50%)	Y(50%)	
X－Y 配对(16%)	$X^{w}X^{w}$(4%) Y(4%)	$X^{+}X^{w}X^{w}$ (2%，死亡)	$X^{w}X^{w}Y$ (2%白眼♀)	次级例外子代(4%)(另外 4%死亡)
		$X^{+}Y$ (2%，红眼♂，可育)	YY (2%，死亡)	
	X^{w}(4%) $X^{w}Y$(4%)	$X^{+}X^{w}$ (2%，红眼♀)	$X^{w}Y$ (2%白眼♂)	呈交叉遗传的“正常的”子代个体(92%)
		$X^{+}X^{w}Y$ (2%，红眼♀)	$X^{w}YY$ (2%白眼♂)	
X－X 配对(84%)	$X^{w}Y$(42%) X^{w}(42%)	$X^{+}X^{w}Y$ (21%，红眼♀)	$X^{w}YY$ (21%白眼♂)	
		$X^{+}X^{w}$ (21%，红眼♀)	$X^{w}Y$ (21%白眼♂)	

因此，如果假定果蝇的白眼基因(w)在 X 染色体上，而在卵形成的减数分裂过程中，偶尔出现 X 染色体不分开现象，就可以圆满地说明例外个体的出现。为了证实这一推测，Bridges 观察了例外果蝇性原细胞的有丝分裂核型，结果完全证实了他的推测是正确的。Bridges 这一创新的研究，为遗传的染色体学说提供了无可辩驳的直接证据。

2. 人类的 X 连锁遗传

根据人类性染色体的测序分析，一般认为 Y 染色体长臂远端和短臂远端有与 X 染色体同源的区域，此区域称为拟常染色体区。位于 Y 染色体非同源区域的基因则称为 Y 连锁基因，位于 X 染色体非同源区域的基因称为 X 连锁基因。

(1) X 连锁隐性遗传：X 染色体携带的隐性基因的遗传方式称为 X 连锁隐性遗传(sex-linked recessive inheritance)。

人类中有一种比较常见的遗传性疾病——红绿色盲。这是人类遗传学研究得最早的一个 X 连锁隐性性状。另外一种较罕见的血友病是迄今研究得最为深入的 X 连锁隐性遗传病之一。

血友病(hemophilia)分为甲型和乙型两种，它们是由于凝血因子Ⅷ和Ⅸ的缺乏引起的。控制这两种凝血因子的基因都位于 X 染色体上。现已证明血友病是由于控制凝血因子的基因发生突变，导致血液中凝血因子Ⅷ或Ⅸ缺乏，从而破坏人体的内源性凝血过程，引起严重出血，甚至危及生命。

甲型血友病占血友病的 85%，图 3.3 是一个甲型血友病的系谱。

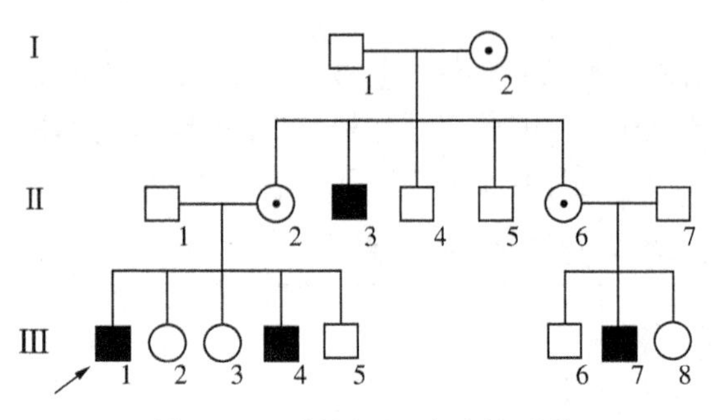

图 3.3 一例甲型血友病的系谱

这个系谱反映了 X 连锁隐性遗传的几个特点：① 群体中的患者几乎都是男性；② 男性患者的子女都是正常的，代与代间性状的表现具有不连续性；③ 男性患者的女儿虽然表型正常，但可以生下有病的外孙来。

现已证明甲型血友病的基因定位在 $X_{q}28$，全长186 kb，可编码由 19 个氨基酸组成的信号肽和 2 332 个氨基酸组成的蛋白质。

X 连锁隐性遗传病的发病率有明显的性别差异，群体中男性患者数远远多于女性患者，越是罕见的遗传疾病越是如此。

(2) X连锁显性遗传：X染色体上显性基因的遗传方式称为X连锁显性遗传(sex-linked dominant inheritance)。例如，抗维生素D佝偻病(vitamin D resistant rickets)患者由于X染色体上显性基因(R)的作用使肾小管对磷的重吸收发生障碍，导致身材矮小，下肢弯曲。从图3.4可以看出该类性状遗传的几个特点：① 女性患者的子代患病概率为1/2；② 男性患者的女儿都是患者，儿子正常；③ 群体中女性患者人数多于男性患者，但病情比男性患者轻。

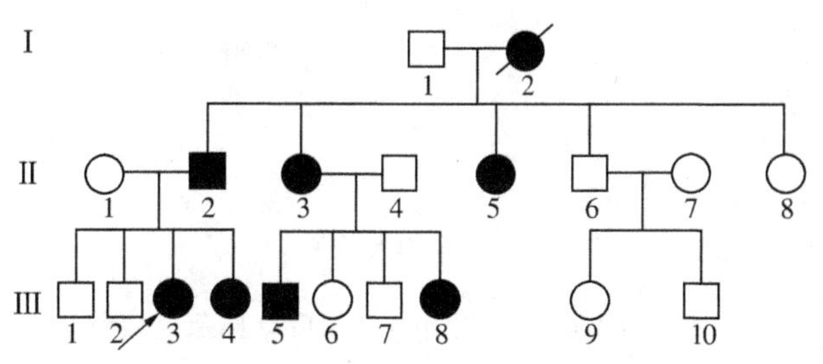

图3.4　一例抗维生素D佝偻病的系谱

(3) 脆性X染色体综合征：1940年，遗传学家发现人类的智力低下患者的发病率，男性总是比女性来的高。因此开始怀疑这种智力低下可能与X染色体有关，因为男性只有一个X染色体，而女性通常有两个X染色体。1969年前后，终于发现了一个典型的智力低下患者家系。在这个家庭里的两个男孩都表现出智力低下。染色体分析发现他们的细胞内唯一的X染色体均有别于正常男人的X染色体，表现在X染色体的长臂末端出现"缢沟"。这种患者的细胞在缺乏胸腺嘧啶或叶酸的环境中培养时，往往会出现X染色体在"缢沟"处发生断裂。根据这些结果，首次将这种疾病命名为"脆性X染色体综合征(Fragile X syndrome)"。

携带脆性X染色体的男性通常在年少的时候不表现出明显的症状，随着年龄的增长，这些人通常表现为长条面型，耳朵外凸，大睾丸，智力发育障碍，语言出现障碍，对外界刺激反应迟钝，行为障碍等现象。

目前，脆性X染色体综合征的发病率已经被确定为仅次于21号染色体三体综合征，即通常所说的唐氏综合征(Down syndrome)的又一大类与智力发育低下有关的人类遗传病。

1991年，研究者发现X染色体"缢沟"是由一段由6到50个三核甘酸重复序列(5'CCG/GGC3')构成的。这种三核苷酸重复序列可因某种原因扩增为200到4 000个三核甘酸重复单元。从而累及所在或周边基因的正常表达或正常的生物活性。这种由异常的不稳定的三核苷酸重复扩增导致的新的突变方式称为动态突变(dynamic mutation)。

3.2.2　Y连锁遗传

由于Y染色体仅存在于男性个体，存在于Y染色体非配对区段上的基因所决定的性状只随Y染色体而传递，表现出所谓的限雄遗传(holandric inheritance)现象，也称Y连锁遗传(Y-linked inheritance)。

外耳道多毛症就是Y连锁遗传的例证。这种性状表现为外耳道中有许多黑色硬毛，男性青春期后即可出现，长2～3 cm，成丛生长，常伸出耳孔之外。

Y染色体是雄性哺乳动物(包括人类)所必需的。某些雄性化基因一定存在于Y染色体的非同源区段，已知其中最重要的一个基因是睾丸决定因子(TDF)。关于Y染色体及其在哺乳动物性别决定与性别分化中的作用将在性别分化一节中叙述。

3.2.3　鸟类的伴性遗传

鸟类伴性遗传最典型的例子就是鸡的芦花羽色的遗传，其规律和果蝇的眼色遗传相同，不同的是鸟类雌性为异配性别，雄性为同配性别而已。

3.2.4　植物的伴性遗传

少数植物有异形性染色体的分化。如女娄菜(*Melandrium album*)的性别决定类型为XY型，雄性是异配性别，其叶片有宽叶和窄叶两种，分别由X染色体上一对基因(B,b)控制，窄叶基因(b)为隐性，X^b花粉粒不育。将宽叶雌株与窄叶雄株杂交，子代将产生全是宽叶的雄株(图3.5)；如果将杂合体宽叶雌株与宽叶雄株杂交，子代产生雄株和雌株，雌株全为宽叶，雄株中则宽、窄叶各半(图3.6)。

♀宽叶 × ♂窄叶

(X^BX^B) ↓ (X^bY)

♂宽叶

(X^BY)

图 3.5 宽叶雌株与窄叶雄株杂交结果

♀宽叶 × ♂宽叶

(X^BX^b) ↓ (X^BY)

♀宽叶 ♀宽叶

X^BX^B X^BX^b

♂宽叶 ♂窄叶

X^BY X^bY

图 3.6 杂合体宽叶雌株与宽叶雄株杂交结果

3.2.5 从性遗传和限性遗传

除了前面谈到的伴性遗传以外,和性别相关的遗传方式还有从性遗传和限性遗传。

从性遗传(sex-influenced inheritance)是指控制性状的基因在常染色体上,但由于受到性激素的影响,基因在不同性别中的表达不同。如人类头发的早秃(baldness)这一性状就属于从性显性(sex-influenced dominance)遗传。杂合子男性(*Bb*)会出现早秃的性状,杂合子女性(*Bb*)却表型正常。只有女性为纯合子(*BB*)时,早秃性状才会表现出来。绵羊的有角和无角性状受常染色体上一对基因控制,和上面的例子相同,这一性状也表现出从性遗传的特点。

限性遗传(sex-limited inheritance)的基因可在性染色体上或常染色体上。这类基因的表达受到性别的限制,因此只能在某种性别中产生表型反应。当然,不论在哪种性别中,这些基因都可正常地传给后代。这种遗传方式称为限性遗传。例如子宫阴道积水由常染色体隐性基因控制,但只有在女性纯合体中才能表现相应的症状。

上述两种遗传方式显然与体内的性激素或第二性征有关。

3.3 性别分化

性别是一种复杂的性状,它的发育包括两个过程——性别的决定和性别的分化。性别分化(sex differentiation)是指受精卵在性别决定的基础上,进行雄性或雌性性状发育的过程。本节先介绍与性别分化过程有关的剂量补偿效应;再以果蝇和哺乳动物为例来介绍两种完全不同的性别分化的机制;最后再看看环境因素是如何影响性别分化的。

3.3.1 剂量补偿效应

1. 性染色质体

1949 年 Barr 等发现雌猫的神经细胞间期核中有一个深染的小体,而雄猫中却没有。由于这种染色质小体与哺乳动物的性别及 X 染色体数有关,所以称为性染色质体(sex-chromatin body),又名巴氏小体(Barr body)。这是一种惰性的异染色质化的小体,雄性个体仅有一条 X 染色体,并不出现异染色质化小体的现象。

2. 剂量补偿效应

在果蝇和哺乳动物中,X 染色体上的基因在雌性体细胞中有两份,而雄性体细胞中只有一份。即雌雄个体间 X 连锁基因的剂量是不同的。然而这些基因最终的表型效应在雌雄个体间并无差异。这种使细胞核中有两份或两份以上基因的个体和只有一份基因的个体出现相同表型的遗传效应即所谓的剂量补偿效应(dosage compensation effect)。1931 年 Muller 首先在果蝇中发现了这种效应。此后的研究表明,果蝇的剂量补偿效应是通过不同性别个体中 X 连锁基因转录速率的调节来实现的。而哺乳动物则是以另一种方式来实现剂量补偿效应的。

1961 年 Lyon 提出了阐明哺乳动物剂量补偿效应的 X 染色体失活的假说(Lyon hypothesis)。其主要内容如下。

1) 正常雌性哺乳动物的体细胞中,两条 X 染色体中只有一条在遗传上有活性,另一条则以巴氏小体的形式存在，在遗传上无活性，其结果使得 X 连锁基因得到剂量补偿，保证雌雄个体具有相同的有效基因产物。

2) X 染色体的失活是随机的，发生在胚胎发育的早期，例如人类在胚胎发育的第 16 天时发生失活。某一细胞的一条染色体一旦失活，这个细胞的所有后代细胞中的该条 X 染色体均处于失活状态。

3) 杂合体雌性在伴性基因的作用上是嵌合体(mosaic)，即某些细胞中来自父方的伴性基因表达，某些细胞中来自母方的伴性基因表达，这两类细胞相嵌存在。

Lyon 假说最有力的证据是来自对人类的葡萄糖-6-磷酸脱氢酶(glucose-6-phosphate dehydrogenase, G-6PD)活性的测定。G-6PD 有 A、B 两型，彼此只有一个氨基酸的差异，它们是 X 染色体上一对等位基因 Gd^{A} 和 Gd^{B} 控制的。来自男性细胞的 G-6PD 进行电泳结果只显示一条染色带，或是 A 型，或是 B 型。若酶活性的测定是取自 Gd^{A}/Gd^{B} 杂合体妇女皮肤细胞原始培养物，电泳图谱上出现 A、B 两条带。进一步检测单个细胞培养物时，它们或完全表现为 A 型条带，或者完全为 B 型条带。

此外，细胞学的研究发现巴氏小体的数目正好是该个体 X 染色体数目减 1。

近年来，人们对 X 染色体失活的机制和 Lyon 假说的实质的认识又有了新的补充和发展。

人类女性的 X 染色体失活在胚胎发育的第 16 天就已发生，而且失活的 X 染色体是随机的。其他有胎盘的哺乳动物也类同，但有袋类(如雌性袋鼠)失活的 X 染色体是有选择性的，失活的总是来源于雄性亲本的 X 染色体。有袋类动物的雌性个体细胞中，来自雌性亲本的 X 染色体有一个敏感区，它可产生少许起控制作用的物质，这些物质和同一条 X 染色体上的毗邻的受体相结合，能使该条 X 染色体不发生异固缩，保持不失活状态。但来源于雄性亲本的 X 染色体的相应部位没有，因而总是它发生异固缩而失活。有胎盘的哺乳动物和有袋类不同，敏感区不在 X 染色体上而是在常染色体上。敏感区产生的控制物质随机地和雄性或雌性亲本来源的 X 染色体上的受体结合，使相应的 X 染色体保持不失活状态。

3.3.2 果蝇的性别分化

果蝇虽然是 XY 型的动物，但 Y 染色体在早期的性发育过程中并不重要。性别决定取决于性指数。性指数的剂量决定能否打开 *sxl*(sex lethal)基因。*sxl* 基因是性别分化发育的总开关。当 X∶A=1.0 时，连锁基因编码的特异转录因子浓度高，主导基因 *sxl* 打开开关，由此激活一系列雌性特异性基因的表达，个体发育为雌性；当 X∶A=0.5 时，特异转录因子浓度不能达到一定的域值，*sxl* 基因处于关闭状态，从而使个体发育为雄性。

果蝇的剂量补偿效应也是通过 *sxl* 基因来调节的。研究表明，*sxl* 基因通过指导一系列的生化过程使 X 染色体以基础水平转录；而在雄性中，*sxl* 基因关闭，X 染色体高水平转录，这样雄性果蝇虽然只有一条 X 染色体，但表达的量与雌果蝇两条 X 染色体表达的量相同。

3.3.3 哺乳动物的性别分化

哺乳动物 XY 型性别决定，严格来讲只是在染色体水平上的遗传性别决定。遗传性别在受精阶段形成之后，性别的分化还要经历从遗传性别到性腺性别再到表型性别两个阶段。在胚胎发育的第 6～7 周，原始性腺是中性的。若遗传性别为 XY 型，Y 染色体上睾丸决定因子使原始性腺分化发育为胚胎性睾丸，最终形成雄性第一性征；若遗传性别为 XX，原始性腺在第 12 周时，分化发育为胚胎性卵巢，最终形成雌性第一性征。可见哺乳动物的 Y 染色体在性别决定与性别分化中起关键性作用。Y 染色体上决定睾丸分化的基因称为睾丸决定因子(testis determining factor, TDF)。近几十年来，人们一直在寻找这一基因。直到 1990 年，Sinclair 在 Y 染色体短臂拟常染色体端前长约 35 kb 的区域里发现了一段雄性特异序列，即 pY53.3 (2.1 kb)的 Hind Ⅲ片段。由此，将这一片段所在的基因称为 *SRY*(sex determining region of the Y)基因(图 3.7)。并认为 *SRY* 就是 TDF。*SRY* 基因在哺乳动物中是高度保守的。

哺乳动物第二性征的分化发育是由一系列激素所调控的。体内哪种性激素占优势，决定了第二性征分化的方向和强度。实际上，激素仅仅是控制第二性征的工具，而真正起主导作用的仍然是遗传基础。在性别决定和分化发育的过程中，无论在哪个阶段出现任何遗传上或发育上的误差，都可能引起性别分化的异常。

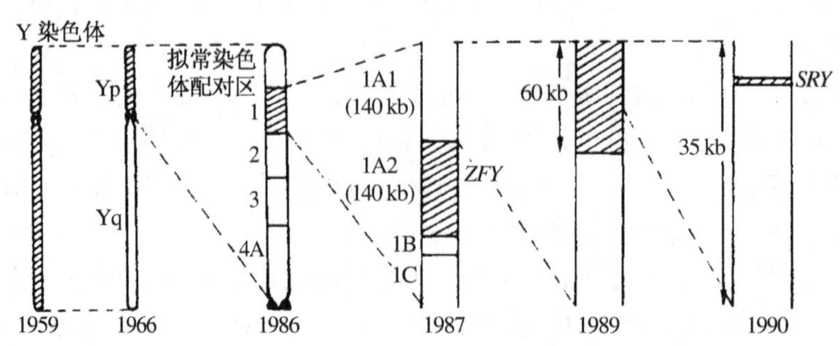

图 3.7 哺乳动物睾丸决定因子探索过程示意图

3.3.4 环境条件与性别分化

“基因型＋环境＝表型”是遗传学的基本原理之一。雄性或雌性性状的分化发育过程自然与环境条件密切相关。

1. 外界条件对性别分化的影响

外界条件影响性别分化的例子很多,这里仅举几个实例加以说明。

蜜蜂的受精卵可以发育成正常的雌蜂(蜂王),也可以发育成不育的雌蜂(工蜂),这取决于营养条件对它们的影响。个别幼虫采食蜂王浆的时间长,其生殖系统发育正常,体型也大,成为能与雄蜂交配的蜂王;大多数幼虫采食蜂王浆的时间短,生殖系统萎缩,体型也小,成为没有生殖能力而专门采蜜的工蜂。

某些蛙类中,雄蛙的性染色体是XY,雌蛙是XX。在气温约20℃的繁殖季节,它们的蝌蚪发育成的雌雄个体大约为1∶1;而在气温约30℃的盛夏,不论蝌蚪具有什么样的性染色体组成,全部发育成雄蛙。

环境条件对植物的性别分化也有重要作用。例如,葫芦科植物黄瓜,在发育早期施用大量氮肥,形成雌花的数量就会显著增多。缩短日照时间和降低夜温,也都能增加雌花数量。

2. 激素对性别分化的影响

激素影响高等动物性别分化的现象很普遍。如人类第二性征的形成与性腺分泌的性激素有直接的关系。这里再介绍几个性激素影响性别分化的例子。

牛一般是怀单胎的,但有时也可怀双胎。如果双胎的性别不同,生下的雌犊往往受到影响,其性腺很像睾丸,没有生育能力。这是因为雄性胎牛的睾丸先发育,分泌出的雄性激素通过绒毛膜血管,流向雌性胎中,从而影响了雌性胎的性腺分化。这说明,虽然性别在受精时已经被遗传决定,但性别的分化方向可以受到激素的影响而发生改变。

性反转是性激素影响性别分化最生动的现象。在家鸡中,有时产过蛋的正常母鸡,可变成能生育的公鸡。这是因为母鸡的体内同时具有雌、雄两种生殖腺。其中雄性生殖腺是退化的。产过卵的正常母鸡,如果由于某种原因使卵巢退化,这样失去抑制的退化精巢便可能发育起来,同时产生雄性激素,最后产生正常的精子。这样其性染色体组成没有改变,但表型性别产生了反转。

思 考 题

1. 解释下列名词

异配性别 Lyon假说 SRY基因 交叉遗传 限性遗传

2. 基因型 *BB* 的猫毛色是黑的,*bb* 的是黄色,*Bb* 型是玳瑁色的。已知这对基因在X染色体上。一个玳瑁色雌猫与一个黑色雄猫交配,预期子代表型如何? 如果出现了玳瑁雄猫,你如何解释?

3. 通过生殖腺的移植试验获得了一只性反转雄性蝾螈。把这只蝾螈与正常雌蝾螈交配,得到了雄性和雌性后代。请根据蝾螈的性决定方式加以解释。

4. 人类的色盲和血友病均为X连锁隐性性状,两基因的重组值约为10%。问下列系谱中,个体Ⅲ-4和Ⅲ-5的儿子患血友病的概率有多大?

（黑色符号表示该个体有血友病，叉号表示该个体有色盲症）

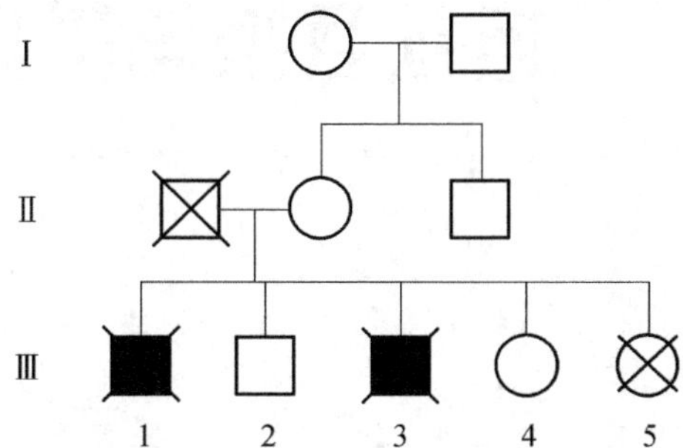

5. 人类的褐眼(*B*)对蓝眼(*b*)显性，一个父亲为色盲的蓝眼女人与一个母亲为蓝眼的褐眼男人婚配，问其蓝眼且色盲的儿子的比例如何？
6. 在果蝇中，朱红眼雄蝇与暗红眼雌蝇杂交，子代只有暗红眼；而反交的 F_1 代中，雌蝇都是暗红眼，雄蝇都是朱红眼。
   (1) 朱红眼的基因座位如何？
   (2) 指出亲蝇及子蝇的基因型。
   (3) 预期 F_1 代中暗红眼雌蝇与朱红眼雄蝇杂交子代的基因型和表型。

推 荐 参 考 书

1. 戴灼华，王亚馥，粟翼玟．2008．遗传学(第 2 版)．北京：高等教育出版社．
2. 杜传书主编．1995．医学遗传学(第 2 版)．北京：人民卫生出版社．
3. 刘祖洞．1991．遗传学(第 2 版)(上、下册)．北京：高等教育出版社．
4. 赵寿元，乔守怡．2008．现代遗传学(第 2 版)．北京：高等教育出版社．

第4章 连锁互换与基因作图

提 要

连锁与互换定律是经典遗传学的三大定律之一。三点测交是根据基因直线排列的定律进行染色体连锁图绘制的有效方法。利用顺序四分子可以十分有效地进行子囊菌纲丝状真菌的遗传分析。依据连锁群的各个基因的距离和顺序，可以绘制成遗传学图。

4.1 连锁与互换现象

4.1.1 连锁现象的发现

1906年英国学者 Bateson 和 Punnett 研究了香豌豆的两对性状杂交试验，首先发现了性状连锁遗传现象。他们把开紫花、长花粉粒的香豌豆品种与开红花、圆花粉粒的香豌豆品种进行杂交，已知紫花(P)对红花(p)是显性，长花粉粒(L)对圆花粉粒(l)是显性，杂交结果如下：

P　　紫花、长花粉粒 × 红花、圆花粉粒

　　($PPLL$) ↓ ($ppll$)

F_1　　紫花、长花粉粒($PpLl$)

↓

F_2		紫长	紫圆	红长	红圆	总数
	实计数	4 831	390	393	1 338	6 952
	预计数	3 910.5	1 303.5	1 303.5	434.5	6 952

结果表明，F_1 代都是紫长，证明紫长为显性；在 F_2 代中的四种表型比例不符合 9∶3∶3∶1。F_2 代中亲组合(亲本中原有的组合；non-crossover 或 parental types)紫长和红圆的实得数大于理论数，重组合(亲本中原来没有的新组合；recombinant types)紫圆和红长的实得数小于理论数，尽管花的颜色(紫与红)、花粉的形状(长与圆)的分离比各自符合 3∶1，但 F_2 代中不符合 Mendel 的 9∶3∶3∶1 的比例，表明这两对性状显然不能用两对因子的自由组合定律来解释。

Bateson 对亲本的性状组合进行了调换，把紫圆与红长进行杂交，即两个亲本各具一对显性和隐性基因，实验结果表明：F_2 代不符合 9∶3∶3∶1 分离比，4 种性状仍然表现为亲组合(紫圆和红长)的实得数大于理论数，重组合(紫长和红圆)的实得数小于理论数。

P　　紫花、圆花粉粒 × 红花、长花粉粒

　　($PPll$) ↓ ($ppLL$)

F_1　　紫花、长花粉粒($PlLl$)

↓

F_2		紫长	紫圆	红长	红圆	总数
	实计数	226	95	97	1	419
	预计数	235.8	78.5	78.5	26.2	419

遗憾的是 Bateson 只认识到，在杂合子中属于同一亲本的两个基因有更倾向于进入同一配子的连锁现

象;他把前一种实验中 F_1 杂合子中两个显性性状属于同一亲本来源的,两个隐性性状属同一亲本来源的(紫、长)情况称相引相(coupling phase),把后一种实验中一个 F_1 杂合子中显性性状与隐性性状属于同一亲本来源的情况称为相斥相(repulsion phase)。但是他未能进一步分析 F_1 杂种形成配子时两对在亲本中的连锁基因有更多保持原来组合的遗传倾向,没有和 Sutton 和 Bovei 在 1902 年就提出的遗传的染色体学说做进一步的联系,因而没有真正地揭示基因在染色体上的连锁和互换的规律。

而 Morgan 通过对果蝇的研究,把连锁和互换现象与遗传的染色体学说相结合,进行科学的分析,在 1910 年建立了遗传学的第三基本定律:连锁互换定律(law of linkage and crossing over),从而揭开了遗传学发展史上新的篇章。

4.1.2　完全连锁与不完全连锁

1. 完全连锁

在黑腹果蝇中,灰身(B)对黑身(b)是显性,长翅(V)对残翅(v)是显性,都是非伴性性状,两对性状的各自遗传均符合 Mendel 第一定律。Morgan 与他的学生 Bridges 把灰身长翅($BBVV$)和黑身残翅($bbvv$)的果蝇进行杂交,结果 F_1 代均为灰身长翅($BbVv$)。他们再把 F_1 代的雄蝇与黑身残翅($bbvv$)的雌蝇进行测交,如果按两对基因自由组合的结果预测应该有灰长、灰残、黑长、黑残四种表型,比例为 1∶1∶1∶1。然而,实验结果则是只有两种表型,分别为灰身长翅($BbVv$)和黑身残翅($bbvv$),比例为 1∶1。

Morgan 解释为:在 F_1 代杂合子中,灰身基因 B 和长翅基因 V 位于同一条染色体上,黑身基因 b 和残翅基因 v 位于同一条染色体上,在遗传时位于同一染色体上的基因有更多的机会联系在一起遗传,这种现象称为连锁(linkage)。像上述测交结果只产生两种表型后代的连锁方式称为完全连锁(complete linkage)(见图 4.1)。其实完全连锁的例子是不多见的;如上述的雄性果蝇、家蚕中的雌家蚕为完全连锁的,而雌果蝇、雄家蚕与绝大多数的生物(无论雌雄)均表现为不完全连锁。

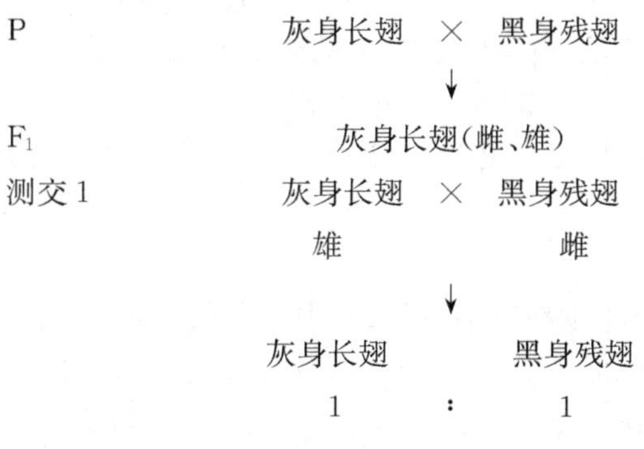

图 4.1　果蝇的完全连锁

2. 不完全连锁

如果采用 F_1 雌蝇与双隐性个体测交,后代中则出现灰长、灰残、黑长、黑残四种表现,比例为 0.42∶0.08∶0.08∶0.42,体现为两多、两少。Morgan 把这种两种亲组合大大多于两种重组合的现象称为不完全连锁(incomplete linkage)(见图 4.2)。

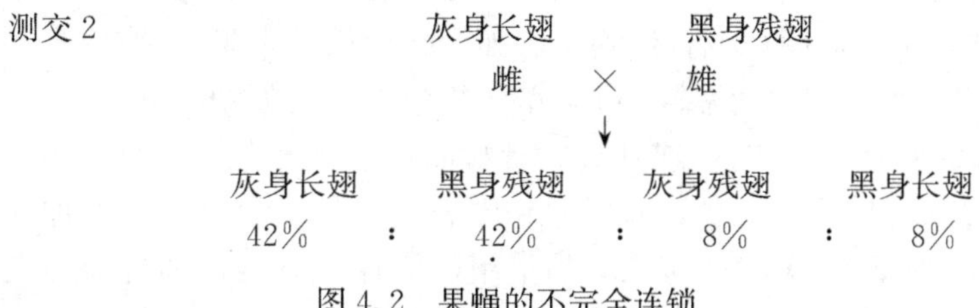

图 4.2　果蝇的不完全连锁

4.1.3　连锁与互换的本质

连锁与互换的本质可以从 F_1 杂种在减数分裂时的行为看出。我们已经知道,在减数第一次分裂前期 I

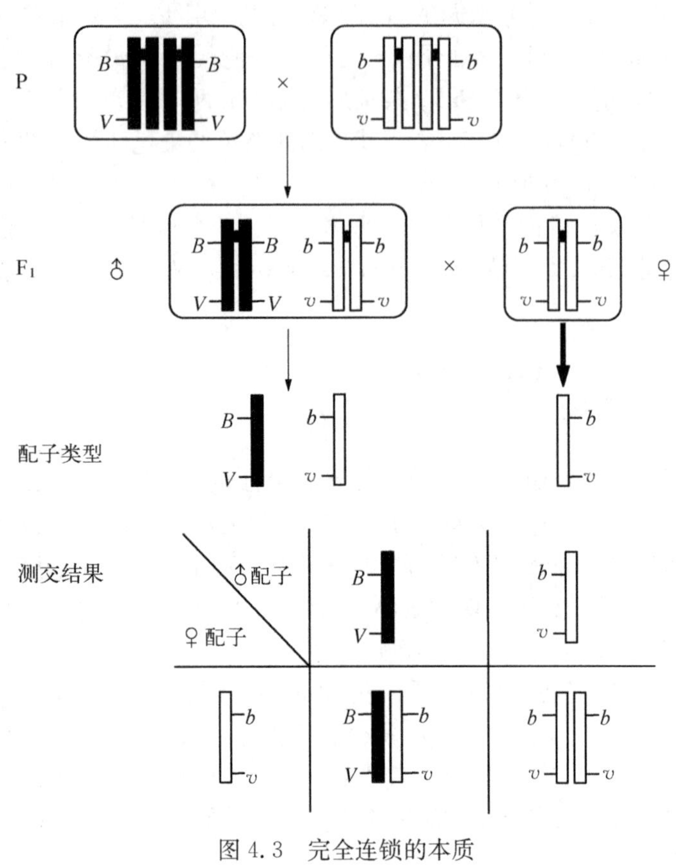

图 4.3 完全连锁的本质

的偶线期，各对同源染色体分别配对联会；在粗线期，同源染色体配对完毕，每一配对完全的染色体即二价体，有 4 条染色单体，在这个时期，非姐妹染色单体的对应区段间发生交换。当减数分裂进入到双线期时在细胞学上才看见二价体中非姐妹染色单体对应区段间之间的交叉，可见，先有遗传学上的交换后有细胞学上的交叉，交叉是发生过交换后的有形结果。完全连锁可以理解为，杂交中灰长 F_1 雄蝇($BbVv$)在减数分裂过程中非姐妹染色单体基因间不发生交换，所以只产生两种不同的配子，测交后只产生两种后代(见图 4.3)。

对于不完全连锁，以雌蝇为例，杂种 F_1 灰长雌蝇在减数分裂过程中，100%的杂种 F_1 性母细胞中体现为：① 有 32%的性母细胞在 $B-V$ 基因之间形成一个交叉，表明有一半的染色单体的 $B-V$ 间发生过交换，也就是二价体内四条染色单体中有两条发生了交换，这样在形成的配子中，有 16%是亲代所没有的重组合，分别为 8%灰残、8%黑长，另有 16%是亲组合，8%灰长，8%黑残；② 有 68%的性母细胞在 $B-V$ 基因之间没有发生交换或交换发生在 $B-V$ 以外，这部分的性母细胞产生的配子如同完全连锁一样产生 1∶1 的亲组合配子，即 34%的灰长、34%的黑残。综合①与②可知配子比例：BV∶Bv∶bV∶bv = (34%+8%)∶8%∶8%∶(34%+8%) =42%∶8%∶8%∶42%。测交结果为性状比例：灰长∶灰残∶黑长∶黑残=42%∶8%∶8%∶42%(见图 4.4)。

4.1.4 连锁与互换的证据

Morgan 的连锁互换定律是通过假设在减数分裂时相应基因之间发生了交换而导致遗传重组而确定的。然而由于作为同源染色体的两条染色体十分相似，不容易辨认，很难直接证明基因重组的确是通过同源染色体之间发生交换而发生的。直到 1931 年 Creighton 与她的老师著名遗传学家 McCintock 用玉米为材料，Stern 用果蝇为材料，证明了这一结果。

1. Creighton 和 McCintock 的玉米实验

Creighton 和 McCintock 利用玉米有染色体畸变的第 9 号染色体进行实验，这条染色体带有色素基因 C 和糯质基因 wx，另外在其短臂上带有一个染色体结(knob)，在长臂上附加了一段第 8 号染色体(见图 4.5)。而正常的 9 号染色体没有染色体结和附加片段。

她们把图 4.5 中带有有色(C)和糯质(wx)基因第 9 号畸变染色体和无色(c)和非糯质(Wx)9 号正常染色体的杂合植株与染色体正常的双隐性纯合体测交。如果杂合植株发生遗传重组，那么它将产生 4 种配子，测交后产生 4 种性状类型。通过细胞学观察 4 种类型的染色体形态如图 4.6。

结果表明：亲本性状的染色体结构特点与原来一致，而重组合有色(C)非糯(Wx)表现为短臂上有一个扭结，长臂上无一个附加片段；重组合无色(c)糯质(wx)表现为长臂上有一个附加片段，无扭结。这个实验证实了有色基因(C)与非糯质基因(Wx)座位之间的重组确实伴随着染色体之间的交换，为染色体的交换提供了细胞学上的证据。

2. Stern 的果蝇实验

同样是 1931 年，Stern 通过研究，在果蝇中发现了两种有异常的 X 染色体特殊品系，通过杂交获得含有两种异常 X 染色体的雌果蝇。这两条 X 染色体，一条为附加有 Y 染色体，带有野生 Car^+ 红眼基因(C)和野生 b^+

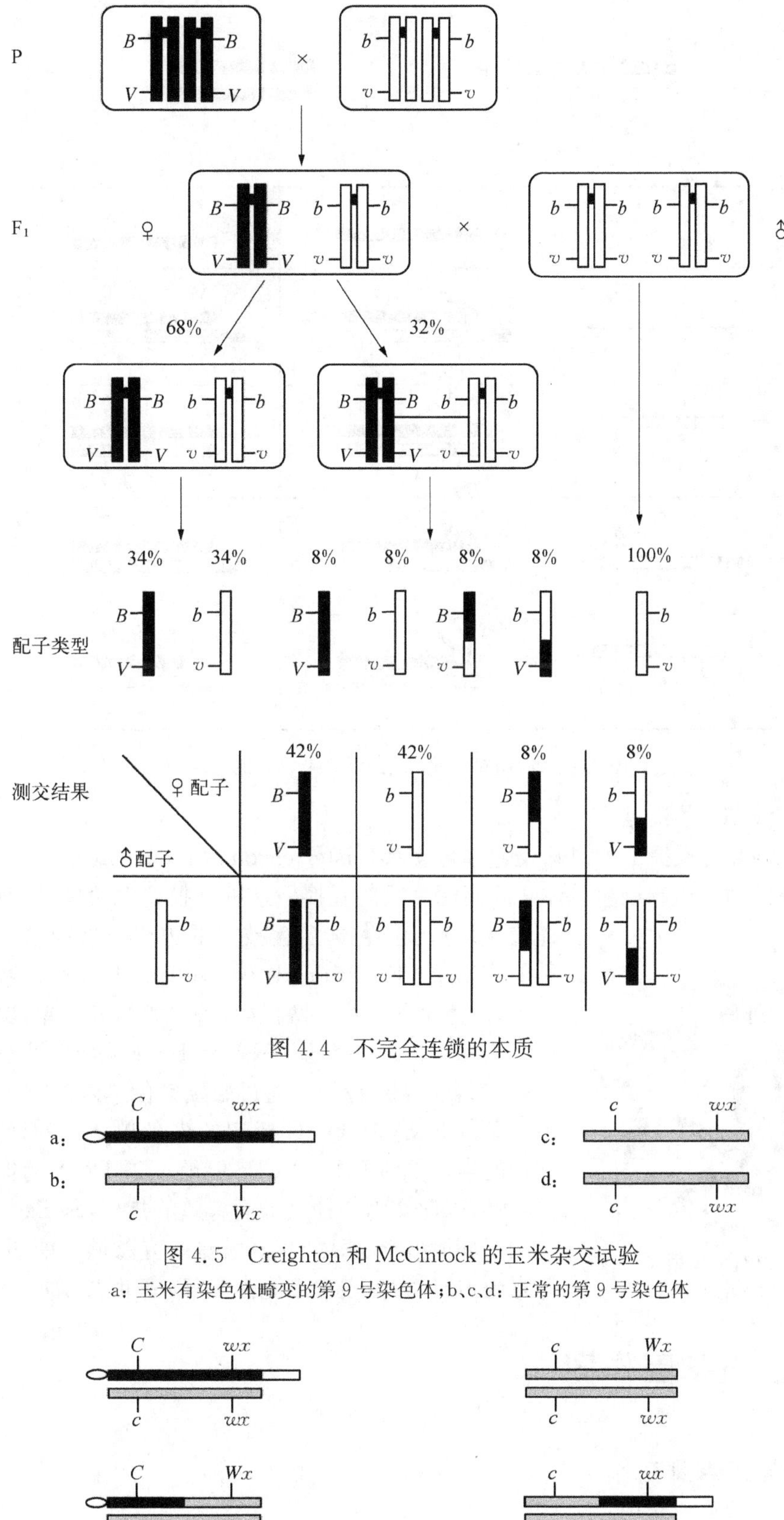

图 4.4　不完全连锁的本质

图 4.5　Creighton 和 McCintock 的玉米杂交试验

a：玉米有染色体畸变的第 9 号染色体；b、c、d：正常的第 9 号染色体

图 4.6　Creighton 和 McCintock 的玉米杂交实验，证明染色体的重组

正常眼基因(b^+)，另一条为有部分缺失的带有 *car* 粉红眼隐性基因(c)和 B 棒眼显性基因(B)。把这个异常雌性蝇与带有正常 X 染色体上带有 *car* 和正常眼基因的正常雄蝇杂交产生 4 种表现，分别是红色正常眼，粉红色棒眼，红色棒眼，红色正常眼。重组合红色棒眼和粉红色正常眼不仅表型性状发生了重组，通过显微镜观察在细胞学上也发现了染色体之间发生了重组，又一次从实验结果证明了基因的重组伴随着染色体间的交换(见图 4.7)。

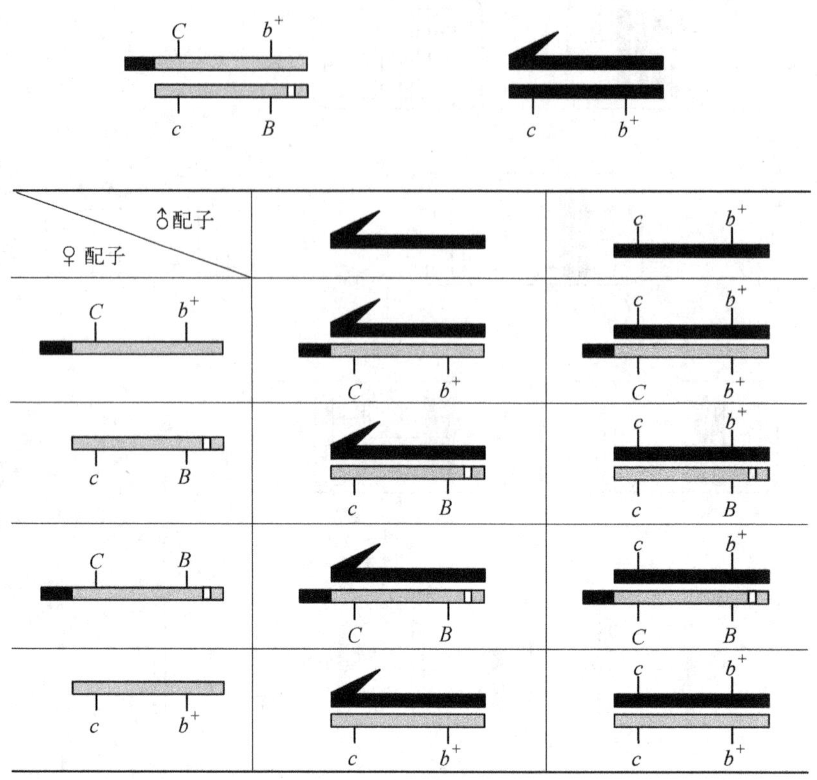

图 4.7 Stern 的果蝇实验,证明染色体的重组

3. 姐妹染色单体交换 SCEs 的证据

1938 年,McClintock 首次提出了姐妹染色单体交换(sister chromatid exchanges,SCEs)的概念。SCEs 是指来自一个染色体的两条姐妹染色单体之间同源片段的互换。这种互换是完全的,对称的。姐妹染色单体交换是基于染色体着色技术的进步发展起来的。细胞在用碱基类似物溴尿嘧啶(bromodeoxyuridine, BudR)代替胸腺嘧啶的培养液上,离体培养两代。两代后,每对姐妹染色单体中,一条染色单体双链 DNA 中的一条链 DNA 有 BudR 标记,另一条染色单体双链 DNA 都有 BudR 标记。通过姐妹染色单体差异染色,在荧光显微镜下一条链 DNA 有 BudR 标记的染色单体比双链 DNA 都有 BudR 标记的染色单体要亮。SCEs 能够反映 DNA 的损伤程度和遗传不稳定性,因此作为一种灵敏而有效的指标,SCEs 检测技术已广泛地应用于环境科学、医学、生物学等研究领域。如图 4.8 所示,在受到铝毒胁迫时,大麦根尖细胞内 SCEs 率明显增加(箭头所示)。

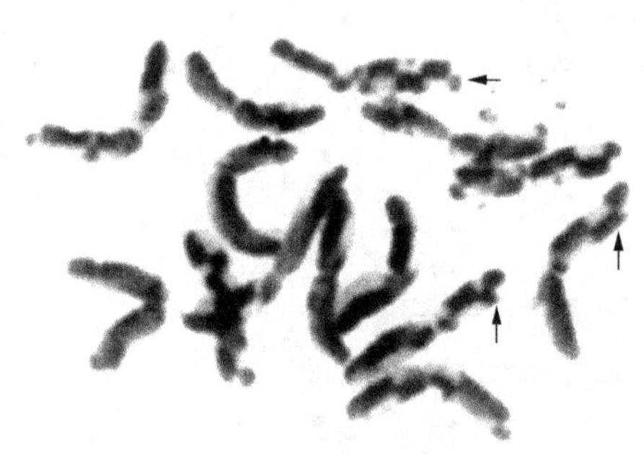
图 4.8 铝毒胁迫对大麦根尖细胞 SCEs 率的影响

4.2 连锁互换与基因作图

4.2.1 两点测交与三点测交

1. 重组与交换

上一节中分析了同一染色体上两个基因连锁与互换的本质。事实上,除了雄果蝇与雌家蚕是完全连锁外,绝大多数生物(包括雌果蝇、雄家蚕)位于同一染色体上的两个基因都是不完全连锁的。两个基因在染色体上的距离影响着重组值(recombination value 或 recombination frequency, RF)的大小。重组值等于 F_1 代杂种测交后的重组合除以亲组合与重组合之和,即

$$重组值(RF)=重组合/(亲组合+重组合)$$

雌蝇灰身与长翅基因位点的重组值 = (8% + 8%)/(42% + 42% + 8% + 8%) = 16%。

同源染色体两个基因间的重组是非姐妹染色单体间基因交换的结果，染色体中两个基因距离越远，发生交换的机会越多，两个基因之间的重组值也越大，也就是说重组值的大小直接反映着基因之间的距离。所以，我们把通过重组值确定基因在染色体上的排列顺序和相对位置而绘制线性示意图，称为基因作图(gene mapping)。两个基因间的距离用图距(map distance)来表示，1%的重组值等于一个图距单位(map unit, mu)，现在为了纪念第一个解释连锁现象的著名遗传学家 Morgan，图距单位用厘摩(centi Morgan, cM)表示，1 cM 即为 1%重组值去掉百分号的数值。

2. 三点测交

二点测交(two point testcross)是通过两对基因的杂合体与双隐性个体的测交。如 *ab*/＋＋与 *ab*/*ab* 测交以确定 *a* 与 *b* 之间的重组值与图距，＋表示野生型相对于隐性突变基因为显性。但事实上位于同一染色体上基因是很多的，为了更有效地对基因定位，Morgan 和他的学生 Sturtevant 创立了一种新的测交方法即三点测交(three point testcross)。所谓三点测交就是把 3 个基因包括在同一次交配中，如利用三杂体 *abc*/＋＋＋与三隐性纯合体 *abc*/*abc* 测交，相当于一次交配试验就等于 *a* 与 *b*，*b* 与 *c*，*a* 与 *c* 三次两点测交。

在黑腹果蝇的 X 染色体上存在三个隐性突变基因，分别是棘眼 *ec*(echinus)，在复眼表面上有很多小毛；截翅 *ct*(cut)，翅的末端截短；以及横脉缺失 *cv*(crossveinless)基因。把棘眼、截翅个体与横脉缺失个体交配，得三杂合体 *ec ct* ＋/＋ ＋ *cv*，*ec*、*ct*、*cv* 的排列不代表它们在 X 染色体的真实顺序，把三杂合体雌蝇 *ec ct* ＋/＋ ＋ *cv* 与三隐性雄蝇(*ec ct cv*/*Y*)测交，测交结果见下表。

三点测交中，重组值的计算 *ec ct* ＋/＋ ＋ *cv* × *ec ct cv*/Y

序　号	表　型	实际数	比　例	*ec*－*ct*	*ec*－*cv*	*ct*－*cv*
①	*ec ct* ＋	2125	81.46%			
②	＋ ＋ *cv*	2207				
③	*ec* ＋ *cv*	273	10.12%	√	√	
④	＋ *ct* ＋	265				
⑤	*ec* ＋ ＋	217	8.27%	√		√
⑥	＋ *ct cv*	223				
⑦	*ec ct cv*	3	0.15%			
⑧	＋ ＋ ＋	5			√	√
合　计		5 318	100%	18.39%	10.27%	8.42%

表中所示三点测交结果后代类型数有 8 种，说明存在双交换(double crossover，一对同源染色体的非姐妹染色单体之间同时发生两次单交换的现象)。在具体分析时，我们可以按以下步骤进行。

1) 确定亲组合和双交换类型　实得数最多的①、②两种表型为亲组合，实得数最少的⑦、⑧为双交换类型。

2) 比较双交换与亲组合类型，确定三个基因的顺序　把双交换类型 *ec ct cv*、＋ ＋ ＋分别与亲组合 *ec ct* ＋、＋ ＋ *cv* 比较，可以发现只有 *cv* 这个基因位置发生了改变，说明 *cv* 在中间(只有 *cv* 在中间)，ec ct ＋、＋ ＋ cv 亲组合类型通过 ec 与＋、＋与 ct 的两次交换才能得到 ec ct cv、＋ ＋ ＋的双交换结果(见图 4.9)。

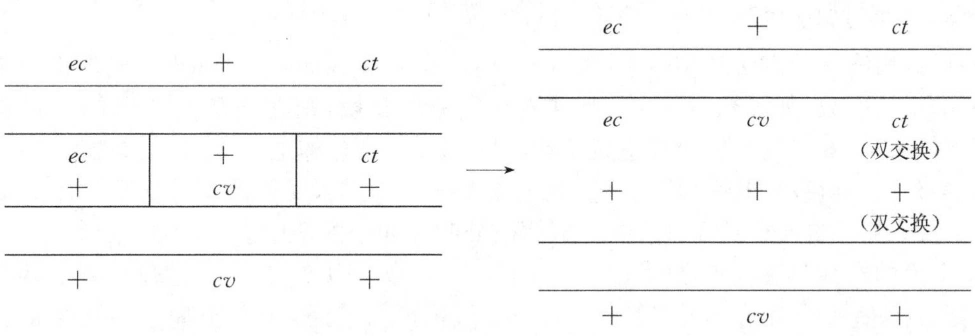

图 4.9　只有 *cv* 基因在中间，亲组合类型通过双交换才能产生 *ec ct cv*、＋ ＋ ＋双交换个体

3) 计算基因间的重组值

A. 计算相邻 $ec-cv$ 的重组值,就应该忽视表中的中间一行 $ct/+$,只对 $ec-cv$ 考虑。

亲组合与重组合关系应为:

ec	(*ct*)	+	2 125	亲组合
+	(+)	*cv*	2 207	
ec	(+)	*cv*	273	重组合
+	(*ct*)	+	265	
ec	(+)	+	217	亲组合
+	(*ct*)	*cv*	223	
ec	(*ct*)	*cv*	3	重组合
+	(+)	+	5	

ec +与+ *cv* 为亲组合,*ec cv* 与+ +为重组合。

$$重组合\ RF_{ec-cv} = (273 + 265 + 3 + 5)/5\,318 \times 100\% = 10.27\%$$

B. 计算相邻基因 $cv-ct$ 的重组值。同理忽视表中第一行($ec/+$)得重组值 $RF_{cv-ct} = 8.42\%$。

C. 计算 $ec-ct$ 的重组值,同理忽视表中的第三行,得 $RF_{ec-ct} = 18.39\%$。

4) 染色体连锁图的绘制 $ec-ct$ 的重组值为 18.39%,不等于 $ec-cv$ 与 $cv-ct$ 的重组值之和 18.69%。分析其原因是我们在计算 RF_{ec-cv},RF_{cv-ct} 时都把 *ec*、*ct*、*cv* 与+ + +这 8 个果蝇算进去了,也就是它们在 $ec-cv$ 间和 $cv-ct$ 间各进行了一次交换。虽然这 8 个果蝇在 $ec-ct$ 间进行了两次交换,即双交换,但我们在计算 RF_{ec-ct} 时,并没有把这 8 个果蝇算进去。所以在计算 $ec-ct$ 间的图距、交换值时,一定要在 $ec-ct$ 的重组值 18.39%基础上加上两倍的双交换值,即 $18.39\% + 2 \times 0.15\% = 18.69\%$。

5) 干涉与并发系数 从三点测交的结果中我们发现双交换频率很低,一般双交换的发生频率往往低于预期的双交换频率,预期的双交换频率应等于两个单交换的乘积,如 $ec-ct$ 基因间的双交换频率预期应是 0.86%,而实际收到的双交换频率$= (3 + 5)/5\,318 = 0.15\%$。从中可以看出每发生一次单交换都会影响它邻近发生另一次单交换,这种现象叫干涉(interference, I)。

我们把实际的双交换率除以预期双交换频率,这一比值称为并发系数或符合系数(coefficient of coincidence, C)。干涉与并发系数的关系为

$$I = 1 - C$$

如上述实验并发系数 $C = 0.15\%/(10.27\% \times 8.42\%) = 0.17$,干涉 $I = 1 - C = 1 - 0.17 = 0.83$

当 $C = 1, I = 0$ 时,表示不存在干涉。

当 $C = 0, I = 1$ 时,表示存在完全干涉(无双交换)。

当 $1 > C > 0$ 时,表示存在正干涉(positive interference)。即第一次交换后引起邻近第二次交换机会的下降。正干涉在生物界普遍存在。

当 $C > 1, I < 0$ 时,表示存在负干涉(negative interference),有时仅在微生物中出现。

3. 关于重组值、交换值、图距

重组值或重组率的概念前面已经提到,指的是杂合体产生重组型配子的比例。即

重组率(RF)=重组型配子数/总配子数(重组合+亲组合)×100%,

所以重组值是可以用测交的方法从实际中测得的。而交换值(crossing-over value)则指染色单体上两个基因间发生交换的平均次数,如减数分裂时,染色体发生一次交换,则在四条染色单体上就有两个交换位点,对于染色单体来说,其平均交换次数应是 2/4,即 0.5。如染色体上发生了二次交换,则四条染色单体上就有四个交换位点,染色单体的平均交换次数为 $4/4 = 1$。可见,交换值 x 等于染色体上交换次数 m 的一半,即 $x = m/2$,由于减数分裂后四条染色单体被分配到四个配子中去。所以,交换值可以定义为:两个基因间发生交换的次数与总配子数的比率。如 100 个性母细胞中,有 1 个性母细胞的两个基因间发生了一次交换,则交换 值 $= 2/400 = 0.5\%$。所以交换值也可归纳为:100 个配子中两个基因发生交换的平均次数。

对于三点测交来说，相邻基因从数值上可以认为重组值就等于交换值。如 RF_{ec-cv} 为10.27%，即交换值为 10.27%。由于图距是以交换值乘上 100 来表示的，单位用 cM，所以 $ec-cv$ 的图距为 10.27 cM；RF_{cv-ct} 为 8.42%，即交换值为 8.42%，图距为 8.42 cM。对于两边的基因交换值不等于重组值，交换值为 $10.27+8.42=18.69$ cM，见染色体图：

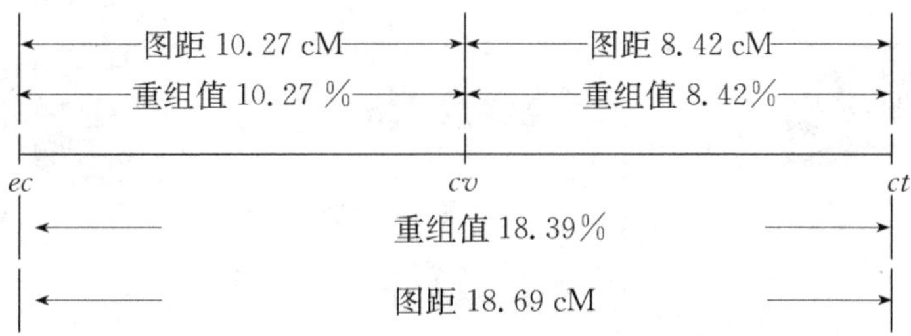

重组值是可以通过测定实际测得，但交换值只不过是一个理论上的数值，不能用测交或自交等方法测得，通常当基因间距离邻近时，交换值是由重阻值估计而得的。但是，随着两个基因间距离的增加，两个基因间的交换次数将增加，重组值由于是重组配子占总配子的比例，就不可能超过 50%，而交换值由于是两基因间的平均交换次数，完全可以超过 50%，100%。所以当两个基因较远时，如简单地把重组率等同于交换率，那么交换率被低估了，图距就需要校正。

关于图形的校正，常用的是 Haldane 推导的作图函数，即 $R=1/2(1-e^{-2x})$，它较明确地反映了重组值 R 与交换值（图距）X 的关系。见图 4.10，我们可以把公式改写为 $X=-1/2\ln(1-2R)$，对连锁图加以校正，如果基因 a 与 b 间的重组值为 0.32。我们把 $R_{ab}=0.32$ 代入公式 $X_{ab}=-1/2\ln(1-2R)=-1/2\ln(1-2\times0.32)=0.51$。交换值与重组值之差 $0.51-0.32=0.19$，这就是低估的交换值。当然，校正是针对才开始研究其连锁图距的新生物的，由于它可供标记的基因少，校正后就更能确切地反映实际的图距。对于研究得较为彻底的生物，标记区域已划分很细，较远基因的图距可以各级累加，根本就没有必要通过重组值来加以校正。

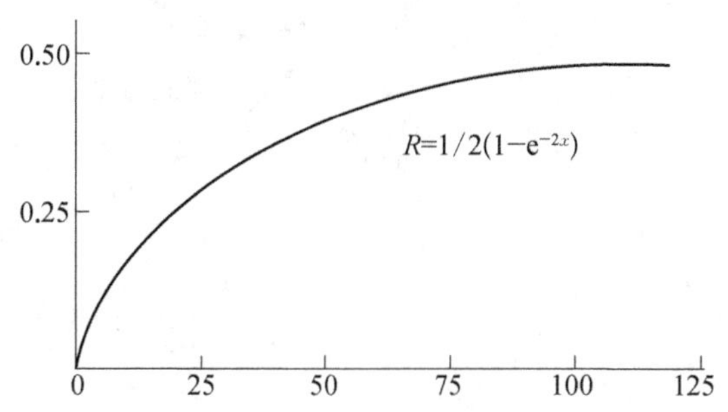

图 4.10　Haldane 的作图函数。反映交换值与真实图距的相关性

4.2.2　真菌的遗传分析

脉孢霉（*Neurospora crassa*）属于子囊菌纲的丝状真菌，它是遗传学上进行遗传分析的好材料。它有如下优点。

1）个体小，后代多，生活周期短，在短时间可以获得大量的杂交后代，便于分析。

2）易培养，可利用各种培养基筛选各种突变型。

3）脉孢霉属真核生物，进行有性生殖，染色体的结构和功能类似于高等动植物，可作为真核生物的研究模型。

4）子囊孢子（ascospores）是单倍体，不存在二倍体的显隐性问题的复杂性，表型与基因型相一致。

5）一次只分析一个减数分裂的产物。手续简便，不需要像二倍体生物那样通过测交试验来分析杂合一方产生的减数分裂所形成配子的比例。

从生活史来看，脉孢霉有无性和有性两种繁殖方式。无性繁殖，为多细胞菌丝体和分生孢子所构成的单倍体世代，当其孢子或菌丝落在营养物上，孢子萌发，菌丝生长形成菌丝体。有性繁殖，如有两个亲本为不同的交配型 A 和 a，A 和 a 两种交配型的菌丝都可产生原子囊果和分生孢子，原子囊果产生受精丝，A 和 a 各自的分生孢子会散落到不同交配型子囊果的受精丝上，进入子实体进行核融合，形成二倍体合子。二倍体合子存在时间十分短暂，很快进行减数分裂，产生四个单倍体的细胞核，再经过一次有丝分裂，在子囊中形成 8 个单倍体的子囊孢子，子囊孢子在适宜的条件下萌发，通过有丝分裂长成新的菌丝体（见图 4.11）。

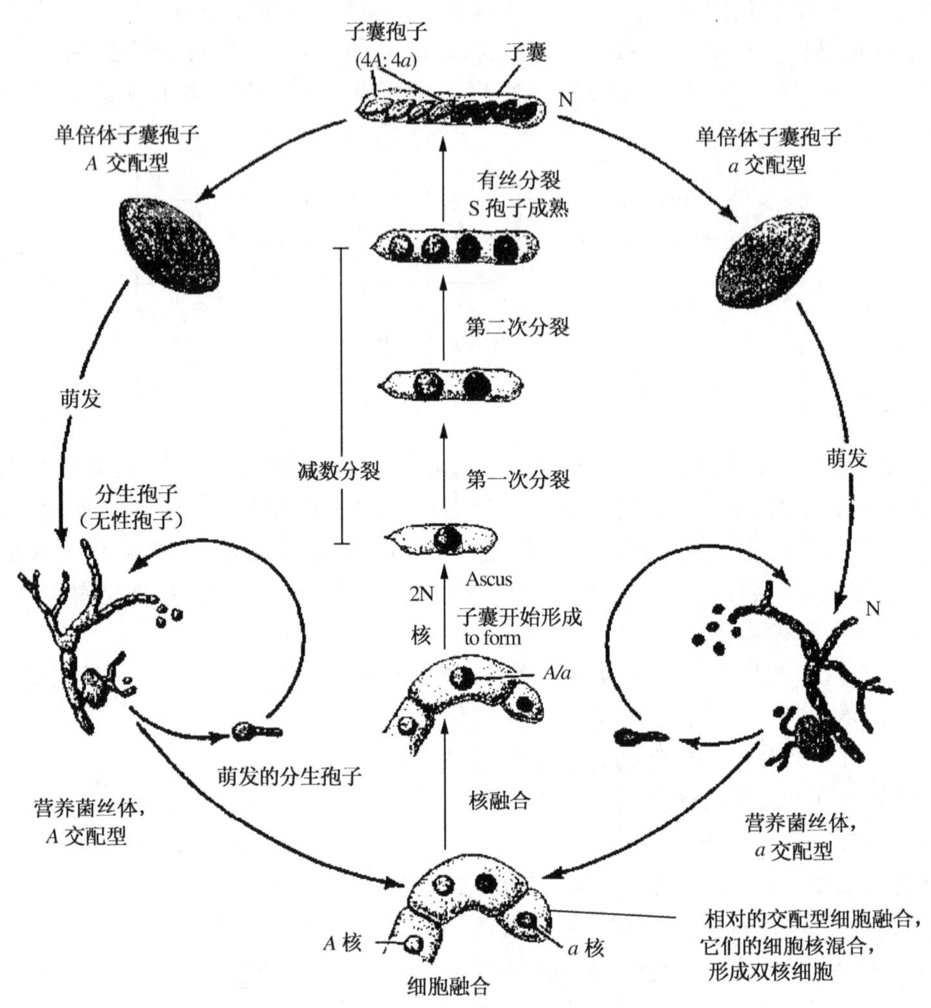

图 4.11 脉孢霉的生活周期(引自 Russell PJ, 1997)

1. 顺序四分子

脉孢霉单一减数分裂的 4 个产物留在一起,称为四分子(tetrad),此外,由于子囊的外形十分狭窄,子囊孢子和细胞核都不能在里面移动,这样脉孢霉减数分裂的 4 个产物(有丝分裂后变为 4 对子囊孢子)不仅留在一起,而且以直线方式排列在子囊中,故称为顺序四分子(ordered tetrad),这种顺序四分子在遗传分析中有很多的好处。

1) 通过子囊中子囊孢子存在的正确对称性质,证明减数分裂是一个交互过程,可以作为验证分离定律的直接证据。

2) 可以把着丝粒作为一个座位,计算某一基因与着丝粒的重组率,即着丝粒作图。

3) 可以检验染色单体的交换是否有干涉现象,而且还可以进行基因转换的研究。

4) 证明每一交换只包括四线中的两线,但多重交换可以包括两线、三线或四线。

2. 着丝粒作图

利用遗传学方法分析单一减数分裂的全部产物称为四分子分析(tetrad analysis)。利用减数分裂分离 M_{I} 或 M_{II} 来确定是否重组,再计算标记基因到着丝粒之间的图距,称为着丝粒作图(centromere mapping)。现在通过一例实验来说明着丝粒作图。脉孢霉的野生型又称原养型,即能在基本培养基上生长和繁殖,子囊孢子按时成熟,成熟时呈黑色。有一类突变型,在基本培养基上不能生长,必须添加某一营养物才能生长,则称为营养缺陷型。如一定要在基本培养基中添加赖氨酸才能生长的突变型就称为赖氨酸缺陷型(记 lys^- 或 $-$),赖氨酸缺陷型的子囊孢子成熟较迟,呈灰色。现将一野生型(lys^+ 或 $+$)与赖氨酸缺陷型(lys^- 或 $-$)杂交,则所得子囊中的 4 对 8 个孢子为 2 对黑的($+$),2 对灰的($-$)。

根据黑色孢子对和灰色孢子对在子囊中的排列次序,共有 6 种排列方式,即 6 种子囊型,分别是:

非交换型	①	+	+	−	−	第一次分裂分离
	②	−	−	+	+	
交换型	③	+	−	+	−	第二次分裂分离
	④	−	+	−	+	
	⑤	+	−	−	+	
	⑥	−	+	+	−	

对于子囊型①和②，在着丝粒和基因对+、−之间没有发生交换，或交换发生在着丝粒和基因对+、−之外，所以第一次减数分裂时(first division segregation，M_I)，带+的两条染色单体与带−的两条染色单体就完全分开，第二次减数分裂每一个染色单体相互分开，在每个子囊中，两个+的孢子排在一起。两个−的孢子排在一起，再经过一次有丝分裂变成 4 对孢子，排列顺序为++−−或−−++，称为非交换型(见图 4.12)。

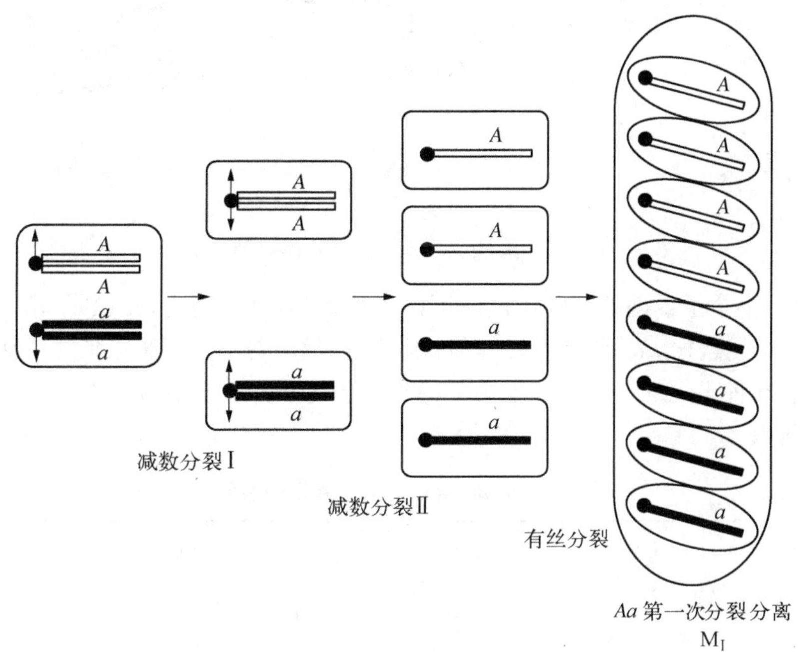

图 4.12　非交换型，第一次分裂分离(M_I)

子囊型③、④、⑤、⑥，在着丝粒和基因对+、−之间发生了交换，所以，第一次减数分裂时，由于交换，分到两极的每个子核，其两染色单体，一个带有+、一个带有−，在第一次分裂时+、−没有分开，而在第二次分裂时，带+的染色单体和带−的染色单体相互分开，故称第二次减数分裂分离(second division segregation，M_{II})。由于第二次分裂时+与−相互分开的极性走向是随机的，最后 4 对子囊孢子对排列就有了③、④、⑤、⑥共 4 种组合，称为交换型子囊(见图 4.13)。

在③、④、⑤、⑥4 种子囊型中，4 对子囊孢子中只有 2 对孢子交换位置，而其余 2 对孢子维持原在位置，交换涉及的只是 4 条线中的两条染色单体之间，也就是每发生一个交叉，一个子囊中有半数孢子发生重组。同时，在计算重组率时，统计的是交换型子囊数，而不是发生交换的配子数。因此，在脉孢霉的着丝粒作图中，着丝粒与有关基因的重组率计算如下：

有关基因与着丝粒的重组率 = 交换型子囊数 /(交换型子囊数 + 非交换型子囊数) × 100% ×1/2 = $M_{II}/(M_{II}+M_I)\times 100\%\times 1/2$。

3. 脉孢霉的连锁作图

以上两对基因间的连锁作图涉及的是只有一对基因的着丝粒作图，利用顺序四分子还可以对两个基因进行连锁作图。脉孢霉的一种缺陷型为烟酸依赖型 *nic*(nicotinic)，不能合成烟酸，需要在培养基中添加烟酸才能生长。另一种为腺嘌呤依赖型 *ade*(adenine)，不能合成腺嘌呤，要添加腺嘌呤才能生长。如将 *nic* + 与+ *ade*杂交，从前述可知，一对基因杂交，可产生 6 种不同的子囊型，而两对基因杂交则有 6×6 = 36 种不

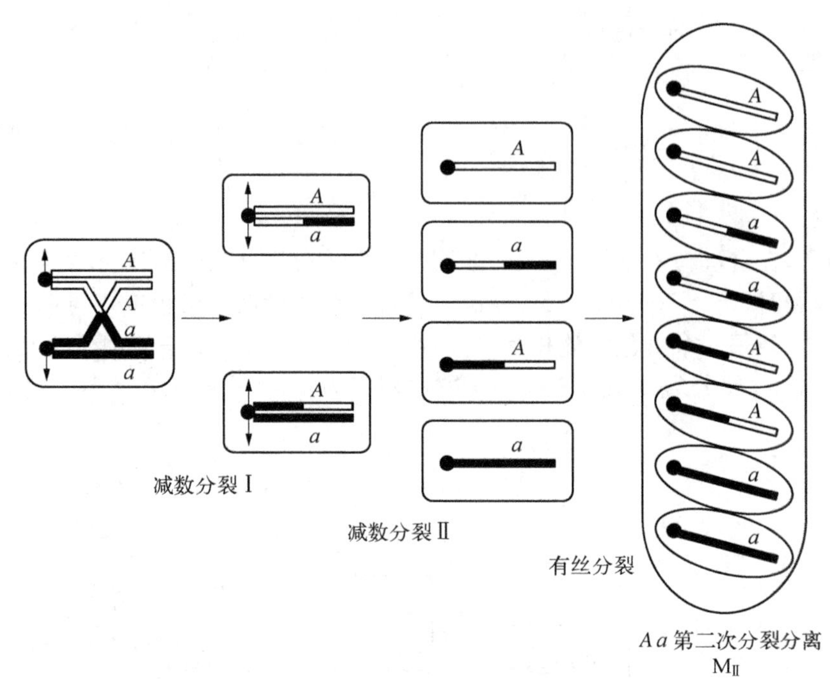

图 4.13 交换型,第二次分裂分离(M_{II})

同的子囊型。然而,因为半个子囊内的基因型次序可以忽视,在半个子囊内,无论是 *nic* +孢子对在“上面”,+ *ade* 孢子对在“下面”,还是+ *ade* 孢子对在“上面”,*nic* +孢子对在“下面”,都只是反映着丝粒的随机走向而已。因此,可以把 36 种不同的子囊型归纳为 7 种基本子囊型。下表中所列为 *nic*+×+*ade* 得到的 7 种不同子囊型和实际子囊数。

***nic* +×+ *ade* 得到不同子囊型的后代**

	(1)		(2)		(3)		(4)		(5)		(6)		(7)	
四分体基因型	+	*ade*	+	+	+	+	+	*ade*	+	*ade*	+	+	+	+
	+	*ade*	+	+	+	*ade*	*nic*	*ade*	*nic*	+	*nic*	*ade*	*nic*	*ade*
	nic	+	*nic*	*ade*	*nic*	+	+	+	+	*ade*	+	+	+	*ade*
	nic	+	*nic*	*ade*	*nic*	*ade*	*nic*	+	*nic*	+	*nic*	*ade*	*nic*	+
分裂分离	M_I	M_I	M_I	M_I	M_I	M_{II}	M_{II}	M_I	M_{II}	M_{II}	M_{II}	M_{II}	M_{II}	M_{II}
子囊类型	(PD)		(NPD)		(T)		(T)		(PD)		(NPD)		(T)	
子 囊 数	808		1		90		5		90		1		5	
染色体交换														
交换类型	无交换		四线双交换		单交换		二线双交换		单交换		四线多交换		三线双交换	
重 组	0%		100%		50%		50%		0%		100%		50%	

从杂交结果的表型性状组合来看,我们可把子囊分为以下几种类型。

1) 亲二型(parental ditype, PD),表型与亲本一样只有两种类型,即 *nic* +与+ *ade*,包括子囊型①和⑤。

2) 非亲二型(non-parental ditype, NPD),表型与亲本不同,均为重组型,有两种类型,即++与*nic ade*,包括子囊型②和⑥。

3) 四型(tetrad, T),有 4 种基因型,即+ +、*nic ade*、+ *ade*、*nic* +。其中有两种为亲本类型,另两种为重组类型,包括子囊型(3)(4)和(7)。

在 *nic*+×+*ade* 杂交时，我们并不知道 *nic* 与 *ade* 是否连锁，要通过四分子分析来确定这两个基因是否连锁。如果连锁还要确定他们在染色体上的排列顺序，计算出 *nic*、*ade* 与着丝粒之间的图距以及 *nic* 与 *ade* 之间的距离。

1）首先要判断 *nic* 与 *ade* 是否连锁　从表中数据可得 PD = 808 + 90 = 898，NPD = 1 + 1 = 2，PD 远大于 NPD，说明 *nic* 与 *ade* 不是自由组合，而是相互连锁的，如果是自由组合，则 PD 与 NPD 的比值应=或≈1。

2）判断 *nic* 与 *ade* 是同臂还是异臂　着丝粒与 *nic* 间的重组率= 交换型子囊数/(交换型子囊数+非交换型子囊数) × 100% × 1/2 = $M_{II}/(M_{II}+M_{I})$ × 100% × 1/2 = [(4) + (5) + (6) + (7)]/总子囊数 × 100% × 1/2 = (5 + 90 + 1 + 5)/1 000 × 100% ×1/2 = 5.05%。

着丝粒与 *ade* 间的重组率 = 交换型子囊数/(交换型子囊数 + 非交换型子囊数) × 100% × 1/2 = [(3) +(5) + (6) + (7)]/总子囊数 × 100% × 1/2 = (90 + 90 + 1 + 5)/1 000 × 100% ×1/2 = 9.30%。

如果 *nic* 与 *ade* 在异臂，则 *nic* 与着丝粒之间的交换和 *ade* 与着丝粒之间的交换应相对独立。

从表中看，着丝粒与 *nic* 间不发生交换，而着丝粒与 *ade* 间发生交换的子囊数($M_{I}\,M_{II}$)是 90，着丝粒与 *ade* 间不发生交换而着丝粒与 *nic* 间发生交换的子囊数($M_{II}\,M_{I}$)是 5，两类子囊数之比为 90∶5=8∶1，远远超过两重组率之比 9.30%∶5.05% = 1.84∶1，这就说明了着丝粒与 *nic* 间的交换与着丝粒与 *ade* 的交换不是相互独立的，而是密切相关的。*nic* 与 *ade* 不可能在异臂，*nic* 与 *ade* 应在同臂，当着丝粒与 *nic* 发生交换时(96+5=101)，着丝粒与 *ade* 同时发生交换的是 96 个子囊，也就是在同一交换使 *nic* 出现 M_{II} 型分离的同时也使 *ade* 出现了 M_{II} 型分离，这就说明了 *nic* 与 *ade* 位于同臂。

在 T 型中只有 1/2 是重组基因型，在 NPD 中全部 4 对孢子为重组基因型。

$$nic\text{-}ade \text{ 的重组率} = (1/2T + NPD)/(T + NPD + PD) \times 100\% = 5.2\%$$

从重组值以及上述分析结果脉孢霉的 *nic*、*ade* 遗传学图如下。

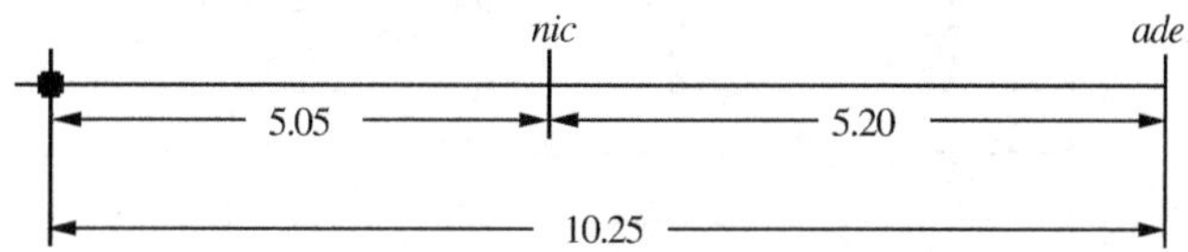

我们已计算出着丝粒-*ade* 的重组值为 9.3 cM，低估了实际图距 10.25 cM。我们在求 RF(着丝粒-*ade*)时，是把所有 M_{II} 的子囊相加除以 2 倍的总子囊数。这样就把少量的在着丝粒-*ade* 间发生过双交换的子囊遗漏了。如下表中子囊型 4 对 *ade* 来讲是第一次交换分裂分离，但实际上对于有了着丝粒-*nic*-*ade*顺序后，这些子囊在着丝粒-*nic* 以及 *nic*-*ade* 间各发生了一次交换，也就是在着丝粒-*ade* 间发生了双交换，在计算着丝粒-*ade* 的重组值时，没有把这两次单交换计算在内，因而使 *ade*-着丝粒间的重组值被低估了。

从下表中可以看出低估的原因。

子囊型	每一子囊被计算为重组子的染色单体数			子囊数	在所有子囊中被计算为重组子的染色单体数		
	.—*n*	*n*—a	.—a		.—*n*	*n*—a	.—a
2	0	4	0	1	0	4	0
3	0	2	2	90	0	180	180
4	2	2	0	5	10	10	0
5	2	0	2	90	180	0	180
6	2	4	2	1	2	4	2
7	2	2	2	5	10	10	10
总　数					202	208	372

从表中可以得到：着丝粒 -*nic* + *nic*-*ade* = 202 + 208 = 410 ≠ 着丝粒 -*ade* = 372，这是因为遗漏了 38 条重组型染色单体，所以被低估的重组值 = 38/4 000 = 0.95%。可见 9.30 cM+0.95 cM =10.25 cM正好符

合了直线排列原理。

4. 非顺序四分子的遗传分析

酵母、衣藻的子囊中 8 个子囊孢子的排列是无顺序的,不能用着丝粒作图。对非顺序四分子的真菌要通过非顺序四分子的遗传分析(unordered tetrad analysis)。如以酵母为例,当 $AB\times ab$ 杂交时,无论两个基因连锁与否,无序四分子只产生三种类型,即 PD、NPD 和 T 型。

	$AB\times ab$		
孢子	*AB*	*aB*	*AB*
	AB	*aB*	*Ab*
	ab	*Ab*	*aB*
	ab	*Ab*	*ab*
类型	PD	NPD	T

观察这三种子囊类型,只有 NPD 与 T 含有重组型,由于 T 型只有 1/2 是重组型,可用公式 RF＝1/2T＋NPD求出重组率RF值。如 RF＝0.5,可以断定 *A*、*B* 基因不具有连锁关系。对于不连锁,含有供试基因 *a* 和 *b* 的四条染色体在减数第一次分裂中期的排列状态是独立的,一对同源染色体分别移向两极是随机的,所以 PD 和 NPD 的四分子频率相等。至于 T 四型频率的多少则与 *A*、*B* 基因各自与着丝粒之间的距离有关。

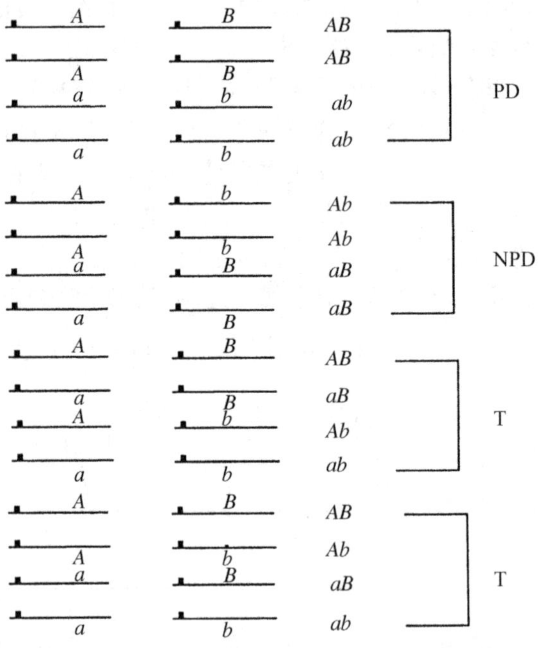

如果 RF<0.5,则说明 *A*、*B* 有连锁,*AB* 两个基因连锁,则各种四分体的类型如下图。

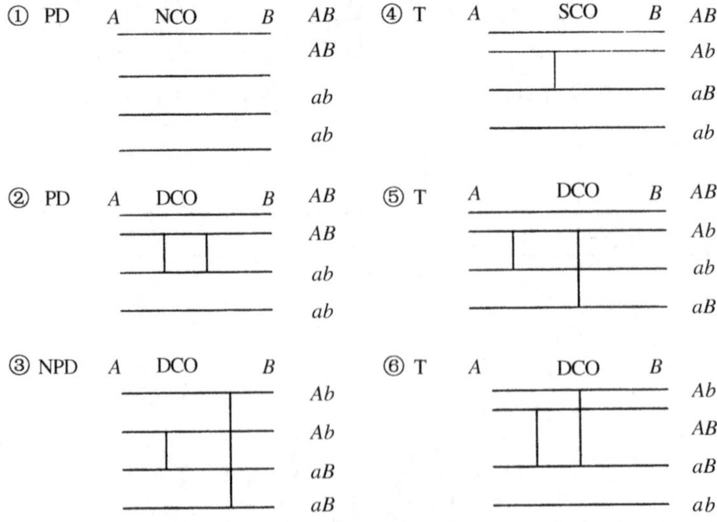

若未发生交换(NCO),产生亲二型 PD,见图①;*AB* 两基因间发生单交换,则产生四型 T 见图④。发生双线双交换,则仍为 PD 见图②;发生三线双交换,有两种形式,1－3 三线双交换和2－4三线双交换,结果为 T 型见⑤、⑥。

若发生四线双交换,产生的子囊是 NPD 见③。NPD 是四种双交换中的一种,频率远远小于 PD 子囊的频率。如 NPD≪PD，我们就可以推断 AB 是连锁的，如果双交换在四条染色单体间随机发生，六种类型中一共有四种双交换（②、③、⑤、⑥），这四种双交换的频率应相同。由于 NPD 是四种双交换中的一种，等于 1/4DCO，可表示为 DCO = 4NPD。

T 型来自一个单交换（SCO）④与 2 个双线双交换⑤、⑥，其中 2 个双线双交换数值上等于 2NPD，所以 T = SCO + 2NPD，则单交换 SCO = T − 2NPD，NCO 的值可从有一共六种类型的计算中获得 NCO = 1 − (SCO + DCO)。AB 两基因区域内的 m 值，即平均每个减数分裂的交换数 = 单交换 + 2 × 双交换 = SCO + 2DCO = (T − 2NPD) + 2 × 4NPD = T + 6NPD。

因为每个交换只产生 50% 的重组，将 m 换算为图距要乘 0.5，所以图距 = 0.5(T + 6NPD)。假设 $AB \times ab$ 中，PD 为 56%，T 为 41%，NPD 为 3%，如用 RF = 1/2T + NPD 直接计算则为公式：

$$\mathrm{RF} = 1/2 \times 0.41 + 0.03 = 23.5\ \mathrm{cM}$$

如用校正的图距公式：

$$\mathrm{RF} = 50(\mathrm{T} + 6\mathrm{NPD}) = 50(0.41 + 6 \times 0.03) = 29.5\ \mathrm{cM}$$

直接计算的 RF 值比真实距离少 6 cM，这正是直接计算中所漏掉的双交换值。

4.3　有丝分裂中染色体的分离与重组

4.3.1　有丝分裂重组的发现

前面介绍的无论是三点测交还是四分子分析，都是一对同源染色体在减数分裂过程中非姐妹染色单体之间的重组。在有丝分裂过程中，一对同源染色体通常不发生配对，但在果蝇和一些其他二倍体生物中确实会发生非姐妹染色单体间的遗传交换。二倍体体细胞通过有丝分裂产生基因型与其不同的子细胞的过程称为有丝分裂重组（mitotic recombination）或有丝分裂交换（mitotic crossing over）或体细胞交换（somatic crossing over）。

1936 年，Stern 在果蝇中首先发现了体细胞在有丝分裂过程中发生染色体交换的现象。黄体（y）和焦刚毛（sn）是果蝇的 X 染色体上两个连锁的隐性突变基因。Stern 将灰体焦刚毛雌果蝇（$+sn/+sn$）与黄体直刚毛雄果蝇（$y+/Y$）杂交，观察研究发现 F_1 代中雌果蝇分为三种类型：① 野生型表型雌果蝇（$+sn/y+$），占绝大多数；② 具有黄色斑块或焦刚毛斑块的雌果蝇，这可能是染色体不分离或染色体的丢失所致，占少数；③ 具有孪生斑的雌果蝇，即两个相连的区域，一个为黄体直刚毛，另一个为灰体焦刚毛，呈现镶嵌表型（mosaic phenotype），在孪生斑的周围都是野生型表型，所占比例最小。其中，第三种表型的出现显然不能用突变来解释，那么这种孪生斑一定是某种遗传事件的交互产物，在果蝇胚胎分化之后通过有丝分裂产生各种组织，因此 Stern 认为这是通过有丝分裂交换而产生的。

Stern 观察到的后两种雌果蝇表型可以用有丝分裂交换机制如图 4.14 所示加以解释。在有丝分裂过程中，若基因型呈杂合状态的雌果蝇（$+sn/y+$）的一对 X 染色体呈现配对状态，就有可能在 $sn-y$ 之间或着丝粒 $-sn$ 之间发生交换，甚至发生双交换（图 4.14）。若分别在 $sn-y$ 之间发生交换；在着丝粒 $-sn$ 之间发生交换；发生双交换，并在有丝分裂时非姐妹染色单体 1 与 3、2 与 4 组合以同源染色体的角色进入到各子细胞，则三种交换就会分别产生带有黄色斑块的雌果蝇；具有孪生斑的雌果蝇；带有焦刚毛的雌果蝇。

4.3.2　真菌系统中的有丝分裂重组

通过有性生殖实现遗传物质的重组是包括真菌在内的多数生物的普遍现象。然而在真菌中也存在伴随另一种特殊遗传重组方式的一种生殖方式——准性生殖（parasexual reproduction）。真菌的准性生殖是指异核体（heterckaryon）真菌菌丝细胞中两个遗传物质不同的细胞核结合成杂合二倍体的细胞核，这种二倍体细胞核在有丝分裂过程中可以发生染色体交换和单倍体化，最后形成遗传物质重组的单倍体的过程。

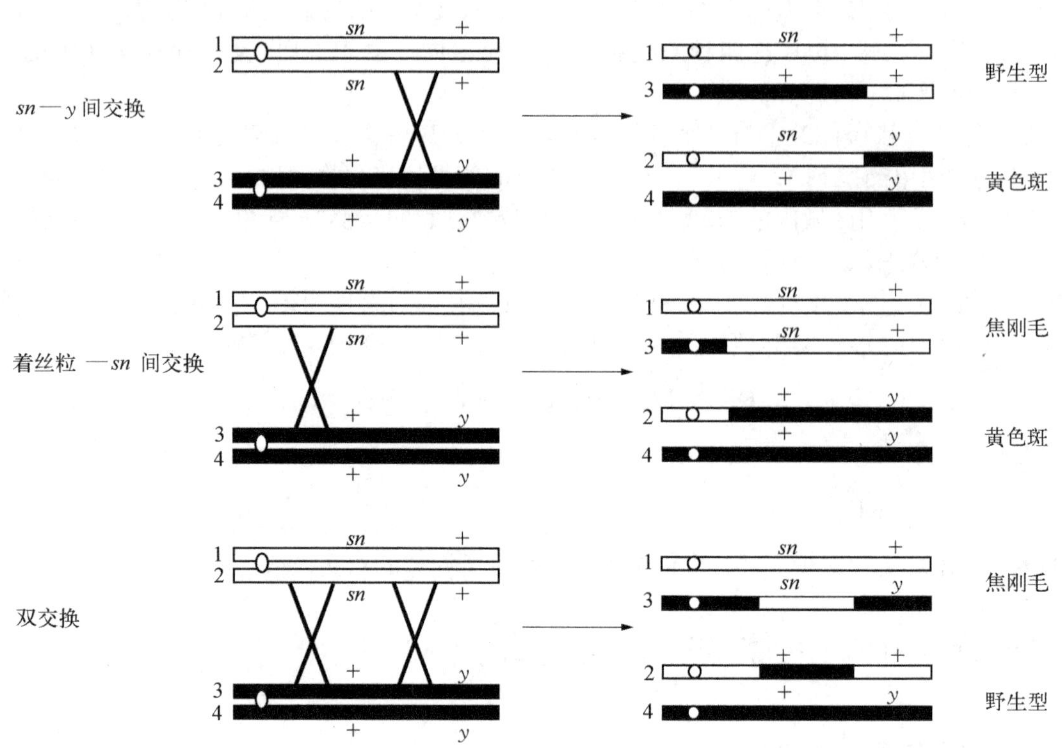

图 4.14 有丝分裂交换

染色体的另一种组合 1 与 4、2 与 3 形成的子细胞表型为野生型，图中未画出

构巢曲霉(*Aspergillus nidulans*)是一种能产生有性孢子的子囊菌，它的营养体是单倍体。1952 年，Roper 等首先在对构巢曲霉的研究中发现了准性生殖现象。构巢曲霉的准性生殖大致包括以下几个过程：

首先，异核体(heterckaryon)的形成。遗传上有差异的单元核共存在同一个细胞内进行增殖，这样的细胞、孢子或菌丝体等均称为异核体。构巢曲霉的两种不同基因型的单倍体菌丝相互混合后，首先经过细胞质的融合而形成异核体，此时在异核体中同时存在两种不同基因型的细胞核。

其次，杂合二倍体的形成。通常情况下，异核体将产生单核的分生孢子，但在少数情况下，异核体内会进一步发生细胞核的融合而形成杂合的二倍体核，二倍体分生孢子萌发产生杂合二倍体。例如，在构巢曲霉中，野生型菌株为绿色，基因型为 w^+y^+，w 和 y 等位基因分别导致产生白色和黄色的孢子。将白色突变株(wy^+)与黄色突变株(w^+y)杂交，待其子囊孢子成熟后进行培养，在培养基中发现有可产生绿色分生孢子的菌株，进一步研究发现这些菌株的细胞内只有一个核，并且所含的 DNA 量是亲本核的两倍，因此绿色分生孢子的形成可能是两种突变株核融合形成了杂合二倍体(wy^+/w^+y)的缘故。自然界中，构巢曲霉通过核融合自发产生杂合二倍体的频率非常低，仅为 10^{-7}～10^{-5}。

最后，通过有丝分裂产生重组体。在准性生殖过程中，杂合二倍体不是进行减数分裂，而是进行有丝分裂。在有丝分裂过程中，体细胞交换和单倍体化是两个独立发生的过程，它们都可以产生重组体，但它们产生重组体的方式和类型有所不同。

1) 体细胞交换产生二倍体重组体　　若在有丝分裂过程中，同源染色体间不发生交换，那么杂合二倍体细胞繁殖形成的后代仍和亲代细胞相同。但在构巢曲霉的准性生殖过程中，在有丝分裂前期，杂合二倍体偶尔也会在其同源染色体对的染色单体间发生遗传物质的对等交换，交换的结果是产生重组体，使原来处于杂合状态的部分基因变为纯合状态。如图 4.15 所示，杂合二倍体 *AbCd*/*aBcD* 在有丝分裂过程中发生染色单体间的对等交换，从而产生 *AbCd*/*aBCd*、*AbcD*/*aBcD*、*AbcD*/*aBCd* 等三种类型重组体。其中，在重组体 *AbCd*/*aBCd* 中 *C*、*d* 基因呈纯合状态，重组体 *AbcD*/*aBcD* 中 *c*、*D* 基因呈纯合状态，在这两种重组体中，都出现了隐性基因的纯合化。若是隐性基因得以纯合，则原来由显性基因掩盖的性状会显现出来得以表达。例如，杂合二倍体(wy^+/w^+y)形成的绿色分生孢子在培养基中形成大菌落时，常常会以极低的频率出现白色或黄色的扇形面，这是由于在有丝分裂过程中发生了体细胞重组，产生了白色重组二倍体（wy^+/wy^+、wy^+/wy、wy/wy）及黄色重组二倍体（w^+y/wy、w^+y/w^+y）的结果。

2）单倍体化产生各种类型的非整倍体和单倍体的重组体　在减数分裂过程中，细胞只需经过一次减数分裂，就使得染色体全部由二倍体变为单倍体。然而，准性生殖中的单倍体化是整条染色体在有丝分裂过程中由于染色体不分离而丢失的现象。在正常的有丝分裂过程中，各染色单体各成为一条染色体，随着纺锤丝的牵引，每条染色体分别趋向两极，使子细胞中具有与原来细胞同样数目的染色体。但在准性生殖中，杂合二倍体在进行有丝分裂时，由于纺锤丝断裂或其他原因造成染色体的不分离，使得分裂后的两条染色体都趋向一极，造成一个子细胞多了一条染色体形成（$2n+1$）非整倍体，而另一个子细胞则少了一条染色体形成（$2n-1$）非整倍体（图 4.16）。在以后的有丝分裂过程中，（$2n+1$）非整倍体常因为丢失一条染色体而成为二倍体，而（$2n-1$）非整倍体则常因为继续丢失其他的染色体而最终成为单倍体（图 4.16）。综上所述，杂合二倍体在有丝分裂过程中，可以通过体细胞交换和单倍化产生重组的二倍体或单倍体。

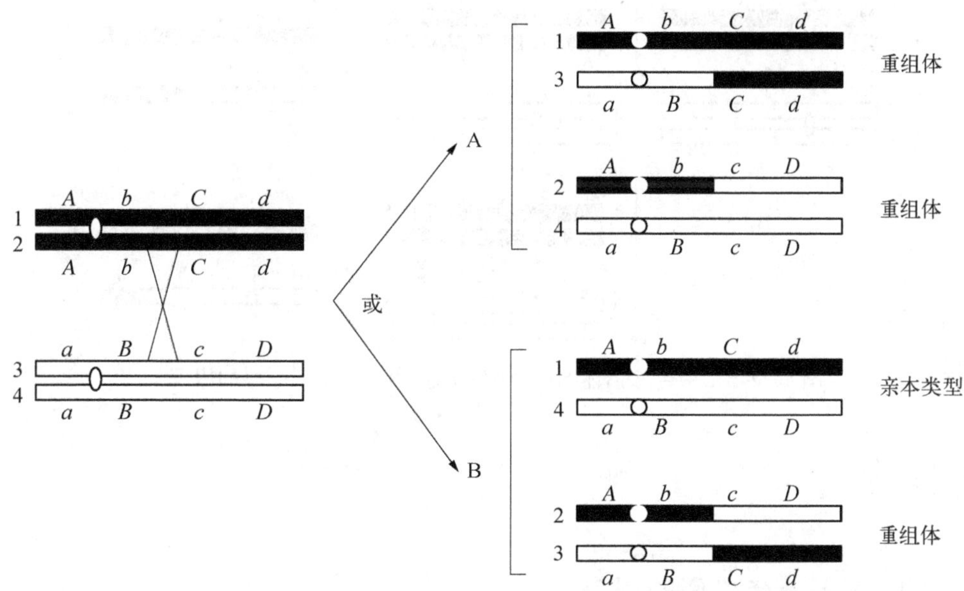

图 4.15　准性生殖中体细胞交换产生重组体

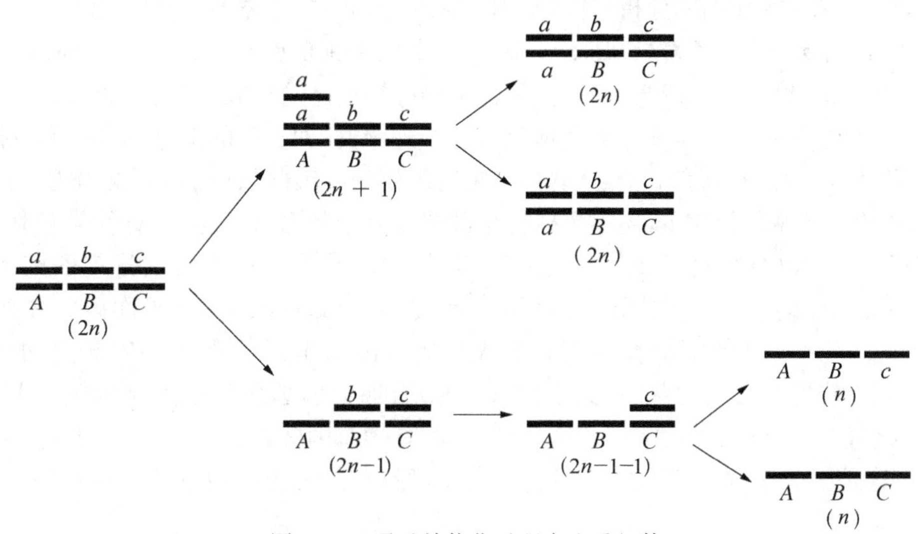

图 4.16　通过单倍化过程产生重组体

4.3.3　有丝分裂重组作图

本章前面讲述的是通过减数分裂分析进行基因定位的方法。自从在真菌中发现了有丝分裂重组现象以后,通过有丝分裂重组进行基因定位的方法得以建立。有丝分裂重组作图的原理是根据体细胞同源染色体的交换使得染色体远端的隐性基因纯合化的规律,用来确定基因的排列位置和距离(图 4.17)。从图 4.17 可以看出,若交换发生在 b 基因和 c 基因之间,则导致 c、d 和 e 的纯合化;若交换发生在 c 基因和 d 基因之间,则导致 d 和 e 的纯合化;若交换发生在 d 基因和 e 基因之间,则导致 e 的纯合化。可见,离着丝粒越近的基因纯合化的机会越小,越远则越大,并且着丝粒一端基因的纯合化并不会影响着丝粒另一端的基因纯合化。根据染色体交换导致隐性基因纯合化的规律,统计各种重组二倍体类型的出现频率,就可以计算出各基因间或着丝粒和邻近基因间的距离。

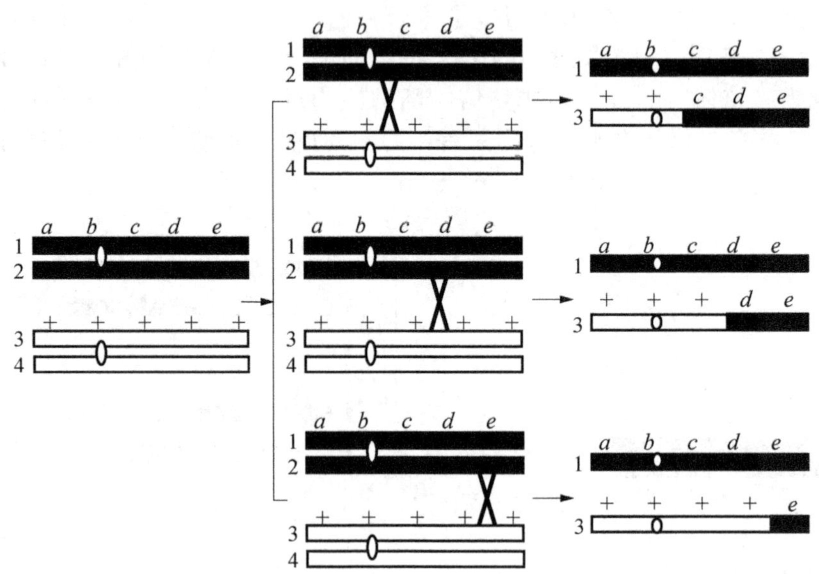

图 4.17 由杂合二倍体的体细胞基因重组判断基因顺序的原理

4.4 连锁群

4.4.1 连锁群的定义及遗传学图的制定

通过前述连锁互换和基因作图的分析,许多基因是存在于同一染色体上,即具有连锁遗传关系。存在于同一染色体上的基因,组成一个连锁群(linkage group)。所谓连锁群就是一组不能进行自由组合的线形排列的基因群。一种生物的性状,基因成千上万,但每种生物的染色体的对数却是有限的。一种生物连锁群的数目应该等于单倍体染色体数(n),有 n 对染色体就有 n 个连锁群,如水稻的染色体数是 12 对,所以有 12 个连锁群,豌豆的染色体数 7 对,所以有 7 个连锁群,如果有的生物连锁群数目小于单倍体数,则是由于这种生物研究比较少,可供检出的基因数较少,还不足以把全部连锁群绘制出来,人因为有性染色体,共有 24 条不同的染色体(22+XY),所以绘制出了 24 个连锁群。依据基因在染色体上直线排列的定律,把一个连锁群的各个基因之间的距离和顺序绘制出来,就称为遗传学图(genetic map)或称染色体图(chromosome map)、连锁图(linkage map)。绘制遗传学图时把最先端的基因点作为 0,但是随着研究的深入,发现更先端的基因时,则把 0 点位置让给新的基因,其余位置作相应的移动,遗传学图上基因间的距离用图距来表示,连锁基因的重组值在 0%~50%之间。但一个连锁群有的基因间图距超过 50 cM,这不意味基因间的重组值超过 50%,这是因为这两基因间发生了多次交换,所以,从图上了解重组值应局限于邻近的基因座位间来考虑。

4.4.2 人类染色体作图

对于豌豆、果蝇、小鼠等动植物实验材料,我们可以根据需要有计划地实施杂交方案进行连锁分析。但对于人类,因为不能进行有计划地遗传试验,往往通过收集家系成员的相关资料即家系分析法进行连锁分析，此外体细胞杂交法、原位杂交法、基因剂量效应法等方法，也应用于人类染色体作图即人类的基因定位上。

1. 家系分析法

家系分析法是通过分析家系中连锁基因的重组来确定同一条染色体上基因的排列顺序与遗传距离。人类的连锁分析主要集中在 X 染色体上相应基因，如红绿色盲、血友病基因的定位。本方法针对家族中所有成员进行症状、体征和血缘关系的调查，记录绘制成系谱图。目前对常规调查外，还通过病理检测诊断、染色体检查、生化检查和分子生物学检查，来分析家系中的基因间的连锁关系。

外祖父法是家系分析中测定 X 染色体上基因间图距的常用方法。色盲基因 b 和蚕豆病基因 g 均位于 X 染色体上，现以外祖父法为例通过以下步骤测定其重组值。

1）首先要确定母亲的基因型是否为双重杂合体。这位母亲自身表现正常，但她具有能够生出色盲或蚕豆病儿子的机会。

2）从外祖父的表型来确定母亲的真实的基因组成。

3）从母亲的基因组成，来确定其儿子中哪些为重组合哪些为亲组合。

4）通过计算相应家系的重组合的比例，计算重组值。

祖　父	母　亲	儿　子			
		亲　组　合		重　组　合	
$B\ G$	$\frac{B\ G}{b\ g}$	$B\ G$	$b\ g$	$B\ g$	$b\ G$
$b\ G$	$\frac{b\ G}{B\ g}$	$b\ G$	$B\ g$	$B\ G$	$b\ g$
$B\ g$	$\frac{B\ g}{b\ G}$	$B\ g$	$b\ G$	$B\ G$	$b\ g$
$b\ g$	$\frac{b\ g}{B\ G}$	$b\ g$	$B\ G$	$b\ G$	$B\ g$

如分析以上 4 类家系的 100 个儿子中有 5 个为重组合，则色盲基因 b 与蚕豆病基因 g 的图距为 5 cM。

2. 细胞杂交法

通过细胞融合来进行基因定位是体细胞杂交法的基础，把人与小鼠的细胞进行融合，形成杂种细胞，杂种细胞在有丝分裂过程中专一性丢失人的染色体，最后能够随机地留下 n 条人类的染色体，这样就获得了不同的细胞系即克隆。见图 4.18。

我们把一组杂种细胞系称为克隆嵌板。利用克隆嵌板，分析不同克隆中所含有的人染色体与特定基因产物之间的同线性（基因与染色体的同时出现或消失）关系，可以把某一特定基因定位于某一染色体上，如表所示。

克隆嵌板定位法

细胞系	保留的人类染色体号数							
	1	2	3	4	5	6	7	8
A	+	+	+	+	−	−	−	−
B	+	+	−	−	+	+	−	−
C	+	−	+	−	+	−	+	−

有三个杂种细胞克隆分别为 A、B、C，每一克隆保留了人的 1 号至 8 号中的 4 条染色体。A 含 1、2、3、4 号，B 含 1、2、5、6 号，C 含 1、3、5、7 号，这样就建立了对于人类 1 至 8 号染色体进行有效地体细胞杂交法定位

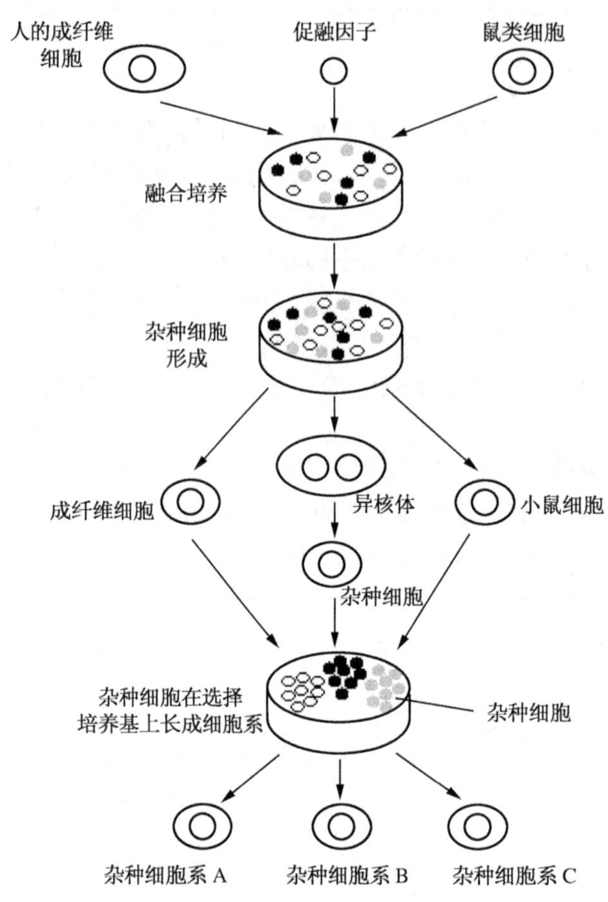

图 4.18　杂种细胞的形成

的克隆嵌板。如果某个基因(或某个基因酶的活性)在 A、C 上存在，在 B 中不存在说明这个基因在 3 号染色体上。如果，某基因在 C 中存在而在 A、B 中不存在，对照上表说明基因在 7 号染色体上，这样依此类推就可以对 1 号至 8 号上的基因进行很好的定位。

以上可见，杂种细胞留下的人类染色体基因常常不止一条，就要通过每个相关杂种细胞系来加以分析定位。如果能够分离到仅具有一条人类染色体的杂种细胞系，则这条染色体上的基因定位将会十分方便。胸苷激酶(TK)是一种在人类和小鼠上都具有的酶，现将一个经长期传代培养的而获得的小鼠 TK 缺陷型细胞 B_{82}(TK^-)与人类的细胞融合。用 HAT 选择性培养基上筛选杂种细胞，杂种细胞在传代过程中不断被排斥，其中一细胞系只留下一条人的第 17 号染色体。由于杂种细胞在 HAT 培养基中的生长依赖于杂种细胞中有 TK 酶的存在，而 TK^- 小鼠细胞为 TK 缺陷型，故人类的 TK 酶基因在第 17 号染色体上，这也是人类第一次利用体细胞杂交法进行有效基因定位的实例。

3. 原位杂交法

体细胞杂交法可以把基因定位于某一染色体上，但无法确定到染色体某一具体的位置。利用原位杂交法就可以把特定的基因定位到染色体的某一位置上，当然原位分子杂交法的前提是我们对这个基因是已知的。具体方法是对人类中期染色体进行显微制片，除去制片中的 RNA，变性使 DNA 双链变单链。把通过同位素标记或荧光标记的已知基因探针(probe)与变性的 DNA 进行分子杂交。通过放射自显影或荧光显微摄影，确定该基因在染色体上的具体位置，人类的胰岛素基因就是通过原位分子杂交法定位于 11p15 上的。这种基因位置与遗传图中基因的位置不同，它反应的不是相对位置或遗传距离，而是在染色体上的实际位置，因此这种图称为物理图(见本章阅读材料)。

4. 基因剂量效应法

基因剂量效应法就是利用具有某一特定染色体片段，缺失或重复等染色体畸变而导致的，染色体某一片段拷贝数目与某一基因的剂量效应变化关系，而把基因定位于某一染色体或某一特定片段上的方法。

如先天愚型患者为 21 三体，即多了一条 21 号染色体，其超氧化物歧化酶 1(SOD-1)的基因活性为正常人的 1.5 倍，说明该基因在 21 号染色体上。相反，如某一患者第二条染色体短臂缺失(2p)，则其红细胞酸性磷酸酶 1(ACP-1)活性明显降低，我们就可以利用基因剂量效应法把该基因定于第二条染色体上。

4.5　分子标记

4.5.1　分子标记概述

前一节讲述的连锁群为遗传学家进行某一生物基因组的结构和功能研究提供了有力的工具。在遗传实验与育种实践中，如果发现了新的基因，可以通过连锁互换和基因作图分析，构建较高密度的遗传标记连锁图，将该基因定位于某一特定的染色体上，并且可以确定该基因在染色体上线性排列的顺序和座位。而在构建高密度遗传标记连锁图时，就必须用到遗传标记。

遗传标记主要分为四种类型，即形态标记、细胞学标记、同工酶标记和 DNA 分子标记。前三种标记都是以基因表达的结果(表现型)为基础，是对基因的间接反映，在遗传标记研究初期虽然发挥了重要的作用，但局限性也比较明显。例如：形态标记数目有限，并且许多标记是不利性状，因而难以广泛利用；细胞标记主要依靠染色体核型和带型，数目有限；同工酶标记数目少，并且是基因表达加工后的产物，其特异性易受环境条件和发育时期的影响。

20 世纪 80 年代以后，随着分子生物学技术的发展，出现了一种基于 DNA 变异的新型遗传标记，即 DNA 分子标记(molecular marker)。DNA 分子标记是以个体间遗传物质内核苷酸序列变异为基础的遗传标记，是 DNA 水平遗传变异的直接反映。与其他遗传标记相比，分子标记具有明显的优越性：分子标记直接以 DNA 形式呈现，不存在表达与否的问题，在生物体的各个组织、各发育时期均可检测到；物种基因组变异极其丰富，因此分子标记数量极多；分子标记表现为中性，不影响目标性状的表达，与不良性状无必然的连锁；许多分子标记为共显性，对隐性性状的选择十分便利，能够鉴别出纯合的基因型与杂合的基因型；多态性高，利用大量引物、探针可完成覆盖基因组的分析。

4.5.2　分子标记种类

DNA 分子标记技术自诞生以来，随着分子生物学技术的发展，目前被应用的 DNA 分子标记已有数十种，广泛应用于遗传育种、基因组作图、基因定位、物种亲缘关系鉴别、基因库构建、基因克隆等方面。DNA 分子标记技术大致可分为三类：第一类是基于全基因序列的分子标记，比如 RFLP(restriction fragment length polymorphism，限制性片段长度多态性)、RAPD(randomly amplified polymorphic DNA，随机扩增多态性 DNA)和 AFLP(amplification fragment length polymorphism，扩增片段长度多态性)等；第二类是基于简单重复序列的分子标记，如 SSR(simple sequence repeat，简单序列重复)、ISSR(inter-simple sequence repeat，内部简单序列重复)和 SPAR(single primer amplification reaction，单引物扩增反应)等；第三类是基于已知的特定序列的分子标记，比如 STS(sequence tagged site，序列标签位点)、SNP(single nucleotide polymorphism，单核苷酸多态性)和 EST(expressed sequence tag，表达序列标签)。现对目前在科研和实践中比较常用的几种分子标记技术进行简单介绍。

1. RFLP

1974 年 Grodzicker 等创立了 RFLP 技术，其原理是由碱基插入、缺失、重组或突变等造成的不同个体基因型中内切酶位点序列不同，利用限制性内切酶酶解基因组 DNA 时，会产生长度不同的 DNA 酶切片段，通过凝胶电泳将 DNA 片段分开，然后通过 Southern 印迹法，将这些大小不同的 DNA 片段转移到硝酸纤维膜或尼龙膜上，再用经同位素或地高辛标记的探针与膜上的酶切片段分子杂交，最后通过放射性自显影显示杂交带，即检出限制性片段长度多态性。RFLP 标记的等位基因是共显性的，能区分纯合基因型和杂合基因型，结果稳定可靠，重复性好，因此多用于进行物种遗传连锁图谱的构建。其主要缺点是对 DNA 质量要求相对较高、步骤多、操作复杂、耗时费资，而且需要放射性同位素等，因此在很大程度上限制了 RFLP 技术的应用。

2. RAPD

RAPD标记技术是在PCR技术发明以后出现的,于1990年由Williams和Welsh是两个独立研究小组同时提出,是对未知序列的全基因组进行多态性分析的一种分子标记技术。其基本原理利用一个人工合成的8~10 bp的随机寡核苷酸引物,对基因组DNA进行体外PCR扩增,产生大小不同的DNA片段,再经凝胶电泳分析扩增产物呈现DNA片段的多态性。与RFLP相比,RAPD技术的优点是技术简单,检测迅速,安全性好,DNA用量少,设计引物不需知道序列信息等,但RAPD标记为显性遗传,不能区分纯合基因型与杂合基因型,并且在操作过程中会受到多种因素的影响,导致RAPD的结果稳定性和重复性难以保证。

3. AFLP

AFLP技术是1993年由荷兰科学家Zabeau等将限制性酶切技术和PCR技术相结合而创建的检测DNA多态性的分子标记技术。其原理是用两种或两种以上的限制性内切酶酶切基因组DNA,产生大小不等的随机片段,然后将人工双链接头连接到酶切片段的末端,再根据接头的序列和酶切位点设计引物对酶切片段进行选择性PCR扩增。AFLP技术集合了RFLP和RAPD技术的优点,既有RFLP的可靠性,又具有RAPD的高效性,且重复性好,是一种十分理想的遗传标记。

4. SSR

SSR又称为微卫星DNA,指基因组中以2~6个核苷酸为基本单位串联重复数次而形成的一段DNA,这种重复序列广泛分布于真核生物基因组中,含量丰富,种类繁多,且随机均匀分布,其重复次数的不同产生了等位基因之间的多态性。1982年,Hamade等发明了SSR技术,其原理是SSR由核心序列和两侧的保守侧翼序列构成,因此可以根据SSR两侧的保守序列设计引物进行PCR扩增,由于不同品种SSR基序的重复次数不同,导致PCR扩增条带在长度上存在差异性,因此SSR标记技术操作简便,结果稳定性和重复性较强。另外,SSR标记多为共显性遗传,遵循Mendel遗传法则。

5. EST

EST技术于1991年由美国国立卫生研究院(National Institutes of Health,NIH)的生物学家Venter首次提出。其原理是将mRNA反转录成cDNA并克隆到载体构建成cDNA文库后,大规模随机挑取cDNA克隆,对其3′端或5′端进行测序,获得长为300~500 bp的序列,然后将测序得到的序列与数据库中已知序列比对,从而获得对生物体生长发育、繁殖分化、遗传变异、衰老死亡等生命过程的认识。EST标记分为两类:一是以分子杂交为基础,用EST本身作为探针和经过酶切后的基因组DNA杂交而产生;二是以PCR为基础,按照EST的序列设计引物对基因组特殊区域进行PCR扩增而产生。利用EST标记,对EST序列进行分析可得到大量的基因表达信息。与其他分子标记相比,EST标记来源于cDNA克隆,直接与一个表达基因相关,因此它部分反映了基因的表达模式。

6. SNP

1998年,在人类基因组计划的实施过程中产生了SNP技术。SNP是指基因组上同一位点不同等位基因之间的单个核苷酸变异引起的DNA序列多态性,这种变异可以由单碱基的转换或颠换,也可由单碱基的插入或缺失产生。SNP具有数量多、分布广泛、稳定性好、检测快速等优点。另外,SNP可以与基因芯片技术相结合,能够快速、规模化的筛查不同个体的遗传多样性。SNP作为一种新型的分子标记在理论研究和实际应用上均具有极大的潜力,被认为是应用前景最好的遗传标记。

由于克服了传统遗传研究方法的繁琐程序以及容易受外界因素干扰等弊端,分子标记技术在遗传图谱构建、基因定位和分子标记辅助育种等方面均得到了广泛的应用。然而,当前由于分子标记技术各自的特点,也存在一些缺点,比如操作繁琐、周期长、成本高和稳定性差等。相信随着分子生物学理论认识和技术手段的不断发展,以及对基因组序列不断深入了解,未来也必将开发出操作更加简便快捷、成本更低、重复性与稳定性更高的分子标记技术,使其在各个领域发挥更大的作用。

阅读材料

一、人类基因组计划

人类基因组广义上指的是人类遗传物质DNA的总称,包括核基因组和线粒体基因组。人类线粒体基因组为环状DNA

分子，长度为16 569 bp。线粒体基因组的特点是严格随细胞质遗传，并且只有母亲的线粒体基因组传给子女。一般人们说的基因组指的是核基因组，人类基因组指的是一个单倍体染色体组中所包含的全部遗传物质。人类大约有10^{13}个细胞，每个细胞都有相同的基因组拷贝，男人为22对常染色体+XY，女人为22对常染色体+XX；而性细胞为22常染色体+X或22常染色体+Y，现在测算为3万～4万个基因。正是由于基因组中的全部基因通过控制蛋白质的合成，决定生物体中的全部生物学的性状，进而决定了人的容貌、体型、肤色等形态全部特征，以及对疾病的易感性、生理生化指标等生理特征。

人类基因组计划(Human Genome Project, HGP)于20世纪80年代中期开始酝酿，诺贝尔获得者Dulbecco1980年在Science上发表《癌症研究的转折点——人类基因组的全序列分析》一文，指出癌症等疾病的发生与基因直接或间接相关，要了解事物的局部作用最好先知道全局，提出从整体上研究和分析整个人类基因组及其序列。1987年，美国能源部(DOE)与国立卫生研究院(NIH)为"人类基因组计划"拨款筹建人类基因组计划实验室。1990年美国国会正式批准"人类基因组计划"，该计划于1991年10月10日启动，总计划需要15年共30亿美元，进行人类全基因组测序。随后，英国、法国、德国、日本、中国等先后启动人类基因组计划研究，人类基因组研究成了一项世界范围的科研项目。2000年6月26日，国际人类基因组测序联合体宣布人类基因组工作草图已绘制完成，2001年6月完成全序列图。中国作为唯一参与这个计划的发展中国家，负责1%的第3号染色体3 000万bp的测序工作。

HGP的基本任务可归纳为4张图谱的完成，分别为遗传图谱、物理图谱、序列图谱和基因图谱。

(一) 遗传图谱

遗传图谱就是通过遗传学分析方法将基因或其他DNA顺序(包括限制性片段长度多态性RFLP、微卫星STR、单核苷酸多态性SNP)标定在染色体上构建连锁图，遗传图距单位为厘摩(cM)，每单位cM定义为1%交换率。人类基因组计划的最初目标是完成一份遗传图谱，密度至少为每1 000 kb一个标记。1996年完成的5 264个微卫星标记遗传图，密度达到每600 kb一个标记。

遗传图谱的第一代DNA遗传标记为RFLP(restriction fragment length polymorphisms)。在DNA序列的改变中，当这种改变涉及限制性内切酶识别位点时，就能引起酶切位点的丢失或产生，导致酶切片段长度的变化，这些具有不同长度的限制性片段类型在人群中所呈现的多态性分布现象称为RFLP。由于核苷酸序列的变化涉及整个基因组，RFLP的出现频率虽然远远超过经典的蛋白质(形状)多态性，但是，与第二代、第三代的遗传标记相比，多态性还是较小。同时由于RFLP需要放射性同位素及核酸杂交技术，存在安全性不够、自动化上的不便等问题。

第二代DNA遗传标记。在人类基因组中存在大量的重复序列，把重复单位长度在15～65个核苷酸左右的称为小卫星DNA(minisatellite DNA)，重复单位在2～6个核苷酸的称为微卫星DNA(microsatellite DNA)，也叫简短串联重复序列(short tandem repeat polymorphism, STR)。STR的最大优点在于：① 信息量大，存在高度的多态性，STR位点在进化上不受选择，在群体中拥有高度的多态性，并且这些优点比较随机地遍布与整个基因组中；② 可利用PCR扩增技术，通过电脉进行自动化基因组扫描检测。1996年Dibc就是以STR为主体建立了6 000多个标记的人类遗传图。

第三代DNA遗传标记。单核苷酸多态性标记(single nucleotide polymorphism, SNP)。这是一种分散于基因组中的单个核苷酸的增减，或单个核苷酸的替换而引起多态性。SNP由于来自单个核苷酸的差异位点的密度非常高，平均约每1 000 bp会有一个SNP，整个基因组有300万个之多，这种标记完全摒弃以DNA长度多态性为检测手段的凝胶电泳，由于它是以序列变异为标记，这为DNA芯片技术进行遗传作图打下了坚实的基础。

(二) 物理图谱

人类基因组的物理图谱，是指用已知核苷酸序列的DNA片段为标记，已知碱基对作为基本测量单位的基因组图。目前，绘制物理图谱最有效的方法就是STS技术，STS(sequence-fagged site)技术也叫序列标签位点，是一种已知的、单拷贝的、片段长度为200～500 bp的短序列，由于它是在基因组中只出现一次，具有专一性，可以作为专门的标记，任何DNA序列，只要知道它在基因组中的位置，都能被转为统一的STS标签。

(三) 序列图谱

遗传图谱与物理图谱的构建主要是为了绘制序列图谱而建的。由于目前的测序技术一次测序长度有限，要通过遗传图谱和物理图谱的构建把庞大的基因组分成若干个有路标的区域后，进行测序，再通过区域内的DNA片段重叠群使测序工作不断延伸。测定30亿pb的全序列是人类基因组中最明确，最艰难的任务，序列图其实上是分子水平上最高层次、最详尽的物理图。

(四) 基因图谱

基因图谱就是从人类基因组中鉴别出占其1%～2%长度的全部基因(3万～4万个基因)的位置、结构与功能，只有人类全部基因被鉴定出来后才能称获得了一张完整的基因图谱。

生物的性状、疾病都是由结构或功能蛋白质决定的，而所有已知蛋白质都是由RNA聚合酶Ⅱ指导的mRNA按照遗传密码三联体规律编码的，因此，分析通过mRNA信息人工合成cDNA或cDNA片段(也称EST表达序列标签)，以EST作为探针进行分子杂交鉴别出与转录有关的基因，使各种EST按序排列，确定它们在基因组中的位置。这种人类的基因转录图即表达序列标签图是人类基因图谱的雏形。

转录图或基因表达图谱所提供的信息，可以使人们有可能系统、全面地从mRNA水平了解特定细胞、组织或器官的基因表达模式，深入认识细胞生长、发育、分化、衰老和疾病发生的机制。

二、后基因组计划

后基因组计划就是人类完成人类基因组计划(结构基因组学)以后的若干领域，实际上指的是完成顺序后的进一步计划，其实质内容就是生物信息学与功能基因组学。其核心问题是研究基因组多样性，遗传疾病产生的起因，基因表达调控的协调作用，以及蛋白质产物的功能。

人类基因组研究的目的不只是为了读出全部的DNA序列，更重要的是读懂每个基因的功能，每个基因与某种疾病的种种关系，真正对生命进行系统地科学解码，从此达到从根本上了解认识生命的起源、种间、个体间的存在差异的起因，疾病产生的机制以及长寿、衰老等一直困扰着人类的最基本的生命现象的目的。

思考题

1. 名词解释

不完全连锁　三点测交　并发系数　重组值　交换值　图距　顺序四分子　连锁群　遗传学图　克隆嵌板定位法

2. 假定基因 a、b 相互连锁，性母细胞中有20%的性母细胞在 ab 基因间发生交换，(1) 当 AB/AB 个体与 ab/ab 个体杂交，F_1 的基因型如何？F_1 会产生何种配子，比例是多少？若 F_1 测交，则后代中基因型及各自比例如何？(2) 若 $Ab/Ab \times aB/aB$，F_1 产生何种配子，比例如何？F_1 测交，后代的基因型及比例如何？

3. 假定果蝇中有三对等位基因：aa^+，bb^+，cc^+。每一个非野生型的等位基因对野生型的相应基因均为隐性。雌性3杂合子与野生型的雄性杂交，后代表型分类统计如下：

a^+	b^+	c^+	雌	1 010
a	b^+	c	雄	430
a^+	b	c^+	雄	441
a	b	c	雄	39
a^+	b^+	c	雄	32
a^+	b^+	c^+	雄	30
a	b	c^+	雄	27
a^+	b	c	雄	1
a	b^+	c^+	雄	0

a. 这些基因在果蝇的哪条染色体上？

b. 画出杂合子雌性亲本的有关染色体图(标明等位基因的排列顺序和图距)。

c. 计算并发系数。

4. 下面是位于同一条染色体上的三个基因的隐性基因连锁图，并注明了重组频率。

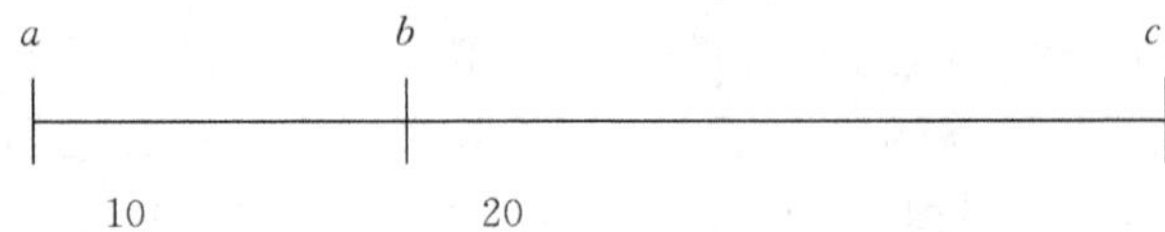

如果并发率是60%，在 $abc/+++ \times abc/abc$ 杂交的1 000个子代中预期表型频率是多少？

5. 在脉孢霉中，a、b 是任意两个基因。杂交组合为 $ab\times ++$，每个杂交分析了100个子囊，结果如下：

子囊孢子的类型和数目

	ab ab ++ ++	a+ a+ +b +b	ab a+ ++ +b	ab +b ++ a+	ab ++ ++ ab	a+ +b +b a+	a+ +b ++ ab
①	34	34	32	0	0	0	0
②	84	1	15	0	0	0	0
③	55	3	40	0	2	0	0
④	71	1	18	1	8	0	1
⑤	9	6	24	22	8	10	20
⑥	31	0	1	3	61	0	4

对每一个杂交，分析基因之间连锁关系和遗传距离，确定基因与着丝粒之间的距离。

推荐参考书

1. 刘庆昌. 2010. 遗传学(第2版). 北京：科学出版社.
2. 刘祖洞. 1991. 遗传学(第2版)上册. 北京：高等教育出版社.
3. 朱军. 2002. 遗传学(第3版). 北京：中国农业出版社.
4. Klug WS, Cummings MR. 2002. Essentials of Genetics. 4th ed. Pearson Education, Inc. , publishing as Preyice Hall, Inc.
5. Tamarin PH. 2002. Principles of Genetics. 7th ed. New York：MaGraw-Hill.
6. Winter PC, Hickey GL, Fletcher HL. 1999. Instant Notes in Genetics. 北京：科学出版社.

第5章 细菌与噬菌体的遗传

提　要

细菌间遗传物质的转移主要有三种方式：接合、转化和转导。

本章在首先介绍细菌和噬菌体突变型的基础上，详细讨论了如何利用这三种方式进行细菌的遗传作图和精确定位。

其次，噬菌体的基因重组与细菌不同，与真核生物的重组十分相似；加之噬菌体是单倍体，因而由二点测交、三点测交所得到的噬菌斑可直接统计、计算重组值，并进行遗传作图。

Benzer的重组实验是对基因的精细作图，表明突变和重组的单位是DNA分子中的碱基对，互补测验可确定两突变位点是位于同一顺反子还是不同顺反子，缺失作图也是研究基因内部精细结构的有效方法，使定位工作简单化。

随着遗传学的发展，人们对基因本质的认识不断地深化和完善，在历史发展的不同时期，对基因概念的理解有着不同的内涵，所知的基因种类也日益增多，其概念每发展一步都意味着遗传学乃至整个生物学的一次革命和突破。

有关真核生物(eukaryotes)的基因传递方式如减数分裂与基因分离的关系、交叉与重组的关系、连锁与互换的关系等，均为有性生殖过程的反映。而原核生物(prokaryotes)没有明显的核，具有非常简单的无核膜包被的染色体，不经历减数分裂过程，其基因的传递方式是非减数分裂式的，繁殖方式比较特殊，但其重组的遗传分析方法与真核生物重组的遗传分析方法非常相似。由于其繁殖力强，世代间隔短，较易获得各类突变型，便于建立纯系和长期保存，因而已成为遗传学研究中最常用的实验材料。细菌和噬菌体的遗传分析在整个遗传学发展过程中起着重要的作用，为DNA是遗传物质提供了有力证据，为三联体遗传密码的发现提供了重要依据，对基因概念的发展和基因调控理论作出了重要贡献。

5.1　细菌与噬菌体的突变型

5.1.1　细菌的突变类型

细菌中有各种突变型，以*E. coli*为例，其突变数目已有上千个，突变类型大体分为以下几类。

1. 合成代谢功能的突变型(anabolic functional mutants)

野生型(即原养型，prototroph)*E. coli*对培养基中营养成分的要求很简单，只需有葡萄糖和一些无机盐就能生长，这种能保持野生型生活的最低限度的培养基称基本培养基(minimal medium)。野生型品系在基本培养基上具有合成所有代谢和生长所必需的复杂有机物的功能，称为合成代谢功能(anabolic functions)。而这一系列合成代谢功能的实现需要大量基本基因的表达，其中任何一个必需基因发生突变都不能进行一个特定的生化反应，从而阻碍整个合成代谢功能的实现，这种突变型称为营养缺陷型(auxotroph)。而营养缺陷型由于基因突变失去了自己制造某种物质(如氨基酸、维生素、嘌呤或嘧啶等)的能力，只能在基本培养基中补加它们所不能合成的某些物质，才能生长、繁殖。这种补加一定营养物质的基本培养基称补充培养基(supplemented medium)。

根据1966年Demerec等命名规则，每一基因座用三个缩写字母表示，基因型三个字母都小写，用斜体表示；表型第一个字母大写，用正体表示。缩写字母的右上方以正号(+)或负号(−)表示野生型或突变型。例如 Thr^-、Ade^-、Trp^- 表明这些突变型分别需要苏氨酸(threonine)、腺嘌呤(adenine)、色氨酸(trptophan)，其对应的野生型表型记为 Thr^+、Ade^+、Trp^+。由于生物合成途径中每一步骤通常都是由不同的基因产物来催化，而某一特定终产物的合成一般涉及不止一个基因，因此影响同一性状的不同基因，即同一突变表型的不同基因可在三个字母后面加进一个大写字母来区别，如 *trp*A^+、*trp*B^+ 为野生型基因，其对应的 *trp*A^-、*trp*B^- 为突变的等位基因。若同一基因的不同突变位点用基因符号后面加的阿拉伯数字表示，如基因 *trp*A 的各个位点的突变型分别用 *trp*A23、*trp*A46 等表示。

2. 分解代谢功能的突变型(catabolic functional mutants)

野生型 *E. coli* 能利用不同的碳源，能把复杂的糖类转化为葡萄糖或其他简单的糖类，也能把复杂分子，如氨基酸或脂肪酸降解为乙酸或三羧酸循环的中间物。这种降解功能称分解代谢功能(catabolic function)。因此在一系列降解功能的实现中需要许多相关基因的表达，其中任何一个基因的突变都会影响整个降解功能的实现。如 Lac^- 突变型不能分解乳糖，即不能生长在以乳糖为唯一碳源的基本培养基中。

3. 抗性突变型(resistant mutants)

这是一类能抵抗有害理化因素的突变类型，根据其抵抗对象的不同可分为抗药型、抗噬菌体型等突变型。一般只需要在含有一定浓度的药物或相应的噬菌体的平板上涂上大量的敏感型细菌(野生型)，经培养后即能获得一定的抗性菌落，这是由于细菌中某些基因的突变而对抗菌素或对某些噬菌体产生抗性，如抗链霉素(streptomycin)突变型由于核糖体 30S 亚基的 S12 蛋白变异，使链霉素不再和 S12 结合，因而可进行正常的转译和分裂繁殖，而敏感菌的 S12 能和链霉素结合，从而使转译过程发生差错或使转译过程的启动作用失效。对噬菌体的抗性突变往往是以某种方式改变细菌的膜蛋白，从而使某种噬菌体不能吸附或吸附在这种突变细菌上的能力降低。

抗药型常用所抗药物的前三个英文字母，在右上方以“r”或“s”表示抗性(resistant)或敏感性(sensitivity)表型。如抗链霉素表型以 Str^r 表示，对链霉素敏感表型以 Str^s 表示，Pen^r 和 Pen^s 表示表型为青霉素抗性和青霉素敏感性，Amp^r 和 Amp^s 表示表型为氨基苄青霉素抗性和氨基苄青霉素敏感性。同理，抗噬菌体的细菌也可用相应符号表示，如对抗 T1 噬菌体细菌的表型可用 Ton^r 表示，Ton^s 则表示对 T1 噬菌体敏感型细菌；对抗 T2 噬菌体的表型可用 Tto^r 表示，Tto^s 则表示对 T2 噬菌体敏感型。

抗性突变型在遗传学基本理论的研究中十分有用，它常作为菌种的选择性标记。细菌中常用的突变型的基因符号见表 5.1。

表 5.1　细菌中常用的基因符号

ade	腺嘌呤缺陷型	*mtl*	甘露糖醇不能利用
ara	阿拉伯糖不能利用	*pdx*	吡哆醇缺陷型
arg	精氨酸缺陷型	*phe*	苯丙氨酸缺陷型
att	原噬菌体附着点	*pro*	脯氨酸缺陷型
azi	叠氮化纳抗性	*pur*	嘌呤缺陷型
bio	生物素缺陷型	*pyr*	嘧啶缺陷型
cys	半胱氨酸缺陷型	*rha*	鼠李糖不能利用
gal	半乳糖不能利用	*str*	链霉素抗性
his	组氨酸缺陷型	*thi*	硫胺缺陷型
lac	乳糖不能利用	*thr*	苏氨酸缺陷型
leu	亮氨酸缺陷型	*ton*	噬菌体 T_1 抗性
lys	赖氨酸缺陷型	*trp*	色氨酸缺陷型
mal	麦芽糖不能利用	*tsx*	噬菌体 T_6 抗性
man	甘露糖不能利用	*tyr*	酪氨酸缺陷型
met	甲硫氨酸缺陷型	*xyl*	木糖不能利用

5.1.2　噬菌体的突变类型

1. 噬菌体的生活周期

噬菌体(bacteriophage，简作 phage)寄生在细菌细胞里，其结构简单，仅由核酸(有的为 DNA，有的为

RNA;有的是双链,有的是单链;有的是线状,有的是环状。见表 5.2)和蛋白质外壳组成。噬菌体可分为烈性噬菌体(virulent phage)和温和噬菌体(temperate phage)。烈性噬菌体在感染细菌后,用宿主菌的合成装置来产生新的噬菌体颗粒,其结果为细菌裂解并释放大量的子代噬菌体,此过程为裂解周期(lytic cycle),如T4、T7噬菌体。温和噬菌体在感染细菌后,可采用两种增殖周期中的一种(图 5.1),一种为裂解周期,类似于烈性噬菌体的方式;另一种为溶源周期(lysogenic cycle),噬菌体 DNA 整合到宿主染色体上,处于休眠状态,它随宿主染色体的复制而复制,这种整合到宿主染色体中的噬菌体基因组称为原噬菌体(prophage)。带有原噬菌体的细菌如 *E. coli* K(λ)称为溶源性细菌(lysogenic bacteria),它对同类噬菌体或近缘噬菌体的感染有免疫性,即能抵抗同类噬菌体的超感染(superinfection),但偶尔也有少量这种原噬菌体自发诱导而进入裂解周期,每代可能有万分之一溶源性细菌被裂解。另外通过诱变剂如紫外线、丝裂霉素 C 等处理,90%的溶源性细菌可进入裂解周期。这种在感染周期中具有裂解和溶源两种途径的噬菌体称为温和噬菌体,如 λ 噬菌体。

表 5.2 几种病毒的基因组特点

种 类	宿 主	核 酸	染色体类型	碱基对(或碱基)数目(bp)
T4	*E. coli*	双链 DNA	线状、环状,可变换	168 800
T7	*E. coli*	双链 DNA	线状	39 936
λ	*E. coli*	双链 DNA	线状带黏性末端	48 502
P22	沙门菌	双链 DNA	线状	41 724
ΦX174	*E. coli*	单链 DNA	环状	5 386
MS2	*E. coli*	单链 RNA	线状,正链	3 569
SV40	猿猴等哺乳动物	双链 DNA	环状	5 224
腺病毒(Ad)	哺乳动物及禽类	双链 DNA	线状	30 000～38 000
痘苗病毒	哺乳动物	双链 DNA	线状	180 000～200 000
呼肠孤病毒	哺乳动物	双链 RNA	几个线性片段	23 500
HIV 病毒	人类	双链 RNA	几个线性片段	9 749
SARS 病毒	哺乳动物及禽类	单链 RNA	几个片段,正链	30 000
烟草花叶病毒(TMV)	烟草	单链 RNA	线状,正链	6 395
麻疹病毒(MV)	人类	单链 RNA	环状或线状,负链	16 000

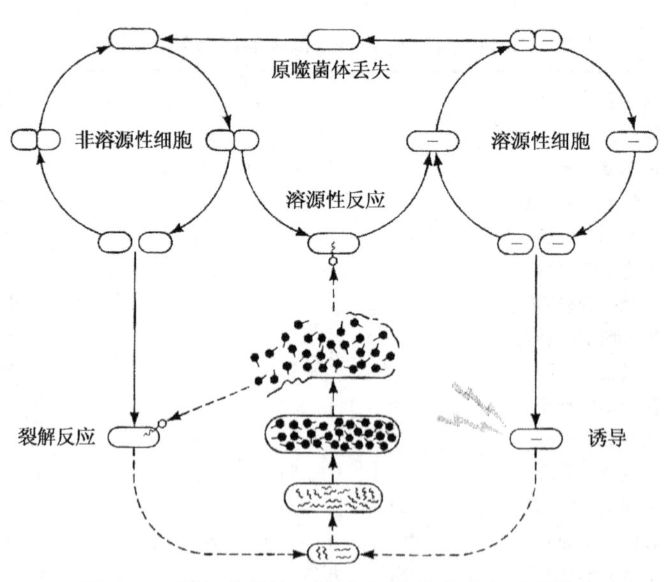

图 5.1 温和噬菌体与宿主细胞的交替细胞周期

2. 噬菌体突变类型

(1) 快速溶菌突变型(rapid lysis mutant):T2 噬菌体正常的噬菌斑小而中心清晰,四周环晕模糊,即小噬菌斑,直径约 1 mm 左右。形成原因为野生型 T2 噬菌体裂解细菌细胞缓慢,当噬菌斑中心的细胞裂解形成清亮的小洞后,由此释放的噬菌体数量增多,它的周缘还有许多未裂解的细菌,因而在侵染中心的外周混有裂解的细胞和未裂解的细胞，从而在周边形成环晕模糊。1946 年 Hershey 从众多的野生型小噬菌斑中，发现一个直径为 2 mm 的大噬菌斑，其中心和边缘都清晰，用这个噬菌斑中所含的噬菌体颗粒再接种到*E. coli*的菌落上时，形成的噬菌斑与原噬菌斑一样。这说明 T2 噬菌体产生了突变型，并能把这种特性稳定地遗传给后代，从而形成一个突变系，这种突变类型称为快速溶菌突变型。这是因为其裂解细菌细胞快速，只要这种突变型在增殖，细菌便一直裂解，因而产生大噬菌斑，用 r 表示，其相对的野生型用 r^+ 表示。

(2) 宿主范围突变型(hostrange mutant)：野生型的 *E. coli* 对 T2 噬菌体是敏感的(Tto^s)，细菌在生存竞争中可突变产生抗 T2 噬菌体型(Tto^r)。在长期的自然选择中，敏感品系并没有被淘汰或被抗性品系取代，其原因在于细菌在变而噬菌体也在变。1945 年 Luria 首次分离出这种能生长在抗噬菌体细菌中的突变型，这种突变型既能感染抗噬菌体的细菌，又能感染野生型细菌，因而称为宿主范围突变型，用 h 表示，其对应的 h^+ 表示野生型。

(3) 条件致死突变型(conditional lethal mutant)：指在某一条件即许可条件(permissive condition)下可正常繁殖生长，而在另一条件即限制条件(nonpermissive condition)下表现致死。因而人们有可能在许可条件下繁殖突变型，在限制条件下研究突变基因在发育过程中的效应。生物体任何基因的表达都依赖于各种各样的体内条件和环境条件，所以从广义上说，任何突变体都可以看作是条件型的。温度敏感突变型(temperature sensitive mutant)是最典型的条件致死突变型，一些热敏感突变型(heat sensitive mutant)的噬菌体，通常在 30℃(许可条件)可感染宿主并进行繁殖，但在 40～42℃(限制条件)下表现致死，不能形成噬菌斑；而对冷敏感突变型(cold sensitive mutant)在高温条件下存活，而较低温度下致死。一般来说，温度敏感突变为错义突变，基因突变后所编码的蛋白质中有一个氨基酸的替换，这就改变了所构成的蛋白质的一级结构，这种蛋白质只有在许可温度下才能具有并保持蛋白质二级、三级、四级结构的功能，使活性正常或接近于正常，而在非许可温度下，蛋白质部分不折叠或被蛋白质水解酶快速降解，使其丧失活性。

5.2 细菌的遗传与作图

1943 年 Luria 和 Delbruck 用变量试验(fluctuation test)又称波动试验或彷徨试验，确定了细菌基因突变的自发性，同年 Tatum 从 *E. coli* 中分离出若干种不同的营养缺陷型菌株，使细菌遗传学在观念和研究方法上都有了重大突破。细菌之间遗传物质的转移主要有三种方式：接合(conjugation)、转化(transformation)、转导(transduction)。它们共同之处在于基因转移导致遗传重组；差异之处在于获取外源 DNA 的方式不同：接合是通过细菌间的接触，转化是通过裸露的 DNA，转导则需要噬菌体作媒介。

5.2.1 接合与中断杂交作图

1. 细菌的接合

(1) 接合现象的实验证据：1946 年 Lederberg 和 Tatum 将来自 *E. coli* K12 的两种营养缺陷型菌株 A 和 B 混合培养，其中 A 菌株是 met^- bio^-(即甲硫氨酸 *met* 和生物素 *bio* 缺陷)，B 菌株是 thr^- leu^- thi^-(即苏氨酸 *thr*、亮氨酸 *leu* 和硫胺素 *thi* 缺陷)。A、B 菌株的基因型分别为：

A 菌株：met^- bio^- thr^+ leu^+ thi^+

B 菌株：met^+ bio^+ thr^- leu^- thi^-

将 A、B 菌株分别接种在基本培养基上，均不能生长。若将两菌混合于完全培养基中温育培养几小时，然后离心除去培养基，再涂布于基本培养基中，结果原养型($met^+ bio^+$ thr^+ leu^+ thi^+)菌株以频率为 10^{-7} 出现(图 5.2)。若将此结果解释为细菌接合后发生基因重组的结果，必须要排除以下几种可能的解释：① 亲本发生了回复突变，因为 *E. coli* 许多生化突变型的回复频率也是 10^{-7}；② 细菌细胞并没有接合，而是交换了 DNA，即可能是转化的结果；③ 混合后通过培养基中含有 A、B 菌的某些代谢产物的互相补充，弥补了各自的不足，即通过交换了养料而得以在基本培养基上生长。

由于选用的细菌为多重营养缺陷型，避免了回复突变的干扰。因为菌株 A 要回复突变成原养型，必须

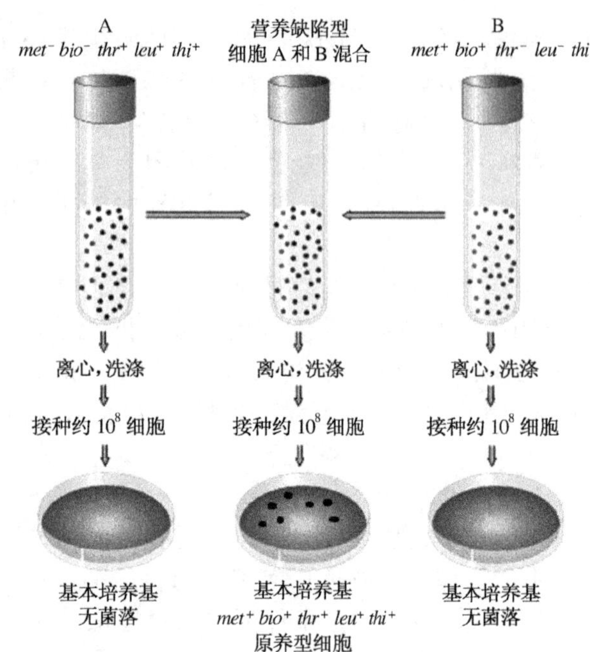

图 5.2 Lederberg 和 Tatum 的细菌杂交实验
(引自 Griffiths AJF et al.,2000)

两个基因同时发生回复突变,其概率为 $10^{-7}\times10^{-7}=10^{-14}$;菌株 B 需要三个基因同时突变,其概率为$10^{-7}\times10^{-7}\times10^{-7}=10^{-21}$,这与重组子(recon,重组的最小遗传单位)出现的概率(10^{-7})相差太远,故可排除第一种可能性。

当时 Lederberg 和 Tatum 已经证明,当把 A 菌株的培养液经过灭菌,再加入到 B 菌株的培养液中,并没有发现原养型菌落,这说明实验并非转化的结果。1950 年 Davis 设计了 U 型管实验(图 5.3),进一步支持了上述结论。他在 U 型管中间隔有滤板,不能透过细菌,但允许 0.1 μm 以下的 DNA 分子和营养物质等可以通过。在 U 型管两臂内分别加入 A、B 菌株,让细菌增殖到饱和状态,同时在 U 型管的一臂端口将培养液缓慢地吸过来压过去,让两菌株共享一种培养液,但两品系并不直接接触,然后将两臂内的 A、B 菌株离心洗涤后再涂布到基本培养基上,未见有菌落出现,即不产生重组子。因此完全可以排除转化和营养物质互补的可能性,证明了原养型菌落的出现需要两亲本细胞的直接接触,为细菌接合研究奠定了基础。

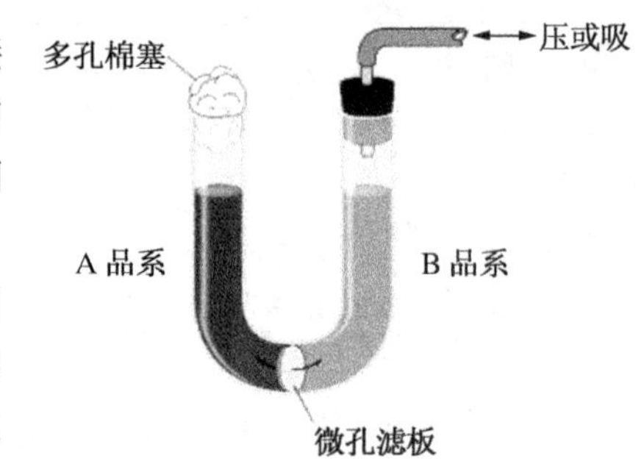

图 5.3 Davis 的 U 型管实验
(引自 Griffiths AJF. et al.,2000)

(2) 遗传物质的单方向转移:Lederberg 和 Tatum 始终以为两个接合的亲本细胞在接合过程中都起了同等的作用,即彼此交换遗传物质的过程,被认为是同宗配合(homothallic)。1953 年 Hayes 的实验证明了细菌遗传物质的传递是单方向的,即异宗配合(heterothallic)。

Hayes 在用 *E. coli* K12 菌株 A 和 B 做实验前,分别用高剂量的链霉素(可阻碍细菌的分裂,并不杀死细菌)处理 A 菌株或 B 菌株,然后把处理过的 A 菌株与未处理过的 B 菌株混合,结果在基本培养基上有存活菌落;而用处理过的 B 菌株与未处理过的 A 菌株混合,最终在基本培养基上长不出菌落,即处理过的 B 菌株阻止重组的发生。这说明两菌株在杂交过程中的作用不是相同的,不是一个交互过程。细菌存在有供体(相当于雄性)和受体(相当于雌性)之分,A 菌株(供体)经链霉素处理后不能进行分裂,但仍可转移遗传物质,而 B 菌株(受体)未经处理,可正常分裂,因此接受到 A 菌株的基因后,有可能在基本培养基上形成原养型的菌落。实验证明细菌的接合是异宗配合过程,两亲本在杂交过程中所起的作用不同,有供体和受体之分。

在证明了细菌的接合是异宗配合后不久,Hayes 偶然发现了一个原初品系 A(♂)的变种,此变种是曾在冰箱里放了一年之久,在与 B 品系(♀)杂交时不产生重组体,即品系 A 缺乏将遗传物质传给 B 品系的能力。由于原初品系 A 以及由此得来的不育变种对链霉素都是敏感的(A str^s),因而 Hayes 把不育的变种接种于含链霉素的培养基上,分离出抗链霉素的突变体(A str^r),将其与能育的 A str^s(♂)混合在含链霉素的培养基上培养,结果发现有三分之一的 A str^r细胞已变成可育的,而且能与 B 品系(♀)杂交(图 5.4),这说明原来是"♂"的 A 品系,在放置冰箱一年后,变成了♀,即以供体转变成了受体。Hayes 认为雄性(供体)细胞内有一种致育因子 F(fertility factor),又称为性因子(sex factor),雌性(受体)缺少 F,因而雄性以 F^+ 表示,雌性以 F^- 表示。不育的原初品系 A 的变种必定是丢失了 F 因子变成为 F^-,即这个变异品系实际上已变成了完全可育的雌性(图 5.5)。

F 因子是一种质粒(plasmid),由环状 DNA 双链构成,含有 50~80 个基因,全长 94.5 kb,其中约 33 kb 编码着与质粒转移有关的功能。F 因子主要分为三个区域(图 5.6):① 原点(origin),此区域含转移的起点和 2 个复制起点,复制起点 *ori T* 是 F 因子转移复制起点,*ori V* 是在营养时期,即游离在细胞质中独立复制时的复制起点；② 致育基因(fertility gene)，这些基因使它具有感染性，其中一些基因参与编码生成 F 纤毛(F pili)的蛋白质，使 F^+ 细胞表面形成管状结构，称接合管(conjugation tube)(图 5.7)，通过接合管可将供体和受体细胞相联；③ 配对区(pairing region)，含有 4 个插入顺序(insertion sequence，IS)，其大小不等，通过与宿主染色体的同源重组或转座(transposition)，使 F 因子整合到宿主的不同位点上，由于宿主染色体上同源序列配对的方向不同，F 因子整合的方向也随之不同。

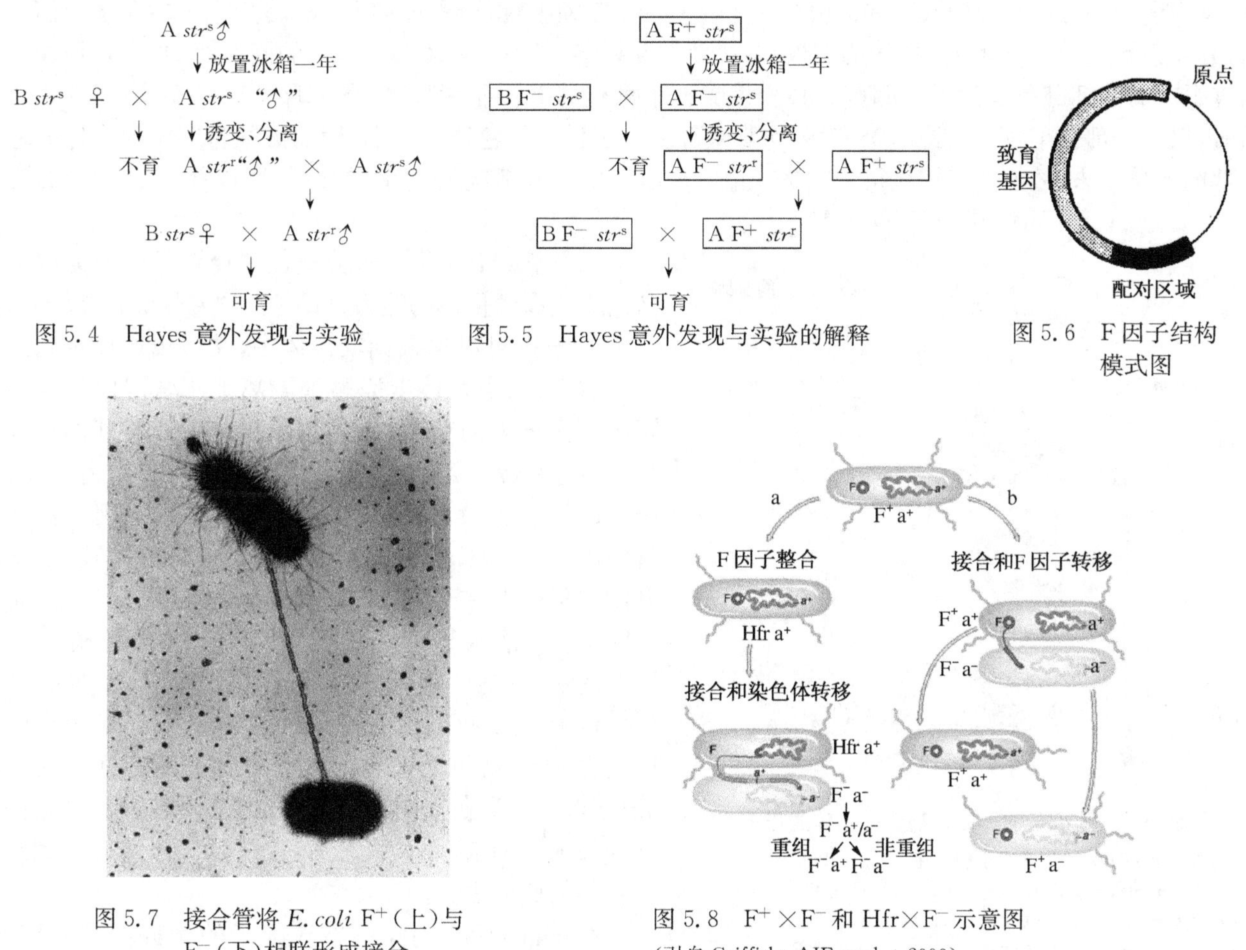

图 5.4　Hayes 意外发现与实验

图 5.5　Hayes 意外发现与实验的解释

图 5.6　F 因子结构模式图

图 5.7　接合管将 *E. coli* F^+(上)与 F^-(下)相联形成接合

图 5.8　$F^+ \times F^-$ 和 $Hfr \times F^-$ 示意图
(引自 Griffiths AJF et al.，2000)

(3) F 因子与 F^-、F^+、Hfr、F′的关系：F 因子以两种形式存在，既可以游离状态存在于细胞质中，也可以整合在宿主的染色体上，这种质粒称为附加体(episome)。无 F 因子的细菌称 F^-，有 F 因子，并以游离状态存在，可独立于染色体进行自主复制，这种细菌为 F^+ 菌。F 因子整合到宿主染色体的一定部位，并与宿主染色体同步复制，这种细菌称 Hfr 菌(高频重组菌，high frequency recombination strain)。

两个 F^+ 或两个 F^- 混合，不会产生接合；而当 F^+ 和 F^- 细胞混合时，它们之间形成接合管，接合管的形成是通过 F^+ 菌株产生的 F 菌毛与 F^- 细胞膜上的特异性受体结合而完成的。供体和受体细胞的接触并无一定的规律，是通过两个细胞的自由碰撞来实现的。接合管形成后，可能是通过 F 特异性核酸酶识别 F 因子上的 *ori* T 基因位点，在 *ori* T 基因处 F 因子双链 DNA 中一条单链上形成切口(nick)，再由质粒编码的解旋酶(helicase enzyme)解旋，随着供体菌中以滚环复制合成新的 DNA 替代链，供体菌提供了一条 DNA 单链，以 5′→3′的方向进入受体细胞，随之受体细胞的 DNA 合成被启动，受体细胞以进入的 5′单链 DNA 链为模板合成一条新的互补链，再进行环化过程。一旦 DNA 复制过程结束，获得了 F 因子的受体细胞便成为 F^+ 细胞，并具有供体能力，即将自己的 F 因子转移给新的受体(图 5.8b)。F 因子接合传递的频率很高，在所获得的接合子中，F 因子以高频率从 F^+ 菌向 F^- 菌转移，而供体细菌染色体基因的转移则很少发现，重组频率大约只有 10^{-6}，因此 F^+ 菌被称为低频重组(low frequency recombination，Lfr)。

由于 F 因子含有 4 个插入序列，而细菌的染色体 DNA 也含有多个插入序列，F 因子和细菌染色体 DNA

可在所具有的同源片段处发生重组，整合到细菌染色体DNA上。整合到细菌染色体的F因子又可诱导细菌染色体DNA以较高的频率向F^-受体转移，故称其为高频重组。Hfr菌中的F因子仍然表达其基因功能，它具有F菌毛，具有转移基因的能力。在Hfr与F^-的接合过程中(图5.8a)，首先Hfr菌的F菌毛与F^-受体细胞表面特异性受体结合，形成接合管，具有允许DNA转移的能力，然后在F因子的整合位点，Hfr菌的染色体DNA解环，5′端单链DNA向受体菌开始转移。Hfr菌的DNA聚合酶以剩余的一条环状单链DNA为模板，合成新的互补链，并促使5′端DNA向受体细胞转移，受体菌DNA的合成可能在接合前已启动，并以新转入的5′端单链DNA为模板，合成新的互补链，最终供体菌和受体菌的同源性DNA片段发生基因重组。受体细胞要成为F^+细胞，它必须接受一个完整的F因子拷贝，但在Hfr×F^-的杂交中，在接合开始时，仅有一部分F因子(原点)被转移，而其余部分位于供体染色体的末端，因而必须将完整的供体染色体全部的转移过去，才能使受体获得完整的F因子，但发生这种情况的频率非常低，所以在Hfr×F^-的交配中，F^-细胞几乎不可能获得F^+的表型。

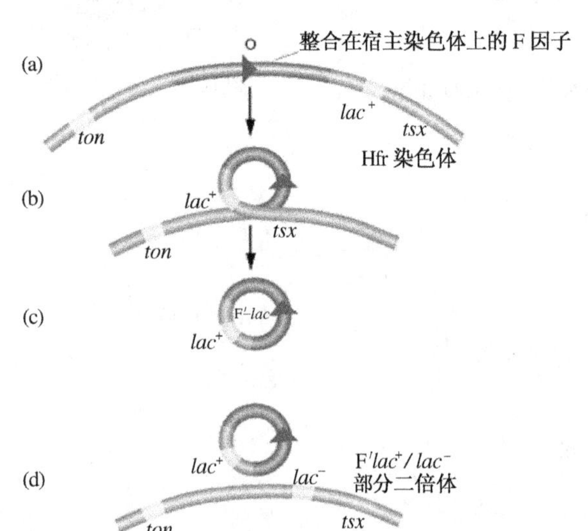

图5.9 F′因子的形成及部分二倍体的形成

(a) 在一个Hfr菌株中F因子插入在基因*ton*和*lac*$^+$之间；
(b) F因子向外游离时错误地把*lac*$^+$包括进去了；
(c) 游离出一个F′因子(F′ *lac*$^+$)；
(d) F′-*lac*$^+$转移到F^- *lac*$^-$受体形成部分二倍体F′-*lac*$^+$/*lac*$^-$
(引用Griffiths AJF et al., 2000)

F因子从Hfr染色体分离出来使该品系回复成F^+，从而失去高频供体的能力，Hfr与F^+菌株的相互转变，在于F因子既可以插入到染色体中，又可以通过规则的交换和剪切，从染色体上完整地游离下来。但偶尔也会出现不规则分离的结果，使F因子携带一段相邻的细菌染色体，这种带有细菌基因的环状F因子称为F′因子(F-prime factor)。例如在一个Hfr菌中，F因子插入到基因*ton*和*lac*$^+$之间，F因子游离出来时，错误地把*lac*$^+$基因包括进去，结果形成了F′*lac*$^+$(图5.9a, b, c)。带有F′因子的菌能像F^+菌一样把F因子转移给F^-菌，转移F因子的能力很强，但同时也能转移细菌基因。这是因为F′携带细菌的基因，但并不减少自身的基因，若自身的基因丢失，转移就可能停止。由于F′因子不存在蛋白质外壳包装的问题，所以它的长度不为包装所限制，可以携带不同长度的细菌DNA片段，F′因子的大小可以达到细菌染色体的四分之一。

在正常的接合中，一个F′因子的拷贝被转移到F^-细胞，使之成为F^+表型，同时受体菌从F′引入了部分供体细菌的基因，有可能使*lac*$^-$的F^-菌成为F^+ *lac*$^+$表型。当F′因子转入到受体细胞后，由于引入了供体细胞的部分基因，因而就成了部分二倍体(partial diploid)，即F′*lac*$^+$/ *lac*$^-$(图5.9d)。在部分二倍体中，受体为完整基因组称内基因子(endogenote)，供体所提供的部分基因组称外基因子(exogenote)。这种利用F′因子将供体细胞的基因导入受体形成部分二倍体的过程称为性导(sexduction)。这种部分二倍体若不发生重组，那么F′因子可在细菌细胞中自主地延续下去；若发生重组，即F′因子所携带的供体细菌染色体同受体细菌染色体之间发生了同源重组，如果发生单交换，会导致F′因子整合到受体染色体上而形成Hfr品系，同时F′因子上所携带的供体基因也发生重组；如果发生双交换，使F′因子上的细菌基因与受体染色体上等位基因之间发生互换，形成F′品系和重组的细菌染色体。

性导在*E. coli*的遗传学研究中十分有用。观察由性导形成杂合的部分二倍体中某一性状的表现，可确定这一性状在等位基因中的显隐关系；由于不同的F′因子带有不同的细菌DNA片段，因而利用不同的F′因子性导来测定不同基因在一起转移的频率进行作图；利用性导所形成的部分二倍体可用作不同突变型之间的互补测验(本章第三节)，以确定这两个突变是属于同一基因或是两个不同的基因。

F因子与F^-、F^+、Hfr、F′的相互转移方式见图5.10。

2. 中断杂交作图

从1954年Jacob和Wollman等开始进行对*E. coli*染色体转移的动力学研究，他们发现在Hfr×F^-的

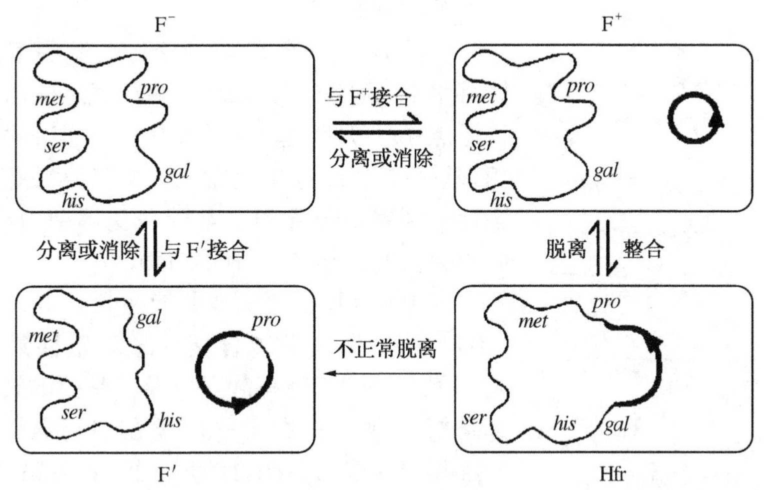

图 5.10 F因子的各种转移方式

接合过程中线性染色体 DNA 是以恒定的速率由供体向受体移动，从而为绘制 *E. coli* 的染色体图提供了一个很有用的技术，即中断杂交(interrupted mating)。其基本要点是把接合中的细菌在不同时间取样，并把样品猛烈搅拌以分散接合中的细菌，然后分析受体细菌基因型，以时间分(min)为单位绘制遗传图谱，该图谱是细菌染色体上基因顺序的直接反映，中断杂交技术能很精确地定位相隔 3 min 以上的基因。

他们所用的亲本如下。

供体：Hfr H str^s thr^+ leu^+ azi^r ton^r lac^+ gal^+

受体：F^- str^r thr^- leu^- azi^s ton^s lac^- gal^-

将这两种菌混合并进行通气培养使之接合，每隔一定时间取样，把菌液放入搅拌器内搅动以打断配对的接合管，使接合的菌株分散，并稀释防止重新接合，再涂布在含有链霉素的选择培养基上，实验表明，thr^+最先进入 F^- 细菌，在接合 8 分钟时就出现了重组子，紧接着 leu^+出现。因而选用 thr^+、leu^+和 str^r这三基因作为选择标记(selected marker)，其他的基因作为非选择标记(nonselected marker)。经多次不同时间的中断杂交和取样，得到大量的 thr^+ leu^+ str^r菌落，将这些重组子菌落影印培养在不同的选择培养基上，分析其他非选择性标记基因进入 F^- 细菌的顺序和时间。在杂交 9 min 时，开始出现少量叠氮化钠抗性的菌落，但此时受体菌对 T_1 噬菌体还是敏感的，说明 ton^r 基因尚未进入受体。随着时间的推延在 11 min、18 min 和25 min，分别出现了抗 T_1 噬菌体、乳糖能利用(lac^+)和半乳糖能利用(gal^+)的菌落(表 5.3)。

表 5.3 Hfr H 的非选择标记基因在不同时间进入 F^-

转移的 Hfr 基因	转入时间/min	频率/%
thr^+	8	100(选择标记基因)
leu^+	8.5	100(选择标记基因)
azi^r	9	90
ton^r	11	70
lac^+	18	40
gal^+	25	25

随着时间的推移，具有某一基因的菌落逐渐增加，达到一定频率后处于一个稳定的水平，某基因转入的时间愈早，它所达到的频率愈高，但不可能达到 100%，这是因为此频率反映出这一基因和 thr^+ leu^+ 同时重组到受体染色体的频率，选择标记基因与非选择标记基因间同时重组的频率越高，说明前者与非选择标记基因相距越近；反之，相距越远。在上述实验中，非选择标记基因 azi^r最早出现，在 24 min 时就达到约 90%的频率，而半乳糖能利用基因出现最迟，即使在接合 60 min 后取样，其频率也只有 30%的菌落属于能利用半乳

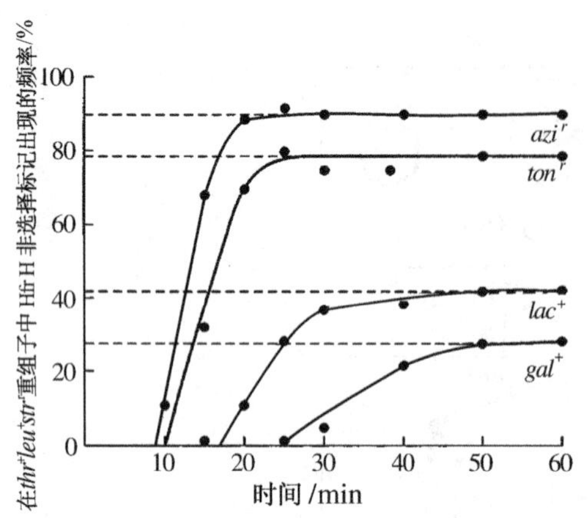

图 5.11 选择性标记基因(thr^+ leu^+ str^r)重组子中非选择标记基因出现的频率

(引自 Griffiths AJF et al., 2000)

糖发酵型(图 5.11)。

实验表明,不同的非选择标记基因都能达到不同而稳定的转移水平,说明它们与 thr^+、leu^+ 之间的不同连锁程度。Hfr 菌以原点(*ori O*)为起始,其基因按一定的时间顺序依次进入 F^- 菌,基因离原点越近,进入 F^- 越早;离原点越远,进入 F^- 越迟。因此可利用杂交后 Hfr 基因在受体菌中出现的时间先后,以时间为单位制作连锁图(图 5.12)。

在 Hfr×F^- 杂交中,即使在长达 2 h 后,也很少使 F^- 变成 Hfr,说明 F 因子的致育基因最后转移到受体,并且效率很低。同一个 Hfr 菌的转移起点以及其基因的转移顺序在不同实验中都是相同的,但是由于 F 因子在细菌染色体上有许多插入位点并且其插入取向不同,因而一个 F^+ 品系可产生许多 Hfr 品系。利用这些不同 Hfr 菌株进行中断杂交实验,染色体的转移起点、方向、顺序都不相同(表 5.4)。

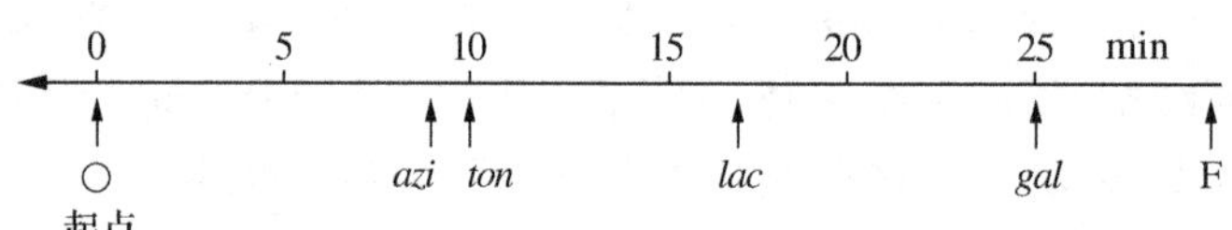

图 5.12 中断杂交实验作 *E. coli* 连锁图(图距单位为 min)

表 5.4 不同 Hfr 菌株的基因转移顺序

菌 株	基因转移顺序
Hfr H	O *thr pro lac pur gal his gly thi*
Hfr 1	O *thr thi gly his gal pur lac pro*
Hfr 2	O *pro thr thi gly his gal pur lac*
Hfr 3	O *pur lac pro thr thi gly his gal*
Hfr 312	O *thi thr pro lac pur gal his gly*

在表 5.4 中所见到的 5 种 Hfr 菌的基因转移顺序好像很乱,但仔细比较,其基因排列有一定顺序,即对某一基因而言,其相邻基因相同,只是位置不同,由此可说明其染色体为环状(图5.13)。通过接合的实验结果证实了 *E. coli* 遗传图呈环状,为 100 min(图 5.14),有别于真核生物线状染色体。

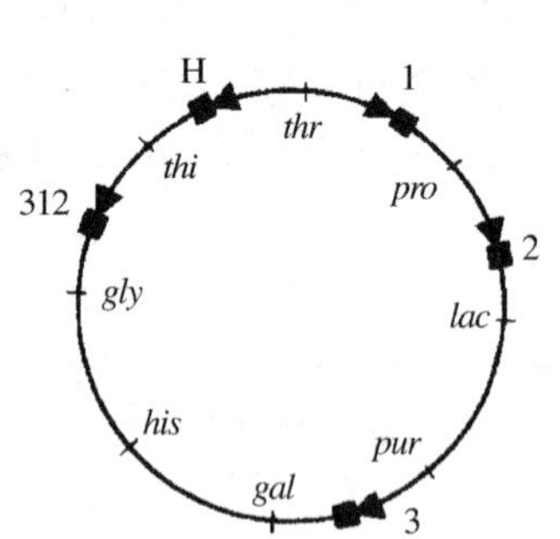

图 5.13 不同 Hfr 转移方向和起点位置

小方块代表 F 因子插入环状染色体的位置,箭头表示各 Hfr 菌株的染色体的转移起点和方向

5.2.2 重组作图

在接合重组过程中,受体细胞通常只接受部分的供体染色体,因而这种细胞称为部分二倍体或部分合子(merozygote)。在部分二倍体中所包含的一个完整的基因组是属于原来的受体 F^- 细胞,也称内基因子,而不完整的基因组来自于供体,也称外基因子(图 5.15a)。细菌接合后的重组是在受体完整基因组与供体部分基因组间进行,因而与真核生物中完整二倍体之间的重组不同,在细菌重组中其外基因子与内基因子之间发生单交换,则不会产生结构完整的染色体,即线性结构,由于它不能复制,随着细胞分裂而被丢失(图 5.15b)。只有发生双交换或偶数交换,才能将供体基因整合到受体基因组,从而产生一个完整而稳定的重组子基因组和一个线状片段。接合后的重组若经偶数交换则得到的重组子只有一种类型,而相反的重组子(reciprocal recombinant)即一个线状结构,无活性并随分裂而丢失(图 5.15 c)。

由此可见,细菌重组的主要特点:① 只有偶数次交换才能产生平衡的重组子。② 相反的重组子不出现,所以在选择性培养基上只出现一种重组子。

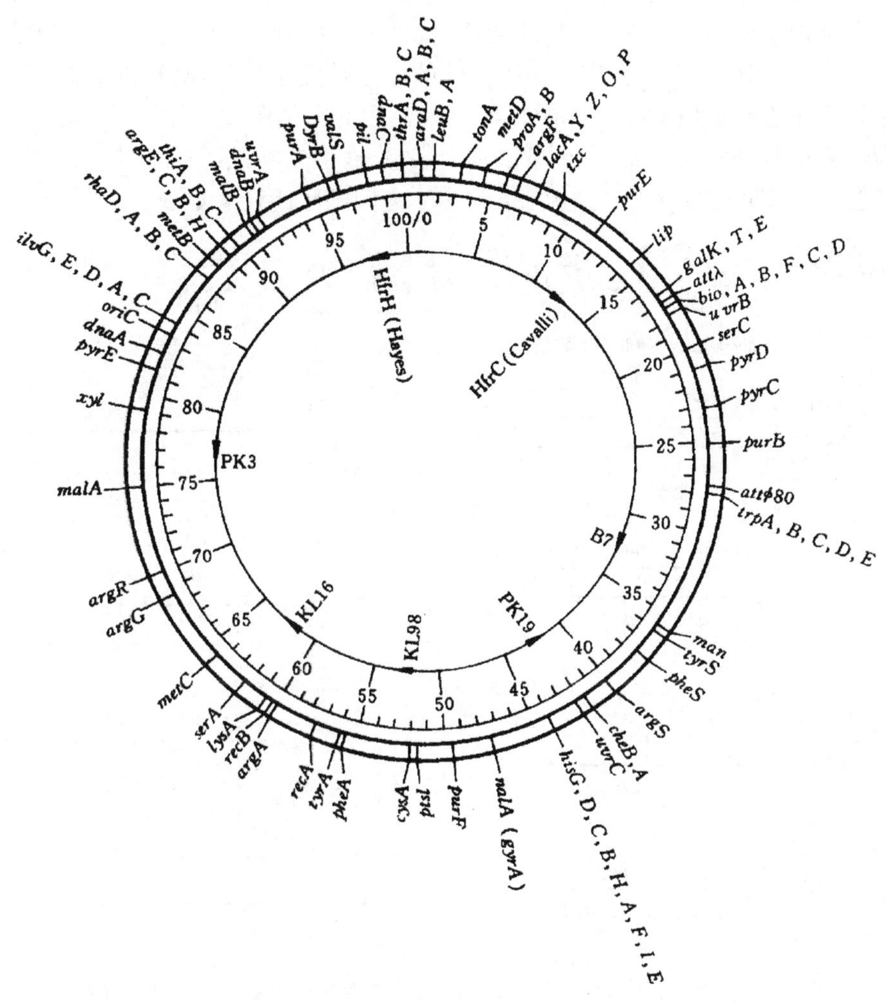

图 5.14　*E. coli* 的环状遗传图谱

内圈显示几种 Hfr 菌株转移的起始和方向(引自沈萍,2006)

中断杂交作图是根据基因转移的先后次序,以时间为单位进行基因定位的,较为粗放,对2 min以内的基因就难以精确测定。而重组作图(recombination mapping)是根据基因间的重组率进行基因定位。这两种方法各具特点,对基因距离较远的定位采用中断杂交作图,而对基因距离较近,特别是基因间转移时间在2 min之内,仅用中断杂交实验进行基因定位就不那么精确可靠,但它仍可为重组作图提供某些基因间连锁关系及先后次序的依据,因此两种方法可以相互补充,以提高基因定位的精确性。

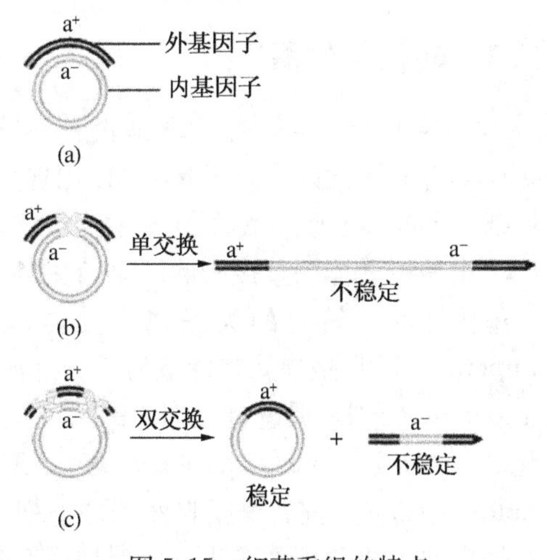

图 5.15　细菌重组的特点

(引自 Griffiths AJF et al.,2000)

细菌重组作图的基本原理与真核生物的重组作图是相同的,下面通过实例来加以说明。根据中断杂交实验已知 *lac*、*ade* 这两个基因是连锁的,在 Hfr $lac^+ ade^+$ 与 F^- $lac^- ade^-$ 的杂交中,lac^+ 先于 ade^+ 进入 F^- 受体。将 Hfr $lac^+ ade^+ str^s \times F^-$ $lac^- ade^- str^r$ 杂交 60 min,倒入含链霉素的基本培养基中(此培养基使 Hfr 和 F^- 菌都不能生长)。在这种培养基上生长的重组子应为 $ade^+ str^r$,而 ade^+ 是在 lac^+ 之后进入 F^- 细胞的,因而 lac^+ 自然也已进入。在 Hfr $lac^+ ade^+$ 转入受体细胞后会产生四种表型情况:① 供体 $lac^+ ade^+$ 未整合到 F^- 基因组,以线性结构存在,无活性,随细胞分裂而丢失(图 5.16a);② 在 *lac* 与 *ade* 的两基因之外发生双交换,则在缺乏腺嘌呤的培养基上表型为 F^- $lac^+ ade^+$,但在 *lac* 与 *ade* 之间并未发生重组(图 5.16b);③ 表型为

$lac^{+}ade^{-}$,这种类型在缺乏腺嘌呤的培养基上不能生长,因而无法筛选,它对测定这两个基因之间的图距无实际意义,并不一定是由 *lac* 与 *ade* 间发生过交换,而很可能 lac^{+} 已进入,而 ade^{+} 还未进入 F^{-} 细胞(图 5.16c);④ 表型为 lac^{-} ade^{+},它只有在缺乏腺嘌呤的培养基上生长,是真正的重组子,必定是外基因子与内基因子在这两个基因之间发生交换的结果(图5.16d)。因此在细菌重组作图中,重组合类型为第 4 种类型,亲组合类型为第 2 种,此外 F^{-} lac^{-} ade^{-} 也可以称为亲组合,但它在缺乏腺嘌呤的培养基上不能生长,而且对于计算两基因之间的图距没有意义。因此 *lac* 与 *ade* 之间的图距计算如下。

$$RF(lac-ade)=\frac{lac^{-}ade^{+}}{(lac^{-}ade^{+})+(lac^{+}ade^{+})}\times 100\%=\frac{lac^{-}ade^{+}}{ade^{+}}\times 100\%$$

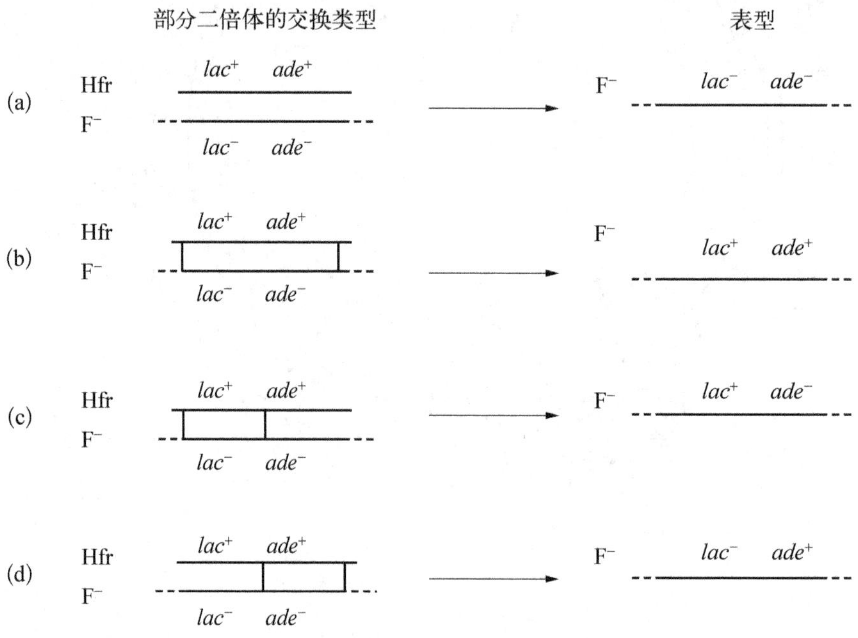

部分二倍体的交换类型　　表型

(a) Hfr lac^{+} ade^{+} / F^{-} lac^{-} ade^{-} → F^{-} lac^{-} ade^{-}

(b) Hfr lac^{+} ade^{+} / F^{-} lac^{-} ade^{-} → F^{-} lac^{+} ade^{+}

(c) Hfr lac^{+} ade^{+} / F^{-} lac^{-} ade^{-} → F^{-} lac^{+} ade^{-}

(d) Hfr lac^{+} ade^{+} / F^{-} lac^{-} ade^{-} → F^{-} lac^{-} ade^{+}

图 5.16　重组作图(Hfr lac^{+} ade^{+}转入受体细胞后产生 4 种表型情况)

重组作图的重组频率(RF)所测得基因间距离与中断杂交以时间(T)为单位获得的基因间距离基本上相一致,1 个时间单位(1 min)相当于 20%重组值(或 20 cM)。这种接合重组作图在短距离内是有效的,当两个基因相距 3 min 时,重组值将大于 50%,这就没有意义了,因此须用中断杂交实验作图。

5.2.3 转化与作图

1928 年 Griffith 首先发现肺炎链球菌(*Streptococcus pneumoniae*)的转化(transformation),1944 年 Avery 等确定转化因子是 DNA。转化现象的发现,具有很大的理论和实践意义,在理论上它证实了遗传物质基础是 DNA,从而开创了分子生物学这门崭新的学科,同时为基因工程的实践奠定了基础。

转化是指受体菌直接吸收了来自供体菌的 DNA 片段,通过交换,组合到基因组中,从而获得供体菌的部分遗传性状。转化的关键在于受体菌吸收供体 DNA 的能力,能进行转化的细菌必须是感受态的(competance),它是指受体菌最易接受外源 DNA 片段并实现转化的生理状态,这种细胞也称为感受态细胞(competance cell),促进转化作用的酶或蛋白质分子称为感受态因子(competence factor)。转化可分为自然转化(natural transformation)和人工转化(artificial transformation)或工程转化(engineered transformation)。前者是指自然条件下细菌能吸收 DNA 而进行遗传转化,如枯草杆菌(*Bacillus subtilis*);后者是指通过改变细菌的生理状况使得它们能摄取外源 DNA 进行遗传转化,如野生型 *E. coli*,它不容易转化在于其产生一种酶能迅速降解进入的外源 DNA,但可通过化学方法用高浓度的 Ca^{2+} 诱导细胞增加其通透性或用电穿孔法(electroporation)来实现转化。

在转化中只有很少比例的受体细胞能够真正吸收外源 DNA,一旦外源 DNA 被受体菌吸收,便形成了部分二倍体,有可能与受体菌染色体之间发生重组,从而使受体细胞发生稳定性的遗传转化。转化机制目前认为包括几个过程:① 细菌产生可溶性的感受态因子;② 感受态因子吸附到细菌细胞膜上的特定位点,启动了某种基因的表达；③ 由于某种基因的表达，产生某种自溶性物质；④ 自溶性物质造成细菌细胞膜的变化，暴露出DNA结合蛋白和核酸酶；⑤ 供体双链DNA结合在细胞表面；⑥ 核酸酶将双链DNA其中的一条单链降解；⑦ 剩余的另一条单链DNA与DNA结合蛋白结合；⑧ 两者以结合方式进入细胞内；⑨ 单链DNA整合进入细菌染色体DNA，并将其中的一条链取代；⑩ 杂合DNA经复制、分离以后，形成一个受体亲代类型的DNA和一个供体与受体DNA结合的杂种双链DNA，从而导致基因重组形成各种类型的转化子(transformant)。

任何来源的DNA均可被转化进入受体菌，然而只有与同源性DNA片段重组才能整合进入受体菌染色体基因组，造成基因型的变化。非同源DNA不能整合进入染色体，也不能复制，最终被降解，不能造成基因型的改变，即不能被转化进入受体细胞。转化中的供体DNA片段往往可以携带若干个基因，这些基因可以同时转化，但同时转化的基因不一定是连锁的，判断所转化的两个基因是连锁的还是独立遗传的，可通过观察DNA浓度降低时其转化频率的改变这一可靠证据来说明：如果当DNA浓度下降时，AB共转化(contransformation)频率下降和A或B转化频率下降程度相同，则说明A和B是连锁的；如果AB共转化频率的下降将远远超过A或B转化频率下降的程度，则说明A和B是不连锁的。其原理为在较低的浓度范围内，转化频率和转化DNA浓度成正比关系。例如两个基因在同一DNA分子上，当浓度降低10倍时，两个基因同时转化的频率也将减少10倍；若两个基因在不同的DNA片段上，那么DNA浓度下降10倍时，两基因的共转化频率将减少100倍(10×10)，而不是10倍，由此可确定A与B之间是否连锁。

如果已知的几个基因是连锁的，可以通过转化计算重组值来作图。例如用枯草杆菌的一个菌株 trp_2^+ his_2^+ tyr_1^+ 作为供体，提取其DNA向受体 trp_2^- his_2^- tyr_1^- 菌株进行转化，结果如表5.5。从表中可见，转化子数目最多(11 940)是3个基因同时被转化的类型，说明所研究的3个座位在染色体上是紧密连锁的。

表5.5 供体 trp_2^+ his_2^+ tyr_1^+ 向受体 trp_2^- his_2^- tyr_1^- 转化中转化子类型及重组值计算

基因	转化子类型						
trp_2	+	−	−	−	+	+	+
his_2	+	+	−	+	−	−	+
tyr_1	+	+	+	−	−	+	−
	11 940	3 660	685	418	2 600	107	1 180

	亲本型(++)	重组型(+−或−+)	重组值(重组子数/总数)
trp_2—his_2	11 940+1 180=13 120	2 600+107+3 660+418=6 785	6 785 /19 905=34%
trp_2—tyr_1	11 940+107=12 047	2 600+1 180+3 660+685=8 125	8 125 /20 172=40%
his_2—tyr_1	11 940+3 660=15 600	418+1 180+685+107=2 390	2 390 /17 990=13%

由于细菌在转化过程中遗传物质的交换是非对称交换，因此在计算 trp_2 和 his_2 之间重组值时，685个 trp_2^- his_2^- 是与供体 trp_2^+ his_2^+ 这两个基因之间未发生交换的细胞数，因此不能统计在内。同理，计算 trp_2 与 tyr_1 之间重组值时，不能统计418个 trp_2^- tyr_1^-；计算 his_2 与 tyr_1 之间重组值时，则不能将2 600个 his_2^- tyr_1^- 统计在内。

线状双链DNA，线状单链DNA，环状双链DNA均可被转化。在许多情况下，单链DNA在进入细胞后便被胞内核酸酶降解，因而单链DNA转化比较困难。DNA的转化率与相对分子质量有关，一般而言，相对分子质量越小，其转化率越高，当相对分子质量超过40 kb时，其转化率一般较低。转化时基因重组只发生在供体和受体的同源区域之间，不存在相反的重组子，而且只有双交换和偶数交换才能形成重组子。

5.2.4 转导与作图

1952年Lederberg和Zinder为了验证鼠伤寒沙门氏菌(*Salmonella typhimurium*)中是否也存在类似于*E. coli*中的接合作用，用两株具有不同的多重营养缺陷型的菌(LT22和LT2)进行了实验。

$$\text{LT22}\quad phe^-\,trp^-\,tyr^-\,met^+\,his^+ \times \text{LT2}\ phe^+\,trp^+\,tyr^+\,met^-\,his^-$$

结果发现两株营养缺陷型混合培养后,在基本培养基上产生约 10^{-5} 的野生型菌株,又一次成功地证实了该菌株中存在有重组现象。但当他们沿着发现接合重组的思路继续用 U 型管进行同样的实验时,惊奇地发现:在两菌株不接触的情况下,在放置 LT22 一臂的菌株中出现了野生型,显然这种重组是不同于 *E. coli* 中接合重组的,因为它们不需要细胞间的直接接触就可以完成重组。进一步实验证明,它们所用的沙门氏菌 LT22 是携带 P22 噬菌体的溶源性细菌,LT2 是对 P22 敏感的非溶源性细菌。在培养过程中,少数 LT22 菌自溶释放出游离的 P22 噬菌体,这种游离的 P22 通过 U 形管底的滤板(ϕ<0.1 μm),感染并裂解 LT2 菌,宿主 LT2 环状 DNA 被裂解成小片段,某些 LT2 的 DNA 片段在 P22 噬菌体组装时,偶尔装入头部,形成转导噬菌体(transducing phage)。转导噬菌体再次进入 LT22 菌,经重组后产生野生型菌株。这种以噬菌体作为载体把一个细菌的遗传物质转移到另一个细菌细胞的过程,称转导(transduction)。根据转导的特点不同,转导可分为普遍性转导(generalized transduction)和局限性转导(specialized transduction)。

1. 普遍性转导与作图

供体细菌染色体 DNA 的任何基因或任何片段都有可能被噬菌体转入受体菌的过程,称为普遍性转导。这种具有普遍性转导能力的噬菌体如鼠伤寒沙门氏菌的 P22 噬菌体、*E. coli* 的 P1 噬菌体是其中的代表。这些噬菌体在感染的末期,细菌染色体已被噬菌体编码的核酸酶降解成许多小片段,在形成噬菌体颗粒时,少数噬菌体将细菌的 DNA 误认作是它们自己的 DNA,并以其外壳蛋白将细菌 DNA 包裹,从而形成转导噬菌体。噬菌体感染细菌能力是由外壳蛋白决定的,因而其同样可以吸附细菌并注入所携带的供体 DNA 片段,形成一个部分二倍体。由于转入受体菌的供体 DNA 片段在受体菌中不能复制,但可以通过 DNA 重组整合到受体染色体基因组中,与受体菌染色体一起复制(图 5.17)。因为由噬菌体错误包装及注入受体菌的供体 DNA 片段是随机的,因而对所转导的基因没有限制,称为普遍性转导。

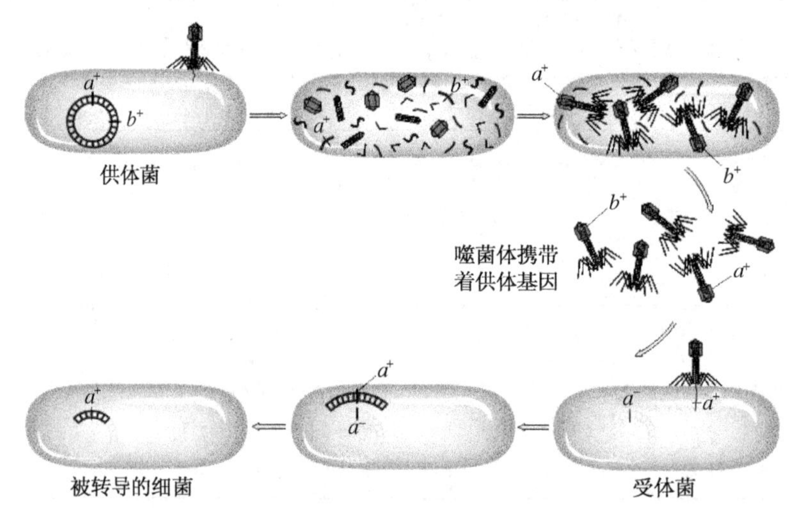

图 5.17 普遍性转导机制
(引自 Griffiths AJF et al., 2000)

利用普遍性转导进行两点或三点转导实验作图,需筛选出一个供体标记的转导子(transductant)即通过转导而能表达外基因子的受体细胞,再分析其他供体标记的存在状况。如从一供体为 a^+b^+ 转导给 a^-b^- 受体,转导会产生 a^+b^-、a^-b^+ 和 a^+b^+ 转导子,若选择 a^+ 转导子作为供体标记,则 a—b 间重组率为:$RF_{ab}=(a^+b^-)/[(a^+b^-)+(a^+b^+)]\times100\%$;若选择 b^+ 转导子作为供体标记,则 a—b 间重组率为:$RF_{ab}=(a^-b^+)/[(a^-b^+)+(a^+b^+)]\times100\%$。

普遍性转导频率很低,虽然任何基因都有等同的转导机会,但对每一个基因来说转导频率是有限的,如果两个基因之间的距离大于噬菌体的染色体长度,一般不能同时进行转导,除非两个转导噬菌体同时感染同一个细菌细胞,这种情况是极少的。如果两个基因同时被转导,说明两基因是连锁的,这种现象称共转导或并发转导(contransduction)。共转导的频率越高,表明这两个基因在染色体上的距离愈近,连锁愈密切;相反,两个基因的共转导频率愈低,则说明两基因间距离愈远。因而通过测定两基因的共转导频率就可以确定基因之间的次序和距离。通过观察两个基因的转导,计算并比较每两个基因间的共转导频率,就可确定三个基因或三个以上基因的排列顺序。例如 a 和 b 基因的共转导频率很高，a 和 c 基因的共转导频率也很高，而 b 和 c 共转导的频率很低，那么可以确定这三个基因的次序应为 b、a、c 或 c、a、b。

对于三因子转导分析，同样可以用共转导频率来确定三个基因在染色体上的排列顺序。如 *E. coli* thr^+ leu^+ azi^r 供体，用 P1 噬菌体转导受体 thr^- leu^- azi^s，首先在受体中选择一个或两个供体的标记基因，然后在选择性培养基上检查其他非选择标记基因的有无，来确定基因顺序，其实验结果见表 5.6。

表 5.6 P1 噬菌体对 *E. coli* 转导实验结果

实 验	选 择 标 记	非 选 择 标 记
1	leu^+	azi^r 50%，thr^+ 2%
2	thr^+	leu^+ 3%，azi^r 0%
3	thr^+ leu^+	azi^r 0%

实验 1 以 leu^+ 为选择标记时，与 azi^r 共转导频率为 50%，而与 thr^+ 为 2%，这说明 *leu* 离 *azi* 比较近，而离 *thr* 较远，因此它们的排列顺序可能有两种：

① *thr* —— *azi* —— *leu*　　② *thr* —— *leu* —— *azi*

从实验 2 以 thr^+ 为选择标记时，与 leu^+ 的共转导频率为 3%，而未检出的 azi^r，这说明 *thr* 离 *leu* 较近，推断出第二种排列是正确的。实验 3 可进一步推论基因排列顺序为②，这是因为当选择 thr^+、leu^+ 为标记时，若是第①种排列，则非选择标记位于中间，除存在少量双交换外，其也应有较高的共转导频率，而实验结果为 0，说明①排列不成立。

在三因子转导中可以产生不同类型的转导子及其频率，假设供体 *E. coli* 的基因顺序为 $a^+b^+c^+$，受体的基因顺序为 $a^-b^-c^-$，用 P1 转导，那么在转导类型中，转导数目最少的一类转导子代表其最难于转导的，因而它的形成需要同时发生交换次数最多(图 5.18)，这种转导子的基因排列应为两边是供体基因，中间为受体基因。

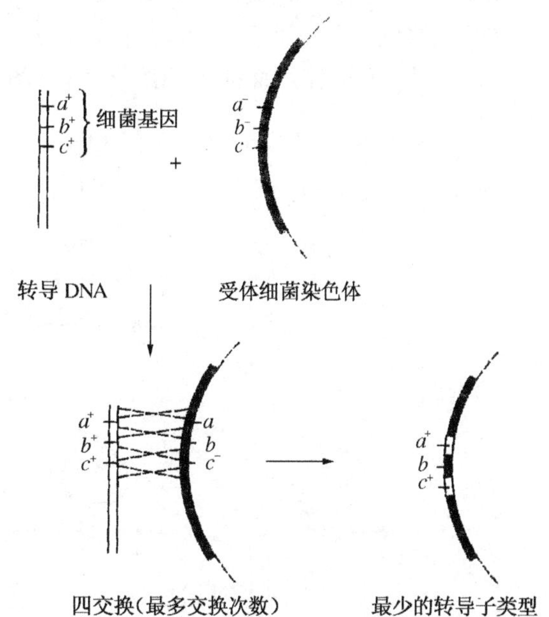

图 5.18 最少转导子类型与最多交换次数的关系
(引自 Goodenough U，1984)

例如在一实验中用 *E. coli* *trp*A$^+$ *sup*C$^+$ *pyr*F$^+$ 作供体，*trp*A$^-$ *sup*C$^-$ *pyr*F$^-$ 作受体，由 P1 转导。这里 *trp*A 代表色氨酸(tryptophan)合成的基因，*sup*C 代表赭石突变抑制基因(ochre-suppressor gene)，*pyr*F 代表嘧啶(pyrmidine)生物合成的基因。最初选择 *sup*C$^+$ 转导子，然后检查 *sup*C$^+$ 转导子中其他两个基因被转导的情况，得到的转导类型和数目如下：

① *sup*C$^+$	*trp*A$^+$	*pyr*F$^+$	36
② *sup*C$^+$	*trp*A$^+$	*pyr*F$^-$	114
③ *sup*C$^+$	*trp*A$^-$	*pyr*F$^+$	0
④ *sup*C$^+$	*trp*A$^-$	*pyr*F$^-$	453
			603

从最少类型的转导子③的基因型可看出，这三个基因的次序是 *sup*C *typ*A *pyr*F，即 *typ*A 位于中间。*Sup*C$^+$ 与 *trp*A$^+$ 在①和②类中共转导，而在③和④类中不是共转导，所以这两个基因的共转导频率为 36＋114/603＝0.25；而在 *Sup*C$^+$ 和 *pyr*F$^+$ 仅在①类中共转导，其共转导频率为 36/603＝0.06。

如果两个基因紧密连锁，它们就可能经常在一起转导，共转导频率将接近于 1；如果两个基因从来或几乎不包含在同一转导的 DNA 片段中，它们的共转导频率接近于或等于 0。利用这种关系可以求出同一染色体上两个基因之间的物理距离。经过一系列推导得到以下的计算公式：

$$d=L(1-\sqrt[3]{x})$$

式中，d：同一染色体上两个基因之间的图距；

L：转导 DNA 的平均长度(约为 1 个噬菌体基因组大小)；

x：两个基因共转导的频率。

虽然利用普遍性转导作图比较精确，但需要对某个基因的位置有所了解的前提下进行。

因此对某一新的突变基因的定位，最好在中断杂交实验基础上，用转导等方法作精确定位。

在普遍性转导过程中，有时转导噬菌体所引入的供体基因不能重组整合到宿主染色体上，而是以游离和稳定的状态存在，因而它不能复制，故在细胞分裂时只能传递给一个细胞，随着细菌分裂的增多便渐渐被淘汰，故称为流产转导(abortive transduction)。

2. 局限性转导

局限性转导是指一些温和噬菌体只能转导细菌染色体基因组的某些基因，或者只是对噬菌体在染色体基因组整合位点附近基因的转导。温和噬菌体 λ 基因组约 49 kb 的线状双链 DNA，其两端各含有一个单链 12 碱基组成的黏性末端(cohesive end)。可在连接酶的作用下通过黏性末端形成环状结构，这种环状结构的形成是通过双价连接实现的。λ 噬菌体与 *E. coli* 之间有一同源的附着位点(*att*)，λ 噬菌体的附着位点为 *att*P，由 POP′三个序列组成，而 *E. coli* 的附着位点为 *att*B(也称 *att*λ)，由 BOB′三个序列组成。环状 λ 通过附着位点间的位点专一性重组(site-specific recombination)，通过整合基因(*int*)和整合宿主因子(integrase host factor, IHF)的作用而插入细菌染色体(图 5.19a)，即：

$$\text{BOB}'(\text{细菌})+\text{POP}'(\text{噬菌体})\xrightarrow{int\ \text{IHF}}\text{BOP}'—\text{POB}'(\text{原噬菌体})$$

(a) 溶源性细菌的产生

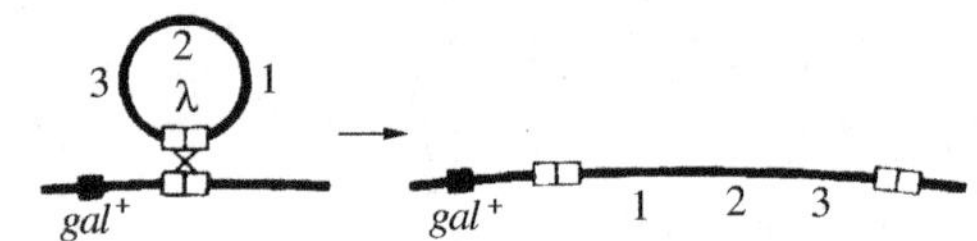

(b) 原初裂解物的产生

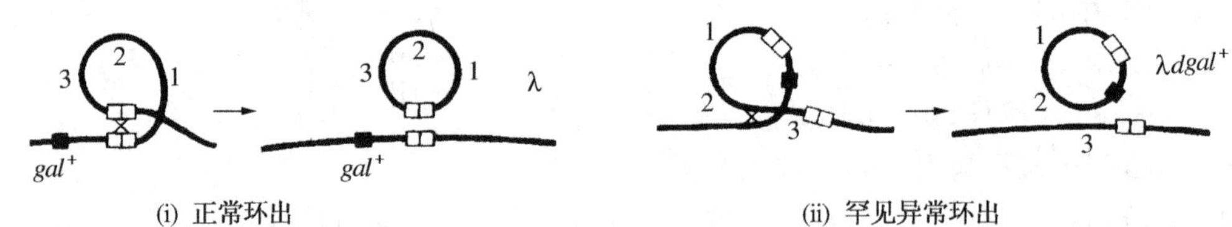

(c) 原初裂解物转导

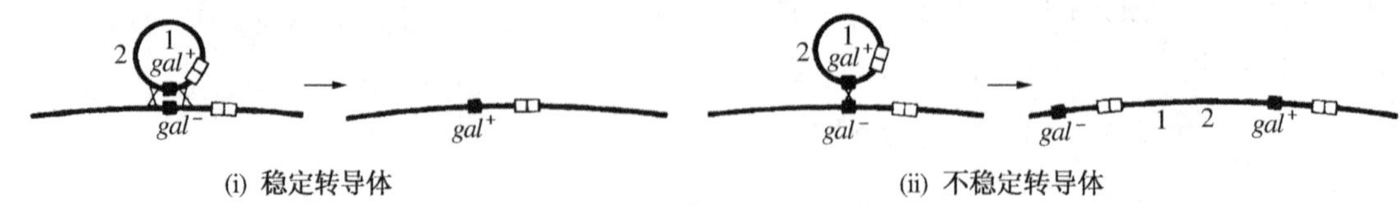

(d) 双重溶源菌

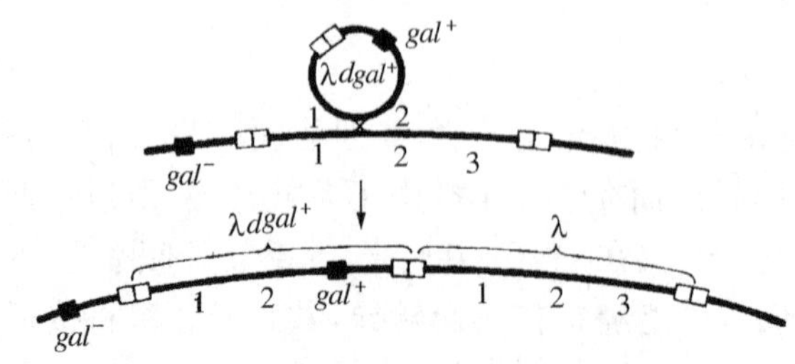

(e) HFT 裂解物的产生

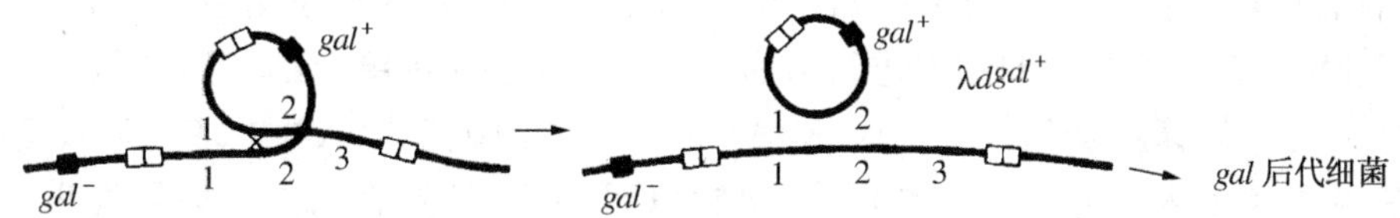

图 5.19　λ 噬菌体的转导机制

其插入部位在细菌半乳糖合成 *gal* 基因和生物素合成 *bio* 基因之间。对插入的原噬菌体可通过诱导而从宿主染色体上切除原噬菌体，其方式刚好与插入过程相反，但在切除过程中受 *int* 和 *xis*(切离基因)两个 λ 基因控制，即：

$$\text{BOP}'—\text{POB}'(\text{原噬菌体})\xrightarrow{int\ xis\ \text{IHF}}\text{BOB}'(\text{细菌})+\text{POP}'(\text{噬菌体})$$

λ 噬菌体几乎始终按精确的方式被切除形成完整的环状基因组[图 5.19b(i)]，但偶尔也会产生不精确的切离，将 *att*B 附近的基因 *gal* 或 *bio* 等错误地环化出去，而将噬菌体 DNA 的部分片段留在细菌染色体上[图 5.19b(ii)]。由于局限性转导噬菌体中，头部被包装的 DNA 总长度与噬菌体基因组长度相当，因此每当局限性转导噬菌体带走细菌染色体基因时，它几乎总是成为缺失性噬菌体(defective phage)，即丢失了一部分自身的 DNA。用 $\lambda dgal^+$ 或 $\lambda dbio^+$ 表示，这里的 *gal* 或 *bio* 代表该噬菌体中含有的宿主基因。由于缺失使得其不再具有野生型噬菌体的某些功能，不能独立进行自身的复制，但可以在正常噬菌体的帮助下进行复制。这种缺失也是有条件的，不能缺失黏性末端，否则便不能被包装；不能缺失自身的复制区域；必须维持一定的长度，才能被噬菌体头部包装。

由于发生这种不精确切离形成的转导噬菌体($\lambda dgal^+$ 或 $\lambda dbio^+$)概率很低，用这种噬菌体去感染非溶源性的 gal^- 或 bio^- 受体细胞后，转导子出现的频率只有 10^{-6}，故称为低频转导(low frequency transduction，LFT)。$\lambda dgal^+$ 侵染 gal^- 菌株时，可通过两种不同途径进行转导：一种是通过 λ 携带的 gal^+ 与受体基因 gal^- 进行同源配对，经双交换，产生重组的 gal^+ 转导子，这种转导子是非溶源性的，稳定的[图 5.19c(i)]。另一种途径是通过与受体基因的一次交换而使 $\lambda dgal^+$ 整合到受体染色体的 gal^- 基因旁边，形成部分二倍体，但这种转导子可因 λ 的切离、丢失而经常地分离出 gal^- 品系，因而不稳定[图 5.19c(ii)]。

如果用带有 gal^+ 的局限性转导噬菌体($\lambda dgal^+$)去感染 *E. coli* gal^-(λ)时，$\lambda dgal^+$ 与已整合的正常的 λ 通过单交换进行同源重组而形成一个双重溶源(double lysoge)菌(图 5.19d)，即 $\lambda/\lambda dgal^+$。双重溶源菌上的正常 λ 的基因可补偿 $d\lambda gal^+$ 所缺失的基因功能，起辅助作用，称为辅助噬菌体(helper phage)，因而两种噬菌体同时获得大量复制。由此产生的裂解物中，大体含有等量的 λ 和 $\lambda dgal^+$，用这一裂解物去感染另一个 *E. coli* gal^- 受体菌，则可高频率地将受体转导成 gal^+，故称为高频重组(high frequency transduction，HFT)(图 5.19e)。一般用紫外线诱导 $\lambda/\lambda dgal^+$ 双重溶源菌，即可获得大量的高频转导噬菌体，其转导频率比低频转导高 1 000 倍以上。

3. 普遍性转导和局限性转导的比较

这两种不同的转导方式具有不同的特性，具体如下。

比较项目	普遍性转导	局限性转导
转导的发生	自然发生	人工诱导如 UV 等
转导噬菌体形成	错误的装配	原噬菌体不精确切除
转导的基因	供体菌的几乎任何一个基因	多为原噬菌体邻近两端的供体基因
转导噬菌体获得	可通过裂解反应和诱导溶源性细菌	只能通过诱导溶源性细菌
噬菌体的位置	并不整合到宿主染色体的特定位置上	整合到宿主染色体的特定位置上
转导的过程	通常以双交换使转导 DNA 替换受体 DNA 同源区，稳定	转导 DNA 的插入，使受体菌成为部分二倍体，不稳定。也可通过双交换来完成
转导子	是非溶源性的和稳定的或流产的	是缺陷溶源性的，不稳定

5.3　噬菌体的遗传与作图

1946 年，Delbrück 和 Hershey 各自发现了噬菌体遗传重组后，有力地推动了噬菌体遗传学的发展。噬菌体的基因重组与细菌不同,与真核生物的重组十分相似,但噬菌体遗传有其一些特殊现象。

1) 从单个混合感染的细菌中可得到亲本和重组噬菌体　两个不同的噬菌体(如 A^+B^- 和 A^-B^+)同时感染一个细菌细胞,如果把被感染的细菌进行大量的稀释,然后分析单个细菌所释放的噬菌体,那么可以发现从一个细菌中可释放出亲本噬菌体(A^+B^- 和 A^-B^+)和重组噬菌体(A^+B^+,但 A^-B^- 选不出来)。这一实验结果说明:基因重组必然发生在噬菌体 DNA 复制以后,而不是复制以前。如果发生在复制以前,释放出来的噬菌体都应为重组体。所以不应该把一个细菌中感染的两个不同类型的噬菌体看作是两个亲本,而应该把由它们复制得来的许多噬菌体看作是许多亲本。

2) 不同基因型噬菌体之间可以发生多次交换　把三种突变型(如 $x^-y^+z^+$、$x^+y^-z^+$ 和 $x^+y^+z^-$)的噬菌体混合感染同一细菌,同样对释放出的噬菌体进行基因型分析,不仅有亲本基因型,也有重组型($x^+y^+z^+$、$x^-y^-z^-$)。实验结果说明至少在三个噬菌体中重复发生了两次基因重组才能得到三亲重组体。重组可以一再发生,这与 *E. coli* 是不同的。

3) 重组体比例随宿主细胞破裂时间的延长而增加　被感染的宿主经一段潜伏期后会自动破裂而释放出噬菌体,若用 10^{-3}mol/L KCN 处理被感染的细菌,可以人为地使它提前裂解。在一个双基因杂交中,Doermann 用 T4 噬菌体 $r_{47}tu^+ \times r^+tu_{43}$ 在感染后不同时间段取样,人为地使细菌裂解,然后分析单个细菌所释放的噬菌体类型,结果发现:随着时间的推移,子代噬菌体的比例逐渐增加。

4) 亲代对子代提供的遗传贡献取决于每种亲代噬菌体的相对数量　噬菌体在杂交中,每个亲代对子代所提供的遗传贡献取决于感染细菌时每种亲代噬菌体的相对数量,如亲代 A 基因型和亲代 B 基因型共同感染细菌时,两者投放量比例若为 10∶1,则产生重组子代的数量中 A 基因型常多于 B 基因型。

由此可见,噬菌体在装配之前的 DNA 复制过程中,DNA 分子之间可以一再进行重组,直到装配成完整的颗粒时重组才停止,因而在噬菌体杂交时,应该注意:① 控制每个亲代噬菌体的投放量;② 控制允许噬菌体复制和重组的时间。只有控制好这两个因素,并在标准条件下进行杂交所得的重组频率才能用于绘制近似的遗传图。因此噬菌体的杂交子代中的重组频率并不代表真正的基因距离,而只能说是一个近似的数值。

5.3.1 重组实验

通常杂交选用 2～4 个基因差异的噬菌体来混合感染细菌,根据不同重组基因型产生不同的噬菌斑等特征,可以很容易地观察和计数,然后计算重组噬菌体占总的子代噬菌体的比例来确定重组值。由于噬菌体是单倍体,因而由二点测交所得 4 种噬菌斑或三点测交所得 8 种噬菌斑都可以直接统计,计算重组值并确定基因顺序。

1. 二点测交

Hershey 和 Rotman 以 T2 噬菌体的两种不同突变株杂交,一种为宿主范围突变型(h),另一种为快速溶菌突变型(r)。用这两对性状进行杂交的亲本基因型分别是 hr^+ 和 h^+r,h 为突变型,能在 *E. coli* B 和 B/2 品系上生长,其在含有 *E. coli* B 和 B/2 的混合培养基上,能产生透明的噬菌斑;h^+ 为野生型,只能在 *E. coli* B 上生长,不能浸染 *E. coli* B/2,因而其在含有 *E. coli* B 和 B/2 的混合培养基上产生的噬菌斑为半透明的。r 与 r^+ 均能在 *E. coli* B 和 B/2 上生长,形成噬菌斑形态分别为大而清晰和小而边缘模糊。

将 hr^+ 和 h^+r 同时感染 *E. coli* B,然后将其子代噬菌体涂布在 *E. coli* B+B/2 混合平板上,则形成 4 种噬菌斑(表 5.7)。

表 5.7　$hr^+ \times h^+r$ 形成 4 种噬菌斑

表　型	推导的基因型	类　型
透明、小	hr^+	亲本型
半透明、大	h^+r	亲本型
半透明、小	h^+r^+	重组型
透明、大	hr	重组型

前两种是亲本性状,而后两种是重组性状,说明 hr 和 h^+r^+ 是双亲的基因发生遗传重组的结果,可计算

出这两点之间的重组值，表示这两个连锁基因之间的遗传距离。

$$\text{重组值}=\frac{\text{重组噬菌斑数}}{\text{总噬菌斑数}}\times 100\%=\frac{(hr)+(h^+r^+)}{\text{总噬菌斑数}}\times 100\%$$

对于T2噬菌体的r突变来说，可以根据噬菌斑的形态而分成r_1、r_7、r_{13}等，用各种r突变型(h^+r_x)分别与宿主范围突变型(hr^+)杂交，获得各种结果(表5.8)。

表5.8　T2几个r突变型和一个h突变型杂交重组率

杂　交	各基因型的百分比/%				重组率/%
	h^+r^+	hr^+	h^+r	hr	
$hr^+\times h^+r_1$	12.0	42.0	34.0	12.0	24.0
$hr^+\times h^+r_7$	5.9	56.0	32.0	6.4	12.3
$hr^+\times h^+r_{13}$	0.74	59.0	39.0	0.94	1.7

根据实验结果可以看出，不同的r突变株，其重组型出现的频率是不同的，r_1为24，r_7为12.3，r_{13}为1.7，说明r_1、r_7、r_{13}距h基因的距离是不同的，即它们位于T2噬菌体的不同位置上，因而有4种可能的连锁图：

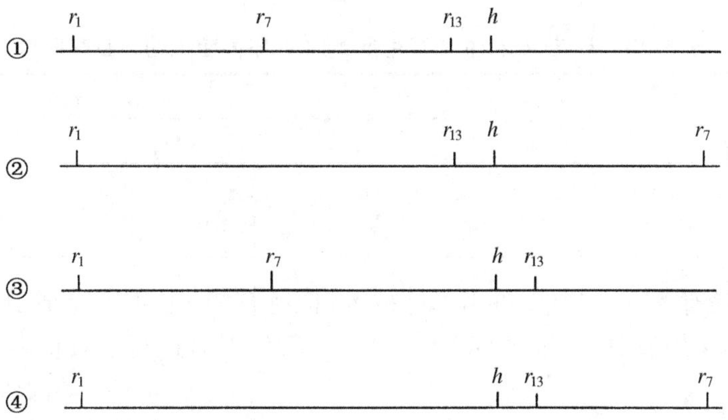

究竟哪一种是正确的呢？首先必须知道r_1，r_7，r_{13}相互间的距离才能确定。如果以r_7，r_{13}和h为例，其排列顺序可以是r_{13}—h—r_7或h—r_{13}—r_7，通过$r_{13}r_7^+\times r_{13}^+r_7$的杂交，确定其排列为$r_{13}$—$h$—$r_7$，那么$r_1$是位于靠近$r_7$的$h$一侧还是位于靠近$r_{13}$的$h$一侧？从$r_1$与$r_7$和$r_{13}$的杂交数据中还不能提供出明确的答案。当用很多不同的T2品系进行精确的遗传作图时，证明这两种排列顺序都是正确的。因为T2噬菌体的染色体是环状的，与细菌连锁图一样，只有在染色体是环状的情况下，才能合理解释。

2. 三点测交

1953年Doermann对T4噬菌体用三点测交进行基因定位，选用T4噬菌体的两个品系感染*E. coli*，一个品系的三基因为m(小噬菌斑)、r(快速溶菌)、tu(混浊溶菌斑)突变型，另一品系对这三个基因都是＋＋＋(野生型)。两品系杂交所得后代为8种类型(表5.9)。

表5.9　T4噬菌体的三点测交($m\ \ r\ \ tu\times$＋＋＋)结果

类　型		噬菌斑数	百分比(%)	重组频率(%)		
				m—r	r—tu	m—tu
亲本类型	$m\ \ r\ \ tu$	3 467	33.5			
	＋　＋　＋	3 729	36.1			
单交换型	m　＋　＋	520	5.0	√		√
	＋　$r\ \ tu$	474	4.6			
单交换型	$m\ \ r$　＋	853	8.2		√	√
	＋　＋　tu	965	9.3			
双交换型	m　＋　tu	162	1.6	√	√	
	＋　r　＋	172	1.7			
合　计		10 342	100.0	12.9	20.8	27.1

由于病毒是单倍体,与二倍体生物不同,亲组合与重组合可直接从后代中反映出来,直接统计各种噬菌体类型即可,8 个类型中最少的两个类型就是双交换,频率最高的两个就是亲本类型,其余的为单交换类型。

由于噬菌体遗传有其特殊性,噬菌体杂交子代中的重组频率并不代表真正的基因间距,而只是一个近似的数值,所以根据实验结果,可绘出 T4 噬菌体 m、r、tu 基因的染色体图,其近似的为:

5.3.2 Benzer 的重组实验——基因的精细作图

1955 年 Benzer 对 T4 噬菌体 r 突变型进行了详细的分析,r 突变使得 T4 所侵染的宿主细胞迅速裂解而形成大的噬菌斑,但在形态上各有差异而易于区别。研究表明,r 突变型分布在 T4 DNA 的三个主要区域,分别称为 rⅠ、rⅡ、rⅢ,这 3 组不同的突变型可根据在不同宿主菌上的反应差异而相互区别。对 rⅡ 区域的突变型研究发现,野生型的 T4 噬菌体 rⅡ$^+$ 在 *E. coli* B 菌和 K(λ)菌上都能生长,形成小而模糊的噬菌斑;突变型 T4 rⅡ 在 *E. coli* B 菌上生长并裂解形成大而边缘清晰的噬菌斑,而在 K(λ)菌上不能产生子代(表 5.10)。

表 5.10 T_4 突变型 rⅡ 和野生型 rⅡ$^+$ 在不同菌上的噬菌斑形态

		E. coli 菌株	
		B	K(λ)
T_4 噬菌体品系	rⅡ	+(大、清晰)	−
	rⅡ$^+$	+(小、模糊)	+(小、模糊)

由于 T4 rⅡ 的生长是有条件的,所以可用选择技术,把所有的 rⅡ 突变型成对杂交,计算每对突变位置间的重组频率。其过程为:用成对的 rⅡ 突变型(r^x,r^y)对 *E. coli* B 进行双重感染,裂解后获子代噬菌体,再将子代噬菌体以同样浓度等量地分别接种在 *E. coli* B 和 K(λ)上。在 *E. coli* B 上由于两种 rⅡ 突变型(r^x,r^y)和两种重组子(r^xr^y,r^+)都能生长,从出现的噬菌斑数可以表示总的噬菌体后代数。而在 *E. coli* K(λ)上,只有重组子 r^+ 能生长,因此可以估计野生型重组体数目(图 5.20),由于另有一半双突变型重组体(r^xr^y)不能生长,所以估算总重组体数要把野生型重组体(r^+)数目乘以 2。重组值的计算可用下列公式:

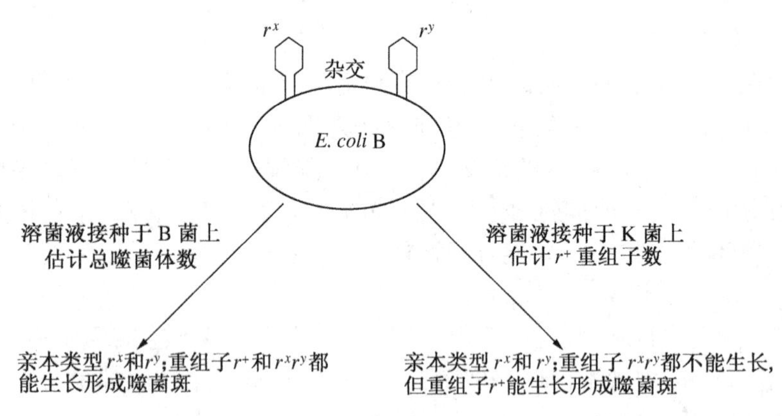

图 5.20 T4 rⅡ 不同突变型重组频率测定技术

$$\mathrm{RF}=\frac{2\times(r^+\text{噬菌斑数})}{\text{总噬菌斑数}}\times 100\%=\frac{2\times \mathrm{K}(\lambda)\text{上的噬菌斑数}}{\mathrm{B}\text{上的噬菌斑数}}\times 100\%$$

以往用计算重组的方法是计算基因与基因之间的距离,而选择技术可以用来测定一个基因内部不同位点间的距离,它对于低重组频率的测定是非常敏感,因为数以百万计的子代噬菌体可接种在 *E. coli* K 菌上,这样即使重组的噬菌体占很小的比例也容易被观察到,它的精确度可达到0.002个图距单位,但上述方法实际所测得 rⅡ 区两个突变位点的最小重组率为 0.02%,即 0.02 个图距。根据 T4 的遗传图为 1 500 mu,基因组为 1.65×10^5 bp,因此 0.02 个图距约相当于 2.2 bp,即$(0.02/1\,500)\times1.65\times10^5$。由此可见重组子的单位可小到相当于一个核苷酸对,故 Benzer 的选择技术也称为基因的精细作图(gene fine structure map)。

Benzer发现在整个rⅡ区中具有上千个突变型，分别位于A，B两个顺反子(Cistron，不同突变之间没有互补关系的功能区，即基因)(详见附：基因概念的发展)，即两个基因中。这些突变型如r_{47}、r_{104}、r_{106}、r_{51}、r_{102}等(图5.21)，是因为占有不同的位置而属于不同的顺反子呢，还是因为它们的表型效应都相同而属于同一个顺反子。这就需要用互补测验来判断。

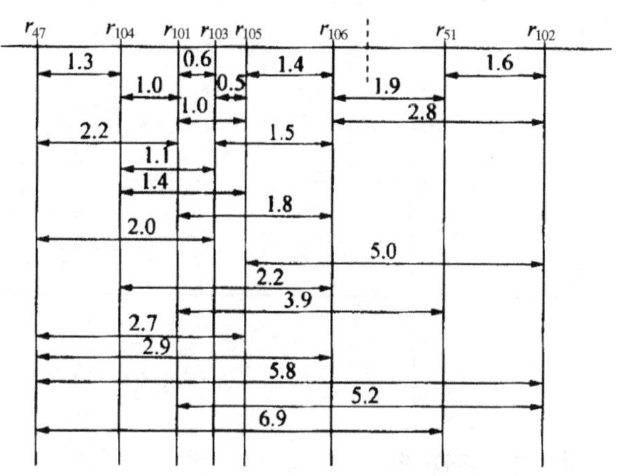

图5.21　T4 rⅡ区基因的精细结构

5.3.3　互补测验

Benzer重组实验，以遗传图距的方式确定了不同突变间的空间关系，但对于这些突变型是属于同一基因还是不同基因，需应用互补测验来确定突变的功能关系。互补测验(complementation text)是指两个突变型同时感染*E. coli* K(λ)时，可以相互弥补对方的缺陷，共同在菌内增殖，释放原来的两个突变型。因此互补测验的程序与基因精细作图实验正好相反，将两个不同的突变型如r_{51}和r_{106}先混合感染*E. coli* K(λ)而不是B菌。两突变型分别感染K(λ)菌不能复制，只有混合感染K(λ)菌，无论两突变的位点是顺式(cis arrangement，两个突变点位于同一条染色体上的排列方式)排列还是反式(trans arrangement，两个突变点分别位于一对同源染色体上的排列方式)排列均可产生子代噬菌体，所释放的噬菌体不但有r_{51}和r_{106}，而且还有野生型噬菌体，这说明r_{51}和r_{106}混合后，在K(λ)菌中不但进行了复制，而且发生了基因重组(图5.22a，b)。那么在r_{51}和r_{106}混合感染中究竟是因为发生重组以后才能复制，还是突变型互补，从而分别进行复制，然后在复制的过程中发生重组？

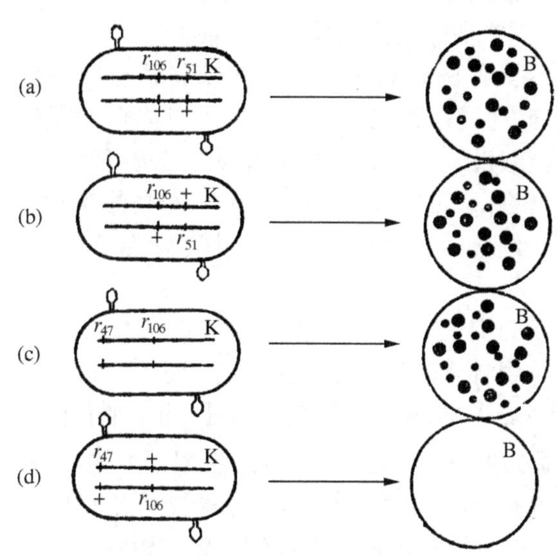

图5.22　T_4 rⅡ突变型的互补测验

K：一个*E. coli* K细胞；B：涂满*E. coli* B的一个培养皿

大黑点：rⅡ噬菌斑；小黑点：野生型噬菌斑

若是因为重组才复制，那么混合感染中能否得到子代噬菌体，应该和两个突变型的位置间的距离有关，但事实上与距离无关。例如r_{47}和r_{106}的距离比r_{51}和r_{106}的距离大，可是混合感染K(λ)后，在指示菌B上却都不出现噬菌斑(图5.22d)，由此可见，r_{51}和r_{106}虽然相距较近，但都分别位于两个不同的顺反子(A和B)中，因此对于A顺反子或B顺反子来说，无论顺式还是反式排列，只要其中一个等位基因内部发生突变，而另一个等位基因是正常的，可以通过相互互补来满足于在宿主K(λ)中进行复制所缺少的因素，从而都得以进行复制，并在复制过程中发生重组。对于r_{47}和r_{106}两个突变型虽然相距较远，但却同属于一个顺反子A，在这两种混合感染K(λ)中，只有顺式排列方式有功能，是由于这两突变位点位于同一个等位基因内，而另一等位基因正常，所以复制能进行并重组(图5.22 c)；而反式排列中两突变位点分别居于同一顺反子A的两个等位基因上，导致这两个基因都有缺陷，因而复制不能进行。

在互补测验中，两个突变型若表现出互补效应，则证明这两个突变型分别属于不同顺反子；若不能表现出互补，则证明这两个突变型是位于同一顺反子中。顺式排列只是作为对照，因为在顺式排列中，无论是两个顺反子的突变，还是同一顺反子内两个位点的突变，在互补测验中均表现出互补效应(图5.23)。

顺式结构的效应不同于反式结构效应的现象称为顺反位置效应。具有顺反位置效应的突变型属于同一顺反子，比较顺式和反式结构的表型效应的互补测验称为顺反位置效应测验。顺反测验说明：顺反子即基因是遗传物质的一个功能单位，是连续的DNA片段，它负责传递遗传信息，是决定一条多肽链的完整的功能单位，它包含有一系列的突变子(muton，顺反子内发生突变的最小单位，即核苷酸对。)和重组子。

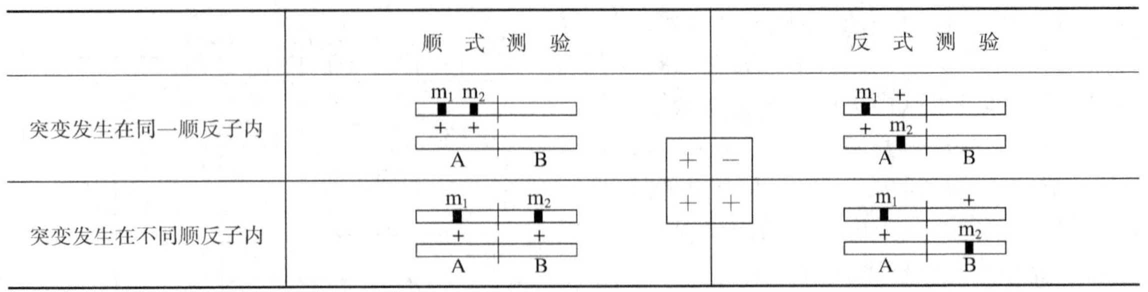

图 5.23 互补测验

A、B代表两个不同的顺反子；m_1、m_2 代表两个突变位点

5.3.4 缺失作图

Benzer 对 *r*Ⅱ区域突变型研究时发现，有些突变型可以恢复成野生型，有些则总是不能恢复成野生型，这是由于两种不同的突变型所造成的结果。若突变是由于核苷酸对发生了改变，则称为点突变(point mutation)；若突变是由于缺失了相邻的许多核苷酸对，则称为缺失突变(deletion mutation)。点突变与缺失突变之间的一个重要区别为前者可以回复突变为野生型，而后者不能回复野生型，因为缺失突变是不可逆的。依据缺失突变同另一个基因组内相同缺失区内的点突变之间不可能发生重组的原理，可进一步确定突变的位置。凡是能和某一缺失突变型进行重组的，它的位置一定不在缺失范围内；凡是不能重组的，它的位置一定在缺失范围内。Benzer 根据这一原理，利用发现了的 *r*Ⅱ区许多缺失突变，采用缺失作图(deletion mapping)方法，快速确定大量的点突变的遗传位置，使 *r*Ⅱ区不同突变的定位变得迅速简便。

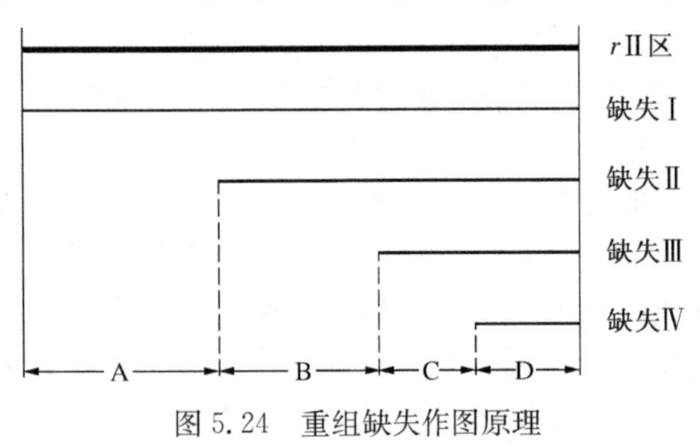

图 5.24 重组缺失作图原理

Benzer 缺失作图是利用一组重叠缺失系与某一新的突变进行杂交，通过是否能产生野生型重组体来确定突变的具体位置。假设 *r*Ⅱ区的一组重叠缺失系中有缺失Ⅰ、Ⅱ、Ⅲ和Ⅳ，不同系的缺失区都有相互重叠的部分(图 5.24)，用每个缺失重叠系的端点把 *r*Ⅱ区分为 A、B、C、D 四个片段。

若某一新的突变与这四个重叠缺失系杂交都不能产生野生型的重组体，说明新的突变是位于缺失的区域内，而由于缺失突变Ⅳ的缺失部分在缺失Ⅰ、Ⅱ、Ⅲ中同样具有，因而可推断出这一新的突变在 D 片段中。若这一突变与缺失Ⅲ、Ⅳ突变杂交产生野生型重组体，而与缺失突变Ⅰ、Ⅱ杂交不能形成野生型重组体，则可推断出这一突变在 B 片段内。因此，根据杂交结果可以把新突变定位在具体的片段中，再与此片段中更小的缺失重叠系杂交，可以作出更为精细的位置结构图。

Benzer 将 *r*Ⅱ区的许多缺失系(图 5.25)都编上特定的编号(如 1272、1241、J3、PT1 等)，以不同缺失的端点作为界限，把 *r*Ⅱ区划分成 47 个不同片段(如图 5.25 底部的 A_1a、A_1b_1、A_1b_2等)。

一般通过两个步骤把尚未确定的 *r*Ⅱ突变定位于 *r*Ⅱ区 47 个小片段上，首先将待测突变型与图 5.25 的最上方的 7 个带有“大缺失”突变系杂交，因为他们是覆盖着 *r*Ⅱ区的缺失重叠系，可确定这一突变位点所属的大范围，再将待测突变型进一步与有关已确定的范围内的一系列“小缺失”突变系杂交，以确定所属的位置。例如某一突变的位点在 A_4e 片段中，那么它与 7 个“大缺失”突变系杂交的结果为 PB242、A105、638 能产生野生型重组体，而 1272、1241、J3、PT1 不产生野生型重组体，因而可推断出突变的位置在 PT1 缺失的左端起点至 PB242 缺失的左端起点间所构成的区域内，然后可与此范围内的有关缺失突变系如 221、1368、PB28 等杂交来进一步确定更小的范围，若与这三者都不产生野生型重组体，则可确定待测突变应位于 A_4e 中。

利用一系列缺失重叠突变型，使测定工作简单化，大大减轻了绘制连锁图工作。由于这种方法只需观察能否重组，而无须对重组子进行统计，使绘制连锁图的准确性也增加了。这种方法适用于测定大量突变型的定位工作，只需要确定这些突变型之间的位置，而不必再测定它们同其他片段中另一些独立突变之间的相对

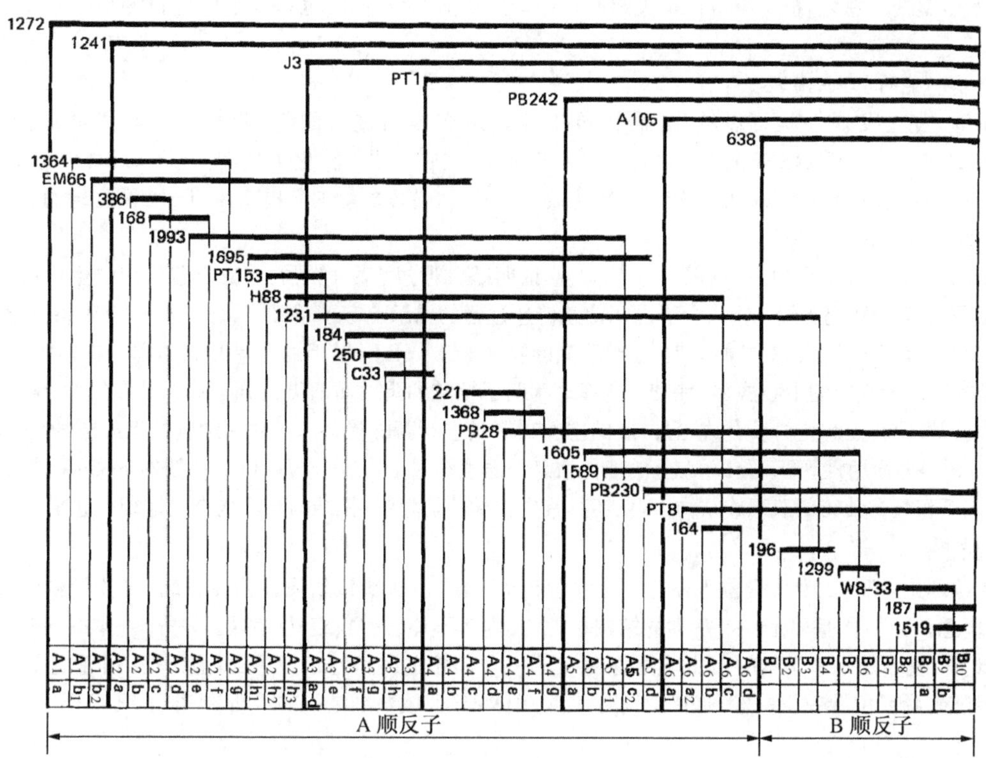

图 5.25　T_4 rⅡ区缺失突变系的缺失部位

位置。这一方法同样也适用于其他的基因定位，如沙门氏菌组氨酸生物合成的基因群中许多突变型的基因定位。

阅读材料

基因概念的发展

基因作为遗传学的专用术语，也是遗传学中的核心概念，人们对基因本质的认识随着遗传学的发展而不断地深化和完善，在历史发展的不同时期，人们对基因概念的理解有着不同的内涵，其概念每发展一步都意味着遗传学乃至整个生物学的一次革命和突破，随着对基因功能认识不断深入，所知的基因种类也日益增多，基因概念在科学实践中不断得到充实和完整。

一、经典基因的概念

（一）遗传因子——控制生物性状的符号

基因的最初概念来自于 Mendel 的豌豆杂交试验，为了解释试验结果，提出了一个假设：在每个植株中，每一个相对性状受两个相同的遗传因子控制，显性遗传因子使之表现为显性性状，隐性遗传因子使之表现为隐性性状。表明生物的性状是由遗传因子负责传递的，遗传下来的不是具体的性状，而是遗传因子。Mendel 揭示的遗传规律表明，生物的每一个性状，可以用遗传因子的基本单元来分析。从亲代到子代是由颗粒性遗传因子负责传递的，颗粒性遗传因子存在于细胞，是成对存在于体细胞里，而在性细胞里是成单存在。杂交时，各自独立，互不融合，因而 Mendel 遗传也称为颗粒性遗传。在杂种产生配子时，不同的遗传因子仍保持相对的独立性，互不感染，各自分配到不同配子中，完整地传给下一代。

因而 Mendel 的遗传因子是决定遗传性状的一个基本遗传单位，只能从它所起的作用或它产生的遗传效果感知它的存在，它只是一种逻辑推理的产物，只是代表一种遗传性状的符号并没有任何物质内容。

1909 年丹麦遗传学家 Johannsen 提出“基因”一词，代替了 Mendel 的遗传因子，但早期的基因与遗传因子实质是一致的，只是一个抽象符号而已。

（二）基因是位于染色体上的遗传功能单位

1910 年 Morgan 与他的学生们利用果蝇做了大量实验，确认了连锁与互换定律、伴性遗传等，验证了 Sutton 和Boveri提出的遗传的染色体学说，从而证明了基因位于染色体上并呈直线排列，根据重组频率来衡量两个基因之间的相对距离，进而推算出相邻基因间的图距，绘制染色体遗传图。并于 1926 年发表了《基因论》，揭示了基因与性状之间的关系和遗传的传递规律。科学地预见了基因是一个化学实体，是位于染色体上的念珠状颗粒，它们之间由非遗传的物质连接在一起，基因之间会发生交换,也可以发生突变。总之,把基因看作是决定性状差别的功能单位,同时也是重组单位和突变单位,即三位一体的最小单位。

(三) 基因是有功能的DNA片段

1928年Griffith首先发现性状可以转化,最初转化实验是在体内进行的,实验材料为肺炎链球菌(*Streptococcus pneumoniae*)。1944年Avery等对转化的本质进行了深入的研究,完成了体外转化实验,发现了从肺炎链球菌中提取的多糖和蛋白质均不能引起转化,只有DNA能引起转化。转化效率随DNA浓度的增加而提高,经DNA酶处理的DNA亦失去转化作用,证明了DNA是遗传物质。

1941年Beadle和Tatum提出的一个基因一个酶学说,证明基因通过它所控制的酶决定着代谢中生化反应步骤,进而决定生物性状,为遗传密码的解码和细胞内大分子之间信息传递过程的揭示奠定了基础。直到1953年Watson和Crick根据X射线衍射分析,提出了DNA分子的双螺旋模型,证明了基因就是DNA分子,基因的传递和表达同生物体内的生化代谢过程密切相关。随着遗传信息流向的中心法则的提出,合理地阐明了核酸和蛋白质两类大分子的联系和分工,核酸的功能在于贮存和转移遗传信息,指导和控制蛋白质合成,蛋白质的主要功能是进行新陈代谢以及作为细胞的组成部分。三联遗传密码的破译,证明了遗传密码的通用性,揭示了DNA上的遗传信息是通过转录成RNA,再由作为信使的mRNA转译合成蛋白质的过程。因此DNA不仅具有独特的双螺旋结构,而且还具有生物学功能,从而把结构与功能有机地统一起来。

二、基因的可分性

早期的遗传学理论,把基因看作是位于染色体上的念珠状颗粒,由非遗传物质连接在一起。基因是单个的不可分的实体,经典基因的概念认为:① 基因是一个基本的结构单位,其内部不能发生重组;② 基因是一个基本的突变单位,其内部没有更小的突变点;③ 基因是一个基本的功能单位,它决定着一个特定的表型性状。总之,基因是一个重组、突变和功能三位一体的单位。但随着顺反位置效应的发现,特别是对T_4噬菌体rⅡ区域精细结构的分析,提出了顺反子概念,证明了基因是可分的。

(一) 顺反位置效应和拟等位基因

在果蝇研究中,野生型眼是红色的,由一个显性基因决定,位于X染色体1.5 cM的位置上,此外果蝇还有许多其他的眼色,如粉红色、樱桃色、杏色、伊红、象牙白和白色等,早期研究认为这些眼色的基因属于一个复等位基因系列,都是等位的。当用杏色眼(ω^a/ω^a)与白眼(ω/Y)果蝇杂交时,F_1为杏色眼,F_2应当仅有两种亲本的表型,但在大量的F_2中,偶然也有野生型的红眼出现,其频率约为1/1 000,这显然不是突变的结果,因为突变没有如此高的频率。进一步研究证实,是由于杏色眼基因和白眼基因之间发生了交换,虽然这两个基因在染色体上所占的位置相同,即位于同一基因座(locus),但属于不同位点(site)。因此上述实验可作如下解释:杏色眼ω^a+/ω^a+与白眼$+\omega$/Y杂交,F_1杏色眼($\omega^a+/+\omega$和ω^a+/Y),F_1雌蝇减数分裂时发生交换形成++和$\omega^a\omega$的重组配子,而++配子与任何其他种配子结合所形成的F_2个体均表现为野生型红眼果蝇,因此F_2具有野生型的出现。而进一步对杏色眼$\omega^a+/+\omega$与野生型$++/\omega^a\omega$两种个体进行比较,它们的基因组成一样,只是排列方式不同。前者为反式排列,后者为顺式排列,这种由于排列方式不同而表型不相同的现象称为顺反位置效应(cis-trans position effects)。

由于野生型基因为完全显性,那么两种不同排列的基因为何在表型效应上有所不同?这是因为ω^a、ω基因共同影响着同一表型(眼色),在功能上是等位的,但在结构上属于不同位点,可以发生交换,位置效应是由同一功能性等位基因中不同位点的排列方式引起的。将这种紧密连锁的基因在功能上是等位的,而结构上为非等位的称为拟等位基因(pseudoallele)。这是对“三位一体”基因概念提出的挑战,说明基因是可分的。

(二) 顺反子是一个基因,决定一条多肽的形成

经典基因认为,基因内部是不能重组的,因此,凡不能重组的基因就是等位基因,能重组的基因为非等位基因。而拟等位基因的提出,说明基因的可分性。特别是1955年Benzer以T_4噬菌体为材料,在DNA分子水平上分析研究了基因内部的精细结构,提出了顺反子概念。

研究表明,噬菌体能迅速裂解*E. coli*,产生裂解作用的物质是由T4噬菌体上r区域的核苷酸序列控制的。若这段区域的核苷酸序列发生了突变,就可能影响这种物质的产生,表现为不能裂解宿主。Benzer对T4 rⅡ区的研究发现有上千个突变型,它们裂解*E. coli*后形成的噬菌斑的大小、形态各不相同,裂解的细菌品系和条件也不一样。依基因是突变与重组的基本单位的概念,可用杂交方法来确定这些突变型是否为等位基因,即用两个不同的噬菌体突变型同时感染一种细菌,若细菌裂解后产生出新的噬菌体仍为原来的组合,则这两个突变是等位基因突变;反之,若后代中出现了重组类型,则这两个突变是不同基因的突变。实验结果表明rⅡ区的突变型可分别归入rⅡ区内前后相连的A、B两个亚区,两个亚区本身的突变似保持等位性,彼此间则经常出现一定频率的重组后代,这样rⅡ中A、B两个亚区好像是rⅡ区内的两个基因。但如果扩大重组试验的规模,却发现两个亚区本身突变之间,也有重组发生,只是频率较低。因此,Benzer根据这些实验资料提出了基因结构的顺反子、突变子(muton)和重组子(recon)三个概念。

顺反子是功能单位,一个顺反子就是一段核苷酸顺序,决定一个多肽链的产生。根据互补测验表明,两个突变位点若可以

互补，即顺式和反式排列都有功能，那么这两个突变位点不在同一个顺反子内；若两个突变位点不能互补，即顺式有功能，反式没有功能，说明这两个突变位点同在一个顺反子内。顺反子是基因的同义词，但与经典基因的概念不同。一个顺反子可以包含一系列突变单位——突变子。突变子是构成基因的DNA片段中的一个或几个核苷酸，核苷酸的改变将引起密码的改变，性状也随之发生改变。由于基因内各突变子之间都有一定距离，因此彼此间能发生重组，重组频率与突变子间的距离成正比，距离愈远，重组频率愈高，反之距离愈近，重组频率愈低。根据Benzer的计算，在有功能DNA中的最小交换单位约为1～3对核苷酸，与理论上的最低值一个核苷酸对极相似。所以重组子是顺反子中的交换单位，代表一个空间单位，它可以是几个密码子的重组，也可以是一个核苷酸的交换。因此顺反子中最小的重组子和最小的突变子应为DNA分子中的单对核苷酸，即突变子也就是重组子。

顺反子打破了经典基因"三位一体"的概念，把基因具体化为DNA分子的一段序列，它负责传递遗传信息，是决定一条多肽链的完整的功能单位，其内部任何一个位点的突变或不同位点间的重组都可能导致其功能的改变。而且基因与基因之间还有相互作用，排列的位置不同，会产生不同的效应。顺反子的提出使基因的概念向前发展了一大步，是遗传学从经典向分子发展的重要标志之一。

三、基因的调节控制——操纵子

1961年Jacob和Monod通过不同的*E. coli*乳糖代谢突变体来研究基因的作用，提出了*E. coli*乳糖操纵子模型，使人们认识到基因的功能不是固定不变的，而是可以根据环境的变化进行调节，操纵子模型的提出使基因概念又向前迈出了一大步。基因不仅是传递遗传信息的载体，同时也具有调控其他基因表达活性的功能。

在乳糖操纵子模型中，基因依其功能不同可分为调节基因(regular gene)、操纵基因(operator)和结构基因(structural gene)，通过这些基因的密切协作，细胞才能表现出和谐的功能。

乳糖操纵子的结构基因有三个，即编码β-半乳糖苷酶、β-半乳糖苷透性酶、β-半乳糖苷乙酰转移酶，是分解乳糖的不可缺少的酶。在三个结构基因前面有一个操纵基因，是调节基因的产物阻遏物与DNA结合部位，是不转录、不转译的DNA区段，因其上面有与阻遏物结合的位点，当阻遏物附着时，结构基因失去转录活性，不能合成三种酶。在操纵基因前面有一个启动子(promotor)，是转录时RNA多聚酶起始与DNA结合的部位，当操纵基因上没有阻遏物时，与启动子结合的RNA聚合酶向操纵基因和结构基因移动，于是合成三种酶。在启动子以外还有一个调节基因，可编码阻遏物，调节结构基因的活性。当乳糖分子进入细菌细胞后，立即同调节基因产生的阻遏物结合，使操纵基因活动起来，结构基因随之合成三种酶；当乳糖消失后，调节基因产生的阻遏物又与操纵基因结合，RNA聚合酶无法从启动子部位向结构基因移动，因而三种酶合成停止。

操纵基因同它操纵的一个或几个结构基因联合起来，在结构上和机能上形成一个协同活动的整体，称为一个操纵子(operon)。调节基因通过产生阻遏物来调节操纵基因，从而控制结构基因的功能。这些基因形成了一整套基因功能的调节控制系统。

操纵子模型发展了基因概念，对基因的可分性，不仅表现在结构上，即由许多可以单独发生突变、重组的核苷酸所组成；而且表现在功能上也有差别，既可分为编码某种蛋白质的结构基因，也可分为负责调节其他基因功能的调节基因，还有并不决定蛋白质而在功能上却又必不可少的操纵基因、启动子。基因不仅可以独立地传递遗传信息，而且各基因间又形成了相互制约的统一整体，每个基因都是整体中的一个组成部分。

乳糖操纵子模型中，除了具有转录转译的结构基因、调节基因外，还有只转录不转译的基因如tRNA和rRNA基因；还有不转录不转译的基因，如操纵基因、启动子。从功能上看，操纵基因、调节基因、启动子都属于调控基因，操纵基因与其控制下的一系列结构基因组成一个功能单位，即操纵子。因此对这些基因的研究，加深了人们对基因的功能及其调控关系的认识。

四、跳跃基因(jumping gene)

一般认为基因组中的序列通常处于恒定的位置，基因除非发生突变或染色体发生畸变，破坏其稳定状态，否则不会改变基因的功能。但1951年McClintock在研究玉米籽粒色素斑点时，首次提出了可在染色体上移动的控制因子(controlling element)的概念。一个控制因子整合在一个基因座上，可引起基因的一种新突变；当把控制因子准确地从染色体上切离以后，基因座的表型就恢复正常，这些可移动的DNA片段为跳跃基因。将这些基因或DNA片段可以从染色体的一个位置转移到另一个位置，甚至跳到另一条染色体上去，这种现象称转座(transposition)，这类基因或序列称为转座子(transposon)。

首次分离和检出这些可移动序列是在*E. coli*中，半乳糖操纵子由三个结构基因组成，它们编码三种酶催化半乳糖的分解代谢。在20世纪60年代早期，分离了一系列位于这三个结构基因中的极性突变体(polar mutant)，极性突变体是指那些影响位于突变点下游的一个或多个正常基因表达的突变体。研究表明由于操纵子中插入了一段DNA序列，出现了一组不正常的突变体。这种插入的DNA序列称为插入序列(IS)，是最简单的转座子，仅含有编码其转座所需酶——转座酶(transposase)，本身没有任何表型效应，目前已知的IS至少有10种，如IS1、IS2、IS3等，虽大小不同，一般长度在700～5 700 bp之间，但有某些共同结构特征，如每种IS两端的核苷酸序列完全相同或相近，但方向相反，称为反向重复序列(IR)；IS插入宿主DNA靶位点，使插入的IS两端形成短的(2～13 bp)正向重复序列(DR)。IS对靶的选择有三种形式：随机选择、热点选择和特异位点选择。转座是在转座酶的作用下，转座子或是直接从原来位置上切离下来，然后插入染色体的新的位置；或是染色体上的DNA

序列转录成 RNA,RNA 反转录产生 cDNA 插入染色体上新的位置,这样在原来位置上仍然保留转座因子,而其拷贝则插入新的位置。IS 的插入不仅破坏了它插入位置上的基因功能,而且也使处在插入部位转录方向下游的其他基因的活性降低。IS 引起的突变可以自发回变,频率为 10^{-7},这可能是 IS 被切下的结果。

跳跃基因的发现,使人们进一步认识到基因不是稳定、静止不动的实体,是一段 DNA 序列,在结构上有明确的界限,在功能上是一个单独的遗传单位,它可以通过自身的转座来调节基因的活性,基因是可动的。

五、断裂基因(split gene)

原核生物的基因大多是连续不断地排列在一起,形成一条没有间隔的完整的基因实体。但在真核生物中并非如此,1977 年 Roberts 和 Sharp 发现断裂基因,即真核生物的结构基因的 DNA 序列由编码序列和非编码序列组成。1978 年Gilbert用内含子(intron)即不编码的序列和外显子(exon)即被内含子隔开的编码序列组成。因而基因由被表达的外显子镶嵌在沉默的内含子中构成的一种嵌合体,高等真核生物的基因大多数内含子的核苷酸数量比外显子多 5～10 倍。如鸡卵清蛋白基因约为 7 700 bp,含有 8 个外显子和 7 个内含子。此外如猴病毒 SV40、腺病毒、珠蛋白基因、免疫球蛋白基因、tRNA 基因、rRNA 基因均为断裂基因。

在断裂基因中如何把被内含子隔裂的编码序列组合成一个成熟的 mRNA,仍是研究的热点之一。在结构基因转录时,内含子与外显子序列全部被转录产生初级转录物,也称为 mRNA 前体(pre-mRNA),在细胞核内很不稳定,也称为不均一 RNA(hnRNA)。对初级转录物的加工过程中内含子被切除,也称 RNA 剪接(splicing)。对内含子的研究发现其有一段高度保守的共有序列,即内含子 5′末端大多以 GT 开始,3′端大多是 AG 结束,称为 GT－AG 规律或 Chambon 规则。这可能是 RNA 剪接的识别信号,mRNA 在加工过程中,依据这一剪接信号切除了内含子。剪接错误与疾病的关系十分密切。以遗传病为例,目前已知的约 5 000 种遗传病中,就有 1/4 是由于基因突变改变了正常的剪接所致。这些突变要么破坏了正常的剪接位点,要么活化隐蔽剪接位点,产生新的剪接位点。由于正常剪接位点与剪接系统有更高的亲和性,通常情况下,正常剪接占主导地位。一旦正常剪接位点发生突变,会造成邻近的隐蔽剪接位点活化,在成熟的 mRNA 分子中保留了一段内含子或失掉一段外显子,剪接方式的改变有时也会使正常的基因转为癌基因。

断裂基因在真核生物中普遍存在,其在进化中有什么生物学意义? ① 有利于储存较多的遗传信息。一个基因转录出的 mRNA 前体,因不同的剪接方式可以产生两种或多种 mRNA,因而编码不同功能的多肽。② 有利于变异和进化。Gilbort 提出的外显子随机组合学说(exon shuffling)认为,有些断裂基因的外显子和蛋白质结构相对应,或者相关外显子在不同蛋白质中出现是通过来源不同的几个外显子随机组装而产生的,这要比慢慢积累突变产生新的基因快得多。剪接在进化中的优势是显然的,没有剪接机制,单个碱基的突变很难产生结构上改变很大的新蛋白质,如果突变发生在密码子第三位上,往往无影响。若突变发生在内含子和外显子交界处,即使在第三位也会改变外显子的结合方式,影响正常的剪接方式,结果使蛋白质结构发生新的变化,从而加速进化。③ 增加重组几率。剪接的过程无疑会增加重组频率,内含子的存在,基因长度增加,也增加了重组频率。④ 可能起基因的调控作用。内含子是相对的,一个基因的内含子可能是另一个基因的外显子。内含子的相对性可使相同一段 DNA 编码不同的蛋白,起了调控作用,并增加了遗传信息的储存。

断裂基因的发现,说明功能上相关的各个基因不一定是紧密连锁成操纵子形式,它们不但可以分散在不同染色体或同一染色体的不同位置上,而且同一基因还可以分成几个部分。

六、重叠基因(overlapping gene)

1977 年 Sanger 对单链环状噬菌体 ΦX174 测序后,发现了重叠基因。ΦX174 基因组由 5 386 个核苷酸组成,共有 11 个基因,构成 3 个转录单位,由 3 个启动子(P_A,P_B,P_D)启动(图5.26)。对其基因产物分离实际测出的蛋白质分子总质量为 260 kDa,而从其序列推出最多能编码1 795个氨基酸,若每个氨基酸的平均分子质量为110 Da,则总分子量为 197 kDa,理论与实际相差较大。将全部 DNA 序列和蛋白质的氨基酸顺序进行比较,发现 *B* 基因、*E* 基因分别在 A° 基因和 *D* 基因之中,*K* 基因跨在 *A*、*C* 两基因的连接处,*D* 基因的终止密码子的第三个核苷酸是 *J* 基因起始密码子的第一个核苷酸。

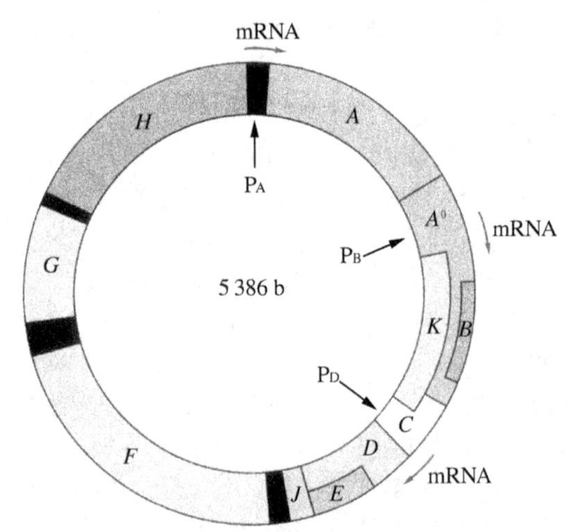

图 5.26 噬菌体 ΦX174 的重叠基因
(引自 Hartl DL and Jones EW，2009)

重叠基因是指两个或两个以上的基因共有一段 DNA 序列,或是指一段 DNA 序列成为两个或两个以上基因的组成部分。重叠可以是大基因内包含小基因、前后两个基因首尾重叠或 3 个基因之间的三重重叠如 G4 噬菌体。在原核生物中重叠基因较为普遍,如猴病毒 SV40 中编码病毒外壳蛋白的三个基因 *VP*1,*VP*2,*VP*3 都有重叠部分。编码 T 抗原和 t 抗原的基因也是从一个共同的起始密码子开始转录,t 抗原基因完全包含在 T 抗原基因之中。在真核生物甚至高等真核生物包括人的基因组中也有发现。果蝇的蛹上皮蛋白质基因位于另一基因的内含子之中；人的Ⅰ型神经纤维瘤(*NFI*)基因，有300多kb，在它的第一个内含子中发现了三个编码蛋白质的基因，其中两个基因是编码功能尚未弄清的跨膜蛋白质的*EVI2A*基因和*EVI2B*基因，另一个基因是编码寡突细胞髓磷脂糖蛋白质的OMGP基因。内含子中的三个基因的转录方向正好同*NFI*基因的转录方向相反，即*NFI*基因的无意义链却是这三个基因的有意义链。对重叠基因来说，两个重叠基因的转录是各自独立、互不依赖，说明基因的概念不是僵化的，随人们对基因的认识而不断深化。

重叠基因的存在对那些具有有限遗传信息含量的生物，更经济合理地使用其核苷酸具有一定的适应意义，但在其共同序列上发生突变可能影响其中一个或两个或三个基因的功能。因此一个生物的重叠基因越多，其适应性就越小，在进化中越趋于保守。重叠基因的发现修正了传统地认为各个基因的核苷酸链是彼此分立的观念。

七、假基因(pseudogene)

假基因最初由Jacq等(1977)对非洲爪蟾DNA中克隆了一个5S rRNA相关基因的研究中提出的，在比较其功能基因后发现，这个基因的5′端有16 bp的缺失以及另外14 bp的错配，将这个截短的5S rRNA的同源物描述为假基因。随着大量不同家族的假基因的发现，假基因就被明确限定为与功能基因相关的、有缺陷的序列。

假基因指基因家族中不产生有功能的基因产物，但在结构和DNA序列上与有功能的基因具有相似性。假基因与有功能基因同源，原来可能是有功能的基因，但由于缺失、倒位、突变等原因使该基因失去活性而成为无功能的基因。如人metallothionein Ⅱ假基因，人多肽链延伸因子EEF1A假基因，大鼠RC9细胞色素c假基因，鼠核糖体蛋白假基因rpL32－4A等等。

假基因分为两类：第一类：未加工的假基因(nonprocessed pseudogene)，其保留了内含子，是通过基因组DNA复制产生的，常位于相同有功能基因附近，与有功能的同源基因有类似的结构。第二类：加工的假基因(processed pseudogene)也称反转录假基因(retropseudogene)，是通过对mRNA的反转录和获得的cDNA的随机整合而产生的，其缺少内含子。加工的假基因除了多种多样的遗传缺陷外，还具有以下4个较鲜明的特征：① 完全缺失存在于功能基因中的内含子；② 5′端的结构与mRNA的5′端十分相似；③ 3′末端紧接着有多聚腺嘌呤尾；④ 两端常被正向重复序列包围，通常7～21 bp。前3点特征明显提示它是从成熟mRNA衍生而来，因而称为处理后的假基因，第④点提示正向重复序列的产生可能是一种共同的插入机制(转座子)的结果。加工的假基因没有启动子，一般不能表达。加工的假基因可能在其插入基因组时就失活了，即它们不能被RNA聚合酶Ⅱ转录而形成有活性的mRNA，考虑到加工的假基因是随机插入到哺乳动物基因组中，能准确插入一个RNA聚合酶Ⅱ启动子下游的可能性是很小的，在一些极罕见的例子中，即从mRNA上游启始的异常转录(往往由RNA聚合酶Ⅲ转录)可能带有正常的启动子序列，从而能够产生一个有功能活性的加工的假基因，如鼠前胰岛素原Ⅰ基因。

总之，对基因的认识与研究，始终贯穿于遗传学的发展，随着生物科学与科学技术的发展，人们对基因的认识将会有更多、更大的突破性进展，基因概念将不断赋予新的内容。

思 考 题

1. 比较真核生物、原核生物(以*E. coli*为例)、噬菌体遗传重组的特点。
2. 下图所示，菌株1,2,3,4的基因型为a^+b^-，菌株5,6,7,8的基因型为a^-b^+。当它们接合时如有许多重组子a^+b^+用M表示；如有少量重组子用L表示；如没有重组子用零表示。根据这些结果来判断此8个菌株的性别。

	1	2	3	4
5	0	M	M	0
6	0	M	M	0
7	L	0	0	M
8	0	L	L	0

3. 三个*E. coli* Hfr菌株(H、C和AB)是从同一细菌菌株中得来的。当每一Hfr菌株与带有所有标记的突变等位基因的菌株接合时，中断杂交得到下列结果：

标记顺序	1	2	3	4
HfrH	mal^+	str^+	ser^+	ade^+
HfrC	ade^+	his^+	gal^+	pro^+
HfrAB	mal^+	xyl^+	met^+	pro^+

(1) 画出所有标记的遗传图谱,指出每一 Hfr 菌株遗传标记的位置和方向。

(2) 对于 HfrC 来说,哪一种供体选择标记被选择可得到 Hfr 中最多的重组基因?

4. Jacob 得到了 8 个非常接近的 *E. coli* lac^-突变体(lac 1~8),然后设法将它们定位于 *pro* 与 *ade* 的相对位置。方法是将每一对 *lac* 突变体杂交(见表 1),选择 pro^+ 与 ade^+ 重组子并在乳糖作为唯一碳源的培养基上进行选择 Lac^+,结果如表 2。试确定此 8 个突变点的次序。

表 1

杂交 A:Hfrpro^- $lac-x$ ade^+ × F^- pro^+ $lac-y$ ade^-

杂交 B:Hfrpro^- $lac-y$ ade^+ × F^- pro^+ $lac-x$ ade^-

表 2

x	y	杂交 *A*	杂交 *B*	x	y	杂交 *A*	杂交 *B*
1	2	173	27	1	8	226	40
1	3	156	34	2	3	24	187
1	4	46	218	2	8	153	17
1	5	30	197	3	6	20	175
1	6	108	32	4	5	205	17
1	7	37	215	5	7	199	34

5. 用一野生型菌株抽提出来的 DNA 片段来转化一个不能合成丙氨酸(*ala*)、脯氨酸(*pro*)和精氨酸(*arg*)的突变型菌株,产生不同转化类型菌落数如下:

转 化 类 型	菌 落 数
$ala^+ pro^+ arg^+$	8 400
$ala^+ pro^- arg^+$	2 100
$ala^- pro^+ arg^+$	420
$ala^- pro^- arg^+$	840
$ala^+ pro^- arg^-$	840
$ala^+ pro^+ arg^-$	1 400
$ala^- pro^+ arg^-$	840

问:(1) 这些基因的顺序如何?(2) 这些基因间的图距是多少?

6. 用 P_1 进行普遍性转导,供体菌是 $pur^+ nad^+ pdx^-$,受体菌是 $pur^- nad^- pdx^+$。转导后选择具有 pur^+ 的转导子,然后在 100 个 pur^+ 转导子中检定其他供体菌的基因型,结果见下表。

基 因 型	菌 落 数
$nad^+ pdx^+$	1
$nad^+ pdx^-$	24
$nad^- pdx^+$	50
$nad^- pdx^-$	25
合 计	100

试求:(1) *pur* 和 *nad* 的共转导频率是多少?(2) *pur* 和 *pdx* 的共转导频率?(3) 哪个非选择性座位最靠近 *pur*?(4) *nad* 和 *pdx* 在 *pur* 的同一边,还是两侧?(5) 根据你得出的基因顺序,试解释实验中得到的基因型的相对比例。

7. *r*ⅡA254×*r*ⅡB82 在 *E. coli* K12(λ)上有 26 个噬菌斑,而在 *E. coli* B 平板上有 482 个噬菌斑。如果实验中使用的噬菌体的量相同(即相同的稀释度),计算 *r*ⅡA254 与 *r*ⅡB82 之间的重组频率。

8. a,b,c,d,e 是噬菌体 T_4 的 *r*ⅡA 的一系列点突变,1,2,3,4 是其上的一系列连续的缺失突变类型。根据下列结果(+,-表示对于 *E. coli* B 进行混合感染中有或没有重组子的出现)画出缺失的范围和点突变的位置。

	a	b	c	d	e
1	+	+	-	+	+
2	+	+	-	-	-
3	-	-	+	-	+
4	+	-	+	+	+

9. $T_4rⅡ$ 顺反子中有6个缺失突变，进行一对一的互补测验，结果如下表所示。请建立基因图谱。(＋表示互补，－表示不互补)

	1	2	3	4	5	6
1	－	－	－	－	－	－
2		－	－	－	－	＋
3			－	＋	－	－
4				－	＋	＋
5					－	＋
6						－

10. T_4 噬菌体中 $rⅡ$ 区域发现许多突变体，用1,2,3,4表示。这4个突变体中有两个发现回复突变，而另两个没有看到回复突变。互补测验中它们的结果如下图所示。试分析判断这4个突变的特点。(＋表示互补，－表示不互补)

	1	2	3	4
1	－	－	－	＋
2		－	＋	－
3			－	＋
4				－

推荐参考书

1. 戴灼华，王亚馥，粟翼玟. 2008. 遗传学(第2版). 北京：高等教育出版社.
2. 徐晋麟，徐沁，陈淳. 2011. 现代遗传学原理(第3版). 北京：科学出版社.
3. 赵寿元，乔守怡. 2008. 现代遗传学(第2版). 北京：高等教育出版社.
4. Griffiths AJF, Miller JH, Suzuki DT. et al. 2000. Introduction to Genetic Analysis. 7th ed. New York: W. H. Freeman.
5. Klug WS, Cummings MR. 2002. Essentials of Genetics. 4th ed. Pearson Education.
6. Tamarin RH. 2002. Principles of Genetics. 7th ed. New York: McGraw-Hill.

第6章 基因组学和蛋白质组学

提　要

本章包括基因组学和蛋白质组学两大部分。前者重点介绍基因组学的主要内容、基因组的遗传分析，以及基因组信息分析技术；后者则对蛋白质组学这一术语的来源及定义、蛋白质组学的特点、研究内容、相关技术，以及研究进展等做了细致的描述。

6.1 基因组学

19世纪中叶至今，Mendel发现的遗传基本规律，Watson和Crick对DNA结构的阐明，以及1990年开始进行的人类基因组计划（human genome project，HGP），深刻地改变了遗传学的研究状况。本章将着重讨论"人类基因组计划"，以及由此衍生出的基因组学。

人类基因组计划的产生与"肿瘤计划"的搁浅是密不可分的。美国从20世纪70年代起启动了"肿瘤计划"，但是，不惜血本的投入换来了令人失望的结果。人们渐渐认识到，包括癌症在内的各种人类疾病都与基因有着直接或间接的联系。测出基因的碱基序列，则是基因研究的基础。这时，科学家有两种选择：要么"零敲碎打"地从人类基因组中分离和研究出几个癌症基因，要么对人类基因组进行全测序。

最早提出HGP这一设想的是美国生物学家、诺贝尔奖得主Dulbecco。他在1986年3月7日出版的*Science*杂志上发表了一篇题为"肿瘤研究的一个转折点：人类基因组的全序列分析"的短文，提出包括癌症在内的人类疾病的发生都与基因直接或间接有关，呼吁科学家联合起来，从整体上研究人类的基因组，分析人类基因组的序列。他说："这一计划可以与征服宇宙的计划相媲美，我们也应该以征服宇宙的气魄来进行这一工作。"

Dulbecco的这一倡议引起了生物学界和医学界的热烈讨论，历经两年之久。其高潮是美国科学院国家研究委员会任命的一个委员会和美国国会技术评估办公室任命的一个委员会综合分析了各方面的意见，分别于1988年2月和4月发表研究报告，支持HGP的研究设想，并建议美国政府给予资助。

美国国会于1990年批准了这一项目，并决定由美国国立卫生研究院（NIH）和能源部（DOE）从1990年10月1日起组织实施。计划耗资30亿美元，历时15年完成整个研究计划。该项研究计划就其研究规模、所费财力和社会影响来看，都可与曼哈顿原子弹计划、阿波罗登月计划相提并论，而且已成为一项国际合作项目。包括欧洲、日本、前苏联、印度、中国在内的几十个国家都相继启动了HGP计划。

基因组（genome）是指某种生物染色体内DNA序列的全部数据信息（digital information）。人类基因组包含在46条染色体内；对每条常染色体来讲，其99.9%的数据信息与配对的同源染色体相似，因此，就数据信息来讲，仅考虑22条常染色体和X、Y染色体（总共24条染色体），就可以概略地描述人类基因组的信息内容。24条染色体总共包含30亿个碱基对（base pair，bp）。

基因组学（genomics）是有关整个基因组知识的生物学分支学科，关注于更有效的基因作图、测序和计算工具的开发与利用。基因组学研究者使用大规模的分子生物学技术进行连锁分析、物理图谱构建及基因组测序，从而获得海量的数据，并利用计算机进行分析和研究。既复杂又精巧的计算程序可以帮助基因组学研究者预测未知基因的存在；在有些情况下，甚至可以对这些基因的一般性功能作出预估，为进一步利用分子生物学技术进行确证指明方向。

6.1.1　大规模基因组作图和分析

基因组的核苷酸数以亿计地排列成行，如何精确地测定它们的序列，是基因组学家一开始就遇到的一个大问题。本节主要介绍染色体上标记的物理图谱(physical map of marker)和高分辨的序列图谱(sequence map)。

1. 遗传图谱、物理图谱和片段重叠群

染色体图谱(chromosomal map)可以显示基因、遗传标记、着丝粒、端粒和其他有用位点在染色体上的分布情况。在第4章"连锁互换与基因作图"了解到，可以通过对重组频率的分析试验和作图方法，将少量的基因座(locus，复数为 loci)定位到染色体的某个位置上。当遗传学家讨论重组频率时，往往将连锁的(linkage)和遗传的(genetic)两个名词混用，因此利用连锁基因的重组率所绘制的连锁基因图谱，又被称为遗传图谱(genetic map)。标记的物理图谱和高分辨的序列图谱则是基因组学家对遗传图谱技术的应用和扩展。

物理图谱(physical map)　英文拼写中的"map"指的是染色体上 DNA 片段的编排和组织方式；physical map 是从 physical location 或 physical address 而来，含有物体在空间准确位置的意思。染色体或基因组的物理图谱给出了基因和其他一些 DNA 序列在染色体或基因组上的准确位置，是一群有序和定向的重叠(overlapping)DNA 片段覆盖整个基因组的每个染色体；物理图谱则基于对基因组 DNA 序列的直接分析。在特定染色体的特定区域，物理图谱使用碱基对(bp)、千碱基对(kilobases，kb)或者兆碱基对(megabases，Mb)勾勒出此基因座的长度、此基因座和相邻基因座(或基因)相隔的碱基对距离。遗传学家用两种或更多种限制性内切酶将一段 DNA 酶解成多个片段，而后利用分子探针杂交方法确定其上基因和标记的精确位置；遗传学家和基因组学家的物理图谱绘制方法仅仅是工作规模的差别。

图 6.1 为采用限制作图(restriction mapping)策略绘制的物理图谱示意图。对所示的长达 100 kb 的 DNA 片段用两种不同的限制性内切酶进行消化(电泳分离这些片段后将它们进行克隆，用于以后的分析和测序)，根据酶切位点的差异和重叠，可将这些片段拼接起来，覆盖整个 DNA 片段，便可获得这段 DNA 的限制性图(一种物理图谱)。图 6.2 为大肠杆菌基因组遗传图谱和物理图谱的整合示意图；可以使用相应基因的探针，确定它们在限制片段上的位置，而这些限制性片段的位置在基因组上已经是明确的。

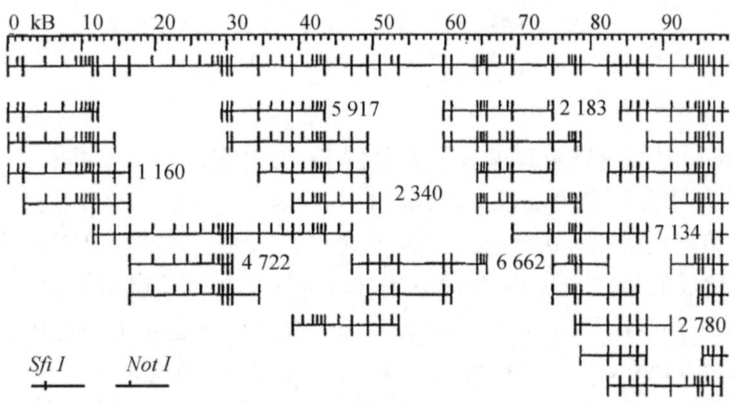

图 6.1　限制性内切酶酶切示意图

(改编自 Riles L et al.，1993)

片段重叠群(cotig)　由于以上限制性片段克隆连续起来交错地覆盖了某段连续的基因组片段，它们又被称为片段重叠群。一旦建立了整个染色体的重叠群，就可对基因和标记进行定位分析，在计算机的辅助下综合所有克隆的信息，就可以获得基因组所有染色体重叠群的路标(landmark)，为下一步的全基因组测序打下基础。除限制性作图(restriction mapping)方法外，还有染色体荧光原位杂交(fluorescent in situ hybridization，FISH)作图和序列标签位点(sequence tagged site，STS)作图等方法，它们在物理图谱制作过程中被综合使用。

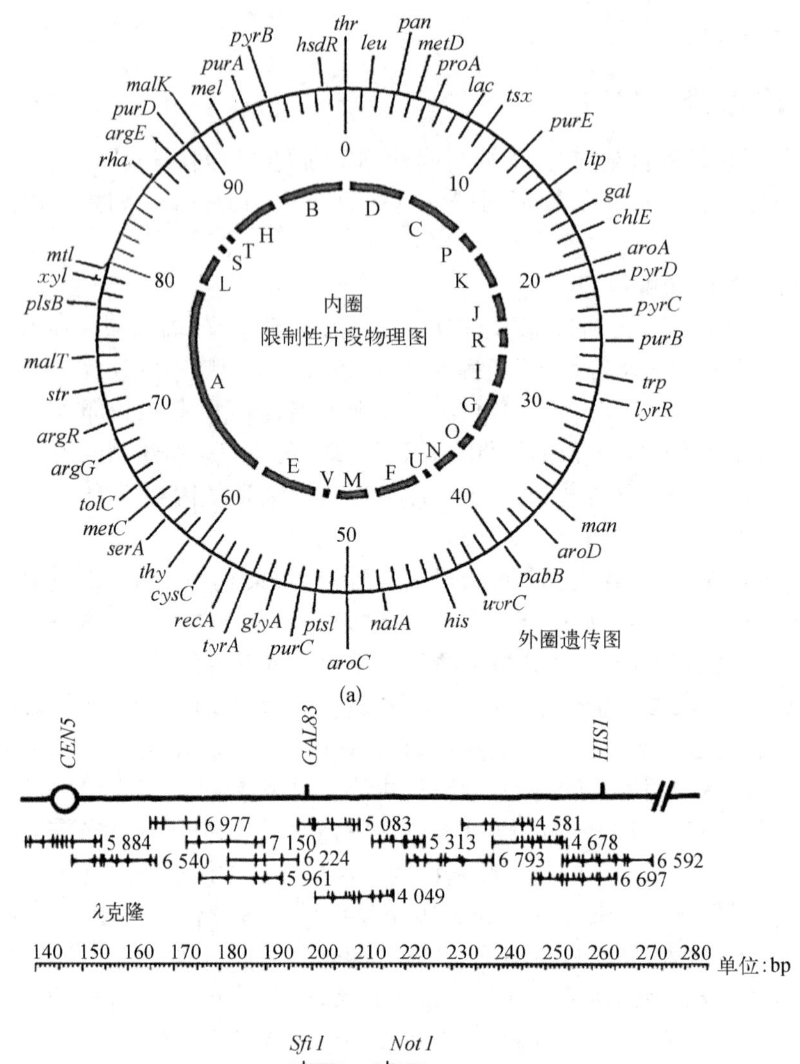

图 6.2　基因组遗传图谱和物理图谱的整合示意图

(改编自 Riles L et al., 1993)

2. 序列图

序列图(sequence map)是指上述克隆的片段重叠群 DNA 片段的核苷酸排列顺序。由于受到测序仪测序长度的限制,基因组学使用分层鸟枪法(hierarchical shotgun approach)和全基因组鸟枪法(whole-genome shotgun approach)两种策略完成全基因组测序。对克隆的片段重叠群的大 DNA 片段(或者全基因组被超声波剪切或限制性酶消化成的片段)进行测序的方法被称为鸟枪法。分层鸟枪法首先需要制作基因组 BAC 文库(BAC library);BAC(bacterial artificial chromosome)被称为细菌人工染色体,常被用于在大肠杆菌中扩增长度为 150～350 kb 的 DNA 片段。基因组 BAC 文库是覆盖整个基因组的片段重叠群克隆;在对每个 BAC 克隆测序时,首先将克隆内含有的 DNA 片段随机剪切为 2 kb 左右的小片段;将这些小片段克隆后,保持这些小克隆对 BAC 克隆(如长度为 200 kb)有 10 倍的覆盖率,再对 1 000 个 200 kb 的克隆进行测序后,根据重叠(overlapping)情况,便可由计算机拼接出 200 kb DNA 片段的核苷酸序列。

在全基因组鸟枪法实施过程中,全基因组 DNA 被随机剪切 3 次;第一次用于构建 2 kb 左右的克隆;第二次用于构建 10 kb 左右的克隆,第三次则构建 200 kb 左右的 BAC 克隆。对人类基因组来讲,理论上要求 2 kb、10 kb 和 200 kb 克隆对基因组全序列的覆盖率分别达到 6 倍、3 倍和 1.5 倍,亦即分别对 9×10^6 个、4.5×10^6 个和 1.5×10^6 个 2 kb、10 kb 和 200 kb 的克隆进行测序,便可由计算机拼接出全基因组序列。全基因组鸟枪法的优点是无需构建物理图谱,克服了重复序列的拼接问题,且仅仅依赖已经非常成熟的测序技术,因此在研究中具有明显的优势。

6.1.2 人类和模式生物的基因组序列

完整的人类基因组测序促进了新的分析方法的出现，提供了令人吃惊的有关基因的构架、组织、结构成分和染色体进化的新知识。人类基因组计划深刻地改变了生物学、遗传学和基因组学的实践；人和模式动物基因组的成功测序，还改变了生物学、基因组学和医学的研究和应用策略。

1. 基因的发现和分析

到目前为止，基因组测序的成就加速了新基因的发现和基因功能分析。其一，根据基因序列的同源性，在一种生物基因组中确定的基因有助于另一种生物基因组的基因确认；如果第二种生物的基因组序列是已知的，则可以通过计算机查找确定基因；如果第二种生物的基因组序列是未知的，但两个基因组如果具有足够的相似性，则可利用在第一种生物基因组中设计的 PCR 引物，在第二种生物基因组中确定基因。

其二，通过对种内和种间基因的对比已经知道很多基因是直系同源或旁系同源的。如果两个不同物种的基因起源于共同祖先，这两个基因就被认为是直系同源(orthologous)的；而旁系同源(paralogous)的基因起源于单个物种内基因的复制，这些基因往往都位于同一条染色体上。因此，在基因组的水平上，从一种生物体获得的有关某个基因功能的知识，可以帮助了解这个基因在另一个生物体中的功能。

其三，完整基因组测序表明，外显子常常编码分立的蛋白域(protein domain)，或者分立的功能单位。由多个外显子编码的多个蛋白域类似于一列老式的多厢列车；每一列都拖挂不同的车厢，每种车厢又有所不同，就像车头、平板货厢、餐车和尾车，都具有分立的功能，因而每种列车通过不同车厢的组合，可以派不同的用场。与此相似，很多基因由不同的外显子编码出多个分立的蛋白域；基因可以通过洗牌(shuffling)、添加或者删除外显子，从而使表达域编码不同的组合。通过这些遗传机制，由不同蛋白域构成的蛋白质构架可以在进化过程中发生改变。在对已知蛋白域的数据库进行检索后，生物学家可以通过类比的方法猜测某个新蛋白质的功能。

其四，从已知的基因组序列中可以很方便地确定人类的多态性(polymorphism)，而且全基因组遗传图谱可以将很多 DNA 多态性及其关联的基因，同某些疾病的倾向性和生理学特点联系起来。

最后，经过与已测序基因组序列的比较，研究者可以比较容易地将新测序的基因组序列片段组装到所属的染色体上。人和小鼠有大约 180 个染色体序列同源区块，平均长度为 17.6 Mb；这些区块又被称为共带区块(syntenic block)，指的是在比较不同基因组染色体时所观察到的基因组片段；在基因组中这些片段具有一群相同或高相似性的标记。在图 6.3 中，将人的染色体涂以不同的颜色，进而在河豚的染色体上查找相对应的共带区块，可以发现，河豚的 1 号染色体上散布了人的 1、2、3、14 号染色体的共带区块。利用共带区块作图也可追溯进化历史。

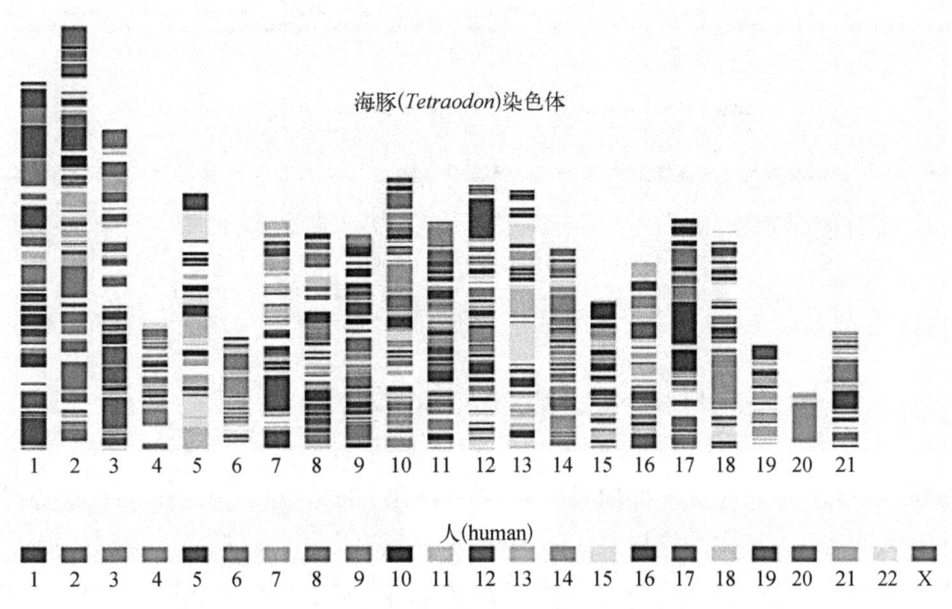

图 6.3 人和河豚染色体共带区块示意图

(摘自 Jaillon O et al., 2004)

2. 人类基因组结构

人类基因组共有 2.1 万～2.5 万个基因，远低于人类基因组计划初始时估算的 10 万个基因，这是人类基因组测序完成后第一个令人惊诧的发现。尽管人类比其他简单的模式动物的基因组含更多的基因，但相较于大大增长的生物复杂性，这个数字还是远远低于人们的预期；这就意味着多细胞生物的复杂性基于基因组的运作机制，而非更多数量的各类基因的表达。前面提到蛋白域的数量和顺序决定了蛋白质的结构，与低等模式动物相比，尽管人类的基因数量增加不多，但却进化出了许多新的改变蛋白域结构的基因排布，从而大大增加了蛋白质的数量。人类的蛋白质还可以被化学修饰，已知的修饰反应多达 400 种，而每一种修饰都可以改变蛋白质的功能；如此一来，典型的人类细胞大概含有 2 万种不同的 mRNA 和 100 万种不同的蛋白质；这样人类能够比其他简单的模式动物进行更多的蛋白质修饰。

基因组内基因的组织结构极其不同。诸如基因家族、基因富含区和基因沙漠等都是基因组内不同的基因组织结构；这些不同的组织结构是否具有生物学意义，仍然是一个未曾回答的重要问题。

(1) 基因家族(gene family)：由单个基因起源并具有相似生化功能的数个一组的相似基因被称为基因家族。基因家族可以成簇排列在一条染色体上，也可分散在几条染色体上：如编码组蛋白、血红蛋白、免疫球蛋白、肌动蛋白、胶原蛋白和热休克蛋白的基因家族。人的嗅觉受体(olfactory receptor，OR)多基因家族有约 1 000 个成员，有两种进化方式：其中一种是 OR 基因多次复制后产生大约 20 个旁系同源拷贝；这些起初相同的家族成员进而歧化为非常不同的旁系同源基因；经过大批复制后，从这 20 个基因再产生出 30 种家族；在这个过程中家族的整体或部分复制和易位到基因组大约 30 个不同的位点。在进化上，嗅觉受体基因的扩张或许是对敏锐嗅觉选择压力的反应(OR 越多嗅觉越敏锐)，生物需要灵敏嗅觉以有利于生存与繁殖。但当人科的早期祖先进化出三色视觉和对声音更精致的处理能力后，灵敏的嗅觉就不再重要了；由此产生的结果是，淘汰或增加 OR 功能，抑或删除和重复整个 OR 基因的正向或负向选择都缺如了，导致人群中出现了高度的 OR 多态性；个体间出现 100 个基因的差别十分常见，由此造成每个人辨识气味的能力差别巨大。

(2) 基因富含区(gene-rich regions)：染色体的某些区域存在高密度的基因(图 6.4a)。例如，6 号染色体主要组织相容性抗原复合体的 Class Ⅲ区域 700 kb 的长度内含有 60 个基因，编码大量功能不同的蛋白质，是人类基因组最富含基因的区域；此区域 70%的 DNA 被转录，并且有 54%的高 GC 含量；高 GC 含量在其他基因富含区也存在。基因为何在此区如此富集？有什么功能方面的原因吗？难道仅仅是构建染色体结构时的偶然事件吗？这些问题都有待回答。

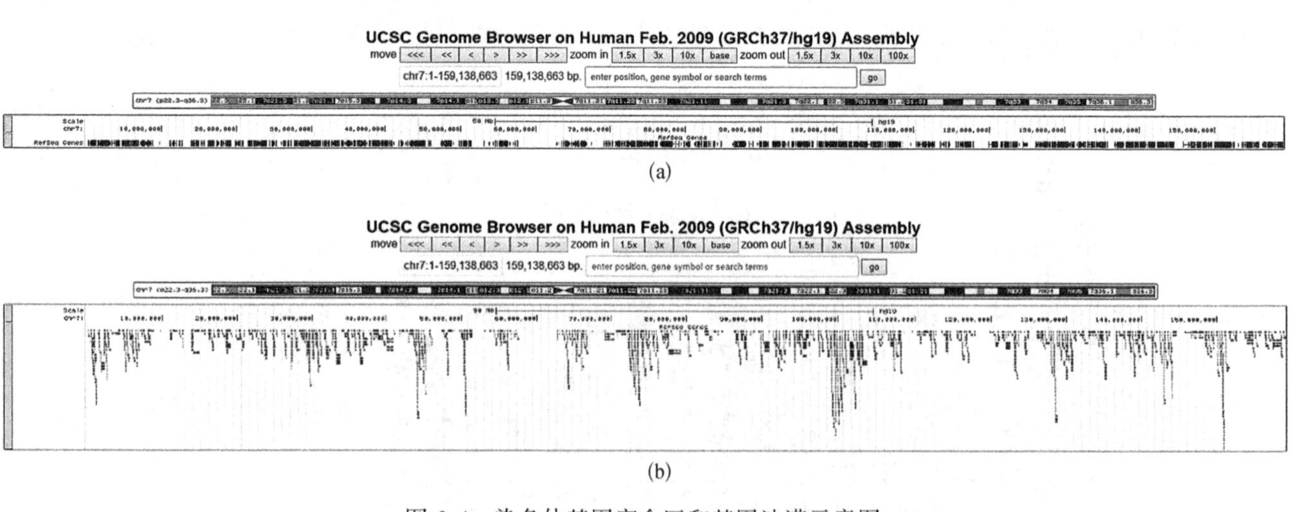

图 6.4 染色体基因富含区和基因沙漠示意图

(a) 基因富含区；(b) 基因沙漠

(3) 基因沙漠(gene deserts)：人类基因组中有 82 个高达 1 Mb 或更大的染色体区域内未见任何可确认基因的片段(图 6.4b)；这样的基因沙漠横亘 144 Mb，约占基因组的 3%；最大的基因沙漠区长达 4.1 Mb。对此有一种解释认为基因沙漠包含基因，只是很难被确认而已。这样的基因被称为大基因(big gene)。大基因是一个单基因，其核内转录本横跨 500 kb 或更长的染色体 DNA。肌萎缩蛋白(dystrophin)基因是最大的大基因，长度 2.3 Mb。迄今发现的 124 个大基因占了 112 Mb 的染色体 DNA。有意思的是，很多大基因的

mRNA 都只有中等大小，编码 mRNA 的外显子只占大约 1%的染色体基因区域；这意味着此区域的外显子非常分散，大部分都是内含子，因而仅仅依靠计算方法发现它们是一件极度困难的事。虽然全长 cDNA 测序的方法常被用来描绘大基因的外显子-内含子结构，但是由于大基因的 mRNA 合成非常缓慢，以至于不能在快速分裂的细胞内完全合成；绝大部分的大基因只在不分裂的神经元内表达。因此，很难获得大基因的 cDNA 序列。基因富集区和基因贫乏区域有什么功能方面的意义？或者说，这些不同的染色体结构是进化过程中随机漂变的表现吗？同样的，大基因提供了某些选择优势吗？抑或它们的存在反映了基因组水平上染色体重塑的随机事件吗？这些问题都是值得人们去思考与研究的。

3. 基因扩张和多样化的组合策略

以多种方式组合一组基本元素可以导致组合扩张(combinatorial amplification)。生物学上，在 DNA 和 RNA 水平上都发生了组合扩张。抗原和 T 细胞受体由多个基因片段编码；人的 T 细胞受体基因家族有 45 个功能可变基因片段(V)、2 个功能固定片段(D)和 11 个功能连接基因片段(J)(图 6.5)，线性分布于一段 DNA 上。某个 T 细胞的一个 D 元素可以先结合一个 J 元素，同时删除它们之间的 DNA；结合到一起的 D-J 元素进而结合一个 V 元素再删除它们之间的 DNA，从而产生了一个完整的 D-J-V 基因。由此，58 个(45+2+11)基因元素的组合连接机制可以产生 990 个 D-J-V 基因(45×2×11=990)。产生的 T 细胞受体可以更精确地和抗原结合，特异性和免疫强度得到了增加。

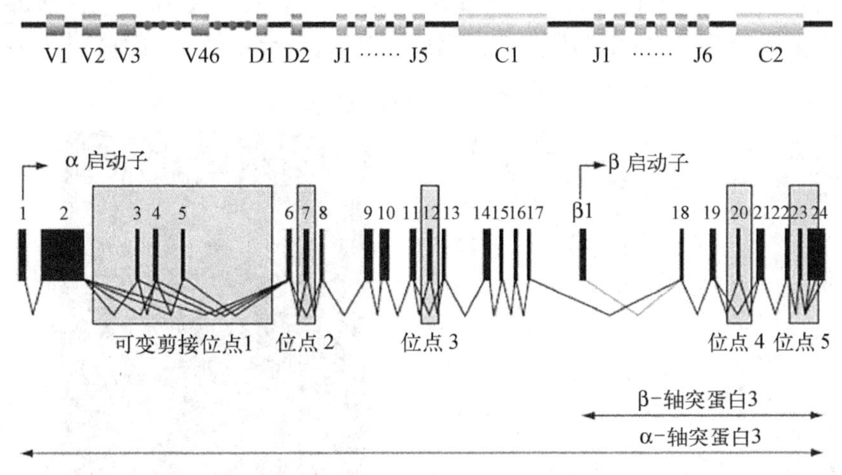

图 6.5　T 细胞受体基因家族基因功能可变区及其组合示意图
(引自 Hartwell LH et al.，2011)

以不同顺序剪切 RNA 的外显子是另一种增加信息容量和产生多样性的组合扩张策略。在不同启动子区域启动转录，产生含有不同数量外显子的过程，可进一步增加多样性。轴突蛋白(neurexin)有 3 个编码基因，每个基因含有 2 个产生 α 和 β mRNA 的启动子区和 5 个可选择的外显子剪切位点；总括起来 3 个基因可以通过不同的剪切方式产生 2 000 多种 mRNA。关键的问题是，有多少剪切变异体编码了不同功能的蛋白质？在胚胎发育过程中，不同的变异体是否充任了地址的角色，告知神经元所要到达的位置？

4. 进化的共同祖先问题

获得完整的基因组序列后，有机会对某些特殊类型的细胞、处在特殊发育期或某种生理通路激活期的细胞的大量的基因产物(mRNA 和蛋白质)进行分析。早期的分子研究认为所有的生物体的基本细胞机制都具有极其相似的遗传构成，这个结论得到了基因组初步分析结果的支持(不同物种特殊细胞、发育过程和生理状况下，大量基因产物表达相似)；进而可以认为基因组的分析结果也支持这样一种思想：人类和其他生物共同来源于一个单个的、偶然产生生命的生物化学过程。基本遗传构成的相似性使研究者可以肯定地认为，对模式生物的适当生物系统进行分析，可以得到人类的相应系统功能重要的线索。

6.1.3　基因和 mRNA 的整体分析

人类基因组计划的科学挑战启动了相关技术发展的革命，使用这些技术既可以开展对基因组本身的分析，又可以研究与基因组交互作用以产生功能的生化机制。人类基因组计划已经给出了多种基因组的全序列，进一步的工作是对这些基本数据进行整体性分析，以获得对基因组信息更完备的理解。对基因组进行整体分析的要求推动了强大的高通量(high-throughput)技术平台的发展，这些技术使得研究人员得以获取大量必要的信息，从而开展对全球数据库的大规模、自动化检索。此处所说的平台(platform)特指自动化获取一组数据所需要的组件。一部高通量基因组平台应该包括以下组件：用于测序的DNA片段自动制备仪、自动测序仪，以及用于获取和储存测序结果信息的计算工具。下面将简介大规模基因组分析的主要工具。下述内容在提到“基因组学”时，特指对染色体和RNA特性的整体分析，这些特性包括序列、遗传标记和mRNA等。

1. DNA测序仪和DNA芯片

1) DNA测序仪(DNA sequencer)和DNA芯片是基因组学高通量技术的最重要部件。第一代自动测序仪采用Sanger的双脱氧测序策略，其原理的要点是(图6.6)：PCR时用于DNA链延长的核苷酸中少量混入四种双脱氧核苷酸；由于双脱氧核苷酸的5′和3′位都是脱氧的，因此当DNA链延长时随机结合到一个双脱氧核苷酸后，链延长反应就被终止，从而把合成链的长度和用以终止DNA链合成的双脱氧核苷酸联系起来。具体可分为三个主要步骤：① 以待测序列为模板进行PCR；反应分为四组，每组加入A、T、C、G四种核苷酸，同时每组分别加四种0.5%的双脱氧核苷酸；四个反应体系中加入带有四种不同荧光标记的引物，以区分不同双脱氧核苷酸终止的DNA片段大小。② PCR结束后收集合成的DNA，将四组产物混合后用电泳分离；电泳可分辨一个核苷酸大小的差异。③ 每个片段都发出与四种双脱氧核苷酸对应的荧光，如所有发红色荧光的片段都对应A，黄色都对应T；电泳胶条上的相邻条带都只有一个核苷酸大小的差异，从每个条带的荧光颜色可以知道这个差异核苷酸是A、T、C、G中的哪一个。至此就可以将所有的待测序列核苷酸顺序侦测出来。

(a) 自动测序

1. Generate nested array of fragments; each with a fluorescent label corresponding to the terminating 3' base.

5' A 3'
T
T
C
G
C
C

2. Fragments separated by electrophoresis in a single vertical gel lane.

3. As migrating fragments pass through the scanning laser, they fluoresce. A fluorescent detector records the color order of the passing bands. That order is translated into sequence data by base-calling software.

CCGC
Computer
Fluorescent detector
Argon laser
Gel

(b) 测序胶条带上的荧光带

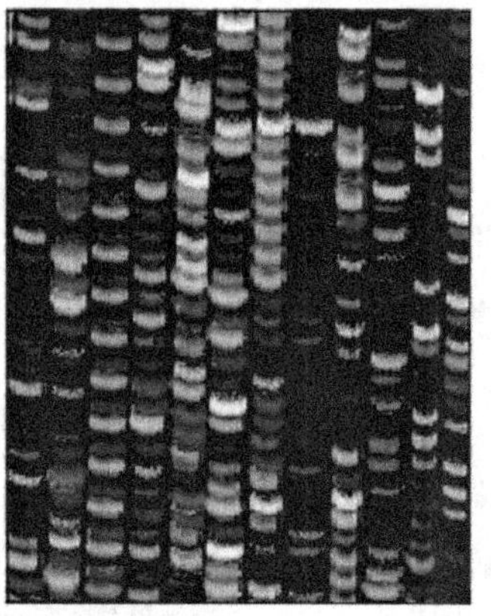

(c) 色谱图和测序结果

CTNGCTTTGGAGAAAGGCTCCATTGNCAATCAAGACACACAGAGGTGTCCTCTTTTTCCCCTGGTCAGCGNCCAGGTACATNGCACCAAGGCTGCGTAGTGAACTTGNCACCAGNCCATGGAC

(For ease of readability, the yellow color of G nucleotides has been replaced by black.)

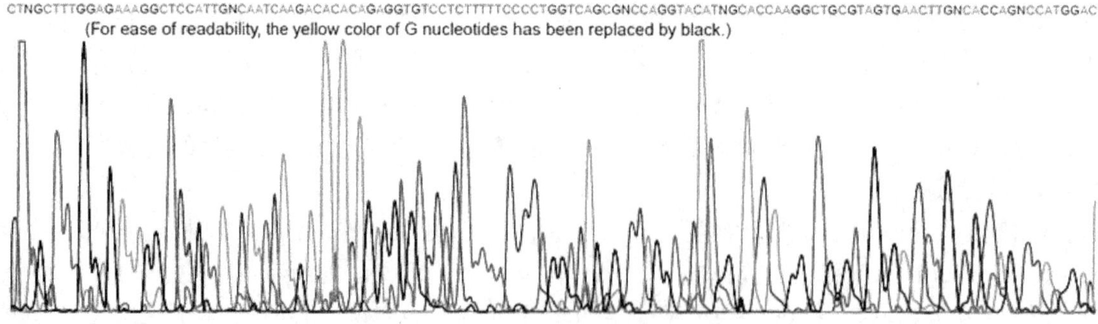

图6.6 Sanger DNA测序原理示意图

(引自Hartwell LH et al., 2011)

测序仪最多可同时为384个DNA片段测序。一些大的测序中心建立了测序生产线，将待测序DNA片段的制备过程半自动化，将测序数据的获取和质量评估完全自动化。这些新技术可以在96 h内获得100万亿个碱基序列信息。

新一代(第二代和第三代)测序策略使用高度平行的同时分析方法，可以同时测定几百万个DNA片段，使得快速和廉价地测定个体基因组序列成为可能。

2) DNA微阵列(DNA microarray)又称为DNA芯片(DNA chip)。以下以双色酵母全表达谱DNA芯片为例进行说明(图6.7)。制作DNA芯片时,首先合成酵母的大约6 000个已知序列的基因DNA片段(又称为探针);而后将这些探针固定到固体支持物上,如玻璃、塑料或者硅晶片上。芯片上有6 000多个位点(spot),每个位点的位置及其含有的大约picomole(10^{-12} M)级的探针序列都是已知的。将野生型的酵母全mRNA(或cDNA)标记绿色荧光,将突变型酵母全mRNA(或cDNA)标记红色荧光;和阵列探针杂交后,可以对样品中这些基因的表达进行定量检测和分析;在最终结果的芯片上,黄色点表明野生型和突变型都表达了这个基因;红色或绿色点表示只有野生型或突变型有表达;黑色则表示两种样品中此基因都未被表达;如此成千上万种表达方式可以同时被观测、比较和分析,获知所测序列的碱基组成及排列顺序。

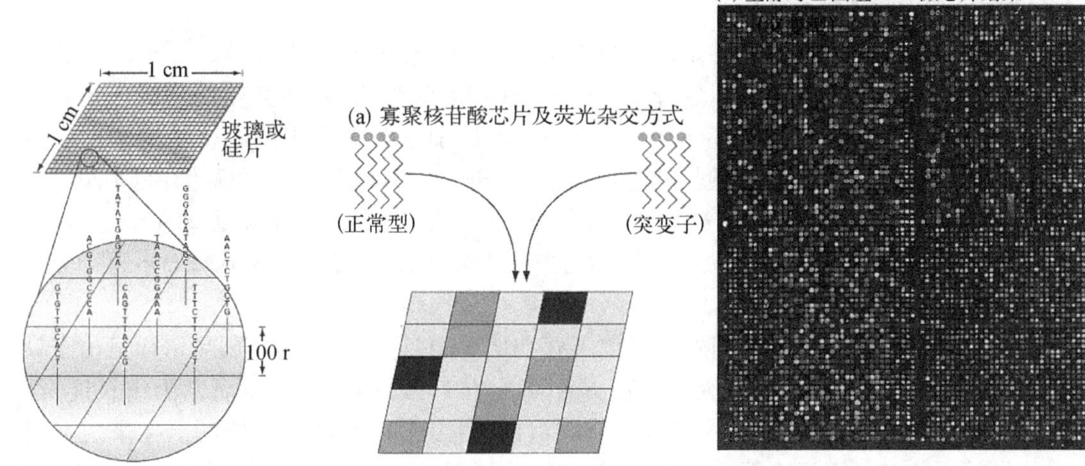

图6.7　双色酵母全表达谱DNA芯片原理示意图
(引自Hartwell LH et al., 2011)

3) 寡核苷酸芯片(oligonucleotide array)它是在一张载玻片上合成或者打点(spotting)了多达百万以上的长度在20~60个核苷酸的DNA片段。Affymetrix公司的寡核苷酸芯片上加载有大约600万个寡核苷酸探针,可以被用来同时分析150万个单核苷酸多态性。

2. mRNA基因组学平台

目前主要有三种DNA测序方法可以对样品中mRNA的数量作判定。

第一种方法通过对全细胞cDNA自动测序,获得了600万个人的表达序列标签(expressed sequence tag,EST)。

第二种方法被称为基因表达的连续分析(serial analysis of gene expression,SAGE)。SAGE的原理要点是:在每个mRNA(靠近3′或5′端)上都选择12~14 bp的独特短序列,作为识别这个转录本的签名标签(signature tag);它们和每个mRNA都一一对应。通过一些实验步骤,可以使这些标签连接起来成为长串的DNA片段。由于实验过程保证了标签和转录本的数量一致,而转录本的多少又与对应基因的表达活性相关,因此,对最终的长串DNA测序,分析各个标签的丰度(数量的多少)就可获知所有转录本的表达和活动状况。SAGE是一种强大的用来分析基因组在特定时间和特定细胞内表达特征的数据分析方法,既可以得到某个细胞样品在特定生理条件下mRNA表达状况的“快照”,也可以给某个细胞群落提供定量和综合的mRNA表达特征谱(expression profile),窥视细胞完整的基因活动状况,同时快速和详细地分析细胞内成千上万的转录本。

第三种方法是大规模平行签名序列(massively parallel signature sequence,MPSS)技术。MPSS技术是最强有力的对独特细胞类型的转录组进行定量分析的工具。转录组(transcriptome)是单个细胞或特定细胞类型总mRNA表达谱。对细胞内大部分小于10个mRNA拷贝进行常规确定和定量分析,MPSS是唯一便捷和经济的技术。MPSS技术可以处理100万个克隆的cDNA文库。利用Lynx Megaclone技术,全mRNA反转录为cDNA后被加工为一段签名序列;此序列克隆到特殊质粒后进行特别的接头处理;处理后的每个签名序列都将带有唯一的大小为32 bp的标签序列;将这些序列PCR扩增后由尼龙珠俘获;通过流式细胞测序技术可以同时得到100万个17~20 bp的序列标签。如果某种生物的基因组已测序完成(意味着基因组的所有或大部分基因已经被确定)，那么利用MPSS对它的某个细胞型进行转录组分析，就可以精确地定量其mRNA表达谱，甚至只表达1个拷贝的mRNA也可以被辨别出来。典型的哺乳类细胞表达2万个不同的mRNA，共有30万个转录本；90%以上的mRNA表达水平低于每个细胞100个拷贝；很多重要基因的表达水平非常低，每个细胞中不超过50个拷贝，因此MPSS的灵敏度对分析和研究生物学过程就显得非常重要。

6.2 基因组的遗传分析

6.2.1 个体基因组的遗传变异

在经典的“野生型”的概念里，每个特定的物种都有一个“理想样本”(ideal specimen)，它的整个基因组的基因都是“野生型”的；如果等位基因不是野生型的，这些基因就被认为是“突变型”(mutant)的。从20世纪50年代开始，随着凝胶电泳的应用和蛋白质化学的发展，以前认定的野生型的个体频频产生由变异型等位基因编码的变异型蛋白质，由此，野生型和突变型的概念开始出现动摇。一个基因座(locus)有两个或两个以上的等位基因，且每个等位基因在群体中出现的频率大于1%时，这个基因座就被认为是多态性的(polymorphic)，这个多态性基因座的等位基因被称为遗传变异体(genetic variants)，而不再用野生型或突变型来指称。

对个体基因组进行比较研究后，人们发现不仅不存在所谓的“野生型人类基因组”，而且由于染色体多态性缺失、插入和重复，导致健康人群的基因组长度差异高达1%，因此甚至“野生型基因组长度”都是不存在的。基因座的概念也发生了变化。基因座被视为基因组内的任何位置，由染色体的坐标来定义而与生物学功能无关；只要明确了它在基因组内的坐标和长度，基因座可以是一个碱基对，也可以是几百万个碱基对。

出于基因分型(genotyping，指通过测序确定个体的遗传组成或基因型)的需要，遗传学家将多态性DNA基因座分为五种类型，区分这些类型的依据主要是基因座的大小、在基因组中出现的频率和检测方法(表6.1)。

表6.1 多态性DNA基因座的五种类型

类　型	简　称	大小/bp	发生频率/kb	基因座数量
单核苷酸多态性	SNP	1	1	1 000万
插入或缺失	InDel	2～100	10	20万
单序列重复	SSR	3～200	30	10万
拷贝数变异	CNV/CNP	100～1 000 000	3 000	0.86万
复杂变异			500	

6.2.2 SNP的遗传分析

在遗传变异体中，单核苷酸多态性(single nucleotide polymorphism，SNP)是最简单的类型，由复制时发生的罕见错误或化学诱变造成。人和人基因组之间的差异绝大部分(90%以上)都是SNP造成的，平均每1 000个碱基就存在一个SNP。每一代中，3 000万个碱基会发生一个突变。由于突变率如此之低，几乎在所有情况下每个SNP都可以回溯到一个祖先的基因组变化。通过与其他物种的比较，可以判定人类SNP的起源。图6.8是两个人与黑猩猩基因组的比较，所示的位置上有两个SNP，是在两个物种进化分歧后出现的。其中一个由人类共享，因此不构成多态性；另一个在人和黑猩猩共同祖先基因组上是C，但在后来某些人的祖先里变化为T，在某些人的祖先内没有变化；这就意味着如果你和另一个人共有某个SNP等位基因，你们二人就是从同一个祖先得到这个等位基因的，这个祖先可能是千千万万年前的。世界上任何随机选择的两个人都共享有许多SNP的事实，说明全人类都有

```
人1    TTGACGTATAAATGATCTTTATATTTTCAGAAGTC
人2    TTGACGTATAAATGATCTTTATATCTTCAGAAGTC
黑猩猩  TTGACATATAAATGATCTTTATATCTTCAGAAGTC
```

图6.8 两个人和黑猩猩两个SNP位点的比较

一个时期不远的共同祖先。

迄今为止，人类基因组已发现了1 800万个SNP，大致体现了人类基因组SNP的数量情况。由于编码蛋白质和基因调控区域的碱基对占整个基因组不到5%，因此尽管在这两个区域SNP可能改变所编码的基因产物，并直接影响表型，但绝大部分SNP在功能上都是沉默的。某些对表型没有直接影响的SNP和致病基因（或其他有明显表型差异的基因，对某些药物有或阴性或阳性的反应）非常邻近，从而可以作为DNA标记物（特殊DNA座位视同某种致病基因）。医学研究者可以利用这些标记物在人群中确定或跟踪这些表型差异（类似于每个人的脸上都有一个图案特异的可发出荧光的刺青，在黑暗里只要辨别刺青的图案，就可以将每个人区分出来）。

由于SPN座位是明确的DNA序列单个碱基改变，因此可以分辨特殊DNA序列的分子生物学方法，诸如限制酶切、凝胶电泳、Southern blotting、PCR、特异寡聚核苷酸杂交（allele-specific oligonucleotide hybridization，ASO）和DNA芯片，都可以用来检测SNP。值得一提的是，DNA芯片检测SNP技术的发展十分迅猛，检测容量快速增长且成本急速下降。一些公司的产品可以做到在1 000元人民币内完成100万个座位的SNP检测。现在，任何人都可以买到SNP芯片检测自己的基因组，了解一下自己基因组的小秘密。在国际合作下，标准的SNP命名系统及免费的公共SNP数据库已经建立起来了。

6.2.3　短序列增减的遗传变异

由于染色体片段的缺失、重复或插入造成某个DNA区域的长度增减导致了某些类型的DNA改变，改变的程度可以是一个或数百万个碱基对。

1. 缺失-插入多态性（deletion-insertion polymorphism，DIP或InDel）

在人类基因组中，一个或几个碱基对长度的插入或缺失是仅次于SNP的常见遗传变异。人类基因组SNP的出现频率为1 kb 1个SNP，而DIP的发生频率大概为10 kb出现1个。使用DNA芯片和特异寡聚核苷酸杂交技术，可以在SNP的附近检测到75%的长度为1或2个碱基对的DIP。大片段DIP的长度变化很大，随长度的增加出现频率也急剧下降，可用PCR和凝胶电泳检出。

2. 简单序列重复（simple sequence repeat，SSR）

人和其他复杂生物体的基因组充斥着SSR。最常见的是1～3个碱基对的串联重复，如A A A A A A A A A A A A A A A，C A C A C A C A C A C A C A C A C A C A；哺乳动物的基因组内平均每30 kb就会出现一个CA重复的SSR。自然发生的随机突变产生4或5个重复单位的SSR后，短SSR就可能扩展为较长的序列（图6.9）。

小部分基因的编码区天然地含有三重态重复单位。在传代过程中这些SSR序列具有长度变化的倾向，有可能产生有较明显表型效应的突变体。亨廷顿舞蹈病（Huntington disease，HD）是一种常染色体显性遗传病，常见发病年龄为30～50岁。虽然绝大部分遗传病是由于碱基对的突变或遗传信息丢失造成的，但HD却是由于遗传信息增加所致。HD编码的Huntingtin蛋白有34个CAG SSR，编码氨基酸Gln；患者一般有42个或更多的

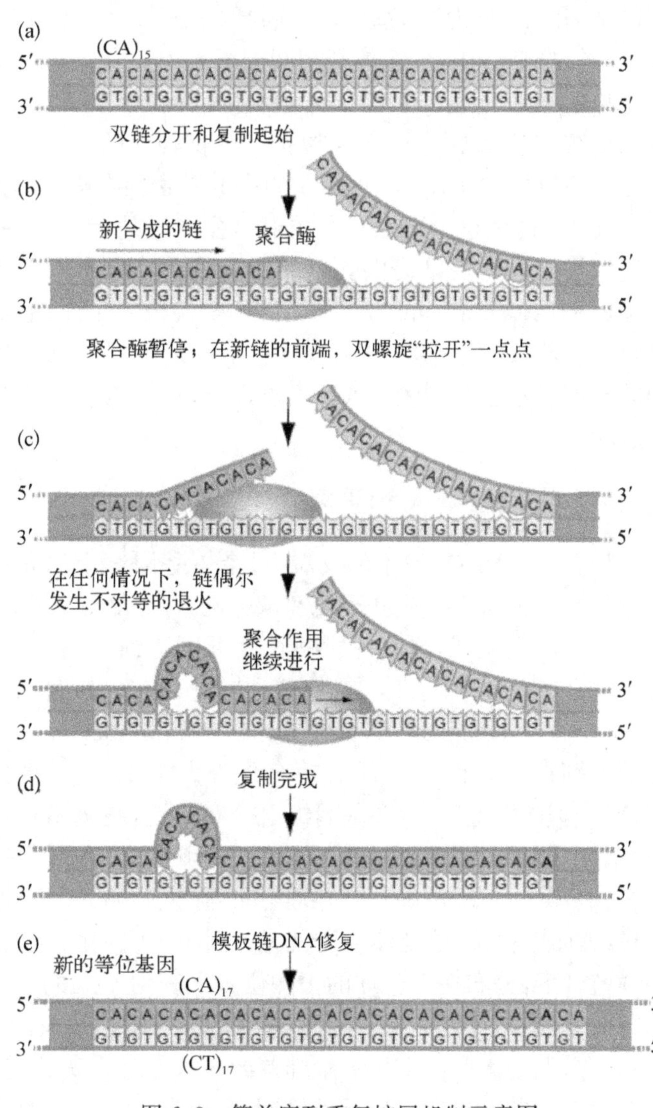

图6.9　简单序列重复扩展机制示意图
（引自Hartwell LH et al.，2011）

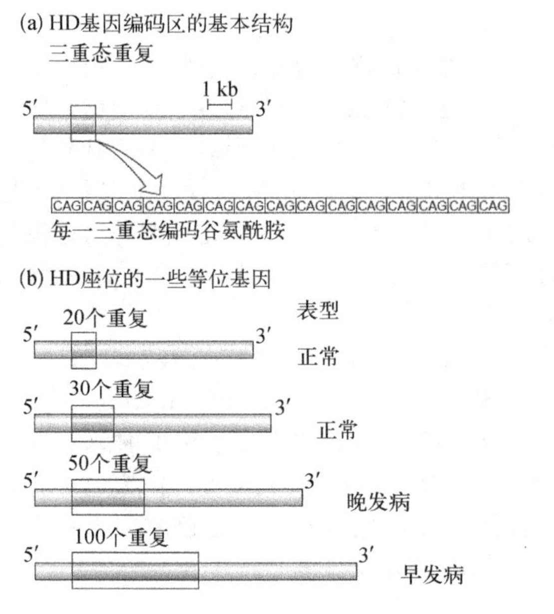

图 6.10 基因内的三联重复对亨廷顿舞蹈病的影响
(引自 Hartwell LH et al., 2011)

重复;可以采用基于长度的 PCR 法检测突变体。突变体的外显率为 100%,意味着只要生存时间足够长就必定发病,但患者的表现度是可变的,总体上讲,重复越多发病年龄越早(图 6.10)。已经发现了其他由三重态重复扩张引起的疾病,如一些神经性疾病和脆性 X 综合征。

3. 短拷贝数重复(short copy number repeat)

DNA 指纹(fingerprint)属于 DNA 区域的缺失和重复类型遗传变异。短拷贝数重复(小卫星)是很有用的 DNA 指纹。在 DNA 水平上区分个体最有效的方法就是小卫星序列比较。小卫星(minisatellite)的重复单位大小被规定在 500 bp 到 20 kb 范围内。特定的小卫星序列常常出现在少量基因组基因座上的特点非常有用;Southern bloting 杂交时可以使用交叉杂交(cross-hybridizing)小卫星探针在多个位点上同时检测等位基因变异。

一般来讲,两个无关的个体在某个座位上具有相同等位基因的概率为 37.5%。但同样的这两个个体在 10 个座位上都相同的概率却是 0.375^{10},也就是 0.005%,意味着 10 个座位都相同概率是 1/2 万。如果要求 24 个座位相同,则概率为 1/170 亿。地球上的人类总数不到 80 亿,这样的两个个体实际上根本不可能存在。因此不用很多的小卫星组合就足以产生类似传统指纹的基因型图案,就可以把一个物种内的每个个体分辨得清清楚楚。最有用的制作 DNA 指纹的小卫星家族在整个基因组上有10~20 个成员,这个量少到足以在放射自显影胶片上看清楚每个条带,同时这个量又大到足以提供真正的指纹信息。如果两个样本用一个小卫星还不足以分辨,可以使用 2 个、3 个甚至 4 个。图 6.11 显示的是克隆羊多莉(Dolly)的小卫星 DNA 指纹的结果。图中细胞核来源相同的细胞显示了相同的 DNA 片段式样,从基因组水平确认了克隆羊的成功。

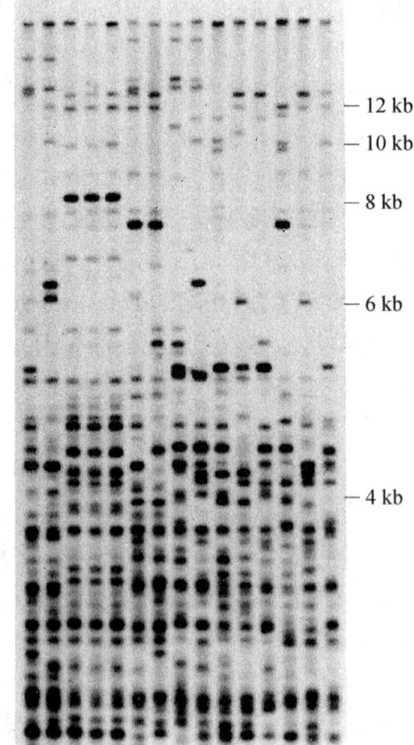

图 6.11 小卫星序列检测克隆羊多莉基因组来源
(引自 Hartwell LH et al., 2011)
泳道 U. 多莉羊核细胞供体羊乳腺细胞;C. 乳腺细胞的培养细胞;D. 多莉羊血细胞;1~12,其他对照的羊细胞;使用的限制性内切酶为 MbO1。

6.2.4 大尺度缺失和重复

随着 DNA 芯片技术的发展,对个体基因组上出现的缺失和重复进行检测成为可能。这些重复和缺失的片段很大,有的包含一个或多个基因。研究发现,这些片段的长度可以达到 1 Mb。人群中这种片段的多寡有多态性,被称为拷贝数多态性(copy number polymorphism,CNP)和拷贝数变异(copy number variant,CNV)。二者的区别在于人群中出现的频率是否大于 1%,方便起见统一使用 CNV。检测发现 CNV 在基因组上分布广泛,在人群中的出现频率也很高。已经确定了超过 6 000 个 CNV 座位,任意两个基因组的相邻比较(pairwise comparison)通常可以确认几百个不同的等位基因。6.1.2 中提到的嗅觉受体 OR 就是一种 CNV。正常小鼠的基因组有 1 400个 OR,分布在染色体的很多位置上。由于人的嗅觉选择压力缺如,OR 的丢失不会产生不利的生存后果,因此正常人的 OR 基因不到 1 000 个;但个人间的 OR 数量却差异很大。某个实验对 60 个人的 11 个有代表性的 OR 座位进行了检测,发现有一个位点的拷贝数有 2~6 个的不同;有些人失去了 11 个位点中的 7 个,这就出现了有的人比他人多出几百个 OR 基因的情况，因此人群中个体间的嗅觉灵敏度的差异非常之大。

6.2.5　定位克隆

以 A 型血友病为例，传统寻找致病基因的方法可以简单概述如下：① 系谱分析确定 A 型血友病为 X 连锁隐性遗传病；② 由于此前对凝血机制了解十分清楚，从症状和生化分析判断可能为凝血机制有关蛋白质突变导致；③ 分析检测正常人和患者的凝血因子，发现患者的凝血因子Ⅷ(F8)缺失；④ 从 F8 的蛋白质氨基酸序列反推其外显子序列并制作 DNA 探针；⑤ 在基因组内克隆到 F8 基因后进行全基因测序，发现导致 A 型血友病的 F8 基因突变序列。然而，像亨廷顿舞蹈病和囊性纤维化病(CFTR)等多症状复杂疾病，由于无法判定导致疾病的病理机制，到上述步骤②后就无法进行下去。定位克隆(positional cloning)方法意图解决这个问题。定位克隆的第一步骤目标是找到与疾病连锁的 DNA 标记。研究者首先要找到很多罹患疾病的几代同堂、子孙众多的大家庭(目前尚未有更好的方法)，收集家庭成员的 DNA 样品并测序(或借助 DNA 芯片)，收集 DNA 标记的数据。由于人类基因组序列已知，大量 DNA 标记在染色体上的位置明确，研究者需要做的是借助计算机对获得的系谱和已知的 DNA 标记进行比对分析(利用互联网的各种数据库)，找到与致病基因连锁的 DNA 标记。此步骤属于 Mendel 遗传的经典分析方法(将 DNA 标记和致病基因看作两个连锁基因，那么在系谱分析时这个 DNA 标记总是出现在患者身上，而非连锁 DNA 探针会和有些患病个体分离)。在家系足够庞大的情况下，可以获得理想的连锁距离(cM)。至此，致病基因的位置范围(或称重要基因组区域)已经基本确定了。接下去的步骤是对此区域的候选基因进行逐个筛查分析，找到致病基因和突变位点；此时通常制作此基因的纯合子小鼠，用于进一步确认和研究致病机制。由于可以快速和大规模地对植物和小生物进行杂交试验，获得大量连锁分析的数据，因此利用定位克隆技术在这些生物上发现和寻找表型相关的基因，不失为一个好方法。

6.2.6　全基因组关联研究

人类疾病中只有很少一部分是 Mendel 单基因遗传病。人类诸如身高、肤色、脸型等外貌特征，以及很多重要的生理指标都有复杂的遗传方式，很多疾病具有不完全外显率，突变基因型并不一定有表型；很多疾病的个体表现度(expressivity)有差异，相同基因型的突变体的性状会不同；表型模写(phenocopy)现象还使得不同基因型个体患有同样的疾病；由于遗传异质性(genetic heterogeneity)，即同一座位的不同突变或不同座位的突变可产生相似的表型；多基因遗传更复杂，两个或两个以上基因决定个体表型。这些遗传特点决定的性状被称作复杂性状(complex trait)。由于大部分疾病的表型不够清晰明确(临床表现不典型，多种疾病的症状相互交叉)，通过连锁作图和定位克隆很难对复杂性状做出明确的遗传学判断。对复杂性状研究来讲，基于 DNA 的系谱分析最要紧的是找到成员数量庞大的疾患家系，然而不幸的是，现代人生育子女减少，很难获得这样的家系用于研究。

传统的观点认为无关(unrelated)的家系有各自不同的各种基因突变体组合，这些突变基因组合各自负责每个家系遗传性状的表达。现在一般认为 SNP 是真正的个体间差别的所在；独特的常见 SNP 组合将每个人区分出来。研究者也认为人类有一个共同的远祖，这个远祖的基因组由一个个 DNA 片段(或区域)组成，称之为单倍体(haplotype①)；单倍体由进化过程中逐个形成的 SNP 变异体累积而成，所在的 DNA 片段区域(或单倍体)以“完整”的方式传代，可以追溯到成千上万年前。这些单倍体被后代分享。从这个意义上讲，人类彼此“无关”的个体实际上是实实在在的远亲。为了进行遗传分析和预测，地球上的 60 亿人可以被当作一个大家庭的成员，几个大分支分别居住在几个大陆上。单倍体可以被看作等位基因扩展版。已知整个人群的遗传变异可以限定到一定数目 SNP 座位上；位于包含多个基因的染色体区域的 SNP 被视为等位单倍体，在基因组的很多区域，仅 5～10 个单倍体就可将现存的差异区分出来。现在科学家可以使用为数不多的 SNP 座位将整个基因组描画出来。随着 DNA 芯片技术的进步，大量的“SNP-性状”关联数据如潮涌般出现，一个划时代的“全基因组”遗传学新纪元已经来临。

使用 SNP 芯片对大群体进行基因型测定，以发现特定 SNP 与性状之间的关联，被称为全基因组关联研

① haplotype 有两个含义，此处的概念为其一。另一个来自经典遗传学，指紧密连锁的一组基因，共同由亲代传到子代，最典型的就是配对的同源染色单体，通过形成配子传到下一代。

究(genome-wide association study,GWAS)。现在已经确定SNP和广谱的常见病紧密连锁,有时还扮演病因的角色。GWAS的第一步是利用DNA芯片获得成千上万个被测对象的全基因组情况;每个被测对象都被观察和检测以获得与研究有关的性状;最后,根据基因型的结果确定SNP,进行比对计算,如果实验成功就可以发现少量SNP与性状的关联。与传统系谱分析法相比,GWAS功能强大;与其他基因组作图相比,GWAS不需要关系紧密的家系成员分析,对参与研究的对象数目也没有要求。2007年第一次发表的GWAS研究中,有1.7万英国人受测,最后确定了与常见病关联的24个独立的遗传座位。总之,GWAS将整个人类群体当作一个"大家系"诊断疾病的基因型,这是一种革命性的变化。对复杂疾病相关基因的检测会修正现有的治疗方案选择,并对个案做出相应调整。

6.3 基因组信息技术概要

Sanger测序技术出现前后,分子生物学积累核苷酸序列的总信息在百万碱基对水平;1986年出现的商业化DNA测序仪使得序列信息量暴增;当时日常采用的劳动密集型分析系统完全不能胜任对这些数据进行解释和让信息在不同实验室交流的任务。而2008年诞生的基于纳米技术的新一代测序技术,仅一次实验就可得到超过100万亿碱基对的序列信息,比这之前35年积累的DNA序列总量还多。目前,一个中等规模的生物学实验室就可能拥有一台或数台功能不断增强的新一代测序仪,由此可以想象全球每天产生的序列信息数量之庞大,解释及交流工作之复杂繁重。机缘凑巧的是,从20世纪70年代开始计算机和互联网技术同样发生了革命性的变化和发展;个人互联网终端(PC)可以使数字化的序列信息直接上传到互联网,被储存、分享、研究;基于信息技术的生物信息学(bioinformatics)应运而生,并在基因组学研究中扮演重要角色。本节主要介绍一些基因组学常用的分析系统和数据库的特点。

生物信息学主要应用计算方法(即特殊的软件程序)描述生物信息的生物学含义。DNA序列的含义必须要通过软件程序才能被理解。最早的标志性工具包括限制性酶切位点的分析和开放阅读框架(ORF)氨基酸序列解码。而后开发的软件可以查找隐藏序列模式,可以统计计算不同序列的相似性。软件推动的(software-driven)研究结果可以引导对数据的新认识,新认识与更综合精巧的计算程序结合,又可获得更进一步的提升。生物数据和计算分析的整合使得生物信息学不断成长。

生物信息学工具中最重要的是那些可以通过浏览器在线和实时使用,并将基因组数据可视化和图表化的软件。美国生物技术信息国家中心(The National Center for Biotechnology Information,NCBI: http://www.ncbi.nlm.nih.gov/)创建于1988年,主要任务是监管GenBank数据库,同时也开发了其他一些公共数据库,研发了很多用于分析、系统化和传播数据的生物信息应用。GenBank数据库是由美国国立卫生研究院(NIH)于1982年创建的世界上第一个DNA在线序列资源库(repository)。允许研究者储存自己的DAN数据,并可供所有人在线下载和分析。但随着测序成本持续下降,数据量急剧上升,GenBank已无法做到对全部信息的兼容并包,更多专门化的数据库不断出现和发展壮大,大大丰富了生物信息学的内容。

6.3.1 生物信息学工具

1. 种类参考序列(species reference sequence,RefSeq)

不同实验室获得的DNA序列实验数据的比较,需要有一个商定的统一标准才能用于分析。RefSeq就是承担这个任务的序列。RefSeq是单一的、完整的和注释过的数据库,汇集了自然产生的DNA、RNA和蛋白质分子。RefSeq类似于综述文章(review),一个RefSeq针对一个种类分子序列,定时更新和整合序列研究的情况,提供了序列信息和遗传、功能信息整合的基础(http://www.ncbi.nlm.nih.gov/refseq/)。

2. 基因的可视化(visualizing gene)

人们已经开发了很多基于网络的(web-based)对基因组数据可视化的程序,最流行的就是UCSC基因组浏览器(UCSC Genome Browser)(http://genome.ucsc.edu/)。UCSC Genome Browser将RefSeq确认的基因全部进行了可视化,提供了各种水平的分辨率,使得研究者可以获得人类基因组结构的多方面情况。UCSC Genome Browser的页面可展示的项目很多,图6.4仅展示了RefSeq收集的人类第7号染色体基因分布情况,分别以dense和squish的方式做了演示。在这个低分辨率的图像中,可以看到"基因富集区"和

“基因沙漠”的分布情况，根据观察的需要也可选择高分辨率，了解局部的详细情况。NCBI Sequence Viewer 可显示基因在染色体上的位置、转录区域、外显子-内含子结构和编码蛋白质位点等。

6.3.2　保守成分的全基因组比较

当要判定两组序列是否来自同一个祖先时，需要对它们的序列做匹配对比。例如，假设 50 个核苷酸匹配是完全相同的，且是偶然形成的，那么这个事件发生的概率可按下式计算：$(0.25)^{50}=8\times10^{-31}$；显然靠偶然形成 50 个碱基相同的概率近乎 0，那么就要否定先前的假定，从而认为这个匹配是由于它们来源于同一个祖先造成的。DNA 片段的同源性(homolog)指的是两个序列由同一祖先衍生而来。上例的完美匹配很好理解，但如果两个序列的匹配不完美，就需要利用复杂的统计学方法去判断，这个工作对计算机来讲就相对容易了。当一个序列在多个物种间有同源性，就认为这段序列是保守的(conserved)。当把人类的基因组当作一个整体去和其他物种作比较时，根据同源性的计算就可以做出系统树，来表示它们间的亲缘关系(图 6.12)。如果比较人和鱼的基因组，它们的同源性只有 2%，但当比较它们的编码蛋白质的序列时，同源性达到 82%，这是因为进化压力使得功能 DNA 片段的进化速度比非功能片段要慢。因此，从理解基因组功能的角度来讲，全基因组比较结果有生物学意义。目前的基因组可视化工具可以在基因组内直接发现 DNA 序列的保守区和进化跨越的时间。

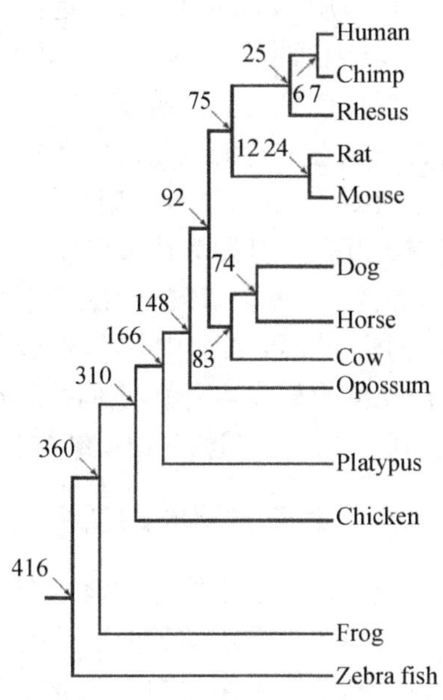

图 6.12　人与其他脊椎动物的种间关联度(relatedness)和基因组保守性

6.4　蛋白质组学

随着 DNA 测序技术的发展，到目前为止已公开发表完成全基因组测序的物种不少于 150 个，包括多种模式生物及其他重要生物，人们有机会比较千差万别的生物的 DNA 序列，而比对的结果出乎人们的意料，不同物种间序列相似性很高，例如，人类近亲之一黑猩猩与人类基因组 DNA 序列相似性达到 99%，而另外一个近亲大猩猩与人类基因组 DNA 序列相似性达到 98%。这 1%～2%的差异是如何决定人之所以为人？而人与人之间的 DNA 序列有 99.9%的相似性，这 0.1%的差异是如何决定我之所以为我？美国佛罗里达州一对同卵双生儿中有一名患有多发性硬化症，研究者一度认为这属于一种遗传性疾病，然而基因组序列分析表明这对双胞胎的 DNA 序列没有显著差异。生物是一个复杂的系统，是 DNA、RNA 和蛋白质这些生物大分子及糖类、激素和小 RNA 等生物小分子从转录、翻译、翻译后修饰多种路径共同参与形成的，要揭示生命的奥秘，还必须从整体水平上对生物系统进行研究。事实上，在人类基因组测序完成后不久，人们就提出了功能基因组学(functional genomics)或后基因组学(postgenomics)的概念，从对单一基因或蛋白质的研究转向对多个基因或蛋白质同时进行的系统研究。根据研究对象和手段的不同，功能基因组学又可以分为转录组学、蛋白质组学、代谢组学、表观基因组学、药物基因组学等学科。蛋白质组学的任务是揭示生物体内蛋白质表达与功能模式，是功能基因组学研究的重要内容。本节就蛋白质组学的基本概念、研究内容及研究手段作基本介绍。

6.4.1　蛋白质组学的定义

蛋白质组(proteome)这一术语最早由澳大利亚麦考瑞大学的 Wilkins 和 Williams 在 1994 年意大利锡耶纳召开的双向电泳会议上首次提出，并于第二年公开发表在 *Electrophoresis* 杂志上。蛋白质组的“proteome”一词源于“PROTEin”与“genOME”，是蛋白质与基因组两个词拼接，指的是由细胞、组织甚至整个生命体基因组所表达的蛋白质的总和，而蛋白质组学(proteomics)是利用高通量蛋白质分离和鉴定技术研究特定时期或特定条件的蛋白质组的学科。

6.4.2 蛋白质组的特点和研究意义

蛋白质组学的研究对象远比基因组学复杂和多变。从蛋白质组角度看，一个基因不总是只对应一个蛋白质，基因通常由一系列的外显子组成，这些外显子可以以不同的方式剪接，产生一系列相似但不同的蛋白质。而且产生的蛋白质还可以进行诸如磷酸化、糖基化、泛素化、乙酰化、甲基化、脂基化，以及基于蛋白质氧化还原状态进行的氧化还原等多种修饰，这些修饰可能对蛋白质功能有决定性影响。例如，磷酸化通常扮演信号通断开关的作用，而糖基化会告诉蛋白质应该去哪里或者附着在哪里。由此，就比较容易理解人类基因组中 2 万多个基因为什么可以产生大约 800 000 种蛋白质，而这些蛋白质还可以被超过 300 种以上的化合物修饰或螯合，从而表现出结构与功能的多样性。细胞中的蛋白质具有时空特异性，蛋白质的种类和数量在同一生物个体的不同细胞中各不相同，即使不同发育时期的同一细胞也不尽相同。蛋白质是生理功能的执行者，是生命现象的直接体现者，它们按照既定的程序在细胞中出现或消失，失活或被激活，从而控制细胞的分裂、分化或死亡，蛋白质表达、蛋白质结构和蛋白质功能的研究将直接阐明生命在生理或病理条件下的变化机制。

6.4.3 蛋白质组学的研究内容

蛋白质组学主要分为表达蛋白组学、比较蛋白质组学、结构蛋白质组学和功能蛋白组学。

表达蛋白质组学类似于基因组学，即大规模分析蛋白质的表达，测定某一时期特定条件下的亚细胞、细胞、组织、器官乃至生物体全基因组编码的所有蛋白质，建立蛋白质组学数据库。由于蛋白质还不具备成熟的体外合成和自动测序技术，建立完整蛋白质数据库还是人们遥不可及的梦想，因此研究重点转向比较蛋白质组学。

比较蛋白质组学分为两个方面，一是比较不同样本蛋白质的差异表达谱，寻找差异表达的蛋白质，样本可以是施以不同处理的细胞、组织，或者是遗传背景相似的生物体，还可以是不同发育时期的同一组织、器官或生物体，从这些样本中鉴定到的差异表达蛋白质有助于“揭示细胞对外界环境刺激的反应途径、细胞生理和病理状态的进程与本质，以及细胞调控机制”。假如发现一个蛋白质仅仅表达在发病组织中，那么它有可能是一个有用的药物靶标或者诊断标记。二是比较不同蛋白质的表达谱，因为具有相同或相似表达模式的蛋白质也可能功能相关。例如，蛋白质相互作用是蛋白质行使功能的一种方式，发生相互作用的蛋白质往往具有相同的功能，它们同步表达在某一时期或处理下的细胞或组织中，相似的表达模式是互作蛋白鉴定的一个前提条件。

结构蛋白质组学是在原子水平上阐明生物体的所有生物大分子的结构特性。结构蛋白质组学借助晶体 X 射线衍射(X－ray)和核磁共振技术(NMR)大规模分析蛋白质结构，建立结构信息数据库，帮助鉴定新发现基因的功能。通过 X 射线衍射晶体学进行蛋白质结构解析的关键是获得量足够大、纯度足够高的可溶性蛋白质，才能够顺利结晶，从而实现 X 射线衍射及谱型记录。实际上仅有 5%～20%的靶基因产物(表达蛋白质)的结构能在第一轮中被完全解析出来。而传统的 NMR 技术缺陷在于灵敏度较低，因此需要有高浓度的样品(>0.5～1 mmol/L)及几个微克量的蛋白质。X 射线衍射技术与 NMR 有良好的互补性，前者适合于结构刚性大且能产生良好衍射效果的晶体，而后者擅长于分析结构更柔韧的蛋白质。

功能蛋白质组学是研究在不同生理和病理条件下细胞中各种蛋白质之间的相互作用及其调控网络，以及蛋白质翻译后的修饰等。它的主要任务是阐明未知蛋白质的生物学功能和细胞在分子水平上的活动机制。在细胞层面上，很多蛋白质行使功能的前提是与其他蛋白质形成大聚合体，理解蛋白质的功能及揭示细胞活动的分子机制依赖于互作蛋白的鉴定。如果一个未知蛋白质被裹挟在复合体中，而这个复合体与某种抗逆机制有关，那么这会很容易使人联想到它的功能与这种机制有关，事实上细胞信号通路的详细解析往往得益于体内蛋白质与蛋白质的互作研究。常用于大规模分析体内互作蛋白的方法有酵母双杂交系统和蛋白质亲和层析偶联质谱，将在后文对其作详细介绍。

6.4.4 蛋白质组学研究的相关技术

1. 为什么要开展大规模蛋白质的分离?

人类基因组中存在 2 万余个基因，却编码着数百万种不同的蛋白质分子，如此庞大数量的蛋白质鉴定起来是相当困难的。而且细胞中每一种蛋白质的数量并不均一，一些蛋白质在细胞中以很少的拷贝数存在，而有些蛋白质的丰度却非常高，一个细胞系统里蛋白质表达的动态范围可以达到9个数量级，高丰度的蛋白质往往会干扰低丰度蛋白质的检测，以现在的分析技术还无法鉴定痕量表达的蛋白质。蛋白质色谱和电泳预分离常被用来缩小动态范围。根据蛋白质的疏水性、分子质量、等电点等特性将总蛋白质预分离成不同的组分，每一个组分的动态范围因此下降，而且高浓度的蛋白质与低浓度的蛋白质可能分在不同的组分中，一些低丰度的蛋白质有望从总蛋白质中分离出来。降低分析前样品的复杂程度和富集低丰度蛋白质，是蛋白质样品分离的主要任务。为了分离蛋白质，不同的分离方法常常结合使用，多维的分离技术如双向电泳及不同类型色谱的串联在现代蛋白质组学中被广泛应用。例如，美国科学家Kelleher领导的研究小组开发了一项新蛋白质分离技术，这项技术整合了液相等电聚焦技术(solution isoelectric focusing，sIEF)、凝胶洗脱液相组分截留电泳技术(multiplexed gel eluted liquid fraction entrapment electrophoresis，mGELFrEE)和反向色谱技术(reversed phase chromatography，RPLC)，从人类细胞中快速分离和鉴定了3 000多种完整的蛋白质分子，分离效率增加了20多倍。

2. 几种常用的蛋白质分离技术

(1) 双向电泳技术：1975年，美国科学家O'Farrell开发了双向凝胶电泳(two dimensional gel electrophoresis，2-DE)技术。双向电泳技术将等电聚焦凝胶电泳(isoelectric focusing gel electrophoresis，IEF)与十二烷基硫酸钠-聚丙烯酰胺凝胶电泳(SDS-PAGE)完美结合在一起。首先蛋白质在水平方向上按等电点不同分离，然后在垂直方向上按分子质量大小分离，相同等电点不同分子质量或相同分子质量不同等电点的蛋白质点因而得以分离(图6.13)。双向电泳的第一向是等电聚焦凝胶电泳，能够区分净电荷或等电点不同的蛋白质，根据基质的不同，可以分为载体两性电解质pH梯度(pH gradients of carrier ampholytes)和固相pH梯度(immobilized pH gradients，IPG)。前者是在支持介质中加入载体两性电解质，当给凝胶两端施加高电压时，载体两性电解质可在电场中形成正极为酸性、负极为碱性、一个连续而稳定的线性pH梯度。蛋白质分子在偏离其等电点的pH条件下带有电荷；当蛋白质分子在电场力的作用下迁移至其等电点位置时，净电荷为零，停止移动。当时O'Farrell利用该技术成功地分离出了约1 000种大肠杆菌蛋白质。固相pH梯度等电聚焦是20世纪80年代发展起来的电泳技术，使用的介质是具有弱酸或弱碱性质的丙烯酰胺衍生物，在凝胶聚合时形成稳定的pH梯度，不受环境电场的影响。与传统的IEF相比，IPG IEF分辨率更高，可达到0.001 pH，上样量更大，pH梯度更稳定，缺点是固相pH梯度灌胶技术复杂，一般由专业公司制备。双向电泳的第二向是SDS-PAGE，在聚丙烯酰胺凝胶中加入SDS，蛋白质分子遇SDS变性，并带上负电荷。蛋白质分子结合SDS的量与分子质量成正比而与序列无关，当蛋白质分子质量为15～200 kDa时，蛋白质迁移率与分子质量的对数呈很好的线性关系($\log MW = K - bX$，MW为分子质量，K和b为常数，X为迁移率)。2-DE从等电点和分子质量两个方面对蛋白质进行分离，分辨率较高，通常能分离到1 000～3 000个蛋白质点，最高可达到10 000个以上。2-D分离的蛋白质点经显色后才能被鉴定，常用的显色方法有考马斯亮蓝染色、负染、荧光染色、银染等。其中，灵敏度最高的银染法，可达到200 pg，其次是荧光染色，能达到250 pg，考马斯亮蓝染色可达到10 ng，负染约为15 ng。染色后可用图像扫描仪、荧光测定仪等建立双向凝胶电泳图谱。

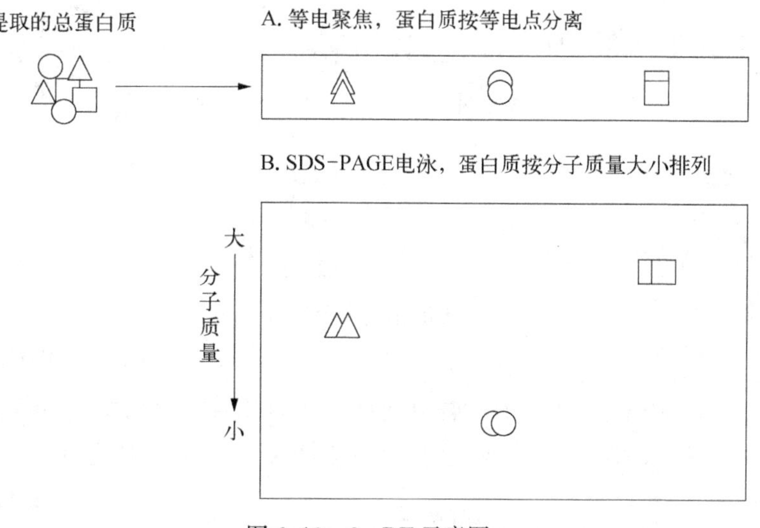

图6.13　2-DE示意图

2-DE的缺点是难以分离极酸、极碱性蛋白质，疏水性蛋白质，极大、极小蛋白质，以及低丰度蛋白质，而且难以与质谱实现在线联用，而高效液相色谱(high performance liquid chromatography，HPLC)和高效毛细管电泳(high performance capillary electrophoresis,HPCE)因具有灵敏度高、分离效率高、上样量小、分析速度快、成本低及可以与质谱在线联用的优点,成为继 2-DE 之后高通量分离、鉴定蛋白质样品的有效工具。

(2) HPLC:高效液相色谱是蛋白质分子在色谱分离柱的固定相和流动相之间不断进行着的分配过程。高效液相色谱是色谱分析法的一个分支,于 20 世纪 60 年代末,在经典液相色谱法和气相色谱法的基础上发展起来的新型分离分析技术。其原理是色谱柱内填充细小而均匀的固体颗粒作为固定相,如 C_{18},在高压泵的驱动下,流动相携带各种蛋白质分子流经固定相,蛋白质分子与固定相发生相互作用(非共价性质),由于蛋白质分子间存在性质和结构上的差异,导致它们与固定相之间产生不同的作用力,不同组分依据被固定相保留的时间不同顺序流出色谱柱,通过检测器就可以得到不同的峰信号,每个峰都代表一个组分(图 6.14)。HPLC 特别适用于分离分子质量大、难气化和热稳定性差的生物大分子,可以分离 80%以上的有机化合物。反向高效液相色谱(reverse phase high-performance liquid chromatography,RP-HPLC)与 HPLC 类似,不同之处在于:第一固相极性不同,后者色谱柱内固相颗粒表面为极性材料,如 C_{18},前者对固相颗粒表面进行处理,令 C_{18} 键合一些烃基,降低极性;第二流动相极性不同,HPLC 流动相极性小,常使用有机溶剂,而 RP-HPLC 流动相极性大,一般为甲醇、乙腈的水溶液。因此,HPLC 中极性小的分子先洗脱下来,而 RP-HPLC 正相反,极性越大移动越快。RP-HPLC 具有很高的分辨率,可以分离相差一个氨基酸残基的蛋白质或多肽,例如,Rivier 和 McClintock(1983)用 RP-HPLC 分离了人胰岛素和兔胰岛素,二者只有一个甲基的差异。图 6.15 显示的是应用 RP-HPLC 技术对小麦谷蛋白进行有效的分离。在蛋白质组学研究方面,液相色谱因能使样品脱盐,排除其对蛋白质电喷雾离子化(ESI)的干扰而常常与质谱联用,快速鉴定和定量分析细胞和组织裂解液中复杂样品的蛋白质成分。液相色谱-质谱联用实现蛋白质分离与鉴定的在线联用,有利于蛋白质组研究的自动化和高通量化。

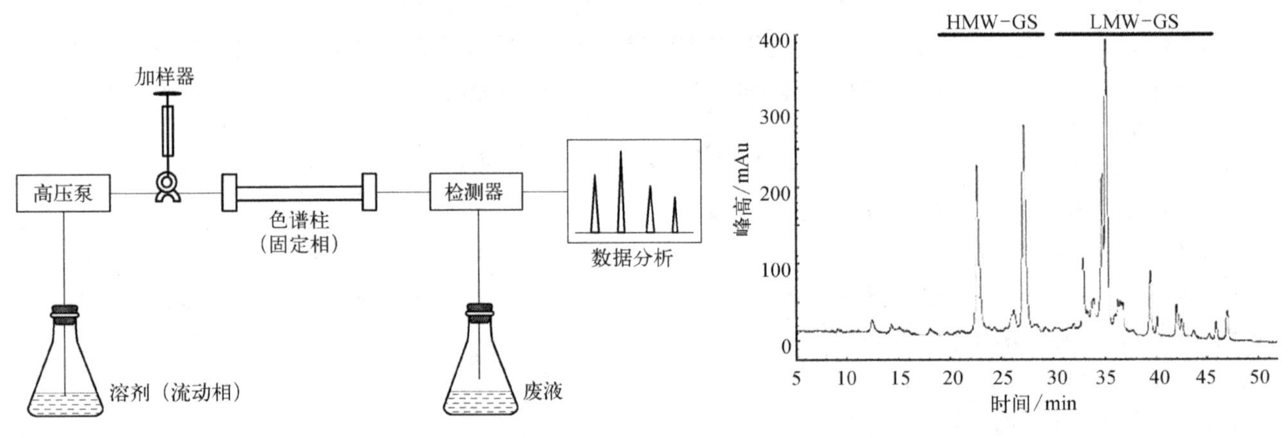

图 6.14　高效液相色谱示意图

图 6.15　RP-HPLC 分离小麦谷蛋白

HMW-GS,高分子质量谷蛋白;LMW-GS,低分子质量谷蛋白

(3) HPCE:高效毛细管电泳是另外一种与质谱实现在线联用的技术。HPCE 问世于 20 世纪 80 年代,该技术是以高压电场为驱动力,以毛细管为分离通道,依据样品中各组分之间迁移率和分配行为的差异而实现分离的一种高效液相分离技术,兼有凝胶电泳及高效液相色谱的优点(图 6.16)。主要包括以下几种类型:毛细管区带电泳(capillary zone electrophoresis,CZE)、毛细管等速电泳(capillary isotachophoresis chromatography,CITP)、毛细管胶速电动色谱(micellar electrokinetic capillary chromatography,MECC)、毛细管凝胶电泳(capillary gel electrophoresis,CGE)、毛细管等电聚焦(capillary isoelectric focusing,CIEF)。毛细管电泳-质谱联用主要问题在于不同缓冲液中

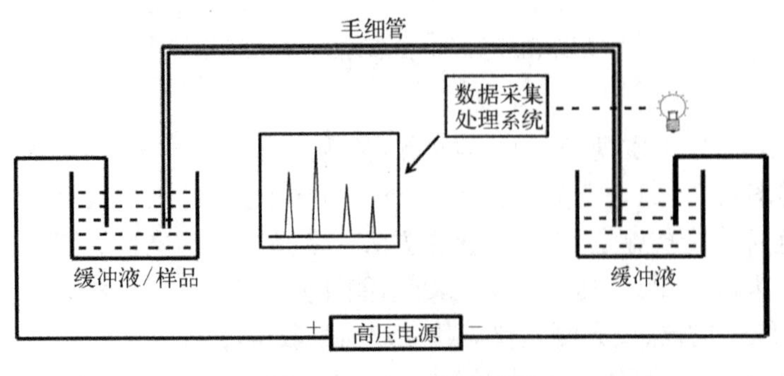

图 6.16　HPCE 示意图

的盐的成分不一样，目前常采用具有挥发性缓冲液。应用 HPCE 分离小麦水溶性蛋白的结果见图 6.17。

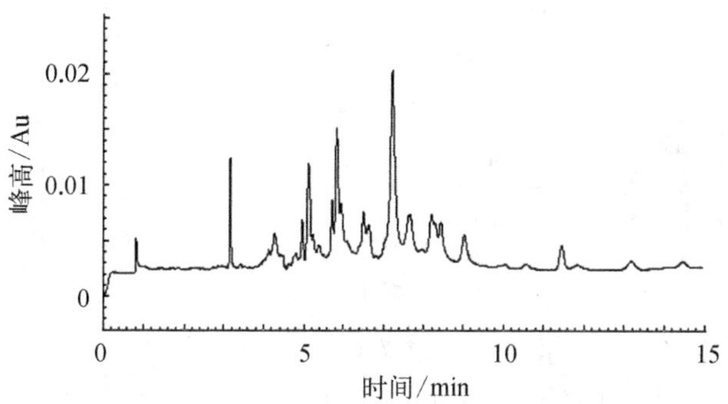

图 6.17　HPCE 分离小麦水溶性蛋白

3. 蛋白质的鉴定

蛋白质鉴定的核心技术是质谱技术，其基本原理是依据带电粒子的质量与携带电荷比值（质荷比，m/z）的差异而分离并确定粒子的相对分子量。1919 年，英国科学家 Aston 研制了世界上第一台质谱仪，发现了至少 212 种天然存在的同位素，通过质谱分析，证明了原子质量亏损与同位素的存在有关，并因此荣获 1922 年诺贝尔化学奖。此后的半个多世纪，尽管生物学蓬勃发展，但质谱并无建树，主要是因为传统的质谱是使用高能电子或原子直接轰击分子的"硬"电离，这要求样品具有一定程度的热稳定性和易挥发性，而生物大分子受热不稳定、难挥发，在气化、电离的过程中被打碎，产生不利于分析的碎片离子。这一状况直到 20 世纪 80 年代末出现了两种"软电离"技术才得到彻底改观，即电喷雾离子化（electrospray ionization，ESI）和基质辅助激光解吸电离（matrix assisted laser desorption ionization，MALDI）。这两种技术具有灵敏度高和质量检测范围宽的优点，能在飞摩尔水平上检测分子质量高达几十万道尔顿的生物大分子，从而开拓了生物质谱学这一新领域。生物质谱中最关键的部分是使生物大分子电离并气化的离子源-质谱仪中产生离子的装置（ion source），其功能是将进样系统引入的样品分子转化成离子。下面简单介绍 ESI 和 MALDI 原理。

ESI 能很好地实现与 HPLC 或 HPCE 的在线联用。分离的样品被导入离子源内，加在毛细管管口 3～8 kV的电压作用于经喷雾头进入离子化室的溶液，使样品溶液带上电荷。毛细管和取样孔（以正离子模式为例）之间加载 3～6 kV 的电压，溶液中负离子向喷雾头聚集，正离子向取样孔方向移动，形成泰勒（Taylor）锥。当泰勒锥表面的离子之间的静电斥力大于溶液表面张力时，液滴会从喷雾头射出，在电场的作用下向取样口方向移动。液滴在移动过程中，溶剂不断蒸发导致液滴表面电荷密度增加，当液滴表面电荷达到雷利极限（Raleigh limit）时，液滴发生裂变，分裂成更小的液滴；之后，蒸发、裂变这一过程不断循环，直到溶剂从小液滴中完全蒸发为止，最后分析物以单电荷或多电荷的离子状态进入气相（图 6.18）。ESI 使带电液滴在去溶剂化过程中形成样品离子，即便是稳定性差的化合物，也不会在电离过程中发生分解。电喷雾电离源容易形成多电荷离子，一个分子质量为 30 000 Da 的分子若仅带 1 个电荷，其质荷比为 30 001，超出了一般质谱仪的检测范围（如四极杆质谱和离子阱质谱）；如果带有 20 个电荷，则其质荷比只有 1 501，一般的质谱仪就可以进行分析。因此，电喷雾离子化适合分析极性强、分子质量大、稳定性差的化合物，如蛋白质、多肽、DNA 等；离子的真实分子质量也可以根据质荷比及电荷数计算出来。自从 20 世纪 80 年代，美国 Yale（耶鲁）大学 Fenn 教授和他的同事首次报道了电喷雾离子化技术及电喷雾质谱技术对多肽和蛋白质的检测之后，生物质谱引起了生物学家的兴趣，得到广泛的开发和应用，推动了蛋白质组学的发展。生物质谱技术不仅可以分析蛋白质或多肽的分子质量，而且还可以采用串联质谱（Tandem－MS）进行测序。在第一级质谱得到多肽的分子离子，选取目的肽段的离子作为母离子，与惰性气体碰撞，使肽链中的肽键断裂，形成一系列的离子，即 N 端碎片离子系列（B 系列）和 C 端碎片离子系列（Y 系列），将这些碎片离子系列综合分析，可得出多肽片段的氨基酸序列。

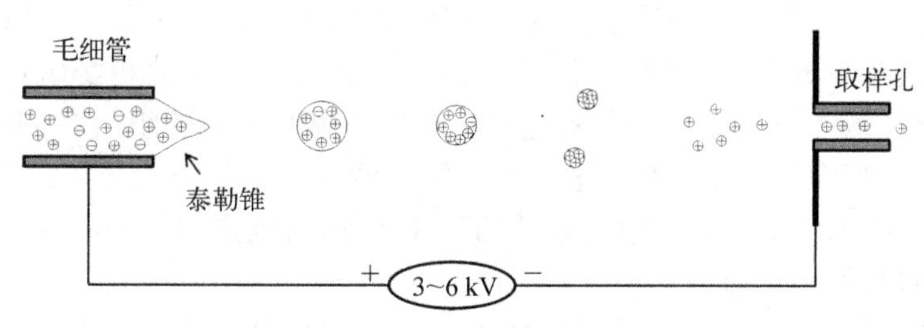

图 6.18　电喷雾离子化示意图

基质辅助激光解吸电离（MALDI）是由德国科学家 Karas 和 Hillenkamp 发现的，其基本原理是将样品与基质液体混合点在样品靶上，待结晶后送入离子源内，用激光照射。基质吸收能量跃迁到激发态，导致样品电离和气化，然后由高电压将电离的样品从离子源转送到飞行时间（time of flight，TOF）质量分析器，再经离子检测器和数据处理得到质谱图（图 6.19）。MALDI 所产生的质谱图一般是单电荷离子，因而质谱图

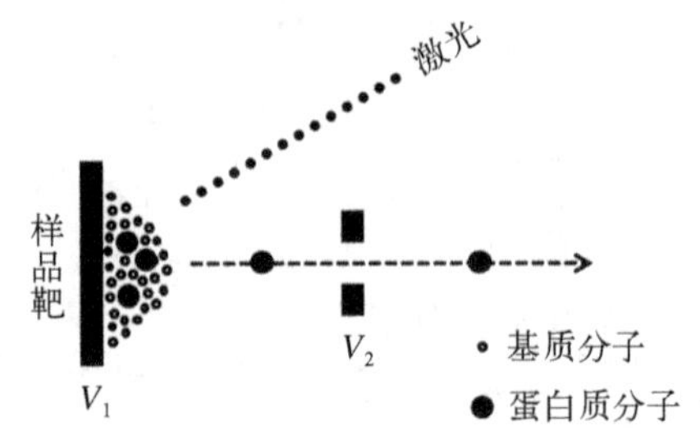

图 6.19 基质辅助激光解吸电离示意图
V_1. 恒定高压;V_2. 延迟引出电压

中的离子与多肽和蛋白质的分子质量一一对应。蛋白质的分子质量可以通过计算其在 TOF 中的飞行时间推算出来。因 MALDI 质量范围宽,能检测到几十万道尔顿的单电荷离子,适合直接测定混合物中的蛋白质分子。

生物质谱在蛋白质组学研究中主要应用于以下 6 个方面。

1) 相对分子质量测定　相对分子质量是蛋白质、多肽的基本特征,是蛋白质、多肽识别与鉴定中首先需要测定的参数。生物质谱可测定的生物大分子分子质量可以高达几十万乃至上百万道尔顿,而且灵敏度高(10~15 fmol)、准确性好(0.001%~0.01%)、质量范围宽(100~980 000 Da)、鉴定速度快(5 min),远优于 SDS-PAGE、HPLC 等常规技术,其中 MALDI-TOF-MS 对样品纯度要求低,可以直接鉴定混合样品,满足蛋白质组研究快速、高通量的要求。

2) 肽质量指纹谱鉴定　选择合适的蛋白质内切酶对蛋白质进行酶解,会产生一系列的肽段,通过质谱分析,可以获得这些肽段的相对分子质量,称之为肽质量指纹谱(peptide mass fingerprint,PMF),与蛋白质数据库中理论谱图进行比对,可实现对蛋白质的快速鉴别和高通量筛选。例如,Shevchenko 等(1996)用胰蛋白酶对双向分离的酵母蛋白点进行胶内酶解,经肽质量指纹谱鉴定,约 90%的蛋白质能够被正确识别,并且发现 32 个新蛋白质,由先前未确认的开放阅读框编码。

3) 肽序列测定技术　肽序列测定采用的是串联质谱技术,从一级质谱产生的肽段中选择母离子,进入二级质谱,经惰性气体碰撞后肽段发生裂解(碰撞诱导解离,collision induced dissociation,CID)或母离子获取能量后进入无场区发生亚稳离子裂解(源后裂解,post source decay,PSD),由所得到的各离子碎片的质量数差值推定肽段的断裂,再通过数据库搜索鉴定蛋白质。经过两级 MS 分析所得的各肽段质量数差值推定肽段氨基酸序列,直接用于数据库查寻,称之为肽序列标签(peptide sequence tag,PST)技术,目前广泛用于蛋白质组研究中的大规模筛选。与肽质量指纹谱鉴定技术相比,肽序列测定技术鉴定的蛋白质更准确、可靠。

4) 蛋白质翻译后修饰　蛋白质翻译后修饰在生命体中扮演非常重要的角色,影响蛋白质的功能、活性和定位。发生某种修饰的蛋白质肽段其实测质量数与理论质量数会有特定的差值,根据这一差值可以推断出发生修饰的种类、数量和位点,如磷酸化会产生一个比理论质量数增加 80 Da 的肽段。Zhang 等于 2002 年首次提出"bottom-up"策略:将提纯的组蛋白酶解成多肽,然后用液相色谱和串联质谱技术分析酶解产物,最后采用生物信息检索分析多肽序列和修饰位点。根据这一策略,他们从来自小鸡红细胞的组蛋白 H3 中鉴定出先前已知的甲基化和乙酰化位点,并发现了一个新的甲基化位点。另一种策略是"top-down":未经酶解的蛋白质直接引入质谱仪,通过碎片裂解技术将蛋白质裂解成多肽的碎片离子,得到蛋白质和碎片离子的质量,最后采用生物信息检索推断多肽序列和修饰位点。

5) 定量蛋白质组分析　生物质谱可以用于整体水平上比较蛋白质表达差异的蛋白质组学研究。目前开发的技术有荧光染色差异显示双向电泳、同位素代谢标记、同位素亲和标记、氨基酸化学标记和肽质图谱差异比较等。以同位素亲和标记为例简单说明质谱在蛋白质组定量研究中的应用。同位素编码亲和标签(isotope-coded affinity tag,ICAT)技术利用一对分别含重元素(8 个氘原子)和轻元素(8 个氢原子)的 ICAT 特异性标记成对蛋白质样品中的半胱氨酸残基,两种 ICAT 分子质量相差 8 Da。将两种 ICAT 分别加入两种细胞来源的总蛋白质中,ICAT 的反应基团会专一与蛋白质中的 Cys 共价结合,充分反应后,将两种样品等量混合并酶切,利用亲和色谱富集标记肽段,由于两种同位素标记状态的肽段在化学结构上完全相同,经 HPLC 分离后以同一组分的形式进入串联质谱,相差 8 Da 的肽段在质谱上成对出现,比较两个肽段信号响应强度就可以实现差异蛋白质组分析。Han 等(2001)利用 ICAT 技术比较正常 HL-60 细胞和经乙酸肉豆蔻佛波酯(PMA)诱导的 HL-60 细胞表面分化蛋白,质谱鉴定了超过 5 000 个含有半胱氨酸残基的肽段,其中有 491 种膜蛋白有表达差异。

6) 蛋白质相互作用研究　大多数蛋白质是通过与配体分子结合或者是与其他蛋白质形成复合体参与信号传导、免疫反应等生命过程。生物质谱与串联亲和纯化技术(tandem affinity purification,TAP)、化学交联、免疫共沉淀技术(Co-IP)、pull down 相偶联,参与互作蛋白的鉴定。

4. 蛋白质互作鉴定方法

蛋白质间的相互作用构成了复杂的网络系统，是细胞生命活动的基础，蛋白质相互作用的研究有利于揭示奇妙的生命现象。目前的研究方法主要有酵母双杂交系统(yeast two-hybrid system)、蛋白质亲和层析偶联质谱、免疫共沉淀等。

(1) *酵母双杂交系统*：在酵母菌中共同表达不同蛋白质，以鉴定蛋白质之间相互作用的一种分析方法，这是目前用于鉴定真核生物蛋白质互作(除膜蛋白以外)的常用体系。

酵母双杂交系统是在理解真核生物调控转录起始过程的基础上建立起来的。基因的转录起始需要反式转录激活因子的参与。转录激活因子在结构上往往由两种相互独立的结构域构成，即DNA结合结构域(DNA binding domain，BD)和转录激活结构域(activation domain，AD)。单独存在的BD或者AD不能激活基因的转录，只有当二者同时存在时，才能激活下游基因的转录，而不同来源的DB和AD可以形成具有转录活性的杂合蛋白。酵母Gal4蛋白由一条含881个氨基酸残基的多肽链形成，BD结构域位于N端，由第1至第147位氨基酸残基组成，AD结构域位于C端，含第767位之后的114个氨基酸残基，即使Gal4的两个结构域位于不同的肽链，只要二者在空间上足够接近，就能恢复Gal4的转录活性。Fields和Song(1989)提出的酵母双杂交系统正是基于这一原理。酵母双杂交系统采用编码β-半乳糖苷酶的*LacZ*作为报道基因，其上游调控区是受Gal4蛋白调控的GAL1序列；已知SNF1和SNF2是酵母中能够发生相互作用的两个丝氨酸苏氨酸蛋白激酶，他们将SNF1与Gal4的BD结构域融合，形成所谓的“诱饵”(bait)蛋白，SNF2与AD结构域融合，称之为“猎物”(prey)蛋白。结果从同时转化了SNF1和SNF2融合表达载体的酵母细胞中检测到β-半乳糖苷酶活性，而单独转化融合表达载体的细胞未能检测出β-半乳糖苷酶活性。发生在SNF1和SNF2之间的相互作用，拉近了BD结构域和AD结构域在空间上的距离，从而激活了报道基因(reporter gene)的转录。反过来检测报道基因的表达情况，就可以分析“诱饵”和“猎物”的两个蛋白质之间是否存在相互作用。图6.20所示为酵母双杂交原理示意图。

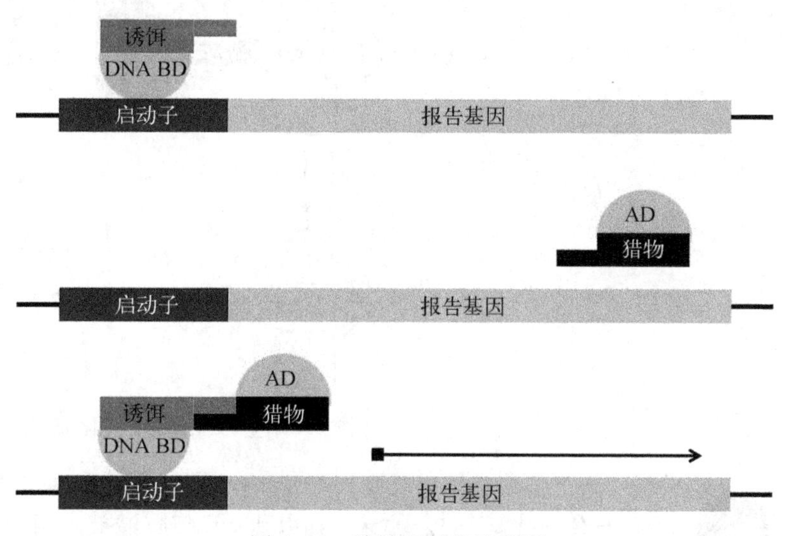

图6.20　酵母双杂交示意图

酵母双杂交系统为了解蛋白质的功能提供了重要的信息，在蛋白质组学研究中主要应用于以下两个方面：寻找与目标蛋白相互作用的新蛋白质和绘制蛋白质相互作用图谱。前者将目标蛋白基因克隆至bait载体中，而将要筛选的cDNA库克隆到prey载体中，两种载体共同转化酵母细胞，如果检测到报道基因的表达，这意味着可能发现了一个与目标蛋白互作的新蛋白。后者是将两个cDNA文库分别克隆到bait和prey载体，共同转化酵母细胞，进行文库筛选，结合生物信息学分析，绘制出蛋白质相互作用图谱。该技术的缺点是假阳性高，通常要用pull down和Co-IP技术对酵母双杂交初筛的结果进行验证。

(2) *串联亲和纯化*(tandom affinity purification，TAP)：1999年由Rigaut等提出的纯化蛋白复合体的方法。该方法设计一个TAP标签，由Protein A、烟草蚀纹病毒(tobacco etch virus，TEV)蛋白酶剪切序列和钙调蛋白结合肽(calmodulin binding peptide，CBP)3部分组成，目标蛋白与CBP端相连。当融合蛋白在细胞内表达时，目标蛋白与其内源互作蛋白结合形成复合体。首先TAP复合体通过IgG为配基的琼脂珠，Protein A与之结合，洗涤后，与TEV蛋白酶孵育，TEV蛋白酶在Protein A与CBP的连接部位进行剪切，释放含有CBP的目标蛋白复合体；再使用偶联钙调蛋白的琼脂珠结合复合体，再次洗涤，洗脱后的蛋白可以用于质谱分析，鉴定出目标蛋白的结合蛋白(图6.21)。TAP技术的特异性亲和作用减少了非特异性蛋白的结合，细胞内表达融合蛋白复合体避免了非自然条件下的蛋白质相互作用，并且酶切洗脱条件温和，保证蛋白质复合体结构的完整性。Krogan 等运用 TAP 技术标记了酿酒酵母中 4 562 个非膜蛋白，纯化成功的复合体 2 357 个，从中分析出的互作蛋白有 2 708 个。

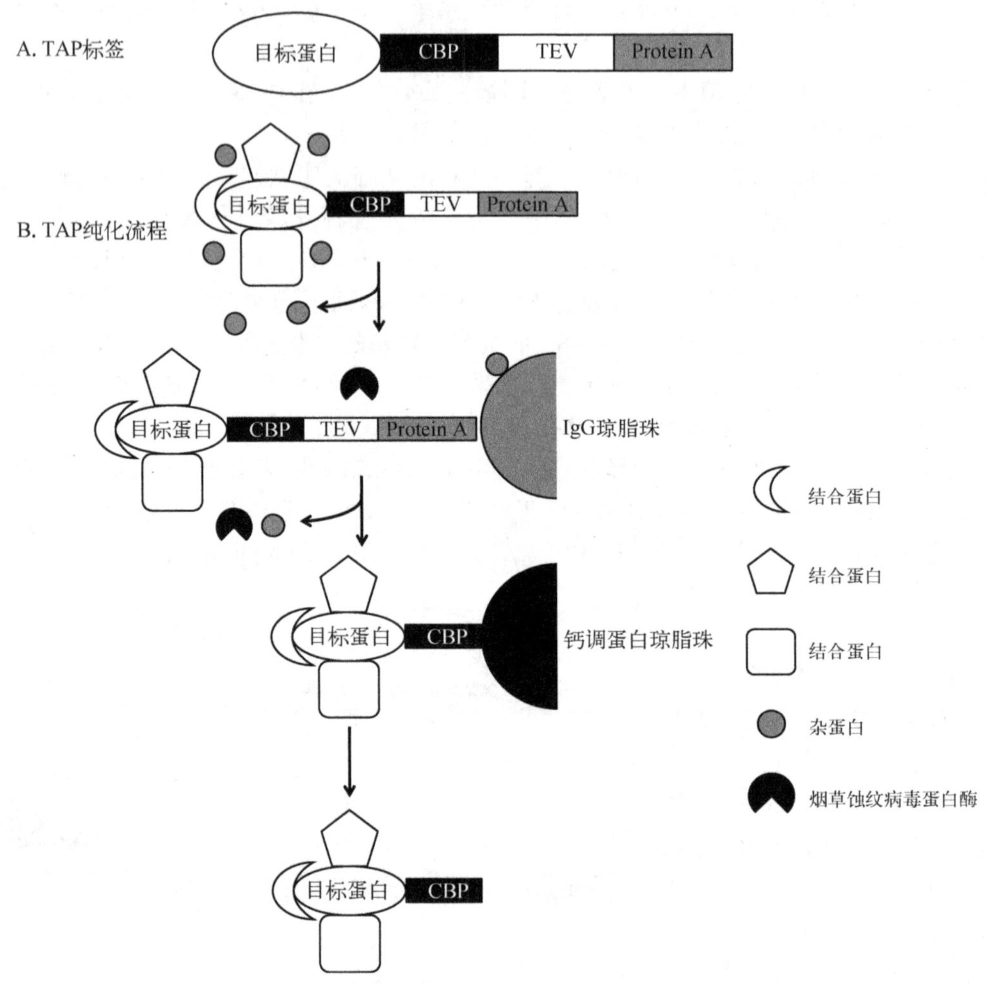

图 6.21 TAP 标签及纯化流程示意图

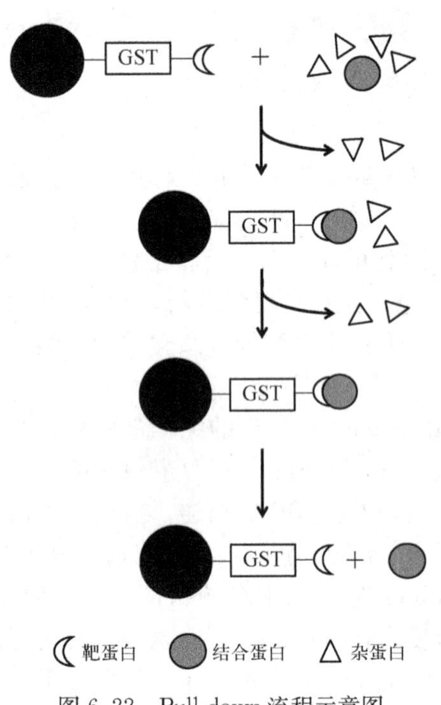

图 6.22 Pull down 流程示意图

(3) *蛋白质亲和层析偶联质谱*：蛋白质亲和层析偶联质谱是 pull down 与质谱技术组合形成的技术。Pull down 技术是用固相化的、标记或是融合了标签的目标蛋白(如生物素、HIS 或 GST)，从细胞裂解液中钓出与之相互作用的蛋白质，在体外验证蛋白质的相互作用或者是发现新的互作蛋白。具体做法是利用 DNA 重组技术将目标基因与标签融合(如 GST)，在大肠杆菌中表达出标签与目标蛋白的融合蛋白，然后亲和固化在标签的树脂上；当细胞裂解液与之孵育时，可从中捕获与目标蛋白相互作用的蛋白质(图 6.22)。Mason 等(1992)利用该方法发现了能与核糖体蛋白 S10 发生特异性结合的大肠杆菌抗转录终止因子(NusB)。该方法的特异性好，方法也较简单，缺点是由于融合蛋白是在外源系统中表达，可能由于缺少必要的修饰，而影响其与互作蛋白的结合。

(4) *免疫共沉淀技术*(co-immunoprecipitation，Co - IP)：免疫共沉淀技术是以抗体和抗原之间的专一性作用为基础，确定蛋白质在生理条件下的相互作用。在体内检验目标蛋白是否结合，以及目标蛋白的新作用蛋白质。基本原理是在非变性条件下裂解细胞，目标蛋白与其作用蛋白质形成的复合体(目标蛋白-结合蛋白)会被保留下来。将目标蛋白的抗体加入细胞裂解液，抗体参与“目标蛋白-

结合蛋白”复合体，形成“抗体-目标蛋白-互作蛋白”免疫复合物。再加入预先固化在树脂上的 Protein A/G，形成“结合蛋白-目标蛋白-目标蛋白抗体- ProteinA/G -树脂”复合物，纯化分离后，利用质谱进行鉴定，可以找到与目标蛋白结合的新蛋白(图 6.23)。该方法的优点是能够保留蛋白质的修饰和结合状态，特异性好，但制备特异性抗体耗时费力，不适用于高通量筛选互作蛋白。

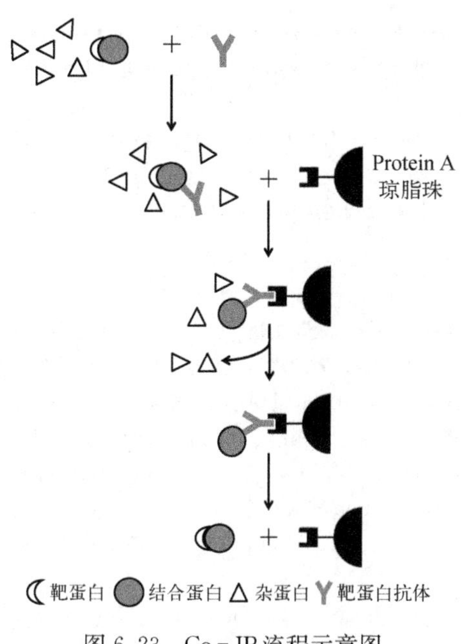

图 6.23　Co - IP 流程示意图

6.4.5　蛋白质组学与生物信息学

生物信息学(bioinformatics)是以计算机为工具，综合运用应用数学、信息学、统计学和计算机科学的方法对生物信息进行储存、检索和分析的科学。今天，生物信息学与蛋白质组学密不可分，为蛋白质组学研究的方方面面提供了分析软件，帮助科研工作者处理海量的数据。例如，一次样品的质谱分析就可以产生成千上万的多肽图谱，需要确定每张图谱里面高密度的峰值，鉴定富有挑战性的多肽，以及处理大量枯燥的数据。数据分析和数据评价是迄今为止蛋白质组学中最耗费时间的工作，单靠人力是无法完成的，只能借助于自动化的软件处理。期望将来软件能够自动检测到在两种蛋白质组中变化的有趣蛋白质，并将它们从复杂蛋白质组中筛选出来，帮助人们摆脱枯燥、乏味的数据处理。

6.4.6　蛋白质组学研究进展

在基础研究方面，蛋白质组学已被应用到各种生命科学领域，如细胞生物学、神经生物学等；涉及各种重要的生物学现象，如信号转导、细胞分化、蛋白质折叠等。在研究对象上，覆盖植物、动物和微生物等范围。在应用研究方面，蛋白质组学将成为寻找疾病分子标记和药物靶标最有效的方法之一。在对癌症、早老性痴呆等人类重大疾病的临床诊断和治疗方面蛋白质组技术也有十分诱人的前景，目前国际上许多大型药物公司正投入大量的人力和物力进行蛋白质组学方面的应用性研究。

在技术层面上，每一种研究方法或技术既有突出的优点又有不可忽视的缺陷，今后的发展趋势除了探索新理论、发展新技术以外，还应该整合现有的多种技术，开发出灵敏度高、重复性好、通量高和简单易操作的检测分析系统。另外，还应该依赖生物信息学研究工具搭建蛋白质组学与基因组学、转录组学等领域的信息管理和检索平台，使研究成果能够容易地被相关领域理解并得到充分利用。

思　考　题

1. 当提到人类基因组有 30 亿个核苷酸时，人们是如何计算的?
2. 遗传学家和基因组学家的物理图谱绘制在方法上有何异同?
3. 有哪些重要的物理图谱制作方法? 它们的优缺点各是什么?
4. 1.5 万个 BAC(每个 200 kb)克隆能否足够用来完整地构建人的 30 亿个核苷酸的排列顺序?
5. 为什么说重复 DNA 序列是基因组计划的一个难点? 何种重复序列是最大的问题?
6. 分层鸟枪法和全基因组鸟枪法的克隆策略有何异同? 在实际应用中，哪个更有应用前景?
7. 与细菌相比人的基因组总 DNA 与编码蛋白质的 DNA 比值很高。请给出至少两个理由。
8. 列出三种不同的技术方法用于在人类基因组克隆内确定编码基因的序列。
9. 虽然人类基因组已经测序完成，为什么人们仍然不能精确地得知人类基因的数量?
10. 特殊的 DNA 标记相对于传统的表型等位基因在制作遗传图时有何优点? 它的缺点又是什么?
11. 人类基因组中，你认为在编码 DNA 区还是非编码 DNA 区更容易发现 SNP?
12. 在同一个物种的不同个体上发现了一组基因序列，你如何判断它们是直系同源还是旁系同源?
13. 当研究人员在一个患病家系做疾病性状连锁分析时，他选择适当 DNA 标记的原则最主要的有哪些?

14. 刚刚在一种脊椎动物的基因组上发现了一个罕见的新基因,你应该怎样快速和有效地对基因的序列做出结构和功能的预判?
15. 在获知一个基因的序列后,你该如何用生物信息学的工具研究它们在不同组织中的表达情况和它们的 RNA 是否经过了不同的剪切和重组?
16. 简述用于蛋白质组学研究的相关技术及其基本原理。
17. 人类基因组大约包含 2 万个蛋白质编码基因,而人类细胞中的蛋白质总数估计超过了 20 万。试用所学的知识解释这一现象。
18. 如何有效利用生物信息学技术分析基因组学和蛋白质组学数据?

推荐参考书

1. 陈捷编. 2009. 农业生物蛋白质组学. 北京:科学出版社.
2. 段朝军,李萃,唐发清. 2010. 分子生物学与蛋白质组学实验技术. 长沙:中南大学出版社.
3. 何华勤主编. 2011. 简明蛋白质组学. 北京:中国林业出版社.
4. 杨金水. 2007. 基因组学(第 2 版). 北京:高等教育出版社.
5. Campbell AM, Heyer LJ. 2006. Discovering Genomics, Proteomics and Bioinformatics. 2nd ed. Cold Spring Harbor Laboratory Press and Benjamin Cummings.
6. Hartwell LH, Hood L, Goldberg ML, et al. 2011. Genetics: From Genes to Genomes. 4th ed. New York: The McGraw-Hill Companies, Inc.
7. Pevsner J. 2009. Bioinformatics and Functional Genomics. 2nd ed. Hoboken: John Wiley & Sons, Inc.

第7章 遗传重组

提　要

遗传重组是形成生物多样性的重要因素之一，包括同源重组、位点专一性重组、转座重组以及异常重组等几种类型。本章主要介绍了这些重组类型的特点及其分子机制。学习遗传重组的分子机制对于人们认识生物多样性、生物进化、个体发育分化以及进行遗传改良等均具有重要的意义。

遗传重组(genetic recombination)是生物界普遍存在的遗传现象。进行有性生殖的生物物种，其亲代经过减数分裂形成配子，雌雄配子随机结合形成新的个体。由于所形成配子的多样性以及结合的随机性，决定了新个体的遗传组成与其亲代及所有同种生物其他个体之间的差异性。这是一个非常简单而又非常重要的遗传现象。染色体在这一过程中有两种变化形式：一种是DNA分子间没有发生物理交换；另一种是发生了物理交换，使遗传物质产生了新的排列和组合，这就是本章所要介绍的遗传重组。

从广义上讲，遗传重组包括任何造成基因型变化的基因交流过程。其实，无论是真核生物还是原核生物；无论是某一个体的基因组内还是在亲代与子代之间；无论是在减数分裂过程中还是在体细胞内的有丝分裂过程；无论是在核基因之间还是在细胞质基因(核外基因)之间；甚至在噬菌体的侵染和转座子的转座过程中等等，都存在着遗传重组现象。通过重组，生物体获得了遗传上的多样性，加快了物种对于环境的适应能力和生物进化的进程；同时，重组的发生对于DNA损伤的修复等也具有重要的作用。

遗传重组的类型很多，本章主要介绍同源重组、位点专一性重组、转座重组和异常重组这四种。

7.1　同源重组

7.1.1　同源重组的定义

所谓同源重组(homologous recombination)又被称为普遍性重组，是指联会(配对)的DNA同源序列之间相互交换对等部分的过程。这个过程依赖于大范围的DNA同源序列的联会(配对)，同源重组主要是利用DNA序列的同源性来识别重组对象。

7.1.2　同源重组的特点及影响因素

同源重组的最大特点在于它是发生在同源序列之间遗传物质的重新组合。同源重组是一个酶促的过程，在整个过程中除了需要DNA聚合酶、核酸内切酶、外切酶以及连接酶等之外，还需要有重组酶的参与，以促进DNA双链的断裂、连接和重组体的释放；另外，重组酶对于DNA的损伤修复、DNA的重组和基因转换等也有重要的作用。在基因组中，相关酶可以利用任何一对同源序列作为底物发生重组过程。

研究结果表明，同源区段的长度、不同的细胞类型、染色体的结构组成、性别、年龄以及内外环境条件等因素对同源重组都有一定的影响。例如，总体的重组频率在男性与女性之间是不同的，女性的重组频率是男性的两倍；而在异染色质区域附近遗传物质的交换因受到抑制作用而降低。

7.1.3　同源重组的分子机制

关于同源重组发生的机制，目前还没有统一的观点，这也可能是由于生物界本身就同时并存着多种重组机制的原因。通过对重组遗传结果的分析、减数分裂早期染色体行为的观察与研究、离体重组系统(主要为原核生物)的分析以及对DNA生化特性的认识等研究工作,现已提出了多种旨在解释双链DNA之间重组的模型。

1. 同源重组时异源双链DNA断裂与重接的实验证据

应用许多研究手段,人们在细胞学水平上已经揭示出了在减数分裂前期,同源染色体发生配对,非姐妹染色单体之间发生断裂、重接和交换现象,以及交换和交叉之间的相互关系。证明重组的发生是通过DNA分子之间的物理断裂与再接合而实现的。

以同位素标记不同的噬菌体突变体类型,突变型c,mi以^{13}C和^{14}N标记为重链,而野生型类型以^{12}C和^{14}N标记为轻链,噬菌体杂交后出现c+,+mi类型,子代噬菌体DNA经过CsCl密度梯度离心,结果显示除原有的两条带以外,在中间还有杂交为C+/+mi的类型(图7.1)。

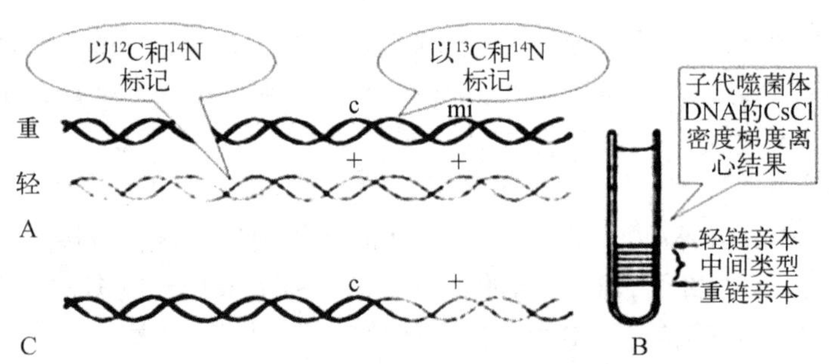

图7.1 λ噬菌体染色体断裂与重接的证据

2. 同源重组的分子机制假说

(1) 部分交叉型假说:该假说是1909年由Janssens提出的,并于1934年由Darllington进一步完善。他们在研究细胞的减数分裂时,看到在前期Ⅰ配对的染色体开始收缩时,其非姐妹染色单体之间存在交叉。由此他们认为,由于染色单体发生了交换才产生交叉,交叉是由交换决定的,即先有交换后有交叉;而交叉正好是在非姐妹染色单体发生断裂和互换后重新愈合的地方形成,这样非姐妹染色单体之间发生了几次交换,在双线期就可以看到几个交叉;而随着染色体的分开,产生交叉端化现象,这时的交叉点与交换点就不一致了(图7.2)。

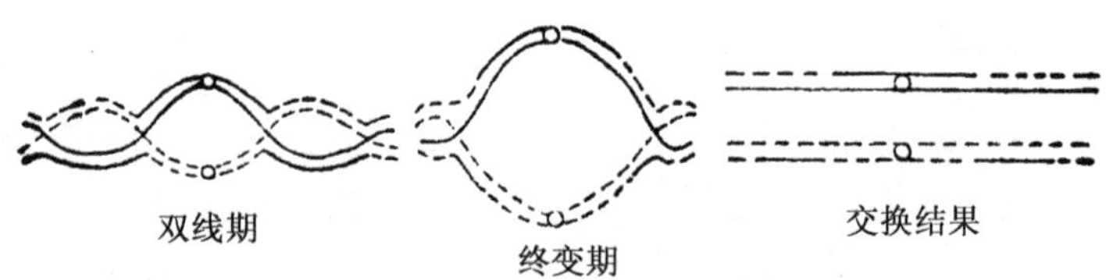

图7.2 部分交叉型假说示意图

此学说虽然涉及组成染色体的两条单体,但并未真正从组成染色体DNA分子的结构进行分析、解释重组发生的机制,而只是对细胞学上的研究结果提出了相应的解释和说明。

(2) 模板选择假说:1933年由J. Belling提出,故又称为Belling交换假说。这一假说把交换和新的染色单体的复制联系起来,认为染色体配对是在尚未复制的同源染色体之间进行的。染色体复制分两步,先形成染色粒,后形成连接丝;当新染色粒沿着相应旧的姐妹染色单体形成以后,随后形成的连接丝把它们连接起来。由于同源染色体处于相互缠绕之中,连接丝可以把两个同源染色体形成的染色粒连接起来,从而产生交换(图7.3)。

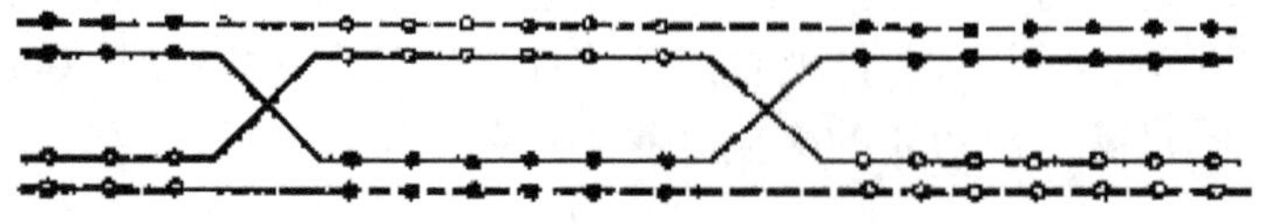

图7.3 模板选择假说示意图

模板选择假说并未涉及到染色体的断裂,而只是模板的不同造成了其子代DNA组成的差异;然而从现代分子生物学研究结果证实，DNA的复制发生于细胞分裂的间期，同源染色体的联会（即发生交换的可能时期）发生于随后的细胞分裂前期。这是相互矛盾的。

另一方面，Belling认为交换与染色体的复制发生在同一过程，只涉及两条染色单体，并且也只限于新形成的染色单体，而无法解释三线与四线双交换，以及姐妹染色单体之间交换等现象。因此其合理程度值得怀疑。

（3）*扭力假说*（torsion hypothesis）：1937年，Darllington对交换提出了扭力假说，也被称为断裂愈合模型。这一假说认为同源染色体在纵裂前，因彼此吸引而配对。每一染色体内部的DNA分子旋转，同时成对的染色体之间也相互盘绕，内部和外部的扭力方向相反。染色体完成复制之后，同源染色体间的平衡被破坏，姐妹染色体开始相互吸引，而非姐妹染色体彼此排斥，迫使它们分开。由于它们之间仍旧处在相互扭曲之中，因而产生了扭力，使染色单体断裂。非姐妹染色单体的断裂严格地发生在相同位点上，断头分开并旋转，扭力解除。当非姐妹染色单体重新连接起来时，就发生了交换（图7.4）。

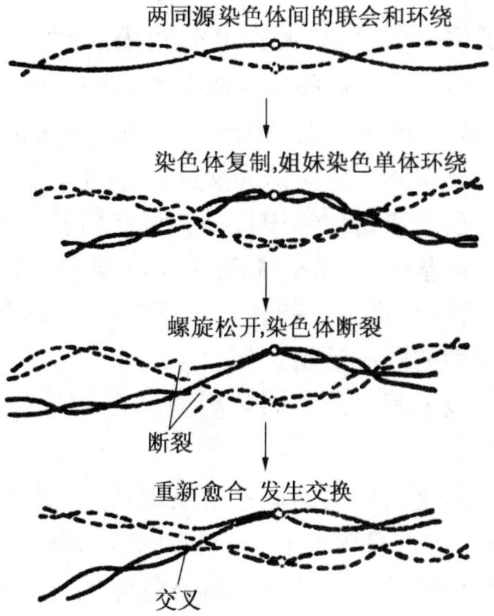

两同源染色体间的联会和环绕

染色体复制,姐妹染色单体环绕

螺旋松开,染色体断裂

断裂

重新愈合　发生交换

交叉

图7.4　扭力假说示意图

该假说合理地解释了交换与交叉的关系，并有许多实验结果来支持它，因而受到广泛的重视，至今仍为很多教科书和科学工作者所引用。其缺点是并没有对染色体是如何发生断裂和重接做出具体的说明。扭力假说认为同源染色单体先行配对而后复制，但分子生物学的证据表明，同源染色体在配对之前已经复制为二，因此该假说并未从分子水平上进行正确的解释。另外，该假说虽然提出了染色单体的断裂，但是认为非姐妹染色单体的断裂严格地发生在相同位点上，从目前的研究结果表明，这一现象出现的概率是非常之低的。因此，该假说亦存在一定的缺陷。

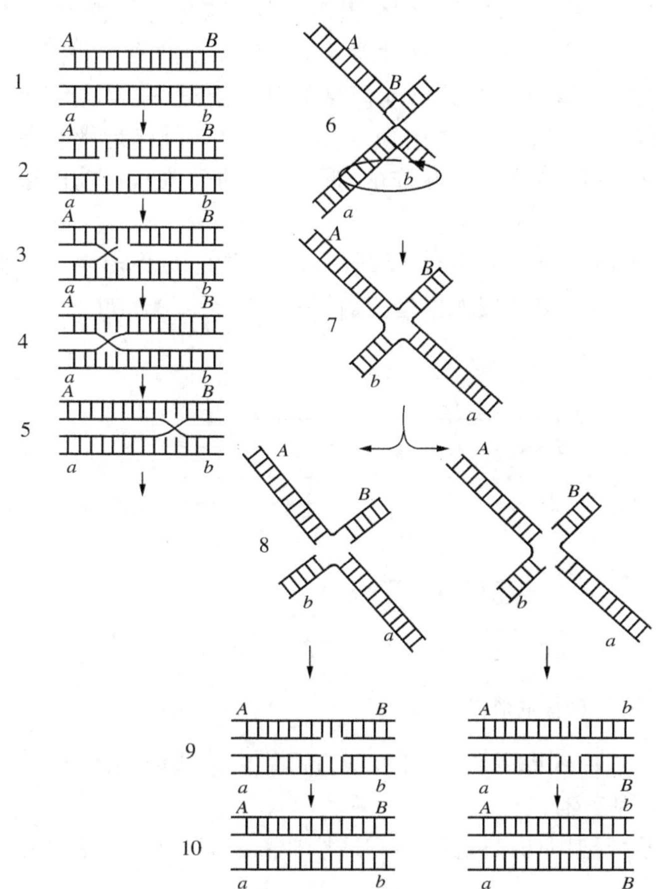

图7.5　Holliday模型（引自刘祖洞，1991）

（4）Holliday模型：Holliday模型是由Holliday于1964年提出的，又被称为异源或杂种DNA模型。该模型是第一个被广泛接受的重组模型，也被称为双链侵入模型，其示意图见图7.5。

图中，每一条横线表示DNA的一条单链，两条以细竖线相连的横线表示一条DNA分子，竖线表示双链DNA之间配对的碱基。两条发生交换的单体上分别带有A、B/a、b基因。具体步骤如下。

1）联会配对；

2）在核酸内切酶的作用下，两DNA分子的相对应部位发生单链断裂，形成缺口，这两条DNA分子极性相同。

3～4）形成的单链游离端交换位置后重新连接，形成一个交联桥，或称之为Holliday中间体，它是所有重组模型的中心。

5）交联桥的位置发生滑动，形成异源区段。

6～7）交联桥的两臂发生旋转，形成一个中空的十字形。这一过程也称为异构化，它能通过重排而改变链的彼此关系。在这一过程中没有键的断裂。异构化过程不需要能量，所以可以很快发生，每种构象存在的概率为50%。

8）以中间为出发点可以分为四条臂，其中两条对应单链发生断裂后交换位置重新接合，另外两条单链保持完整。这样就有两种断裂重接方式,两侧的基因 A,B 和 a,b 基因有可能发生重新组合,也有可能不发生重新组合。但是总会形成一段异源区段,而异源区段是不稳定的,不配对的核苷酸(碱基)在 DNA 分子中造成歪斜,由核酸外切酶进行切割修复。

9) 留下单链缺口,在 DNA 多聚酶的作用下,合成具有互补碱基的区段,填补缺口。

10) 最后由连接酶作用,把新合成的短链以共价键结合形成连续的核苷酸链,完成修复过程。

Holliday 模型认为交换的单链是在对应部位同时发生断裂,这种概率较之于单链断裂的概率要低得多,并且在经典遗传学中,人们所观察到的同源重组现象通常是交互的,也就是说:当一对同源染色体分别携带有等位基因 A 和 a 时,如果一条染色体把 A 交给它的同源染色体,则它的同源染色体必定把 a 回过来交给它,所以在真菌的四分子分析中,一个座位上的两等位基因分离时,应表现出 2∶2 或 4∶4 的分离比。这就是典型的同源重组。

以上假说从不同角度对基因的互换进行了分析。其中以 Holliday 模型更加受到人们的普遍重视和接受。

但是在以后的研究中发现,并非所有真核生物的同源重组都是这样交互进行的,在有些子囊菌的四分子分析中,我们看到了 5∶3、6∶2 等分离比。例如,粪壳菌是一种研究同源重组的良好材料,其减数分裂的产物直接反映了减数分裂时染色体的分离重组过程。Olive 在粪生粪壳菌(*Sodavia fimicola*)中发现了这种现象。通过分析发现,粪生粪壳菌的子囊孢子有两种表现:灰色与黑色,它们分别由基因 g^+ 和 g^- 决定,而这两个基因之间仅有一对碱基之差。

g^+为	G ═══ C	(G/C)	ACAGT ═══ TGTCA
g^-为	T ═══ A	(T/A)	ACATT ═══ TGTAA

当以基因型为 g^+ 与 g^- 的个体为亲本进行杂交时,子囊孢子的颜色就会出现两种:灰色与黑色,并且分离比大多为 4∶4,但同时还会出现 5∶3、6∶2 和 1∶3 等多种分离比。这种现象是如何产生的呢?我们如何在 DNA 水平上解释这一遗传现象呢?Meselson-Radding 模型在 Holliday 模型的基础上进一步发展,很好地解释了这一实验现象。Meselson-Radding 模型不仅可以解释交互重组现象,而且还可以圆满地解释基因转换(gene conversion)现象(所谓基因转换是指由一个基因转变为其相应的等位基因的现象),目前已被广泛接受,现重点介绍该理论。

(5) 同源重组的 Meselson-Radding 模型:根据 Meselson-Radding 模型,基因的重组以及转换与异源 DNA 链的形成有密切关系。Meselson-Radding 模型也称为单链侵入模型,其具体过程分步论述如下。

1) Holliday 中间体的形成(图 7.6)

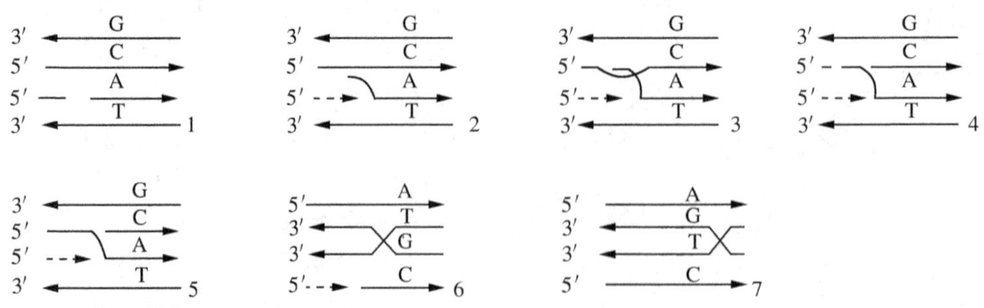

图 7.6　Holliday 中间体的形成

A. 切断　同源联会的两个 DNA 分子中任意的一个出现单链切口,切口可能由某些内切酶产生,也可能由使同源 DNA 接近并发生联会的蛋白质因子作用产生。

B. 链置换　切口处形成的 5′端局部解链,酶系统利用切口处的 3′-OH 合成新链,填补解链后形成的单链空缺。原有的链被逐步排挤置换出来。

C. 单链侵入　由链置换产生的单链区段侵入到参与联会的另一条 DNA 分子因局部解链而产生的

单链泡中。局部解链可能是由于某种DNA结合蛋白的作用产生，也可能由DNA的呼吸作用产生。

D. 环状DNA单链切除　侵入的单链DNA与参与联会的另一条DNA分子中的互补链形成碱基配对，同时把与侵入单链的同源链置换出来，由此产生D形环状结构。D形环状结构的单链区随后被5′→3′外切酶切除降解掉。

E. 链同化　D形环状结构切除中产生的3′-OH断头与侵入单链的5′-P在DNA连接酶的作用下共价连接，形成非对称性异源双链区。异源双链区内往往含有错配碱基，这些错配碱基对面临着细胞内修复系统的修复作用，而修复的结果就有可能造成基因的转换。

F. 异构化　链同化进行过程中，DNA经过一定的扭曲旋转，形成Holliday中间体。

G. 分支迁移　两条DNA分子之间形成的交叉点可以沿DNA移动，这一过程叫分支迁移。迁移实际上是两条DNA分子之间交叉的同源单链互相置换的结果，迁移的方向可以朝向DNA分子的任意一端。分支迁移使两条DNA分子中都出现异源双链区，此时称之为对称性异源双链区。异源双链区的修复时间和方式与基因转换的发生与否有密切关系。

2) Holliday中间体的拆分及异源双链区的修复

A. Holliday中间体的拆分

Holliday中间体的形成只完成了重组的一半，由它联系在一起的两条DNA分子必须经过拆分回复到彼此分开的双螺旋分子状态。拆分需要内切酶在交叉点处形成一对缺口，然后以DNA连接酶进行连接。

Holliday中间体可以以两种交替方式进行拆分，拆分点两侧基因或发生交互重组，或无重组发生。也就是说，假设杂交的两个DNA分子上，在交叉点两侧分别有基因A、B和a、b，当以不同形式进行拆分时，A、B与a、b或有重组发生，或无重组发生(图7.7)。由此可见，Meselson-Radding模型很好地解释了基因的重组现象。

从图7.7中可以看出，无论哪种拆分都必然在两条DNA分子上留下一段异源双链区，异源双链区的修复就造成了基因的转换。

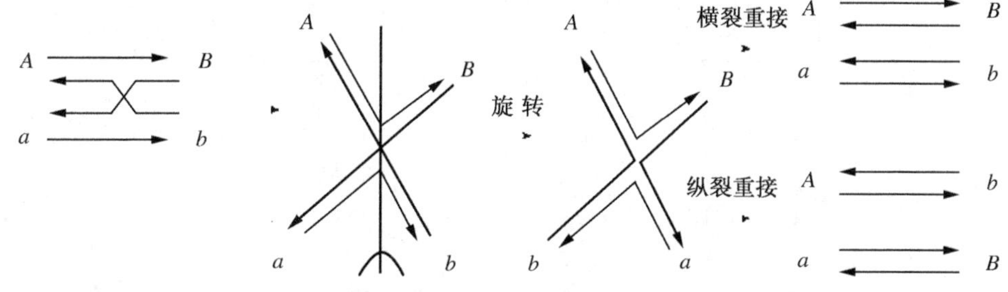

图7.7　Holliday中间体的拆分

B. 异源双链区的修复

单链断裂后的侵入以及分支迁移的过程导致了不对称异源区段和对称性异源区段的形成。异源区段的修复，能发生基因转换。

上面我们以粪生粪壳菌为例，介绍了异常分离比的出现，这一实验现象既不能以交换解释，也不可以用基因突变解释，因为其发生频率大大高于突变频率。根据研究结果发现，对于g^+和g^-基因而言，异源双链区形成后，二者之间只有一对碱基的差异，形成了异源区段(图7.8)。异源区段中带有不对称的碱基对G/A或C/ T。在减数分裂中期Ⅰ的染色体图如下：

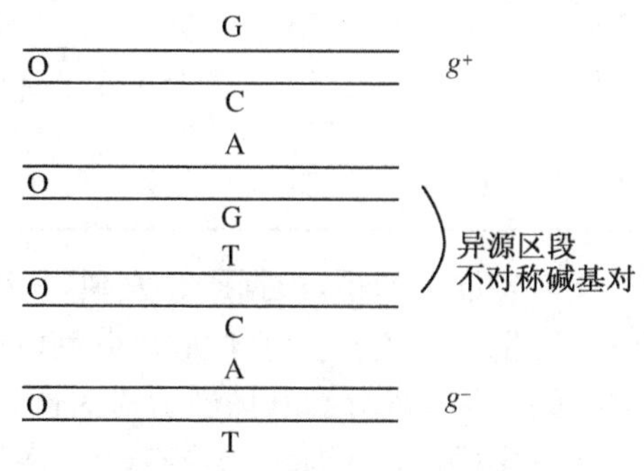

图7.8　示异源区段不对称碱基

每一个不对称碱基对都可以有两种校正形式，例如，G/A对，如果切除A，则形成G/C，表现为野生型；如果切除G，则形成T/A，表现为突变型；如果不相称的核苷酸没有得到校正，杂种DNA留到下一次复制时，将产生两个不同的子染色体，这样就出现了半染色单体转换，具体表现为一个孢子对中两个孢子的基因型及表现型不同。同样,不对称碱基对 C/T 也可以有不同的修复方式,从而表现出不同的分离形式。

不对称碱基对的修复时期包括减数分裂中修复和减数分裂后修复。

如果在减数分裂时发生碱基修复,则会出现不同的修复结果,如图 7.9 所示,并总结于表 7.1。

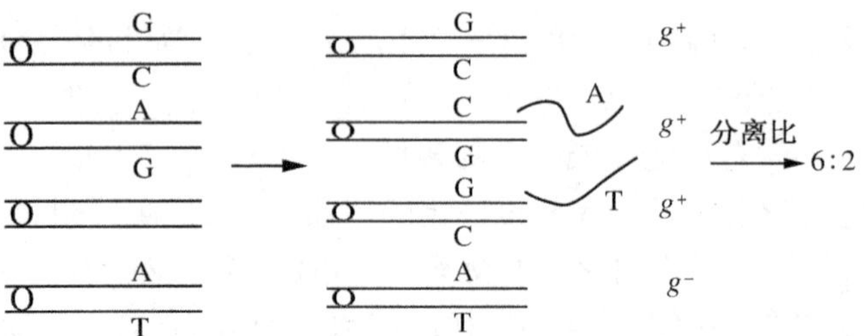

图 7.9　异源区段不对称碱基对的修复

表 7.1　减数分裂中修复异源双链区的不对称碱基对

第一孢子对	第二孢子对	第三孢子对	第四孢子对	子囊孢子组成	分离比
G/C	切 A: G/C	切 T: G/C	T/A	++++++−−	6∶2
G/C	G/C	切 C: A/T	T/A	++++−−−−	4∶4
G/C	切 G: T/A	切 T: G/C	T/A	++−−++−−	2∶2∶2∶2
G/C	T/A	切 C: A/T	T/A	++−−−−−−	2∶6

所谓减数分裂后修复是指在减数分裂过程中没有不对称碱基的切除与修复,只在减数分裂后的有丝分裂阶段由于染色体复制而形成正常的配对碱基,从而在一个孢子对中有两种基因型及表现(图 7.10)。

由此可见,异源双链区的修复不管发生在哪一时期,其结果都会出现多种分离比例(表 7.2)。

表 7.2　部分减数分裂修复及减数分裂后修复不对称碱基对后形成的子囊类型

子囊孢子								子囊孢子组成	分离比
G/C	G/C	G/C	G/C	G/C	G/C	T/A	T/A	++++++−−	6∶2
G/C	G/C	G/C	G/C	G/C	T/A	T/A	T/A	+++++−−−	5∶3
G/C	G/C	G/C	G/C	T/A	G/C	T/A	T/A	++++−+−−	4∶1∶1∶2
G/C	G/C	G/C	G/C	T/A	T/A	T/A	T/A	++++−−−−	4∶4
G/C	G/C	G/C	T/A	G/C	G/C	T/A	T/A	+++−++−−	3∶1∶2∶2
G/C	G/C	G/C	T/A	G/C	T/A	T/A	T/A	+++−+−−−	3∶1∶1∶3
G/C	G/C	G/C	T/A	T/A	G/C	T/A	T/A	+++−−+−−	3∶2∶1∶2
G/C	G/C	G/C	T/A	T/A	T/A	T/A	T/A	+++−−−−−	3∶5
G/C	G/C	T/A	G/C	G/C	G/C	T/A	T/A	++−+++−−	2∶1∶3∶2
G/C	G/C	T/A	G/C	G/C	T/A	T/A	T/A	++−++−−−	2∶1∶2∶3
G/C	G/C	T/A	G/C	T/A	G/C	T/A	T/A	++−+−+−−	2∶1∶1∶1∶1∶2
G/C	G/C	T/A	G/C	T/A	T/A	T/A	T/A	++−+−−−−	2∶1∶1∶4
G/C	G/C	T/A	T/A	G/C	G/C	T/A	T/A	++−−++−−	2∶2∶2∶2
G/C	G/C	T/A	T/A	G/C	T/A	T/A	T/A	++−−+−−−	2∶2∶1∶3
G/C	G/C	T/A	T/A	T/A	G/C	T/A	T/A	++−−−+−−	2∶3∶1∶2
G/C	G/C	T/A	T/A	T/A	T/A	T/A	T/A	++−−−−−−	2∶6

还需要强调的是,根据研究发现,基因转换不仅发生在非姐妹染色单体的等位基因之间,还可以在以下情况下发生:① 有丝分裂时姐妹染色单体等位基因之间;② 有丝分裂和减数分裂时姐妹染色单体的非等位基因之间;③ 有丝分裂和减数分裂时同一染色体上非等位重复基因之间。

可以这样说:基因转换并不等同于交换,但与交换有关。大部分异常的子囊在等位基因转换位点两侧的标记之间出现遗传重组。

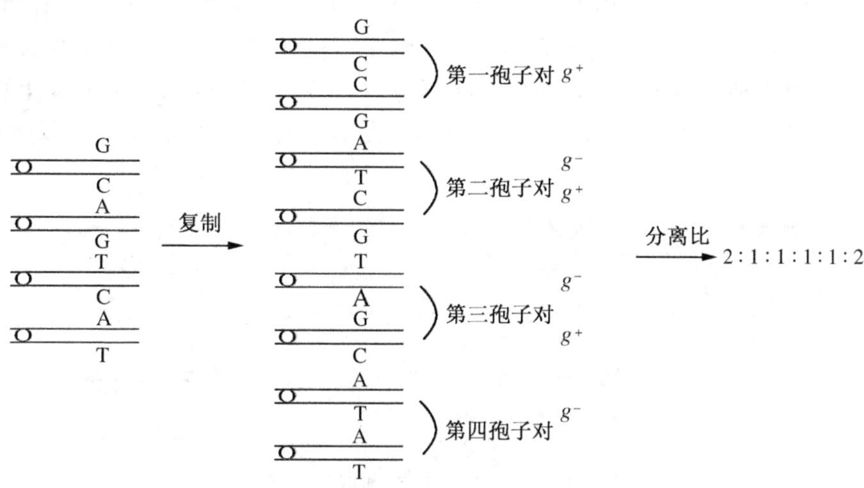

图 7.10 异源区段减数分裂后修复

重组事件的起始阶段只有一条 DNA 分子中含非对称异源双链区，只是到后来由于异构化和分支迁移才使两条 DNA 分子上出现了对称性异源双链区。这样，越是靠近优先起始点的遗传标记，其发生基因转换的频率就越高；越是远离该点的标记，其转换频率就越低。这就说明基因转换是有极性的(polarity)，并由此提出了极化子模型(polaron model)。该模型假定内切酶首先作用于基因的一端，从起点开始，基因转换频率由高到低，形成一个梯度，在染色体上呈现基因转换极化现象的这样一个区域被称为一个极化子。有时一个极化子就相当于一个基因。

基因转换使同一家族的串联重复基因拷贝处于不断的"比较"之中，在维护这些结构的同一性方面起了重要作用。

基因转换也导致了另一种遗传现象的出现，这就是高度的负干涉(negative interference)现象。由于基因转换作用的存在，有些非交换形成的配子类似于交换的结果，致使实际交换数值估计偏高，多于理论双交换类型，因此发生负干涉现象。

(6) 双链断裂修复模型：在 DNA 分子中，如果两条链中一条链发生断裂，另一条链仍然可以把分子联系到一起；但是如果两条链都发生断裂，DNA 分子的两部分可能被分开，这很可能是一个致死的过程。由此看来，通过双链断裂引发重组好像是不可能的。但是，目前的研究结果表明，在有些情况下，当两个 DNA 分子中一个 DNA 的双链都发生断裂时，同样可以引发重组。DNA 双链断裂引发重组的现象已经在酵母、细菌、噬菌体和低等真核生物的遗传实验中得到证明。因此可以这样认为：通过双链断裂引发重组是个普遍存在的机制。

双链断裂重组模型认为，遗传信息的交换是由双链的断裂所引发的。参与重组的一对 DNA 分子之一的两条链被核酸内切酶切断，在核酸外切酶作用下扩展为一个缺口，并在(一种或几种)核酸外切酶的作用下产生 3′单链黏性末端，这两个 3′游离末端中的一个侵入到配对 DNA 分子的同源区段，置换出"供体"双螺旋的一个单链而形成一段异源双链 DNA，并同时产生一个 D 环(D-loop)。形成的 D 环由于利用 3′游离末端为引物，在 DNA 聚合酶的作用下修补合成而扩展。最终 D 环的长度变得与"受体"染色体的缺口长度相当。当突出的单链到达缺口的另一端时，互补的两条单链退火。此时在缺口的两侧各有一段异源双链 DNA，并且此缺口被 D 环单链 DNA 所占据。通过以缺口 3′端为起始的修补合成来恢复缺口外双链的完整性。总的来说，可以通过两次单链 DNA 的合成而修复缺口(图 7.11)。

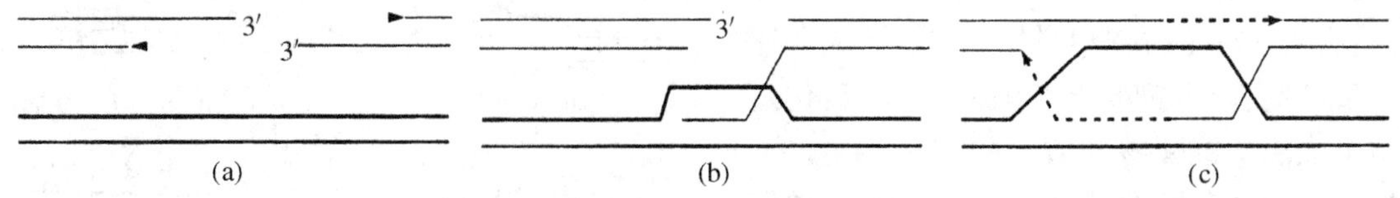

图 7.11 双链断裂修复模型

(a) 两个 DNA 分子中一个 DNA 分子双链断裂，箭头指出 5′端发生降解；(b) 3′端侵入到另一 DNA 分子中并置换出同源链；(c) DNA 聚合酶以 3′端为引物进行修复直到和 5′末端连接(黑色箭头)。两个 Holliday 连接体形成两次以合成单链 DNA 而修复缺口的结果导致了在交换的两个单体之间形成了具有两个重组连接体的分子。也就是有两种 Holliday 中间体。是否发生重组依赖于在拆分时两个 Holliday 连接体处于哪种构象。如果两者处于相同的构象Ⅰ或Ⅱ(图 7.12),在它们被拆分时,则不发生交换,也就不发生重组;且每一个双螺旋皆含有一段异源双链。如果两个 Holliday 连接体是处在不同的构象时,拆分后将发生重组。

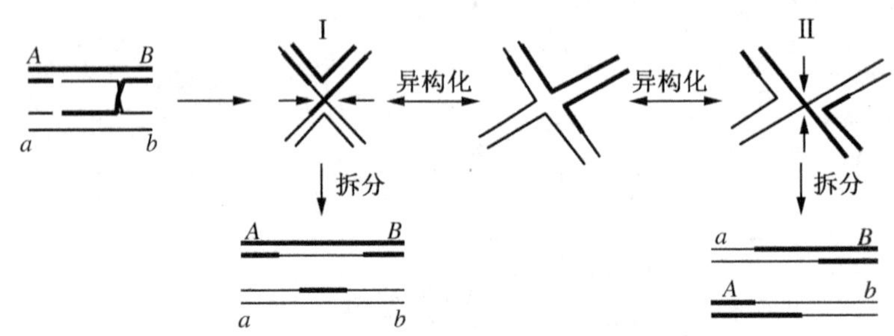

图 7.12 Holliday 的两种拆分方式

在前述有关重组的分子模型中,重组过程的任意阶段都没有遗传信息的丢失。但在双链断裂模型中,起始断裂之后,紧接着就是遗传信息的丢失。在恢复这些信息的过程中,任何错误的发生都有可能是致命的。但另一方面,通过另一双螺旋分子而重新合成丢失信息的这种能力为细胞生存提供了主要的安全屏障。

同源重组不仅可以发生在线性 DNA 分子之间,它同样也可以发生在环形 DNA 分子之间或环形与线形 DNA 分子或片段之间。

(7) 环状 DNA 分子的重组过程:环状 DNA 分子由于其核苷酸组成数目少、分子小、便于操作而容易进行整体研究,特别是易于对 DNA 分子间序列交换的本质进行探讨。另外,尽管细菌的遗传物质为环状结构,但它具有与高等生物相同的 DNA 结构特点和遗传重组特点。同时,交联桥的形成及其旋转拆分原理同样适用于环状 DNA 分子的重组过程。因此人们常用细菌体系进行遗传研究工作,环状 DNA 分子的遗传重组是研究重组机制的良好实验材料。

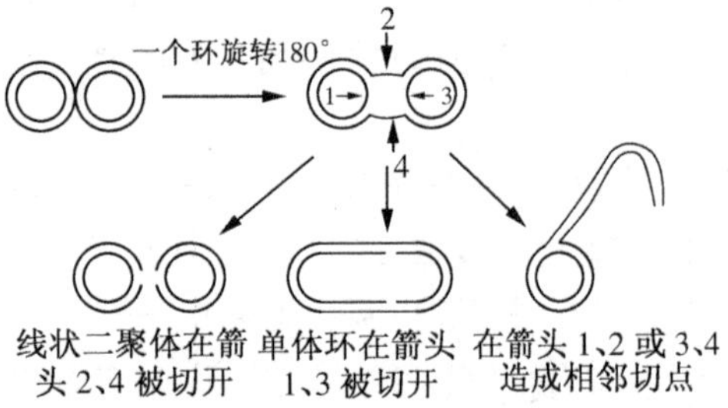

一个环旋转180° 2 1 3 4
线状二聚体在箭头 2、4 被切开　单体环在箭头 1、3 被切开　在箭头 1、2 或 3、4 造成相邻切点

图 7.13 环状 DNA 分子重组过程

环状 DNA 分子之间重组过程如图 7.13 所示:首先,两个环状 DNA 分子在任意两个同源区域之间进行配对、断裂、重接,形成"8"字型的中间物(fingure-8 intermediate);其次,将"8"字型结构的单链切断,有 3 种不同的方式:在 2 和 4 对应链切断就产生两个环状 DNA 分子,与亲本类型相同,每个各含一段异源双链区;在 1 和 3 对应链切断,则形成一个由两个亲本 DNA 分子首尾共价连接而成的单体环;1 和 2 或 3 和 4 切断,则产生滚环状结构。

显然环状 DNA 分子相互重组必然导致单体环形成。由于该单体环含有两个亲本 DNA 分子,因此它们又可以在任何同源区之间发生重组,形成两个环状 DNA 分子。

(8) 细菌的转化重组:细菌的转化是供体 DNA 片段进入受体细胞后,双链 DNA 解链,只有一条链进入受体细胞和受体染色体发生重组,另一条链被分解掉,因此重组是发生在单链 DNA 片段和完整的双链 DNA 之间(如图 7.14 所示)。供体单链与受体 DNA 之间结合形成一段异源双链区。如果两者序列不完全一致,则会产生错配核苷酸对,所以转化过程的最后结果取决于错配核苷酸对的校正修复。如果校正时被切除的是异源双链区中的属原供体单链的核苷酸,那么就无重组发生;如果被切除的是属原受体 DNA 的核苷酸,则发生重组,该细菌的后代细胞全部表现为重组体。如果无校正修复作用发生,

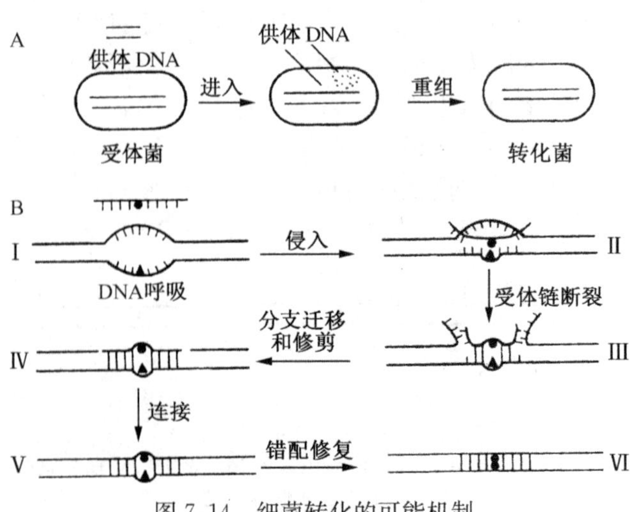

图 7.14 细菌转化的可能机制

则该细菌经DNA复制和细胞分裂后产生的两个细胞中，一个具有受体的基因型，另一个具有重组体的基因型。但是由于转化试验中所采用的选择条件一般只允许重组体细胞生长，因此在无校正作用时产生的菌落中绝大多数细胞为重组体。有些遗传标记在转化中或是很少发生校正作用，或是校正切除几乎总是在受体DNA上，因此转化效率较高，这一类遗传标记被称为高效率标记(high-efficiency marker)。而另一些遗传标记在转化中的校正切除总是倾向于发生在供体单链上，因而表现出很低的转化频率，这类标记称为低效率标记(low-efficiency marker)。如果一旦细胞内的错配核苷酸校正修复功能失活，形成校正修复缺陷型突变体，以这种突变体为受体进行转化实验，所有供体遗传标记的转化效率都很高，于是低效率标记转变为高效率标记。

从以上分析看来，同源重组可以发生在减数分裂时同源染色体的非姐妹染色单体之间，也可以发生在有丝分裂过程中每条染色体的两条染色单体之间，细菌的转化、转导、接合以及噬菌体的重组也都属于同源重组。它们具有共同的特点，即在同源重组过程中，在交换区必须有相同或相似的序列，即同源序列；双链DNA分子间互补碱基进行配对，即发生联会反应；同时重组过程中有重组酶的参与，促进DNA双链的断裂、修复、连接和重组体的释放。酶的参与使重组过程得以顺利完成。在这一过程中，有异源双链区的形成，而异源双链区的不同修复方式决定了参与重组的染色单体上部分基因的组成。

7.1.4 同源重组的功能

同源重组具有多种生物学功能，首先，它对维持种群的遗传多样性具有重要的意义；其次，在真核生物中，同源重组使染色体产生瞬间物理连接，保证了减数分裂中染色体的正确分离；第三，有助于DNA损伤的修复。

通过以上论述我们可以看出，同源重组的发生应具有以下基本条件。

(1) *在交换区具有相同或相似的序列*：同源重组往往只发生在两个DNA分子中相同的部位。两个DNA分子中不同部位间的重组有时也会发生，因为在DNA分子中，同样或类似的序列有时可见于多处(例如：重复序列)。这种类型的重组也称为异位重组，它可以引起DNA序列的缺失、重复、倒位等DNA重排现象发生。

(2) *DNA双链分子间互补碱基进行配对*：在这一过程中联会具有重要的作用，长期以来，人们一直认为联会复合体有可能代表着重组过程中DNA交换的一个预备过程。但最近有观点认为联会复合体是重组的结果而非发生的原因。

两个DNA分子之间互补的碱基配对确保重组只发生在同样的基因座之间，也就是DNA分子的相同部位。

(3) *重组酶*：参与重组反应的酶能保证重组的顺利进行。重组的中心环节包括两条DNA双螺旋分子的断裂、修复、连接和重组体的释放，这些过程的顺利进行都必须在酶的作用下催化完成。

(4) *异源双链区的形成*：同源重组时，在两个DNA分子之间碱基互补配对的区域称为异源双链区。该区域的形成、移动与交联桥的异构化是重组发生的基础条件。

同源重组是一个受控过程，只有一小部分经过相互作用而最终完成交换。通常情况下，每对同源染色体只有1～2个交换，但同源染色体不发生交换的可能性也很低(<0.1%)。可见同源重组是减数分裂过程中非常重要的一个环节。

7.2 位点专一性重组

7.2.1 位点专一性重组的定义

位点专一性重组(site-specific recombination)是发生在原核生物中特殊序列对之间的重组过程，因此也被称为保守性重组(conservative recombination)。它是指在原核生物中依赖于小范围同源序列的联会，发生于短同源区或特定的碱基序列之间精确的切割、连接反应。在重组过程中，两个DNA分子并不交换对等部分，有时是一个DNA分子整合到另一个DNA分子中，因此，又被称为整合式重组(integrative recombination)。

7.2.2 位点专一性重组的特点

位点专一性重组过程具有在反应过程中 DNA 既不失去,也不合成,而发生了 DNA 整合的特点。不过在重组过程中,不仅需要同源序列,同时还需要有位点专一性的蛋白质因子参与催化过程。由于这些蛋白质因子不能催化其他任意两条同源或非同源的 DNA 片段间的重组,因而保证了重组的高度专一性和高度保守型。

这一重组模式最早是在 λ 噬菌体的遗传研究中发现的。λ 噬菌体侵染 *E. coli* 后,有两种存在方式,或是发生裂解生长,或是发生溶源生长。当进入溶源生长状态时,λ 噬菌体的 DNA 将整合到宿主的基因组中;反之,当从溶源状态转为裂解生长状态时,整合于细菌基因组中的 λ 噬菌体 DNA 要从宿主基因组中切割下来。发生两种类型转换的整合与切割过程均是通过位点专一性重组完成的。

7.2.3 位点专一性重组的分子机制

位点专一性重组的发生必须有专一性位点的存在,同时有位点专一性的蛋白质因子参与催化反应。例如:*E. coli* 的基因组中有一个特异性位点,位于 *bio* 和 *gal* 两基因之间,长度约为25 bp,记为 *att*λ 或 *attB*,分为 B、O、B′三部分;λ 噬菌体的基因组中 *att* 位点由 P、O、P′三部分组成,长度约为240 bp,记做 *attP*。*attB* 和 *attP* 位点中 B/B′和 P/P′序列各不相同,但是 O 序列完全相同,这就是位点专一性重组发生的区段。因此 O 序列被称为核心序列(core sequence)。它全长为 15 bp,富含 A - T 对,序列内没有碱基回文对称性(图 7.15)。尽管重组发生在核心序列,但核心序列以外的两臂在一定序列内对重组也有影响,另外,重组中的蛋白质因子也并不只是作用于核心序列。

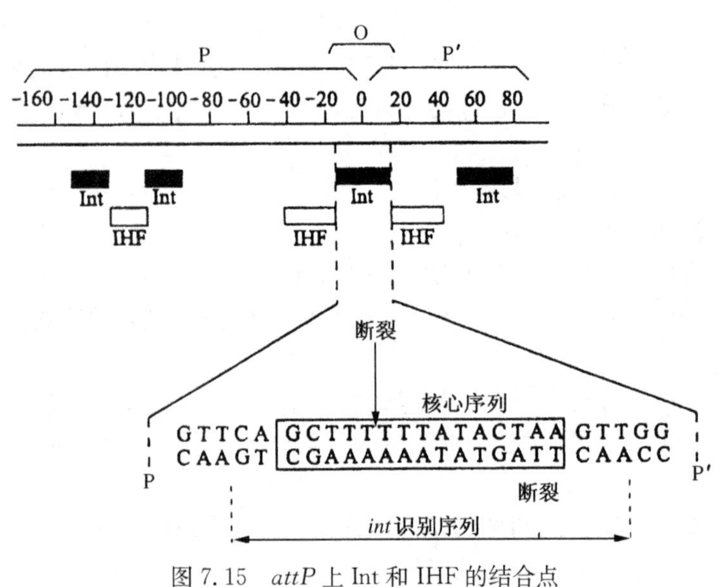

图 7.15 *attP* 上 Int 和 IHF 的结合点

为了测定 *attP* 两臂序列对重组的必要长度,将 *attP* 和 *attB* 序列连接在质粒上,在核心序列两端用核酸酶处理使之逐渐缩短,然后将所取得的一系列超螺旋质粒和线状的 *attB* DNA 进行重组分析。实验结果说明:P 的必要长度是 160 bp。如以核心序列的中心碱基为零计算,那么 P 的长度应为 0～160,而 P′的必要长度是 0～+80,所以整个 *attP* 的必要长度为 240 bp。而 *attB* 则短得多,B 的必要长度为 0～11,B′为 0～+11,整个 *attB* 的长度为 23 bp。*attB* 和 *attP* 的长度不同表明它们在重组中有不同功能。

λDNA 的整合过程中既没有 DNA 的分解,也没有 DNA 合成,只是 *attP* 和 *attB* 两个位点结合以后,具拓扑异构酶Ⅰ活性的Int蛋白质使两个 DNA 分子的每一个单链断裂,在一瞬间旋转以后仍然在 Int 的作用下连接成半交叉,形成重组中间体,即 Holliday 结构。接着另外两个单链通过相同的过程断裂重接,这样便完成了重组过程。

重组位点一边的磷原子来自一个亲本,另一边磷原子则来自另一个亲本,而且重组子中没有任何缺口,表明这一重组确实不需要 DNA 的合成;用同位素示踪实验也证明了这一点。另外在电镜下也观察到 λDNA 整合过程的 Holliday 结构。

离体条件下研究结果显示,Int 和 IHF 可以催化 λDNA 和寄主 DNA 的位点专一性重组。Int 是一种 DNA 结合蛋白质,对 *POP*′序列有强烈的亲和力,同时它具有Ⅰ类拓扑异构酶活性。IHF 为整合宿主因子(integrate host factor,IHF),该蛋白质含有两个亚基,均由宿主基因编码。IHF 也与 *att* 位点结合促进 λDNA 的整合。每生成一个重组 DNA 分子需要大约 20～40 个分子的 Int 和大约 70 个分子的 IHF,这种化学剂量关系说明 Int 和 IHF 的主要功能是结构性的而不是催化性的。

足迹法(footprinting)鉴定的结果表明：这两种蛋白质与 *att* 位点的特异性序列结合。从图 7.15 中可见，Int 的结合点有 4 个，即包括核心序列在内的一段 30 bp 序列、*P'* 中的一段 30 bp 序列、*P* 中的两个 15 bp 序列。IHF 的结合点有 3 个，每个结合点约长 20 bp。IHF 和 Int 结合点彼此靠得很近，两者的结合点占据了 *attP* 区域的大部分核苷酸对。*attB* 位点中只有一个 Int 结合位点，长约 15 bp，位于核心序列中。这些特异性结合位点的功能显然与 λDNA 的专一性位点重组有关。同时 λDNA 的重组是关系到 λ 噬菌体侵入宿主细胞后是整合重组进行溶源化反应，还是切除重组进行裂解反应的选择，这些选择是受严格的基因调控的。

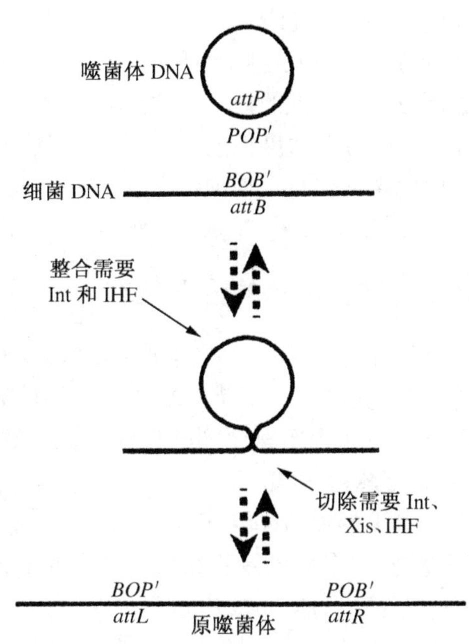

图 7.16　*attP* 和 *attB* 位点间的重组模式

由于线状的 λ 噬菌体 DNA 侵入细胞后不久，就通过首尾黏性末端连接成环，因此在 *att* 处的相互重组导致了整个 λ 噬菌体 DNA 整合到宿主基因组上。在这种整合状态下，λ 原噬菌体 DNA 呈线状，两边各有一个 *att* 位点，这两个位点是重组的产物，不同于原来的 *attB* 和 *attP*。原噬菌体左边是 *attL*，由 *BOP'* 序列组成；右边是 *attR*，由 *POB'* 序列组成(图 7.16)。这一整合反应可简化为：

$$BOP'(\text{细菌}) + POP'(\text{噬菌体}) \frac{\text{Int}}{\text{IHF}} BOP' + POB'(\text{原噬菌体})。$$

这一反应由 λ 噬菌体基因 int 的产物“整合酶”(integrase，Int)催化。Int 只能催化 *BOB'* 与 *POP'* 之间的重组，不能催化 *BOP'* 与 *POB'* 之间的重组，因此，在只有 Int 存在时，整合反应是不可逆的。

切除反应发生在原噬菌体两端的 *attL* 和 *attR* 之间，切除重组后产生 λ 环状 DNA 和细菌环状 DNA，并恢复 *attP* 和 *attB* 位点。切除反应可简化为：

$$BOP' + POB'(\text{原噬菌体}) \frac{\text{Int+Xis}}{\text{IHF}} BOB'(\text{细菌}) + POP'(\text{噬菌体})$$

催化切除反应的蛋白质因子除了 Int 和 IHF 之外，还需要一种称为切除酶(excionase，Xis)的蛋白质，由 λ 噬菌体的 *xis* 基因编码。Xis 与 Int 结合形成复合体，该复合体具有与 *BOP'* 和 *POB'* 结合的能力，促使两者之间的结合和重组，因此在 Xis 大量存在时，切除反应将是不可逆的。

在位点专一性重组过程中，对 *attP* 和 *attB* 的初始识别并不直接依赖于 DNA 序列的同源性，而是依赖于 Int 蛋白识别 *att* 序列的能力，依据整合体的结构将两个 *att* 位点按预定的方向被带到一起。随后会发生链的交换反应，而此时，序列的同源性则显示了重要作用。

7.3　转座重组

转座重组有赖于转座子(transposon，亦称转座因子，transposable elements)，是 20 世纪 40 年代由美国女遗传学家 McClintock 在研究玉米籽粒颜色变化的遗传时发现的。

7.3.1　转座重组的定义

所谓转座子是指基因组中可以从一个位点转移至另一个位点，进而影响到与之相关基因功能的遗传因子。在转座子转座过程中发生的重组即转座重组(transpositional recombination)。

7.3.2　转座重组的特点

转座的过程完全不依赖于序列间的同源性而使一段 DNA 序列插入另一段之中，它具有以下特点：

① 发生于非同源序列之间;② 不需要 RecA 等蛋白质的参与,只依赖于转座区域 DNA 的复制和转座酶(transposase)的催化。

细胞中转座发生频率往往很低,每个转座子似乎都有控制其自身转座频率的机制,由于生存的需要,转座子必须以某一最低的频率移动。频率过高,会对细胞造成损害,影响到生物的生命力和存活力。细胞内的转座酶在一般情况下浓度很低,极少引起转座,每个细胞每个世代产生的转座酶分子数还不到一个,例如 Tn10 转座酶是以每个世代每个细胞中合成 0.15 个分子的低水平进行的。引起自发转座频率只有 10^{-7} 次。如果由含有 Tn10 转座酶基因的工程质粒,就能提供更多的转座酶,Tn10 的转座频率可以提高 1 000 倍以上。

7.3.3 转座重组的分子机制

转座子插入到一个新的部位通常是在靶 DNA 上产生一个交错的缺口,然后转座子与突出的单链末端相连,并填充缺口。交错末端的产生和填充解释了在插入部位产生靶 DNA 正向重复的原因,缺口间的交错长度决定了正向重复序列的长度。转座发生的过程不同,其转座的分子机制亦不同。现分述如下:

1. 复制型转座模式

复制型转座(replicative transposition)过程中发生转座实体是源元件的拷贝,即转座子作为可移动的元件被复制,一个拷贝保留在供体原来的部位不变;另一个则插入到受体的位点上。结果供体和受体都含有一个转座子拷贝,所以,转座过程中扩增了转座子的拷贝数。复制型转座需要两种酶:转座酶作用于原来转座子的两个末端,解离酶作用于复制后的拷贝上。

复制型转座的过程可以分为两个阶段。首先,含有转座子的复制子与没有转座子的复制子,通过复制子融合产生一种称为共合体(cointegrate)的结构。共合体含有转座子的两个拷贝,每个转座子都位于原来两个复制子之间的连接处,并且取向相同。然后,转座子两个拷贝之间的同源重组可以产生原先供体复制子,并释放出靶复制子。靶复制子获得的转座子两侧带有宿主靶序列的短重复序列。下一步骤则由解离酶介导实行拆分,结果便释放出两个各自带有一个转座子拷贝的独立复制子。图 7.17 所示为转座发生机制的模式图。这一过程是由 4 条单链断裂开始的。供体分子的转座子被转座酶切开,该酶具有识别末端位点的专一性,并在靶 DNA 分子上产生 5 bp 的交错切口。供体链在切口处与靶链连接,即转座子序列的每一末端都与在靶位点产生的一条突出单链相连,在连接点上形成一个交叉形结构。交叉形结构的形成是由转座酶完成的。这种结构决定了转座方式。所以,复制型转座是通过在供体位点和靶位点上产生转座子的拷贝,其产物是共合体。

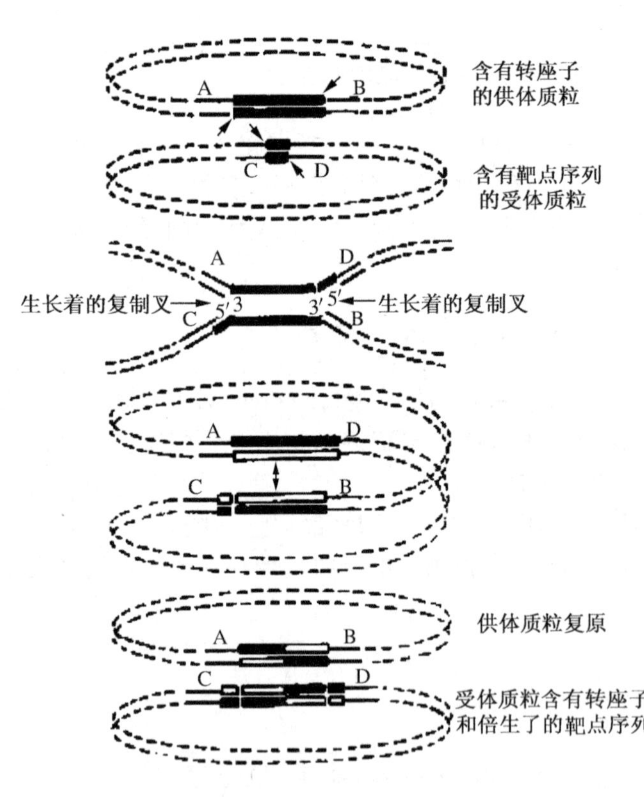

图 7.17 转座的分子机制

转座子的转座是一个相当精确而复杂的过程,现在对于其转座机制只能提出一些转座模型,如 Ac/Ds 的转座模型,En/Spm 家庭的转座模型等。正常情况下转座因子的转移并不是先从一个位置切除,然后通过细胞质转移到另一位置上,而是通过复制和交换,通过半保留复制方式把一份转移到新位置,而将另一份留在原来位置上。因此,一个基因组的 DNA 量可以由于转座子的获得或丢失而发生改变,由此可知,一种生物基因组的大小或基因数目的多少并不是一成不变的。

在关于转座子转座机制的模式中,比较流行的是 Shapiro 于 1979 年提出的复制-交换模式。基本过程如下。

1) 带有转座子的质粒和即将接受转座子的质粒,首先在转座子两侧和靶点序列两侧的各一条单链上被酶切断。

2) 靶序列的切口末端和转座子的切口末端连接起来,形成X形的结构。X形结构中转座子两边各形成一个类似复制叉的结构,从该处以转座子的两条DNA链为模板复制出一个新的转座子,这时X形结构转变成共联体,其中含有两个方向相同的转座子拷贝。

3) 两个拷贝的转座子之间发生重组,重新产生各含一个转座子拷贝的质粒。这样转座子通过复制和交换过程转移到原来不含有转座子的位置上。

转座的结果是在靶位点处形成如图7.17所示的有关CD区段的正向重复序列。

2. 非复制型转座模式

在非复制型转座(nonreplicative transposition)中,转座子作为一个物理实体直接从供体的一个位点移动到受体的新位点处,这就会在供体位点上留下一个裂口,其结果是使供体基因组受到轻微的损伤(在具有多拷贝的细菌中可以忍受)或致死。当然,宿主修复系统往往能识别双链断裂处,并加以修复。非复制型转座过程只需要转座酶。

图7.18所示为Mu噬菌体发生的非复制型转座的切割反应。首先是通过切割释放出一个交叉结构;其次由于拆分,在供体复制子上产生双链断裂,断裂处就是转座子最初的位置,而靶复制子未经转座插入后的完整结构。

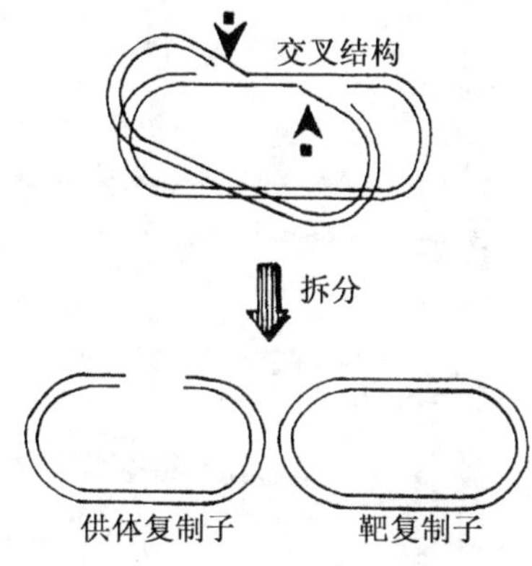

图7.18 非复制型的转座模式

总之,只要在靶DNA上形成切口,在转座子任何一端发生双链断裂,就能迫使反应以非复制型转座的形式进行下去。

需要说明的是,转座子还有一种类型是保守型转座(conservative transposition),它属于另一种非复制型转座。在转座过程中,转座子从供体位点上切除,通过一系列反应插入到靶位点上,其中每个核苷酸键都保留下来。这种保守型转座反应过程正好与λ的整合机制相似,而且这种转座子的转座酶与λ整合酶家族有关。利用这种机制不但可以介导转座子自身的转移,还可以介导供体DNA从一个细菌转移到另一个细菌中。

7.3.4 转座重组的功能及其应用

转座子普遍存在于生物界,它也是基因表达的重要装置。由于转座子的转座可以关闭或增强一部分基因的活性,引起基因的突变或染色体重组,从而影响个体发育。当然大多数转座事件由于转座子的插入,常常使许多基因受到破坏,因而是有害的,有时甚至具有致死作用。但也有一些转座现象是在细胞遭受损害时激发产生的,是机体的一种适应性。现在知道有一部分基因,如高等动物中的抗体合成基因并非从亲代遗传下来,而是在正常过程中或在特定的内外在条件下由生物体自身重建起来的,而转座子则可能与这些基因的重建有关。

总的来看,转座重组有如下一些遗传学效应。

转座的发生是通过基因重排使基因组获得新序列,改变现存序列的功能;可以像一个开关那样启动或关闭某些基因;可以使基因组产生缺失、重复或倒位等DNA重排,与生物进化、个体发育以及细胞分化相关;带有不同抗药性基因的转座子在细菌质粒间的转座导致多价抗药性质粒的形成;具有独特功能的转座因子已成为遗传学研究中的有效工具。

转座重组可应用于基因组分析;作为基因标签法研究染色体组成、分离基因;可将转座子作为基因载体应用于遗传工程;转座子还可以作为鉴别和克隆基因的工具;逆转座子还可用于基因功能分析。

7.4 异常重组

7.4.1 异常重组的定义

异常重组(illegitimate recombination)是指发生在彼此同源性很小或没有同源性的DNA序列之间的一种遗传重组过程。这种重组过程可发生在DNA序列中许多不同的位点,它们可能是最原始的重组类型,这一过程不需要具备对特异性序列进行识别的复杂系统或对DNA同源序列进行识别的机制。研究结果显示,异常重组过程和人类癌症的发生、遗传性疾病的产生以及基因组的进化都有一定关系。

7.4.2 异常重组的类型和特点

异常重组按其机制不同主要分为两类：末端连接(end-joining)和链滑动(strand-slippage)。这两种反应的共同特征就是重组对中很少或没有序列同源性,因此,异常重组有时被称为非同源性重组。有时异常重组中微小同源性存在通常对重组的发生有一定的作用。

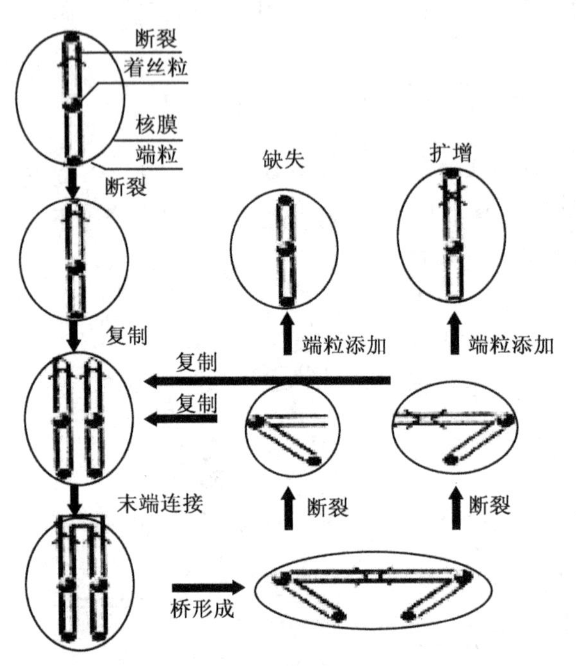

图 7.19 断裂—融合—桥循环

末端连接是指断裂的 DNA 末端彼此相连形成一条具有新的遗传组成的 DNA 序列。而链滑动则是指 DNA 复制时,由一个模板跳跃到另一个模板上所引起重组的现象。

异常重组可以发生在许多 DNA 序列上,因此能够产生许多不同的结果,例如移码、缺失、倒位、融合和 DNA 扩增等,使基因组的完整性受到影响,这样能为生物的进化提供了重要的物质基础。

7.4.3 异常重组的分子机制

1. 末端连接

在真核细胞中发生的末端连接是一个高效率的反应。20 世纪 40 年代初 Barbara McClintock 首次发现了末端连接类型。她观察到如果玉米细胞中发生断裂—融合—桥(breakage-fusion-bridge,BFB)循环(图 7.19),那么这一循环将持续许多代,直到端粒加到断端上为止。现已表明 BFB 循环使染色体的某些区域以头对头的方式连接而产生上兆个碱基组成的回文区。

断裂末端可以通过断端直接对接相连。如果断端不能直接相连(如两末端的极性相同时),它们可以通过碱基配对,然后末端合成修复(图 7.20)。断端连接后产生新的连接体,过程和末端 DNA 的序列组成无关,并且与断裂片段的断点之间是否有同源性无关,也不要求两断端之间有任何同源性。如果二者之间有微小的同源区配对,反应则发生在短的正向重复处,典型的长度为 2～5 bp。哺乳动物细胞的末端连接反应可以通过上述两种途径进行。而在 *E. coli* 中,末端连接反应要求有一小段能进行配对的 DNA 同源区才能进行。

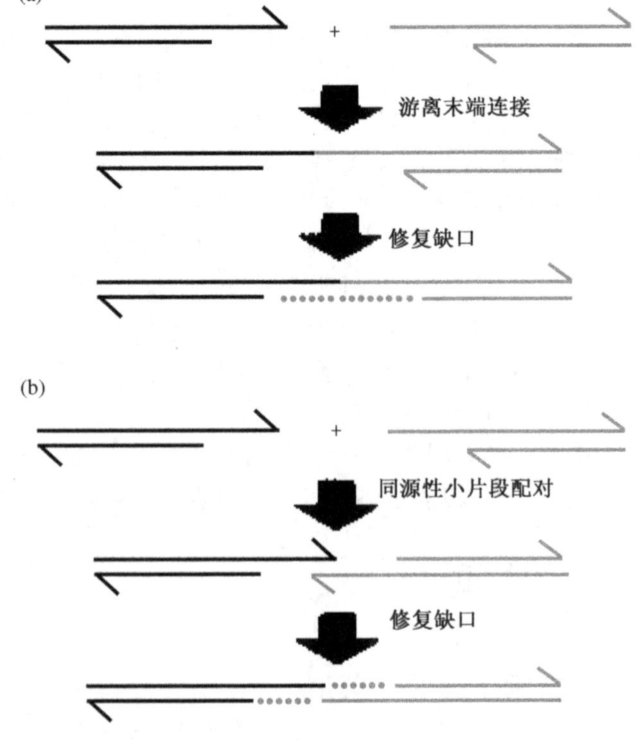

图 7.20 末端连接反应

(a) 表示任意两个末端相连;(b) 表示在连接前有氢键配对。在这两种情况中均有少量 DNA 的合成

2. 链滑动

1966 年,George Streisinger 提出,通过新合成的 DNA 链与其模板的错配可导致移码突变、DNA 的缺失和扩增等,其长度由新、旧模板之间的距离决定。因为该机制涉及新复制的链同模板链的配对,这些过程可能通过 Watson-Crick 碱基配对而得到促进,因此它常发生在短的正向重复序列上。某些正向重复序列可能是链滑动发生的热点。

由此看来,不管是末端连接还是链滑动都能导致在短的正向重复序列处形成重组连接点;另外,由于在链滑动的过程中有非 Watson-Crick 氢键相互作用的可能性，因此通过末端连接和链滑动这两种机制有可能在非同源位点形成连接。末端连接反应涉及通过双链切割产生的末端之间的相互作用，而链滑动涉及的只是一个单链末端与完整的链之间的相互作用。在 DNA 被重新引入到细胞内之前，在体外使双链断裂是一个很有用的研究末端连接的实验技术。然而研究链滑动则没有这样简单的方法，对它参与大规模重排的许多争论的证据都是间接的。

综上所述，遗传重组是生物遗传变异的基础，它不仅使生物体在个体水平上发生遗传物质组成的变化，同样也可以引起亲子代之间遗传组成的改变。对重组机制的研究及其原理的应用，为人们认识生物进化的路径、探究生命，改造生命以及造福生物界提供了重要的理论基础。

思 考 题

1. 名词解释：同源重组，位点专一性重组，基因转换，转座子，末端连接，链滑动。
2. 比较同源重组、位点专一性重组、转座重组和异常重组这四种重组分子机制的异同点，说明遗传重组的重要性。
3. DNA 分子是怎样进行重组的？
4. 转座后为什么会形成正向重复片段？
5. 假如某转座子在染色体内部进行转座，其转座前的染色体状态和转座位置如箭头所示，请图示出转座以后经过复制所形成的两条子染色体中转座子的位置。

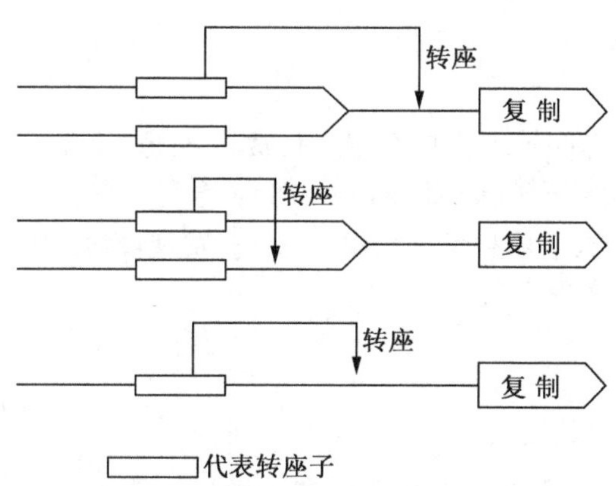

推 荐 参 考 书

1. 戴灼华，王亚馥，粟翼玟. 2008. 遗传学(第 2 版). 北京：高等教育出版社.
2. 阎隆飞，张玉麟. 2001. 分子生物学(第 2 版). 北京：中国农业大学出版社.
3. 张玉静主编. 2000. 分子遗传学. 北京：科学出版社.
4. 赵寿元，乔守怡. 2008. 现代遗传学(第 2 版). 北京：高等教育出版社.
5. Klug WS, Cummings MR. 2002. Essentials of Genetics. 北京：高等教育出版社.
6. Winter PC, Hickey GI, Fletcher HL. 1999. Instant Notes in Genetics. 北京：科学出版社.

第8章 染色体畸变

提　要

染色体畸变分为结构变异和数目变异。结构变异包括缺失、重复、倒位和易位，均由染色体的断裂引起；数目变异包括整倍体变异和非整倍体变异，常见的整倍体变异有单倍体、同源多倍体和异源多倍体，非整倍体变异有单体和三体等。

染色体是遗传物质的主要载体，每种生物的染色体数目和形态结构都具有很高的稳定性，从而为物种及生物遗传性状的稳定奠定了基础。然而稳定是相对的，生物体内外环境条件的影响都有可能引起染色体结构和数目的变化。遗传学上将染色体结构或数目的改变称为染色体畸变(chromosomal aberration)。

8.1 染色体结构变异

染色体结构变异是指染色体形态结构的变化，通常由染色体断裂引起，包括缺失(deletion)、重复(duplication)、倒位(inversion)和易位(translocation)四种类型。它们最初都是在黑腹果蝇(*Drosophila melanogaster*)中发现的，其中缺失、重复和易位均由 Bridges 发现，倒位由 Sturtevant 发现。之后，又在其他物种中相继发现了染色体的结构变异现象。

8.1.1 缺失

1. 缺失的类型

缺失是指染色体发生断裂后，其中的一个片段及其所携带的遗传信息一起丢失的现象。如果丢失的片段位于染色体中间称为中间缺失(interstitial deletion)，位于染色体末端称为末端缺失(terminal deletion)。染色体断裂后形成的断片(fragment)有些带有着丝粒，另一些则没有着丝粒，细胞分裂时，丧失着丝粒的断片由于没有纺锤丝的牵引，不能向细胞的两极移动进入子细胞核而丢失(图 8.1)。

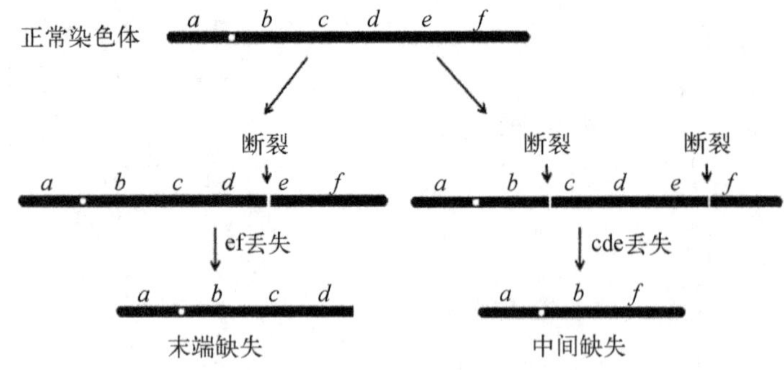

图 8.1　中间缺失和末端缺失

末端缺失只涉及一次断裂。染色体的断裂末端非常活跃，它可能同其他染色体的断裂末端融合，也可能在复制后同其姐妹染色单体的末端融合，形成具有两个着丝粒的双着丝粒染色体(dicentric chromosome)，在细胞分裂后期，两个着丝粒朝细胞相反的两极移动而形成染色体桥，由于着丝粒向两极的不断移动产生的拉力，会造成染色体桥在任何一个部位断裂，再次形成结构变异。随着细胞周期的进行，断裂-融合-桥周期可一直循环下去(图 8.2)，因此末端缺失不稳定，比较少见。中间缺失是一条染色体的同一条臂发生两次断裂，中间不带着丝粒的片段丢失，两端的两个片段重新连接，因此中间缺失的染色体没有断裂末端外露，比较稳定而常见。如果两次断裂发生在同一染色体的两条臂上，两臂的断端接合，则可形成环状染色体。

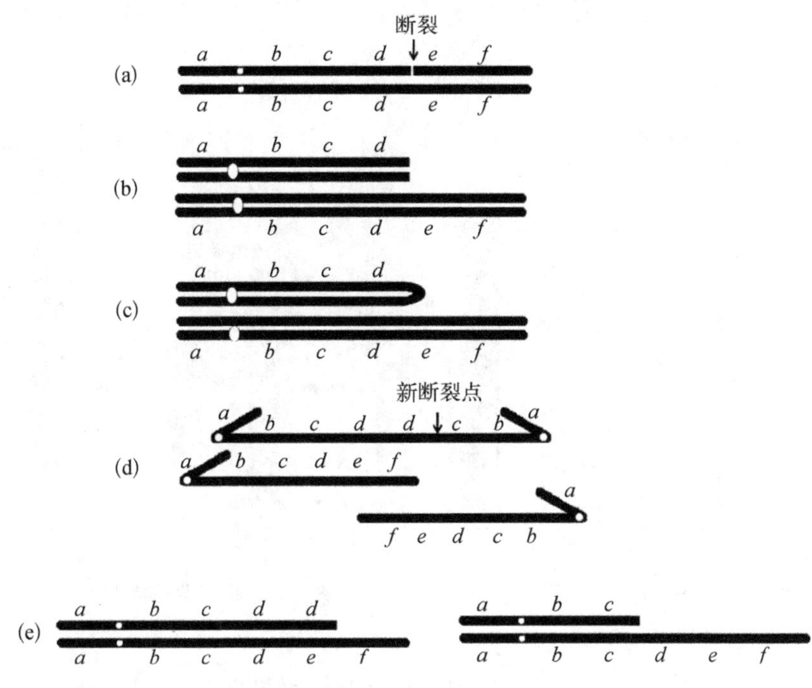

图 8.2 断裂-融合-桥周期

(a) 染色体断裂，产生末端缺失；(b) 复制；(c) 姐妹染色单体的断裂末端融合；(d) 有丝分裂后期桥；(e) 染色体桥被拉断后再次产生结构变异

2. 缺失的细胞学效应

体细胞内某一对同源染色体中一条为正常染色体，另一条为缺失染色体的个体称为缺失杂合体(deletion heterozygote)；如果一对同源染色体都是缺失染色体，并且缺失区段相同时，则为缺失纯合体(deletion homozygote)。由于缺失片段的位置和大小不同，缺失杂合体在减数分裂时表现出不同的细胞学效应。较大片段的中间缺失杂合体，正常染色体上与缺失片段相对应的区域在减数分裂时由于没有相应的同源联会区，这一区域向外环出形成缺失环(deletion loop)；大片段的末端缺失杂合体，则会出现联会的同源染色体末端长短不一，正常染色体比缺失染色体多出了一段。如果缺失区段较短，则没有明显的细胞学效应(图 8.3)。

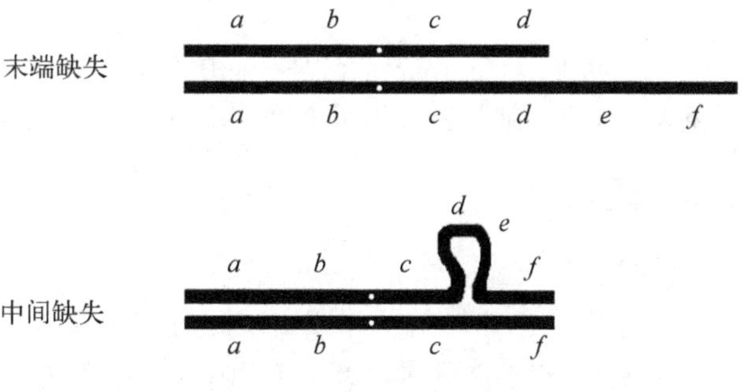

图 8.3 缺失杂合体的联会

3. 缺失的遗传学效应

(1) *致死或畸形*：缺失就是遗传物质的丢失，这种变化打破了固有的基因组的平衡状态，对生物体的生长和发育是有害的，其有害程度取决于丢失遗传物质的多少和性质。缺失纯合体通常具有致死效应；缺失杂合体，如果丢失的片段较大或者是与发育有关的关键基因，往往也很难存活。在植物中，花粉对遗传物质含量的变化非常敏感，含缺失染色体的花粉一般是败育的，胚囊对缺失的耐受性较强。因此，缺失染色体主要通过雌配子遗传。

如果缺失的区段较小，不严重损害个体的生活力时，通常会导致异常。人类的猫叫综合征(cri-du-chat syndrome)就是由于第 5 号染色体短臂末端缺失(5p -)造成的(图 8.4)，患者体格和智力严重异常，生活能力差，哭声似猫叫，故而得名。再如，人的慢性骨髓性白血病，患者血液中的粒细胞大量增加，红细胞减少，经细胞学检查发现 90%的患者骨髓细胞的第 22 号染色体长臂缺失近 1/2(22q -)。这种染色体首先在美国费城(Philadephia)发现，故称之为费城染色体(Philadelphia chromosome)或 Ph 染色体。目前 Ph 染色体已作为医院诊断慢性骨髓性白血病的特异性标志染色体。随着人类染色体显带技术的改进，1973 年，Rowley 发现

Ph 染色体并不是简单的 22q－,而是 22 号染色体与 9 号染色体发生不对等的相互易位,形成 t(9;22)(q34;q11)(图 8.5)。

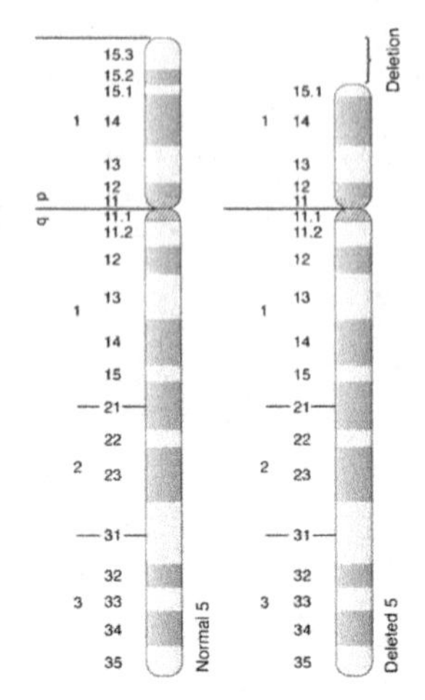

图 8.4　猫叫综合征缺失染色体图

(引自 Griffiths AJF, et al., 2000)

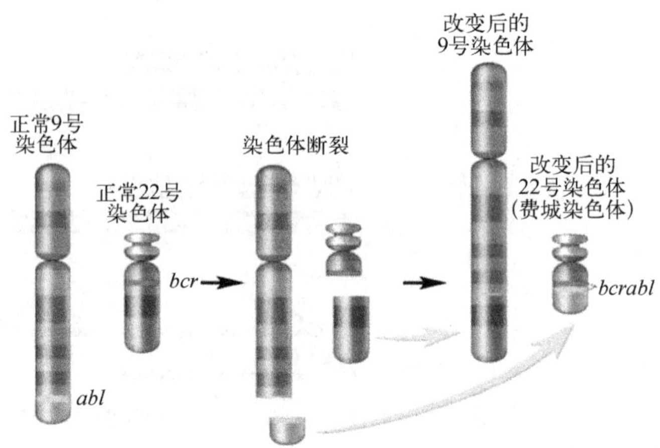

图 8.5　费城染色体的形成

(引自 http://www.cancer.gov/)

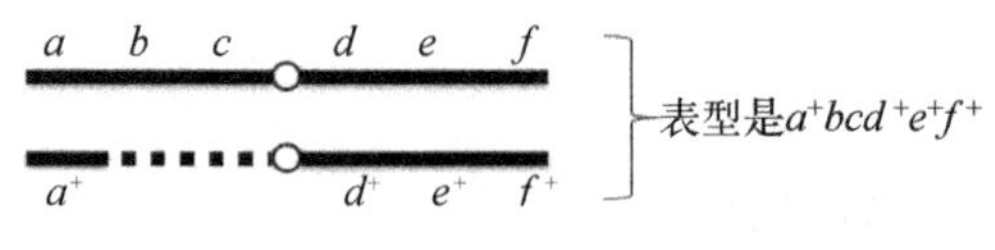

图 8.6　缺失导致的假显性

(2) 假显性:假显性(pseudodominance)是指由于显性等位基因的缺失,同源染色体上与这一缺失相对应位置上的隐性等位基因得以表现的现象。图 8.6 所示的缺失杂合体,由于显性基因 b^+ 和 c^+ 的缺失,隐性基因 b 和 c 控制的性状得以表现,好像 b 和 c 为显性。当缺失的区段非常微小时,正常区段与缺失区段的关系类似正常等位基因与突变等位基因的关系,但不会发生回复突变,从而可与正常的点突变相区分。

(3) 降低重组值:缺失杂合体中,由于正常染色体上与缺失片段的对应区域缺乏同源区,在该区域不会有交换发生,因此缺失区及其两侧的基因间的重组值要比对照低。

8.1.2　重复

1. 重复的类型

单倍体中染色体的某一片段出现两份或两份以上的现象称为重复(duplication)。根据重复片段在染色体上的位置和方向的不同,1957 年,Swanson 将之分为顺接重复(tandem duplication)、反接重复(reverse duplication)和替位重复(displaced duplication)三种类型。前两种为染色体内重复,第三种为染色体间重复。如果重复片段上基因的排列顺序与染色体上原有的顺序一致称为顺接重复,方向相反称为反接重复,如果重复区段出现在其他染色体上则为替位重复(图 8.7)。

重复通常由断裂-融合-桥、倒位杂合体的交换、易位杂合体的邻近分离、转座和不等交换等途径产生。

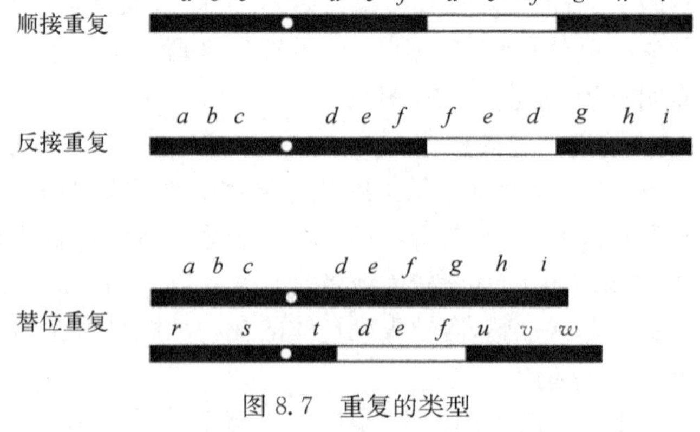

图 8.7　重复的类型

(仿自宋运淳和余先觉,1989)

2. 重复的细胞学效应

与缺失相似,重复杂合体是否表现出一定的细胞学效应,与重复区段的长度有关。重复区段较长时,重复杂合体(duplication heterozygote)在减数分裂联会时,由于重复片段在同源染色体上找不到相应的同源区而被排挤出来形成重复环(duplication loop)。顺接重复时,可以是两个重复片段中的任何一个环出;反接重复时,则是反向排列的重复片段环出(图 8.8)。由于重复环和缺失环非常相似,所以要将二者相区分,还必须和联会染色体的正常长度、着丝粒的正常位置等进行比较，若联会后的染色体长度与正常染色体一样为重复环，若比正常染色体短为缺失环。重复的区段很短时，从细胞学上则难以鉴定。

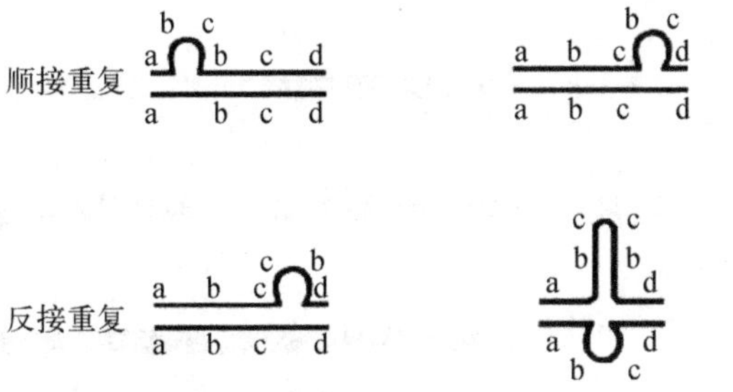

3. 重复的遗传学效应

重复的遗传学效应一般没有缺失强烈，但如果重复的区段太大对个体的生活力也会产生一定的影响，严重时会造成个体死亡。

顺接重复

反接重复

图 8.8　重复杂合体及其联会

（修改自 Griffiths AJF et al.，2000）

携带重复基因的个体，由于基因拷贝数的增加，相关基因产物的数量发生变化，进而引起一定的表型变化，产生剂量效应(dosage effect)。剂量效应是指细胞内某基因出现的次数越多表型效应越显著的现象。如果蝇的棒眼(*B*)就是X染色体上16A区段的顺接重复造成的，其主要表型效应是组成复眼的小眼数减少，使复眼呈棒状。野生型果蝇(+/+)的复眼由779个小眼组成，呈卵圆形，重复杂合体(*B*/+)的小眼数为358个，不到野生型的1/2，重复纯合体(*B*/*B*)的小眼数更少，只有68个。显然，16A区段重复次数越多，小眼数越少，棒眼性状越显著。

果蝇的小眼数不仅与16A的数目有关，还与其位置有关，如基因型为*B*/*B*和*BB*/+个体16A的拷贝数都是4，它们的小眼数则分别为68和45。

现已证明，16A区段的重复是不等交换的结果。所谓不等交换是指同源染色体联会时配对不准确，使交换发生在不对应的位置上，结果使两条染色体中一条少了一部分，另一条多了一部分(图8.9)。

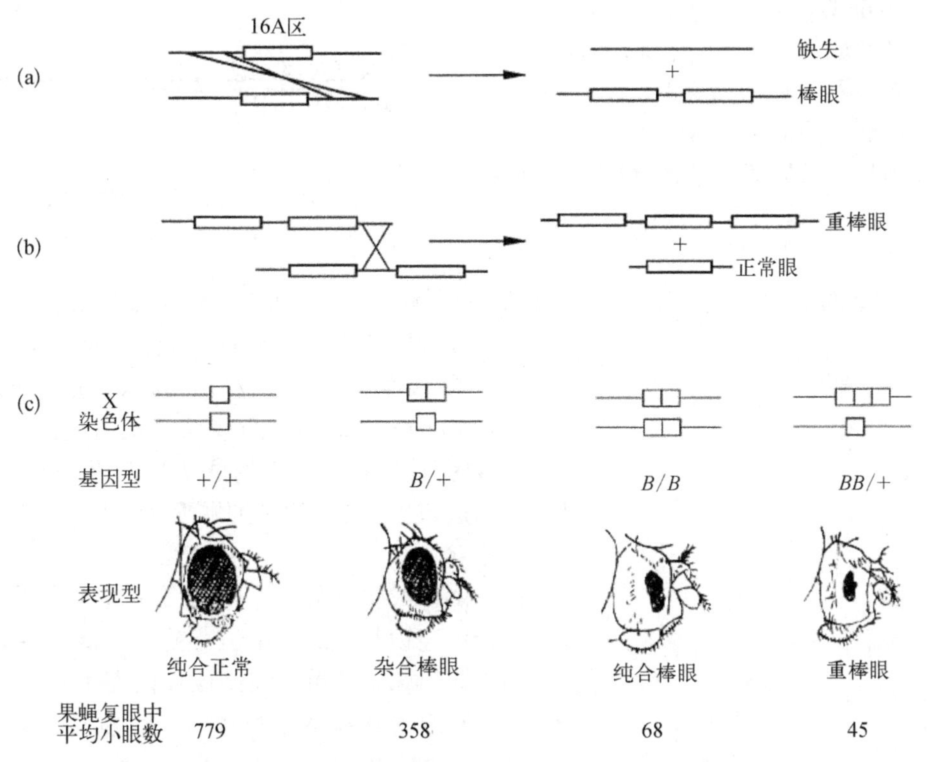

图 8.9　不等交换产生重复，造成棒眼突变

（修改自宋运淳和余先觉，1989）

(a)和(b)通过不等交换产生染色体的重复和缺失；

(c)表示16A区段重复次数与果蝇小眼数和眼睛形状的关系。

8.1.3　倒位

1. 倒位的类型

倒位是指一条染色体上同时出现两处断裂，中间的片段反转180°重新连接起来而使这一片段上基因的排列顺序颠倒的现象。倒位是一种常见的结构变异，是生物进化的一条重要途径。根据倒位区段是否含有着丝粒可分为臂内倒位(paracentric inversion)和臂间倒位(pericentric inversion)两种类型，前者倒位区段不包括着丝粒，后者倒位区段包括着丝粒。臂内倒位不改变染色体上着丝粒的位置，染色体形态维持原状。臂间倒位区段着丝粒两边的长度差别较大时，会带来着丝粒位置的改变，导致染色体形态发生较大的变化，使一个近端着丝粒染色体变为中部着丝粒染色体，或者相反；当着丝粒两边的距离相等时，便不会引起着丝粒位置的改变(图 8.10)。

图 8.10 倒位的类型

2. 倒位的细胞学效应

同源染色体中两条都为倒位染色体的个体，称为倒位纯合体(inversion homozygote)；一条是倒位染色体，一条是正常染色体的个体，称为倒位杂合体(inversion heterozygote)。倒位纯合体减数分裂完全正常，只是由于基因位置的改变使得倒位区段的基因与该染色体上其他基因的重组值发生了改变。

在倒位杂合体中，由于倒位区段的长短不同，在减数分裂过程中可形成不同的联会图像。如果倒位区段很短，同源染色体在倒位部分不配对，其余部分配对正常；如果倒位区段很长，包括染色体的绝大部分时，其中的一条染色体颠倒过来，仅倒位的部分配对，未倒位的末端不配对；如果倒位区段长短适中，则通过形成倒位环(inversion loop)进行同源区段的联会。倒位环与重复环、缺失环不同，重复环和缺失环都是同源染色体中的一条突出形成的，而倒位环则是两条同源染色体同时突出形成的(图 8.11)。

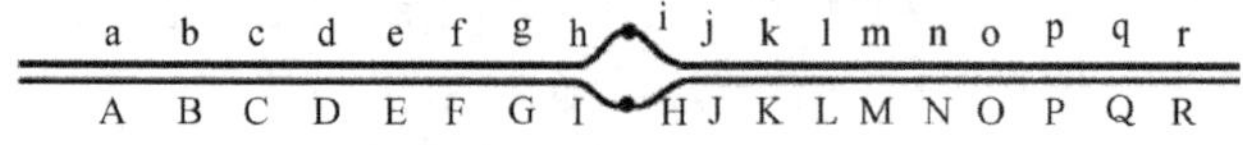

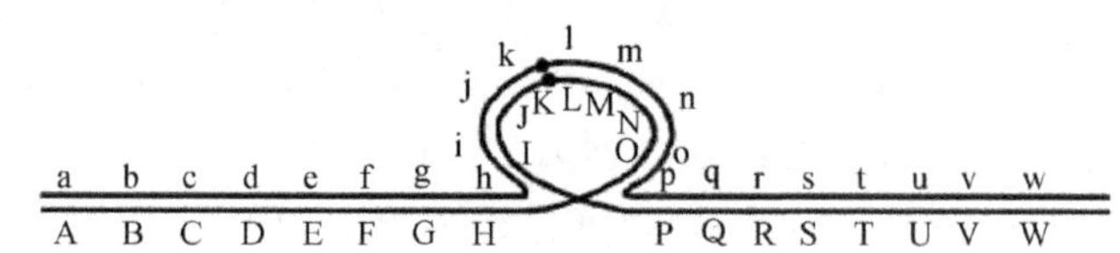

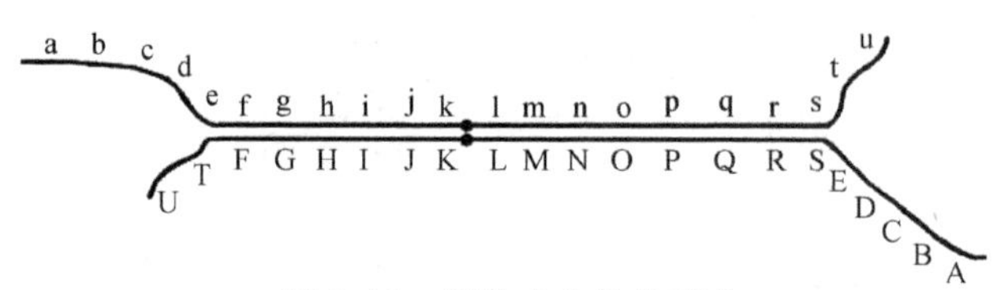

图 8.11 倒位杂合体的联会

(引自宋运淳和余先觉，1989)

3. 倒位的遗传学效应

倒位并未改变染色体上基因的数量，只是改变了染色体上基因之间固有的相邻关系，从而造成遗传性状的改变。研究表明，倒位是新种形成的重要因素之一，如普通黑腹果蝇(*Drosophila melanogoster*)和其近缘种 *Drosophila simulans* 的差异就是由于第 3 染色体上的 3 个基因猩红眼(*St*)、桃色眼(*P*)、三角翅脉(*Dl*)的排列顺序不同造成的，前者的排列顺序为 *St*—*P*—*Dl*，后者为 *St*—*Dl*—*P*。

倒位最明显的一个遗传效应是抑制或大大降低倒位杂合体连锁基因的重组值。就臂内倒位杂合体而言，如果同源非姐妹染色单体在倒位环内发生一次交换，将产生一个具有双着丝粒的染色体和一个没有着丝粒的片段。在减数分裂过程中没有着丝粒的片段丢失，双着丝粒染色体的两个着丝粒在后期 I 分别向细胞两极移动形成染色体桥，桥断裂后，将形成两个带有较大缺失的染色体，结果形成的 4 个配子中，两个交换型配子因含有缺失染色体而败育；两个非交换型配子正常可育，其中一个具有正常染色体，一个具有倒位染色体(图 8.12)。因此，在这种情况下产生的后代中不会出现倒位区段内发生重组的个体。若是在倒位环内发生二线双交换，后一次交换可以抵消第一次交换产生的效应，在减数分裂后期 I 不出现染色体桥和片段，形成的配子全部可育。

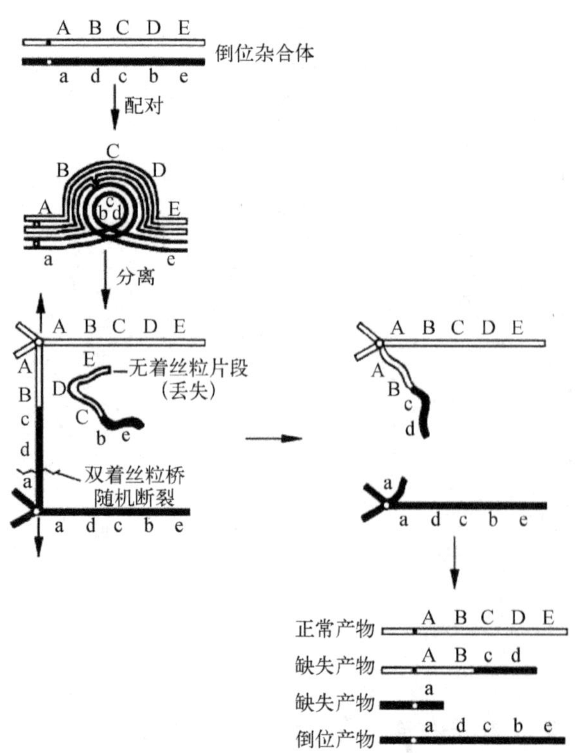

图 8.12 臂内倒位杂合体倒位环内发生交换的结果

(仿自 Griffiths AJF et al.，2000)

臂间倒位杂合体若在倒位环内发生单交换，虽没有染色体桥形成，但形成的交换型配子同时具有重复和缺失，也是不育的，也不会有重组型后代出现(图 8.13)。

倒位杂合体中，同源非姐妹染色单体在倒位环内发生单交换的产物带有重复和缺失，不能形成有功能的配子，因此把倒位称为交换抑制因子(crossover repressor，C)。当然，所谓的抑制并不是不发生交换，而是交换的产物因缺失不能存活而已。

既然倒位杂合体的大多数含交换染色单体的配子是不育的，那么，倒位的另一个遗传效应就是倒位杂合体的部分不育。

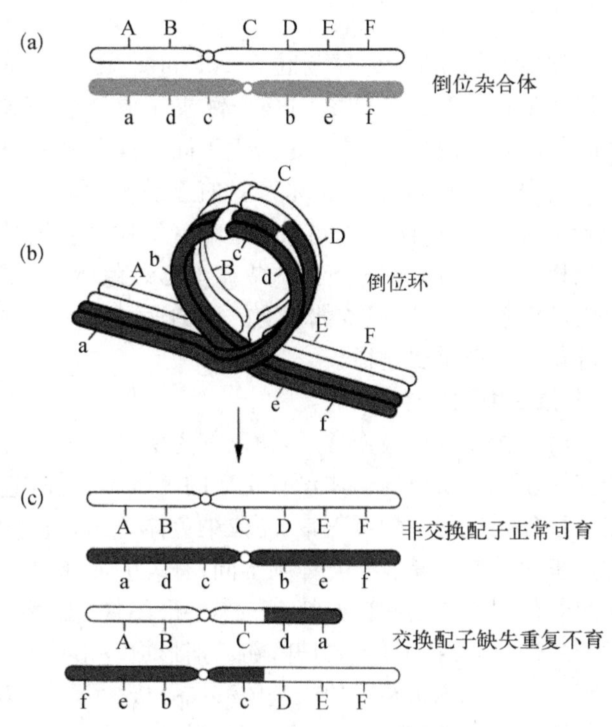

图 8.13 臂间倒位杂合体发生单交换的结果

(仿自 Ayala FJ and Kiger JA，1984)

4. 倒位在遗传学研究中的应用

利用倒位的交换抑制效应，可以保存连锁的两个致死基因。

致死基因虽然有害，但是为了研究其遗传规律及作用机制，还必须把它们保存下来。由于致死基因在纯合状态下有致死效应，只能以杂合体保存。例如，果蝇第 3 染色体上的显性展翅基因 *D*(dichaete)，在纯合时具有致死效应，因此，*D* 基因只能以杂合体存在，而杂合体不能稳定遗传，在 *D*/+×*D*/+的后代中，除了 *D*/+杂合体外，还有+/+野生型个体，要保存 *D*/+品系，必须对每代个体逐个进行观察，淘汰+/+个体，否则，*D*/+个体所占的比例将逐代减少，直至"丢失"。显然，用这种方法来保存 *D* 基因是极费人力和时间的，为解决这一问题，Morgan 的学生 Muller 设计出一个巧妙的方法，就是用另一致死基因来平衡，条件是这两个致死基因必须紧密连锁并且以相斥形式排列；如果两致死基因相距较远，通过诱变使包含这两个基因的区段发生倒位，培育出一个倒位杂合体品系，可以"抑制"交换的发生。

例如，果蝇的显性翘翅基因 *Cy*(curly wing)和显性李色眼基因 *Pm*(plum eye colour)都具有隐性致死效应，二者以相斥的形式存在于第 2 染色体上，即 *Cy*+/+*Pm*，其中携带翘翅基因的那条染色体(*Cy*+)上具有包括这两个座位的倒位，可以"抑制"它们之间发生交换，这样的雌雄个体之间杂交，就会得到如下结果。

$$Cy+/+Pm \times Cy+/+Pm$$
$$\downarrow$$

Cy+/*Cy*+	*Cy*+/+*Pm*	+*Pm*/+*Pm*
死亡	永久杂种	死亡

像这种两个连锁的致死基因以相斥形式存在，永远保持杂合状态，不发生分离的品系称为平衡致死系(balanced lethal system)或永久杂种(permanent hybrid)。

8.1.4 易位

1. 易位的类型

易位是指非同源染色体之间片段的转移所引起的染色体重排。根据染色体上发生断裂的次数可分为以下几种类型(图 8.14)。

(1) 简单易位：简单易位(simple translocation)是染色体片段的单向转移，通常涉及三次断裂，一条染色体具有两个断裂，由此形成的一条染色体片段插入到另一非同源染色体的断裂中。

(2) 相互易位：相互易位(reciprocal translocation)涉及两次断裂，即两条非同源染色体上各产生一次断裂，并相互交换由断裂形成的片段，是易位的最常见形式。相互易位与交换虽然都有染色体片段的互换，但二者有本质的区别：交换发生在减数分裂粗线期的同源染色体之间，并且互换片段的长度通常相等；而相互易位在非同源染色体之间进行，互换的片段长度可以相同，也可以不同，并且在内外因素的影响下，任何时间都可能发生。

(3) 整臂易位：整臂易位(whole-arm translocation)是指两条非同源染色体之间整个臂或几乎是整个臂之间的易位，这种易位的结果是产生不同的两条新的染色体。其中的一种特殊形式称为罗伯逊易位(Robertson translocation)，即两个非同源的近端着丝粒染色体的着丝粒相互融合，形成一个亚中央着丝粒染色体，结果导致染色体数目减少，但臂数不变。罗伯逊易位是动物核型进化的一条重要途径。

2. 易位的细胞学效应

由于相互易位最为常见，就以其为例来了解易位的细胞学表现。易位纯合体没有明显的细胞学特征，它们在减数分裂过程中配对正常，易位染色体可以在世代间进行正常传递。易位杂合体则不同，有关的4条染色体在减数分裂粗线期联会成特有的十字形图像，随着分裂过程的进行，十字形逐渐打开，在后期形成环形或"8"字形图像。如果两条相邻的染色体移向一极，另两条移向另一极，称为邻近分离(adjacent segregation)，邻近分离形成环形图像；两条非邻近的染色体移向一极，另两条非邻近的染色体移向另一极，也就是两条正常染色体移向一极，两条易位染色体移向另一极，这种分离方式称为交互分离或相间分离(alternate segregation)，交互分离产生"8"字形图像(图8.15)。

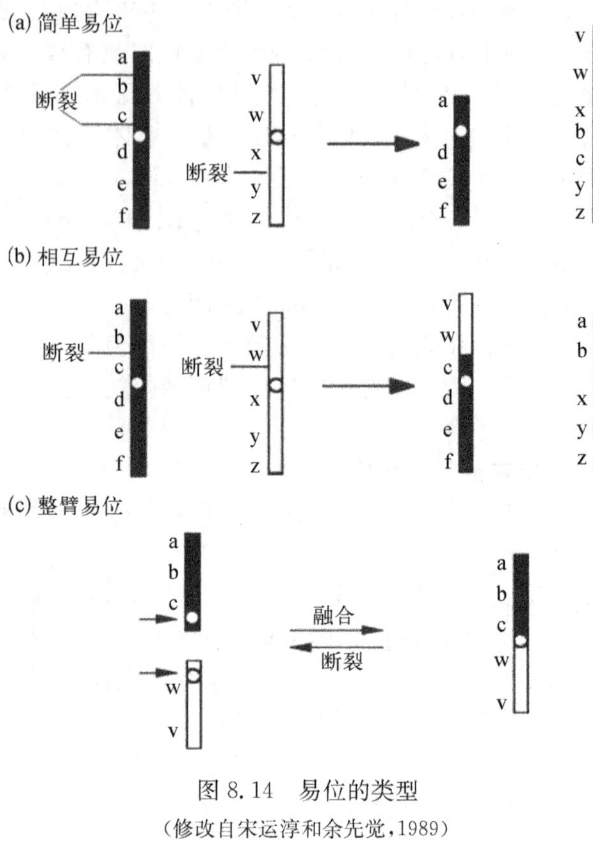

图8.14 易位的类型
(修改自宋运淳和余先觉，1989)

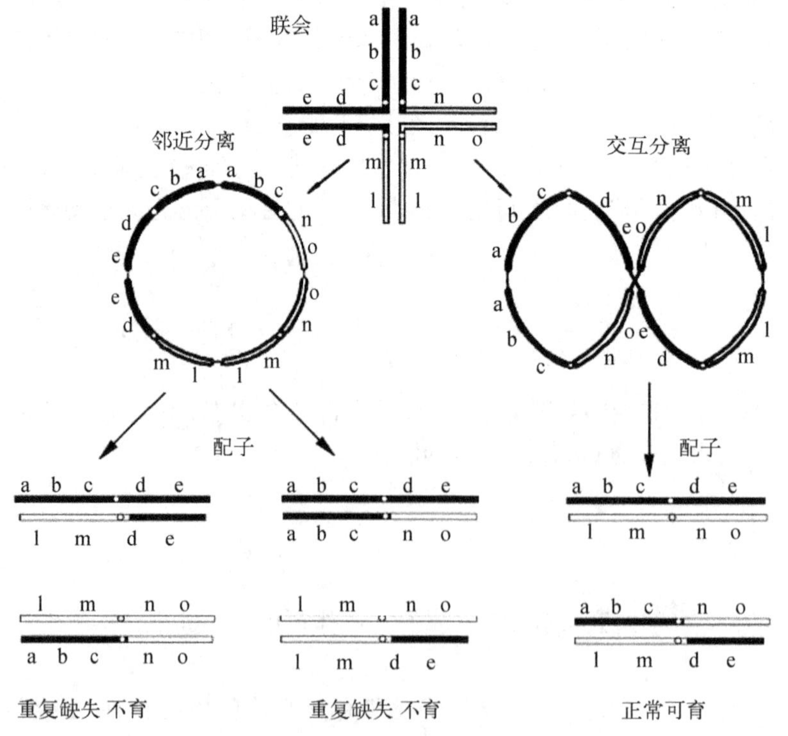

图8.15 相互易位杂合体的联会和分离
(修改自刘祖洞，1991)

3. 易位的遗传学效应

(1) 半不育性(semisterility)：邻近分离有两种方式，无论哪种方式，产生的配子内同时含有正常染色体和易位染色体，它们都具有重复和缺失，是不育的；交互分离形成的配子半数含有正常的染色体，半数含有两条易位染色体，但基因的数量并未发生增减，既无重复，也无缺失，都是正常可育的。在玉米、矮牵牛(*Petunia hybrida*)、豌豆(*Pisum sativum*)、高粱(*Sorghum vulgare*)等植物中，易位杂合体的花粉母细胞中染色体大约有 1/2 呈环形图像，为邻近分离，一半呈“8”字形图像，为交互分离，说明 4 个着丝粒向两极的取向是随机的，因此，形成的配子一半正常可育，一半因缺失、重复而不育，表现为半不育性。在遗传学研究中，可以把易位接合点当成一个半不育的显性基因进行遗传作图。

在其他一些植物中，邻近分离和交互分离并不是完全随机的。有些可能是邻近分离多于交互分离，致使不育的配子多于 50%；另一些可能是邻近分离少于交互分离，因而不育的配子少于 50%。

(2) 假连锁(pseudolinkage)：相互易位的杂合体只有发生交互分离才能产生可育配子，从而使非同源染色体上基因间的自由组合受到限制，使得在不同染色体上的基因出现连锁现象，这种现象称为假连锁。

例如，第 2 和第 3 染色体是相互易位杂合体的雄果蝇，在正常的第 2 和第 3 染色体上分别带有褐眼(brown eye)基因 *bw* 和黑檀体(ebony body)基因 *e*，易位的两条染色体上分别带有它们的野生型基因 bw^+ 和 e^+，将这种易位杂合体雄果蝇与正常隐性纯合体雌果蝇测交，后代只有野生型($bw^+/bw\ e^+/e$)和褐眼、黑檀体的双突变型($bw/bw\ e/e$)，单一突变型($bw/bw\ e^+/e$ 及 $bw^+/bw\ e/e$)都不存在，因为它们同时具有重复和缺失不能存活(图 8.16)。这表明带有 bw^+ 和 e^+ 的两条易位染色体只能同时存在于一个细胞，不能分开，表现为假连锁。在上述例子中，用于测交的杂合体是雄果蝇，由于雄果蝇中不发生交换，假连锁是完全的。如果反交，有关的基因位点与易位接合点之间可以发生交换，表现不完全的假连锁。

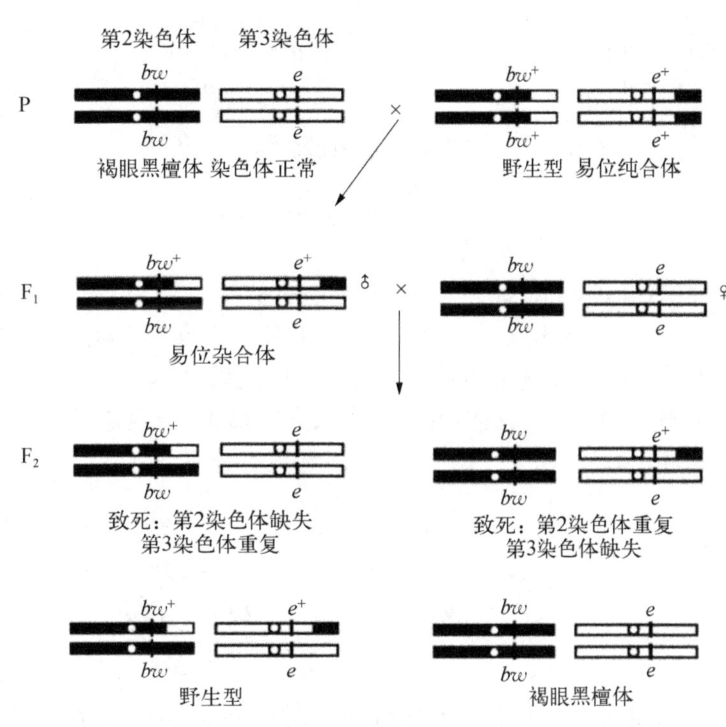

图 8.16　果蝇的假连锁

(引自刘祖洞，1991)

(3) 位置效应(position effect)：由于基因在染色体上位置的变化造成表型效应改变的现象称为位置效应。位置效应的研究对于了解染色体的结构和功能具有重要意义。

位置效应有两种，一种为稳定型位置效应(stable type of position effect)，简称 S-型位置效应，另一种为花斑型位置效应(variegated type of position effect)，简称 V-型位置效应。

1) S-型位置效应　　S-型位置效应的表型改变是稳定的，通常与常染色质区域的重复有关。例如，果蝇棒眼纯合体(*B*/*B*)的细胞中，16A 区段的拷贝数为 4，每条 X 染色体上各有 2 份；由于不等交换可能产生分别具有 3 份和 1 份 16A 区段染色体的重棒眼组合(*BB*/+)，虽然两者的 16A 区段的拷贝数一样，但由于它们在染色体上所处的位置不同，而造成两种个体的小眼数不同，纯合棒眼有 68 个小眼，而重棒眼组合只有 45 个小眼。显然，16A 区段位于一条染色体上对表型的影响要比它们分别位于两条同源染色体上的影响更大(图 8.9)。

2) V-型位置效应　　V-型位置效应的表型改变是不稳定的，因而形成显性性状和隐性性状嵌合的花斑现象。V-型位置效应通常与异染色质有关，一般当原来在常染色质区域的基因被变换到异染色质区的位置时，其表达被抑制，便会出现花斑现象。例如，果蝇的红眼基因(w^+)对白眼基因(w)为显性，位于 X 染色体末端的常染色质区，杂合体(w^+/w)一般表现为红眼。但如果有的细胞中携带红眼基因 w^+ 的 X 染色体末端易位到另一染色体的异染色质区，如第 4 染色体的着丝粒附近，第 4 染色体的一段易位到 X 染色体的常染

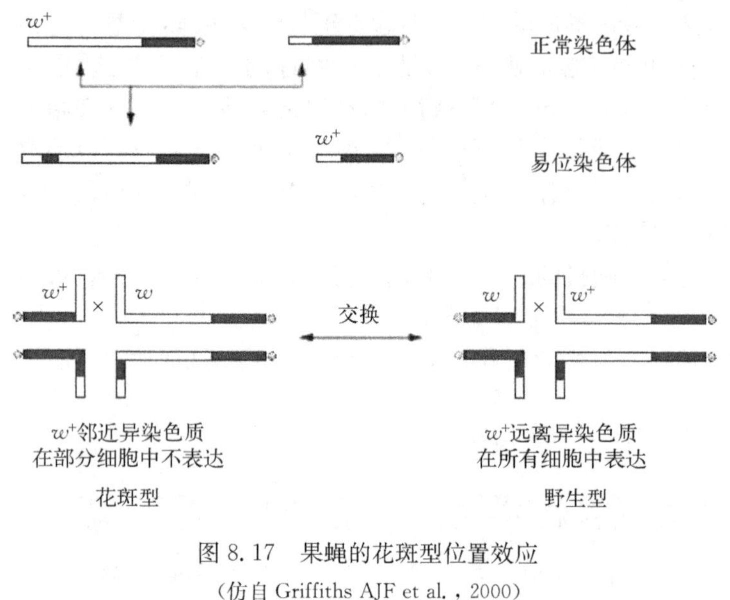

图 8.17 果蝇的花斑型位置效应

(仿自 Griffiths AJF et al., 2000)

常染色质 异染色质

色质区,则野生红眼的表型受到抑制,该杂合体的复眼表现为红白嵌合的花斑色(图 8.17)。

20 世纪 40 年代由 McClintock 最先在玉米中发现的玉米籽粒的颜色斑点也属于花斑型位置效应,这种颜色斑点与玉米基因组中的激活-解离系统(activator-dissociation system,简称 Ac - Ds 系统)有关。

4. 易位在育种实践中的应用

在养蚕业中,人们希望多养雄蚕,因为雄蚕的桑叶利用率高,并且产丝多,丝质好。为了早期分辨雌雄,选择饲养,人们利用 X 射线诱发染色体结构变异(缺失或易位),培育成家蚕的性别自动鉴别体系(autosexing strain)。

在家蚕中,控制卵色的两个基因 w_2、w_3 都位于第 10 染色体上,位置分别是 3.5 cM 和 6.9 cM,w_2w_2 纯合体的卵在冬季呈杏黄色,蚕蛾为纯白色眼;w_3w_3 纯合体的卵在冬季呈淡黄褐色,蚕蛾为黑色眼;各种类型的杂合体 $w_2+_3/+_2w_3$、$+_2w_3/+_2+_3$、$w_2+_3/+_2+_3$ 的卵都是正常的紫黑色,蚕蛾全为黑色眼。

家蚕育种工作者用辐射诱变的方法反复处理基因型为 $w_2+_3/+_2w_3$ 的杂合体,通过严格选择,得到 w_2 或 w_3 缺失的第 10 染色体,并使带有缺失的第 10 染色体易位到 W 染色体上,再经过系统选育,使生活力逐渐提高,以满足养殖生产的要求,最终育成 A、B 两个品系。

A 品系:雌 $ZW+_2/w_2+_3$ 黑色卵 雄 ZZw_2+_3/w_2+_3 杏黄色卵

B 品系:雌 $ZW+_3/+_2w_3$ 黑色卵 雄 $ZZ+_2w_3/+_2w_3$ 淡黄褐色卵

将 A 品系雌蛾与 B 品系雄蛾杂交,所产的卵中,黑色的全是雄性,淡黄褐色的全是雌性(图 8.18)。若将 B 品系雌蛾与 A 品系雄蛾杂交,所产的卵中,仍然是黑色的全为雄性,杏黄色则为雌性。然后,通过对颜色敏感的电子光学自动分选机选出黑色的卵,进行孵育和饲养,得到的全部都是雄蚕。

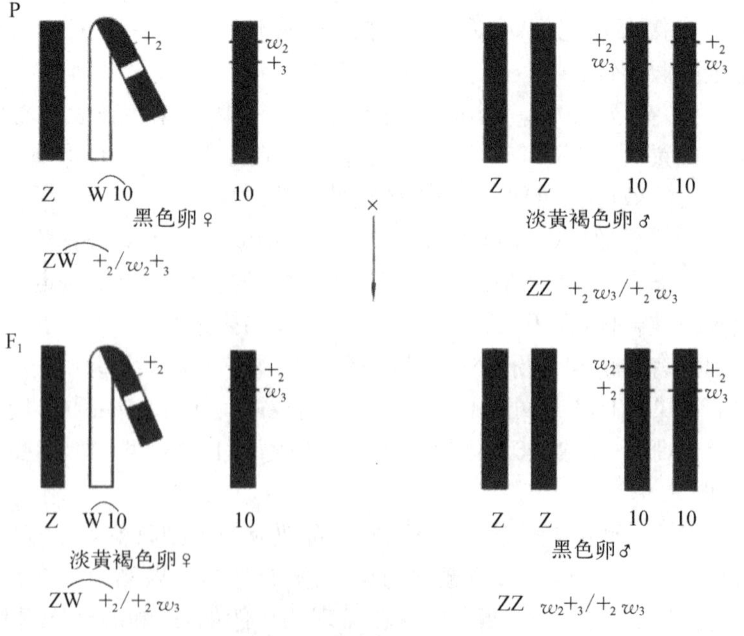

图 8.18 家蚕性别自动鉴别品系

(引自刘祖洞,1991)

8.1.5 转座因子与染色体结构变异

由于转座因子可以改变自身在染色体上的位置,不同的转座因子因其转座机制和组成成分的不同,转座后会产生不同的染色体结构变异。

复制型转座是转座因子自身先复制一个拷贝,其中一个拷贝在供体部位保持不变,另一个拷贝转移到受体位点。如果受体位点在非同源染色体上,转座后会产生替位重复;如果在同一条染色体上,则会产生顺接或反接重复。非复制型转座是转座因子离开供体位点到一新位点。如果受体位点在非同源染色体上，转座后会产生类似简单易位的结果。

复合转座子通常由抗性基因和两端的插入序列组成，两端的插入序列方向可以相同，也可以相反。如果方向相同，在插入序列间发生同源重组后，会造成无着丝粒重组片段的丢失；如果方向相反，重组后会导致两插入序列之间的区域发生倒位（图8.19）。

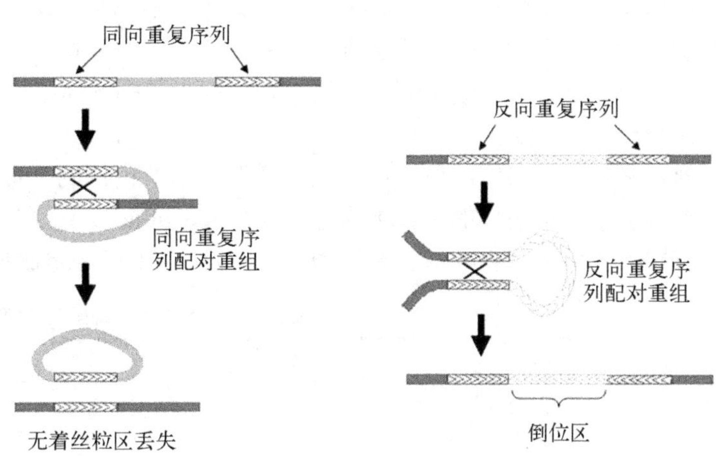

图8.19 转座子两端的插入序列重组导致缺失和倒位
（引自 Lewin B et al.，2011）

8.1.6 染色体结构变异的机制

1. 断裂-重接假说

断裂-重接假说（breakage-reunion hypothesis）由 Stadler 1931 年提出。该假说认为：导致染色体结构改变的原发损伤是断裂。断裂可自发产生，也可人工诱变产生，断裂的后果有三种：① 绝大多数断裂（90%～99%）通过修复过程在原处重新连接，这种连接方式称为愈合（restitution），在细胞学上无法辨认；② 染色体或染色单体的断裂端不在原处连接，而是按新的方式连接，从而引起染色体的结构变异，这一过程称为重接（reunion）；③ 断裂端依然游离，成为染色体结构的一种稳定状态，如末端缺失。

2. 互换假说

互换假说（exchange hypothesis）由 Revell 1959 年提出。该假说认为：导致染色体结构变异的根本原因是染色体上具有不稳定部位——原发性损伤（primary lesion），所有结构变异都是两个靠得很近的不稳定部位之间互换的结果。互换的发生分为两个阶段，第一阶段为互换起始，即两个相邻的不稳定部位相互作用，这些部位之间易于发生交换，但尚未实现；第二步是机械的互换和连接过程。如果两个原发性损伤靠得不够近或不能相互作用，这些损伤就可以被修复。

8.2 染色体数目变异

每种生物都有各自恒定的染色体数目。在内外环境因素的影响下，染色体数目发生变化，也可以导致生物遗传性状的改变。19 世纪末 de Vris 发现的巨型月见草（*Oenothera lamarckiana* var. *gigas*）就是普通月见草（*Oenothera lamarckiana*）的染色体数加倍形成的，它的组织和器官比普通月见草显著增大。研究表明，染色体倍性的改变是植物物种形成的一个重要途径。

8.2.1 染色体组及染色体数目变异的类型

1. 染色体组

二倍体生物一个正常配子所含的全部染色体，称为一个染色体组（genome），若用来表示其中所含的全部基因则称为基因组。一个染色体组中所包含的染色体数目，称为基数（basic number），用 x 表示。一个染色体组内的各个染色体的形态、结构及其携带的基因各不相同，但彼此构成一个完整而协调的整体，缺少任何一个都会导致不育或性状变异。某种生物为几倍体通常用其体细胞中所含染色体组的数目来表示，体细胞中含有一个染色体组的个体为一倍体（monoploid），含有两个染色体组的为二倍体（diploid），以此类推。含有三个或三个以上染色体组的称为多倍体（polyploid）。配子中含有的染色体数常用 n 表示。对于二倍体物种，$2n = 2x$，如玉米 $2n = 2x = 20$，$n = x = 10$；果蝇 $2n = 2x = 8$，$n = x = 4$。对于多倍体物种，n 通常为 x 的倍数，如普通小麦（*Triticum aestivum*）$2n = 6x = 42$，$n = 3x = 21$。

2. 染色体数目变异的类型

染色体数目变异分为两大类，一种是以染色体组为单位进行增减产生的变异，称为整倍体

(euploid)变异，包括单倍体(haploid)、二倍体和多倍体；另一种是以染色体为单位进行增减，使得染色体组内个别染色体的数目增加或减少产生的变异，称为非整倍体(aneuploid)变异，包括单体(monosomic)、缺体(nullisomic)、双单体(double monosomic)、三体(trisomic)、四体(tetrasomic)、双三体(double trisomic)等。

通常又把单体、缺体、双单体等减少一至数条染色体的个体称为亚倍体(hyploid)，把三体、四体、双三体等增加一至数条染色体的个体称为超倍体(superploid)。

有关染色体数目变异的主要类型、表示方法及染色体组成见表 8.1。

表 8.1　染色体数目变异的主要类型

类型		表示方法	染色体组
整倍体	一倍体	$1x$	abcd
	二倍体	$2x$	(abcd)(abcd)
	三倍体	$3x$	(abcd)(abcd)(abcd)
	同源四倍体	$4x$	(abcd)(abcd)(abcd)(abcd)
	异源四倍体	$2(2x)$	(abcd)(abcd)(efgh)(efgh)
非整倍体	单体	$2n-1$	(abcd)(abc)
	缺体	$2n-2$	(abc)(abc)
	双单体	$2n-1-1$	(abc)(abd)
	三体	$2n+1$	(abcd)(abcd)(a)
	四体	$2n+2$	(abcd)(abcd)(aa)
	双三体	$2n+1+1$	(abcd)(abcd)(ab)

8.2.2　整倍体

1. 单倍体

体细胞中具有本物种配子染色体数目的个体称为单倍体。根据单倍体的来源可将之分为两类，一种为单元单倍体，是指由二倍体物种产生的单倍体，具有一个染色体组，与一倍体同义；另一种为多元单倍体，是指由多倍体物种产生的单倍体，具有两个或多个染色体组。

在动物中，除一些少数自然存在的单倍体，如雄峰、雄蚁等是正常的外，大多数动物的单倍体因发育异常，在胚胎期便死亡。

在植物中，单倍体可自发产生，如在番茄、棉花、咖啡、大麦、油菜及小麦中都发现有自发的单倍体；也可通过花粉或花药培养，人工培育单倍体。

和正常的二倍体相比，单倍体植株弱小，生活力差，并且高度不育。不育的原因是由于单倍体中没有同源染色体联会，减数分裂时染色体随机向两极移动，结果形成的配子几乎都不具有完整的染色体组。例如，玉米的单倍体中有 10 条染色体，在减数第一次分裂中产生的子细胞可以含有 0～10 的任何数目的染色体，其中，只有具有 10 条染色体的配子才是可育的，其概率为 $(1/2)^{10}=1/1\,024$，若单倍体中的染色体数为 n，则形成可育配子的概率为$(1/2)^n$，这种概率太小，而使这样的两个雌雄配子结合的概率就更小，因此单倍体是高度不育的。但是由同源多倍体产生的含有偶数染色体组的多元单倍体育性正常，如同源四倍体产生的单倍体，细胞中含有两个相同的染色体组，减数分裂中可正常联会，完全可育。

在生产上，可用秋水仙素(colchicine)处理使染色体加倍，得到每个基因位点都是纯合的二倍体，自交后代不会出现分离。传统的利用近交的方法培育纯系，需要经过许多代，而且不能保证各个基因位点都纯合，因此利用单倍体途径可以大大缩短育种的年限。

2. 多倍体

多倍体在植物中比较普遍，在动物中则比较少见。主要原因是多数植物无性染色体分化，为雌雄同株，加倍后可通过自交繁殖；而大多数动物的性别是由性染色体决定的，并且为杂交繁殖。多倍体打破了动物性别决定中常染色体与性染色体之间的平衡，使得多倍体动物高度不育。例如，在 XY 型性别决定，四倍体雄性的性染色体组成为 XXYY，产生的配子为 XY，四倍体雌性的性染色体组成为 XXXX，产生的配子为 XX，雌雄配子结合产生 XXXY 合子，这种性染色体组成对大多数动物来说都是不育的。

根据多倍体中染色体组的来源是否相同，可将之分为同源多倍体(autopolyploid)和异源多倍体

(allopolyploid)。

(1) 同源多倍体：同源多倍体是指多倍体中所有的染色体组来自同一物种。同源多倍体可以通过低温、秋水仙素等理化因素处理人工加倍而成，也可由同一物种的未减数配子结合自发产生。同源多倍体按其所含染色体组的数目又可分为三倍体(triploid)、四倍体(tetraploid)、五倍体(pentaploid)等，自然界中最常见的是同源三倍体和同源四倍体。

1) 同源多倍体的形态及生理生化特征　　和二倍体相比，多倍体细胞核和细胞体积增大，在外形上具有巨大效应，表现为茎秆粗壮，气孔、花粉粒、花朵、果实及种子明显增大，叶片宽厚，颜色较深。但在有些情况下，细胞体积并不增大，或即使体积增加，但细胞数目相应减少，所以个体及器官的大小并无明显的改变。此外，由于多倍体中基因的拷贝数增加，基因产物相应增多，结果糖类、蛋白质等含量提高，但生长缓慢，生育期延长，育性降低。

2) 同源多倍体的联会和分离

① 同源三倍体的联会和分离。同源三倍体中有三个相同的染色体组，在减数分裂中，三条同源染色体可以彼此联会形成一个三价体(Ⅲ)；也可以是其中的两条联会，另一条单个存在，形成一个二价体和一个单价体(Ⅱ+Ⅰ)(图 8.20)。无论哪种联会方式，在任何同源区段内只能有两条染色体联会，而将第三条染色体的同源区段排斥在联会之外，在后期Ⅰ产生 2/1 分离，即三条同源染色体中的一条随机的移向一极，另外两条移向另一极。在各种分离方式中，只有所有同源染色体中的两条同时移向一极，一条移向另一极，才能形成具有完整染色体组的平衡配子($2n$ 和 n)，形成这两种平衡配子的概率都是$(1/2)^n$。其他分离方式产生的配子染色体数目为 n～$2n$，都不具完整的染色体组，是不平衡的，因此同源三倍体具有高度不育性。

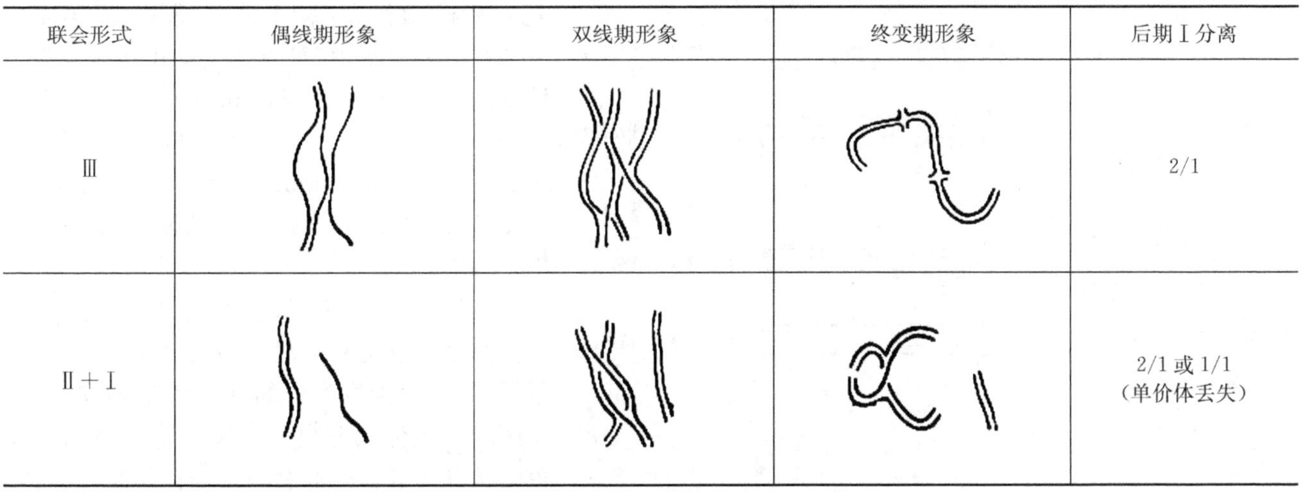

联会形式	偶线期形象	双线期形象	终变期形象	后期Ⅰ分离
Ⅲ				2/1
Ⅱ+Ⅰ				2/1 或 1/1 (单价体丢失)

图 8.20　同源三倍体联会和分离

(引自浙江农业大学，1998)

② 同源四倍体的联会和分离。同源四倍体中有四个相同的染色体组，在减数分裂中四条同源染色体的联会方式更多，其中大多数联会成一个四价体(Ⅳ)或两个二价体(Ⅱ+Ⅱ)，少数形成一个三价体和一个单价体(Ⅲ+Ⅰ)及一个二价体和两个单价体(Ⅱ+Ⅰ+Ⅰ)(图 8.21)。到后期Ⅰ，只有Ⅱ+Ⅱ的联会方式全部为 2/2 的均等分离，即每个子细胞随机得到四条染色体中的两条，形成的配子是可育的；其他的联会方式，可能是 2/2 的均等分离，也可能是 3/1 的不均等分离，即三条染色体走向一极，一条染色体走向另一极，形成的配子染色体组成不平衡，从而造成同源四倍体的部分不育性。

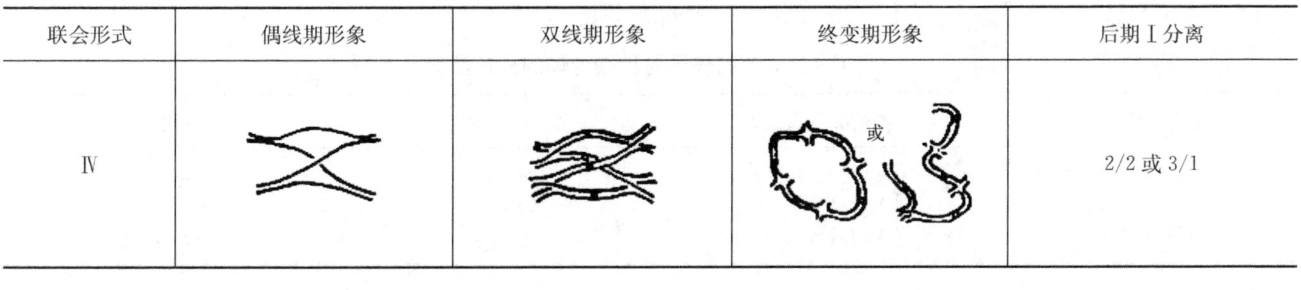

联会形式	偶线期形象	双线期形象	终变期形象	后期Ⅰ分离
Ⅳ			或	2/2 或 3/1

续 图

联会形式	偶线期形象	双线期形象	终变期形象	后期Ⅰ分离
Ⅲ+Ⅰ	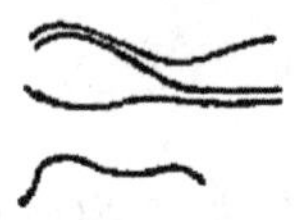	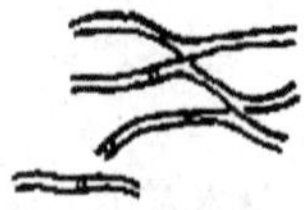		2/2 或 3/1 或 2/1
Ⅱ+Ⅱ		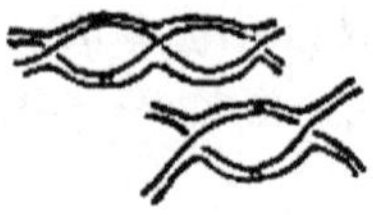		2/2
Ⅱ+Ⅰ+Ⅰ		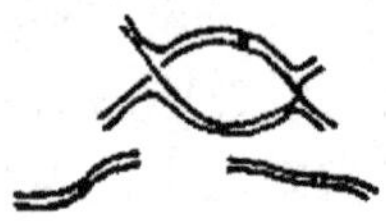	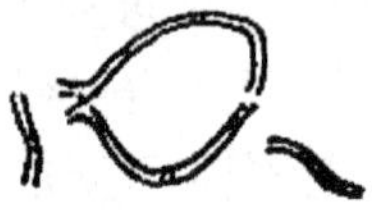	2/2 或 3/1 或 2/1 或 1/1

图 8.21 同源四倍体的联会和分离

(引自浙江农业大学,1998)

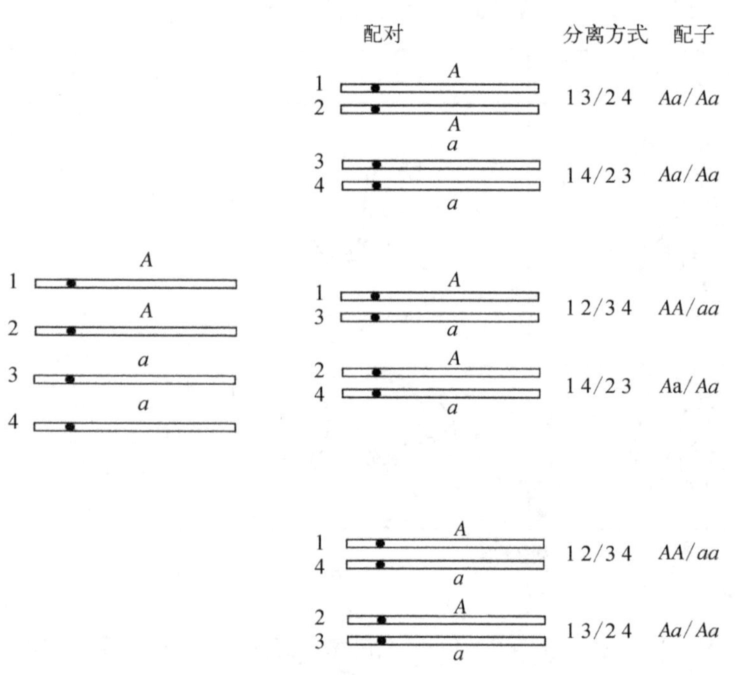

图 8.22 同源四倍体二显体 *AAaa* 基因的联会和分离

(修改自 Griffiths AJF. et al., 2000)

与二倍体相比,同源四倍体的基因分离要复杂得多。对一对基因(*A*、*a*)来讲,二倍体只有 *AA*、*Aa* 和 *aa* 三种基因型,四倍体则有五种基因型 *AAAA*(四显体 quadruplex),*AAAa*(三显体 triplex),*AAaa*(二显体 duplex),*Aaaa*(单显体 simplex)及 *aaaa*(无显体 nulliplex),各种杂合体形成的配子种类和比例也各不相同。

现以二显体 *AAaa* 为例介绍一下同源四倍体基因的联会和分离。假定 *A*(*a*)距着丝粒很近,其间很少发生非姐妹染色单体的交换,基因随染色体的分离而分离。若四条同源染色体按Ⅱ+Ⅱ方式联会,可能有三种不同的形式(图 8.22)。具体是四条中的哪两条染色体联会及后期Ⅰ染色体向两极的移动都是随机的,因此三种联会方式发生的概率相等。*AAaa* 个体最终产生的配子及比例是:*AA* ∶ *Aa* ∶ *aa* = 1 ∶ 4 ∶ 1,即 *aa* 所占的比例是 1/6。在完全显性的条件下,若 *AAaa* 自交,自交后代隐性个体所占比例为 $1/6 \times 1/6 = 1/36$,其余 35/36 表现为显性性状,远远偏离 Mendel3 ∶ 1 的分离比,这就是本书第二章讲到的实现 Mendel 分离比为什么必须是二倍体的原因。利用类似的方法可以推出三显体 *AAAa* 及单显体 *Aaaa* 产生的配子类型及自交后代的表型比(表 8.2)。

表 8.2 同源四倍体各种杂合体的分离结果

杂合体类型	配子类型及比例	测交后代表型比	自交后代表型比
三显体 *AAAa*	1*AA* ∶ *Aa*	全 *A*	全 *A*
二显体 *AAaa*	1*AA* ∶ 4*Aa* ∶ 1*aa*	5*A* ∶ 1*a*	35*A* ∶ 1*a*
单显体 *Aaaa*	1*AA* ∶ 1*aa*	1*A* ∶ 1*a*	3*A* ∶ 1*a*

(2) 异源多倍体：异源多倍体是指多倍体中的染色体组来源于不同的物种。它可由不同物种的个体之间杂交得到的 F_1 经染色体加倍形成，也可由 F_1 的未减数配子结合形成，或由染色体已经加倍的两个不同物种杂交形成。构成异源多倍体的祖先二倍体种，称为基本种(basic species)。

萝卜甘蓝(*Raphanobrassica*)是人工创造异源多倍体的一个最经典的例子(见第 14 章)。尽管此物种没有经济价值，但这一事实提供了利用种属杂交，在短期内创造新种的方法，特别是 1937 年发现秋水仙素能引起染色体加倍后，在全世界范围内掀起了一个人工合成多倍体的高潮。据报道，到 1977 年为止，已人工创造新种 1 000 多个，但能直接用于生产的却很少。

异源多倍体形成是植物物种形成的一个重要途径。据分析，被子植物中，异源多倍体占 30%～35%，在禾本科植物中所占比例高达 70%。例如，小麦、燕麦、棉花、烟草等农作物，苹果、梨、樱桃等果树，菊花、水仙、大理菊等花卉等都是异源多倍体。通过染色体组分析(genome analysis)的方法，可确定异源多倍体中各染色体组的来源，研究其起源过程。

染色体组分析就是用待分析的多倍体与假定的基本种杂交，根据 F_1 减数分裂过程中染色体配对行为来鉴别分析染色体组的来源及异同的过程。分析的依据是：在减数分裂过程中同源染色体相互配对形成二价体(Ⅱ)，非同源染色体彼此不能配对，常以单价体(Ⅰ)形式存在。如果待分析的多倍体和基本种的杂交后代 F_1 在减数分裂过程中形成的二价体数目与基本种的染色体基数相当，便说明多倍体的一个染色体组来源于这一基本种。采用新近的基因组原位杂交技术(GISH)鉴定异源多倍体中的基本种更为便捷准确。

例如，普通小麦为异源六倍体，染色体组成为 AABBDD ($2n=42$)，组成它的基本种可能为一粒小麦(*Triticum monococum*)、拟斯卑尔脱山羊草(*Aegilops speltoides*)及节节麦(*Aegilops squarrosa*)，它们都是二倍体，$2n=14$，拟二粒小麦(*Triticun dicoccoides*)为异源四倍体，$2n=28$，它们之间相互杂交及与普通小麦的杂交结果如表 8.3 所示。

表 8.3　普通小麦几个近缘种的杂交后代减数分裂时染色体的配对情况

杂 交 组 合	杂种染色体数	配对情况	推定的染色体组
拟二粒小麦×一粒小麦	21	7Ⅱ+7Ⅰ	AAB
拟二粒小麦×拟斯卑尔脱山羊草	21	7Ⅱ+7Ⅰ	ABB
一粒小麦×拟斯卑尔脱山羊草	14	14Ⅰ	AB
普通小麦×拟二粒小麦	35	14Ⅱ+7Ⅰ	AABBD
拟二粒小麦×节节麦	21	21Ⅰ	ABD
普通小麦×节节麦	28	7Ⅱ+14Ⅰ	ABDD

从以上杂交结果可以看出，拟二粒小麦与一粒小麦及拟斯卑尔脱山羊草的杂交后代，在减数分裂中都出现 7 个二价体，说明拟二粒小麦与这两个二倍体物种有一个相同的染色体组；而一粒小麦与拟斯卑尔脱山羊草的杂交后代在减数分裂中出现了 14 个单价体，说明二者的染色体组是完全不同的。一粒小麦的染色体组以 AA 表示，拟斯卑尔脱山羊草的染色体组以 BB 表示，则拟二粒小麦的染色体组成为 AABB。拟二粒小麦与普通小麦的杂交后代在减数分裂中形成 14 个二价体和 7 个单价体，说明普通小麦中有两个染色体组与拟二粒小麦相同，即普通小麦的 A、B 染色体组与拟二粒小麦一样分别来自一粒小麦和拟斯卑尔脱山羊草。拟二粒小麦与节节麦的杂交后代在减数分裂中形成了 21 个单价体，说明节节麦的染色体组成与拟二粒小麦完全不同，定为 D 染色体组，而节节麦与普通小麦杂交，后代有 7 个二价体，说明普通小麦的 D 染色体组来自节节麦。由此推断普通小麦的演化过程可能是如图 8.23 所示。

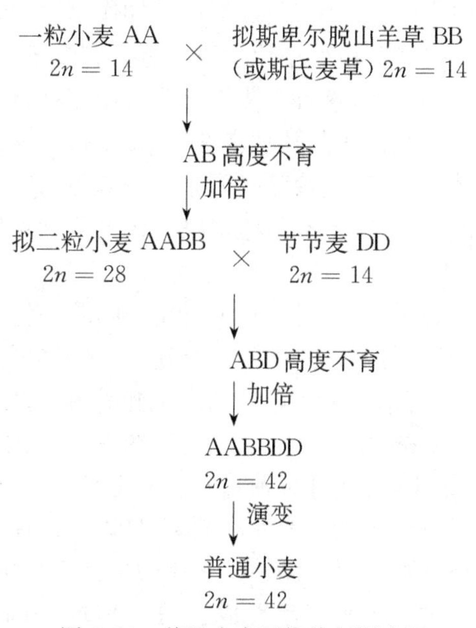

图 8.23　普通小麦可能的起源途径

同源多倍体和异源多倍体之间并无严格的界限,如果形成异源多倍体的基本种亲缘关系不太远,其染色体组可能具有部分同源性。例如,普通小麦为异源六倍体,其 A、B、D 组的 7 条染色体分别用 1A、2A…7A,1B、2B…7B,1D、2D…7D 表示,1A、1B、1D 等号码相同的染色体之间具有部分同源性,在一定条件下会发生联会,即异源联会(allosynapsis)。

当异源多倍体的不同染色体组之间的部分同源程度很高时,则称之为节段异源多倍体(segmental polyploid)。节段异源多倍体在减数分裂时除了形成典型异源多倍体所具有的二价体以外,还会出现或多或少的四价体,从而表现一定程度的不育。各种多倍体之间的关系如图 8.24 所示。

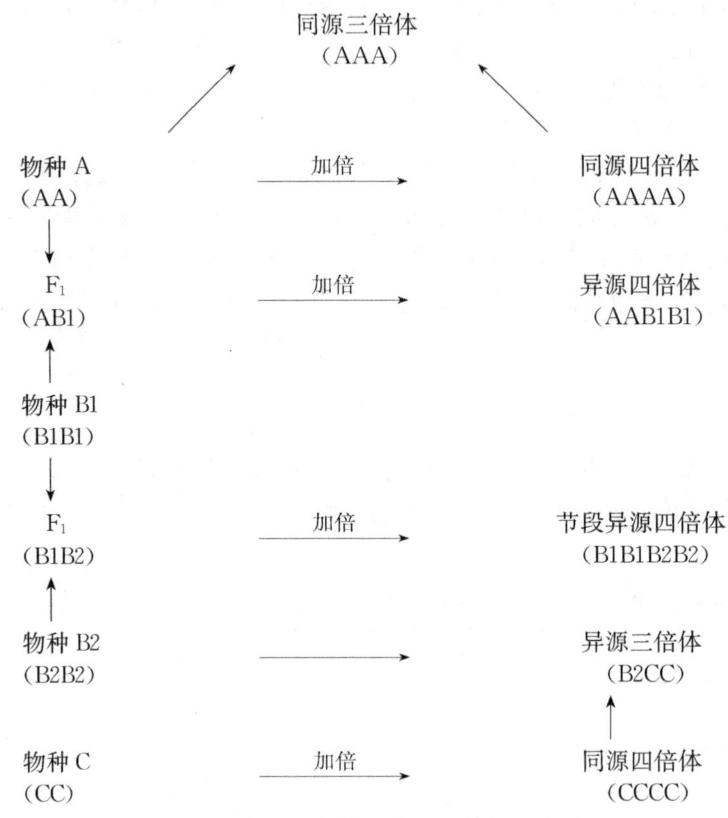

图 8.24 各种多倍体的来源及其相互关系

(3) *人工诱导多倍体的应用*:人工诱导多倍体是现代育种工作的一个重要手段,它可以克服远缘杂交过程中产生的杂种不育,创造新的作物类型。利用机械损伤、温度变化等物理方法及化学药剂处理均可得到多倍体。实际应用中化学方法更为有效,特别是 1937 年美国遗传学家 Blakeslee 利用秋水仙素诱发多倍体获得成功以后,这种方法被普遍采用,并取代了其他方法。

秋水仙素是从秋水仙(*Colchicum autumnale*)的鳞茎和种子中提炼而成的淡黄色粉末,有剧毒,能使中枢神经麻醉,造成呼吸困难,如不慎入眼,会引起暂时失明,使用时应注意操作安全。秋水仙素的作用机制是抑制纺锤体的形成,但对染色体的复制和着丝粒的分裂则无影响,从而使细胞分裂停滞在中期,导致染色体加倍。

1) 同源多倍体的应用　同源多倍体应用中最成功的例子是同源三倍体。例如,三倍体甜菜生长旺盛,品质好,抗逆性强,产糖量比二倍体提高 10%~18%,在国外已普遍推广,几乎完全取代了原来的二倍体品种;三倍体无籽西瓜的产量和品质也都优于二倍体品种;三倍体杨树的生长速度是普通白杨的两倍;三倍体杜鹃的花期特别长;在美国约有 1/4 的苹果品种是三倍体。因此对那些不以种子为收获对象的花卉、水果、树木,三倍体育种具有重要意义。

三倍体的培育方法简单,现以三倍体无籽西瓜为例说明其培育过程。首先用秋水仙素处理二倍体西瓜幼苗,得到四倍体植株,再用四倍体作母本,二倍体作父本进行杂交,在四倍体母体植株上获得三倍体种子,三倍体种子种下后长成三倍体植株,开花后用二倍体植株上的花粉刺激,从而引起无籽果实的发育(图 8.25)。

2) 异源多倍体的应用　人工诱导的异源多倍体有生产价值的不多，较成功的是我国学者鲍文奎等培育的八倍体小黑麦(*Triticale*)。小黑麦具有产量高、抗逆性和抗病性强、面粉白、籽粒蛋白质含量高和生长势强等优点，适宜在自然条件严酷、小麦产量低而不稳的高寒山区种植。其培育过程是：让普通小麦与黑麦(*Secale cereale*)杂交，杂种经染色体加倍而成八倍体小黑麦(图 8.26)。

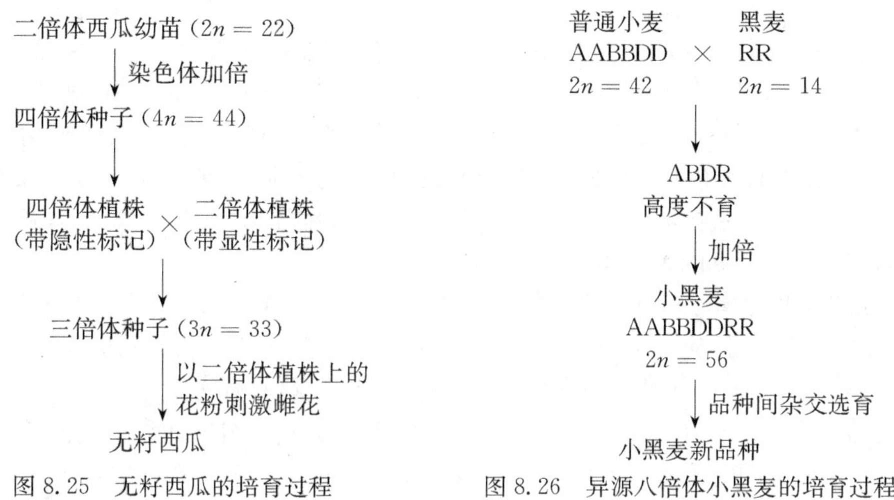

图 8.25　无籽西瓜的培育过程　　图 8.26　异源八倍体小黑麦的培育过程

小黑麦最初具有结实率低，种子饱满程度差等缺点，但经几年的连续选择，已成功地培育出能在生产上应用的小黑麦新品种。

8.2.3　非整倍体

1. 亚倍体

(1) 亚倍体的来源：亚倍体是指体细胞中少若干条染色体的个体。体细胞中少一条染色体的个体称为单体，用 $2n-1$ 表示；体细胞中少两条非同源染色体的个体称为双单体，用 $2n-1-1$ 表示；体细胞中少一对同源染色体的个体称为缺体，用 $2n-2$ 表示。

亚倍体是由正常个体在减数分裂时，个别染色体行为异常造成的，如某对染色体不联会，单价体易丢失，从而形成 $n-1$ 配子；或者联会后同源染色体不分离或分离迟缓，产生 $n-1$ 和 $n+1$ 的配子，$n-1$ 配子与 n 配子结合可产生单体，两个相同的 $n-1$ 配子结合形成缺体，两个不同的 $n-1$ 配子结合形成双单体。

(2) 亚倍体的遗传学效应：亚倍体缺少一至数条染色体，打破了染色体原有的平衡状态，因此对生物的生长发育影响较大。二倍体中的单体和缺体往往不能存活，多倍体中缺少个别染色体引起的不平衡可由其他染色体组的完整性部分补偿，但一般生长势较弱，育性降低。

单体在减数分裂时通常形成 $n-1$ 个二价体和 1 个单价体，理论上产生的 $n-1$ 和 n 配子的比例为 1∶1，其自交后代应是双体∶单体∶缺体 = 1∶2∶1，但由于单价体在后期 I 移动迟缓，容易丢失，使得 $n-1$ 配子多于 n 配子，同时还存在 $n-1$ 配子和 n 配子参与受精的程度不同，$2n-1$ 和 $2n-2$ 幼胚持续发育的程度不同等原因而使这一比例发生变化。根据对普通小麦与其单体的正反交测定，在能够参与受精的花粉中，n 花粉占 96%，$n-1$ 花粉占 4%；在能够参与受精的胚囊中，n 胚囊占 25%，$n-1$ 胚囊占 75%。小麦单体自交后代中各类型的比例如表 8.4 所示。

表 8.4　小麦单体两种配子的传递率

花粉(♂) / 胚囊(♀)	96% (n)	4% ($n-1$)
25% (n)	24% ($2n$)	1% ($2n-1$)
75% ($n-1$)	72% ($2n-1$)	3% ($2n-2$)

由此可见，$n-1$ 配子主要通过卵细胞(或胚囊)向后代传递。

(3) 亚倍体的应用：应用单体和缺体可把新发现的隐性基因定位到特定的染色体上。方法是把新发现的隐性基因的纯合体与缺少不同染色体的单体或缺体系列杂交，若杂交后代有隐性基因控制的性状表现出

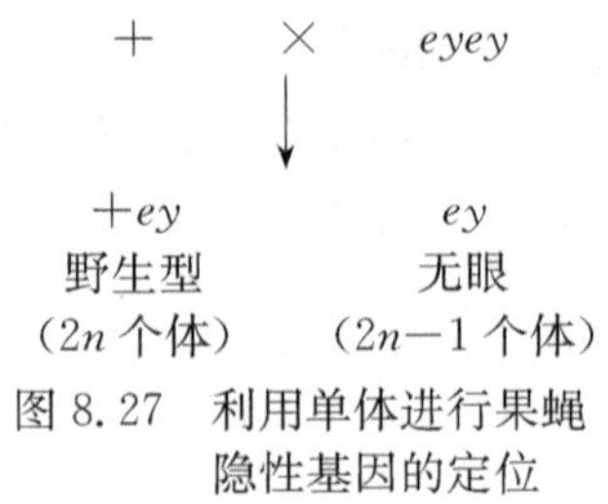

图 8.27 利用单体进行果蝇隐性基因的定位

来,表明新基因在缺少的那条染色体上,否则,不在上面。

例如,果蝇无眼(eyeless)基因的隐性纯合体 *eyey* 与第 4 染色体为单体的野生型个体杂交,后代出现野生型∶无眼 = 1∶1 的分离比,说明无眼基因位于第 4 染色体上(图 8.27)。

2. 超倍体

(1) 超倍体的来源:超倍体是指体细胞中多若干条染色体的个体。体细胞中多一条染色体的个体称为三体,用 $2n+1$ 表示;体细胞中多两条非同源染色体的个体称为双三体,用 $2n+1+1$ 表示;体细胞中多一对同源染色体的个体称为四体,用 $2n+2$ 表示。

和亚倍体一样,超倍体也是由于减数分裂时个别染色体行为异常所致。例如,某对染色体不分离形成 $n+1$ 配子,它与正常的 n 配子结合形成 $2n+1$;两个不同的 $n+1$ 配子结合,形成双三体;两个相同的 $n+1$ 配子结合,形成四体。其中,最常见的是三体。

(2) 三体的联会与基因分离:三体在减数分裂时可联会形成 $n-1$ 个二价体和 1 个三价体,或形成 n 个二价体和 1 个单价体。理论上,三体应产生 1∶1 的 $n+1$ 配子和 n 配子,但因单价体易丢失,从而使 $n+1$ 配子少于 n 配子。和 $n-1$ 配子一样,$n+1$ 配子也是主要由卵细胞(或胚囊)向后代传递。

三体的分离比与二倍体不同,位于三体上的一对等位基因(A、a)可组成四种不同的基因型 AAA、AAa、Aaa 和 aaa,其中 AAa 形成的配子为 $AA∶Aa∶A∶a = 1∶2∶2∶1$,若 A 对 a 为完全显性,并且 $n+1$ 配子和 n 配子都能成活,它与 aa 个体测交后代的表型分离比是 $5A∶1a$,自交后代为 $35A∶1a$;若只有 n 配子可育,测交后代的表型分离比是 $2A∶1a$,自交后代为 $8A∶1a$。同理也可推出 Aaa 个体测交与自交后代的分离比(表 8.5)。

表 8.5 三体的两种杂合体测交和自交后代的比例

基因型	配子比例	$n+1$ 和 n 配子都可育		只有 n 配子可育	
		测交后代表型比例	自交后代表型比例	测交后代表型比例	自交后代表型比例
AAa	$1AA∶2Aa∶2A∶1a$	$5A∶1a$	$35A∶1a$	$2A∶1a$	$8A∶1a$
Aaa	$2Aa∶1aa∶1A∶2a$	$1A∶1a$	$3A∶1a$	$1A∶2a$	$5A∶4a$

(3) 三体的应用

1) 基因定位 利用三体测交和自交后代的表型分离比不同于二倍体的特点可将待测的隐性基因定位到特定的染色体上。方法是将待测隐性基因的纯合体与增加不同染色体的显性纯合三体系列杂交,再选出杂交后代中的三体与待测隐性纯合体测交,若测交后代出现显性性状∶隐性性状 = 5∶1 的分离比,说明待测基因位于多出的那条染色体上;若为 1∶1,则不在多出的染色体上。

无眼果蝇与第 4 染色体三体的野生果蝇(+++)杂交,选取子一代的三体果蝇再与无眼果蝇测交,测交后代野生型∶无眼 = 5∶1。同样证明,*ey* 基因位于第 4 染色体上(图 8.28)。

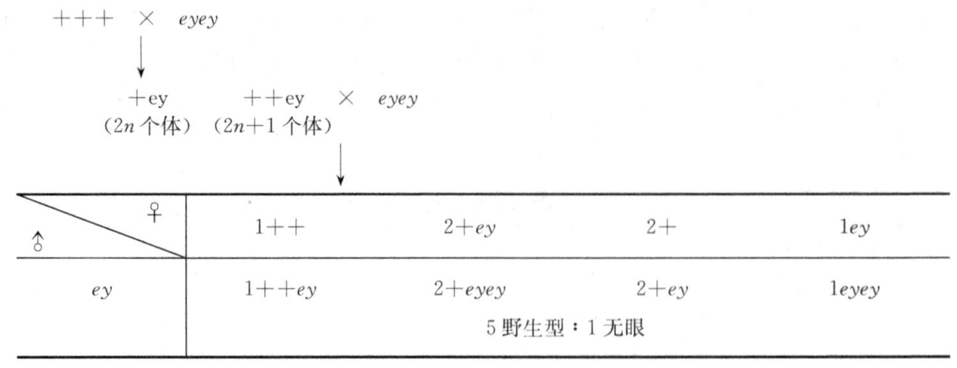

图 8.28 利用三体进行果蝇的基因定位

2) 配制杂交种 大麦(*Hordeum sativum*, $2n = 14$)是高度自花授粉植物,配制杂交种相当困难,育种工作者利用染色体畸变的原理培育出一个新品种。它是一个三级三体(即增加的那条染色体带有非同源的易位片段)，其中的两条正常染色体带有两个紧密连锁的隐性基因——雄性不育基因 *ms* 和黄色种皮基因 *r*，易位染色体上带有相应的显性基因——雄性可育基因 *Ms* 和褐色种皮基因 *R*。这种三体在减数分裂时形成 7 个二价体，唯有增加的那条易位染色体以单价体形式存在，它在后期Ⅰ随机的移向一级，结果形成两种配子 *msr* 和 *MsR*/*msr*，卵细胞中这两种配子的比例是 7∶3，花粉中只有 *msr* 有授粉能力，自交后就产生 70%的黄色种皮雄性不育种子，30%的褐色种皮正常可育种子。由于种皮颜色不同，可用机械将二者分开，黄色种子用于以后的杂交制种，褐色种子继续自交，生产雄性不育的种子(图 8.29)。

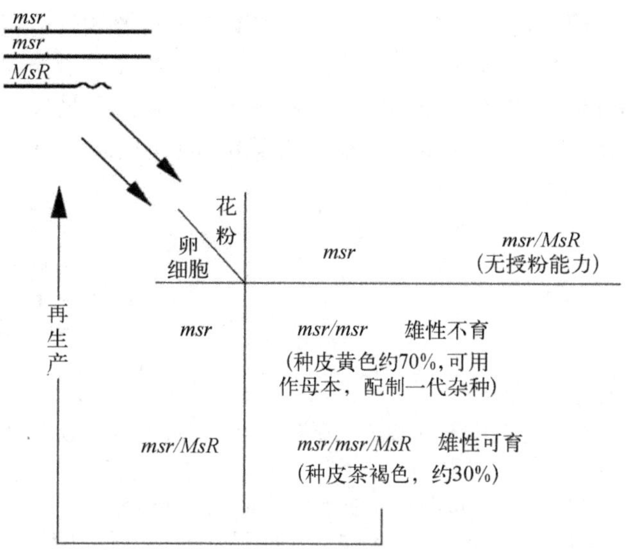

图 8.29 大麦雄性不育的保持和利用

(引自刘祖洞，1991)

8.2.4 常见的人类染色体数目变异

1. 人类染色体的命名

人类染色体命名采用《人类细胞遗传学命名国际体制(ISCN)》中的规定，将人的 23 对染色体分为 A(1～3)、B(4、5)、C(6～12，X)、D(13～15)、E(16～18)、F(19、20)、G(21、22，Y)7 组，记述核型时，第一项是染色体总数，其后是一个逗号，再后是性染色体组成。若存在染色体结构或数目的变化，性染色体后再加逗号和发生变化的相关染色体，通常包括染色体序号、臂的符号、区的序号和带的序号，区和带的编号以近着丝粒的区和带标记为 1，较远侧的标记为 2、3 等。例如，1p36 表示 1 号染色体短臂 3 区 6 带，若有高分辨带，可在带后加圆点，再写亚带、次亚带编号。常见的人类染色体命名符号如表 8.6 所示。

表 8.6 常见人类染色体及其畸变的命名符号

符　号	含　义	符　号	含　义
1～22	常染色体序号	dup	重复
X、Y	性染色体	ins	插入
+	增加	inv	倒位
−	丢失	p	染色体短臂
→	…到…	q	染色体长臂
cen	着丝粒	r	环状染色体
del	缺失	t	易位
dic	双着丝粒	ter	末端

例如，46，XX 为正常女性；46，XY 为正常男性；46，XY，$1q^+$，表示具有 46 条染色体的男性，1 号染色体长臂延长；46，XX，t(Xq^+；$16p^-$)，表示具有 46 条染色体的女性，X 染色体长臂与 16 号染色体短臂之间相互易位(X 染色体长臂延长，16 号染色体短臂丢失)；45，XY，－13，－14，t(13q；14q)，表示具有 45 条染色体的男性，13、14 号染色体各少一条，但具一条由 13 号和 14 号染色体长臂组成的易位染色体；46，XY，inv(2)(p13p24)，表示具有 46 条染色体的男性，2 号染色体短臂的 1 区 3 带至 2 区 4 带发生了臂内倒位。

2. 常见的人类染色体数目变异

人类性染色数目异常在第三章已有描述，这里仅介绍常见的常染色体数目异常，它们主要是由减数分裂过程中某些染色体不分离所致。

(1) 21 三体综合征：21 三体综合征又称唐氏综合征(Down's syndrome)或先天愚型，核型为 47，XX(XY)，＋21。1866 年英国医生 Down 首先描述了该病，1959 年法国的 Lejeune 发现该病患者多了一条 21 号染色体。患者的主要症状是：头颅前后径短，枕骨扁平，眼小，两眼外侧高而内侧低，鼻梁扁平且宽，口半张，舌常伸出口外，发育迟缓，智力低下，是最常见的一种三体类型，发病率约为 1/700。

(2) 13 三体综合征：1957 年，Bartholin 记述了该病特征，1960 年，Patau 等首次报道该病为增加了一条 D 组染色体所致，故称为 Patau 综合征；1966 年，Yunis 等进一步证明多出的染色体是 13 号，才定名为 13 三体综合征,核型为47,XX(XY),+13。患者头小,兔唇和(或)腭裂,先天性心脏病,严重智力低下,发病率约为1/5 000。

(3) 18三体综合征：1960年,Edwards等首先发现该病,故称Edwards综合征。Patau于1961年、Yunis于1964年证实该病患者多出了一条18号染色体,故定名为18三体综合征,核型为47,XX(XY),+18。患者头小而长,大囟门,鼻梁窄而长,短颈,几乎所有器官畸形,发病率约为1/10 000。

思 考 题

1. 名词解释

缺失、重复、倒位、易位、假显性、交换抑制因子、假连锁、位置效应、染色体组、一倍体、单倍体、同源多倍体、异源多倍体、超倍体、亚倍体、单体、三体

2. 果蝇的9个基因在染色体上的正常顺序是 *123 · 456789*,其中的“·”代表着丝粒,经诱变得到以下结构变异类型：

(1) *123 · 476589*,(2) *123 · 4789*,(3) *17654 · 3289*,(4) *123 · 45676789*,(5) *123 · 456654789*。写出每种变异类型的正确名称,并绘图表示每一种变异类型如何与正常染色体配对。

3. 有一株玉米,第9染色体是杂合缺失体,在缺失染色体上有产生色素的显性基因 *C*,正常染色体上有无色隐性等位基因 *c*,已知缺失染色体不能形成正常花粉。现以这株玉米植为父本与 *cc* 母本杂交,后代出现了10%的有色籽粒。该作何解释?

4. 用一株高正常的玉米易位杂合体与一正常的纯合矮生品系(*brbr*)杂交,再用 F_1 的半不育株与同一矮生品系测交,结果如下：

株高正常	完全可育	27株
株高正常	半不育	324株
矮生	完全可育	279株
矮生	半不育	42株

如果 *br* 位于第1染色体,问：

(1) 易位是否涉及第1染色体?

(2) 如果涉及,易位点(T)与 *br* 的重组值是多少?

(3) 如果不涉及,测交后代的表型比如何?

5. 马铃薯是四倍体,染色体数是48,对其单倍体进行细胞学观察,发现它在减数分裂时形成12个二价体。据此,你对马铃薯的染色体组成是怎样认识的?

6. 一个同源四倍体的个体在两个座位上是杂合的,即 *AAaa* 和 *BBbb*,每一座位控制不同的性状,分别位于不同的染色体上,并且都与着丝粒很近,问：

(1) 这一个体将产生哪些基因型的配子?比例如何?

(2) 如果这一个体自交,产生 *AAaaBBbb* 基因型后代的比例是多少? *aaaabbbb* 基因型后代的比例是多少?

7. 曼陀罗有12对染色体,它能形成多少种三体?多少种双三体?

8. 下图表示黑腹果蝇唾腺染色体上的6条带纹,在这一区域有5个缺失(缺失1～缺失5),已知隐性等位基因 *a*、*b*、*c*、*d*、*e* 和 *f* 位于该区域,但顺序未知。

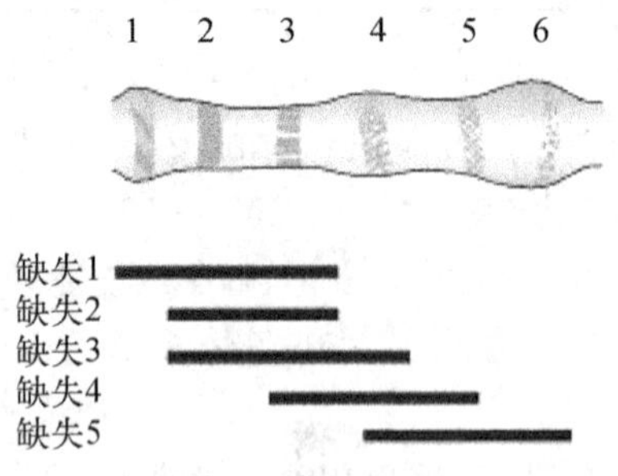

每种缺失与各等位基因组合的结果如下表：

	a	*b*	*c*	*d*	*e*	*f*
缺失1	−	−	−	+	+	+
缺失2	−	+	−	+	+	+
缺失3	−	+	−	+	−	+
缺失4	+	+	−	−	−	+
缺失5	+	+	+	−	−	−

表中,"－"表示隐性等位基因表现,"＋"表示野生型等位基因表现。根据这些结果推断各个基因位于染色体的哪条带上。

9. 在一种植物中,两个基因 P 和 Bz 位于染色体的同一条臂上,距离是 36 mu。在这两个基因之间有一倒位(倒位区不包括这两个基因),倒位区的长度是其遗传距离的 1/4,请你预测在倒位纯合体和杂合体中 P 和 Bz 的重组值分别是多少。

推荐参考书

1. 戴灼华,王亚馥,粟翼玟. 2008. 遗传学(第 2 版). 北京：高等教育出版社.
2. 刘祖洞. 1991. 遗传学(第 2 版)(上、下册). 北京：高等教育出版社.
3. 宋运淳,余先觉. 1989. 普通遗传学. 武汉：武汉大学出版社.
4. 朱军. 2002. 遗传学.(第 3 版). 北京：中国农业出版社.
5. Ayala FJ, Kiger JA. 1984. Modern Genetics. 2nd ed. The Benjamin/Cummings Publishing Company, Inc.
6. Griffiths AJF, Miller JH, Suzuki DT, et al. 2000. An Introduction to Genetic Analysis. 7th ed. New York: W. H. Freeman & Co.
7. Griffiths AJF, Lewontin RC, Gelbart WM, et al. 2002. Modern Genetic Analysis: Integrating Genes and Genomes. 2nd ed. New York: W. H. Freeman & Co.
8. Lewin B, Krebs JE, Goldstein ES, Kilpatrick ST. 2011. Genes X. Jones & Bartlett Learning.

第9章 基因突变

提要

突变是遗传物质发生了任何可以遗传的改变，它可以自发产生，也可以诱发产生；既可以发生在种系细胞中，也可以发生在体细胞中；既可以发生在染色体水平上（染色体畸变），也可以发生在基因水平上（基因突变）。

DNA的复制错误、化学损伤以及辐射、化学诱变剂等都可能引发基因突变。基因突变的本质是由于碱基的替换、增添或缺失造成DNA分子碱基序列的改变。针对各种因素造成的DNA的损伤，细胞具有多种相应的修复系统，以保证遗传信息传递的稳定性和精确性。

突变（mutation）是一种遗传状态，任何能够通过复制而遗传的DNA结构的永久性改变都叫突变。遗传物质的改变可以在两个水平上发生，一种是染色体畸变，一种是基因突变。前者能在显微镜下观察到染色体的结构或数目的改变，后者只能通过DNA测序或遗传学实验检测发现。所谓基因突变（gene mutation）是指染色体上一个座位内遗传物质的变化。由于基因突变是基因内部DNA分子上微小的改变，在染色体结构上看不出变化，因此又被称为点突变（point mutation）。广义而言，突变包括染色体结构和数目的改变、基因突变，狭义的突变仅指基因突变。后面所讲的突变都是指基因突变。

突变是基因的主要功能之一；突变的结果就是从一个基因变成它的等位基因，继而能产生新的基因型。具有某种新的基因型的细胞或个体常具有某种突变表型，这种携带有突变基因的细胞或个体就称为突变体（mutant）。生物的变异主要来源于减数分裂过程中等位基因发生分离、非等位基因自由组合，其源头之一就是基因突变，丰富的变异类型为生物进化提供了原材料。

9.1 基因突变的特点

9.1.1 突变的类型

根据导致突变产生的原因，通常将突变分为自发突变和诱发突变两大类。

（1）自发突变（spontaneous mutation）：在自然条件下发生的突变称为自发突变。自发突变一方面是由外界环境条件对细胞或个体的影响所致，如个体生活的环境中各种本底辐射、宇宙射线、化学诱变剂对遗传物质的损伤所导致的突变。另一方面来自生物体内的生理代谢产生的自由基，过氧化物造成碱基的氧化、脱嘌呤、脱氨基等引起突变。即便是没有上述因素，由于存在碱基同分异构体的互变效应，DNA在复制过程中出现碱基错误配对也能导致发生突变。

（2）诱发突变（induced mutation）：人工运用物理方法或使用化学诱变剂诱发的突变称为诱发突变。物理方法通常是用能产生电离作用的高能量射线（X、α、β、γ射线等）和不产生电离作用的紫外线照射细胞，细胞被这些射线照射后产生突变。化学方法是采用诱变剂诱发突变。化学诱变剂多种多样，依据诱导产生突变的机制，通常将化学诱变剂分为碱基类似物、烷化剂和吖啶类染料三大类。

诱发突变和自发突变的本质是相同的，只不过是诱发突变产生的突变频率远高于自发突变。由于自发突变的频率很低，诱发突变可以人为地提高突变率，获得很多的突变体。研究诱发突变的意义表现在3个方面：① 在遗传学研究中，通过突变来寻找、确定更多未知功能基因的存在，绘制遗传图谱；通过突变体的表型改变研究基因的功能；研究基因在个体的生长发育、生理代谢过程中的作用；② 在育种实践中，通过诱变产生新功能基因，或者说是改善基因的功能，以适应选育优良性状的品种或菌种的需要；③ 是环境保护和保护人类自身的需要。任何药物、食品、和人类密切接触的化学试剂和材料等，都不应该对人类的遗传物质 DNA 有损伤作用。新的药物、食品、化学试剂的安全性，需要通过遗传毒理实验来检测，为预防和保护提供依据。

9.1.2 突变率

突变是生物界普遍存在的现象，只要细胞在生长、繁殖，就必然会有突变的发生。某一基因突变的概率称为突变率。所谓突变率(mutation rate)是指在一个世代中或其他规定的单位时间内，在特定的条件下，一个细胞发生某一突变的概率。对于有性生殖的生物，突变率用一定数目配子中的突变配子的比例来表示；细菌的突变率则用一定数量的细胞在分裂一次过程中发生突变细胞的次数表示。通常多细胞真核生物的突变率高于单细胞原核生物，原核细胞的突变率又高于噬菌体(表 9.1)。

表 9.1 几种生物的不同基因的自发突变率

生　物	性　状	频　率	单　位
噬菌体			
T_2	溶菌抑制 $r \to r^+$	1×10^{-8}	每复制的突变基因频率
	宿主域 $h^+ \to h$	3×10^{-9}	
细菌			
E. coli	乳糖发酵 $lac^- \to lac^+$	2×10^{-7}	每分裂的突变细胞频率
	噬菌体 T_1 敏感性 $T_1^s \to T_1^r$	2×10^{-8}	
	组氨酸需要型 $his^+ \to his^-$	2×10^{-6}	
	$his^- \to his^+$	4×10^{-8}	
藻类			
Chlamydomonas reinhardtii	链霉素敏感型 $st_r^s \to st_r^r$	1×10^{-6}	每分裂的突变细胞频率
真菌			
Neurospora crassa	肌醇需要型 $inos^- \to inos^+$	8×10^{-8}	每无性孢子的突变频率
	腺嘌呤需要型 $ade^- \to ade^+$	4×10^{-8}	
玉米			
Zea mays	皱缩种子 $Sh \to sh$	1×10^{-6}	每配子的突变频率
	非紫色糊粉层 $Pr \to pr$	1×10^{-5}	
	无色糊粉层 $Rr \to rr$	5×10^{-5}	
果蝇			
Drosophila melanogaster	黄体 $Y \to y$(雄蝇)	1×10^{-4}	每配子的突变频率
	$Y \to y$(雌蝇)	1×10^{-5}	
	白眼 $W \to w$	4×10^{-5}	
	褐眼 $Bw \to bw$	3×10^{-5}	
	黑檀体 $E \to e$	2×10^{-5}	
小鼠			
Mus musculus	非鼠色 $a^+ \to a$	3×10^{-5}	每配子的突变频率
	白化 $c^+ \to c$	1×10^{-5}	
人			
Homo sapiems	血友病 A $h^+ \to h$	3×10^{-5}	每配子的突变频率
	白化 $a^+ \to a$	3×10^{-5}	
	甲髌综合征	0.2×10^{-5}	
	Huntington 氏舞蹈病	0.5×10^{-5}	
	软骨发生不全	4×10^{-5}	
	大肠多息肉	2×10^{-5}	

9.1.3 突变体的表型特征

携带突变基因的个体,根据突变基因的性质和功能,在一定的条件下能表现出相应的表型特征。在不同层次上能直接检测到的表型特征可简单地分为以下几类。

(1) 形态突变(morphological mutations):指突变体在形态结构、大小、颜色等可直接观察到的性状与正常个体产生了明显差别的改变。例如,野生型黑腹果蝇(*Drosophila melanogaster*)的眼睛为红色,Morgan 在实验室里饲养的果蝇中发现了白眼突变体,并经过遗传分析,将果蝇的白眼基因定位在 X 染色体上。

(2) 生化突变(biochemical mutations):指引起突变体生化代谢途径某一特定功能丧失的突变。这类突变体与正常个体相比,有的可以表现出明显的差别,有的只能通过生化检测才可以发现突变的存在。例如人类中的白化病(albinism)患者就可以直接观察发现,而苯丙酮尿症(phenylketonuria)患者则需要通过生化检测来确定。细菌、真菌的突变体通常都是运用选择性培养来筛选鉴定。

(3) 致死突变(lethal mutations):影响细胞或个体生活力,导致其死亡的突变称为致死突变。致死突变可分为显性致死和隐性致死两种类型(见第 2 章)。

不同突变基因在生物世代中表达的时间各不相同,因此致死作用既可以发生在配子期,也可以发生在合子期的胚胎期、幼龄期和成年期;又因为致死突变基因的性质及作用各有差异,致死突变不一定表现出可见的表型效应。

(4) 条件致死突变(conditional lethal mutation):指在某些条件下突变体可以存活,在另外的条件下突变体死亡的突变。最常见的条件致死突变是温度敏感突变型。例如 T_4 噬菌体温度敏感变型,在 25℃时可以正常繁殖,形成噬菌斑,在 42℃时不能增殖,看不到噬菌斑的出现。除少数 RNA 基因外,大多数基因都是编码蛋白质的结构基因,蛋白质又多数参与某种生化代谢过程,因此只要发生突变,必将影响正常的生化代谢过程而降低个体生活力。另一方面,任何一个基因的表达都会受到各种内外因素的影响,因此,广义来说,所有的突变都可以被看作是条件致死突变。

9.1.4 基因突变的一般特点

突变总是在不断的发生,突变体的表型多种多样,难以预料,但基因突变还是表现出一定的规律特征,主要有以下的几种特点。

1. 突变的随机性

突变的随机性是指基因突变可发生在生物世代的任何一个时期,既可以在配子期发生,也可以在合子期、胚胎期、幼龄期和成熟期的体细胞中发生。配子期发生的突变称为生殖细胞突变(germinal mutation),如果突变的生殖细胞参与受精,突变基因就可以传递给子代。合子期以后发生的突变称为体细胞突变(somatic mutation),突变的结果是使该个体成为嵌合体(mosaic)。合子期早期突变所形成的嵌合体,如果突变的部分包括了生殖系统,突变基因可以通过有性生殖传递给子代。成熟个体的体细胞突变,则不能通过有性生殖传递突变基因。植物体细胞突变则有另一种情形,产生芽变的枝条开花授粉后,可以将突变基因传递给后子代。

突变的随机性表现的第二个方面是突变的无目的性和不确定性。我们可以通过筛选来得到所需要的突变体,但不能确定该突变是否一定会发生。细菌对抗生素的耐药性突变并不是在使用抗生素之后才发生的,只不过是在使用抗生素后,发生耐药性的突变体能够存活下来,并且在药物的选择压力下,从少数逐渐成为优势菌系。

2. 突变的稀有性

指在自然条件下基因的突变率都很低。例如:每代每个基因的突变率,果蝇大约为 $10^{-4}\sim10^{-5}$,人类为 $10^{-4}\sim10^{-5}$,细菌是 $10^{-5}\sim10^{-7}$(见表 9.1)。每一特定的基因突变率如此之低,要想筛选到某种特定的突变体,需要提高突变率,采用人工诱变就是提高突变率的有效手段。

3. 突变的可逆性和重演性

基因突变是可逆的。根据基因突变的效应,可以将突变分为正向突变、回复突变和抑制突变三种类型。

正向突变(forward mutation)是指个体由正常表型(或野生型)经突变表型改变为突变型的突变。回复突变(back mutation)是指具有突变型表型的个体经过再一次突变表型恢复为正常的突变。假如以 A 表示正常基因,a 表示它的一个突变基因,那么 A 突变为 a 称为正向突变,a 突变为 A 称为回复突变;通常以 u 表示正向突变率,用 v 表示回复突变率,它们的关系可用如下公式表示。

$$A \underset{v}{\overset{u}{\rightleftharpoons}} a$$

正向突变的频率总是远大于回复突变频率。例如在 *E. coli*,组氨酸正常显性基因 his^+ 突变为隐性突变基因 his^- 为频率为 2×10^{-6} 左右,而回复突变的频率为 4×10^{-8}。两者间的巨大差异可以从顺反子水平和密码子水平去理解,如果平均每个顺反子大小为 1 000 bp,那么它编码的肽链至少有 300 个以上的氨基酸残基数目,其中许多氨基酸被改变后都可能导致该蛋白功能受损或失活,要发生回复突变只有使被改变的氨基酸(碱基)回复到最初的状态(当然,基因内的某些位点发生第二次突变也可能使基因的功能得到部分恢复)。因为每次突变都是随机发生的,所以回复突变率总是比正向突变率低约 1～2 个数量级。如果以密码子为单位,不难推算出两者间至少要差一个数量级。

抑制突变(suppressive mutation)是指某一座位上突变产生的表型效应被另一座位上的突变所抑制,使突变体又恢复成正常表型的现象。第二个位点的突变如果是发生在同一基因座位内就称为基因内抑制,如果发生在另一基因座位上则称为基因间抑制。

区别回复突变和抑制突变,可以将恢复突变体和正常个体杂交,观察杂交后代是否分离出突变型。如果是抑制突变,两个突变位点经过重组被分离,杂交后代会出现突变型个体;如果是回复突变,杂交后代全部表现为正常个体,不会出现突变型个体。

利用突变具有的可逆性特点,可以将点突变和染色体畸变或缺失突变区分开来。只有点突变可以产生回复突变,染色体畸变或缺失突变是不能产生回复突变的。

所谓突变的重演性是指同种生物中相同基因突变可以在不同的个体、不同的世代重复出现。实验室里饲养的果蝇中,白眼突变体多次出现;人类视网膜母细胞瘤(RB Retinoblastoma)基因在人群中时有发生,患者都是由 *Rb* 基因突变所致。

4. 突变的多方向性

一个基因突变后变成了它的等位基因,但突变并非只重复一种方式,突变可以向多个方向进行。基因向多方向突变的结果是产生了复等位基因。人类的 ABO 血型,就是受同一基因座位上的三个复等位基因控制的。虽然我们不能确定 i、I^A、I^B 这三个复等位基因中,那一个是野生型基因,但是存在这三个复等位基因的现象一定是多方向突变的结果。

5. 突变的有害性和有利性

对一个物种而言,任何一种能增强适应环境、提高其生存竞争能力和任何一种能提高其繁殖后代能力的突变都是有利的,反之则是有害的。

基因突变大多数是有害的,因为每个物种机体的形态结构、生理代谢的机制都是在与环境相适应的进化过程中进化形成的,处于一种相对平衡、协调的状态。决定物种生物性状的遗传体系,也处于一种平衡协调状态。遗传物质发生改变,遗传的平衡状态被打破,机体的平衡状态也就会被打破,个体正常生理代谢受到影响,势必会影响其生活力或生殖能力。人类的白化病和镰形细胞贫血症都是基因突变有害性的例证,两者的差别在于白化病有直接可观察到的表型改变,镰形细胞贫血症则只能在细胞水平上鉴别。

基因突变最严重的危害就是导致突变细胞或个体的死亡,即致死突变,在此不再重复介绍。

作为基因的一个重要功能,突变当然并不都是有害的。常常可见到基因突变造成的这种或哪种性状的改变,但这些突变并不影响个体的生活力或生殖力,例如小麦粒色的改变。这种突变称为中性突变,中性突变为物种在进化过程中对环境的适应提供了潜在的可能性。

对人类而言,生物突变的有利性和有害性取决于突变在人类经济活动中和科学研究中的应用价值。植物的雄性不育突变对于突变种系来说不利,但遗传育种家正好利用这种突变,无需除去雄性的花粉,用另一正常品种花粉为雄性不育株授粉杂交,得到杂种一代,生产上利用其杂种优势,提高农作物的产量或改进品质。我国杂交水稻的应用就是一个成功的范例。

9.2 突变的表现和检出

在细胞增殖、个体从生长发育到成熟死亡的各个时期,突变总是不断地在发生。要检出基因突变的发生,就是要在随后的细胞周期或生物的世代中检测出突变体。基因突变造成性状的改变丰富多样,有可直接观察到的形状结构和表型性状的改变,也有直接观测不到的分子水平的改变。因此,需要根据各物种遗传特点、增殖方式和基因突变的性质来设计检出突变的技术路线。例如,二倍体高等动、植物的突变可以运用分离定律来检出,但筛选得到显性突变纯合体和隐性突变纯合体所经历的世代数不一样。对于显性突变来说,在 F_1 代就可以观察到突变的发生,F_2 代可以出现突变纯合体,但要它们与 F_2 代中的杂合体区分开,选择出纯合体,至少还要经过一代鉴定,在 F_3 中选择出纯合体(图 9.1a);对于隐性突变来说,F_1 代表型正常,在 F_2 代群体分离出突变表型的个体,就是突变纯合体(图 9.1b)。

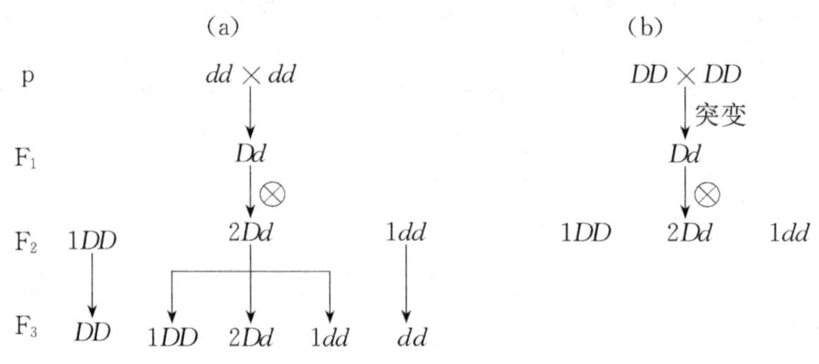

图 9.1 显性突变(a)和隐性突变(b)的筛选图解

9.2.1 *E. coli* 突变的检出

原核生物的遗传学研究中,*E. coli* 的应用最为广泛。它的基因组是一条裸露的共价闭合环状 DNA 分子,除了编码 RNA 基因外,基因组中绝大多数 DNA 序列都是用于编码蛋白质的基因。通常一个细胞内只有一个基因组 DNA 分子,在遗传上称为单倍性,因此,只要发生基因突变,就会产生相应的功能性改变。*E. coli*突变型可以分为三种类型:合成代谢功能突变型、抗性突变型和分解代谢功能突变型。其中的抗性突变型(包括抗药性突变型和抗噬菌体突变型)可以被看作为显性突变,另两类是隐性突变。

原养型 *E. coli* 对培养基的要求很简单,只需要提供无机氮作为生长的氮源,提供葡萄糖等糖类作碳源,再加上一些无机盐就可以正常地生长繁殖。*E. coli* 可以合成自身生长所需的核苷酸、氨基酸、维生素、辅酶因子等有机物。如果控制这些合成代谢途径中任何一个反应所需要的酶失活了,就会发生营养障碍,不能正常生长繁殖,成为营养缺陷突变型(auxotroph)。营养缺陷型可以在添加了各种类型营养成分的完全培养基上生长,只要比较在基本培养基和完全培养基上的生长情况,就可以知道是否发生了营养缺陷型突变。检出营养缺陷突变型最常用的方法就是采用影印培养法。

营养缺陷型的筛选可以通过诱变处理、浓缩缺陷型、检出缺陷型、鉴定缺陷型四个步骤完成。因为自发突变率太低,需要用诱变处理提高突变率。即使如此,原养型细胞还是占绝大多数,经过浓缩后提高获得突变细胞的数目,然后用影印培养法检出突变菌落,最后对突变体鉴定,看属于哪一种营养突变型。

影印培养法检出营养缺陷突变型的过程如下。

把经过诱变处理的待检样品稀释后接种到完全培养基上,原养型和突变型的细胞都能在完全培养基上生长形成菌落。以完全培养基上形成菌落的平皿作为影印的母板,取一直径略小于平皿的圆形木块包上丝绒布灭菌,以此作为印章,首先印在母板上,然后将粘在印章上的细胞印在基本培养基上和一系列的补充培养基上。注意在影印操作时,作好标记,使转印的培养平皿和母板方位一致不出错。经过培养,比较母板和其他平皿上菌落出现的情况就可以检出并确定突变类型。

在完全培养基和基本培养基上同时出现的菌落是没有发生突变的原养型菌落，在完全培养基上出现而在基本培养基上不出现的菌落是发生了突变的突变型菌落。属于何种营养突变型可以在补充培养基上鉴定。补充培养基是在基本培养基中加入某种单一的营养成分，如一种维生素或一种碱基等。由于补充培养基成分已知，因此，在补充培养基上能生长，在基本培养基相应的位置上不出现的菌落就是该种营养缺陷突变型。假若该补充培养基中添加的是精氨酸，那么得到的菌落就是精氨酸营养缺陷突变型(图 9.2)。

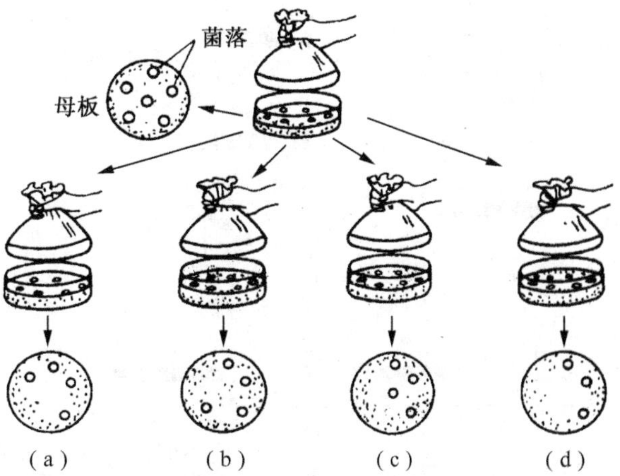

图 9.2　影印培养法检测 *E. coli* 营养缺陷突变型

9.2.2　真菌营养缺陷型的检出

真菌营养缺陷型的研究，在遗传学史上写下了重要的一页。Beadle 和 Tatum 在 20 世纪 40 年代初通过对脉孢霉营养缺陷型研究，首次提出了“一个基因一个酶”的理论，认识到基因通过控制酶来影响细胞的生化代谢，开创了生化遗传学时代。

原养型脉孢霉可以在基本培养基上生长，基本培养基中只需要有糖类作为碳源，提供无机盐、无机氮以及一种维生素，如生物素(biotin)就可以满足原养型菌株的生长。原养型细胞能够利用这些物质合成自身生长必需的有机物质，诸如各种氨基酸、维生素、核苷酸等。由于营养突变缺陷型不能合成这种或那种营养成分，不能在基本培养基上生长，但可以在完全培养基上生长。如果待测菌株在完全培养基上可以生长，在基本培养基上不能生长，即可知该菌株为营养缺陷突变型，然后再用补充培养基鉴定属于哪一种营养缺陷突变型。如果可以生长在添加了赖氨酸的补充培养基上，那么该菌株就是赖氨酸营养缺陷突变型。具体检出过程可分为以下几部分。

1. 突变的诱发和检出

用 X 射线或紫外线照射野生型分子孢子诱发突变，然后将经过诱变的分生孢子与未经照射的野生型孢子杂交，分离出杂交后经减数分裂产生的子囊孢子，把它们培养在完全培养基上。在完全培养基上，营养缺陷型和原养型都可以生长，从完全培养基上取出部分分生孢子接种到基本培养基上，观察它们的生长情况。如果能够生长，表明没有发生突变；如果在基本培养基上不能生长，说明发生了突变，然后鉴定是属于哪一种营养缺陷突变型。

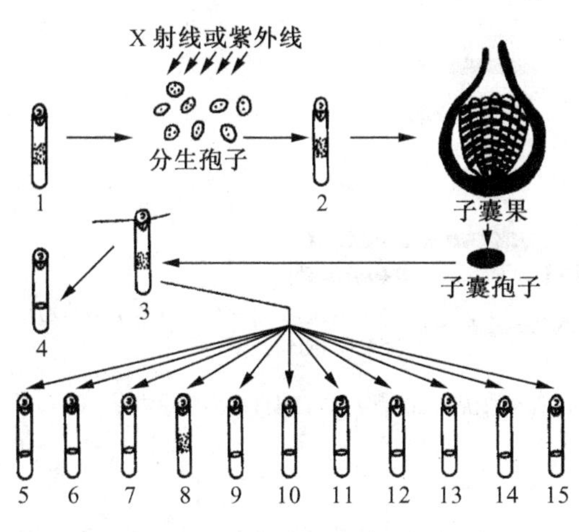

图 9.3　脉孢霉营养缺陷型的鉴定方法

2. 营养缺陷突变型的鉴定

将突变型分生孢子分别接种到不同的补充培养基，每一种补充培养基中只添加一种营养成分，如一种氨基酸或一种碱基。如果在添加某种营养成分的补充培养基中能正常生长，那么被鉴定的突变型就是该营养成分缺陷突变型。例如在添加有腺嘌呤的培养基中能正常生长，该突变型就是腺嘌呤营养缺陷突变型(图 9.3)。

9.2.3　果蝇突变的检出

果蝇的体细胞中有 8 条染色体($2n=8$)，正常雌果蝇的性染色体组成为 XX，正常雄果蝇性染色体组成为 XY。因为显性突变在 F_1 代即可观察到，容易检出，而隐性突变只有 F_2 代才能纯合表现出来，所以需要设计一种技术路线，在控制条件下得到隐性纯合体，检出是否发生突变。

1. Muller－5 技术检出 X 染色体上的隐性突变

该技术是 Morgan 的学生 Muller 建立的。Muller－5 品系(Muler-5 strain)的 X 染色体上带有 *B*(Bar 棒眼)和 W^a(apricot 杏色眼)基因，此外还有一些倒位。由于这些倒位的存在，抑制了雌果蝇两条 X 染色

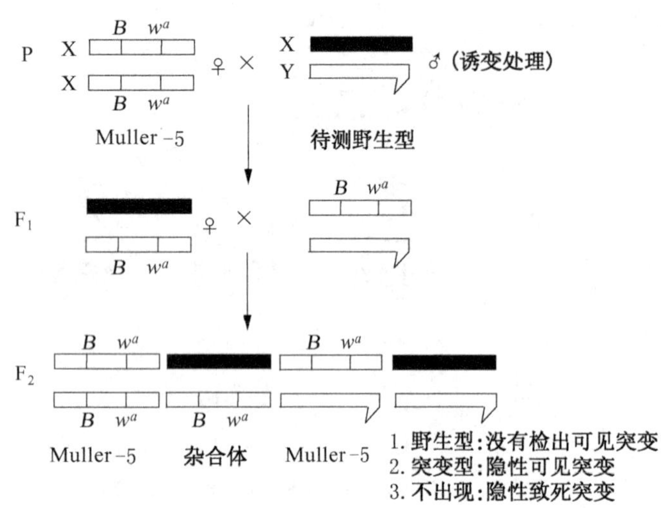

图 9.4 Muller-5 技术检出果蝇 X 连锁隐性致死突变或隐性可见突变

体之间的交换,使得 F_1 代雌果蝇在形成配子的过程中,两条 X 染色体之间不发生重组。

检测时把 Muller-5 品系雌果蝇同待测的雄果蝇交配,得到 F_1 代后,将雌、雄果蝇做单对交配,观察 F_2 代的雄果蝇性状分离和雌雄比例。在 F_2 代中,如果出现 Muller-5 雄果蝇和野生型雄果蝇,说明待测雄果蝇没有发生可见突变;如果有突变型雄果蝇出现,说明待测果蝇发生了隐性突变;如果既无野生型又无突变型,只有 Muller-5 雄果蝇存在,F_2 代中雌雄比例为 2∶1,说明发生了隐性致死突变(图 9.4)。

2. 平衡致死系统

一般情况下,常染色体上的突变只能运用分离定律,从 F_2 代的性状分离情况来观察是否发生了基因突变,但果蝇第二染色体上的突变可以利用上一章介绍的平衡致死系统来检出。

利用 $Cy+/+S$ 平衡致死系统检出果蝇第二染色体上的隐性突变基因时,把平衡致死系的雌果蝇与待测的雄果蝇做单对交配,在 F_1 代中选取翻翅雄果蝇,再次与平衡致死系的雌果蝇做单对交配,然后在 F_2 代中选择翻翅雌、雄果蝇单对交配,观察 F_3 代的表型性状分离情况(图 9.5)。

在 F_3 代的群体中,$Cy+/Cy+$ 纯合致死,只有翻翅杂合体和携带待测染色体的纯合个体,两者比例为 2∶1。如果待测的第二染色体上没有突变基因,F_3 代中会有三分之一的野生型个体;如果有隐性突变基因,就会看到三分之一的个体为可见隐性突变体;如果既看不到野生型个体,又不出现突变体,说明在待测的第二染色体上存在隐性致死突变基因。

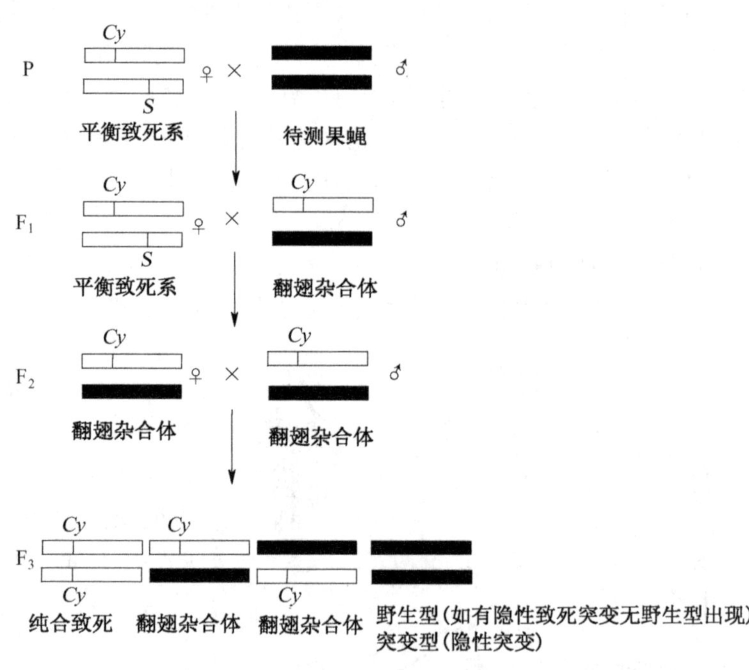

图 9.5 平衡致死系统检出果蝇第二染色体的隐性突变

9.3 基因突变及其分子机制

无论是自发突变还是诱发突变,不管引起突变的因素是什么,产生突变的过程有何不同,突变的结果在本质上都是一样的,由于原来正常的 DNA 结构或序列发了改变,使得遗传信息、确切地说是顺反子内遗传密码发生改变,其后果是影响了基因的正常功能,以生物体各种性状特征、生化代谢的改变表现出来。因此了解基因突变的机制需要从 DNA 水平和蛋白质水平去分析。按照遗传的中心法则,遗传信息经 DNA 转录传递给 RNA,以 RNA 为模板翻译合成蛋白质或多肽。只要 DNA 序列改变,必将会影响到 RNA 模板,最终导致蛋白质氨基酸序列的改变。

9.3.1 突变的分子基础

根据经典遗传学的基因理论,基因是一个突变单位。直到 1955 年,Benzer 在研究 *E. coli* T4 噬菌体 *r*Ⅱ突变型基因的精细结构时,发现基因并不是一个最小的突变单位,一个基因内包括许多可以产生表型改变的突变单位，并称其为突变子(muton)。随着遗传中心法则的建立、遗传密码的破译，让我们了解到一个碱基的改变就可以导致突变的产生。通过突变改变基因的信息内容方式有以下三种。

1) 碱基替换(base substitution) 一种碱基被另一种碱基替换。发生碱基替换时，如果嘌呤被嘌呤替代称为转换(transition)；如果嘌呤被嘧啶替代，嘧啶被嘌呤替代则称为颠换(transversion)。

2) 移码突变(frameshift mutation) 在阅读框内增加或减少一个或几个碱基(改变的碱基数不是3或是3的倍数)的改变。增加1～2个碱基的改变称为插入突变(insertion mutation)，减少1～2个碱基的改变称为删除突变(deletion mutation)。

3) 缺失突变(deletion mutation) 缺失了一个较大片段的DNA(缺失的片段范围可以从十几到几千个碱基)。

三种突变对遗传信息的影响各不相同。缺失突变和移码突变对遗传信息的影响较大，会严重影响基因的功能，甚至导使基因失活。假如发生移码突变，会导致阅读框架移位，在发生插入或缺少碱基位点后面的密码子全部改变，产生无功能的蛋白质。

碱基替换只改变一个碱基对、影响一个密码子，因此称之为点突变(point mutation)。点突变对密码子的影响可分为三类。

1) 同义突变(samesense mutation) 指的是改变后的密码子仍然编码同一氨基酸的突变。由于密码子具有简并性的特点，除了色氨酸和甲硫氨酸只有一种密码子外，其他氨基酸都有二种、四种或六种密码子，例如UUU是苯丙氨酸的密码子，改变为UUC后仍然是苯丙氨酸的密码子。

2) 错义突变(missense mutation) 碱基替换使一种氨基酸的密码子改变成为另外一种氨基酸的密码子的突变。氨基酸序列的改变，对蛋白质的活性会产生各种不同程度的影响，可能使蛋白质失活、部分失活或不影响其正常功能，不影响蛋白质正常功能的错义突变又称为中性突变(neutral mutation)。由于同义突变和中性突变都不影响蛋白质功能，看不到表型效应，常常被称为无声突变(silent mutation)。

3) 无义突变(nonsense mutation) 指编码氨基酸的密码子改变成为终止密码子的突变。如果发生无义突变，蛋白质翻译到此停止，可能产生的是无功能的蛋白质，因此无义突变通常产生较大的表型效应。

9.3.2 自发突变的分子机制

在自然条件下发生的突变称为自发突变。突变总是在发生，即使无任何自然环境因素的影响，突变还是要自发的产生，除非让细胞或个体停止生长或停止代谢，才可以避免突变的发生。排除自然环境中的本底辐射等诱变因素，在正常的条件下，可以由下列不同的原因引起细胞自发突变。

1. DNA复制错误

DNA复制是一个非常精确的过程，子链的合成是按Watson-Crick碱基配对原则与母链的碱基互补合成延伸。如果复制过程中发生了违反碱基配对原则的事件，真核细胞还有复制错配修复系统，而原核细胞DNA聚合酶本身就具有3′→5′外切酶活性，能切除复制过程中出现的错误配对的碱基，在合成DNA的同时校对可能出现的错误。这些校对或修复机制都能保证DNA以严格地按照碱基配对方式复制。

虽然有各种校对修复机制，DNA复制时仍然会出现差错。引起DNA复制错误的因素有两种，第一种是由碱基的互变异构作用引起的。在碱基互变异构体之间，一种是较稳定的状态，标准的Watson-Crick配对碱基处于稳定状态。如果碱基发生了互变异构作用，就会改变配对的方式。例如，胞嘧啶环上的氮原子通常以较为稳定的氨基($-NH_2$)状态存在，这时它同鸟嘌呤配对；如果发生了互变异构作用，处于亚胺基(-NH)状态，就可以同腺嘌呤配对(图9.6a)；同样胸腺嘧啶环上C_6上的氧原子常处于稳定的酮式(C=O)状态，并以这种形式同腺嘌呤配对，如果转变成烯醇式(-COH)，就可以同鸟嘌呤配对(图9.6b)。

在DNA复制过程中，如果母链上的碱基发生了互变异构作用，就会引起新合成的子链错误的碱基配对，这个错配的碱基如果逃避了复制错配修复系统的修复，在以后的过程中就可能保留下来，再在下一轮DNA复制时，以稳定的互变异构体进行正常的碱基配对，结果就造成这个位点的碱基被改变，这个改变有可能成为可见突变(图9.7)。

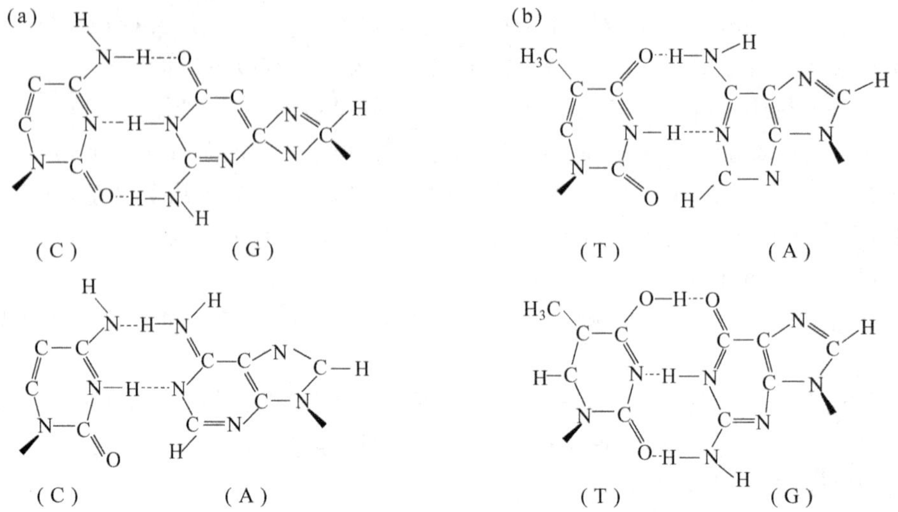

图 9.6　标准碱基配对和发生异构时错误配对

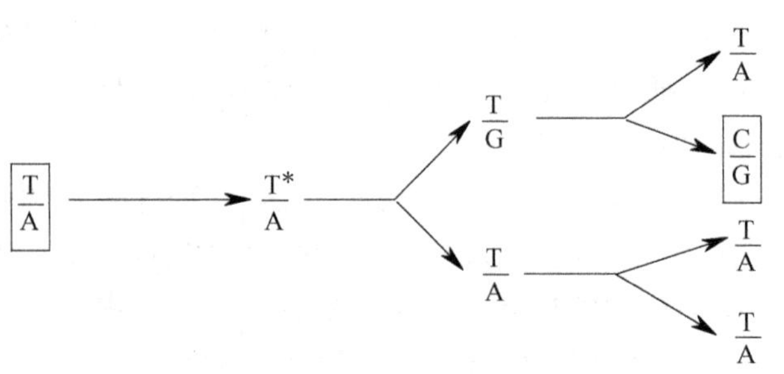

图 9.7　在 DNA 复制过程中由互变异构作用引起的突变

DNA 复制错误引起突变的第二种形式是移码突变。在复制过程中由于模板链环出,造成子链碱基缺失,或者由于子链环出引起其碱基增加,这样就产生了移码突变。

2. 自发的化学损伤

除 DNA 复制错误外,自发突变可能来源于在细胞正常的生理活动过程中,发生了 DNA 自发性损伤,这些损伤成为一种潜在的突变因素。DNA 自发的化学损伤包括脱嘌呤、脱氨基和碱基的氧化损伤。

(1) 脱嘌呤(depurination):嘌呤碱基连接脱氧核糖糖苷键的断裂,A 或 G 从 DNA 分子的骨架链上脱落下来,成为一个无嘌呤位点(apurinic site,AP site)。这些无嘌呤位点一般都要被 AP 核酸内切酶修复系统进行修复;如果逃脱了修复系统的修复,在下次 DNA 复制过程中作为模板链,无嘌呤位点就起不到模板指导作用,新合成的子链在这个位置上随机插入一个碱基,这样就可能导致遗传密码被改变。

(2) 脱氨基(deamination):细胞在正常生理条件下只有胞嘧啶(C)的氨基易脱落,胞嘧啶脱去氨基的转变成尿嘧啶(U)(图 9.8a)。U 不是 DNA 正常组成碱基,可以被尿苷-DNA 糖基化酶系统切除修复,如果不被修复;在下一次 DNA 复制时 U 将与 A 配对,最终导致该位点由 CG 转换成 TA。

另一种更为严重情况是 5-甲基胞嘧啶(5^mC)的脱氨基作用。5^mC 是基因组中常见的被甲基化修饰的碱基,5^mC 脱氨基后转变成胸腺嘧啶(T)(图 9.8b)。在 DNA 分子中,5^mCG 碱基对中的 5^mC 脱氨基后,变成了 TG 配对。由于 T 是 DNA 中正常的碱基,TG 这个异常配对的碱基对如果被修复,有 50%的几率成为 CG,50%的几率成为 TA,也就是说产生突变的几率达 50%。因此,基因组中的突变热点是那些富含 5^mC 的位点,发生突变的频率要比其他位点高得多。

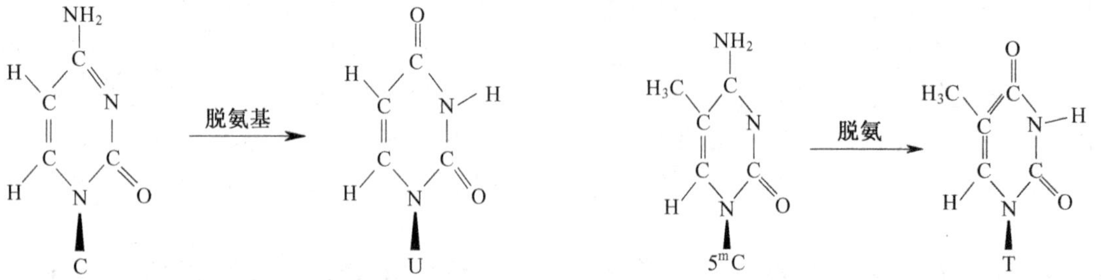

(a)　胞嘧啶脱氨基形成尿嘧啶　　(b)　5^mC 脱氨基形成胸腺嘧啶

图 9.8　脱氨基

(3) 碱基氧化损伤:在细胞需氧代谢过程中产生的氧化物,如超氧基(O_2^-)、过氧化氢(H_2O_2)和羟基

(-OH)等,能够使碱基被氧化损伤。被氧化的碱基会产生错误配对,鸟嘌呤被氧化成为8-氧鸟嘌呤(8-O-G或"GO")后,可与A错配,最终导致GC→TA的转换。

3. 其他因素产生的自发突变

转座子和插入序列可以引起基因突变。作为可以在基因组内移动或转座的遗传功能单位,当它们从一个位点转座到另一位点,而这一位点恰好在一个基因的内部时,就可能引起基因的失活。依据失活基因的性质和功能,可能产生各种类型的突变表型,甚至是致死突变。

在遗传重组过程中,如果在含有随机重复的染色体区域发生了重复序列间错误配对,就会产生不等交换,结果是两条染色体中一条染色体产生了缺失,另一条产生了重复(在前一章已有介绍)。

9.3.3 诱发突变的分子机制

1. 辐射诱变机制

Muller首先利用X射线进行人工诱导变异的研究,开创了辐射遗传学。以后又相继发现了紫外线,γ射线、α射线、β射线都有诱变作用。这些射线中,除了紫外线是非电离射线外,其他都能产生电离作用。

(1) *紫外线的诱变作用*:紫外线(ultraviolet, UV)诱发突变的主要原因是引起DNA同一条链上相邻的两个嘧啶碱基共价联结,形成嘧啶二聚体,其中以胸腺嘧啶二聚体形成的频率最高(图9.9)。

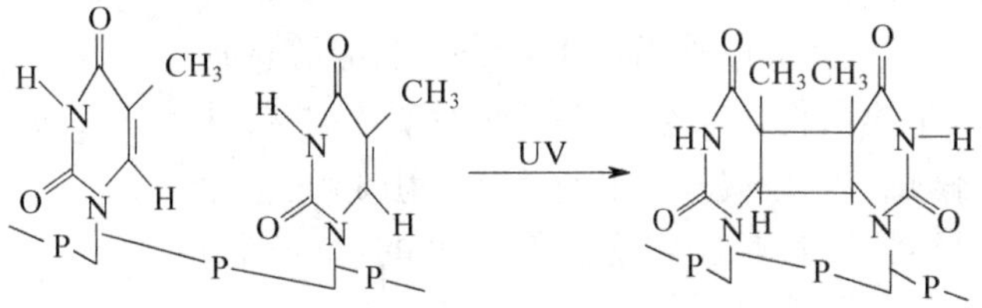

由于嘧啶二聚体的存在,破坏了DNA的模板功能,当DNA复制到嘧啶二聚体的位置时,嘧啶二聚体影响模板链指导互补链的合成,复制在此停止;DNA聚合酶随后在二聚体后面继续合成互补链,留下的缺口将随机掺入一个碱基填补空隙,结果使新合成互补链的碱基序列发生了改变,从而引起突变。另外,嘧啶二聚体如果出现在基因的内部,会影响RNA的转录,不能转录出完整的mRNA,得不到完整的基因产物,使基因的功能丧失。

图9.9 紫外线照射形成胸腺嘧啶二聚体

(2) *电离辐射的诱变作用*:由于电离辐射带有较高的能量,能引起被照射物质中的原子释放电子,产生离子,还可以由此进一步产生次级电离效应,引起DNA损伤。因此,电离辐射能使染色体断裂、产生缺失和诱导基因突变。

2. 化学诱变的机制

辐射诱变只造成单纯的DNA损伤,化学诱变则是多种多样,不同类型的化学诱变剂具有不同的作用方式。根据诱发突变的机制,将化学诱变剂分为三大类。

(1) *碱基类似物*:这类诱变剂的化学结构与DNA的碱基十分相似,在DNA复制中,可以取代与它结构相似的天然碱基,渗入到新合成的子链中,如果它没有被修复系统修复校正,在下一轮DNA复制时就可能引起错配,导致基因突变。

5-溴尿嘧啶(5-bromouracil, 5-BU)和胸腺嘧啶的结构很相似,两者的差别仅在第5个碳原子上由溴(Br)取代了胸腺嘧啶的甲基(-CH_3)。5-BU有酮式和稀醇式两种互变异构体,可分别与A和G配对(图9.10)。在DNA复制时,无论5-BU以酮式还是稀醇式掺入到新合成的子链中,都可能会引起碱基的转换而导致基因突变。

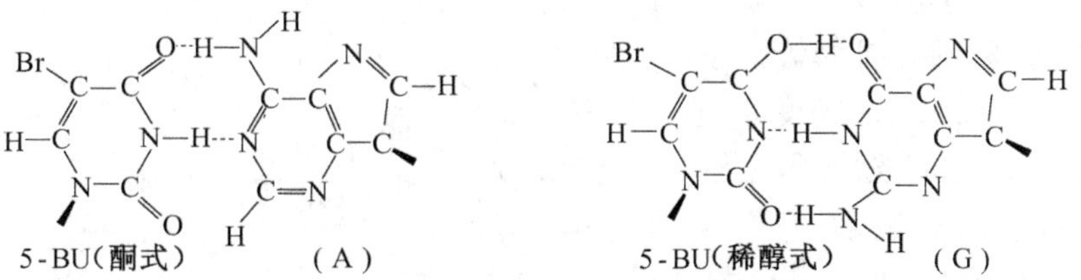

图9.10 5-BU的酮式和稀醇式的结构及与A、G配对

当5-BU以酮式结构掺入DNA时与A配对,在以后的DNA复制过程中若发生互变异构作用,转变成为稀醇式结构,则与G配对,结果将形成AT→GC的转换;当5-BU以稀醇式结构掺入DNA时与G配对,

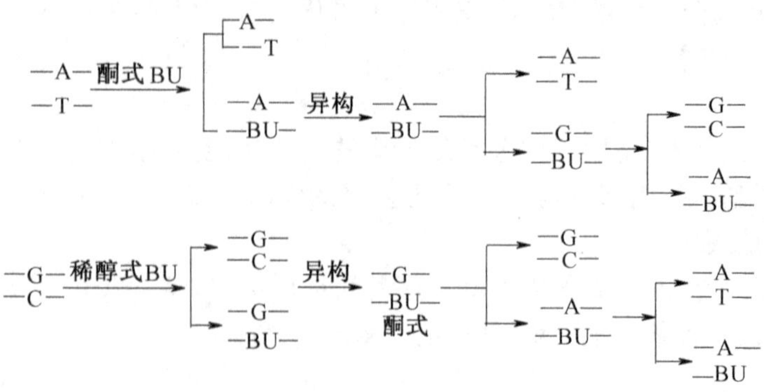

图 9.11 5-BU 在 DNA 复制中掺入导致 AT→GC 和 GC→转换

以后会互变异构成较为稳定的酮式结构，在下一次 DNA 复制时，将与 A 配对，形成 GC→AT 的转换(图 9.11)。

2-氨基嘌呤是嘌呤碱基类似物，也有两种互变异构体形式，在 DNA 复制过程中可以掺入 DNA 分子，与 5-BU 有相似的诱变机制。

有的碱基类似物在临床上被用作治疗癌症和抑制病毒的药物，较为成功的代表是用叠氮胸苷(azidothymidine, AZT)治疗艾滋病(acquired immunodeficiency syndrome, AIDS)。艾滋病病毒是一种 RNA 逆转录病毒，侵入细胞后以其基因组 RNA 为模板逆转录合成 DNA，然后整合到宿主细胞基因组 DNA 中，再经转录扩增病毒基因组和合成病毒蛋白质，产生新的病毒。AZT 是病毒 RNA 向 DNA 逆转录阶段转录酶的底物，但它不是细胞 DNA 聚合酶的适宜底物，因此，AZT 成为艾滋病毒选择性毒物，抑制病毒的繁殖。

(2) 碱基修饰剂：这类诱变剂能够造成 DNA 的损伤，它通过直接地对碱基进行化学修饰，改变碱基的化学结构，引起碱基错误配对，导致基因突变。最常见的诱变剂有亚硝酸、羟胺、烷化剂等。

亚硝酸对 DNA 的损伤是通过氧化脱氨作用，将胞嘧啶(C)脱氨基转变成尿嘧啶(U)、腺嘌呤(A)脱氨生成次黄嘌呤(H)、鸟嘌呤(G)脱氨生成黄嘌呤(I)。DNA 分子中的 U 如果不能被修复清除，在复制时将与腺嘌呤配对，产生 CG→TA 的转换；次黄嘌呤也可以与 C 配对，导致 AT→GC 的转换(图 9.12a)。

羟胺特异地和胞嘧啶起反应，使胞嘧啶上的氨基氮羟基化，修饰后的胞嘧啶可与腺嘌呤配对，导致发生 CG→TA 的转换(图 9.12b)。

烷化剂是一类能够与碱基发生烷基化作用的化合物，包括芥子气(NM)、亚硝基胍(NG)以及在工业上广泛应用的甲基黄酸甲酯(MMS)、甲基黄酸乙酯(EMS)等。烷化剂给碱基添加甲基或乙基基团，被修饰后的碱基可以发生错误配对，导致基因突变。例如 MMS 使 G 的第 6 位碳上的氧原子烷化，使 T 的第 4 位碳上的氧原子烷化后，它们能分别与 T 和 G 配对，导致原来的 GC 配对转换成 AT 配对，而原来的 AT 配对转换成 GC 配对(图 9.12c)。

(3) DNA 插入剂：吖啶类染料是另一

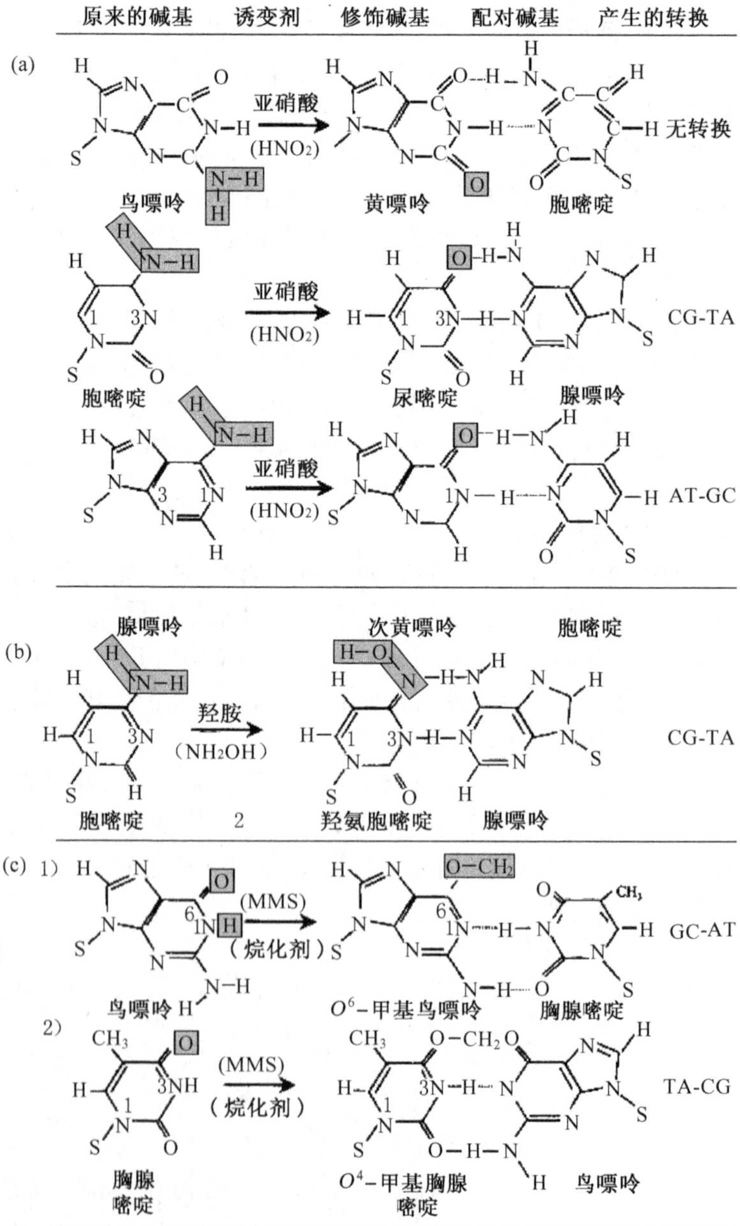

图 9.12 三种碱基修饰剂的作用

类重要的诱变剂，包括吖啶橙（acridine orange）、原黄素（profavine）、吖黄素（acriflavine）等。专一性地诱发移码突变是DNA插入剂区别于碱基类似物和烷化剂的重要特征。

这类化合物的分子中含有吖啶稠环（图9.13），这种三环分子的大小与DNA的碱基对大小差不多，可以插入到DNA分子的双链或单链的两个相邻碱基之间，在DNA复制时引起移码突变。DNA复制时，如果插入剂是插在DNA模板链两个相邻碱基之间，在新合成的子链与插入剂相对应的位置上，就会随机插入一个碱基填补空隙，复制后新合成的子链比模板链多了一个碱基，以该链为模板，经过下轮复制，就产生了插入一个碱基的移码转变；如果插入剂插在新合成子链中取代了一个碱基，在下一轮复制前又丢失了它，那么经过下一轮复制后就会减少一个碱基，产生缺失一个碱基的移码突变。

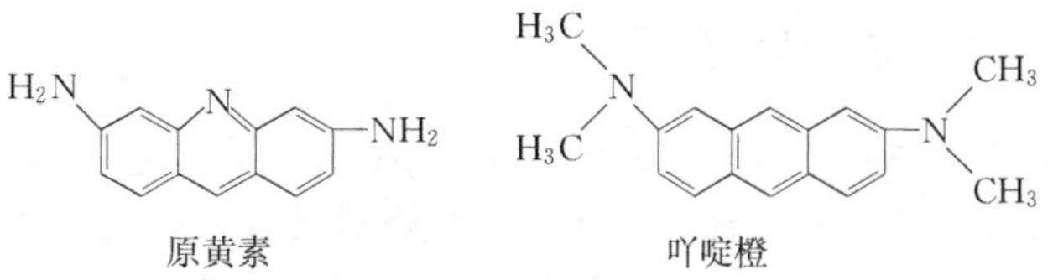

原黄素　　吖啶橙

图9.13　插入剂原黄素、吖啶橙的结构

9.4　基因突变的修复

作为遗传物质，对DNA分子的第一个要求就是能稳定的复制，准确的传递遗传信息。但是从上一节中我们已了解到，有许多因素可以改变DNA结构或者造成DNA的损伤，引起基因突变。事实上，各种生物的自发突变率却很低，原因就是生物体或细胞自身具有各种修复机制，保持遗传物质DNA必需的稳定性。诸多种类的修复系统都是通过各种酶的参与进行修复，有的修复系统较为简单，有的较为复杂需要多种酶的参与来完成。依据修复机制，可以将修复系统分为以下三大类：

9.4.1　直接修复

这是一类较为简单的修复系统，只需要一种酶的作用就可以直接完成修复。例如原核细胞DNA聚合酶都具有3′→5′的外切酶活性，可以将复制时掺入的错误碱基切除，降低复制错误。

在阳光下生活的生物，都躲避不了紫外线的照射，UV照射的后果是产生大量的嘧啶二聚体，而嘧啶二聚体又是一个非常稳定的结构，若不清除，会导致突变。所幸的事，几乎所有生物的体内都存在一种光裂解酶（photolyase），这种酶在光照条件下，可直接把嘧啶二聚体切开，恢复成正常的单体。因为光裂解酶需要借助光能完成修复，这种修复又称为光修复。其他不需要光能的修复称为暗修复。

烷化剂修饰DNA带来的损伤，可以被烷基转移酶（alkyltransferase）和甲基转移酶（methyltransferase）等修复，这些酶可以去掉加在G的第6位氧原子上的烷基或甲基，保证了G与C的正常配对。

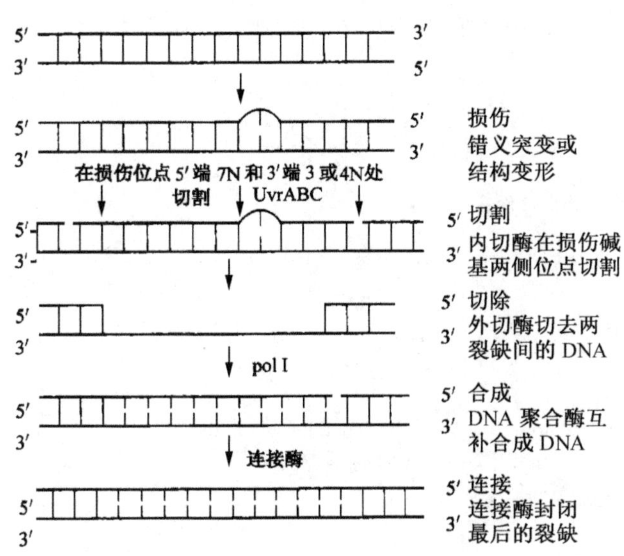

图9.14　*E. coli* 切除修复系统

9.4.2　切除修复

这是一类有多种酶参与的较为复杂的修复系统，细胞存在多种修复系统，由它们负责对各种不同的DNA损伤进行修复。

1. 一般切除修复

切除修复（excision repair）可以修复由UV诱发形成的嘧啶二聚体等DNA损伤。切除修复的过程一般分为4个步骤：第一步由一种修复内切酶识别DNA损伤的部分，并在损伤碱基两侧切割；第二步由外切酶切除带有损伤碱基的DNA；第三步由DNA聚合酶填补切去损伤的碱基后所留下的空隙；第四步由连接酶连接缺口，恢复完整的双链DNA状态（图9.14）。

2. 特殊切除修复途径

这类修复机制修复细胞DNA的自发损伤，保证DNA分子的稳定性。DNA分子脱嘌呤、脱嘧啶的位点,称为 AP 位点,假如没有修复,在下一轮复制时,AP 位点上会被随机插入一个碱基,这样可能产生突变。对于 AP 位点,细胞专门有 AP 核酸内切酶修复途径来修复。此外,由 C 脱氨产生的 U 和由 A 脱氢产生的 H 可以被糖基化酶修复途径修复,而 G 氧化损伤形成的 GO 则可由 GO 系统来修复。

9.4.3 复制后修复

前面的各种修复途径是在 DNA 受到损伤之后,在下一轮复制之前对 DNA 进行修复。在 DNA 受到损伤后,并且在发生或经过了 DNA 复制之后才对损伤的 DNA 进行修复的机制称为复制后修复。这类修复途径包括:重组修复、SOS 修复系统和真核细胞复制的错配修复系统。在这里只介绍重组修复。

重组修复(recombination repair) 双链 DNA 分子中,如果有一条单链受到损伤,复制时受损伤的部位模板功能丧失,在新合成的子链相应位点留下空缺;而另一条没有受到损伤的单链模板功正常,正常进行复制。重组修复时,留下空缺的子链将与已正常复制且已分离的 DNA 分子上的同源片断发生重组,填补其空缺,经过连接产生完整的 DNA 分子。重组修复的作用是使受到损伤的 DNA 分子,原本不能复制出完整的子代 DNA 分子,经过重组后产生了完整的 DNA 分子。修复完成后并没有清除 DNA 分子上的损伤,这是重组修复的一个特征。

以嘧啶二聚体的修复为例,在双链 DNA 分子中,一条单链上存在一个嘧啶二聚体,当 DNA 复制到二聚体时,由于这个位点模板功能已破坏,DNA 聚合酶越过二聚体重新开始合成。这样在新合成的子链上留下了一个空缺。而另一条没有受损伤的单链能够合成正常的互补链。带有空缺的单链与另一正常双链中同源片段重组,带有空缺的子链与正常单链组成双链,空缺经过合成填补,再连接缺口,形成完整的 DNA 分子,完成重组修复过程(图 9.15)。

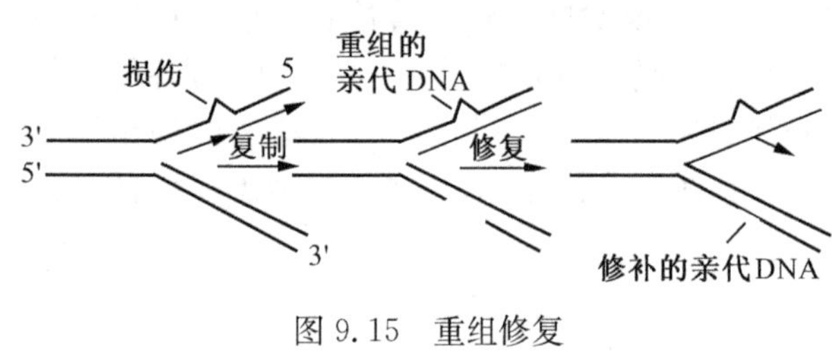

图 9.15 重组修复

思考题

1. 为什么说基因突变大多是有害的。
2. 什么是诱变剂?化学诱变剂有哪几种类型?
3. 利用平衡致死系统检测果蝇第 2 染色体上的隐性突变,在 F_1 和 F_2 代中都是挑选翻翅个体做单对交配,能不能挑选星状眼个体替代翻翅个体来检出突变?
4. 试解释为什么真核生物自发突变率高于原核生物自发突变率。
5. 野生型的雄果蝇与一个对白眼基因是纯合的雌果蝇杂交,2 代中发现有一只雌果蝇具有白眼表型,请你设计实验证明这个结果是由于一个点突变引起的,还是由于缺失造成的。
6. 为什么说移码突变对蛋白质正常功能的影响比错义突变大。
7. 由吖啶染料诱导产生的突变能否用烷化剂诱导回复突变。
8. 什么是突变热点?解释形成突变热点的原因。
9. 假若看到这样的广告词"×××核酸修复您的基因",你如何从专业的角度作出评价。

推荐参考书

1. 戴灼华,王亚馥,粟翼玟. 2008. 遗传学(第 2 版). 北京:高等教育出版社.
2. 刘祖洞. 1991. 遗传学(第 2 版)(上、下册). 北京:高等教育出版社.
3. 徐晋麟,徐沁,陈淳. 2011. 现代遗传学原理(第 3 版). 北京:科学出版社.
4. Hartl DL, Jones EW. 2001. Genetics: Analysis of Genes and Genomes. Boston: Jones and Bartlett Publishers, Inc.
5. Klug WS, Cummings MR. 1997. Essentials of Genetics. New Jersey Simon & Schuster/A Viacom cornpany.
6. Snustad DP, Simmons MJ. 2000. Principles of Genetics. New York. John Wiley & Sons, Inc.

第10章 表观遗传学

提　　要

表观遗传学(epigenetics)是20世纪80年代逐渐兴起的一门遗传学分支学科。本章主要介绍表观遗传现象的发现,表观遗传机制,以及常见的表观遗传现象及其机制。表观遗传机制主要包括DNA甲基化、组蛋白修饰、染色质重塑,以及非编码RNA的调控等。常见的表观遗传现象主要包括哺乳动物X染色体失活、基因组印记、副突变、基因沉默等。通过本章的学习对于理解许多与经典Mendel遗传学法则不相符的生命现象具有重要意义。

为何在个体发育过程中具有相同基因的细胞可以有不同的表型,而且分化的细胞一旦形成,这种细胞特征可以遗传给子代细胞?为何同卵双生双胞胎在表型和疾病易感性方面存在差异?由于单独个体或同卵双生双胞胎具有相同的DNA序列,这些问题似乎不能用经典的Mendel遗传学来解释。表观遗传学将解答这些令人困惑的问题。

10.1　表观遗传学概述

随着分子遗传学的发展,人类及其他模式生物基因组测序工作已逐步完成,多物种的基因组图谱的构建开启了人们认识生命的新窗口。经典的Mendel遗传学认为等位基因的差别导致了表型特征遗传,比如豌豆的高茎和矮茎,圆粒和皱粒等。但随着研究的深入,研究发现许多遗传现象并不能用Mendel遗传、核外遗传或母性影响来解释,比如X染色体的随机失活、胚胎生长的异质性等。表观遗传学正是在研究许多不能用经典遗传学来解释的现象中逐步发展起来的。

表观遗传学的诞生和发展与发育研究和进化研究有着密切的关系。1942年,生物学家Waddington首先提出了epigenetics一词,并将其定义为研究基因与决定表型的基因产物之间的因果关系的学科。表观遗传学涵盖了从遗传物质到个体发育成形的所有调控过程。随着科学的发展,人们逐渐认识到细胞特异性和发育进程其实是受某些信号调控的,而这些信号并不源自DNA序列的改变。现在epigenetics一词被重新定义,并且有许多不同的版本。其中一个比较受到广泛认可的定义为"表观遗传学是研究在基因DNA序列不发生改变的情况下,基因表达了可遗传的变化从而造成可遗传的表型改变的遗传学分支学科"。表观遗传学与经典的Mendel遗传学不同,经典的Mendel遗传学主要研究基于基因序列改变所导致的基因表达的变化,而表观遗传学则是研究基于非基因序列改变所导致的基因表达的变化。

在生物个体中,基因本身并不决定生命体的细胞类型,细胞类型由基因表达模式决定。在细胞分裂过程中,传递并维持具有细胞特异性的基因表达模式对于生命体保持正常的结构和功能非常重要。而基因表达模式又是由表观遗传修饰决定,基因表达模式在细胞世代间的传递并不依赖于细胞核内的DNA信息。在很多年里,表观遗传信息的继承被认为只局限于细胞分裂中。然而,如果表观遗传改变发生在精子或卵子中,那么某些表观遗传改变就能传递给下一代。现在的研究表明,在植物、酵母、果蝇、小鼠及人类中,这种表观遗传改变能在生命体的各个世代间传递。

环境、营养、健康等都能引起表观遗传改变。一些代谢疾病,如肥胖、糖尿病、心血管疾病、精神健康障碍等都可能与表观遗传改变有关。

表观遗传的特点主要包括：① 可遗传性。即通过有丝分裂或减数分裂，表观遗传引起的改变能在细胞或个体世代间遗传。② 可逆性。表观遗传引起的基因表达改变是可逆的。③ 表观遗传中，DNA 序列不发生改变。

表观遗传学研究表观遗传现象的建立和维持机制，主要包括两方面内容：一是基因选择性转录表达的调控，包括 DNA 甲基化、组蛋白修饰、染色质重塑等；二是基因转录后的调控，包括基因组中非编码 RNA 的调控，内含子及核糖开关等。

10.2 表观遗传机制

表观遗传机制主要包括 DNA 甲基化、组蛋白修饰、染色质重塑、非编码 RNA 的调控等。

10.2.1 DNA 甲基化

DNA 甲基化(DNA methylation)是最早被发现的表观遗传修饰途径之一。DNA 甲基化能在不改变 DNA 序列的前提下，改变基因的表达。DNA 甲基化指在甲基转移酶的催化下，基因组 DNA 上的胞嘧啶第 5 位碳原子被选择性地添加甲基，形成 5-甲基胞嘧啶(5-^{m}C)(图 10.1)，这常见于基因的 5′-CG-3′ 序列。DNA 甲基化的主要形式是 5-甲基胞嘧啶(5-^{m}C)，但也可以通过将甲基添加到腺嘌呤或鸟嘌呤上形成少量的 N6-甲基腺嘌呤(N6-^{m}A)及 7-甲基鸟嘌呤(7-^{m}G)。

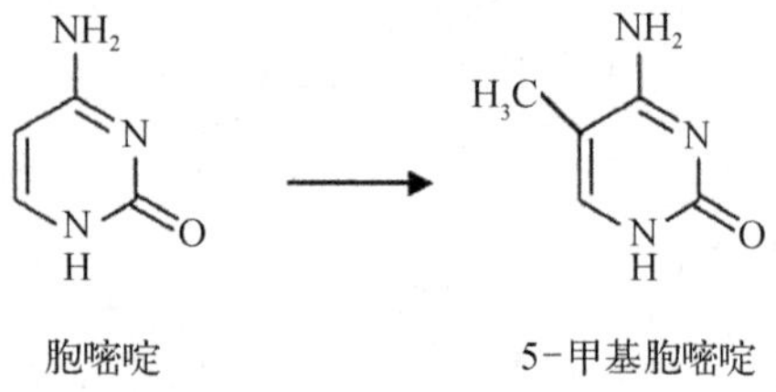

胞嘧啶 5-甲基胞嘧啶

图 10.1 5-甲基胞嘧啶的形成

在哺乳动物基因组中，5-甲基胞嘧啶占胞嘧啶总量的 2%～7%。约有 70%的 5-甲基胞嘧啶存在于 CpG 二核苷酸对中。在结构基因的 5′端非编码区，某些区域 CpG 二核苷酸对成簇存在，形成 CpG 岛(CpG island)。如果基因启动子区所含 CpG 岛中的胞嘧啶被甲基化，形成 5-^{m}C，就会阻碍转录因子与 DNA 的结合，从而引起基因沉默。在正常细胞中，大多数基因的 CpG 岛处于非甲基化状态，使结构基因能行使正常的功能。在人类肿瘤中，应该非甲基化的 CpG 岛的高甲基化和抑癌基因启动子区的高甲基化是普遍存在的现象。1978 年，Bird 等科学家利用甲基化敏感的限制性内切酶来研究内源 CpG 位点的甲基化状态，发现内源 CpG 位点要么完全非甲基化，要么完全甲基化。

DNA 甲基化需要 DNA 甲基转移酶的作用。动物中 DNA 甲基转移酶主要有两类：第一类是维持性 DNA 甲基转移酶，如 DNMT1，其作用是将仅有一条链甲基化的 DNA 双链完全甲基化。在 DNA 复制过程中，模板 DNA 链的 CpG 上存在特定的甲基化模式，通过半保留复制合成新链后，新合成链上会存在与模板链相对应的 CpG 位点，DNA 甲基转移酶 DNMT1 会识别新合成的 DNA 双链上的半甲基化位点并使之完全甲基化。就这样，半保留复制后 DNA 甲基化标志仍得以传递(图 10.2)。第二类是从头甲基转移酶，如 DNMT3a、DNMT3b，它们可以使非甲基化的 CpG 半甲基化，进而实现全甲基化。

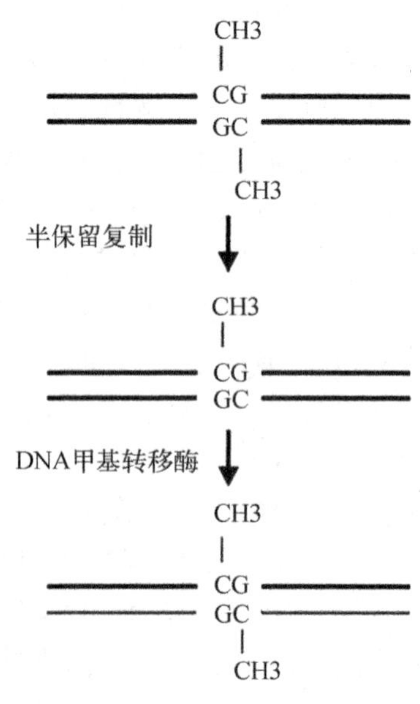

图 10.2 DNA 甲基化模式的保留

已经被甲基化的 DNA 可以被去甲基化，去甲基化往往与一个沉默基因的重新激活相关。对原癌基因来说，DNA 去甲基化可以导致原癌基因的激活，从而导致肿瘤的发生。如果在基因组水平上大量的 DNA 处于低甲基化状态，则会使细胞容易出现染色体易位和非整倍体化，导致肿瘤的发生。

DNA 去甲基化主要有以下两条途径：一是被动途径，即核因子 NF 黏附甲基化的 DNA，使附近的 DNA 不能被完全甲基化，进而阻断 DNMT1 的甲基化作用。二是主动途径，即通过去甲基化酶的作用，将 DNA 上的甲基基团移除。

虽然 DNA 的甲基化模式可以通过半保留复制在细胞分裂中传递，一旦建立，它大多数情况下是不变的，具有单一方向性，这种特性可使分化的细胞不会重新变成干细胞或转变成其他类型的细胞，但它的不变也是相对的。生命体一生中都发生着 DNA 甲基化模式的改变。在受精卵最初的几次卵裂中，去甲基化酶几乎清除了所有 DNA 上从亲代遗传下来的甲基化标志。随后在着床期，通过甲基化酶的作用，整个基因组建立了新的甲基化模式。环境、营养变化也能导致 DNA 甲基化模式的改变。例如，食物中的叶酸、甲硫氨酸、胆碱，它们是生物体外源甲基的主要来源，如果摄入则能引发甲基化反应。在细胞老化或恶性转化中，DNA 甲基化模式也会改变。

10.2.2　组蛋白修饰

在真核细胞核中，四种组蛋白 H2A、H2B、H3、H4 与缠绕组蛋白的 DNA 共同组成了核小体，是染色质的主要结构元件。每个组蛋白的 N 端都有一小段伸出核小体外，像一条尾巴。这些尾巴能与其他调节蛋白和 DNA 作用，且富含赖氨酸，有高度精细的可变区，能被进一步修饰。组蛋白经各种修饰后会发生改变，从而提供一种识别标志，被称为组蛋白密码(histone code)。

组蛋白修饰(histone modification)包括组蛋白的甲基化与去甲基化、乙酰化与去乙酰化、磷酸化与去磷酸化、泛素化与去泛素化、SUMO 化等。不同修饰之间往往通过协同或拮抗来共同发挥作用，加上它们在不同时间、空间上的组合，为动态调控基因的生物学功能提供了重要途径。

1. 组蛋白甲基化与去甲基化(histone methylation and demethylation)

组蛋白甲基化是指在组蛋白甲基转移酶的催化下，组蛋白 H2A、H2B、H3 和 H4 的 N 端赖氨酸(K)或精氨酸(R)残基发生甲基化。例如，组蛋白 H3 的 N 端有 K4、K9、K27、K36、K79、R2、R8、R17 和 R26 位点可发生甲基化修饰，而组蛋白 H4 的 N 端有 K20 和 R3 位点可发生甲基化修饰(图 10.3)。根据每一位点甲基化数目的不同，组蛋白甲基化又可分为一甲基化(me1)、二甲基化(me2，对称或非对称)和三甲基化(me3)。组蛋白甲基化既可增强也可抑制基因表达。如果在 H3K4、H3K36 位点发生二甲基化或三甲基化，在 H3K27 位点发生一甲基化，一般能活化基因转录。如果在 H3K9、H3K27 位点发生二甲基化或三甲基化，一般抑制基因转录。

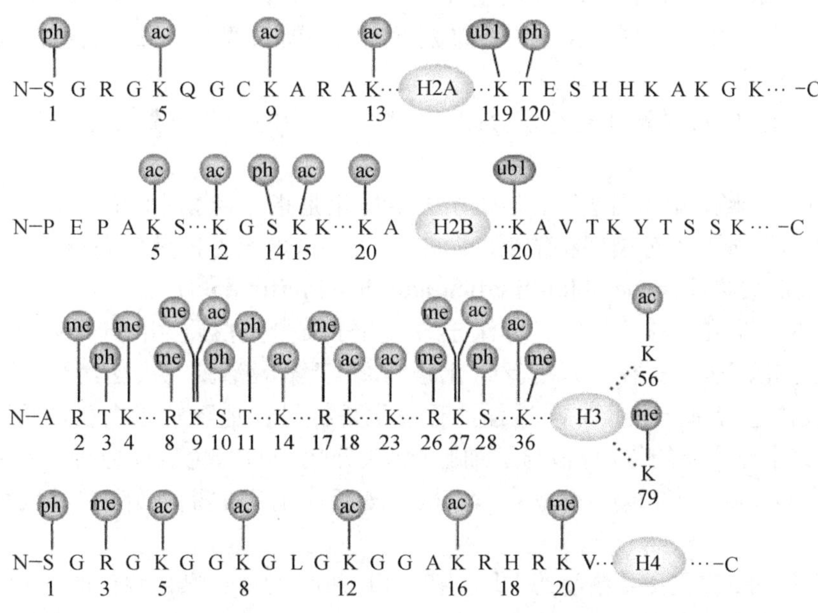

图 10.3　组蛋白甲基化及其他修饰位点(引自 Bhaumik SR et al.，2007)

组蛋白甲基化是一个很复杂的过程，需要许多不同特异性的组蛋白甲基化酶催化。催化精氨酸甲基化的酶被称为蛋白质精氨酸甲基转移酶(PRMT)家族，包括 PRMT1、PRMT3、PRMT4、PRMT5 等。催化赖氨酸甲基化的酶被称为组蛋白赖氨酸甲基转移酶(HKMT)，主要为含 SET 结构域的家族，包括 SUV39H1、SUV39H2、SET1、SET2、SET9、ASH1 等，但最近发现的 Dot1 缺乏特征性的 SET 结构域。在小鼠中，SUV39H1 和 SUV39H2 两个组蛋白甲基化酶对异染色质的形成非常重要，如果发生突变，则小鼠细胞中 H3K9 的甲基化会减少 1/2，小鼠有丝分裂中染色体的分离发生缺陷，小鼠生长缓慢。

组蛋白甲基化修饰可被组蛋白去甲基化酶逆转。近年来已经发现了许多组蛋白去甲基化酶。它们可被分为两类：第一类包含两个酶，LSD1 和 LSD2，它们通过 FAD 依赖的氧化反应去除甲基基团。第二类包含了许多含有 JMJC 结构域的酶，它们以 Fe(Ⅱ)和 α-酮戊二酸为辅助因子，通过羟基化作用去除甲基基团，如 JHDM1a、JHDM1b、JMJD1a、JMJD1c、JMJD2a、JMJD2b、JMJD3、JMJD4、JMJD5、JARID1a、PHF2、PHF8 等。

2. 组蛋白乙酰化与去乙酰化(histone acetylation and deacetylation)

组蛋白的乙酰化是指在组蛋白乙酰转移酶 HAT 的催化下，将乙酰辅酶 A 的乙酰基转移到组蛋白氨基末端特定的赖氨酸残基上。

组蛋白的乙酰化有利于 DNA 与组蛋白的解离，使各种转录因子和协同转录因子能特异性地与 DNA 结合位点结合，激活基因转录。其原因可能是由于乙酰基本身带有负电荷，能中和组蛋白的正电荷，从而减少带负电的 DNA 与组蛋白的结合。

组蛋白乙酰化可被组蛋白去乙酰化酶 HDAC 逆转。HDAC 使组蛋白去乙酰化，去乙酰化后的组蛋白与带负电的 DNA 紧密结合，染色质致密卷曲，抑制基因转录。在癌细胞中，HDAC 的过度表达导致组蛋白去乙酰化作用增强，不利于一些肿瘤抑制基因的表达。而一些组蛋白去乙酰化酶抑制剂 HDACi 则可通过提高特定区域组蛋白的乙酰化，调控细胞分化和凋亡，成为一类有效的抗肿瘤药物。

3. 组蛋白磷酸化与去磷酸化(histone phosphorylation and dephosphorylation)

组蛋白的磷酸化是指在磷酸激酶的作用下，将磷酸基团添加到组蛋白特定残基上。组蛋白磷酸化在 DNA 损伤修复、转录、细胞分裂、凋亡中的染色质凝集等过程中发挥着重要作用。由于磷酸基团带有负电，将它加到组蛋白尾部后能中和组蛋白的正电荷，使组蛋白与 DNA 的亲和性降低。

组蛋白 H2AX 的磷酸化对 DNA 损伤应答非常重要。在哺乳动物细胞中，这种磷酸化发生在 H2AX 的 S139 上，而在酵母中，这种磷酸化发生在 H2AX 的 S129 上。

组蛋白磷酸化对转录非常重要。组蛋白 H3 的 S10 和 S28 磷酸化，H2B 的 S32 磷酸化与表皮生长因子相关基因的转录有关。组蛋白 H3 的 S10 磷酸化，H2B 的 S32 磷酸化与原癌基因 *c-fos*、*c-jun*、*c-myc* 表达相关。组蛋白 H3 的 T6 和 T11 磷酸化与应答雄激素刺激的转录调控有关。组蛋白磷酸化还通过增加组蛋白乙酰化而增加转录。

在真核生物中，组蛋白 H3 磷酸化对有丝分裂和减数分裂中的染色质凝集非常重要。其磷酸化位点包括 T3、S10、T11、S28。

组蛋白磷酸化可被去磷酸化作用逆转。组蛋白去磷酸化是指在磷酸酶的作用下，将组蛋白残基上的磷酸基团去除。在减数分裂或有丝分裂即将结束的时候，组蛋白 H3 会普遍发生去磷酸化。

4. 组蛋白泛素化与去泛素化(histone ubiquitination and deubiquitination)

泛素(ubiquitin)是一类在真核生物中高度保守的低分子质量蛋白质，由 76 个氨基酸组成，分子质量大约 8.5 kDa。泛素化是指泛素分子在一系列泛素化修饰酶(泛素激活酶 E1、泛素结合酶 E2 和泛素连接酶 E3)的作用下，对靶蛋白进行特异性修饰的过程。泛素化是特异性地降解蛋白质的重要途径，在蛋白质代谢、功能调节中都起着十分重要的作用，参与了细胞增殖、分化、凋亡、免疫反应等一系列生命活动的调控。2004 年，Hershko、Ciechanover 和 Rose 三位科学家因发现泛素化调控蛋白质降解过程而获得了该年的诺贝尔化学奖。

泛素化修饰过程包括：首先泛素激活酶 E1 水解 ATP 并产生一个腺苷酸化的泛素分子，此腺苷酸化的泛素分子被连接到 E1 活性中心的半胱氨酸残基上。接着 E1 将被腺苷酸化的泛素分子转移到泛素结合酶 E2 上。最后，泛素连接酶 E3 识别特定的需要被泛素化的靶蛋白并催化泛素分子从 E2 上转移到靶蛋白上，使泛素和特异性的底物相连。根据 E3 与靶蛋白的相对比例可以将靶蛋白进行单泛素化修饰和多聚泛素化修饰。

由于细胞中存在大量不同的 E3 蛋白，使泛素化修饰可作用于大量的靶蛋白。泛素化的靶蛋白可以被蛋白酶体降解为若干肽段。泛素-蛋白酶体途径是较普遍的一种内源蛋白降解方式。但是后来的科学研究发现，并非所有泛素化修饰都会导致靶蛋白降解，有些泛素化能导致其他的生物学效应。

组蛋白泛素化是指将激活的泛素羧基末端与组蛋白亚基多肽链 N 端的赖氨酸残基相结合的过程。组蛋白既可以被单泛素化修饰，也可以被多泛素化修饰，组蛋白泛素化修饰大多发生于 H2A、H2B，仅在大鼠睾丸的变态精子中发现了泛素化的 H3。H2A 上的泛素化位点高度保守,在 K199 赖氨酸残基上。H2A K199 的单泛素化修饰能改变核小体的结构。H2B 泛素化位点有哺乳动物的 K120 位点和芽殖酵母的 K123 位点。H2A 泛素化能抑制 H3K4 的二甲基化和三甲基化,而在哺乳动物中 H2B 泛素化是 H3K4 甲基化的前提。

组蛋白泛素化后,泛素部分可被去泛素化酶去除。去泛素化酶可分为两个家族,泛素羧基端水解酶家族 UCH 和泛素特异性加工蛋白酶家族 UBP。

5. SUMO 化(sumoylation)

SUMO(small ubiquitin related modifier,小泛素相关修饰物)分子是一种结构上与泛素十分相似的分子。因此,SUMO 化也被称作类泛素化,指 SUMO 共价结合于靶蛋白的赖氨酸残基上。

SUMO 化与泛素化过程相似,但功能却不同。SUMO 化修饰主要参与蛋白质的翻译后修饰,介导靶分子定位、稳定性和功能调节,从而调控生物节律、离子通道、线粒体分裂、DNA 损伤修复等。SUMO 在哺乳动物中主要有 SUMO－1、SUMO－2、SUMO－3 和 SUMO－4 四个成员。靶蛋白在多数情况下发生的是单 SUMO 化修饰,但也可以发生多聚 SUMO 化修饰。多聚 SUMO 化修饰的靶蛋白可以进一步被泛素化,从而导致靶蛋白的降解。

在核心组蛋白中,只有组蛋白 H4 可以被有效 SUMO 化,而其他组蛋白的 SUMO 化程度都很低。组蛋白 H4 的 SUMO 化修饰可以招募 HDAC,通过其组蛋白去乙酰化活性,抑制基因的转录表达。这种组蛋白的 SUMO 化修饰对基因转录的调控作用可以影响肿瘤的发生和发展。

10.2.3 染色质重塑

染色质重塑(chromatin remodeling)是指染色质位置和结构的变化,主要涉及核小体的置换或重新排列,改变了核小体在基因启动序列区域的排列,增加了基因转录装置和启动序列的可接近性。它是由染色质重塑因子介导的一系列以染色质上核小体变化为基本特征的生物学过程。组蛋白尾巴的化学修饰(乙酰化、甲基化及磷酸化等)可以改变染色质结构,尤其是对组蛋白 H3 和 H4 的修饰,通过修饰直接影响核小体的结构,并为其他蛋白质提供了与 DNA 作用的结合位点,从而影响邻近基因的活性。染色质重塑修饰方式主要包括两种:一种是含有组蛋白乙酰转移酶和脱乙酰酶的化学修饰;另一种是依赖 ATP 水解释放能量解开组蛋白与 DNA 的结合,使转录得以进行。

10.2.4 非编码 RNA 的调控

非编码 RNA(non-coding RNA)是指能被转录却不能被翻译为蛋白质的功能性 RNA 分子。常见的具有调控作用的非编码 RNA 主要包括 siRNA、miRNA、piRNA、长链非编码 RNA 等。非编码 RNA 的调控(regulation of non-coding RNA)在表观遗传中扮演了重要的角色。非编码 RNA 与基因相互作用,能上调或下调基因的表达,指导甲基化,阻碍蛋白质的翻译等。在近年的研究中是非常火热的领域。

1. siRNA

siRNA(small interfering RNA)是一种小 RNA 分子,21～23 nt,其来源于长的双链 RNA 分子,由 Dicer 酶剪切形成小双链 RNA 分子。形成 siRNA 的长双链 RNA 分子可以来源于 RNA 病毒入侵、基因组中反向重复序列转录、转座子转录等。这些长双链 RNA 分子与属于 RNase Ⅲ核酶家族的 Dicer 酶结合,被 Dicer 酶剪切形成 21～23 nt 及 3′端突出的小双链 RNA 分子,即 siRNA。siRNA 与其他蛋白质形成 RNA 诱导沉默复合物 RISC(RNA-induced silence complex)并解旋成单链,引导 RISC 结合到与单链互补的靶 mRNA 上,降解靶 mRNA。

所谓的 RNA 干扰(RNA interference,RNAi)就是指这种由双链 RNA 诱发的基因沉默现象。1990 年,Jorgensen 在研究花青素合成速度时发现了 RNA 干扰现象。1992 年,Romano 和 Macino 在研究粗糙链孢霉时也发现导入的外源基因可以抑制具有同源性的内源基因的表达。1998 年,Fire 等在研究秀丽隐杆线虫时发现加入双链 RNA 比加入正义或反义 RNA 能得到更好的对目标基因的抑制效果。2006 年,Fire 和 Mello 由于其在 RNAi 机制研究中的贡献获得了诺贝尔奖。

RNAi 现象在生物中普遍存在,在真菌、水稻、果蝇、拟南芥、锥虫、水螅、涡虫、斑马鱼、小鼠、人等多种真核生物中都发现了RNAi现象。其在植物和线虫中具有传递性,可在细胞间传递。siRNA诱导的基因沉默可抑制细胞内的转座子活性和病毒感染,是转录后调控的重要方式。

2. miRNA

miRNA(micro RNA)是一类内源性的具有调控功能的非编码小RNA分子,大小为20～25 nt,由真核生物基因组编码。成熟的miRNA是由含有茎环结构的miRNA前体,经过Dicer酶加工形成。

miRNA与不完全互补的靶mRNA结合,能抑制其翻译。如果miRNA与靶mRNA位点完全互补,则引起靶mRNA的降解。

miRNA对生长发育、疾病形成非常重要。miRNA参与细胞的增殖、分化、凋亡等。60%的人类蛋白质编码基因受miRNA的调控。例如,在哺乳动物中,miR-181促进B细胞分化,miR-196参与四肢形成。在斑马鱼中,miR-430参与大脑发育。在结肠癌中,miR-143和miR-145表达明显下调。在肺癌患者中,let-7表达显著降低。

3. 长链非编码RNA

长链非编码RNA(long non-coding RNA,lncRNA)是一类转录本长度超过200 nt的RNA分子,无或很少有蛋白质编码功能,在大部分真核生物基因组中被转录。根据在基因组上它们相对于蛋白质编码基因的位置,可以分为五种类型:① 正义(sense);② 反义(antisense);③ 双向的(bidirectional);④ 基因内的(intronic);⑤ 基因间的(intergenic)。在哺乳动物基因中,大约1%的序列编码蛋白质,而有4%～9%的序列转录成lncRNA。

现有的研究表明,lncRNA在表观遗传中发挥重要作用。lncRNA能招募染色质重塑复合体到特定位点从而导致相关基因的表达沉默。例如,Xist这个lncRNA就能通过招募染色质重塑复合物导致X染色体的失活。lncRNA能作为miRNA、piRNA的前体分子转录。lncRNA能通过与特异mRNA结合形成双链,在Dicer酶的作用下,产生siRNA,调控基因的表达。lncRNA的调控作用在细胞分化、生长发育、进化、疾病中发挥着重要功能。

10.3 常见的表观遗传现象及其机制

在各种生物中,常见的表观遗传现象有很多,包括X染色体失活、基因组印记、副突变、基因沉默、位置效应、母体效应等。

10.3.1 人类的X染色体失活

在第三章提到,X染色体的剂量补偿效应在人类中表现为女性的一条X染色体随机失活。这就使男性和女性细胞里,由X染色体基因编码的基因产物在数量上基本相等。

在早期受精卵中,女性的两条X染色体都是活化的。到了人类胚胎发育的第十六天(囊胚期),女性的其中一条X染色体就会随机失活。然而,X染色体失活(X-inactivation)是部分片段的失活,还存在其他片段没有失去活性,如*Mic2*、*Zfx*、*Sts*、*Xist*等基因就能逃避失活。在人类X染色体上大概有15%的基因能逃避失活。

近期的科学研究表明,女性的X染色体失活是从失活中心XIC(X inactivation center)开始的,并双向传播至整条X染色体。XIC的位置在X染色体长臂靠近着丝粒的部位(Xq13),包含有一个*Xist*基因。此基因的转录物是一个长链非编码RNA,具有顺式结合的特点,能从转录位点沿整条X染色体积累。

细胞在选择失活哪条X染色体的问题上采用"蛋白栓"机制。在选择哪条X染色体失活的时刻,两条X染色体紧密接触,组成蛋白栓的物质在两个*Xist*基因处聚集。其中一个有优势的蛋白质栓将两个蛋白质栓聚集在一起变成一个蛋白质栓,继而关闭其所在X染色体上的*Xist*基因,于是这条X染色体保持活性。而在将要被失活的X染色体上,稳定转录的*Xist* RNA能招募染色质修饰复合物启动X染色体沉默,随后引发其他的表观遗传修饰,如DNA甲基化、组蛋白修饰等,进一步维持其稳定的异染色质结构(图10.4)。

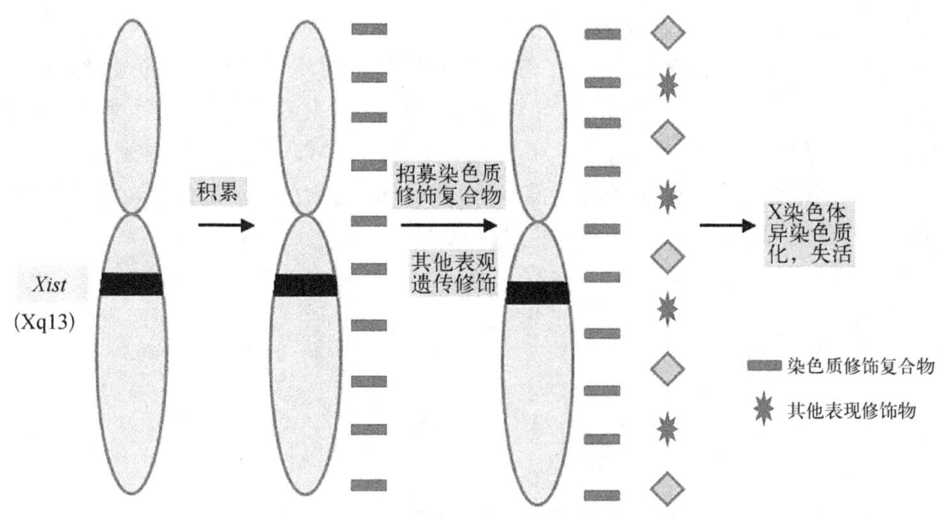

图 10.4　人类的 X 染色体失活机制模式图

10.3.2　基因组印记

基因组印记(genomic imprinting)又称遗传印记或亲代印记，指等位基因在来源不同时表达不同的现象。来自双亲的基因，有些只有父源的基因有转录活性，而有些则只有母源的基因有活性。其产生原因可能是由于亲代的生殖细胞在分化过程中其遗传物质受到了不同的表观遗传修饰，如 DNA 甲基化修饰、组蛋白修饰、非编码 RNA 的调控等，导致了基因的沉默或转录。基因组印记现象在哺乳类动物、昆虫、植物中都有发现。在人类基因组中，印记基因只占少数，不超过 5%。

例如，胰岛素样生长因子 2(IGF2)基因，其在细胞分化、增殖、生长发育中有重要作用，能促进肿瘤细胞的增殖。*IGF*2 只有父源的等位基因表达，而母源的等位基因不表达。在小鼠实验中，当将人工突变过的 *IGF*2 基因由父系传递时，小鼠发育迟缓，而由母系传递时则小鼠生长发育正常。

10.3.3　副突变

副突变(paramutation)是指一个单一位点的两个等位基因的相互作用，其中一个等位基因可以使另一个同源的等位基因的转录产生可遗传的变化。

20 世纪 50 年代，Brink 在玉米中首次发现了副突变现象，而后在其他植物、动物、真菌中也发现副突变现象。例如，在对小鼠 *Kit* 基因的研究中也发现了副突变现象。*Kit* 是酪氨酸激酶受体基因，在小鼠黑色素形成过程中有重要作用。野生型 *kit* 的老鼠(+/+)尾部呈灰色，而 *kit* 突变体老鼠由于在正常 *Kit* 基因中插入了一个 3 kb 的 *LacZ*-*neo* 片段，不能产生 Kit 蛋白，其纯合子(*tm*1*Alf*/*tm*1*Alf*)致死，杂合子(*tm*1*Alf*/+)呈现白足，尾尖呈白色。按 Mendel 遗传理论，杂合子含有一个有效的 *Kit* 野生型等位基因，应该能够产生酪氨酸激酶受体，合成黑色素。但是事实上杂合子(*tm*1*Alf*/+)却出现白尾间和白足。其原因是由于突变的 *Kit tm1Alf* 表达转录异常小 RNA，无 3′端 polyA，能与正常的 Kit mRNA 配对，使其降解，小鼠无法形成黑色素。这种小 RNA 能包裹在精子中传递到下一代，因此即使杂合子的下一代基因型为野生型，也会有白尾小鼠表型出现。

10.3.4　表观遗传与癌症发生

人们逐渐认识到几乎所有癌症都是由表观遗传异常与基因改变共同引起的。表观遗传作为一种非突变因素，它对癌症的影响可以概括为整体上影响染色体的包装，局部上影响与癌症发生相关的重要基因的转录。

与癌症发生发展相关的表观遗传学改变主要有 DNA 甲基化和组蛋白修饰等。例如，O^6-甲基鸟嘌呤-DNA 甲基转移酶(O^6-methyl-guanine-DNA-methy-transferase, MGMT)是一种直接的 DNA 修复酶。如果控制该酶的基因在直肠癌形成早期发生了高甲基化，导致该基因沉默，使基因组中鸟嘌呤的甲基化更容易被保留下来,造成 G→A 的突变,从而诱发直肠癌的发生。

组蛋白的乙酰化影响着抑癌基因的转录。在胃癌组织标本中发现组蛋白 H3 去乙酰化与一些抑癌基因表达抑制有关,如 *p21*(*WAF1*/*CIP1*)基因。在对胃癌细胞株的实验中发现,经组蛋白去乙酰化酶抑制剂 trichostatin A 处理后,胃癌细胞组蛋白乙酰化水平升高,诱导 p21(WAF1/CIP1)表达上调。

目前,DNA 去甲基化试剂和组蛋白去乙酰化酶抑制剂是癌症研究中最常用的表观遗传学药物。表观遗传学研究的不断深入,也为癌症的治疗提供了新的思路和方法。

思 考 题

1. 名词解释
   DNA 甲基化、组蛋白甲基化、siRNA、miRNA、基因组印记、副突变、染色质重塑
2. 简述组蛋白修饰的主要类型。
3. 比较 siRNA 和 miRNA 的表观遗传调控机制。
4. 举例说明一些表观遗传现象,并简述其内在机制。

推 荐 参 考 书

1. 薛京伦编. 2006. 表观遗传学：原理、技术与实践. 上海：上海科学技术出版社.
2. 薛开先主编. 2011. 肿瘤表遗传学. 北京：科学出版社.
3. Allis D, Jenuwein T, Reinberg D. 2007. Epigenetics. Cold Spring Harbor Laboratory Press.
4. Tollefsbol T. 2011. Handbook of Epigenetics：The New Molecular and Medical Genetics(第 1 版 中文导读版). 北京：科学出版社.

第11章 细胞质遗传

提　要

本章主要介绍细胞质遗传的概念和特点；母系遗传与母性影响的比较；细胞器基因组和一些非细胞质组分遗传因子的特点；细胞质基因的特征及其与核基因的关系；植物雄性不育的遗传决定类型以及在农业生产实践中的应用价值。

遗传学是根据Mendel原理发展起来的一门学科。Morgan的基因论说明了基因直线排列在染色体上。以前所学习的生物性状的遗传都是由细胞核内染色体上的基因控制的，属于细胞核基因遗传即核遗传(nuclear inheritance)。由于核基因的遗传服从Mendel定律，又称之为Mendel式遗传(Mendelian inheritance)。然而，并非所有生物性状的遗传都由核基因决定的，早在1909年，Correns就发现了不符合Mendel定律的例外，即细胞核外也存在有遗传物质的现象。只是在1944年核酸被证明是遗传物质之后，随着分子生物学研究技术手段和水平的提高，于1963～1964年获得了线粒体和叶绿体中存在DNA的直接证据之后，核外遗传的本质及其特点才被逐步了解。

11.1　细胞质遗传的概念和特点

11.1.1　细胞质遗传的概念

遗传学上将真核细胞核内染色体和相当于核内染色体的细菌基因组(俗称染色体)所携带基因的遗传称为核遗传，将细胞质内基因的遗传称为细胞质遗传(cytoplasmic inheritance)。细胞质基因存在于染色体之外，又称其为核外遗传(extranuclear inheritance)或染色体外遗传(extrachromosomal inheritance)。由于大多数真核生物核外基因通过母体遗传给后代，因此细胞质遗传又称为母系遗传(maternal inheritance)。

依据对细胞的生物学功能来划分，可将细胞质基因分为两类：一类是细胞维持正常生命活动不可缺少的细胞质基因，它们通常是细胞器的遗传组分，如线粒体基因组和叶绿体基因组。线粒体是动植物细胞不可缺少的细胞器，叶绿体基因组也是绿色植物细胞不可缺少的细胞器，这些细胞器基因组携带的基因统称细胞质基因组(plasmon)。第二类是细胞非必需组分，它们或是真核细胞的内共生体，如草履虫细胞内的卡巴粒，酵母细胞内的2μ质粒，果蝇细胞内的σ(sigma)粒子；或是原核细胞内的各种质粒(如*E. coli*的F因子)。所有这些遗传组分均可以赋予细胞某种特有的性状或特征。

11.1.2　细胞质遗传的特点

细胞质基因位于细胞器内、细胞质内的内共生体或质粒上，不像核基因通过染色体复制经过有丝分裂(减数分裂)传递给子细胞，其遗传规律不同于核基因的遗传，而是以无规则的随机方式传递，后代的性状不表现一定的分离比，所以细胞质遗传也被称为非Mendel式遗传(non-Mendelian inheritance)。

考察真核生物有性生殖过程便可知道，参与授精的雌配子——卵细胞体积大且细胞质内容丰富，而雄配子——精子细胞高度特化，细胞质内容较少；精卵结合形成二倍体细胞时，两者对核基因的贡献相等，细胞质则主要由卵细胞提供。大多数物种中，卵细胞是细胞器如线粒体、叶绿体等的唯一供体，这种特点决定了细胞质遗传的特征。

1) 正交和反交子代的表型不一致，F_1 代通常只表现母方性状，因此细胞质遗传又称为母性遗传。除伴性遗传及完全连锁遗传外，由核基因决定的性状在正交和反交中 F_1 代表型一致，利用这种差别可以鉴别某一性状是受核基因控制还是由细胞质基因决定的。

2) 不出现 Mendel 式的分离比。因为细胞器或细胞质内其他组分的 DNA，不通过有丝分裂(或减数分裂)平均分配给子代细胞，杂交后代表现为非 Mendel 式遗传，不会出现一定的分离比。

3) 通过连续回交虽能将母方的核基因几乎全部置换，甚至运用核移植技术将母本核基因全部置换，但母本细胞质基因及其所控制的性状不会消失。

4) 具有细胞质异质性与细胞质分离和重组。同一细胞内含有不同基因型细胞器(如线粒体或叶绿体)的现象称为细胞质异质性(heteroplasmy)。这类细胞在分裂过程中，细胞器无规则地随机分离，子代细胞获得不同基因型细胞器，或获得不同基因型细胞器的比例发生改变，导致细胞或个体间的表型差异，这种不同基因型细胞器的分配过程称为细胞质分离和重组(cytoplasmic segregation and recombination, CSAR)。

11.2 细胞器基因组的遗传

11.2.1 叶绿体的遗传

叶绿体(chloroplast)是植物细胞中一个非常重要的细胞器，是细胞光合作用的场所。细胞内叶绿体的数目因物种、细胞类型和生理状态而异，多数情况下，一个叶肉细胞中有几十个到一百个左右的叶绿体，但藻类往往只有一个大的叶绿体。个体发育过程中，叶绿体由前质体(proplasid)分化形成，在光照条件下，类囊体发育、叶绿素被合成，最后转变为成熟的叶绿体。

1. 紫茉莉花斑叶色的遗传

德国植物学家 Correns 是重新发现 Mendel 定律的三位学者之一，他通过对紫茉莉(*Mirabilis jalapa*)绿白斑的遗传研究，于 1909 年首次报道了非 Mendel 式遗传的现象。

紫茉莉中有这样一种品系，在同一个植株上，有些枝条上的茎叶长出绿白相间的花斑。以不同表型枝条上的花朵相互授粉结实后，其后代的表型完全取决于结种子的枝条(♀)，与其提供花粉的父本枝条表型无关(表 11.1)。

表 11.1 紫茉莉花斑植株杂交的结果

母本枝条表型	父本枝条表型	杂交后代的表型
白色	白色 绿色 花斑	白色
绿色	白色 绿色 花斑	绿色
花斑	白色 绿色 花斑	白色、绿色、花斑

表中结果显示，不管授粉父本枝条表型如何，F_1 代只表现出母本的性状，正交、反交结果不一样，表现出细胞质遗传的典型特征。用显微镜检查可以看到，绿色叶片或花斑叶的绿色部分的细胞中含有正常的叶绿体，白色叶片或花斑叶的白色部分细胞中缺乏叶绿体，只存在白色体(leukoplasts)。白色体的产生是由于叶绿体基因发生了突变，前质体向叶绿体发育过程受阻的结果。花斑母本枝条的后代表型为花斑可以这样理解：花斑枝条细胞内含有正常 cpDNA 和发生基因突变的 cpDNA，在生长发育过程中，发生了细胞质分离和重组(CSAR)，有的子细胞接受了携带正常 cpDNA 的质体，有的子细胞只接受了携带突变的 cpDNA 质体，有些两者都接受了，最终表现出茎与叶片绿白相间的性状。

2. 衣藻的抗药性遗传

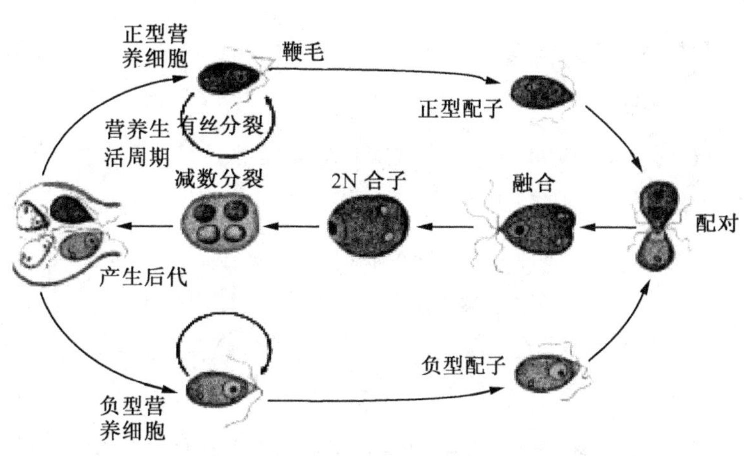

图 11.1　衣藻生活史(引自徐晋麟等,2005)

衣藻(*Chlamydomonas*)是一种能游动的单倍体单细胞绿色藻类,有无性繁殖和结合生殖两种繁殖方式(图 11.1),由于它只有一个大的叶绿体,因此是作为叶绿体遗传研究的好材料。结合生殖的衣藻细胞有两种交配类型(mating type),称为正接合型(mt^+)和负接合型(mt^-),受一对等位基因控制。

1954 年,Sager 首次报道了衣藻细胞质突变——抗链霉素突变(str^r)的遗传:接合生殖后代的抗药性表型总是同正接合型(mt^+)亲代的表型一样,表型为单亲遗传(uniparental inheritance),而控制接合型基因 mt 在杂交后代中正常分离。既使用 $str^s mt^-$ 型对 $str^s mt^+$ 型连续回交,后代链霉素抗性仍保持不变(图 11.2):

$$str^r mt^+ \times str^s mt^-$$
$$\downarrow$$
$$\frac{1}{2} str^r mt^-, \frac{1}{2} str^r mt^+ \times str^s mt^-$$
$$\downarrow$$
$$\frac{1}{2} str^r mt^-, \frac{1}{2} str^r mt^+$$

$$str^s mt^+ \times str^r mt^-$$
$$\downarrow$$
$$\frac{1}{2} str^s mt^-, \frac{1}{2} str^s mt^+ \times str^r mt^-$$
$$\downarrow$$
$$\frac{1}{2} str^s mt^-, \frac{1}{2} str^s mt^+$$

图 11.2　衣藻抗链霉素的遗传

衣藻的链霉素抗性遗传呈现典型的细胞质遗传特征,造成单亲遗传的原因是 mt^- 型细胞的叶绿体在接合中被丢失,只有 mt^+ 型细胞的叶绿体被保留下来。1962 年 Gillham 和 Levin 等利用带有不同限制性酶切位点 cpDNA 的品系,从杂交后代提取 cpDNA,分析其限制性酶切电泳图谱,证明链霉素抗性突变是通过叶绿体遗传的。

11.2.2　线粒体的遗传

线粒体(mitochondria)是真核细胞重要的细胞器,除成熟的红细胞以外,普遍存在于真核细胞中。线粒体有多种功能,是细胞进行呼吸作用的主要场所,重要的代谢中心之一。一旦线粒体基因突变,必定会影响细胞、组织、器官或机体正常生理机能。细胞或机体的某些变异特征与线粒体有着密切的关系。

1. 酵母小菌落突变

啤酒酵母(*Saccharomyces cerevisiae*)是一种子囊菌,可以通过出芽进行无性繁殖,也可以通过不同交配型的单倍体细胞融合进行有性繁殖,两类不同交配型 A 和交配型 a 由一对等位基因 A/a 控制。两个不同交配型细胞融合后,经过减数分裂产生 4 个单倍体子囊孢子,这些子囊孢子分离后,能单独培养作遗传分析。20 世纪 40 年代后期,法国学者 Ephrussi 等发现,在无性繁殖的酵母群体中,绝大部分细胞所形成的菌落大小相近,但有 1%～2%菌落的直径只有正常菌落 1/3～1/2 的大小,称之为小菌落(petite colony)。小菌落内的细胞培养再形成的菌落的仍为小菌落,也就是说小菌落的特征能稳定地遗传。

大菌落⟶　　大菌落+小菌落(1%～2%);
小菌落⟶　　小菌落

对小菌落作遗传分析后,Ephrussi 等将它们分为三种类型。

(1) 分离型小菌落(segregation petites):这类小菌落内的细胞与正常菌落细胞杂交后,二倍体合子经减数分裂,后代小菌落和大菌落以 2∶2 的比率分离,这种典型的 Mendel 式分离方式表明这类小菌落是由核基因突变所致。

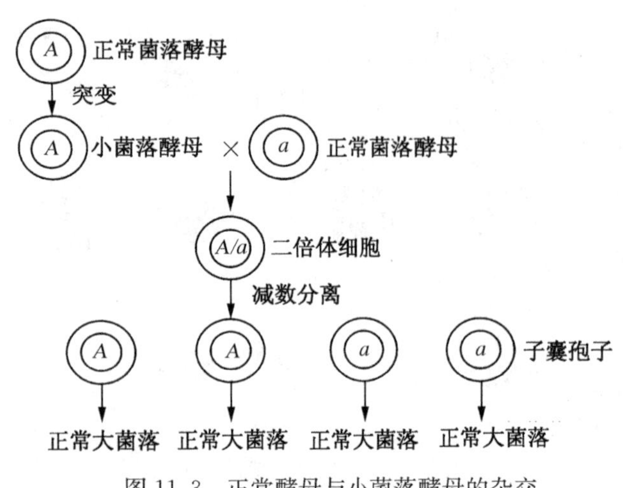

图 11.3 正常酵母与小菌落酵母的杂交

(2) 中性小菌落(neutral petites):这类小菌落与正常菌落的细胞杂交,产生正常二倍体合子(A/a),减数分裂的四分体分别培养均形成正常的大菌落,而控制交配型的等位基因 A/a 正常分离,因此这类小菌落特征是受细胞质基因控制的。小菌落细胞在杂交过程中获得了正常的细胞质基因,减数分裂的四分体均形成正常的大菌落(图 11.3)。

(3) 抑制性小菌落(suppressive petites):来自这类小菌落的细胞与正常大菌落的细胞杂交的后代子囊孢子中,一部分长成小菌落,一些长成正常大菌落,大小菌落分离的比例不定,变化幅度很大,在 1%~99%之间,具菌落特异性。

小菌落中的细胞大小与正常菌落中的细胞并无差异,只是由于细胞生长分裂缓慢,导致形成的菌落变小。线粒体 DNA 分析结果表明:中性小菌落的细胞中缺乏 mtDNA,抑制性小菌落细胞内的 mtDNA 存在缺失和重复双重变异。缺乏线粒体的细胞只能通过糖酵解途径进行能量代谢,这种低水平的能量代谢致使细胞生长、分裂缓慢;线粒体 DNA 基因的突变同样也会影响线粒体的功能,降低细胞代谢,导致形成小菌落。

2. 人类线粒体疾病的遗传

人类的线粒体是典型的母系遗传,因而只有女性才能传递线粒体疾病。由于线粒体是重要的能量代谢细胞器,心肌、骨骼肌、中枢神经的生理活动能量消耗大,对氧化磷酸化的依赖性强,因此,线粒体病多见于肌病、脑病,视觉和听力受损亦常常与线粒体有关。线粒体病的另一特点是同一家系中不同患者间表现的症状也有差异。这是因为线粒体基因组存在异质性,线粒体在细胞分裂时无序性分离,使患者个体之间,各组织个体细胞携带 mtDNA 突变的线粒体比例有所不同,表现出的症状也出现差异。

图 11.4 是牟奕等在江苏省淮阴地区发现的一个非综合征耳聋母系遗传大家系中的核心家系图,该核心家系包括 4 代 60 人,其中母系遗传耳聋患者 20 人(除Ⅲ$_{12}$为中耳炎后耳聋,其余全部为非综合征耳聋)。在系谱中可以看到,第一代母亲为患者,第二代子女全部是患者;第二代女儿的所生的子女全部是患者,第二代儿子的子女除Ⅲ$_{12}$外全部正常;表现出典型的母系遗传特征。该家系患者之间的听力损失程度存在差异,多数表现为进行性重度耳聋,只有少数患者具有中度、非进行性耳聋,另患者的症状间的差异也符合线粒体病的特征。对 mtDNA1 555 位点 PCR 扩增和酶切结果分析表明:正常个体 mtDNA1 555 位点含有限制酶 AlW-26I 切割识别位点 GAGA(1 555)C,使用 AlW-26I 消化后,PCR 扩增产物可见二条带,分别为 460 bp,118 bp;患者 mtDNA 的 1 555 处 A 突变为 G,导致该酶切位点消失。患者Ⅲ$_{12}$为中耳炎后耳聋,酶切结果表现 460 bp 和 118 bp 两条带,其中Ⅱ$_5$mtDNA 酶切结果也表现为 460 bp 和118 bp两条带。

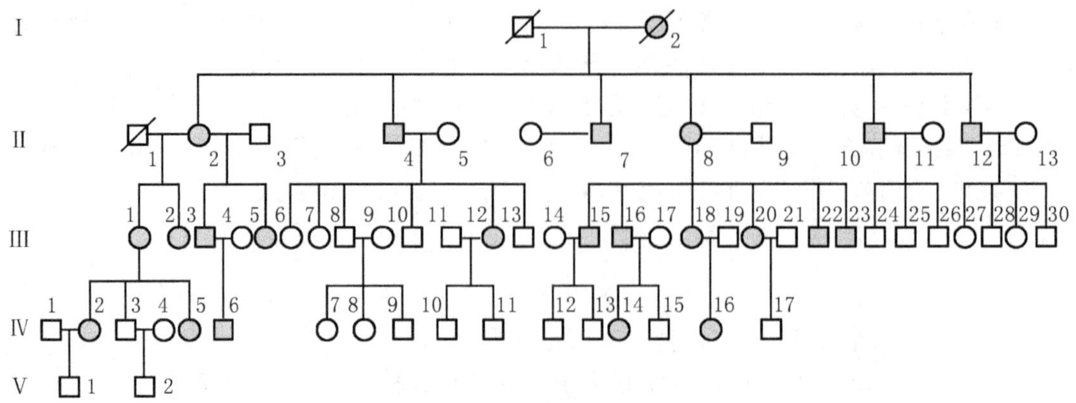

图 11.4 耳聋核心家系图

(引自刘祖洞,1991)

11.3　细胞核基因和细胞质基因的关系

生物体绝大多数性状受核基因组基因的控制，核基因组是自主性基因组，即使缺乏细胞质基因，如上一节里所讲到的酵母中性小菌落的细胞，虽然缺乏线粒体，只要核基因组基因的功能正常，细胞仍然维持基本的生命活动。细胞器基因组则是一个半自主性的独立遗传系统。为了充分理解核、质两种遗传系统的关系，首先要了解线粒体、叶绿体基因组的结构及其功能。

11.3.1　线粒体基因组

作为核外遗传系统，线粒体基因组能自主复制，并且携带有线粒体的 rRNA、tRNA 基因以及编码部分线粒体蛋白质的基因，能在线粒体中合成这些蛋白质。mtDNA 的复制、转录及蛋白质合成均有其自身的特点，既与真核基因组系统有所不同，又有别于原核细胞。虽然如此，线粒体基因组没有足够的编码信息来支持线粒体自身复制所需，离开核基因组的支持，不能独立增殖，因此说线粒体是具有半自主性的核外遗传系统。

1. 线粒体基因组的一般特征

真核细胞中的线粒体基因组 DNA 绝大多数是一种裸露的双链环状分子，在一个线粒体内，存在一至多个 DNA 拷贝。各个物种线粒体基因组的大小不一，通常动物为 14～39 kb，真菌类 17～176 kb，植物的线粒体基因组则比动物线粒体基因组大 15～150 倍，大小在200 ～2 500 kb。从已测得的几种脊椎动物 mtDNA 全序列来看，线粒体基因组具有共同的结构特征：① 基因数目和排列顺序相同；② 绝大多数核苷酸用于编码序列，其余主要用作调控序列；③ 某些遗传密码的含义不同于核基因；④ 存在一个与复制起始有关的 D 环控制区。例如，人类的线粒体基因组全长 16 569 bp，有 13 个蛋白质编码基因，包括细胞色素 b 细胞色素氧化酶的 3 个亚基，ATP 酶的 2 个亚基以及 NADH 脱氢酶的 7 个亚基，有 2 个 rRNA(16 s 和 12 s)和 22 个 tRNA 的基因。

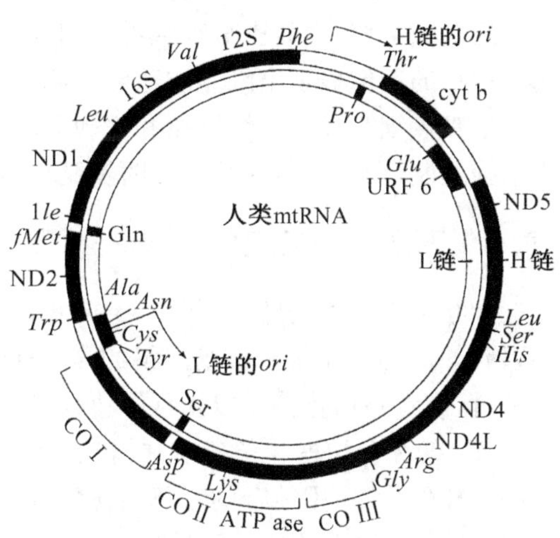

图 11.5　人类线粒体 DNA 的基因图
（引自徐晋麟等，2005）

2. 线粒体基因组的半自主性

线粒体基因组的结构特点让我们了解到它具有相对独立性，主要表现在：① mtDNA 合成的调节与核 DNA 合成的调节彼此独立，可能存在多种复制形式，其中 D 环复制是线粒体特有的复制形式；② 线粒体基因组有自己独立的表达系统，自己编码两种 rRNA，22～24 种 tRNA，在线粒体内合成 mtDNA 编码的蛋白质；③ 线粒体中有些密码子的含义与核基因通用密码子不同，发生改变，例如 AUA、UUA 在人类细胞核基因中分别是异亮氨酸和终止密码子，在线粒体中成为甲硫氨酸和色氨酸密码子。

线粒体基因组的半自主性表现其对核基因组的依赖性。线粒体 DNA 虽能够自主复制，但需要核基因组为其编码 DNA 复制酶；线粒体虽有自己的核糖体、tRNA，并能在线粒体内翻译 mtDNA 转录的 mRNA，但线粒体的核糖体蛋白质由核基因组为其编码；线粒体膜蛋白除有限的十多种由 mtDNA 编码外，其余的都需要从核基因组中转录，在细胞质里合成后再转运到线粒体中。由此可见，线粒体的自主性十分有限，无论是其遗传系统，还是构成其结构组分的蛋白质，都离不开核基因组，受到核基因组的影响。

11.3.2　叶绿体基因组

1. 叶绿体基因组的一般特征

叶绿体基因组 DNA 是一个裸露的环状双链分子，一个叶绿体中含有的 DNA 分子拷贝数随着物种的不同而异，通常都是多拷贝的。大多数植物 cpDNA 序列中包含两个反向重复序列，它们被两段大小不等的非重复序列隔开。

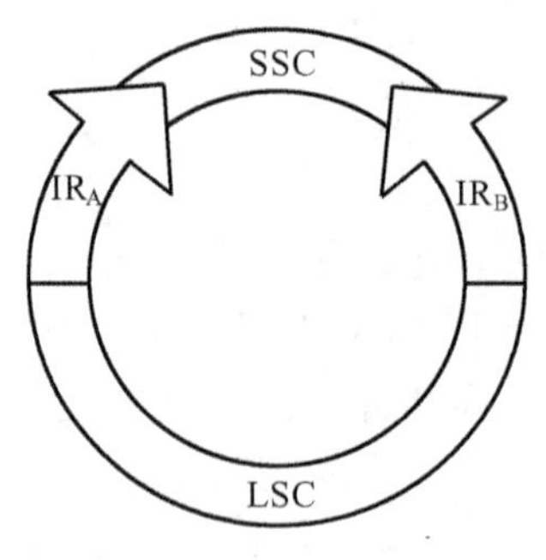

图 11.6 叶绿体基因组结构图
(引自徐晋麟等,2005)

与线粒体基因组相比,叶绿体的基因组要大得多,其大小一般在 120～217 kb之间,除了有编码 30 个 tRNA 基因,23 S、4.5 S、5 S 和 16 S rRNA 基因外,基因组还编码部分叶绿体蛋白质,包括部分叶绿体的核糖体蛋白质亚基、叶绿体 RNA 聚合酶几个亚基,30 多种类囊体蛋白质,其中包括有 PSⅠ和 PSⅡ系统中的几个蛋白质、ATP 酶的亚基,以及 1,5 -二磷酸核酮糖酸化酶(RuBP 酶)的大亚基等。

2. 叶绿体基因组的半自主性

对于自养型的绿色植物,叶绿体是其不可缺少的细胞器,叶绿体基因组能自主复制,编码其核糖体 RNA 及 tRNA,有独立的表达系统。尽管如此,它仍然不能编码为自身的 DNA 复制、RNA 转录和蛋白质翻译过程所需全部的蛋白质因子和酶,不能编码类囊体所有的结构蛋白质和酶系,膜脂代谢所需的酶系,仍需要核基因组功能的支持。

综上所述,线粒体、叶绿体的发育增殖要受到自身基因组和核基因组的双重控制,核基因组是一个对细胞器基因组起支持作用的自主性的遗传系统,对细胞器基因组有着主导作用,线粒体基因组和叶绿体基因组是一个相对独立的半自主性的遗传系统,无论是线粒体、叶绿体基因组的基因发生改变,还是核基因组中与之相关的基因突变,都会影响细胞器基因组正常的功能,从而可使细胞或个体的某种性状特征发生改变,使得这类性状的遗传表现出细胞质遗传的特征。

由于真核细胞存在着细胞核和细胞质两类遗传系统,生物体性状既可以单纯由核基因控制,又可以由细胞器基因控制,而且某些性状还同时受到核基因和细胞器基因的影响。

11.3.3 玉米埃型条斑的遗传

玉米叶片的埃型条斑(striped iojap trait)是一个与细胞质基因和核基因都相关的性状。引起叶片条斑的基因 iojap(*ij*)位于玉米核基因组的第 7 连续群,隐性纯合体(*ijij*)玉米植株表现出茎叶产生白绿相间的特征性条斑,或者是白化苗。以正常绿色植株(*IjIj*)作母本,用埃型条斑植株(*ijij*)作父本杂交时,F_1 代为绿色植株,F_2 代绿色植株和条斑植株出现 3∶1 的分离比,条斑性状表现为 Mendel 式遗传;条斑植株自交,或以条斑植株作母本,用纯合的绿色植株(*IjIj*)做父本,后代表现出三种表型:正常绿色、条斑和白化植株,以其中的条斑植株作母本、与正常本父作回交,回交一代仍然现出绿色、条斑和白化三种植株(图 11.7)。

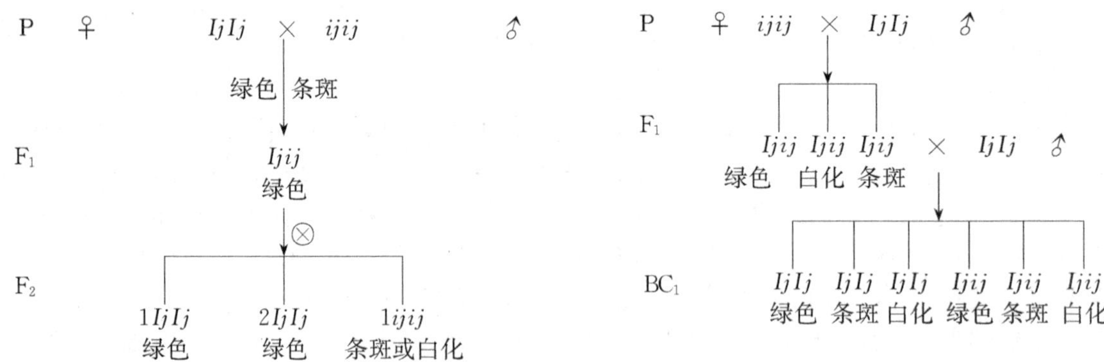

图 11.7 玉米埃型条斑的遗传

杂交结果说明,埃型条斑起源于核基因突变,只要该基因隐性纯合(*ijij*)即表现出条斑性状,该性状受到核基因的控制。另一方面,一旦在隐性纯合体(*ijij*)植株中条斑性状形成,就可以由母本遗传下去,无论是子一代的杂合体(*Ijij*),还是回交一代的杂合体(*Ijij*)或纯合体(*IjIj*),都出现正常绿色、埃型条斑和白化三种植株表型,而与核基因(*ij*)无关了,表现出细胞质遗传的典型特点。

在玉米埃型条斑形成的过程中,核基因起主导作用,核基因隐性突变纯合后使得叶绿体基因发生变异,植株表现出条斑性状。所以,当用正常纯合体植株(*IjIj*)作母本,用埃型条斑植株作父本(*ijij*)时,条斑性状表现出 Mendel 式遗传。反过来,用条斑性状植株作母本,该性状可连续遗传下来,表现出细胞质基因遗传的自主性。细胞质分离和重组的发生,使条斑植株产生正常绿色、条斑、白化三种植株。此外,后面将要学习的草履虫放毒型遗传和核质互作型植物雄性不育遗传,都是能看到核、质基因共同影响同一性状的例子。

11.4　非细胞质组分的遗传因子

真核细胞里除了有线粒体、叶绿体这些细胞质组分外,还存在有非细胞质组分的遗传因子。原核细胞中除了核基因组之外,同样也有非核基因组的遗传因子。这些核外遗传因子可以是质粒(如 *E. coli* 的 F 因子,抗药因子,酵母细胞中的 2μ 质粒)、病毒,也可以是其他的遗传颗粒或侵染微生物。它们能自主复制或在寄主细胞核基因组控制下复制,通过细胞质传递。因此,这些核外基因赋予寄主表型特征也是通过细胞质传递的。

11.4.1　草履虫放毒型的遗传

草履虫(*Paramecium aurelia*)是一种二倍体原生动物,每个细胞中有一个大核,两个小核。大核是营养核,核基因组部分缺失,保留部分经多次复制为多倍性;小核是含有两个完整染色体组的生殖核。草履虫有无性生殖和有性生殖两种基本繁殖方式,无性繁殖时通过细胞分裂由一个个体产生两个新个体。有性生殖则可以通过接合生殖和自体受精两种方式实现。接合生殖过程中,两个不同接合型的细胞相互接触,每个细胞的小核进行减数分裂,形成 8 个单倍体小核,其中 7 个退化,剩下一个进行一次有丝分裂,产生 2 个单倍体小核,同时大核(营养核)解体。接下来两个接触的细胞相互交换小核,实现遗传物质的交换。交换后,细胞中两个小核融合成为二倍体核,这个二倍体核经过两次有丝分裂产生 4 个二倍体核,其中的 2 个再融合,发育成为大核,余下两个小核成为生殖核。在自体受精过程中,2 个小核经减数分裂形成 8 个单倍体核,7 个退化,只留下一个小核,这个小核经过有丝分裂后合并,再形成一个二倍体核,然后继续经有丝分裂和核合并,最终成为一个大核和两个小核的细胞(图 11.8a)。接合生殖过程中,如果接合时间长,超过交换小核所需的时间,会发生细胞质交换,如果接合时间短,不发生细胞质交换;接合生殖可以产生杂合体,而自体受精则只产生纯合体。基因型杂合的群体在自体受精生殖时将发生 1∶1 的基因型分离比(图 11.8b)。

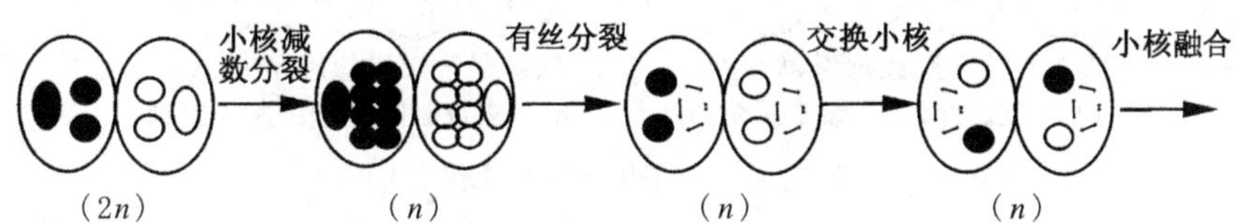

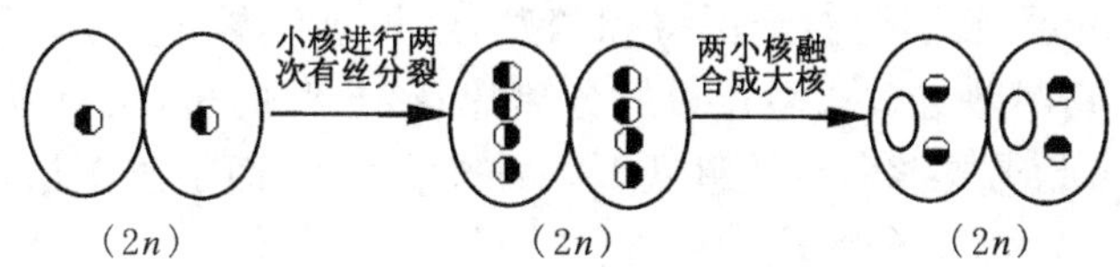

(a)　草履虫接合生殖形成杂合体过程

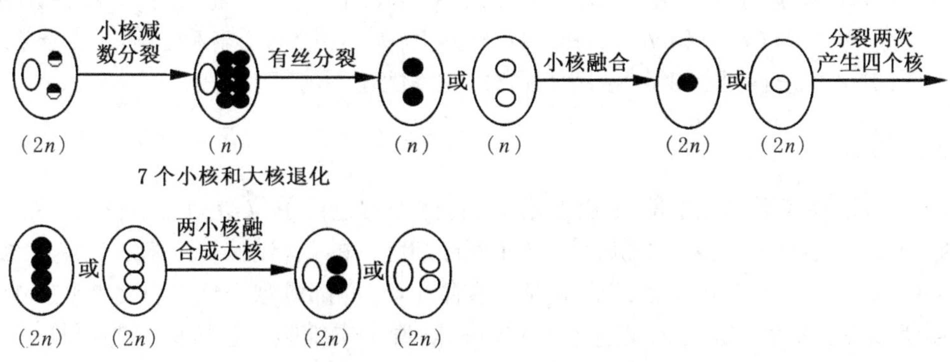

(b)　草履虫自体受精形成纯合体的过程

图 11.8　草履虫接合生殖与自体受精

1943 年,Sonneborn 发现有一个草履虫品系能释放一种叫草履虫素(paramecin)的物质,这种物质对自己无害,但对敏感型的草履虫却有毒杀作用。通过接合生殖作遗传分析,了解到草履虫素是由一种称为卡巴粒(Kappa particle, k)的细胞质因子产生的。放毒型草履虫细胞质中存在卡巴粒,敏感型的细胞质中不存在卡巴粒;卡巴粒在细胞里的稳定繁殖还需要显性核基因(K)的存在,当该基因为隐性纯合状态(kk)时,卡巴粒不能繁殖。因此只有核基因 K/K+卡巴粒这两个条件同时具备的品系为放毒型,其他类型组合均为敏感型。

用 K/K+卡巴粒品系与 k/k 敏感型做接合生殖实验,接合生殖的后代自体受精繁殖。如果接合时间长,最终出现 1∶1 的放毒型与敏感性分离比(图 11.9a);如果接合时间短,最终产生 1∶3 的放毒型与敏感型分离比(图 11.9b)。

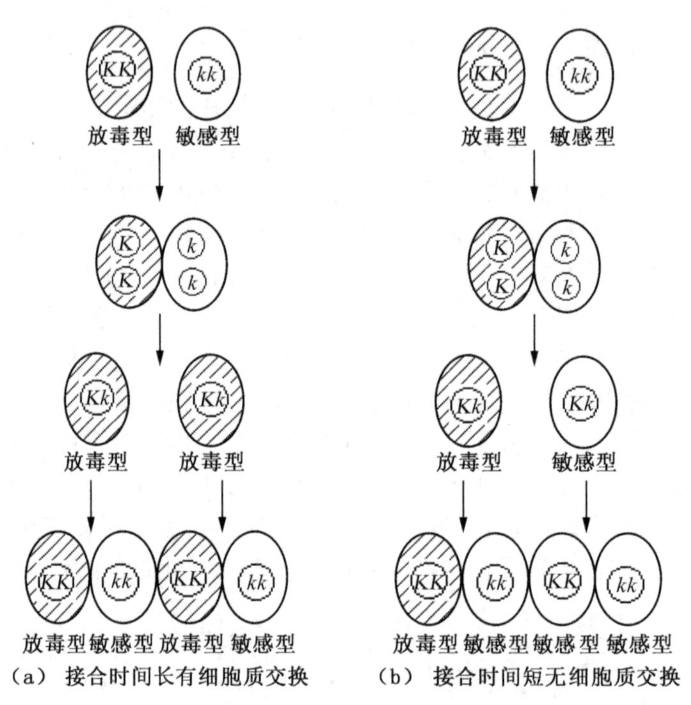

图 11.9　草履虫放毒型遗传分析

出现不同的分离比,取决于接合时间的长短。接合时间长,在交换小核的同时,还发生细胞质的交换,细胞质内的遗传因子也发生交换,其后代都有显性核基因(Kk)和卡巴粒,表现为放毒型,经自体受精后,核基因型成为 KK 和 kk,kk 个体细胞质里卡巴粒不能稳定保持和繁殖,经过连续繁殖后,卡巴粒不断减少而消失,使放毒型成为敏感型,这样就产生放毒型与敏感型1∶1的分离比;接合时间短,没有发生细胞质交换,放毒型的亲代经自体受精后,其后代最终形成放毒型与敏感型 1∶ 1 的分离比,而敏感型亲代的后代的仍为敏感型,群体最终表现为放毒型与敏感性 1∶3 的分离比。

由以上分析可以看出,草履虫放毒型遗传的性状同时受到细胞质里的卡巴粒和显性核基因 K 的控制。通过对放毒型草履虫的微生物学研究,现在人们认识到卡巴粒是一种存在于草履虫细胞内的内共生(endosymbiont)细菌,学名为 *Caedobacter taeniospiralis*,其中可能会有温和噬菌体。卡巴粒在合成毒杀敏感型草履虫蛋白质的同时,怎样赋予放毒型细胞对它的免疫性还不清楚。

11.4.2　质粒的遗传

质粒(plasmid)是指存在于细胞中能自主复制的染色体外的遗传单位,它们的遗传表现出细胞质遗传的特征。真核细胞中除细胞质中存在质粒的踪迹外(如酵母细胞中的 2μ 质粒),玉米线粒体中也有发现导致其雄性不育株的 S1、S2 质粒。质粒在原核细胞中则普遍存在,它们都是独立于核基因组的环状双链 DNA 分子。有些质粒还能够整合到宿主细胞的染色体 DNA 中,随着宿主细胞染色体的复制而复制,具有这特征的质粒又称为附加体(episome),这种质粒能促进寄主细胞向受体细胞转移其遗传物质,本书第 5 章所介绍的 *E. coli* 的 F 因子就是一个典型的代表。

11.4.3 细胞质遗传资源的重要价值

质粒能够促进供体和受体间遗传物质的转移，实现重组（如 F 因子），或赋予寄主抵御逆境（药物抗性因子 R 因子）等，这种特性被广泛地应用于科学研究和生产实践中。利用质粒能独立于核基因组自主复制的特点，经过改造，重新构建的人工质粒用作各种特殊用途的载体，由它们携带的目的基因经转化获得生产上所需的各类工程菌。噬菌体和病毒这些侵染性核外遗传因子同样在基因工程或作为基因治疗所需的外源基因载体方面发挥其重要作用。

11.5 植物雄性不育

雄性不育（male sterility）是植物界中存在的一个较为普遍的现象，它是指植物在生长发育过程中，雌蕊正常发育，雄蕊发育不正常，花粉败育的现象。雄性不育虽然对植物自身的繁殖不利，但只要提供外源花粉就可使之结实，作物育种学家巧妙地利用雄性不育来生产杂交种子，将杂种优势成功地应用于生产实践。

11.5.1 雄性不育的遗传决定类型

根据雄性不育的遗传机制，可将其分为核基因决定型、细胞质基因决定型、核基因和细胞质基因共同作用决定型。

1. 核不育型

核不育型是指由核内染色体基因决定的雄性不育的类型。现有的核不育类型多数为自然发生的变异株，在水稻、小麦、玉米、谷子、番茄等作物中均有发现。这类雄性不育大多为隐性基因决定，只有少数为显性基因决定。对于隐性基因（*msms*）决定的雄性不育植株来说，正常可育植株（*MSMS*）为其授粉后，杂种一代（*MSms*）花粉可育，正常结实，F_2 代发生分离（*MSMS*，*MSms*，*msms*），雄性不育种子（*msms*）混杂在其中无法分离，不育系难以保持，因此不便于在生产上应用；由显性基因决定的雄性不育，杂种仍为雄性不育，杂种优势不能在生产上得到应用。近年发现了由环境条件控制的雄性核不育类型，如湖北光敏感雄性核不育水稻，山西太谷核不育小麦。这类雄性核不育受光温条件控制，在一定的光照长度和温度条件下，花粉败育，其他的光照和温度条件下花粉发育正常，植株自交结实。这类核不育的发现使核不育类型得以成功地在生产上应用。但由于天气变化不可预测性，使其在生产应用中存在一定的风险。

2. 核质互作雄性不育型和细胞质雄性不育型

核质互作型雄性不育是由细胞质遗传因子和核基因互相作用共同决定花粉育性的一种类型。这类雄性不育植株的细胞质中存在使花粉败育的遗传因子，大多数正常的品种与之杂交，杂交后代仍为雄性不育，只有极少数品种携带一种特殊的基因—恢复基因，这样的品种与之杂交后，杂种植株的花粉正常可育。因此这类雄性不育植株的花粉是正常还是败育是由细胞质基因和细胞核基因组合形式决定的。

细胞质雄性不育型决定花粉败育的基因在细胞质中，用任何正常品种与其杂交，F_1 均为雄性不育，即使通过连续回交，仍保持雄性不育特征，这类雄性不育类型也可以将其看作是没有找到相应的恢复基因的核质互作雄性不育型。由于使花粉败育的细胞质因子是母系遗传，总是留在不育植株及其后代细胞质中，核质互作雄性不育和单纯的细胞质雄性不育这两类雄性不育类型又统称为细胞质雄性不育（cytoplasmic male sterility，CMS）。

11.5.2 植物雄性不育的利用

核质互作雄性不育因其特殊的遗传决定机制，性状遗传稳定且不受环境的影响，适宜在生产实践上应用。禾谷类作物中通过实行“两区三系”制，实现了不育系繁殖、杂交制种生产，首先成功地利用核质互作雄性不育，将其产生的杂种优势应用于生产。所谓“三系”是指不育系、保持系和恢复系，“两区”系指不育系和保持系隔离区、不育系和恢复系隔离区；前者是为繁殖不育系专设的隔离区，后者是为杂交制种，生产具有杂种优势的杂交种子设立的隔离区。

1. 不育系

不育系细胞质中存在不育基因(*S*),细胞核内没有相应的显性恢复基因(*Rf Rf*),只有其隐性等位基因(*rf rf*),细胞质和细胞核基因的组合为*S*(*rf rf*)。为满足不育系的繁殖并且还要保持雄性不育特征的需要,用保持系与不育系杂交,保持系为其提供花粉,不育系被授粉结实,但未获得恢复基因,仍为雄性不育。不育系是同保持系经连续回交进行核代换后获得的,因此不育系与保持系的核基因组一致,这样保证了不育系的遗传稳定性(图 11.10)。

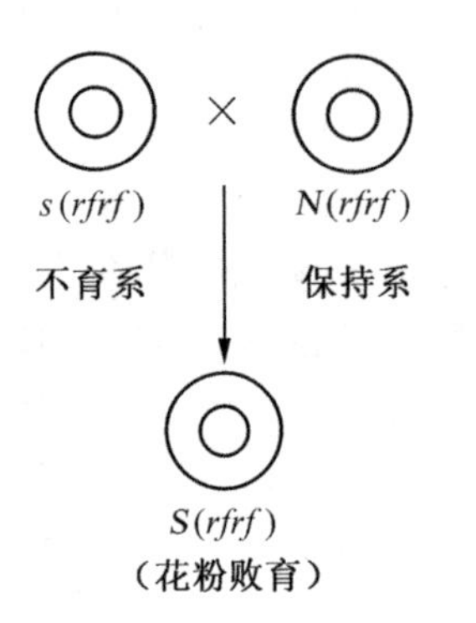

图 11.10 不育系与保持系的繁殖

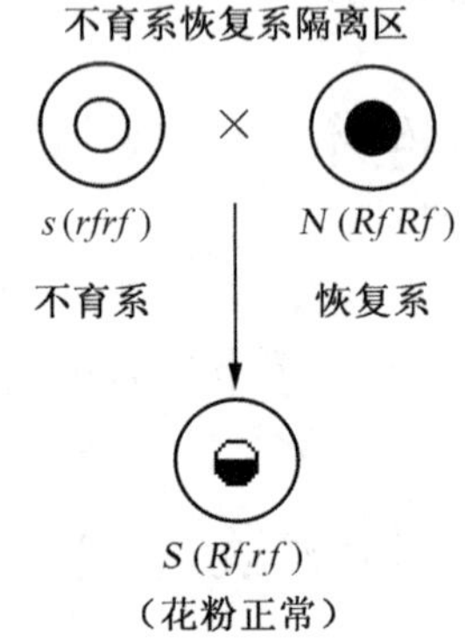

图 11.11 杂交制种与恢复系繁殖

2. 保持系

所谓保持系是与不育系杂交后,仍能保持不育系雄性不育的特征的品系。保持系细胞质基因正常(*N*),核基因组没有恢复基因(*Rf Rf*),细胞质和细胞核基因的组合为*N*(*rf rf*)(图 11.10)。保持系的花粉正常,自交结实。对不育系而言,大多数自交结实的品系都可作为它的保持系,对某一特定的不育系,它只有一个对应的保持系,两者的核基因组完全一致。

3. 恢复系

恢复系是指同不育系杂交后能使 F_1 代花粉恢复正常可育的品系。恢复系核基因组中具有恢复基因(*Rf Rf*),细胞质基因正常(N),细胞质基因和细胞核基因组合为*N*(*Rf Rf*)(图 11.11)。恢复基因对细胞质雄性不育基因显性,恢复系与不育系杂交后,杂种 F_1 核质基因的组合是*S*(*Rf rf*),花粉正常可育,可作为用于生产的种子。

我国的杂交水稻就是成功地利用水稻核质互作型雄性不育,采用“两区三系”制耕作方法获得的,从而实现了水稻杂种优势的利用,为我国乃至世界的粮食生产做出了巨大的贡献。

11.6 母性影响

母性影响(maternal influence)又称母性效应(maternal effect),它是指子代的表型不受自身基因型控制,而受母亲基因型的影响,其表型同母亲相同的现象。受母性影响的性状虽然由核基因型控制,由于杂交后代同母亲表型相同,表现出细胞质遗传的特点,因此将母性影响列入这一章,以便于在理解细胞质遗传和母性影响遗传控制的本质区别基础上,正确区别两类遗传的特征。

细胞质遗传决定的性状在遗传过程中通常表现出连续性、稳定性、不分离,并且后代的表型总和母亲一样的特点。受母性影响的性状,虽然正反交结果不一样,子代的表型与母本基因型所控制的表型一致,但是它是由核基因控制的性状,终究会表现出 Mendel 遗传的特点。短暂的母性影响,只能影响子代早期生长发育阶段,最终还是要表现出核基因控制性状的特点;而持久的母性影响会影响个体整个世代的表型,但在随后的世代中,还是会出现 Mendel 分离比。

11.6.1 短暂的母性影响

欧洲麦粉蛾(*Ephestia kuehuniella*)野生型幼虫的皮肤为红色,成虫复眼为深褐色。有一种突变品系,幼虫皮肤无色,成虫复眼为红色。用野生型与突变体杂交时,无论哪一种作母本,子代皮肤都是有色,成虫复眼为深褐色，表明幼虫皮肤有色和成虫复眼褐色为显性。当子代杂合体与隐性纯合体(无色个体)作正、反交时，成虫深褐色眼和红色眼出现 1∶1 的分离比，说明这是由一个基因位点突变引起的，但幼虫皮肤的颜色在正交和反交之间，结果表现不同。用 *Aa* 代表杂合体，*aa* 代表无色个体，若以 *aa* 个体为母本，后代幼虫皮肤一半为无色，一半为红色，成虫眼色一半为红色，一半为深褐色，符合一对因子的测交分离比(图 11.12a)；若以杂合体 *Aa* 为母本，则后代幼虫皮肤全部有色，只表现出母亲的性状，到成虫阶段眼色还是出现了红色和褐色 1∶1 的测交分离比(图 11.12b)。

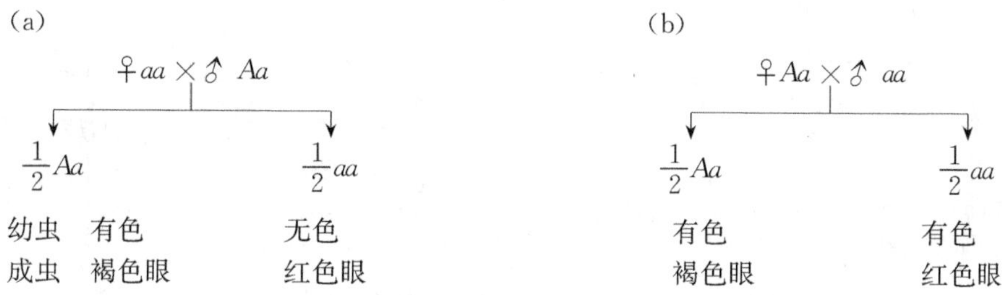

图 11.12　麦粉蛾色素遗传的母性影响

为什么后一种组合的后代幼虫皮肤全为有色呢？经分析发现，突变型个体缺乏犬尿素，而犬尿素是合成色素的前体物质，因此色素的合成代谢受阻。以 *Aa* 个体为母体，其受精卵中贮存在了足量的犬尿素，子代个体的基因型无论是 *Aa* 还是 *aa*，幼虫阶段都能以卵细胞传递下来的犬尿素合成色素，所以两种基因型个体皮肤都是有色；到成虫阶段，基因型 *aa* 个体犬尿素已消耗，色素不能继续形成，眼色又表现为突变型的红色，基因型 *Aa* 个体则仍为野生型表型。由此可以看到麦粉蛾的母性影响是通过卵细胞传递母体的基因产物，这些物质是作为子代个体发育所需要的代谢中间产物，它们存在与否将影响子代的表型，母体基因产物一旦消耗完毕，其影响就结束，因此它只能影响子代早期发育阶段的表型。

11.6.2　持久的母性影响

椎实螺(*Limnaen peregra*)是一种雌雄同体的软体动物，群体饲养繁殖时一般进行异体受精繁殖，每一个体各自产生卵子，个体间相互交换精子受精，单个饲养时采用自体受精的方式繁殖。椎实螺外壳旋转方向有右旋(dextral)和左旋(sinistral)两种，受一对核基因控制，右旋(*D*)对左旋(*d*)显性。椎实螺外壳旋转方向取决于母体的基因型，而不是由个体子代自身基因型决定的。

用右旋雌体与左旋雄体杂交，F_1 代全部是右旋，F_1 代自体受精繁殖，F_2 全部表现为右旋，这样的结果符合细胞质遗传的特征；用左旋雌体与右旋雄体杂交，F_1 代表型全部与母方相同，均为左旋，表现出细胞质遗传的特征，但自体受精后 F_2 代全部为右旋，与细胞质遗传的连续性相违背，不能用细胞质遗传来解释。继续观察 F_3代，两种杂交组合的 F_3 代都出现了右旋对左旋 3∶1 的 Mendel 式分离比(图 11.13)。

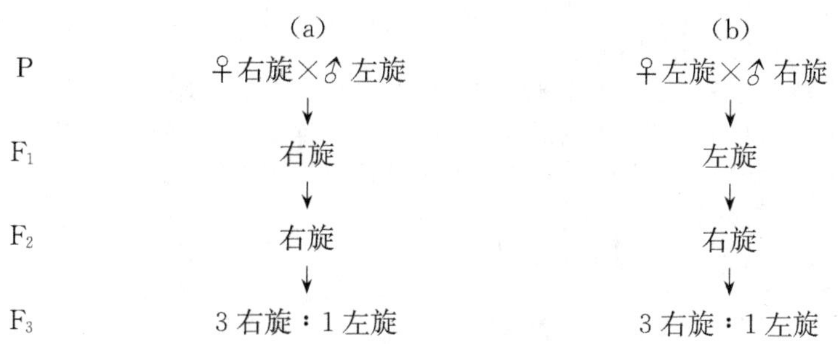

图 11.13　椎实螺外壳旋向的遗传

如何解释椎实螺外壳旋转方向所表现出特殊遗传现象呢？假定该性状是受母亲基因型控制的，且右旋对左旋为显性，就可圆满地解释上面的杂交实验结果：在正交中，母方为右旋，右旋为显性，记为 *DD*，父方为左旋，左旋为隐性，记为 *dd*，F_1 代基因型为 *Dd*，表型为右旋，F_2 代表型受母亲基因型影响，全部为右旋；反交中，母方为左旋(*dd*)，父方为右旋(*DD*)，F_1 代的表型受母亲基因型影响，全部为左旋，但 F_1 代都是杂合体 *Dd*，携带有显性基因 *D*，所以 F_2 代的表型全为右旋。F_2 代的表型虽然一致，按照 Mendel 定律，F_2 代的基因型一定发生了分离，F_2 代自交繁殖，在 F_3 代群体中，出现右旋对左旋 3∶1 的分离比，这样的分离比正是 F_2 代基因型的比例($1DD+2Dd$)∶$1dd$ 的反映。由此可以确定椎实螺外壳旋转方向是受母亲基因型影响，受一对基因控制，右旋为显性性状，左旋显性为隐性性状(图 11.14)。

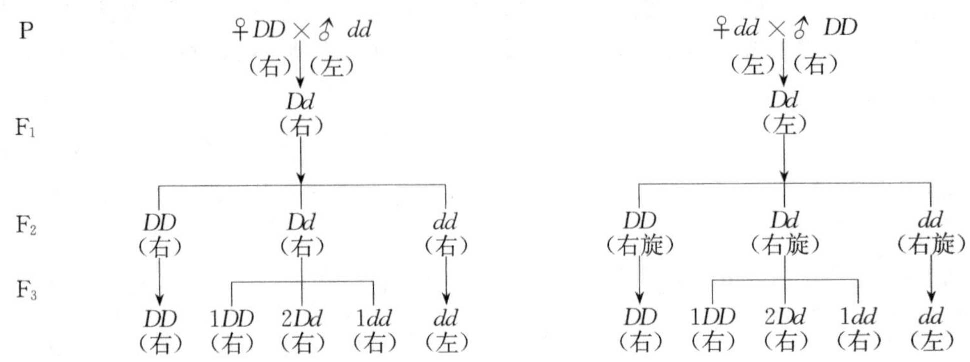

图 11.14 椎实螺外壳旋向的遗传

在 Mendel 式遗传中，F_2 代因基因型分离而出现一定的表型分离比。椎实螺的表型因为是受母亲基因型的控制，而不是由自身基因型决定的，所以应该在 F_2 代看到正常的 Mendel 分离比没有出现，而是延迟一代出现，在 F_3 代出现 Mendel 式分离比。需要补充说明的是，母亲影响子代表型，使其与母亲的表型相同，因为作杂交的亲本都是纯合体，其基因型和表型一致。而 F_2 和 F_3 代的情况同 F_1 代就不相同，表型和基因型可以是不一致的，所以就出现了 F_3 代的表型和母亲(F_2 代)的表型不相同的现象。

椎实螺外壳旋转方向是如何受母亲基因控制的呢？究其原因，是受精卵最初卵裂方式影响的结果。椎实螺受精卵是螺旋式卵裂，未来发育的外壳旋转方向取决于最初的两次卵裂中纺锤体的方向，而纺锤体的方向取决于卵细胞质的特性，卵细胞质的特性又受到母体基因型的影响。很显然是母体的基因型决定了子代外壳的旋转方向。外壳的旋向一旦确定，终生维持不变，所以将椎实螺外壳的旋转方向称作持久的母性影响。

思 考 题

1. 细胞质基因和细胞核基因有何相同点，又有何不同之处？
2. 为什么说细胞器基因组是半自主性基因组，能否像离体培养细胞那样，将线粒体和叶绿体从细胞中分离出来独立培养？
3. 有人说细胞质基因组是一个独立的遗传系统，受其控制的性状不受核基因的影响，你认为这种观点是否正确？
4. 母性影响和细胞质遗传有何不同。
5. 由核基因控制的性状，正交和反交的结果总是相同的吗？
6. 如果某一遗传的正反交结果不一样，你怎样确定它是属于母性影响、细胞质遗传亦或是伴性遗传？
7. 用一个分离型小菌落酵母细胞同一个中性小菌落酵母细胞杂交，由杂交后的二倍体细胞形成的菌落表型如何？
8. 现有两个玉米雄性不育品系，一个为细胞质雄性不育，另一个为细胞核雄性不育，如何才能将这两个不育系区分开？
9. 为什么说椎实螺外壳旋转方向右旋对左旋显性？
10. 用左旋作雌体，与右旋雄体作杂交，预期 F_3 代中右旋和左旋的比例为多少？

推荐参考书

1. 戴灼华，王亚馥，粟翼玟. 2008. 遗传学(第 2 版). 北京：高等教育出版社.
2. 刘祖洞. 1991. 遗传学(第 2 版)(上、下册). 北京：高等教育出版社.
3. 徐晋麟，徐沁，陈淳. 2011. 现代遗传学原理(第 3 版). 北京：科学出版社.
4. Hartl DL，Jones EW. 2001. Genetics：Analysis of Genes and Genomes. Boston：Jones and Bartlett Publishers，Inc.
5. Snustad DP，Simmons MJ. 2000. Principles of Genetics. New York：John Wiley & Sons，Inc.

第12章 数量性状的遗传

提　要

本章主要介绍了数量性状遗传的特点，包括数量性状的特征、数量性状与质量性状的关系、多基因假说和基因的数量效应。数量性状遗传的统计分析方法，主要包括平均数和方差分析。数量性状遗传力及其估算，主要包括基因型值及其构成、群体平均数、群体方差的组成及遗传力的估算方法。交配的遗传分析，主要包括近交的概念、遗传效应、近交系数的计算和杂种优势的解释等。

前面各章所讨论的能够遗传的性状彼此差异明显，一般没有中间过渡类型，在群体中显现不连续变异，遵循Mendel遗传规律。这类性状称为质量性状(qualitative trait)。

本章将讨论另一类可遗传的性状，这类性状在群体中的变异不容易区分为少数截然不同的组别，其间有一系列的过渡类型，彼此间的差别仅表现在数量上的不同，没有质的区别。这类性状称为数量性状(quantitative trait)。动植物的经济性状大多数是数量性状，例如：农作物的产量、品质，畜牧业的肉产量、泌乳量，家禽类的产卵量等，人的许多性状如身高、体重、体形等，还有一些广泛而且严重影响人类健康的疾病如高血压、糖尿病、冠心病、精神病等也属于数量性状。数量性状的遗传比质量性状的要复杂得多，每个性状由多对基因控制，数量性状的表现受到环境条件的影响。最后表现的数量遗传性状是基因型和环境互相作用的结果。同一数量性状在不同的环境中的表现是不一样的，不同的数量性状受环境的影响也不同。因此，对数量性状遗传的研究，要特别注意环境的影响。

12.1 数量性状遗传的特点

由于数量性状在个体间的差异往往是量上的不同，且又受环境的影响，所以表现出连续变异的特点。个体表现的性状不能简单地归类，因而不能统计各类之间的比例。为了研究数量性状的遗传规律，首先应该了解数量性状的特征。

12.1.1 数量性状的基本特征

个体间在某一个数量性状上的表现往往是量上的区别，所以其表现型只能用度量的方法加以确定。将群体中所有个体的度量结果归纳起来，数量性状的表现呈现连续性。由于数量性状的表现同时受到基因型和环境的影响，而且不同的环境对同一基因型的影响也不同，所以每一种表现型不代表一种特定的基因型。由于每种数量性状受到许多基因座的影响，因此，其中任何一个基因座中等位基因的不同都可使其表现发生改变。

数量性状呈现连续变异，作成数学图形来表示的话，图形非常近似正态分布(normal distribution)。

为了了解数量性状的正态分布，用一个数量性状的例子表示于图12.1。性状的变异通过度量值的频数分布图表示出来。将度量值划分为等距的组表示于横轴，每组内的个体

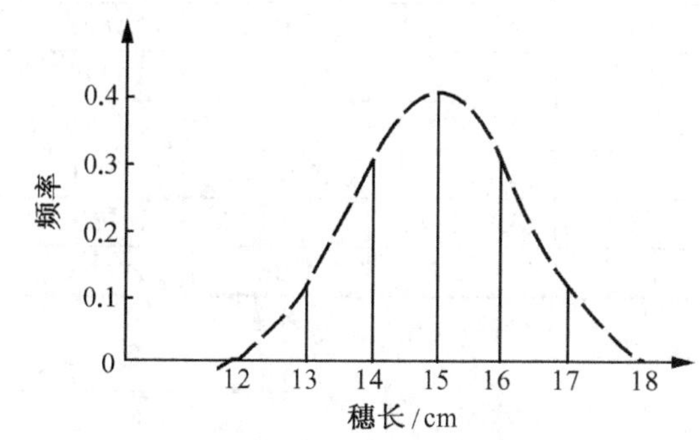

图12.1　穗长分布曲线

频数表示于纵轴,这样只能得到直方图。随着逐步缩小组距,增加度量个体的数量,直方图最终将变成一条光滑的曲线,这条曲线就是近似正态分布曲线。

这里讲数量性状的图形近似正态分布曲线是指一般而言,这同决定数量性状基因座的数目和基因座的多态性有关。与数量性状表现有关的基因座的数目越多,每一个基因座的多态性越丰富时,数量性状表现的分布越接近正态曲线。环境条件的作用将影响频数分布曲线的形状。

如前所述,数量性状的表现是遗传基础和环境相互作用的结果。在群体中呈正态分布。因此数量性状的遗传特点如下。

1) 两个纯合亲本杂交,F_1 表现型一般呈现双亲的中间型,但由于环境的影响,有时也可能倾向于其中的一个亲体。

2) F_2 的表现型平均值大体上与 F_1 相近,但变异程度比 F_1 要更为广泛。由于 F_2 分离群体内各种不同的表现型之间既有量的区别,也有质的差异,因而不能求出简单的分离比例。

3) 当杂交的双亲不是极端类型时,杂交后代中可能分离出高于高值亲本或低于低值亲本的类型,我们将这种杂交后代的分离超越双亲范围的现象称为超亲遗传(transgressive inheritance)。这种现象的表现除了基因的分离和自由组合对性状的表现产生作用外,还存在环境因素的影响。

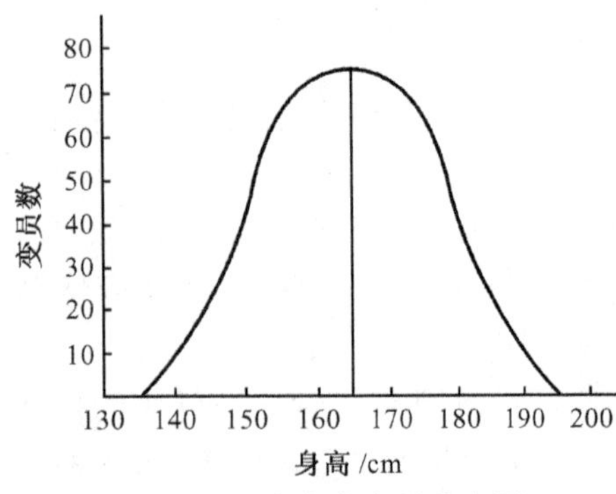

图 12.2 人身高变异分布图

例如:人的身高就是一个数量性状,在一个群体中的分布近似呈现一个正态分布,大部分人近于平均数(165 cm),极高和极矮的个体只占少数(图 12.2)。

假设三对基因影响人的身高:*AA′*、*BB′*、*CC′*,*A*、*B*、*C* 三个基因各使人的身高在平均数的基础上增加 5 cm,它们的等位基因 *A′*、*B′*、*C′*各使人的身高在平均数的基础上减少 5 cm。假如基因型为 *AABBCC* 的身材极高的个体与基因型为*A′A′B′B′C′C′*身材很低的个体婚配,子代都将具有杂合的基因型 *AA′BB′CC′*,而且为中等身材。由于环境的影响结果,子 1 代个体间在身高上仍会有一些差异。子 1 代个体间如果进行婚配,子 2 代中大部分个体仍将具有中等身材,但是,变异范围广泛,将可能出现一些身材极高和极低的个体。这些变异既受到三对基因分离和自由组合的影响,又受到环境因素的作用,因此子 2 代身材高矮的表现需要考虑环境的变化。

下面用遗传图解(图 12.3)加以说明。

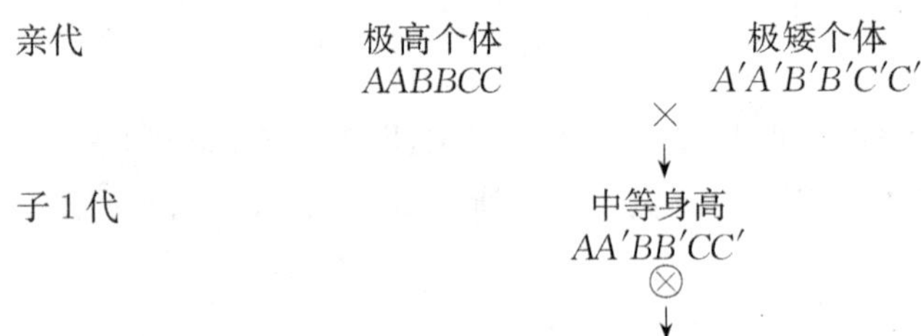

① ② ③	ABC	A′BC	AB′C	ABC′	A′B′C	AB′C′	A′BC′	A′B′C′
ABC	AABBCC	AA′BBCC	AABB′CC	AABBCC′	AA′BB′CC	AABB′CC′	AA′BBCC′	AA′BB′CC′
A′BC	AA′BBCC	A′A′BBCC	AA′BB′CC	AA′BBCC′	A′A′BB′CC	AA′BB′CC′	A′A′BBCC′	A′A′BB′CC′
AB′C	AABB′CC	AA′BB′CC	AAB′B′CC	AABB′CC′	AA′B′B′CC	AAB′B′CC′	AA′BB′CC′	AA′B′B′CC′
ABC′	AABBCC′	AA′BBCC′	AABB′CC′	AABBC′C′	AA′BB′CC′	AABB′C′C′	AA′BBC′C′	AA′BB′C′C′
A′B′C	AA′BB′CC	A′A′BB′CC	AA′B′B′CC	AA′BB′CC′	A′A′B′B′CC	AA′B′B′CC′	A′A′BB′CC′	A′A′B′B′CC′
AB′C′	AABB′CC′	AA′BB′CC′	AAB′B′CC′	AABB′C′C′	AA′B′B′CC′	AAB′B′C′C′	AA′BB′C′C′	AA′B′B′C′C′
A′BC′	AA′BBCC′	A′A′BBCC′	AA′BB′CC′	AA′BBC′C′	A′A′BB′CC′	AA′BB′C′C′	A′A′BBC′C′	A′A′BB′C′C′
A′B′C′	AA′BB′CC′	A′A′BB′CC′	AA′B′B′CC′	AA′BB′C′C′	A′A′B′B′CC′	AA′B′B′C′C′	A′A′BB′CC′	A′A′B′B′C′C′

①:雌配子;②:子 2 代;③:雄配子

总计	0	1	2	3	4	5	6
	1	6	15	20	15	6	1

图 12.3 极高个体(AABBCC)与极矮个体(A′A′BB′C′C′)杂交后子 2 代身材高矮的变化情况

将图 12.3 中子 2 代的变异分布绘成柱形图和曲线图，可以看到它近似于正态分布(图 12.4)。

12.1.2 数量性状与质量性状

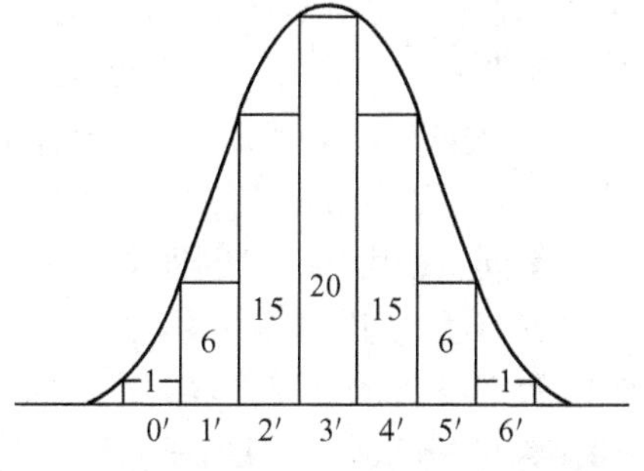

图 12.4 根据图 12.3 子 2 代的变异分布绘成的柱形图和曲线图

生物体的性状分成数量性状和质量性状，两者既有区别也有联系。联系表现如下。

1) 控制性状的基因都存在于染色体上，都遵循遗传规律。

2) 某些性状既有数量性状特点，又有质量性状特点，因区分着眼点不同而异。例如小麦粒色，红粒对白粒为 3∶1 或 15∶1，当对红粒进行更仔细的观察时，则可以发现颜色之间存在量的差别，红色由深到浅存在几种程度，而且色调与基因数之间呈现剂量效应。

3) 同一性状因杂交亲本类型或有差异的基因数不同，可能表现为数量性状或质量性状。例如豌豆株高，一般情况下它表现为数量性状。但在矮生型(30 cm 左右)与高秆型(200 cm 左右)杂交的情况下，F_2 代却出现差别明显的高∶矮为 3∶1 的比例，表现为质量性状的特点。

4) 某些基因可能同时影响数量性状与质量性状，或者对某一性状起主效基因(major genes)的作用而对另一性状起微效基因(minor genes)的作用。例如在三叶草中，两种独立的显性基因互作产生叶斑，这与正常绿叶有质的区别；但是，这两种显性基因的不同剂量又影响叶片数的不同，叶片数显然是数量性状。

数量性状与质量性状之间还存在明显的区别，主要表现如下。

1) 变异的表现：质量性状的差别非常明显，是“非此即彼”的关系，彼此之间的差异是质的差异。而数量性状的差别是连续的，这种差别只表现在量的多少或大小上，也就是说彼此之间的差异是量的差异。

2) 环境因素对性状表现的影响：一般而言，环境因素对质量性状的影响很小，甚至不起作用。但环境因素对数量性状的影响却很大。由于不同环境对不同数量性状的影响的不同，数量性状在个体间的差异，既包含遗传上的差异，又包含环境影响造成的差异。这两种差异混在一起，不易区分。

3) 控制性状的基因数目：质量性状由单个或少数几个基因控制。而数量性状则由多个基因控制，这些基因作用的大小可能不同，作用大的基因称为主基因，但其作用是可以累加的。目前，将控制数量性状的这些基因座称为数量性状基因座(quantitative trait locus, QTL)。

4) 杂种后代的性状表现：质量性状的杂种一代表现亲本中的显性性状(完全显性时)，杂种二代的表现可直接用 Mendel 定律来分析。数量性状的杂种一代往往表现出两个亲本的中间类型，杂种二代呈现连续分布。

数量性状与质量性状虽有明显的区别，但并非截然分开，它们在一定条件下彼此相关。现实中有些性状它们的遗传基础是多基因的，但表型却是非连续的，与人类健康有关的一些疾病的表现常如此。这些性状一般称为阈性状。这些性状有两个分布，一个是造成这类性状的某些物质的浓度或发育过程的速度的潜在连续分布，一般为正态分布；另一个是表型的间断分布。在人类许多多基因病中，由多基因基础决定的发生某种多基因病风险的高低，称为易感性(susceptihility)。遗传基础和环境相互作用决定是否易于患病，则称为易患性(liability)。易患性的变异呈连续变异，即正态分布。即大部分个体的易患性都接近平均值，易患性低(抗病力强)和易患性高(抗病力低)的个体数量都很少(图 12.5)。

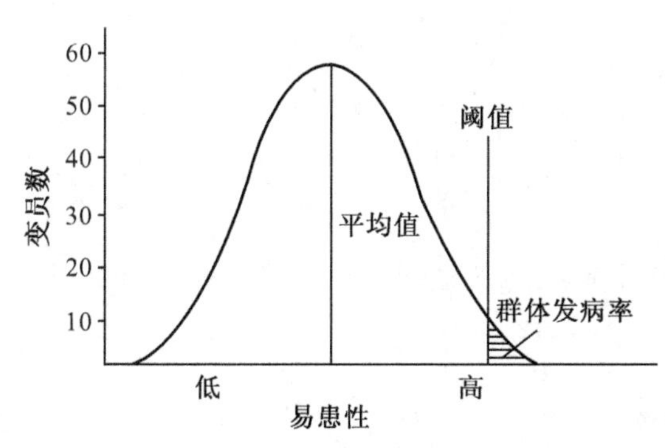

图 12.5 群体易患性变异分布图

如果一个个体的易患性高达一定水平，即达到一个限度就能发病，这个限度称为阈值(threshold)。阈值代表在一定环境条件下，发病所必需的、最低的易感基因的数量。由于阈值的存在，将群体的表型区分为不连续的两种相对性状：正常人和患者。上述内容即为阈值学说(threshold theory)，它解释了连续分布的遗传易患性存在的不连续的性状或疾病。目前还无法证明阈值的合理性，但此学说确实对一些多基因遗传病进行了解释。

12.1.3 多基因假说

数量性状既然不能简单地用 Mendel 定律解释，那么它们的遗传是否有规律可循呢？目前用多基因学说可以解释数量性状遗传的机制。多基因学说是依据试验结果提出的。Nilsson-Ehle(1909)用红粒和白粒小麦进行杂交,发现 F_1 代都表现为红粒,但颜色不如亲本那么深。不同杂交组合的 F_2 代,分离比不同,有的红∶白为 3∶1,有的为 15∶1,还有的为 63∶1。麦粒红色的程度也存在差异。经过研究分析发现控制小麦籽粒颜色的共有三个基因座,每个各有一对等位基因,即 R_1r_1、R_2r_2 和 R_3r_3,其中每个显性基因都能使麦粒表现红色,且程度相同。当两个或多个显性基因同时存在时,由于重叠作用而使红色加深,即由于显性基因个数的不同,使得子粒红色程度也不一样。当基因型为隐性纯合时(r_1r_1、r_2r_2、r_3r_3),则表现为白粒。

通过对不同组合亲本、F_1 代和 F_2 代的红粒仔细观察,发现 F_2 代红∶白分离比为 3∶1 时的红粒亲本比分离比为 15∶1 的红粒亲本红色浅,分离比为 63∶1 的红粒亲本红色最深。各组合 F_1 代的红色都不如各自红粒亲本的颜色深。而且各组合 F_1 的子粒红色程度也不同,红白比例越大的,F_1 代颜色越深。各组合 F_2 代的红粒个体,颜色深浅程度也不同,红白比例越大的,F_2 代红色程度的差异也越大。

下面用图 12.6 来解释红白分离比的差异和红色籽粒程度上的差异。

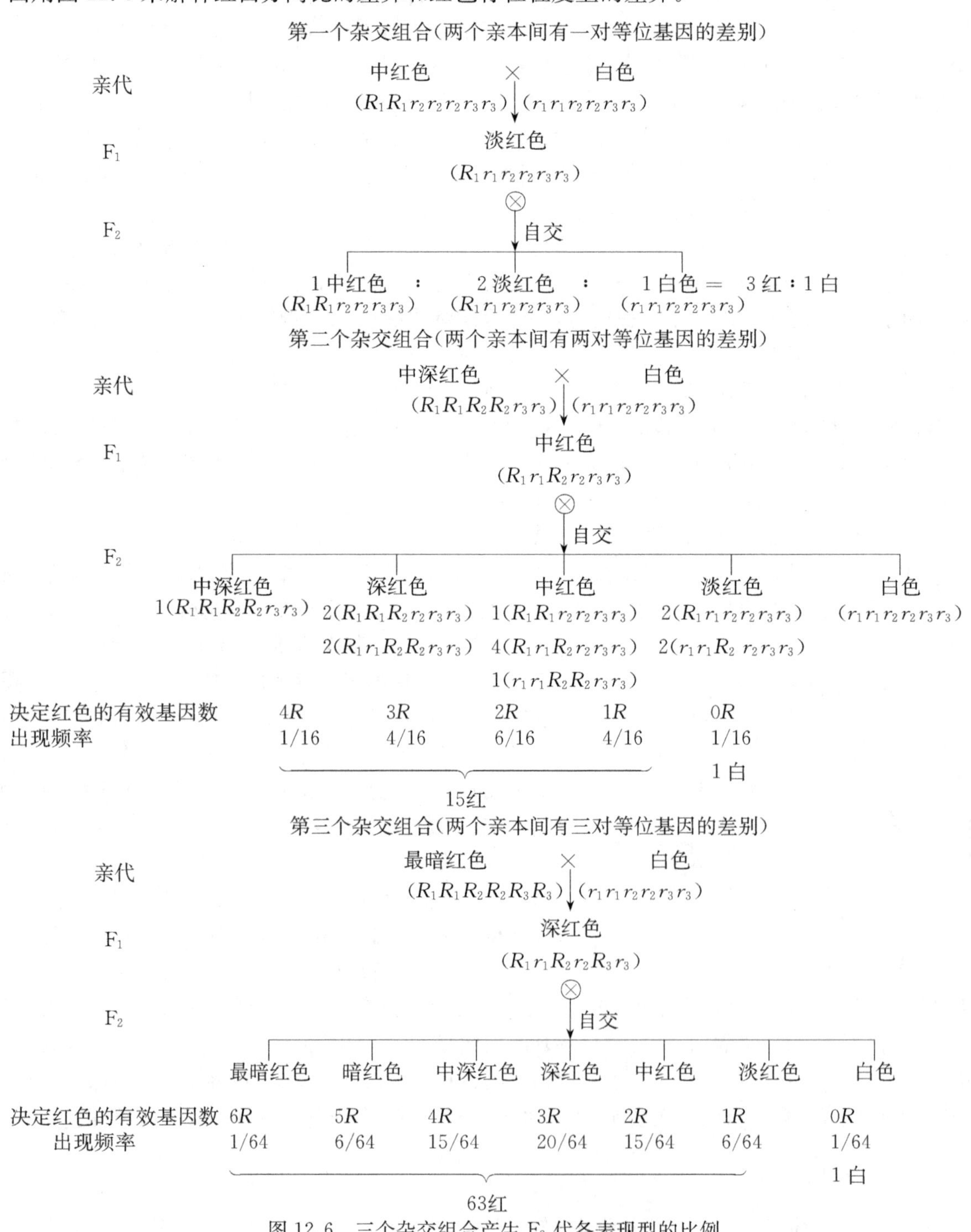

图 12.6 三个杂交组合产生 F_2 代各表现型的比例

当红白分离比为 3∶1 时，两个亲本间只有一对等位基因的差别，即一个白色亲本和一个只带有一对显性基因(R_1R_1 或 R_2R_2 或 R_3R_3)的红色亲本。

从上述例子可以看出，包含不同显性基因数目的各种 F_2 类型的分离比例，相当于二项式$(p+q)^n$ 展开时的各项系数，其通项公式是 $C_n^r p^r q^{n-r}$。n 代表涉及的等位基因数目。上述例子分别为 2，4 和 6。r 代表每项中显性基因个数，例子中分别为 1，2，3，4，5 和 6。p 和 q 分别代表每对等位基因中显性和隐性基因可能出现的概率。例子中 R_1、R_2 和 R_3 的概率$=p$，r_1、r_2 和 r_3 的概率$=q$，且 $p=q=0.5=1/2$。

红白分离比为 3∶1 时，涉及 1 个基因座 2 个等位基因。分离比为 15∶1 涉及 4 个等位基因。分离比为 63∶1 涉及 6 个等位基因。它们各类 F_2 代表现型比例分别为$(1/2+1/2)^2$，$(1/2+1/2)^4$ 和$(1/2+1/2)^6$ 的二项式展开的各项系数，可用公式 $C_n^r=n!/(r!(n-r)!)$分别求出。式中 C 代表组合数，即各项的系数，$n!$，$r!$，$(n-r)!$ 分别代表相应的阶乘。$(1/2+1/2)^2$，$(1/2+1/2)^4$ 和$(1/2+1/2)^6$ 相应的展开式系数则为：

$$(1/2+1/2)^2 = 1/4+2/4+1/4$$

其中所含显性基因的个数为： 2 1 0

$$(1/2+1/2)^4 = 1/16+4/16+6/16+4/16+1/16$$

其中所含显性基因的个数为： 4 3 2 1 0

$$(1/2+1/2)^6 = 1/64+6/64+15/64+20/64+15/64+6/64+1/64$$

其中所含显性基因的个数为： 6 5 4 3 2 1 0

由此可以确定小麦粒色的遗传完全符合二项式展开的数量关系。同时也说明数量性状遗传也是由基因控制的。当涉及的等位基因数越多时，F_2 代出现的类型数也越多，所以 F_2 代类型数的多少直接由基因数的多少决定。各基因的活动依然符合遗传规律，只是涉及的基因数目多时，表现的分离更复杂而已。

根据对小麦粒色的遗传分析，Nilsson-Ehle 提出了著名的多因子假说。经过后来的进一步发展，奠定了关于数量性状遗传的重要理论——多基因体系(polygenic system)，其要点如下。

1) 数量性状受到许多独立遗传的基因共同作用，每个基因的表型效应微小，但其遗传方式仍然符合 Mendel 遗传规律。

2) 等位基因间通常无显隐关系。

3) 各基因的效应相等，作用可以累加，并呈现剂量效应。

4) 各基因对外界环境敏感，其表型效应易受环境的影响。

5) 有些数量性状受少数几对主基因的支配，还受到一些微效基因的修饰。

由于涉及基因数目多，每个基因作用小，且可以累加，加上修饰基因的修饰作用和环境的影响，数量性状表现连续变异。

多基因假说虽然阐明了数量性状遗传的某些现象，但由于无法区分基因和环境对表现型的影响，所以还不能完全解释数量性状的复杂现象。同时一些假定也有局限，如各基因对数量性状的表型效应相同，数量性状受到许多独立遗传的基因共同作用。所以目前对于许多数量性状都是从基因的总效应去分析数量性状遗传的规律。

12.1.4 基因的数量效应

确定控制数量性状的基因座数和每个基因对性状的表型效应是深入研究数量性状遗传的基础。

1. 基因数目的估计

(1) 根据分离群体内出现的极端类型比例估算基因数目(方法见表 12.1)

表 12.1 等位基因对数与后代一种极端类型个体比例的关系

基因对数	分离基因数	极端类型个体比例
1	2	$\frac{1}{4}=\left(\frac{1}{4}\right)^1$
2	4	$\frac{1}{16}=\left(\frac{1}{4}\right)^2$

续 表

基因对数	分离基因数	极端类型个体比例
3	6	$\frac{1}{64}=\left(\frac{1}{4}\right)^3$
4	8	$\frac{1}{256}=\left(\frac{1}{4}\right)^4$
…	…	…
n	$2n$	$\left(\frac{1}{4}\right)^n$ 或 $\left(\frac{1}{2}\right)^{2n}$

根据表中的公式,可由分离群体中出现的极端类型个体的比例,求出分离基因数或涉及的基因座个数。例如,在某个小麦杂种 F_2 代群体中发现最早熟的类型占总数的 1/256。那么由上表可以估算出控制成熟期遗传的基因对数是 4 对,相应的分离基因数应该是 8 个。

(2) 估计最低限度的基因对数:在实际应用中,由于影响数量性状的基因数目很多,且受环境影响,不易确切获得极端类型,所以表 12.1 的方法有很大的局限性。可用下面公式计算最低限度的基因对数。

$$n=(\overline{P}_1-\overline{P}_2)^2/8(V_{F_2}-V_{F_1}) \tag{12-1}$$

式中,n 为基因对数,$\overline{P}_1$、$\overline{P}_2$ 分别为两亲本的平均值,V_{F_1} 为 F_1 代的表型方差,V_{F_2} 为 F_2 代的表型方差。

例如,有人为了估算控制玉米果穗长度的基因数得到下列数据:

爆粒玉米穗长的平均数=6.632

甜玉米穗长的平均数=16.802

两者杂交,F_1 代穗长的方差=2.309

F_2 代穗长的方差=5.074

代入公式(12-1),得到

$$n=(16.802-6.632)^2/[8(5.074-2.309)]=4.6758\approx 5$$

由估算结果可知,上述玉米果穗长度的遗传最低限度涉及 5 对基因,即 10 个基因在起作用。

最低限度基因数的估算法虽然考虑到数量性状的连续变异特点和力求排除环境的影响,但也存在估算不准确的问题。

2. 多基因的表型效应估计

确定了影响数量性状的基因数目,就可以研究微效基因的表型效应了。效应是可以累加的,累加方式基本上分成两类,一是算术级累加,也叫累加作用。二是几何级累加,也叫倍加作用。

(1) 累加作用(cumulative effect):每个有效基因的作用是由固定数值与基本数值的加减关系所决定的。

例如,某一植株的株高由两个基因座所控制。高秆亲本的基因型为 *AABB*,表型值为 16.8 cm。矮秆亲本的基因型为 *aabb*,表型值为 6.6 cm。若基因的作用为累加形式,则每个有效基因的效应可按下述方式计算:已知矮秆亲本不包含有效基因,因而它的高度可以看作是个体表型值的基本值。双亲之差为 16.8-6.6=10.2 cm。这个差值是 4 个有效基因作用累加起来的,因而每个有效基因对表现型的作用则是 10.2/4=2.55 cm。当个体具有一个有效基因时,株高为 6.6+2.55=9.15 (cm)。有两个有效基因时,株高为 6.6+2×2.55=11.7 (cm)。以此类推,下面用图解来说明杂种后代的表现。

P *AABB*(16.8 cm)× *aabb*(6.6 cm)

↓

F_1 *AaBb*[6.6+2×2.55=11.7 (cm)]

↓⊗

F_2 代的基因型和表现型

基 因 型	1*aabb*	2*Aabb* 2*aaBb*	1*AAbb* 4*AaBb* 1*aaBB*	2*AaBB* 2*AABb*	1*AABB*
频　数	1	4	6	4	1
F_2 代有效基因数	0	1	2	3	4
累加值	6.6+0	6.6+1×2.55	6.6+2×2.55	6.6+3×2.25	6.6+4×2.55
表现型值/cm	6.60	9.15	11.70	14.25	16.80

这种基因累加作用的假说虽然较易理解，并解释了一些数量性状的遗传，但并不完善，许多现象还不能单独用它进行圆满的说明。

(2) *倍加作用*(product effect)：每个有效基因的作用是按固定数值与基本值的乘除关系来决定的。

假定高秆亲本的基因型为 *AABB*，表型值为 80 cm。矮秆亲本的基因型为 *aabb*，表型值为 20 cm。每个 F_1 代基因型是 *AaBb*，其株高是双亲几何平均数，即对双亲株高求积再开平方$=\sqrt{80\times 20}=40$。F_1 代的株高除包含两个有效基因的作用外还包含每个个体的基本值。因此，可用下式求出在倍加作用下每个有效基因的效应值。

$$\text{效应值}=\sqrt[n]{F_1\text{ 代的表型值}/\text{基本值}} \tag{12-2}$$

式中 n 为 F_1 代中有效基因的个数。

本例 F_1 代表型值=40，基本值=20，F_1 代中包含两个有效基因。

$$\text{效应值}=\sqrt[2]{40/20}=1.414$$

下面也用图解来加以说明：

P　　*AABB*(80 cm)　×　*aabb*(20 cm)

↓

F_1　　*AaBb*(40 cm)

↓⊗

F_2 代具体的表现

基 因 型	频　数	有效基因数	累 积 值	表现型/cm
1*aabb*	1	0	20×1.414^0	20.0
2*Aabb*+2*aaBb*	4	1	20×1.414^1	28.3
F_2 4*AaBb*+1*AAbb*+1*aaBB*	6	2	20×1.414^2	40.0
2*AaBB*+2*AABb*	4	3	20×1.414^3	56.6
1*AABB*	1	4	20×1.414^4	80.0

对基因作用的两种形式而言，倍加作用可能比累加作用要多些，有时可能两种形式同时起作用，不过究竟属于哪种形式要看具体性状而定。由于举例涉及的基因对数较少，没有考虑环境影响，亲本都是极端类型等因素，因此实际情况是很复杂的。

12.2　数量性状遗传的统计分析

由于数量性状与质量性状存在很大的差别，针对数量性状遗传的研究就不能简单地按照质量性状的方式来进行。进行数量性状遗传的研究必须要注意两个问题：① 研究的单位从个体扩大到群体，即只有对大量个体组成的群体进行研究分析，才能获得其遗传规律和动态；② 要对连续变异的数量性状的遗传进行研究，就必须运用数理统计的方法。这里只简单地介绍一些常用的统计学基本参数的概念和计算方法。

12.2.1　平均数

平均数(mean)是某一性状的 n 个观测值的平均，表示对这个数量性状样本观测值集中程度的度量。一般包括算术平均数和加权平均数。

1) 算术平均数 (arithmetic mean)　指将所有观测值相加，除以观测值的个数得到的商，简称平均数，用 $\bar{x}$ 表示。其中样本平均数记为

$$\bar{x}=\frac{x_1+x_2+\cdots+x_n}{n}=\frac{\sum_{i=1}^{n}x_i}{n} \tag{12-3}$$

例：猪的体重是个变量，即数量性状。现有 5 头猪的体重(kg)分别为：$x_1=70$，$x_2=72$，$x_3=80$，$x_4=83$，$x_5=88$，问 5 头猪的平均数是多少?

$$X=(70+72+80+83+88)/5=78.6(\mathrm{kg})$$

2) 加权平均数 (weighted mean)　当观测值很多时，每个观测值可能出现多次。这时观测值求和的方法可以由加法变为乘法，即用观测值乘以其出现的次数，而后再相加，除以观测值的总个数得到的商，即加权平均数。公式为：

$$\bar{x}=\frac{\sum_{i=1}^{k}(fx)_i}{N} \tag{12-4}$$

式中，X_i 代表各观察值，f_i 代表第 i 个观察值的个数，k=组数。

例：观测 57 个玉米果穗长度，即 $n=57$，其中 4 个为 5 cm，21 个为 6 cm，24 个为 7 cm，8 个为 8 cm。

$$X=(5\times4+6\times21+7\times24+8\times8)/(4+21+24+8)=6.63$$

12.2.2 方差

仅通过平均数还不足以了解数量性状的全貌。因为平均数仅反映群体的平均表现，并不能反映群体内的变异情况：如观测值与平均数之间的变异程度，观测值之间的变异程度。前面已讲数量性状在 F_1 代和 F_2 代之间的平均数基本相等，但变异情况 F_2 代远远大于 F_1 代。

方差(variance)记作 V 可以表示群体内的变异程度。方差数值大，群体变异程度就大；方差数值小，变异程度就小。方差计算公式如下：

$$V=\frac{\sum_{i=1}^{n}(x_i-\bar{x})^2}{n-1} \tag{12-5}$$

上式可由以下恒等式给出：

$$V=\frac{\sum_{i=1}^{n}x_i^2-\frac{\left(\sum_{i=1}^{n}x\right)^2}{n}}{n-1} \tag{12-6}$$

以猪的体重为例：

$$V=[(70-78.6)^2+(72-78.6)^2+(80-78.6)^2+(83-78.6)^2+(88-78.6)^2]/(5-1)$$
$$=[(70^2+72^2+80^2+83^2+88^2)-(70+72+80+83+88)^2/5]/(5-1)=56.8$$

当 n 很大时，方差的公式为

$$V=\frac{\sum_{i=1}^{k}f_i(x_i-\bar{x})^2}{n-1}=\frac{\sum_{i=1}^{n}f_ix_i^2-\left(\sum_{i=1}^{n}f_ix_i\right)^2}{n-1} \tag{12-7}$$

以玉米果穗长度为例：

$$V=[4(5-6.63)^2+21(6-6.63)^2+24(7-6.63)^2+8(8-6.63)^2]/(57-1)$$

$$= [(4\times5^2+21\times6^2+24\times7^2+8\times8^2)-(5\times4+6\times21+7\times24+8\times8)^2/57]/(57-1)$$
$$=0.665$$

由于方差的单位失去了物理意义，通常也用标准差来表示群体的变异程度。标准差(standard deviation)记作 S，等于方差的算术平方根。标准差大，群体变异大；反之，则小。

$$S=\sqrt{V} \tag{12-8}$$

已知：猪体重的方差=56.8，则标准差为：$S=\sqrt{56.8}=7.54$

玉米果穗长度的标准差为：$S=\sqrt{0.665}=0.815$

由于标准差是方差的算术平方根，所以标准差的单位与观测值的单位一致。平均数与标准差配合起来，能较全面地反映群体数量性状的特点。表现方法为 $X\pm S$ 或 $X\pm SD$。

如玉米果穗长度这个数量性状的特点可写成：$X\pm S=6.63\pm0.815$

12.3　遗传力及其估算

由于数量性状是连续变异的，它的表现受到遗传和环境的共同影响。目前还无法区分两者的作用大小，因此只能在整体上分析数量性状在群体中的表现，然后用统计方法获得一些参数，利用这些参数对数量性状的遗传加以说明，了解其遗传特性。遗传力就是一个特别重要的参数。为了更深刻地理解遗传力，还需要了解以下一些基础知识。

12.3.1　基因型值及其构成

为了具体衡量数量性状在群体中的表现，必须要有一个个体的数值概念，即该个体的表现型值，也叫观测值。它是指对一个个体，在某个数量性状上进行度量所得到的数值。如前面介绍的猪的体重 72 kg 就是一头猪在体重这个数量性状上的度量值，即它的表现型值。

根据基因型与环境共同作用产生数量性状表现型这一原理，表现型值可以分解为基因型值和环境效应两个部分，用符号表示则有：$P=G+E$，其中 P=表现型值，G=基因型值，E=环境效应。

基因型值指特定基因型个体性状表现的一定数值。

环境效应指除基因型外环境对个体性状表现的作用。

如果个体所遇到的环境差异完全是随机的，作用既有正作用也有反作用且正负值相互抵消，则群体内的总环境效应就等于零(即$\sum E=0$)，对全部个体 N 所构成的群体而言：

$\sum P=\sum G+\sum E$，共同除以 N 求平均数，则有

$$\sum P/N=\sum G/N+\sum E/N,$$

即 P 的平均值=G 的平均值

这时平均表现型值等于平均基因型值。所以大群体内根据表现型值求得的群体平均值，就可以认为是群体的平均基因型值，它表示数量性状群体的遗传水平。

基因型值是可遗传部分，考虑到构成基因型的各基因的关系及其相互作用，它可进一步分割为三个组成部分。

1) 基因的累加作用(additive effect)　　记作 A，指基因型内所含的基因平均效应的总和。由于它是按基因效应累加的数值，在上下代间可以固定遗传，因而直接关系到育种改良的成效，故又称育种值(breeding value)。

2) 显性离差(dominance deviation)　　记作 D，指基因型值与其育种值之差。就其来源，它属于基因座内等位基因相互作用引起的偏差。对于群体内的单一基因座来说：$G=A+D$，由于显性离差产生于基因座内互作，与等位基因间的显性程度有关。如果显性效应不存在，则基因型值等于育种值。随着基因传递过程中的分离和重组，基因间的关系发生改变，所以显性离差被认为是能遗传而不能被固定的遗传因素。

3) 上位效应(epistatic deviation) 记作 I,指非等位基因之间的互相作用所产生的偏差。假定有两个基因座,若 G_A 为其中一个的基因型值,G_B 为另一个的基因型值,则个体的基因型值为:$G = G_A + G_B + I_{AB}$,式中 I_{AB}表示两个基因座相互作用对基因型值产生的效应,若 $I_{AB}=0$,则说明它们之间无相互作用。

当基因座超过两个时,上位互作很复杂,加上其他效应,这样在统计分析中往往进行综合效应分析,由此个体某性状的基因型值可以分剖为:$G = A + D + I$,其中 A 为育种值总和,D 为显性离差总和,I 为上位效应总和。

12.3.2 群体方差的理论组成

鉴于数量性状表现连续变异,因此常用方差来度量群体内个体间的表现型差异。由于表现型值 $P = G + E$,表现型方差值即 V_P 也可以剖分为遗传方差即 V_G 和环境方差即 V_E。假定基因型与环境独立无关,即两者之间的协方差为零时,$V_P = V_G + V_E$。又因 $G = A + D + I$,故 V_G 又可进一步分剖。若 A,D 和 I 彼此独立无关,则 $V_G = V_A + V_D + V_I$。V_A = 加性方差,V_D = 显性方差,V_I = 上位方差。

群体类型不同,其方差组成也不同。单一基因型构成的群体,如纯合亲本和相应的杂种 F_1 代等,因群体内个体间基因型相同,$V_G = 0$,它们的 $V_P = V_E$,因此可作为环境方差的估值。从 F_2 代开始,杂种世代群体内包含有大量的遗传变异,由于它们都要受到环境的影响,这样它们的 $V_P = V_G + V_E$。

当假设不同基因座之间没有互作时,F_2群体表现型方差还可表示为

$$V_{F_2} = V_G + V_E = 1/2V_A + 1/4V_D + V_E$$

F_3群体表现型方差可表示为

$$V_{F_3} = V_G + V_E = 3/4V_A + 3/16V_D + V_E$$

同年种植 P_1、P_2、F_1、F_2、F_3,分别求出它们各自的表现型方差,根据这些群体表现型方差的组成,求出V_A的公式为

$$V_A = \frac{2(4V_{F_3} - 3V_{F_2} - V_E)}{3}$$

12.3.3 遗传力及估算方法

1. 概念与类别

对数量性状来说,排除环境影响,确定基因型对其表现型的真实作用是非常重要的。目前可用遗传力(heritability)来表示,记作 h^2,它是指数量性状遗传中,遗传因素所起作用程度的大小。应注意遗传力是一个群体概念,不能用于个体。

遗传力可以根据试验数据估算。依遗传方差的构成不同,遗传力又可分为广义(broad-sense)与狭义(narow-sense)两种。广义遗传力记作 h_b^2,它是指遗传变异占表现型变异的百分数;狭义遗传力记作 h_n^2,则是指加性遗传变异占表现型变异的百分数,即扣除环境影响、显性离差及上位作用后,能固定遗传的变异占表现型变异的百分数。狭义遗传力比广义遗传力更为确切可靠。

已知 $V_P = V_G + V_E$,$V_G = V_A + V_D + V_I$。

则广义遗传力为:

$$h_b^2 = V_G/V_P \times 100\% = (V_P - V_E)/V_P \times 100\%$$

狭义遗传力 $= V_A/V_P \times 100\%$

2. 遗传力的意义和性质

遗传力的重要意义之一,就在于它能反映群体内数量性状的遗传变异情况,从而可以判断某数量性状遗传给下一代时,环境因素影响的程度,这样在下一代中进行选择时,可以判断选择效果的好坏。遗传力高说明数量性状的变异主要是遗传变异,对这种性状进行选择效果好,反之则相反。此外,在育种值估计、选择反应预测、选择方法比较及育种规划决策等中均有十分重要的作用。

根据大量的研究结果,一般认为遗传力有以下一些特点。

1) 变异系数小,受环境影响小的性状,遗传力较高,反之则较低。

2) 与自然适应性无关的性状,遗传力高,反之则较低。

3) 亲本差距大,则杂种后代遗传变异丰富,求得的遗传力估值较高。

以上三点在估算遗传力和应用遗传力时应予以注意。

12.4　交配遗传分析

交配是动植物有性生殖过程中的一个重要环节。根据个体亲缘关系和遗传组成的不同,可将交配基本分为近交(inbreeding)(也称为近亲繁殖)和杂交(cross)。一般说来,近交是指血缘或亲缘关系较近个体间的交配;杂交则是指血缘或亲缘关系较远个体间的交配;两者之间没有绝对分开的界限。

12.4.1　近交的遗传效应

根据亲缘关系的远近程度,近交一般可分为:全同胞交配(full-sib,包括同父同母的兄妹间交配);半同胞交配(half-sib,包括同父异母或同母异父的兄妹间交配);亲表兄妹、堂兄妹间的交配(first cousins,包括姑表、姨表、堂兄妹间的交配);植物或雌雄同体动物的自交(self-fertilization),这是近交的极端类型;回交(back-crossing)也称为亲子交配(指包括亲本之一与杂种后代个体间的交配)。

近交的遗传效应主要表现为使遗传组成纯合、不良隐性性状表现等。下面根据不同的近交方式举例说明。

1. 自交的遗传效应

现以一对等位基因 Aa 为例,在自交时遗传组成的纯合过程。假设每个基因的频率都为 0.5;群体中有三种基因型即 AA、aa、Aa,每种基因型的频率依次为 0.25、0.25、0.5。如果自交,只能有三种交配类型:$AA\times AA$、$aa\times aa$、$Aa\times Aa$;第一、二两种交配类型产生的子代全部都是与亲本相同的纯合体;第三种交配类型属于杂合体间的交配,后代还是三种基因型 AA、aa、Aa,此后代中,每种基因型的频率还是依次为 0.25、0.25、0.5。经过一代自交,整个群体中杂合体的频率减少一半。

当群体都是杂合体,且该群体中的个体连续自交,则其后代群体中杂合子的比例逐代减少,纯合子比例相应增加,从而导致遗传组成纯合化。在一对等位基因情况下,自交代数与杂合子比例的关系表现为:

$$\text{杂合子的比例} = \left(\frac{1}{2}\right)^n$$

式中 n 为自交代数。

自交后代群体中杂合子的减少除与自交代数有关外,还与杂合的基因座位数有关。当群体所有个体都有相同的多对基因杂合时,该群体中的个体连续自交,自交代数和杂合基因对数与杂合子比例的关系表现为:

$$\text{杂合子的比例} = 1-\left[1-\left[\frac{1}{2}\right]^n\right]^r$$

式中 n 为自交代数,r 为基因座位数。

上述公式的应用条件是:有关的基因座是独立遗传的,而且各种基因型后代的繁殖能力相同。

杂合体通过自交可导致等位基因的纯合,使隐性性状得以表现出来,例如玉米自交后代常出现白化苗、黄绿苗、矮生植株等畸形症状,所以异花授粉植物通过自交会引起后代的近交衰退。在高等动物及人类中,近亲繁殖也会产生这一效应,这点要特别注意。但自花授粉植物如小麦、水稻、马铃薯和烟草等,在长期进化过程中的自然选择作用下,逐渐消除了自交的不利影响,成为具有较强生活力和适应能力的稳定类型。

2. 回交的遗传效应

连续回交即 $A\times B\rightarrow F_1$,$F_1\times A\rightarrow BC_1$,$BC_1\times A\rightarrow BC_2$……;其中 BC_1 表示第一代回交后代,BC_2 表示第二

代回交后代等;回交过程中的A亲本叫做轮回亲本,B亲本叫做非轮回亲本。

连续回交可使后代的基因型逐代增加轮回亲本的基因成分,逐代减少非轮回亲本的基因成分。从而使轮回亲本的遗传组成逐渐替换后代中的非轮回亲本的遗传组成,导致后代群体的性状逐渐趋近于轮回亲本。轮回亲本与非轮回亲本杂交后,两者的核基因在F_1中各占1/2;回交一次后,在回交一代(即BC_1)中,非轮回亲本的核基因减少了其1/2,即变为1/4,轮回亲本核基因则增加了其1/4,即变为3/4;以此类推,可得到回交代数与回交后代中非轮回亲本的核基因所占比例和轮回亲本的核基因所占比例。

$$\text{非轮回亲本的核基因所占比例} = \left(\frac{1}{2}\right)^{n+1}$$

$$\text{轮回亲本的核基因所占比例} = 1-\left(\frac{1}{2}\right)^{n+1}$$

其中n表示回交的代数。

12.4.2 近交系数

为了能够确切地理解近交的概念和遗传效应,需要用一个数量指标来表示近交的程度,即近交系数。一个个体的一个基因座中,根据功能和血缘,可将两个相同的等位基因分为功能相同的纯合子和血缘相同的纯合子。所谓血缘相同的纯合子是指两个等位基因是由同一个祖先基因通过复制而传递下来的。

近交系数(coefficient of inbreeding)是指一个个体任何基因座上的两个等位基因属于血缘相同的概率,用F表示。当$F_A=0$时,表示个体A的双亲无亲缘关系。

近交系数的应用不仅只限于个体上,也可在群体上应用。群体上的近交系数是指从一个群体中随机抽取两个等位基因在血缘上相同的概率。

1. 个体水平上近交系数的计算

个体水平上近交系数的计算一般采用通径法,即将包括某个体的双亲与共同祖先在内的系谱图转化成通径图,而后按照具体公式计算就可得到个体的近交系数。

所谓通径图是应用数学中的一个概念,它能最方便最明显地反映出变量之间的相互关系。通径图由变量、箭头和数字组成。确定通径图的过程包括:确定变量的个数;确定两两变量之间是否存在关系;存在关系,是相关关系还是回归关系(因果关系);是相关关系,用双箭头连接两个变量,是回归关系,用单箭头连接两个变量,箭头的起点为原因变量,箭头的终点为结果变量,每个箭头表示一个通径(path);计算变量之间关系的大小,其中计算单箭头变量之间关系大小的数值叫通径系数(path coefficient)。由一条或一条以上的通径所组成的完整的通道称为通径链。图12.7为一个通径图。

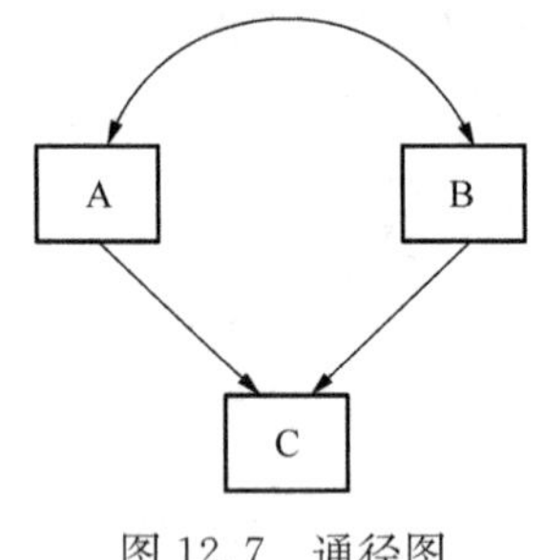

图12.7 通径图

图中A、B、C(可有方框,也可无方框)为三个变量,A和B之间为相关关系,A和B分别与C为因果关系。

用系谱图转化成的通径图与上述通径图有区别。区别表现在:图中的变量被系谱中有血缘关系的个体所取代;个体之间的关系是确切的血缘关系;任何两个个体之间的关系都是亲子关系(因果关系);所有通径系数都相等。

将系谱图转化成的通径图是由系谱中有血缘关系的每一个个体和根据个体之间的血缘关系构成的;亲子之间用单箭头连接,即用→表示某一亲代与其一个后代的血缘关系,起点为亲代,箭头指向后代;一个单箭头也叫一条通径,所有通径的通径系数都等于1/2。

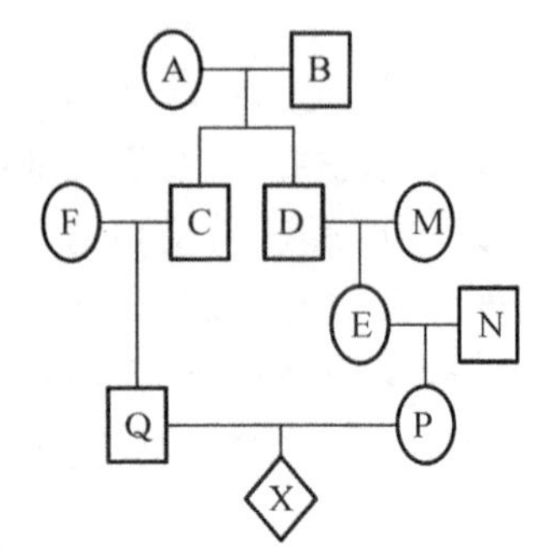

图12.8 系谱图

现以一个近亲婚配的系谱为例,说明系谱图(图12.8)转化成通径图(图12.9)的过程。

先将系谱中无血缘关系的个体(F, M, N)去掉,然后将系谱中的连线,根据血缘关系用单箭头替代,无血缘关系的双亲之间的连线去掉,这样就将系谱图转化成了通径图12.9。即

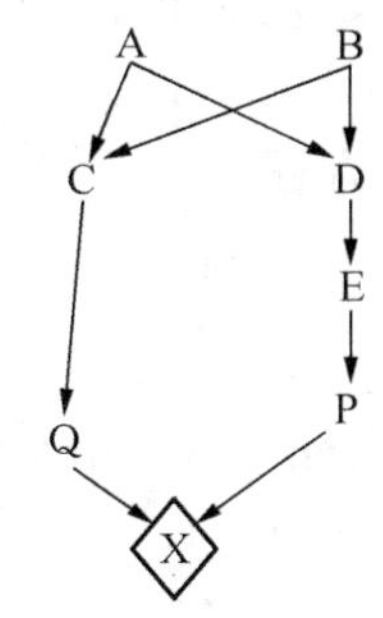

图 12.9　转化后的通径图

计算个体 X 的近交系数的公式为

$$F_X=\sum\left(\frac{1}{2}\right)^{n+1}(1+F_I)$$

式中 n 为一条通径链上的箭头数，F_I为任一共同祖先 I 的近交系数。

计算由系谱图转化成通径图中，个体 X 的近交系数的步骤包括：

第一步：确定共同祖先的个数和它们的近交系数。共同祖先可能有若干个；它们的近交系数可能相同，也可能不同。

第二步：找出通径图中所有共同祖先与个体 X 双亲所构成的通径链。因为个体 X 成为血缘相同的纯合子，只有两个等位基因来源于同一个共同祖先并通过个体 X 的双亲传递给它才有可能。确定通径链的方法是：由共同祖先开始，沿着由它发出两个箭头的不同方向，分别到达个体 X 的两个亲本，即为一条通径链；注意箭头的方向不能错。一般说来，每个通径图中可能有若干个通径链；每个共同祖先也可产生若干个通径链。

第三步：计数每一条通径链中所含的箭头数。

第四步：将上面确定的数值(即箭头数)代入公式，就可得到个体 X 的近交系数。

现以下面的通径图为例，说明近交系数的计算。

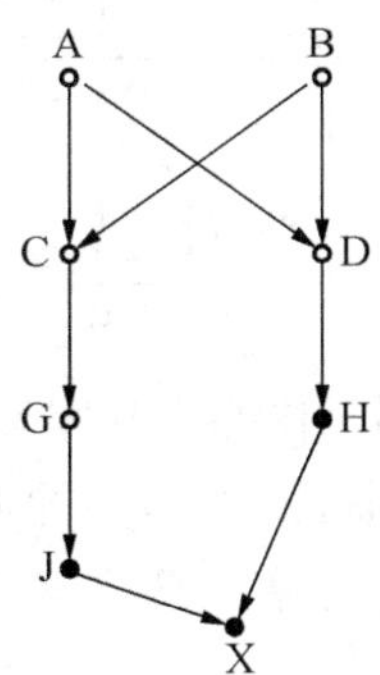

个体 X 的双亲(J、H)分别有两个共同祖先，即 A 和 B。由于 A 和 B 个体没有共同祖先，所以 F_A和 F_B都等于零。

每个共同祖先只产生一条通径链；其中共同祖先 A 产生的通径链是 J←G←C←A→D→H，共同祖先 B 产生的通径链是 J←G←C←B→D→H。

两条链中的箭头数都是 5。

$$F_X=\sum\left(\frac{1}{2}\right)^{n+1}(1+F_I)=\left(\frac{1}{2}\right)^{5+1}(1+F_A)+\left(\frac{1}{2}\right)^{5+1}(1+F_B)$$

$$=\left(\frac{1}{2}\right)^{5+1}+\left(\frac{1}{2}\right)^{5+1}=\left(\frac{1}{2}\right)^{5}=\frac{1}{32}$$

2. 群体水平上近交系数的计算

计算连续进行近交其各世代的近交系数时，一般假定在所有世代都应用同一近亲交配，且同一世代的所有个体都具有同一近交系数。计算的实际过程是先推出相邻世代近交系数关系的递推方程;然后,根据推导的方程求出所需世代的近交系数。

连续自交过程中任一世代近交系数的递推方程为

$$F_t = 1 - \left(\frac{1}{2}\right)^t (1 - F_0)$$

式中 F_t表示自交 t 世代的近交系数,F_0表示初始世代的近交系数。从公式可以看出,自交导致群体近交系数迅速增加。当 $F_0 = 0$ 时,$F_1 = 1/2$,$F_2 = 3/4$,$F_3 = 7/8\cdots$。只需几代,整个群体几乎都是由血缘相同的纯合子组成。

连续回交过程中任一世代近交系数的递推方程为

$$F_t = \frac{1}{4}(1 + F_A + 2F_{t-1})$$

式中 F_t表示回交 t 世代的近交系数,F_A表示重复回交即轮回个体 A 的近交系数。当 $F_A = 0$ 时,$F_1 = 1/4$,$F_2 = 3/8$,$F_3 = 7/16\cdots$

12.4.3 杂种优势的解释

杂交除涉及血缘关系不同外,还与遗传组成不同有关。通过杂交可以恢复因近交而引起的近交衰退,这种现象叫做杂种优势(heterosis, hybrid vigor),即杂交子代在生长、成活、繁殖等能力或生产性能等方面优于双亲平均值的现象。关于杂种优势的遗传机制认识还不太清楚,目前有两种理论解释杂种优势形成的机制。

显性学说(dominance hypothesis)也叫"显性基因互补说",其基本论点就是,如果杂交亲本的基因频率和显性程度有差异,杂交子代就将表现杂种优势。不同的近交系可以在不同的基因座位上具有不利的纯合隐性基因。当两个近交系杂交得到杂种 F_1时,杂合座位上的显性基因就会掩盖其相对的隐性基因的作用,从而使 F_1表现最强的生活力;即

$$\frac{\mathrm{A\,b\,C\,D}}{\mathrm{A\,b\,C\,D}} \times \frac{\mathrm{a\,B\,c\,d}}{\mathrm{a\,B\,c\,d}}$$

$$\downarrow$$

$$\frac{\mathrm{A\,b\,C\,D}}{\mathrm{a\,B\,c\,d}}$$

超显性学说(overdominance hypothesis)也叫"等位基因互作说"或"杂合性学说",其中心意思是说杂合性本身就是产生杂种优势的原因;即杂合等位基因(A_1A_2)的两个成员在生理、生化反应能力以及适应性等方面,均优于任何一种纯合类型(A_1A_1或 A_2A_2),这种杂合等位基因不论是显性基因还是隐性基因,都表现出优势。

上述两个有关杂种优势学说的根本差别在于:显性学说认为杂种生活力来自于有利的显性基因;而超显性学说认为由于等位基因互作,杂合子比纯合子生活力强。目前,对于上述两种学说还难以通过精确的试验直接进行检验或判断。但是,一些试验结果证明,两者在分析及利用杂种优势方面都是有意义的,二者是相辅相成的。

思考题

1. 举例说明数量性状的遗传特点。
2. 多基因假说的内容及其意义。
3. 举例说明数量基因的作用方式。

4. 群体的方差由哪儿部分组成?
5. 简述估算遗传力的方法和原理。

推荐参考书

1. 李璞主编. 2004. 医学遗传学(第 2 版). 北京：中国协和医科大学出版社.
2. 盛志廉,陈瑶生编著. 1999. 数量遗传学. 北京：科学出版社.
3. 赵寿元,乔守怡. 2008. 现代遗传学(第 2 版). 北京：高等教育出版社.

第 13 章 基因调控与发育

提　要

基因及其调控的发现使经典遗传学进入了一个前所未有的、繁荣的分子遗传学时期。发育作为现代遗传学的重要领域，随着分子生物学的进展，发育遗传的研究工作日新月异。为阐述基因和调控在发育中不可替代的基本作用，本章首先介绍了现代发育生物学使用的三大典型模式动物，即秀丽隐杆线虫、果蝇和小鼠，然后以这些模式动物经典的和一些最近的基因调控研究结果为依据，对发育遗传中的重要生命现象，如细胞的生长和体形的大小、性别决定、视觉与眼的发育、肌肉发育、发生和进化，以及发育和衰老等进行了介绍和探讨。本章以哺乳动物模式小鼠为例，较为具体地阐述了特定的基因和调控在囊胚发育、囊腔形成中的作用，重点介绍了个体发育中胚胎细胞第一次发育分化的分子机制。另外，还简单描述了胚胎干细胞和体细胞的全能性。

随着现代分子生物学研究的长足发展，特别是随着现代细胞生物学、发育遗传学的飞速发展，许多分子生物学的基本概念不断在细胞和生物个体的发育分化水平上得到验证或具体化，许多概念也在不间断地被充实至精准。自 1953 年 Watson 和 Crick 发现 DNA 分子的双螺旋结构以来，中心法则日趋得到修正和完善，使分子水平的活体外（*in vitro*）研究工作逐渐进入活体内（*in vivo*）的细胞这一生命的最小单元中来，并且正在向器官和组织构建的动态发育生物学的水平发展，进而最终将揭示生命个体的遗传发育分子生物学机制。基因及基因相关概念扩充发展的有趣现象，也正好反映了以上发展趋势。

最早的基因概念认为，一个基因表达一个蛋白质功能单位，但随后，生物学家们就发现“一基因一蛋白质”并不能完全代表细胞内的实际情况，因为许多功能单位复合体多由几个蛋白质亚基构成，因此他们提出了一个基因仅表达一个蛋白质复合体一个亚基的概念。而现在提出的“一个基因表达一个肽”乃至“一个基因表达多个肽”的概念也使基因的概念更加准确。多年以来，有关基因及其调控机制在生物个体发育遗传上的功能，多数是科研工作者根据他们在细胞水平上的研究工作而得到的一些基因调控机制的推论，在真正的分子机制方面并没有分子生物化学的直接证据。然而，利用“功能获得（gain of function）”和“功能丧失（loss of function）”技术在模式动物上的成功应用，使基因及其调控机制的研究工作真正开始进入到揭示遗传发育分子机制的大门。本章主要就基因和基因调控机制，以及它们与模式动物发育的相关性做一个基本的介绍。

13.1　基因调控研究的主要模式动物

13.1.1　秀丽隐杆线虫

秀丽隐杆线虫（*Caenorhabditis elegans*）作为一种在医学生物学界被广泛使用的模式动物，为生命科学及人类健康作出了不朽的贡献。许多已被实践证明在基础理论和临床应用中均有重大意义的发现，最初的研究工作或发现都是在该模式动物中进行或得到的。2002 年，Brenner、Horvitz 和 Sulston 凭借在组织器官发育及细胞程序性死亡的遗传调节方面的发现获得了诺贝尔生理学或医学奖，而这个研究成果离不开最早在线虫里的原始发现。Fire 和 Mello 发现在给秀丽隐杆线虫施以 22～24 bp 的基因特异性寡核苷酸（oligo）时，特定的基因会被干扰，相应蛋白质的表达会大大降低甚至完全被阻断，凭借此发现他们也获得了 2006 年诺贝尔生理学或医学奖。另外，RNA 干扰（RNA interference，RNAi）导致基因沉默（gene silencing）的这个发现也意外地证明了当时

“只有反义 RNA 才能特异性降低相应基因表达的”概念，随后大量相应工作的跟进更加使得这一发现在基本概念和临床应用上都得到了突破。从发现该现象到广泛应用，不到短短 10 年的时间，却使得这两位发现者获得了医学生命科学的最高成就奖。

秀丽隐杆线虫是一种可在实验室培养皿中培养，既可大量繁殖也可单一挑出“克隆”培养的独立繁衍、生存的模式动物。由于其个体小，成体仅 1.5 mm，而且为雌雄同体（hermaphrodite），单性生殖和异性生殖两种繁殖方式均可进行，成为独具特色的模式动物。常见的生活群体中，占 0.2%的雄性在平均 20℃的生活环境下，3.5 d 即可“轮回”一个生命周期，平均产卵量为 300～400 个，最高可达 1 400 个以上的后代，为十分理想的遗传学研究材料。特别是在研究不明功能兴趣基因的原初工作阶段，以线虫为研究材料对初步判定该基因表达蛋白质的功能上有着很大的优势，它既使得研究者不再单一地在细胞水平上进行功能研究，又比直接使用小鼠等模式动物要节省很多时间和费用。作为基因调控研究的模式动物，秀丽隐杆线虫还有一个最大优势，就是对它进行基因操作简单，如浸泡法和食物饲料喂法这两种常用的转基因方法都十分便利且高效。

13.1.2　果蝇

Morgan 以果蝇（俗名 fruit fly 或 vinegar fly）为模式动物的研究结果，毫无疑问奠定了遗传学的基础，如通过白眼果蝇下一代的眼色发现了伴性遗传现象、基因连锁现象和基因互换规律等。果蝇结构的高度复杂性，使得它在组织器官发育的基因调控、嗅觉、视觉、记忆及性取向等相关基因的发现和确定，揭示各类人类疾病发病的遗传机制等方面作出了决定性的贡献。1933 年，Morgan 根据他对白眼果蝇的研究结果，总结出遗传第三定律即基因的连锁和交换定律，获得诺贝尔生理学或医学奖。Morgan 的学生 Muller 发现，X 射线能使果蝇的突变率提高 150 倍，这为研究基因功能奠定了基础。他因此而获得“果蝇的突变大师”称号，并于 1946 年获诺贝尔奖。美国的 Lewis、Wieschaus 和德国的 Nusslein-Volhard 三位遗传学家在果蝇中揭开同源基因与胚胎发育的相关性，发现与胚胎发育相关的 5 000 个重要基因和 139 个必要基因在同源的调控下，在时空和三维结构上发育成不同的构造，从而获得 1995 年诺贝尔生理学或医学奖。2004 年，美国科学家 Axel 和 Buck 因发现果蝇嗅觉功能在大脑中有特定区域，以及他们在气味受体和嗅觉系统的构建机制上的杰出研究而获得当年的诺贝尔生理学或医学奖。

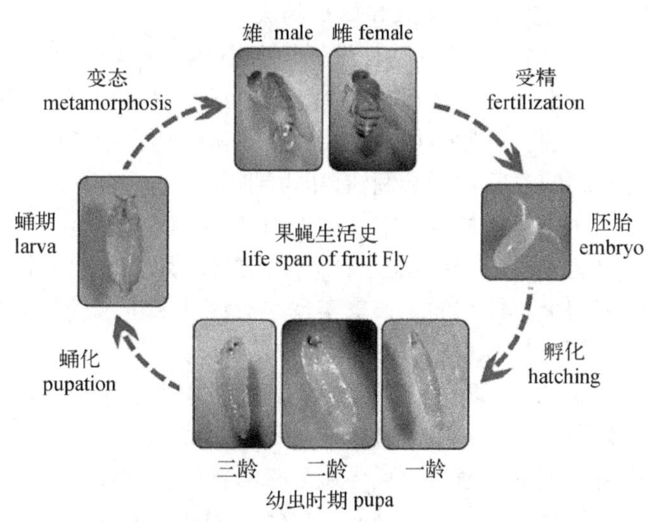

图 13.1　果蝇的生活史（张晓飞供）

雌雄配子受精后由胚胎发育到成虫，经历了孵化、蛹化到变态的过程。

果蝇为果蝇科（Drosophilidae）果蝇属（*Drosophila*）昆虫。该属中大部分果蝇物种都是以腐烂的水果或植物体上生长的酵母为食，非常易于培养，特别是黑腹果蝇（*Drosophila melanogaster*），尤其易于在实验室培育；发育的各个时期形态区别分明，极其易于研究组织器官的发育（图 13.1）。在室温下，果蝇的生活史不到两周，这一点也非常利于科研工作的进行。果蝇眼睛颜色的突变、翅膀形状的变化、身体形状和颜色的突变，以及头部形态突变体，如无眼（eyeless）和触角腿（antenna-leg）等特点，对生物学家发掘与人类发育和疾病发生相关的代谢途径和相关基因有着重大的意义。

13.1.3　小鼠

小鼠和大鼠是目前最为常用的哺乳类模式动物，由于它们与人类同为哺乳动物并且具有繁育周期短等特点，被广泛应用于生物医学研究的各个领域。

在标准人工饲养情况下，小鼠是一年四季都能够正常繁殖的饲养动物，它的平均寿命为 1.5～2 年。小鼠的繁殖周期特点使得它非常适合作为实验动物，其特性包括：性成熟周期短，通常出生后 3 周就已经性成熟；母鼠妊娠周期短，通常 21 d 即完成一个由受精到小鼠出生的过程；每次妊娠一只母鼠可以生产 8～12 只小鼠等,这些特性都使得小鼠成为非常适合科学研究的模式动物。以小鼠为研究模式动物不但使得科研工作者易于在较短时间内获得较多数量的实验材料,而且使得到"功能获得"和"功能丧失"等基因操作处理的小鼠成为可能。基因特异性的同源整合原理的发现和技术应用的成功,使兴趣基因的敲除或敲入等修饰成为现实,2007 年 Capecchi、Evans 和 Smithies 等三位发现者得到了诺贝尔生理学或医学奖的肯定。近几年来,TALEN 基因敲除技术的发现,在其广泛适用于各种动物的特性下,也使小鼠的基因靶向效率有了大大的提高,从而使得小鼠作为模式动物的应用前景更加广泛。

当然,模式动物小鼠在人类疾病研究的应用上,特别是在人类罕见的疾病,如免疫缺陷性疾病应用上受到了一些限制,因为像艾滋病这类疾病主要是以灵长类为病毒携带者或感染者,所以到目前为止,还没有以小鼠(包括基因修饰的小鼠)作为实验动物的相关报道。

13.2 细胞分化与发育调节

13.2.1 秀丽隐杆线虫的发育基因

秀丽隐杆线虫是人类完成的第一个基因组全序列测序的模式动物。秀丽隐杆线虫有 6 对染色体,其中 5 对常染色体,1 对性染色体。到目前为止,发现该生物具有 19 735 个编码基因,算上 2 685 个可变剪切形式(alternative splice form),这些基因可能产生 22 269 个特异的肽序列。虽然这些基因的功能尚待研究且有 1 000个以上的基因为非编码 RNA 基因,但其中 90%以上的基因是有实验证据的。当然,利用 RNAi 基因沉默、基因敲除、蛋白质-蛋白质相互作用等研究方法发表的实验结果已经揭示了基因在许多生命现象中的发育遗传分子生物学机制。

1. 基因与细胞的生长和体形的大小

生物界中,不同物种的体长大小差异极大,有大到近 200 t 的水生动物蓝鲸,也有小到仅有百余微米的昆虫柄翅小蜂。那么,是什么基因或者说何种机制控制着这个差异,这是长期吸引广大民众及生物学工作者的有趣问题。虽然离揭开其相关分子机制还有很长的距离,但这几年关于秀丽隐杆线虫的研究成果使这一古老问题的答案初现端倪,有望得到揭示。

在秀丽隐杆线虫中,*DBL* - 1 基因与 TGF - β 代谢途径的相互作用控制线虫虫体的大小。*DBL* - 1 的基因突变体 *Sma* 会导致秀丽隐杆线虫体形明显变小,该基因的突变不是通过调节细胞分裂速度,而是通过改变细胞个体体积的生长来实现的。该结果也被利用 RNAi 干扰特异性的沉默 *DBL* - 1 的表达所证实,降低了 *DBL* - 1 的表达,线虫就会如同 *Sma* 突变一样,在体形上发生明显的变化。

DBL - 1 基因的突变导致线虫虫体大小的变化,这在虫体体内各类细胞上可以得到明确证实。DBL - 1 作为 TGF - β 超基因家族(superfamily)的配体,它的大量表达不仅会导致线虫皮下合胞体细胞的生长(而不是促进细胞增殖),而且会刺激来自神经元和性腺的信号系统,导致体形的增大。

当然,据目前的科研进展来看,动物体长大小的差异不是一个基因一个代谢途径就可以控制的生物过程,许多其他的基因,以及它们的调节系统都会与此相关联,如细胞的大量繁殖明显也会使器官及个体增大,如此类推那些同时关联细胞生长和细胞繁殖的途径或生物体内几类代谢的综合效应毫无疑问地会在个体体形大小中起重要作用。因而,基因如何调控动物个体的大小仍然是一个尚待解决的问题。

2. 基因调节与发育和衰老

发育与衰老是当前生物学及生物医学各个领域非常引人注目的一个研究方向,也是大众兴趣与分子生物学科研的一个重要结合点。那么,什么遗传机制能使人类的发育生长没有偏差,但同时在保持正常生理过程的条件下机体衰老能够尽量延缓,最终使人类的寿命得以最大限度地延长,则是生物医学领域持续探讨的重大课题之一。以秀丽隐杆线虫为材料的细胞遗传学研究结果,为找到答案提供了很有价值的信息。

胰岛素和类胰岛素生长因子(insulin and insulin-like growth factor - 1, IGF - 1)在秀丽隐杆线虫的最早研究工作中即被发现与幼虫的发育和成虫的老化有密切的关系。近些年的研究结果证实,胰岛素和 IGF - 1信号系统(insulin/ IGF - 1 signaling, IIS)是通过细胞膜表面的具有内源性酪氨酸(intrinsic tyrosine)激酶活性的跨膜受体来调节细胞的生物学效应。IIS 的效应需要磷酸化激活的胰岛素/IGF - 1 受体复合体，启动下游的复合体组分如 PI3K/Akt 激酶、Ras/MAPK 蛋白激酶及 mTOR 等得以完成。

秀丽隐杆线虫的发育受到 IIS 的精细调节。野生型线虫在食物充足的条件下，25℃时发育成正常繁育的成体，而在 27℃时会有少量的虫体停止发育；而较低 IIS 调节水平的突变体在同样的生活环境下，无论是 25℃还是 27℃，都会出现大量的停止发育现象。例如，IGF 的受体 DAF - 2 的缺失，PI3K、AGE - 1 的缺失，以及 Akt - 1 和 Akt - 2 激酶的双缺失，都会导致发育的停滞现象；另外，DAF - 2/IGFR 受体的突变，会导致秀丽隐杆线虫的发育明显迟缓。

秀丽隐杆线虫的寿命也与 IIS 有密切的关系。虽然 DAF - 2/IGFR 受体的突变体，以及它们下游的 AGE - 1 PI3K 在发育中会出现以上停滞，但是幼虫期以后的线虫寿命则会大幅度增长。DAF - 2/IGFR 的 RNAi 特异性干扰实验，也证实了以上现象。来自 DAF - 2/IGFR 杂合子母体线虫的纯合子后代，寿命大大长于杂合子后代；来自非母体的纯合子除了表现出严重的发育迟缓外，纯合子后代的寿命可以延长十余倍。

虽然，在秀丽隐杆线虫中目前尚不能揭示寿命的延长一定伴随发育迟缓，胰岛素和 IGF - 1 信号系统也未见得是延缓老化的唯一细胞遗传学机制，但它的抑制缺失延长了生命是不可忽视的科学现象。

3. 基因与发生和进化

研究表明，系统进化自生命科学开始存在以来，就备受生物学家和生命科学爱好者的关注，是一直处在前沿的一个古老的研究方向。从线虫类各个进化上节点上相邻的生物之间所具有的保守基因的相关性可以追溯它们进化起源关系。例如，秀丽隐杆线虫与其他线虫在器官发生与进化上的关系，依照现代分子生物学的原则可以对各类相邻的生物起源进行进化的精确定位。

秀丽隐杆线虫阴门的发育是一个需要 EGF/Ras、Notch 和 Wnt 三个调节代谢途径来共同完成的发育过程。由 EGF 信号系统编码的来自锚定细胞(anchor cell)的 *lin* - 3 基因对该发育过程有着非常重要的作用，它编码的蛋白质决定着在该发育过程中锚定细胞的命运，而该蛋白质的表达量则是其中的关键，最高剂量的 LIN - 3 会引导细胞与外界融合形成子宫的通道。以上相关联的三个调节代谢途径组分的变化包括上调和下调都可能改变阴门发生的具体方向。在不同线虫的种类中，阴门发生的特异性是确定种间进化关系的重要指标，因而 EGF/Ras、Notch 和 Wnt 三个代谢途径的表达量可能作为精确定位的分子生物学指标。

13.2.2　果蝇的发育基因

果蝇的基因组测序在 2000 年就已经完成，它有 4 对染色体，包含 3 对常染色体和 1 对性染色体。其染色体及线粒体基因组编码至少 15 682 个基因，大约 60%以上的基因组序列为参与基因结构和调控的非编码区。作为一种进化地位很高的昆虫类代表性动物，果蝇的基因组与人类的非常相似，半数以上的果蝇蛋白质编码基因在哺乳动物基因组中都有同源体，70%以上的人类疾病相关基因在果蝇的基因组中都能找到类似基因，许多非常重要的哺乳类细胞基本遗传信号系统及代谢途径都是在果蝇中发现的。由于果蝇细胞许多基本的分子生物学过程都与人类和其他哺乳类的十分相似，因此它被非常广泛地应用于人类疾病分子机制的研究，以及药物作用的细胞遗传机制的初步确证。

1. 性别决定的基因调节

性别决定是一个古老而崭新的课题，从生物学史上看，这个课题的纵向研究以前会，将来也必然会随着科学研究的深度而加深，随着生物医学由细胞显微结构水平扩展到遗传学的基因与分子生物学水平，性别决定的基因本质也逐渐清晰。然而，近 10 多年来，随着宗教环境的宽松和人类理念上的宽容，人类同性性行为认知的公开化，以及在发达的西方国家同性婚姻的逐步合法化，使性别概念的内涵有了更多的变化。

果蝇生物学性别(biological sex)是由 X 染色体和常染色体(套数)的比率(X/A)来决定的，这种性别决定体系与哺乳类动物包括人类相比不甚相同。虽然果蝇 Y 染色体上有至少 15 个以上的基因与雄性功能有关，但通常认为 Y 染色体不参与性别的决定。在三倍体中，有三条 X 染色体，与三套常染色体对应，X/A 为 1∶1，这个比率使得雌性特异的转录体系启动，决定个体为雌性。二倍体中，X 染色体有一条，常染色体有两条，X/A 为 1∶2，个体为雄性。因而，XX、XXY、XXYY 等均为雌性，XY 和 XO 则为雄性。然而，由于果蝇的每条 X 染色体都会保持它的活性并且因为剂量补偿效应，只有含两条 X 染色体的个体可以存活，XXXX/AAAA、XXXX/AAA、XXX/AAA 和 XXX/AA 等其他比率的都不会存活下来，而且 X/AA 是不育的雄性。该部分内容在第三章也有比较详细的介绍。

目前,虽然补偿效应相关基因,如 *Sxl*、*tra*、*tra* - 2、*dsx* 和 *fru P1* 决定果蝇性别的理论已被广泛接受,但近期的研究工作发现,其他基因及其调节体系也与果蝇生物学性别的决定有着密切关系。通过组织基因组性别相关分析表明,基因间非编码 RNA(intergenic non-coding RNA,incRNA)与雄性减数分裂所致的性染色体失活(MSCI,male meiotic sex chromosome inactivation),以及性别排斥 incRNA(male-biased incRNA)都有明显的关系。虽然,incRNA 和 MSCI 在细胞遗传水平上没有确凿的分子生物学证据,但该发现对进化过程中生物性别染色体的形成和发展有着明确的指导意义。近年来发现蜂类的性别决定与其母系 TRA 蛋白(transformer protein)的基因组印记(genomic imprinting)相关,这些蛋白质在早期胚胎发育过程中的甲基化修饰对性别特异的转录体系启动有重要的调控作用,因而非常可能对果蝇性别机制的启动有重要贡献。

2. 视觉基因与眼的发育

不同于哺乳动物,果蝇的眼睛为复眼,它是由 760 个单眼眼单位构成,每个眼单位主要由 R1～R8 的 8 个光受体细胞和其他 12 个细胞构成,它们由分别表达不同视紫红质(Rh,Rhodopsin)的 Rh1～Rh8 组合,吸收不同波长的光波。果蝇复眼功能在昆虫中是属于非常发达的一类。由于它的结构特征,果蝇复眼的空间分辨率没有哺乳动物的高,但它的瞬时分辨率却比人类的眼睛高出 10 余倍。

果蝇成体的复眼结构是高度有序的,由 20 个细胞构成的每一个单眼都有特定的方向,显示出特定的极性,这种高度有序的极性是在胚胎发育中逐渐建立形成的,其中单眼眼单位的旋转运动和迁移运动的到位是眼睛发育成熟的一个重要标志。最早发现 *nemo* 基因突变会影响到眼单位的旋转运动,它会导致旋转运动不能完成,而停止在应该完成角度的 1/2。随后,利用基因敲除使功能丧失的方法发现,hedgehog 信号通路控制着这个眼单位发育的重要环节。丧失 *hedgehog* 信号通路的两个重要组分功能的果蝇中,复眼发育盘不能正常迁移,无论是 cAMP 依赖性蛋白激酶 A(cAMP-dependent protein kinase A, *pka* - *C1*)基因的突变体还是 TGF - b 的同源蛋白(decapentaplegic, DPP)基因的突变体,都会导致迁移运动混乱,甚至不能发育到旋转运动的时期。

近期的研究报道揭示了 Nemo 激酶能调节眼单位旋转运动的原因。Nemo 激酶对 β - catenin 进行磷酸化,作用于平面细胞极性(planar cell polarity,PCP)信号系统,与 PCP -因子复合物和 E - cadherin - β - catenin(Armadillo)复合物共同作用,从而启动眼单位的旋转运动。

3. 肌肉发育中的基因调节

果蝇作为一种飞行的昆虫,肌肉的发育形成非常关键。果蝇的体节肌肉来源于其祖细胞(progenitor cell),这些前体细胞首先发育成肌肉始建细胞(muscle founder cell),转录因子 *Kruppel*、*S59*、*twist*、*hibris* 和 *apterous* 等在该发育过程得以表达。目前 cDNA 微阵列(microarray)检测已确定有 80 余种基因参与该过程。30 个体壁肌肉各由单一始建细胞形成,这些体壁肌肉通过始建细胞的特异化、肌纤维细胞的融合和肌肉结构模式化等来形成体节肌肉。

在果蝇胚胎肌肉发生中,始建细胞和融合肌纤维细胞中的两个重要信号调节系统,Ras 和 Notch 信号途径,起着不可替代的作用。实验发现,这两个途径在这两种细胞的发育中都大量表达,更有趣的是 Ras 和 Notch 信号的比率看来更为重要。对 $Toll^{10b}$ 突变体果蝇进行微阵列检测发现,Notch 信号的基因组分都会被 Ras 调节信号轻度抑制而被 Notch 信号提高。原位杂交和 RNA 分析表明,*hibris* 基因的表达可被 Notch 信号系统提高两倍,而被 Ras 信号系统降低 80%。该实验结果表明,Ras 和 Notch 信号系统的双调节体系在体节肌肉发育中起着关键作用。

hibris 基因的另外一个名称是 *heartless* 基因,顾名思义,它的缺失会导致心脏消失,这一极大的变异明显表明,Ras 和 Notch 信号系统的双调节体系同样也可能在心肌细胞的发育中起到至关重要的作用。另外还有一个代谢调节途径控制着果蝇翼心(wing heart)的发育完成,那就是 HLH 转录因子信号系统(helix-loop-helix transcription factor)。HLH 在翼心发育,心脏中胚层的发育包括心上皮的形成、肌细胞的模式形成,以及极性化的平行定向分布中都起调节作用。HLH 的重要组分 *Hand* 基因的表达若受到抑制,就会导致成熟器官中肌细胞数量的大量减少,翼心失去功能。

4. 基因调节与发育和衰老

前面提到过胰岛素和类胰岛素信号系统与秀丽隐杆线虫幼虫的发育和成虫的老化有着密切的关系。同样，IIS 调节系统也对果蝇的发育和老化有相同的作用。IIS 复合体组分的变化，如 PI3K/Akt 激酶，Ras/MAPK 蛋白激酶及 mTOR 的改变同样也都会造成果蝇的发育滞后，以及显著延长其寿命。不过，目前均不能证明在秀丽隐杆线虫还是在果蝇寿命显著延长的同时，细胞正常的生理功能是否保持在完全正常的状况。也就是说 IIS 延缓衰老，增长寿命的结果是以牺牲正常发育及生长速度为代价的，因此，这种寿命的延长在大多数情况下不值得借鉴。

13.2.3　小鼠发育的基因调控复杂体系

小鼠与人类极为相似，它的细胞遗传及其发育调控机制基本上可以代表人类相同发生发育的过程，对小鼠发育的分子生物学研究就相当于对人类发育进行了“全程监控”。正如前面介绍的那些优势，作为最为常用的实验材料，它对研究人类正常生理状态下发育遗传的基因调控机制，以及病理状态下调控失常从而导致人类疾病的发生有极其重大的意义。依据这些研究结果进行相关人类疾病治疗药物的筛选，利用基因修饰的小鼠来评判候选药物的治疗效果等，都可以算是发育遗传对人类健康的直接贡献。

近年来，若干技术的飞速发展和应用使人类发育遗传学有望发生长足的进展。人类干细胞包括胚胎干细胞(embryonic stemcell, ESC)和诱导性多功能干细胞(induced pluripotent stem cells, iPS cell)的相关发现使英国发育生物学家 Gurdon 和日本学者 Yamanaka 同时获得了 2012 年的诺贝尔生理学或医学奖。生物学家发现全能型干细胞在培养条件下可以分化成生殖细胞。将此发现与由英国生理学家 Edwards 发现的 2010 年获得诺贝尔奖的人类体外受精技术相结合，使得科技工作者已比较容易在体外得到人类的胚胎，不少以往不能进行的科研方向得以进行。当然，由于伦理上的限制，不少研究工作尚不能实施。

人类发育的基因调控体系极其复杂，如上所述的限制，使得这一复杂体系的研究任务在很大程度上要依靠于小鼠这一模式动物来实现。本章将在下一节仅就胚胎着床前期的基因及其调控机制进行介绍。

13.3　基因与着床前早期胚胎发育

哺乳动物发育的整个过程可分为胚胎发育和胚后发育。以出生为界，分娩前胚胎在母体子宫内的发育为胚胎发育，分娩后，胚胎离开母体至成为一个独立的个体为胚后发育。胚胎发育是一个极其复杂的生命孕育过程，众多的基因及它们的调节信号系统主导着个体发育。

生命的开始以精卵结合的受精而启动，严格地说，受精的一刹那一个新生命就诞生了。当然这个时刻仅仅是生命的开始，只有在基因及调节信号系统精细调节下不断发育和分化，才能完善并成功地形成生命。整个生命的形成过程是一个复杂而浩大的过程，因而本节不能一一详述，在此仅就胚胎由受精卵发育成囊胚的过程即着床前(pre-implantation)的胚胎发育进行介绍。希望通过对哺乳动物最早期发育基因及其调节系统的了解，对整个生命发展体系有一个初步的认识。

13.3.1　着床前胚胎发育

着床前胚胎发育是指精卵结合形成合子后，该单细胞经过有丝分裂形成囊胚胚体，然后准备向母体子宫表皮植入的发育过程。该过程发生于输卵管内，由输卵管开口——喇叭口开始，胚体向子宫运动，胚胎着床时囊胚胚体落入子宫。精子进入卵细胞形成合子时，卵子完成第二次减数分裂，经历有丝分裂，经两胞期、四胞期、桑椹期，最后形成囊胚(图 13.2)。

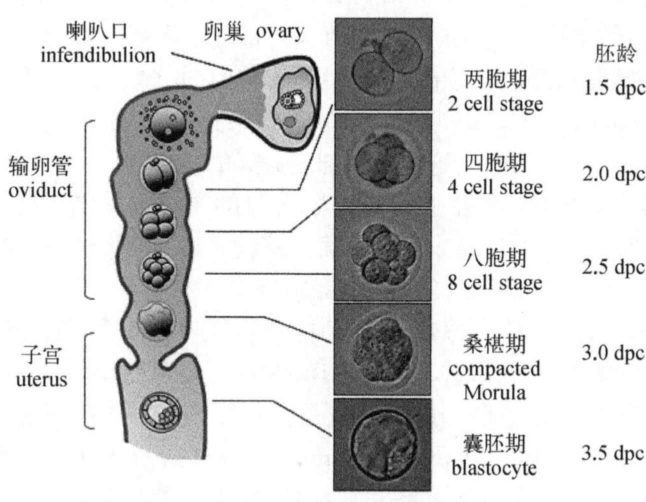

图 13.2　小鼠着床前早期胚胎发育图示(由 Xu MM 绘制)

从精卵结合形成合子一直发育到囊胚期的 3.5 d 中，胚体均在输卵管中发育生长，当形成囊胚时，胚体进入子宫。八胞期前，胚体细胞具有全能性。当囊胚期形成时，只有内细胞团具有全能性。该发育分化过程是一个有既定基因精细调控的生物学过程。dpc：days postcoitum 胚胎天数

两个重大的生物学问题与着床前胚胎发育有关,第一个问题就是:哺乳动物胚胎发育过程中的第一次细胞分化。经过桑椹期后胚胎细胞紧密结合在一起,随后发育到囊胚期,胚胎细胞分化形成三种不同的细胞谱系(cell linage),分别是外胚层(Epiblast, EPI)细胞、原始内胚层(primitive endoderm, PrE)细胞和滋养外胚层(trophectoderm, TE)细胞。对该分化过程基因调控的研究,使得我们对整个细胞分化的遗传学机制有了重要的认识。第二个问题就是:对人类某些不孕的异常遗传机制的研究。囊胚发育异常导致胚胎着床孕程的失败是一个尚不明确的基因调节的遗传学问题,该问题分子机制的明确化将会为不孕机制的本质了解和解决相关的人类孕程的早期失败奠定基础。

13.3.2 囊胚的发育形成与基因调节

囊胚中的三种细胞,外胚层细胞、原始内胚层细胞和滋养外胚层细胞的发育分化过程是一个基因调控的精细过程。作为哺乳动物发育首次发生的分化,它既要分化出胚胎发育即将进行所需的附件结构,如胚盘和卵黄囊(分别由滋养外胚层细胞和原始内胚层细胞形成),又要为形成完整的胚体(由外胚层细胞形成)做好准备。在桑椹期前,胚体所有细胞都具有发育全能性(totipotency),即每一个单独的细胞都可以独立发育成一个完整的胚胎。囊胚 EPI 具有多能性(pluripotent),它将是形成未来胚胎的主体,而 PrE 和 TE 将分别形成胚盘和卵黄囊的主要部分。在胚体进入母体子宫前,两个细胞命运决定(cell fate decision)过程决定了三种胚胎细胞谱系的形成。第一个细胞命运决定发生在胚胎发育的第三个细胞有丝分裂,胚体在 8～16 胞期向 16～32 胞期(桑椹期和囊胚期)的胚胎细胞分裂时(图 13.2)。如果细胞发生"顶-底(apical-basal)"极性分裂,即平行于胚胎表面分裂,两个姐妹细胞命运会不同,两个细胞的中轴靠外的细胞会形成 TE 细胞,靠内的细胞会分化成内细胞团(inner cell mass, ICM)细胞;如果细胞发生"肩并肩(side-side)"分裂方式,两个细胞都会发育成 TE 细胞。研究表明,Hippo 信号系统通过调节 TE 特异转录因子(TE-specific transcription factor) Cdx2(caudal homeobox 2)来控制着这个极性分化。极性分裂时,靠外的细胞中,Hippo 信号系统保持失活状态,Yap/Taz 与 TEAD4 结合停留在细胞核内使得 Cdx2 大量表达;在靠内的细胞中则相反,Hippo 信号系统激活,导致 Yap/Taz 磷酸化并由细胞核进入胞质中,从而使 Cdx2 的表达被抑制。另外,在 ICM 细胞中,全能性功能特异的转录因子 Oct4(Octamer-binding transcription factor 4,八聚体结合转录因子)也会抑制 Cdx2 的表达。以上调节确保了第一个细胞命运的决定,导致分化成两类细胞:极性分裂靠内的细胞保持 ICM 的全能性,同时,极性分裂靠外的细胞则分化成 TE 细胞。

第二个细胞命运决定发生在 ICM,即原始内胚层从全能性外胚层细胞中分离分化出来。分离分化而来的 PrE 位于囊胚腔的 ICM 外缘,具有表皮形态,且与腔化相关。同时,EPI 被包裹在 ICM 的中间,即 TE 和 PrE 圈定的范围内。目前看来,EPI 与外部环境和囊泡腔没有相关性,是相对独立的全能性干细胞。大约在 32 胞期,外胚层细胞和原始内胚层即开始它们的分化初始准备,渐渐的 PrE 细胞开始表达不同的 PrE 特异转录因子 Gata6、Gata4、Sox7 和 Sox17,而 EPI 细胞则一直表达全能性干细胞相关的转录因子 Nanog、Sox2 和 Oct4。

早期胚胎细胞第二个细胞命运的决定是一个复杂的过程,目前为止,有两种分化模式:一是 PrE 细胞在 ICM 顶端囊胚腔腔面上形成,分化的同时也是定位的过程;二是 PrE 细胞在 ICM 内"随机"形成,然后 PrE 细胞边分类边向囊胚腔腔面上移动。以上两个模式均基于这些转录因子的表达。上述 PrE 特异转录因子 Gata6 和 Gata4 均属于 Gata 家族成员。发育早期,Gata6 和 Sox17 先于 Gata4 表达于 16～32 胞期,而 Gata4 在 16～32 胞期表达。Sox7 在最后时期,PrE 已经分离分化排列于 ICM 的囊胚腔腔面时才表达,此时,囊胚发育已经完成,进入随时着床的时期。当然其他 PrE 特异转录因子也在不断地被发现,如 Pdgfra-GFP 融合基因成像也证实,Pdgfra 也是该 PrE 特异转录因子之一。

EPI 特异转录因子 Nanog 和 Oct4 最早表达于 8 胞期,32 胞期时与 PrE 特异转录因子 Gata6 同时存在。Nanog 一直恒定地表达于 ICM,为其全能性所必需。同样,Hippo 信号系统调节着 TE/EPI 的分离分化,当然它是通过 Oct4 调节 Cdx2 的表达来实现的。Sox2 是最早于 8～16 胞期表达的 ICM 标志物,但随后的发育却被下调,与 Oct4 相反最终仅在 TE 细胞内表达。

实验证明,细胞外基质蛋白(extracellular matrix, ECM)对 64 胞期后,细胞间紧密相连的建立十分必要,这当然也是囊胚胚胎形成的重要因素之一。E 型黏连蛋白是连接细胞间的重要细胞外基质蛋白,在胚胎发育成大约 64 个细胞时期,该蛋白质的表达使相对独立的多功能胚胎细胞紧密相连而进入第一分化时期。然而，如果将此蛋白质去除，细胞虽然暂时能存活，但细胞间连接不能密切建立，胚胎发育最后停滞在单个细胞相对独立的状态，数天后死亡。

13.3.3　囊腔的形成与基因调节

在囊腔通过发育分化形成外胚层细胞、原始内胚层和滋养外胚层细胞的同时，在 ICM 的另一端，原始内胚层 PrE 和滋养外胚层细胞 TE 之间启动一个无细胞空间，该空间扩张直至形成占整个囊胚 67%～70%空间的囊胚腔。

囊腔的发育分化涉及一系列蛋白质的表达和调节，并且建立一个跨过滋养细胞外胚层的离子梯度。至今为止，已经发现 Na/K－ATP 酶、黏合连接（adherens junction）、紧密连接（tight junction，TJ）和水通道蛋白（aquaporins，AQP）都在此过程中起重要作用。从 8～16 胞期起，p38 MARK 代谢调节途径调节这些蛋白质形成相应的结构，并为囊腔的发育分化所必需。

Na/K－ATP 酶在建立跨滋养细胞外胚层的离子梯度中起着至关重要的作用。它的两个亚单位担当不同的功能，α 亚单位 ATP1A 的缺失使得胚胎发育时囊胚不能开始形成，随后胚胎死亡；β 亚单位 ATP1B 的缺失导致胚胎停滞在桑椹期。另外，Na/K－ATP 酶信号系统对紧密连接的建成和功能的行使也必不可少。

囊胚的发育分化也是一个囊腔中液体积累的过程，储存的囊腔液将是囊胚后期着床于子宫进入着床后发育的重要条件。该进程至少与位于滋养外胚层的两个水通道蛋白密切相关，其中 AQP9 位于滋养外胚层的顶端靠胚体外，AQP3 则位于滋养外胚层的底部靠囊胚腔内靠积液面。两个蛋白质协同作用将液体由外向内移动，与 Na/K－ATP 酶协同发挥功能建立离子梯度。

13.3.4　胚胎着床后的发育

囊胚胚胎的以上发育过程中是在一个游离的环境下进行的，当它由输卵管进入子宫时已经做好了着床的准备，与此同时子宫即母体也做好了接受胚体的准备。在小鼠中，8～12 个囊胚胚胎与子宫上皮相互作用，进入子宫壁定位后开始进行着床后发育，即由最初的直径约 100 μm 大小的胚胎发育成出生时 2.5～3 cm 大小的幼体的复杂体系过程。

在着床后，囊胚胚胎迅速发育，在 24 h 内形成胚外外胚层（extraembryonic ectoderm，ExE）、顶端内胚层（parietal endoderm，PaE）、内脏内胚层（visceral endoderm，VE）的"锥形"，以及构建着床后发育必需的卵黄囊。顶端内胚层形成卵黄顶端结构对胚胎有保护作用并行使子宫和卵黄腔间的营养输送功能，PaE 的基膜由 PaE 细胞分泌的胶原蛋白（collagen）、层粘连蛋白（laminin）、巢蛋白（entactin）和肌营养不良蛋白（Dystroglycan）构成，命名为赖歇特膜（Reichert membrane）。在发育期间，Sox7 的表达诱导了 Gata4 和 Gata6 的活性，从而导致原始内胚层分泌层粘连蛋白－1 和胶原蛋白Ⅳ并分离分化为 PaE。

随着囊胚胚体的着床，滋养外胚层与子宫表皮细胞相互作用，极性的滋养外胚层细胞，以及 ICM 的繁殖形成胚外外胚层，随后的发育中将会形成绒毛外胚层（chorionic ectoderm），并生成外胎盘锥（ectoplacental cone）的前体细胞（progenitor cell），以供最终形成胚胎所需的胎盘组织。细胞外调节激酶 ERK－MAP 激酶（extracellular regulated kinase ERK－MAP kinase）调节途径和成纤维细胞生长因子 4（fibroblast growth factor 4，EGF4）调节途径在很大意义上调控 ExE 细胞的功能和繁殖，实验证明 Eomes、Cdx2、Esrrb 和 ERK2 等都为 ExE 所必需，ERK2 的突变会由于胎盘的外胚层源结构发育异常而死亡。当然，哺乳动物胚胎着床后组织发育成个体的细胞分离分化过程在不断地研究中，分子遗传的复杂性也随着更多功能的发育建立而不断增加。

13.4　胚胎干细胞与体细胞的全能性

13.4.1　胚胎干细胞

哺乳动物个体自精卵结合形成合子时开始进行有丝分裂，到第一次 64 胞期前的任何一个细胞都具有全能性；也就是说在此期间的任何细胞都可以从单个细胞开始经过分裂分化形成个体 250 余种细胞中的任何一种细胞类型，通过组织发育构建形成动物个体。在小鼠和人类胚胎中，都可以通过显微操作，在不伤害胚胎发育的前提下，取出单个细胞，在体外培养体系中建立干细胞系。

正如在前文中介绍的那样，当胚胎发育到囊泡期时，外胚层细胞不同于原始内胚层和滋养外胚层细胞，它在胚体一端以内细胞团的状态存在，它们具有发育分化的全能性。由这些 ICM 提取的细胞可以在没有任何染色体丢失、核型没有任何改变的情况下形成稳定传代的胚胎干细胞，这些胚胎干细胞可以在体外进行显微操作，通过构建基因的转入，形成兴趣基因的改变，从而在其子代中进行遗传学改造，以便于研究特定基因在发育各个时期的功能等。

胚胎干细胞在目前哺乳动物基因工程中应用非常广泛。在建立模式动物的基因操作(如基因敲除、基因敲入和基因修饰)中，通常使用体外培养体系，将构建好的兴趣基因同源整合到线性质粒，再以电击穿孔的方式导入干细胞并筛选得到阳性克隆。然后，带有基因修饰的干细胞被显微注射到囊胚期的囊腔内，兴趣基因干细胞会整合到受体囊胚的 ICM 中，随之转移到假孕母体中发育成嵌合体。

13.4.2 体细胞的全能性

体细胞的全能性主要表现在细胞核的全能性上，即高度分化细胞的细胞核仍然具备全能性，也就是说这些体细胞的细胞核虽然存在于分化顶端具有特定功能化的细胞中，但依然具有“指挥”细胞形成各类细胞的全能性。最初，以上的理论仅限于假想，随后，几个重要的实验证实了这个推测。

2012 年，“发现成熟细胞能够被重新编程从而转变成多功能”的工作被授予了诺贝尔生理学或医学奖，从而从理论上确认了细胞(核)的全能性。很久以来，一般认为随着动物发生发育，在身体中的细胞，如皮肤、神经、肌肉或肾脏细胞都已经形成了具特定功能的分化细胞，它们是不会再回到非成熟状态的多功能状态了；以上工作推翻了这一“常理”，确定了体细胞核和体细胞是具有形成全能潜能的。1962 年，Gurdon 将蝌蚪小肠成熟细胞的细胞核转入去核的受精卵细胞，“重组”的合子发育生长成了几个新的青蛙，该实验首次证明了细胞核的全能性，使老的有关分化的概念被彻底颠覆。2006 年，Yamanaka 证实，来自小鼠的皮肤细胞通过在其基因组中表达 4 个基因(*Oct-4*，*SOX2*，*KLF4* 和 *Myc*)，细胞会被重新编程形成干细胞，它们可以分化成所有形态的细胞。这一现象的发现，从遗传学上彻底证明了体细胞的全能性，这些实验不仅在理论上改变了细胞及遗传学的重要概念，而且在维护人类健康、攻克威胁人类生命的重大疾病上都将有重要的贡献。

思考题

1. 列举几种用于基因调控研究的模式生物，并指出其科研优势。
2. 简述着床前胚胎发育过程。
3. 何为体细胞的全能性?

推荐参考书

1. 张红卫. 2006. 发育生物学. 北京：高等教育出版社.
2. 赵寿元，乔手怡. 2008. 现代遗传学(第 2 版). 北京：高等教育出版社.

第14章 群体遗传与进化

提　要

生物的进化是以群体为单位的，群体遗传学是研究进化论和物种形成的必要基础。本章在首先介绍群体遗传学几个基本概念的基础上，讨论了 Hardy-Weinberg 定律及其扩展，以及影响群体遗传平衡的一些因素；然后介绍了 Lamarck、Darwin 的进化论；最后讨论了物种的概念及其形成方式。

群体遗传学(population genetics)是遗传学的一个重要分支学科，是根据 Mendel 遗传学的基本原理，应用数学和生物统计学的方法研究群体的遗传结构及其在世代间的变化规律。

群体遗传结构的逐代变化构成了进化过程的基础。因此，群体遗传学与生物进化的研究密切相关，可以说，群体遗传学研究的基本目的就是探讨生物进化的机制，弄清生物物种(species)的起源和演变过程。群体遗传学与关于生物进化的研究结合在一起，组成了进化遗传学(evolutionary genetics)。

14.1 群体的遗传平衡

14.1.1 群体遗传学中的几个基本概念

1. Mendel 群体和基因库

群体遗传学研究的对象不是个体，而是 Mendel 群体(Mendel population)。遗传学上的群体是由一群能相互交配的个体组成的集合体。在一个大的群体内，个体间进行随机交配(random mating)，这样的群体通常称为 Mendel 群体。在有性生殖的生物中，一种性别的任何一个个体都有同等的机会和另一种性别的个体交配的方式，称为随机交配。在一个群体中，个体间有同等的机会发生交配，该群体属随机交配群体(panmixis population)，简称随机群体。几乎所有的动物和异花授粉的植物所形成的群体都属于 Mendel 群体；而自花授粉的植物、自体受精的动物所形成的群体不属于 Mendel 群体，无性繁殖的群体也不是 Mendel 群体。

在一个群体内，不同个体的基因型可能不同，但群体所具有的所有基因是一定的。一个群体中所有个体包含的全部基因称为基因库(gene pool)。Mendel 群体中的个体共享一个基因库。

一般地说，某个地区同一物种的不同个体间，预期都有基因的自由交流，可以认为该群体是单一的 Mendel 群体；但是，位于同一空间的同一物种的不同个体，也有可能不属于单一的 Mendel 群体，因为某种自然的或人为的限制条件可能妨碍了个体之间基因的自由交流，其结果是保持着各自不同的基因库，这样就产生了同一地区共存着几个 Mendel 群体的状况。因此，有些遗传学教科书上说“最大的 Mendel 群体就是整个物种”，这一说法是不确切的。

群体遗传学中所说的群体，如果不作特别说明，一般是指 Mendel 群体。

2. 群体的遗传结构

任何群体都是由各种基因型组成的，生物个体的表现型是基因型与环境条件共同作用的结果。基因型频率(genotype frequency)是指群体中某特定基因型个体的数目，占该群体个体总数目的比率。而基因型决定于基因与基因的分离和组合。基因频率(gene frequency)又叫等位基因频率(allele frequency)，是指一个群体中某特定基因座位(locus)上某个等位基因数目占该基因座上所有等位基因总数的比例。

生物在繁殖的过程中,每个个体传递给子代的并不是其自身的基因型,而是不同频率的基因。群体中各种基因的频率,以及由不同的交配体制所产生的各种基因型的频率在数量上的分布特征称为群体的遗传结构。描述群体遗传结构最常用的参数是基因型频率和基因频率。

通常,可以通过调查和实验分析来确定群体中各个体的基因型,并由此计算群体的基因型频率。基因型频率决定了等位基因的频率,基因频率可以由基因型频率推算出来。如果某种二倍体生物的常染色体上有一对等位基因 A 和 a,A 对 a 为完全显性,其可能的基因型有三种,即 AA、Aa 和 aa。在一个由 N 个个体组成的群体中,如果 AA、Aa 和 aa 对应的个体数分别为 n_1、n_2 和 n_3,$n_1+n_2+n_3=N$,于是这三种基因型的频率分别为:AA,$D=\frac{n_1}{N}$;Aa,$H=\frac{n_2}{N}$;aa:$R=\frac{n_3}{N}$。

等位基因 A 和 a 的频率分别为

$$A: p=\frac{2n_1+n_2}{2N}=D+\frac{1}{2}H \tag{14-1}$$

$$a: q=\frac{2n_3+n_2}{2N}=R+\frac{1}{2}H \tag{14-2}$$

显然,$D+H+R=1$,$p+q=1$,基因频率和基因型频率介于 0~1 之间。

在人类群体中,对苯硫脲(phenylthiocarbamide, PTC)的尝味能力由常染色体上的一对等位基因 T 和 t 决定,T 对 t 为不完全显性。PTC 是一种白色结晶状化合物,因含有硫化酰基而呈苦味。通过品尝不同浓度的 PTC 溶液可以鉴别出个体的基因型,TT 为正常尝味者、味觉杂合体 Tt 的尝味能力较低、tt 为味盲。研究人员抽样调查了中国汉族人群的 1 000 人,三种基因型的分布列于表 14.1。

表 14.1 中国汉族人群中 PTC 尝味能力的分布

表现型	基因型	人数	基因型频率
尝味者	TT	$n_1=490$	$D=0.49$
味觉杂合体	Tt	$n_2=420$	$H=0.42$
味 盲	tt	$n_3=90$	$R=0.09$
总 计		1 000	1

进而可以计算出等位基因 T 和 t 的频率分别为

$$T: p=D+\frac{1}{2}H=0.49+\frac{1}{2}\times 0.42=0.70$$

$$t: q=R+\frac{1}{2}H=0.09+\frac{1}{2}\times 0.42=0.30$$

14.1.2 遗传平衡定律——Hardy-Weinberg 定律

1908 年,英国数学家 Hardy 和德国医生 Weinberg 各自独立地发现了群体遗传学中最重要的一个原理,即遗传平衡定律,通常也叫 Hardy-Weinberg 定律。其主要内容是:在一个充分大的 Mendel 群体中,其个体间进行随机交配,同时,在群体内没有选择、没有突变、没有个体的迁移,也没有遗传漂变的作用,群体中各种基因型的频率逐代保持不变;当然,基因频率也逐代保存不变。这样的群体被称为处于随机交配系统下的遗传平衡群体。

假如二倍体生物常染色体上的一对等位基因 A 和 a 的频率分别为 p 和 q,$p+q=1$。在群体中这一对等位基因有三种可能的基因型分别为:AA、Aa、aa,如果这三种基因型的频率能表示为 $D(AA)=p^2$,$H(Aa)=2pq$,$R(aa)=q^2$,则认为这个群体达到了平衡状态,基因频率和基因型频率在世代传递的过程中不再发生变化。接下来,对此进行证明:由于个体间的随机交配,每个个体为下代贡献的配子数目都是相同的,因此两性个体的随机交配可以归结为两性配子的随机结合,各种配子的频率就是基因频率。群体中雌、雄配子的比例及子代各种基因型的频率如表 14.2 所示。

表 14.2　一对等位基因(A 和 a)的遗传平衡

雌配子及其频率 \ 雄配子及其频率	$(A)p$	$(a)q$
$(A)p$	$(AA)p^2$	$(Aa)pq$
$(a)q$	$(Aa)pq$	$(aa)q^2$

由表 14.2 可知，子代各种基因型及其频率分别是 $D(AA)=p^2$，$H(Aa)=2pq$，$R(aa)=q^2$。很显然 $p^2(AA)+2pq(Aa)+q^2(aa)=1$。基因 A 和 a 的频率分别是

$$p_1 = D+\frac{1}{2}H = p^2+\frac{1}{2}\times 2pq = p$$

$$q_1 = R+\frac{1}{2}H = q^2+\frac{1}{2}\times 2pq = q$$

可见，基因 A 和 a 的频率没有发生变化。再继续随机交配一代，同样根据表 14.2，会有 $p_2=p_1=p$，$q_2=q_1=q$，三种基因型的频率也仍然分别等于 $p^2(AA)$、$2pq(Aa)$、$q^2(aa)$，即三种基因型的频率不再发生改变，该群体处于遗传平衡状态。

如果在一个群体中三种基因型的频率(D、H 和 R)不等于 p^2、$2pq$ 和 q^2，则认为这个群体没有达到平衡状态。对于未平衡群体，不论起始群体中各基因型的频率是多少，只需通过一个世代的随机交配就能达到 Hardy-Weinberg 平衡。

假设在一个大的随机交配群体中，常染色体上一对等位基因 A 和 a 组成三种基因型，初始群体 F_0 中，其初始频率分别为

基因型	AA	Aa	aa
频率	D_0	H_0	R_0
	0.10	0.20	0.70

可以计算出，初始群体中基因 A 和 a 的频率分别为

$$A：p = D_0+\frac{1}{2}H_0 = 0.10+\frac{1}{2}\times 0.20 = 0.20$$

$$a：q = R_0+\frac{1}{2}H_0 = 0.70+\frac{1}{2}\times 0.20 = 0.80$$

很显然，$D_0\neq p^2$、$H_0\neq 2pq$、$R_0\neq q^2$，初始群体 F_0 不是一个平衡群体。

若初始群体 F_0 为随机交配群体，形成 F_1 中三种基因型的频率分别为：AA，$D_1=p^2=0.04$；Aa，$H_1=2pq=0.32$；aa，$R_1=q^2=0.64$。

F_1 中基因 A 和 a 的频率分别是：A，$p=0.04+\frac{1}{2}\times 0.32=0.20$；$a$，$q=0.64+\frac{1}{2}\times 0.32=0.80$。

若再随机交配一代，在 F_2 中：$D_2=D_1=p^2=0.04$，$H_2=H_1=2pq=0.32$，$R_2=R_1=q^2=0.64$。F_2 中 A 和 a 的频率仍然分别是 0.20 和 0.80，即基因频率世代相传没有发生改变，三种基因型频率从 F_1 往后不再改变。因此，经过一个世代的随机交配之后，上述起始群体就达到了平衡。

综上所述，Hardy-Weinberg 平衡定律的要点有：① 在一个大的随机交配的 Mendel 群体中，若没有其他因素(基因突变、选择、迁移、遗传漂变)的干扰，基因频率世代相传不变。② 无论群体的起始成分如何，经过一个世代的随机交配之后，群体基因型频率的平衡建立在 Hardy-Weinberg 公式之中，即 $[p(A)+q(a)]^2=p^2(AA)+2pq(Aa)+q^2(aa)$，平衡群体的基因型频率决定于它的基因频率。③ 只要随机交配系统得以保持，基因频率和基因型频率保持上述平衡状态不会改变。

前面讨论的遗传平衡群体没有考虑其他因素干扰，是对一个理想群体而言的，这样的群体在自然界原本是不存在的。但这样处理可以把复杂的问题简单化，就像学习气体定律时从理想气体出发，但实际上“理想”气体不存在一样。实际上，自然界许多群体都是大群体，个体间的交配一般是接近随机的，选择、突变、迁移、遗传漂变的作用可以忽略不计，因此 Hardy-Weinberg 定律基本上是普遍适用的。

那么,怎样判断一个群体的基因型是否达到了 Hardy-Weinberg 平衡呢? 通常用χ^2检验法检验一个群体是否达到平衡。

例:在我国的某大城市调查了 1 788 人的血型,其中 397 人为 M 型(L^ML^M),861 人为 MN 型(L^ML^N),530 人为 N 型(L^NL^N)。问该群体中三种基因型的频率是否达到了遗传平衡?

人类的 MN 血型由一对等位基因 L^M和 L^N决定,L^M和 L^N表现为共显性,其基因型和表现型是一致的。首先依据样本数据计算基因频率为

$$L^M: p = \frac{397 \times 2 + 861}{1\,788 \times 2} = 0.462\,8$$

$$L^N: q = \frac{861 + 530 \times 2}{1\,788 \times 2} = 0.537\,2$$

假设群体已经达到平衡,计算理论上预期的基因型频率为

$$L^ML^M: N \times p^2 = 1\,788 \times 0.462\,8^2 = 382.96$$

$$L^ML^N: N \times 2pq = 1\,788 \times 2 \times 0.462\,8 \times 0.537\,2 = 889.05$$

$$L^NL^N: N \times q^2 = 1\,788 \times 0.537\,2^2 = 515.99$$

再计算χ^2值为

$$\chi^2 = \frac{(397 - 382.96)^2}{382.96} + \frac{(861 - 889.05)^2}{889.05} + \frac{(530 - 515.99)^2}{515.99} = 1.77$$

自由度:$df = 3 - 1 - 1 = 1$,这里χ^2的自由度是 1,而不是 2,因为在这里基因频率是从样本观察数据计算出来的,因此χ^2的自由度又减去 1。

查卡方表:$\chi^2_{df=1,0.05} = 3.84$,$\chi^2 = 1.77 < 3.84$,$P > 0.05$

[或者利用 EXCEL 函数直接计算χ^2分布的右尾概率:$P = \mathrm{CHIDIST}(1.77,1) = 0.183\,382 > 0.05$]

结论:三种血型的频率与平衡状态时的理论频率的差异没有统计学意义,群体中三种基因型的频率已经达到了 Hardy-Weinberg 平衡。

14.2 遗传平衡定律的扩展

14.1 主要介绍了二倍体生物常染色体上单一基因座的一对等位基因在群体中的遗传平衡,这是最简单最基本的一种情形。然而在实际中,生物的性状,尤其是与进化有关的性状,大多数都是由多基因决定的,即在每一个基因座上的等位基因往往不止一对,而是有三个或三个以上的复等位基因;另外,还有许多性状由位于性染色体上的基因决定。在这些情况下,群体达到遗传平衡的过程会有所不同,因此有必要对遗传平衡定律进行扩展。

14.2.1 复等位基因的遗传平衡

在二倍体生物的一个群体中,如果常染色体的某个基因座上有 3 个不同的等位基因 A_1、A_2和 A_3,由于每个个体只能有其中的两个等位基因,则这个群体中共有 6 种不同的基因型。假定 A_1、A_2和 A_3的基因频率分别为 p、q 和 r,且 $p + q + r = 1$。在完全随机交配的大群体中,携带不同基因的雌、雄配子的比例及随机结合的情况见表 14.3。

表 14.3 携带不同等位基因的雌、雄配子的随机结合

雄配子及其频率 / 雌配子及其频率	$(A_1)p$	$(A_2)q$	$(A_3)r$
$(A_1)p$	$(A_1A_1)p^2$	$(A_1A_2)pq$	$(A_1A_3)pr$
$(A_2)q$	$(A_1A_2)pq$	$(A_2A_2)q^2$	$(A_2A_3)qr$
$(A_3)r$	$(A_1A_3)pr$	$(A_2A_3)qr$	$(A_3A_3)r^2$

如果群体中 6 种基因型频率如下，那么，可以认为遗传平衡已经建立。

$$\begin{matrix}(A_1+A_2+A_3)^2 = & A_1A_1 + & A_2A_2 + & A_3A_3 + & A_1A_2 + & A_1A_3 + & A_2A_3 \\ p,\ q,\ r & p^2 & q^2 & r^2 & 2pq & 2pr & 2qr\end{matrix} \tag{14-3}$$

平衡状态下的基因频率可以由基因型频率求得：

$$A_1:\ p_1 = p^2 + \frac{1}{2}(2pq + 2pr) = p \tag{14-4}$$

$$A_2:\ q_1 = q^2 + \frac{1}{2}(2pq + 2qr) = q \tag{14-5}$$

$$A_3:\ r_1 = r^2 + \frac{1}{2}(2pr + 2qr) = r \tag{14-6}$$

同样，也不难证明，如同一对等位基因的情况一样，在雌性和雄性群体中基因型比例相同的情况下，如果初始群体不处于平衡状态，同样只需要经过一个世代的随机交配，6 种基因型的频率就能达到 Hardy-Weinberg 平衡。

人类的 ABO 血型系统受三个复等位基因 I^A、I^B和 i 控制，其中 I^A和 I^B为共显性等位基因，i 对 I^A、I^B都呈隐性。令 I^A、I^B和 i 的频率分别为 p、q 和 r，$p+q+r=1$。同时，令 A、B、AB 和 O 分别为血型 A、B、AB 和 O 的表现型频率。群体达到遗传平衡时基因型与表现型频率的期望值如表 14.4 所示。

表 14.4　不同血型的基因型及其在遗传平衡时的期望频率

血　型	A	B	AB	O
基因型	I^AI^A　I^Ai	I^BI^B　I^Bi	I^AI^B	ii
基因型频率	p^2+2pr	q^2+2qr	$2pq$	r^2
血型频率	$A=p^2+2pr$	$B=q^2+2qr$	$AB=2pq$	$O=r^2$

从实际观察得到的血型资料中可以分别计算 p、q 和 r。如果在某地区的人群中，经调查得知四种血型的频率分别为 A、B、AB 和 O，那么 i 基因的频率为 $r=\sqrt{O}$。　(14-7)

表 14.4 中，$B+O=q^2+2qr+r^2=(q+r)^2=(1-p)^2 \rightarrow \sqrt{B+O}=1-p$，因此

A 基因的频率：

$$p = 1-\sqrt{B+O} \tag{14-8}$$

同理，可得

B 基因的频率：

$$q = 1-\sqrt{A+O} \tag{14-9}$$

在理论上，$p+q+r=1$，但在实际资料的估算中，并没有用到全部的数据信息，同时由于抽样误差的存在，调查所得的 $p+q+r$ 通常只能接近于 1。这个误差可以用 Bernstein 推导的公式进行校正：

先计算校正因子为

$$D = 1-(p+q+r) \tag{14-10}$$

基因频率的校正公式分别是

$$\hat{p} = p(1+D/2) \tag{14-11}$$

$$\hat{q} = q(1+D/2) \tag{14-12}$$

$$\hat{r} = (r+D/2)(1+D/2) \tag{14-13}$$

可以计算出经过校正以后基因频率的和为

$$\hat{p}+\hat{q}+\hat{r} = (1+D/2)(1-D/2) = 1-D^2/4 \tag{14-14}$$

可见校正后基因频率的和更接近于 1。

对于二倍体生物的任意一个群体，一个基因座上可能有 n 个不同的等位基因，但对于一个个体而言在该

基因座上只可能有其中的任意两个等位基因。群体中纯合子的种类有 n 种,杂合子的种类数为 $C_n^2=n(n-1)/2$。假如二倍体生物的一个基因座上有 n 个复等位基因,即 $A_1,A_2,\cdots,A_n$,基因频率分别为 $p_1,p_2,\cdots,p_n$,$\sum p_i=1$,则平衡状态下群体中基因型频率和等位基因频率的关系可以表示为

$$\begin{array}{ccccccccccc}(A_1+A_2+\cdots+A_n)^2 = & A_1A_1 + & A_2A_2 + & \cdots + & A_nA_n + & A_1A_2 + & A_1A_3 + & \cdots + & A_{(n-1)}A_n \\ p_1,\ p_2,\ \cdots,\ p_n & p_1^2 & p_2^2 & \cdots & p_n^2 & 2p_1p_2 & 2p_1p_3 & \cdots & 2p_{(n-1)}p_n\end{array} \tag{14-15}$$

如果起始群体没有处于平衡状态,只需要经过一个世代的随机交配,就可以达到基因型频率的平衡。对于存在复等位基因的任意一个群体,同样可以采用χ^2检验判断该群体是否处于平衡状态。

14.2.2 性连锁基因的遗传平衡

对于性连锁的基因,基因频率也可以由基因型频率推算出来,但情形比常染色体上的基因复杂得多。以XY型性别决定的生物为例,由于雄性的性染色体组成为XY,而雌性的性染色体组成为XX,群体中雌性、雄性比为1∶1,因此整个群体中X染色体上的基因有2/3存在于雌性中,只有1/3存在于雄性中。如果一对等位基因 A、a 位于X染色体上,假定基因型频率如表14.5所示。

表 14.5 X 连锁的两个等位基因的基因型频率

基因型	雌性			雄性	
	X^AX^A	X^AX^a	X^aX^a	X^AY	X^aY
频率	P	H	Q	R	S

显然,雌性(female)群体中 A 基因的频率是 $p_f=P+\frac{1}{2}H$,雄性(male)群体中 A 基因的频率是 $p_m=R$,于是整个群体中 A 基因的频率是 $p=\frac{2}{3}p_f+\frac{1}{3}p_m=\frac{1}{3}(2P+H+R)$;同理,整个群体中 a 基因的频率是 $q=\frac{2}{3}q_f+\frac{1}{3}q_m=\frac{1}{3}(2Q+H+S)$。

遗传平衡定律同样也适用于性连锁的基因。在随机交配的条件下,如果 $P=p^2,H=2pq,Q=q^2,R=p,S=q$,则认为该群体达到了遗传平衡。处于平衡状态时,X连锁基因的频率在雌雄群体中的特点是:① 在雄性群体和雌性群体中基因的频率是相等的,即 $p_m=p_f=p,q_m=q_f=q,p+q=1$;② 在雄性群体中基因频率与其相应的基因型频率相等;③ 在雌性群体中三种基因型在平衡状态下的频率分配为 p^2、$2pq$、q^2,类似于常染色体上一对等位基因的三种基因型在平衡时的频率分配。

如果雌雄两性群体中的基因频率不相同,则群体处于不平衡状态。如果群体中的雌雄个体随机交配,群体也能达到平衡,但群体达到平衡的世代和方式不同于常染色体上的基因。基因频率在雌雄两性群体中的差异不能通过一个世代的随机交配而消除,性染色体上的基因的遗传平衡并不能由一个任意的起始群体经过一个世代的随机交配就达到,而是以一种振荡的方式快速地接近。在建立平衡的过程中,雌雄两性群体中的基因频率随着随机交配世代的增加而交互递减。其理由可从下面的考察中看出来。

XY型性别决定的生物,雄性只从母亲那儿获得X染色体,雄性群体当代基因频率 p_m 等于上一代雌性群体的基因频率 p_f;雌性从双亲各获得一条X染色体,雌性群体当代基因频率 p_f 等于亲代雌雄群体基因频率(p_m和 p_f)的平均值。

使用符号′表示后裔世代,则有

$$p'_m=p_f \tag{14-16}$$

$$p'_f=\frac{1}{2}(p_m+p_f) \tag{14-17}$$

雌雄群体中基因频率的差异为

$$p'_f-p'_m=\frac{1}{2}(p_m+p_f)-p_f=-\frac{1}{2}(p_f-p_m) \tag{14-18}$$

由上式可知，子代雌雄群体中基因频率的差是亲代雌雄群体基因频率差的 1/2，但符号相反。虽然按性别分开讨论时，X 连锁的基因频率在雌雄两性群体中一代代发生改变，但在整个群体中基因频率是一个常数，并不因世代改变而发生改变。因为 X 连锁的基因在世代传递的过程中仅仅是由一个性别群体转到另一个性别的群体，并不影响 X 染色体总数中的基因频率。一旦雌雄两性群体中 X 染色体连锁的基因频率相等，且等于整个群体中的基因频率，这个群体就达到了平衡。

如果一个起始群体为 X^AX^A 和 X^aY，雌性、雄性比为 1∶1，可以计算出整个群体中 A 的频率 $p=2/3$，雌性群体中 $p=1$，雄性群体中 $p=0$。随机交配一代后，雌性群体中 p 降为 0.5，雄性群体中 p 上升为 1；第二代，雌性群体中 p 变为 0.75，雄性群体中 p 变为 0.5。X 染色体连锁基因频率的这种上下波动一直持续到真正达到平衡（$p=2/3$）时为止（图 14.1）。

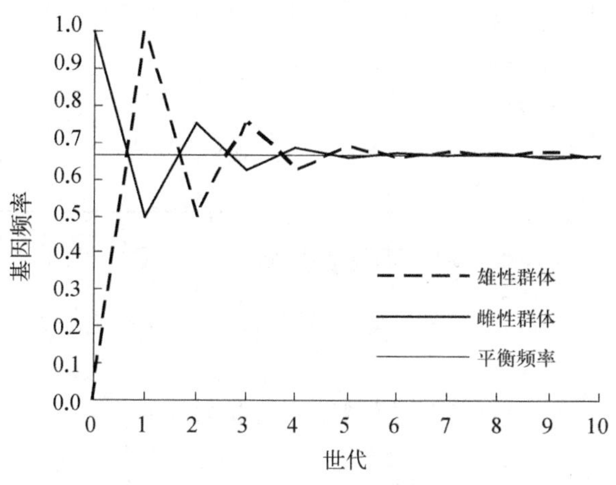

图 14.1　X 连锁基因频率的变化情况

14.3　影响群体遗传平衡的因素

在前面的讨论中已经指出 Hardy-Weinberg 定律是群体遗传学研究的出发点，群体的遗传平衡是相对的、有条件的。交配的随机性是 Hardy-Weinberg 定律的重要前提条件之一，因为群体中基因频率和基因型频率的平衡建立在配子随机结合的基础之上。但在自然界中，许多物种都不是随机交配的，如重要农作物水稻、Mendel 试验中的豌豆等都是自花授粉的植物，对于自花授粉的植物，自交不会导致群体基因频率的变化，但能导致群体基因型频率发生变化。与随机交配下的基因型频率相比较：逐代的自交将使群体中杂合体的比例降低，纯合体的比例逐渐增加，但群体中基因型的频率是不会达到平衡的。

除了交配的非随机性以外，影响群体遗传平衡的因素是多种多样的，当选择、突变、迁移、遗传漂变的作用比较显著时，都会导致种群基因频率的变化，这些因素都是促进生物发生进化的原因。

14.3.1　选择

无论是自然选择（natural selection）还是人工选择（artificial selection），都会改变群体的基因频率。在自然界中，适应性强的基因型（个体）频率必然逐渐上升，相关的基因频率也必然上升；适应性差的基因型，其频率必然逐渐下降。例如，植物的白化基因必然因自然选择而逐渐被淘汰掉。人工选择是一个定向选择的过程，符合人类要求的性状被保留下来，使其相应的基因型频率增加，基因频率也向着对人类有利的方向改变。

1. 适合度和选择系数

Darwin 适合度（Darwinian fitness）和选择系数（selection coefficient）是对选择的效应进行定量研究的两个重要参数。Darwin 适合度简称适合度（fitness）或称适应值（adaptive value），是指在一定的环境条件下，某一基因型与最适基因型相比较时，能够存活并留下子裔的相对能力；或者说，是指某一基因型在某种环境中的相对繁殖能力。适合度一般用 W 来表示，通常将群体中产生后代数目最多的基因型定为 $W=1$，而其他基因型 $W<1$。

选择系数是指对某一基因型的选择强度，一般用 S 表示，它和适合度的关系式为 $S=1-W$，因此，选择系数也可以理解为经选择作用后降低的适合度，它是选择的强度，即选择压（selection pressure）的度量。选择系数实际上应理解为"淘汰系数"（cull coefficient），即特定的环境条件下不利于群体中某一基因型生存和繁殖的相对程度。对于隐性致死基因的纯合子，$W=0$，$S=1-W=1$，即全部被淘汰掉。

2. 对隐性纯合体不利的选择作用

假设等位基因 A 对 a 为完全显性，选择不利于隐性纯合体，对 aa 基因型的选择系数是 S，$0<S<1$，一代选择后，群体中各种基因型频率的变化见表 14.6。

表 14.6 显性完全及选择对隐性纯合子不利时,基因频率 q 的改变

基因型	AA	Aa	aa	合计
起始频率	p^2	$2pq$	q^2	1
适合度 W	1	1	$1-S$	
选择后频率	p^2	$2pq$	$q^2(1-S)$	$1-Sq^2$
相对频率	$\frac{p^2}{1-Sq^2}$	$\frac{2pq}{1-Sq^2}$	$\frac{q^2(1-S)}{1-Sq^2}$	1

由表 14.6 可知,隐性性状经过一代的选择后,群体中隐性基因 a 的频率变为

$$q_1=\frac{1}{2}\times\frac{2pq}{1-Sq^2}+\frac{q^2(1-S)}{1-Sq^2}=\frac{q(1-Sq)}{1-Sq^2} \tag{14-19}$$

群体中 a 基因频率的改变量为

$$\Delta q=q_1-q=\frac{q(1-Sq)}{1-Sq^2}-q=\frac{-Sq^2(1-q)}{1-Sq^2} \tag{14-20}$$

显然在(14-20)中 $\Delta q<0$,$q_1<q$,因此,对隐性纯合体不利的选择,随着世代数增加,隐性基因 a 的频率逐渐减小。相应地,显性基因 A 的频率逐代增加。

当 q 很小,S 也很小时,式(14-20)的分母 $(1-Sq^2)$ 近似于 1,于是 q 的改变量

$$\Delta q\approx -Sq^2(1-q) \tag{14-21}$$

由(14-21)可知,当 q 与 S 都很小时,基因 a 的频率每代的改变量非常小,即基因频率的改变非常缓慢。

如果隐性纯合体 aa 完全致死,即 $S=1$,经过一代选择后,a 基因的频率变为

$$q_1=\frac{q_0(1-Sq_0)}{1-Sq_0^2}=\frac{q_0(1-q_0)}{1-q_0^2}=\frac{q_0}{1+q_0} \tag{14-22}$$

隐性性状经过多代选择淘汰之后,各世代群体中 a 基因的频率分别为

$$q_2=\frac{q_1}{1+q_1}=\frac{q_0/(1+q_0)}{1+q_0/(1+q_0)}=\frac{q_0}{1+2q_0} \tag{14-23}$$

……

$$q_n=\frac{q_0}{1+nq_0} \tag{14-24}$$

假如在 3 个不同的初始群体中,隐性致死基因的频率分别为 0.9、0.5 和 0.1,利用式(14-24),可以计算出在完全淘汰隐性致死纯合体的情况下,各个世代隐性致死基因频率的改变情况(表 14.7)。

表 14.7 完全淘汰隐性纯合体时,不同初始群体 q 值的改变

世代	群体 1		群体 2		群体 3	
	基因型频率 (q^2)	基因频率 (q)	基因型频率 (q^2)	基因频率 (q)	基因型频率 (q^2)	基因频率 (q)
0	0.810	0.900	0.250	0.500	0.010	0.100
1	0.224	0.474	0.111	0.333	0.008	0.091
2	0.103	0.321	0.063	0.250	0.007	0.083
3	0.059	0.243	0.040	0.200	0.006	0.077
4	0.038	0.196	0.028	0.167	0.005	0.071
5	0.027	0.164	0.020	0.143	0.004	0.067
6	0.020	0.141	0.016	0.125	0.004	0.063
10	0.008	0.090	0.007	0.083	0.003	0.050

表 14.7 表明选择的效果也取决于群体中基因的初始频率。致死基因的初始频率 q 值越高，如群体 1，其频率的改变是最快的，经过一个世代的选择后，q 值即可从起初的 0.900 降到 0.474；q 值越小，如群体 3，q 值改变也小，经过第一次选择后，q 值仅从 0.100 降为 0.091。这表明，在完全淘汰隐性致死纯合体的情况下，初始群体中隐性致死基因频率越大，选择效果越明显；当隐性致死基因频率变得很小时，其改变量也随之变小，选择淘汰将变得困难。

根据前面推导的计算 q_n 的公式(14-24)，可以推算出 $q_0 \to q_n$ 的改变所需要的世代数为

$$n = \frac{1}{q_n} - \frac{1}{q_0} \tag{14-25}$$

例：植物中的白化基因为致死基因，正常绿苗对白化苗为显性。如果在开始时，白化基因的频率 $q_0 = 0.01$，自然选择和人工选择都会淘汰白苗植株，要使白化基因的频率减少到 1/2 所需要的世代数为

$$n = \frac{1}{q_n} - \frac{1}{q_0} = \frac{1}{0.005} - \frac{1}{0.01} = 100$$

可见，经过 100 个世代的淘汰后，隐性白化基因的频率降为 0.005。

上述分析表明，隐性致死基因很难从群体中清除出去，仅靠表型选择，要从群体中淘汰隐性致死基因是十分困难的。但实际上，大多数隐性性状的适合度并不等于 0，其选择系数 $0 < S < 1$，部分淘汰隐性性状时，基因 a 的频率降低也更加缓慢。选择很难将隐性基因从群体中清除掉。其原因是：大多数隐性基因存在于杂合体中，选择对它们没有效果。但是在群体中淘汰显性性状能迅速改变群体的基因频率。例如，在红花品种和白花品种的杂交后代中选留白花植株，只需要 1 个世代就可以淘汰显性的红花基因，使隐性的白花基因频率增加到 1。

对于 $0 < S < 1$ 的情况，从公式 $\Delta q \approx -Sq^2(1-q)$ 出发，应用微积分的原理可以推导出 $q_0 \to q_n$ 的改变所需要的世代数为

$$n = \frac{1}{S}\left[\frac{1}{q_n} - \frac{1}{q_0} + \ln\frac{q_0(1-q_n)}{q_n(1-q_0)}\right] \tag{14-26}$$

3. 其他的选择情况

其他类型的选择对基因频率的影响也是非常显著的。经过一代选择后，其他各种选择导致基因 a 频率改变量的计算公式列于表 14.8，请读者参照上述对隐性纯合子不利的情形，自行推导，举一反三。

表 14.8　选择在不同情况下基因频率发生改变的计算公式

选择的类型	适合度			基因 a 频率的改变
	AA	Aa	aa	
选择对隐性纯合子不利	1	1	$1-S$	$\Delta q = -Spq^2/(1-Sq^2)$
选择对显性表型不利	$1-S$	$1-S$	1	$\Delta q = Spq^2/(1-S+Sq^2)$
不选择显性基因	1	$1-S/2$	$1-S$	$\Delta q = -Spq/[2(1-Sq)]$
选择对杂合子有利	$1-S_1$	1	$1-S_2$	$\Delta q = pq(S_1p - S_2q)/(1-S_1p^2-S_2q^2)$
选择对杂合子不利	1	$1-S$	1	$\Delta q = Spq(q-p)/(1-2Spq)$
选择是普遍性的	W_{11}	W_{12}	W_{22}	$\Delta q = pq[p(W_{12}-W_{11})+q(W_{22}-W_{12})]/\overline{W}$

注：$\overline{W}$ 为平均适合度，$\overline{W} = p^2W_{11} + 2pqW_{12} + q^2W_{22}$

14.3.2　突变

突变是绝对的，广义的突变包括染色体结构和数目的变化、基因的点突变，染色体变异不能回复，但基因的点突变时常可以回复。尽管单个基因的突变率都很低，但每一种群每一世代的突变基因数却是很高的，基因突变仍是影响群体基因频率的一种重要力量。

假如某一世代的初始群体中 A 和 a 的频率分别为 p 和 q，$p = 1-q$；A 突变为 a 的频率是 u，a 回复突变为 A 的频率是 v。则每一代中有 $(1-q)u$ 的 A 突变为 a，有 qv 的 a 突变为 A。若 $(1-q)u > qv$，群体中 A

基因的频率减小，a 基因频率增加；经过若干世代，如果群体内 A 基因频率持续减小，a 基因频率持续增加，这是由于 A 突变为 a 的正向突变所产生的突变压(mutation pressure)超过了反向的突变压。如果反向突变压更高一些，则有 $(1-q)u < qv$，群体中 A 的频率将增加。如果正、反向突变压相等，群体达到平衡，则有 $(1-q)u = qv$，从而 $\hat{q} = \frac{u}{u+v}$，$\hat{p} = \frac{v}{u+v}$。

可见在平衡状态下，基因频率与原基因频率无关，仅取决于正、反向突变率 u 和 v 的大小；如果一对等位基因的正反突变频率相等 $(u = v)$，则达到平衡时的基因频率 p 和 q 的值都是 0.5。特定条件下，u 和 v 都是常数，因此，这种平衡是稳定的平衡。不过，基因频率单凭突变率决定的情况是不多见的。仅靠基因突变改变群体遗传结构是非常缓慢的。突变是群体中新的等位基因的直接来源，突变为自然选择和人工选择提供了原始材料。

14.3.3 突变与选择的联合作用

在生物进化的过程中，突变和选择的作用是难以分开的，这两个因素总是同时影响群体的遗传结构。群体中的隐性纯合体在选择的过程中往往被淘汰，可是，突变作用又使新的隐性基因加入到群体中，二者维持着一个平衡，使群体中的隐性基因以一定的频率存在着。

由于突变，群体中每一代有 $(1-q)u$ 的 A 突变为 a；回复突变的作用使 qv 的 a 突变为 A。如果群体中 q 值很小，v 也很小，qv 的值就很小，回复突变的作用可以忽略不计，那么突变使隐性基因 a 频率的增加值为 $\Delta q \approx (1-q)u$。

根据 14.3.1 的计算，选择作用对隐性纯合体不利时，隐性基因 a 的频率每代的减少值为 $\Delta q \approx -Sq^2(1-q)$；

平衡时，突变所产生的隐性基因数应该与选择所淘汰的数目相等，因此

$$Sq^2(1-q) = (1-q)u \tag{14-27}$$

$$Sq^2 = u \tag{14-28}$$

$$\hat{q} = \sqrt{u/S} \tag{14-29}$$

$\hat{q}$ 值就是突变和选择联合作用下群体平衡时 a 基因的频率。根据式(14-27)～式(14-29)，先统计群体中 a 基因的频率 q 和选择系数 S，就可以估算基因的突变率。人类许多基因的自发突变率就是据此原理来估计的。

例：人类的全色盲是常染色体隐性遗传病，大约 8 万人中有一个是纯合体全色盲。据调查，这种人的平均子女数只有正常人的 1/2，即 $S = 0.5$，$q^2 = 1/80\,000$，代入式(14-28)得全色盲基因的突变率为 $u = Sq^2 = 0.5 \times 1/80\,000 = 6.25 \times 10^{-6}$

14.3.4 迁移

在隔离不完全的情况下，个体的迁移(migration)也是影响群体基因频率的一个重要因素。假设在一个大的群体内，每代有一部分个体为新迁入，迁移者现在在群体中的比例(迁入率)为 m，则 $1-m$ 是原来就有的个体比率。令迁入个体某一基因(如 a 基因)的频率是 q_m，原来群体所具同一基因的频率是 q_0，这样，在新的混合群体内基因 a 的频率 q' 将是

$$q' = mq_m + (1-m)q_0 = m(q_m - q_0) + q_0 \tag{14-30}$$

个体的一代迁入所引起的基因频率的改变量 Δq 为

$$\Delta q = q' - q_0 = m(q_m - q_0) \tag{14-31}$$

迁移改变基因频率取决于两个因素：迁入率和两个群体中基因频率之差。两个群体之间的基因频率差异大，迁入率高，则明显地改变迁入后群体的基因频率；若两群体之间的基因频率无差别，即 $q_m - q_0 = 0$，则 $\Delta q = 0$。

14.3.5　遗传漂变

遗传平衡定律的一个重要前提条件是群体无限大。但实际上，群体的大小总是有限的。在一个小群体内，每代从基因库中抽样得到形成下一代个体的配子时，就会产生较大误差，由抽样误差(sampling error)引起群体基因频率的偶然变化，称为遗传漂变(genetic drift)。遗传漂变没有确定的方向，世代间基因频率的变化是随机的，因此又称为随机遗传漂变(random genetic drift)。遗传漂变是由群体遗传学奠基人之一 Wright 于 20 世纪 30 年代最先提出来的，为了纪念这位群体遗传学研究的先驱者，遗传漂变又称为 Wright 效应(Wright effect)。

对于群体大小为 N 的有限群体，如果初始群体中等位基因 A 和 a 的频率分别为 p 和 q。下代群体可以看成是由上代群体产生的无限大配子库($A,p;a,q$)中，随机取出 $2N$ 个配子随机结合形成的样本。下代有限群体中基因 a 的数目可能为 $0,1,2,\cdots,r,\cdots,2N-1,2N$，共 $2N+1$ 种可能，分布服从二项分布。于是，下代有限群体中等位基因的频率将按二项展开式 $(p+q)^{2N}$ 的形式变化。下代有限群体中等位基因 a 的频率为 $q_1=\frac{r}{2N}$ 的概率是 $P(X=r)=C_{2N}^{r}p^{2N-r}q^{r}$。

假如有限群体的大小 $N=4$，$p=q=0.5$，那么下一代群体中 a 基因有 9 种可能的情况，其频率分布见表 14.9。

表 14.9　F_1 群体中 a 基因的分布、频率与发生概率

a 基因数目	a 基因频率	发生概率	a 基因数目	a 基因频率	发生概率
0	0.000	1/256 = 0.004	5	0.625	56/256 = 0.219
1	0.125	8/256 = 0.031	6	0.750	28/256 = 0.109
2	0.250	28/256 = 0.109	7	0.875	8/256 = 0.031
3	0.375	56/256 = 0.219	8	1.000	1/256 = 0.004
4	0.500	70/256 = 0.273			

由表 14.9 可知，F_1 群体中 a 基因频率与亲代相同的概率仅为 0.273，而与亲代不同的概率是 0.726，可见下一代群体中 a 的频率发生变化的概率很大，遗传漂变现象很显著。另外，下一代群体中 a 基因消失的概率是 0.004，a 被固定的概率也是 0.004。也就是说，a 基因固定或消失，或 a 的频率发生变化都可能以一定的概率发生，遗传漂变是完全随机的。某一特定的基因在小群体中由于遗传漂变一旦消失，除非发生新的突变，就不会再在群体中出现。因此遗传漂变的结果是：随着世代的推移，小群体中的遗传变异性将逐渐丧失。所以说，对于小群体而言，遗传漂变是影响群体遗传结构的一个重要因素。

由二项分布的性质可知，对于大小为 N 的有限群体，下一代所有可能的有限群体中等位基因 a 数目平均数与方差分别为 $\mu_r=2Nq$，$V_r=2Npq$；等位基因 a 频率分布的平均值和标准差为 $\mu_{q_1}=q$，$V_{q_1}=\frac{pq}{2N}$，标准误为 $S_{q_1}=\sqrt{\frac{pq}{2N}}$。

例如，在一个大群体中，等位基因 A 和 a 频率为 $p=q=0.5$。从这个大群体中随机抽取样本组成大小不同的两个小群体：第一个群体大小为 $N_1=50$，第二个群体大小为 $N_2=5\,000$。

对于群体 1，由于遗传漂变，下一代群体中 a 基因频率变化的标准误为

$$S=\sqrt{pq/(2N)}=\sqrt{(0.5\times0.5)/(2\times50)}=\pm0.05$$

对于群体 2，由于遗传漂变，下一代群体中 a 基因频率变化的标准误为

$$S=\sqrt{pq/(2N)}=\sqrt{(0.5\times0.5)/(2\times5\,000)}=\pm0.005$$

可见，遗传漂变的强度取决于有限群体的大小：群体越小，a 基因频率的波动范围越大，遗传漂变的强度越大；群体越大，a 基因频率的波动范围越小，遗传漂变的强度越弱。

自然界中存在大量中性突变，即无适应能力差异的突变，选择对于这类中性突变通常不大起作用，遗传

漂变对中性基因频率的变化可能起更大的作用。遗传漂变可以用来解释人类种族间的一些差异。美国宾夕法尼亚州一个德裔美国人群的血型提供了一个很好的例子。19 世纪中期，有 27 个家庭从德国迁到美国宾夕法尼亚州定居，由于宗教的原因，他们生活在自己的小圈子里，几乎不同周围的人通婚，从此该群体保持为一个隔离的小群体。到 1950 年，在几个基因座位上都可以在该人群中观察到遗传漂变的作用。例如，A 血型的频率在德国人和美国人中为 0.40～0.45，而在这个社区的德裔美国人群中的频率为 0.6，I^B基因的频率只有 0.025。MN 血型座位上，L^M基因的频率在德国人和美国人中都是 0.54，而这个社区的德裔美国人中却是 0.65。人类不同种族所具有的血型频率差异无适应性上的意义，这个德裔美国人群所具有的特殊基因频率，很可能是祖先群体发生遗传漂变并持续影响着每一代的基因频率的结果，因为这个群体的大小一直保持很小。

遗传漂变现象在自然界是普遍存在的。当某一种群中的几个或几十个个体迁移到另一个地区定居下来，与原种群隔离而自行繁衍后代，建立起一个新的群体，结果产生与原种群不同的特殊的基因频率，并对其后裔群体的进化产生重大而持久的影响，这种现象称为奠基者效应(founder effect)。新的特殊的基因频率取决于建立者的基因频率。

瓶颈效应(bottle neck effect)与奠基者效应相似，但瓶颈效应是某群体或物种在恶劣的环境条件下或受到灾难性打击时，只有少数个体存活下来(类似"瓶颈")，其基因频率因此发生改变，结果与奠基者效应相似。种群个体数量随季节变化，数量减少的时期即瓶颈时期。喷洒杀虫剂防治害虫时，害虫大量死亡的时期即是瓶颈时期。瓶颈时期会导致形成新的特殊的基因频率，进而影响生物的进化。

14.4 生物进化学说及其发展

进化论研究生物物种的起源和演变过程。现在，一般认为地球上生命的起源和进化是一个漫长的过程：地球发展到一定阶段形成了各种有机物和非细胞形态的生命，然后才发展到真核生物，并由单细胞生物发展成多细胞生物；复杂的生物是由相对简单一些的生物进化而来的，高等的生物是由相对低级一点的生物进化而来的。生命现象具有四个最基本的特征：生长、生殖、新陈代谢与适应性。

地球上的生物是进化发展的产物，人们已经从形态、解剖、遗传等不同的角度证明生物的进化是一个不争的事实。但生物进化的观点是经过了长期的认识过程才建立起来的。在生物进化思想产生之前，基督教神学占绝对统治地位，物种神创论是神学思想的核心内容：认为世上万物都是上帝创造，且生物物种不会改变。基督教神学思想的影响是非常深刻的。

在 Lamarck 与 Darwin 提出进化论之前，不少学者已经认识到物种并非一成不变的。例如，法国博物学家 Buffon(1707～1788)是进化论的先驱者之一，他认为物种是可变的，物种变化主要受气候(如温度)、食物数量和人类驯化等因素的影响，但他没有给出令人信服的证据。对于生物进化的机制问题，自 19 世纪以来，许多科学家提出了各种假说或理论，其中以 Lamarck 和 Darwin 的学说最具有代表性。

14.4.1 Lamarck 的进化学说

法国博物学家 Lamarck(1744～1829)最早提出了"进化论"的概念，他于 1802 年出版了《动物学哲学》一书。Lamarck 认为生物是进化的，物种是可变的；他提出了用进废退(theory of use and disuse)与获得性状遗传(theory of the inheritance of acquired characters)学说来解释生物进化的机制。其主要内容有：① 生物生长的环境，使它产生某些欲求(need)。② 生物改变旧的器官，或产生新的痕迹器官(rudimentary organ)，以适应这些欲求。③ 继续使用这些痕迹器官，使这些器官的体积增大，功能增进，但不用时可以退化或消失。④ 环境引起的性状改变是会遗传的，从而把这些改变了的性状传递给下一代。

长颈鹿是地球上最高的哺乳动物，头颈特别长，但是它像人类和其他哺乳动物一样，也只有 7 个颈椎，只是每个颈椎非常长而已。如果用 Lamarck 的学说来解释长颈鹿的长头颈，是这样的：短头颈的祖先在食物贫乏的环境里，必须伸长头颈才能吃到高树上的叶子，引起性状改变，并会遗传给后代。后代又在相似的环境中，同样需要把头颈伸得更长一些，才能吃更高树上的叶子，又使子代个体的头颈长得长一点。这样一代一代下去，长头颈的遗传特性继续加强，它们的头颈逐步延长，终于进化成现代的长颈鹿。Lamarck 的学说还能用来解释一些生物进化的现象，如鼹鼠长期生活在地下，眼睛萎缩退化；洞穴中的鱼生活在黑暗中，眼睛没有用处，逐渐退化而盲目；家鸡上圈不会飞；人的盲肠退化等。但是铁匠的儿子胳膊上的肌肉一定发达吗？

Lamarck 的学说能用来形象地解释一些进化现象，它否定了物种的不变论，有力地促进了进化学说的传播和发展，具有重要的科学价值。

14.4.2　Darwin 及其自然选择学说

英国博物学家 Darwin(1809～1882)22 岁时随英国皇家海军贝格尔舰环球航行了 5 年(1831～1836)，其间观察和采集了大量的动、植物标本和化石标本(图 14.2)。加拉帕戈斯(Galapagos)群岛距离南美洲厄瓜多尔西海岸950 km，群岛上的海龟和地雀给他留下了深刻的印象。群岛上海龟数量多，但各个小岛上的海龟各不相同；群岛上有 14 种地雀，分布在不同的小岛上，但它们的体形、颜色，特别是喙和食性各有不同。在南美洲，他深入比较了化石动物和现存动物的相互关系、地理分布和地质史上出现的顺序等问题，发现不同的地区和不同的历史时期有不同的生物，从而认识到了物种的可变性。

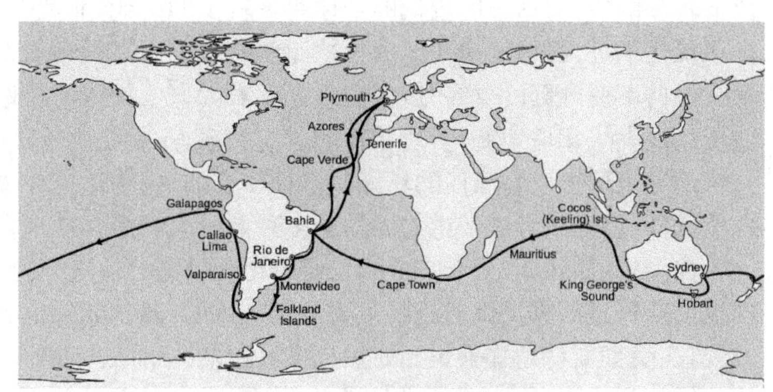

图 14.2　Darwin 的环球之旅

(引自 http://en.wikipedia.org)

1836 年，Darwin 回国，之后花了 20 多年时间研究和整理环球航行的资料。1858 年，在他还没有完成《物种起源》一书时，英国的另一位博物学家 Wallace(1823～1913)来函，也提出了和 Darwin 观点类似的有关进化的见解。于是，Darwin 提前和 Wallace 在英国林奈学会的一次会议上各自公布了他们的论文和摘要。1859 年，Darwin 出版了《物种起源》(*The Origin of Species*)，系统地阐述了他的生物进化理论。他的另两本重要著作是 1868 年出版的《动物和植物在家养条件下的变异》和 1871 年出版的《人类的由来与性选择》。在这些著作中，Darwin 进一步补充和完善了进化理论。

概括起来，Darwin 的进化理论主要包括五个方面的内容：物种是可变的(基本的进化论)；新物种的形成是一个极其缓慢的过程，即进化的发生是逐渐的(渐变论)；所有的生物都来自于共同的祖先(共祖学说)；物种的形成是一个树状分支分化的过程(生物多样性的起源)；生物进化的动力和机制是自然选择。

Darwin 的自然选择学说是其进化学说的核心内容，其主要观点有以下内容。

1. 变异与遗传

根据观察，Darwin 确定自然界中生物普遍存在着变异。生物特性上的变异大小不一，有些变异微小，如绵羊毛的长短、粗细和颜色上的变化等；有些变异较大，如人的多毛，短腿安康羊的出现等。

Darwin 认为至少有一部分变异能够传递给子代，这类变异为自然选择提供了丰富的原材料。但 Darwin 的理论中并没有解决变异产生的原因、变异性状遗传给子代的机制等问题，他部分接受了 Lamarck 的获得性状遗传的观点，还提出了暂定的泛生假说来解释遗传的机制，但很快这两个遗传机制都被否定了。Darwin 理论的最大弱点是无法解释性状的变异遗传给子代的机制，但这并不影响他的整个学说。

2. 繁殖过剩

Darwin 还指出，生物体的繁育潜力一般总是大大超过它们的繁育率。例如，一条鲱鱼约产卵 30 万粒，一株烟草约结种子 36 万粒，而实际上能够发育成为成体的是很小的一部分。大象是繁殖很慢的动物，如果每一雌象一生(30～90 岁)产仔 6 头，每头活到 100 岁，都能繁殖，750 年后，一对大象就会有 190 万头子孙。但是，几万年来，大象的数量从没有增加到那样多。事实上，自然界中各种生物的数量在一定的时期内都保持相对稳定。怎样解释这些现象呢？Darwin 提出了生存竞争和适者生存两个推论。

3. 生存竞争

生物高速繁殖的倾向受到天敌和自然环境等各种因素的制约，只有那些比较健壮，性状跟环境比较适应的个体存活下来，Darwin 把这个过程形象地称为生存竞争(struggle for existence)。生存竞争可以发生同一物种的不同个体之间或者不同物种之间,也发生在生物与外界生活环境之间。例如,狼与兔、狼与狼、兔与兔都有事实上的竞争关系。环境中的各种自然因素,如光照、温度、水分、空气、土壤养分等决定着食物的丰盛与否,同样决定着它们的种群能够存活的数量。其中各种生物因素和非生物因素的关系显然是依存或对抗,这些都是生存竞争的表现。

4. 适者生存(适者繁殖)

Darwin 认为生存竞争的结果就是适者生存,即具有适应性变异的个体被保留下来,不具有适应性变异的个体被淘汰掉。但生存下来还不足以把这种适应性传递给子代,更重要的是适者繁殖。适合度高的个体留下较多的后代,适合度较低的个体留下较少的后代,而适合度的差异至少有一部分是由遗传差异决定,这样一代代下去,群体的遗传组成自然而然地趋向更高地适合度。这个过程就叫自然选择。但环境条件不能永久保持不变,因此生物的适应性总是相对的。生物体不断地遇到新的环境条件,自然选择不断地使群体的遗传组成发生相应地变化,建立新的适应关系,这就是生物进化中最基本的过程。

地球表面上生物居住的环境是多种多样的,生物适应环境的方式也是多种多样的,因此通过多种多样的自然选择过程,就形成了生物界的众多种类。生物多样性来自环境对变异的适应性选择和长期积累。

桦尺蛾(*Biston betularia*)的工业黑化现象为自然选择提供了一个经典的例子。19 世纪中叶以前,在英国曼彻斯特近郊桦尺蛾的翅膀主要是浅灰色的,偶尔能采集到黑蛾,但黑蛾所占比例是相当低的。生物学家发现,在曼彻斯特近郊采集到的黑色桦尺蛾的比例从 1848 年开始增加;到 1895 年,曼彻斯特附近黑色蛾的比例增加到 95%以上;而在非工业化的地区,灰斑蛾仍占绝对优势。曼彻斯特是较早完成工业化的地区之一,工业化的过程中由于大量燃烧煤,环境污染非常严重。桦尺蛾在工业污染严重的地区,黑色个体的比例逐渐上升,这个趋势被称为工业黑化。1896 年,Tutt 提出用自然选择的原理对这种工业黑化现象进行解释:工业化前曼彻斯特近郊未被污染,很多灰色蛾子停在布满淡色苔藓的树干上,灰色蛾和背景颜色相近,不易被鸟发现,但黑色蛾子容易被鸟发现捕食[图 14.3(a)];工业化后,因为黑烟污染了环境,黑色蛾子更易藏身,浅色蛾子易被鸟类捕食,因此黑色蛾子逐渐取代灰色蛾子[图 14.3(b)]。

(a)

(b)

图 14.3 灰色的桦尺蛾及其黑色的突变型

20 世纪 50 年代,英国遗传学家 Kettlewell (1907～1979)做了一系列昆虫放飞试验验证了桦尺蛾发生进化的自然选择过程。Kettlewell 在工业污染严重的地区,放飞了等量的灰色和黑色蛾子,重新诱捕的蛾子中,黑蛾的数量是灰蛾的两倍。他认为那些失踪的蛾是被鸟类捕食了,这说明在污染严重的地区,黑蛾的生存机会是灰蛾的两倍。在未被污染的地区进行放飞试验,所得结果相反,即在未被污染的地区,灰蛾的生存机会是黑蛾的两倍。他的试验证明鸟类有选择的捕食是桦尺蛾发生进化的一个重要因素。剑桥大学附近没有环境污染,遗传学教授 Majerus 在自然条件进行观察,证明鸟类的选择性捕食是导致 2001～2007 年剑桥黑蛾比例下降的一个主要因素。

Darwin 进化理论中的物种可变论和共祖学说在《物种起源》出版后短短几年内就被人们普遍接受,但是渐变论、成种事件和自然选择学说则经过了长时间的争论,直到 20 世纪 30 年代,进化的综合理论逐渐形成后,才被普遍接受。Darwin 进化论是 19 世纪最伟大的科学发现之一,它把生物科学统一在共同的基础上,有力地推动了生物学各分支学科的发展。

14.4.3 Darwin 进化学说的发展

19 世纪末,以 Lamarck 和 Darwin 的理论为基础分别形成了新 Lamarck 学派(neo-Lamarckism)和新 Darwin 学派(neo-Darwinism)。两学派之间争论的中心问题是生物进化的动力问题。新 Lamarck 学派以英国哲学家、生物学家 Spencer 为代表，拥护获得性状遗传学说，认为进化的动力是环境变化，否定选择在物种形成中的作用。新 Darwin 学派以德国生物学家 Weismann 为代表，认为选择是新种形成的主导因素，否定获得性状遗传。

1903 年，荷兰学者 de Vries 对普通月见草(*Oenothera lamarckiana*)进行研究后发现：一些新类型是突然产生的，并且只要一代自交就达到遗传稳定。de Vries 据此提出了突变论：认为自然界新种的形成不是长期选择的结果，而是突然出现的。这一观点与 Darwin 选择学说和 Lamarck 学说均不相符。1909 年，丹麦植物学家 Johannsen 研究了菜豆粒重的遗传后提出了纯系学说：认为选择只能将混合群体中已有变异隔离开来，并没有表现出创造性作用，因此选择可能并不是生物进化的动力。因为纯系内选择无效，由环境引起的变异是不可遗传，没有进化意义，所以 Lamarck 的获得性状遗传也是没有根据的。尽管突变论和纯系学说都有一定的试验依据，在遗传学上也提出了一些正确的见解，促进了人们对进化论的研究，但它们对进化机制的解析是不完全正确的。

20 世纪初，Mendel 遗传定律被重新发现，Morgan 在此基础上发展了基因论。基因论不仅能解释自然选择学说与突变论、纯系学说的矛盾，也解决了个体水平进化的遗传变异机制难题，一般认为这一发展是新 Darwin 主义的继续。遗传学的兴起和迅速发展不仅为生物进化提供了更多的证据，更重要的是，它解释了生物进化的根本原因和历史过程。

生物进化论在 20 世纪的发展主要表现在两个方面：一是在群体遗传学的基础上发展了“综合进化理论”；二是在分子遗传学水平上发展了“分子进化的中性理论”。

20 世纪二三十年代是群体遗传学形成的时期。Fisher、Wright 和 Haldane 等遗传学家分别用生物统计学和数学模型的方法，从理论上研究了各种因素对群体遗传平衡的定量影响。他们用群体遗传学的成就来重新阐述自然选择是如何起作用的，逐渐填补了 Darwin 自然选择理论的一些缺陷。Dobzansky 以果蝇为试验材料，验证了群体遗传学的一些结论。1937 年，Dobzansky 出版了《遗传学和物种起源》，在理论上和实验上统一了自然选择学说和 Mendel 遗传学，标志着综合进化理论的创立；1970 年，Dobzansky 出版了《进化过程的遗传学》一书，进一步完善和发展了综合进化理论。综合进化理论也被称为现代 Darwin 主义，其主要观点包括以下内容。

1. 种群是生物进化的基本单位

现代 Darwin 主义认为生物进化和物种形成的基本单位不是个体，而是种群。种群内个体的寿命虽然有限，但由于个体间通过自由交配和繁殖而形成一个具有一定遗传结构的、相对恒定的基因库。种群基因频率一旦偏离原有的稳定状态，就很难再重新恢复，进而导致进化。自然选择实质上是定向改变种群的遗传结构，进化就是种群遗传结构的改变。

2. 突变和遗传重组为生物进化提供原材料

可遗传的变异主要来源于突变和遗传重组。广义的突变包括染色体结构和数目的改变、基因突变。突变是随机发生的，突变率很低，但由于突变的多方向性及基因组内突变位点数目众多，种群内存在很大的突变压。突变导致个体的杂合性增加，在有性繁殖中，基因的分离与重组使种群中出现丰富的变异性，为应对环境条件的变化和选择提供丰富的原材料。

3. 自然选择决定生物进化的方向

自然选择是连接物种基因库和环境的纽带，随机产生的变异必然受到自然选择的作用。自然选择的对象是个体和基因型，它自动地调节突变与环境的相互关系，把突变偶然性纳入进化必然性的轨道，产生适应性进化。自然选择决定群体的遗传组成，因而决定生物进化的方向，也是生物进化的动力。

4. 隔离是物种形成的必要条件

隔离是阻止不同群体在自然条件下相互交配的机制。发生了遗传性变异的个体或群体，如果没有与原来的群体隔离开来，随机交配将使突变在群体中可以进行各种组合，一个群体将始终保持一个群体，而不会歧化形成新的亚种或物种。来自同一物种的不同居群，如果形成了某种形式的隔离，居群间不能进行基因交流，群体遗传结构的差异逐渐增大，自然选择必然对不同的居群独立起作用，进而形成不同的亚种，直至发生生殖隔离。新群体(亚种)一旦与原物种产生了生殖隔离，新物种就产生了。因此，隔离是新物种形成的必要条件。

隔离有不同的类型,一般可分为地理隔离(geographic isolation)、生态隔离(ecological isolation)和生殖隔离(reproduction isolation)三种类型。

(1) 地理隔离:地理隔离是由于某些地理条件的阻碍而造成的隔离。例如,地球上的海洋、岛屿、高山、沙漠等均可能是形成地理隔离的因素。地理隔离使一些群体与原群体隔离开来,阻止了两个群体间个体的交配,而使它们不能进行基因交流。经过变异的积累,就可能形成地理上的亚种,进一步发展形成生殖隔离而为新物种。所以,地理隔离往往是物种形成的第一步。

(2) 生态隔离:生态隔离是指种群间由于所要求的食物、环境或其他生态条件差异而形成的隔离。例如,季节隔离(seasonal isolation),由于植物的开花期、动物的交配期发生在不同季节或不同时间而阻止基因交流。例如,菊科莴苣属(*Latuca*)的 *Latuca canadensis* 和 *Latuca graminifolia*,在美国东南部大面积同地生长,都是路边野草,人工杂交可育,但在自然界中,前者夏季开花而后者在早春开花,因而得以保持为两个形态各异的不同的物种。

(3) 生殖隔离:生殖隔离是指生物种群间不能杂交或杂交子代不育的隔离方式,生殖隔离是划分物种的主要依据。它包括受精前的生殖隔离和受精后的生殖隔离两种类型。

受精前的生殖隔离是生殖隔离的初级形式,包括选择交配(或称为心理隔离)、受精隔离等形式。心理隔离指有求偶行为的动物,异性个体间缺乏引诱力,因此不相互交配。受精隔离是指体内受精的动物在交配后,或体外受精动物在释放配子后,或植物在花粉到达柱头以后,在一系列反应中有某种不协调,使雌雄配子不能结合。例如,曼陀罗属(*Datura*)内,花粉管在异种花柱内生长的速度比在同种花柱内低得多,有时甚至在异种花柱内破裂。

受精后的生殖隔离是生殖隔离的高级形式,这种隔离方式是由于遗传物质的差异形成的。包括两种主要类型:杂种不活、杂种不育。杂种不活是指杂种不能正常发育或不能发育到性成熟的阶段;杂种不育则是指杂种不能生育的现象。例如,马的染色体数 $2n=64$,驴的染色体数 $2n=62$,马与驴杂交的子代——骡子的染色体数为 63。骡子形成生殖细胞时,染色体不能正常联会,导致不规则的分布而不能形成正常的生殖细胞,造成不育。植物中,萝卜(*Raphanus sativa*, $2n=18$)与甘蓝(*Brassica oleracea*, $2n=18$)杂交,杂种 F_1——萝卜甘蓝(*Raphanobrassica*)也是不育的,但将杂种 F_1 染色体加倍得到双二倍体(amphiploid)以后,就正常可育了。

在地理隔离和生态隔离的基础上,进一步产生生殖隔离特别是遗传隔离,就完成了新物种形成的飞跃过程。

总之,综合进化理论以现代遗传学的成就阐明了变异、重组、选择和隔离等因素在生物进化和物种形成中的作用,提出了生物进化是群体遗传结构的改变等观点,弥补了 Darwin 学说的不足,是现代进化科学的主流。但是综合进化理论也有不完善的地方,如对于生物体的新结构、新器官的起源,适应性的起源,以及生物的生活习性和生活方式的改变等问题并不能给出很好的解释;也未涉及从分子水平上揭示生物进化的规律。

14.4.4 分子水平的进化

20 世纪 50 年代末,随着蛋白质测序技术的发展,尤其是 1985 年 PCR 技术发明之后,DNA 测序技术的飞速发展使得大量的分子数据不断涌现,人们已应用这些分子数据研究群体中的遗传变异和生物种系的发生。

分子水平上的研究发现,在生物大分子中蕴藏了丰富的生物进化信息。在不同物种中,相应核酸和蛋白质序列组成存在广泛差异,并且这些差异在生物长期的进化过程中产生,具有相对稳定的遗传特性。根据这类信息可以估测物种间的亲缘关系:物种间的核苷酸或氨基酸序列相似程度越高,其亲缘关系越近,反之亲缘关系越远。

在分子水平上研究生物进化具有以下优点:根据核酸和蛋白质结构上的差异程度,可以从数量上准确估计物种的进化时期和速度;对于结构简单的微生物的进化,只能采用这种方法;可以比较亲缘关系极远类型之间的进化信息。

1. 蛋白质分子中的进化信息

蛋白质的氨基酸顺序决定了它们的空间结构和各种理化性质。分析比较不同物种的某一种蛋白质的氨基酸组成，就可以估计它们之间的亲缘程度和进化速率。蛋白质分子进化速率取决于蛋白质分子中的氨基酸在一定时间内的替换率，其计算公式为

$$K_{aa}=\frac{d_{aa}}{N_{aa}}\div 2T \tag{14-32}$$

式中，K_{aa}为进化速率；d_{aa}为两种同源蛋白质中氨基酸的差异数；N_{aa}为同源蛋白质中氨基酸残基数；T 为两种生物的共同祖先在进化上出现分歧(divergence)时间。计算公式中要除以 2 是因为该蛋白在两个物种中同一位置的氨基酸残基，都可能替换为相应地另一种氨基酸残基。

以血红蛋白 α 链的进化为例，人、马和鲤鱼的 α 链都包括 141 个氨基酸残基，鲤鱼和马有 66 个氨基酸残基不同，人和马有 18 个氨基酸残基不同。根据古生物学研究，鱼类起源于志留纪，距今 4 亿多年(4×10^8)，那么，血红蛋白 α 链从鲤鱼到马的进化速率为

$$K_{aa}=\frac{66}{141}\div(2\times4\times10^8)=0.6\times10^{-9}/(\text{氨基酸}\cdot\text{年}) \tag{14-33}$$

人和马的共同祖先大约在 8 千万年前开始出现分歧，血红蛋白 α 链从马到人的进化速率为

$$K_{aa}=\frac{18}{141}\div(2\times8\times10^7)=0.8\times10^{-9}/(\text{氨基酸}\cdot\text{年}) \tag{14-34}$$

用同样的方法计算各种脊椎动物的血红蛋白 α 链的氨基酸替换率，结果都近似于 10^{-9}，表明血红蛋白 α 链的分子进化速率在不同生物中几乎是相同的。

用分子进化速率可以推断分子进化钟(molecular evolutionary clock)，简称分子钟。对不同物种多种蛋白质分子进化速率的计算结果表明，K_{aa}值一般都在 10^{-9}。因此，日本学者 Kimura 建议将 10^{-9}定为生物分子进化钟的速率。

蛋白质分子进化中被深入研究的另一种蛋白质是细胞色素 c。细胞色素 c 是呼吸链的重要成分，广泛分布于现存的生物类群中。细胞色素 c 是一种非常保守的蛋白质，在生物氧化过程中担任电子传递体。很多生物的细胞色素 c 的氨基酸序列都已被测定，细胞色素 c 共有 104 个氨基酸残基。对从酵母菌到人类的 34 种生物细胞色素 c 的氨基酸顺序进行比较，发现超过 1/2 的氨基酸残基在 34 个物种中是共有的，一般称作不变区；而变异区则因不同物种而不同(表 14.10)。

表 14.10　各种生物与人的细胞色素 c 所不同的氨基酸数目

生　物	氨基酸差别	生　物	氨基酸差别	生　物	氨基酸差别
黑猩猩	0	鸡	13	小麦	35
猕猴	1	响尾蛇	14	链孢霉	43
袋鼠	10	金枪鱼	21	酵母菌	44
狗	11	鲨鱼	23		
马	12	天蚕蛾	31		

黑猩猩和人的 104 个氨基酸完全一样，猕猴和人只有 1 个氨基酸的差别，人和酵母菌则相差很大，在 104 个氨基酸中共有 44 个不同。这种相似与相异几乎完全取决于分歧时间。

从古生物学研究上已经知道各类生物相互分歧的地质年代，如果以横坐标代表任何两类生物发生分歧后经过的时间，纵坐标代表蛋白质中每个氨基酸残基的平均替换率，则所得曲线表示蛋白质的分子进化速率。图 14.4 上的线条都是直线，表明每一种蛋白质的分子进化速率都是恒定的，但是不同蛋白质的进化速率不同。纤维蛋白肽的分子进化速率是比较快的，每百万年可以置换氨基酸残基的 1%；而血红蛋白和细胞色素 c 这两种蛋白质，若要改变氨基酸残基中的 1%则分别要 580 万年和 2 000 万年。至于真核生物染色体上的组蛋白Ⅳ有 102 个氨基酸残基，它的保守性更大，估计要经过 6 亿年才能改变氨基酸顺序的 1%，变化速率是细胞色素 c 的 1/30。

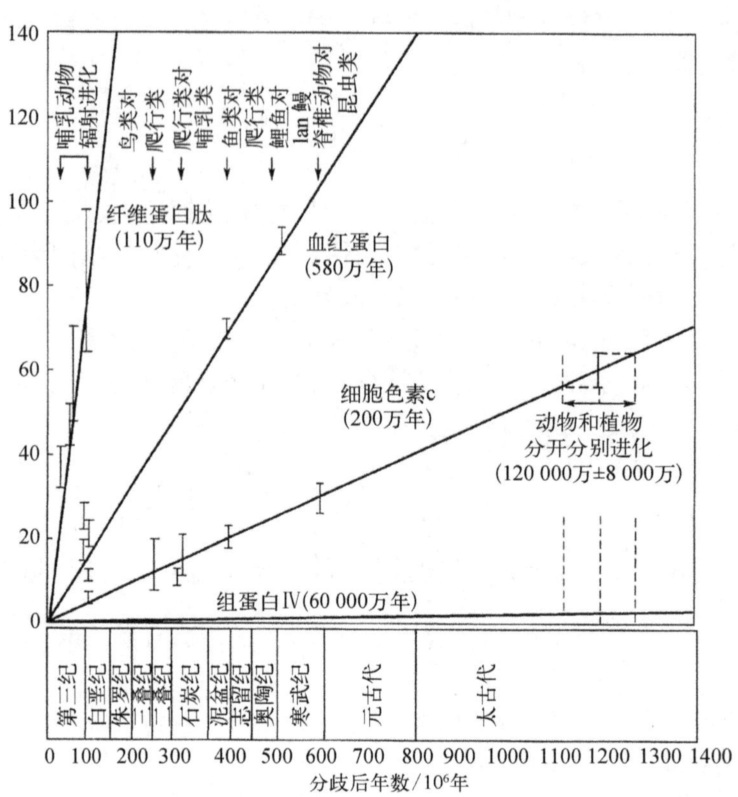

图 14.4 四种蛋白质的进化速率

斜线代表进化速率，改变氨基酸顺序 1%需要的年数注明在括号内(斜线上的竖线代表标准误)

物种中蛋白质的稳定性及易变性也反映了蛋白质间的亲缘关系，如较稳定的组蛋白Ⅳ就显示了所有物种间的某种亲缘关系，也就是这些物种起源的同一性。而极易变化的蛋白质，正好说明了相对少数几种物种的亲缘关系。

2. 核酸分子中的进化信息

一般而言，高等生物遗传信息比低等生物复杂，因此基因组内 DNA 含量较高；而低等生物的基因组 DNA 含量就相对较低(图 14.5)。这是因为生物越高级就需要大量的基因来维持较为复杂的生命活动。例如，λ 噬菌体有 9 个基因，SV40 病毒有 6～10 个基因，而人类有 2 万多个基因。另外，有一些基因只有高等生物才有。例如，编码血红蛋白的基因、免疫球蛋白的基因等。

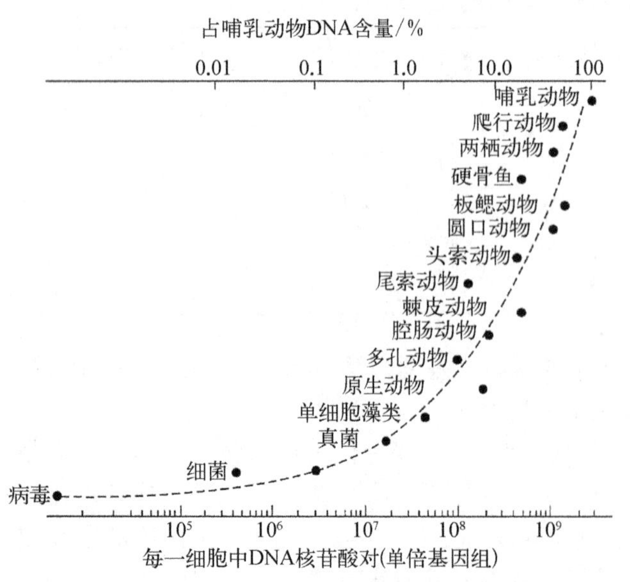

图 14.5 各类生物的每一细胞中 DNA 含量

(仿自 Nei M, 1975)

纵坐标尺度和曲线形状是任意的

但是基因组 DNA 含量与生物的进化并不存在必然的对应关系。例如，一种肺鱼比哺乳动物 DNA 含量几乎高出近 40 倍，许多两栖类 DNA 的含量也远远超过哺乳动物，玉米 DNA 的含量是哺乳动物的两倍多(表 14.11)。一些结构和发育都十分简单的真核生物，如阿米巴虫却具有极高的 DNA 含量(10^{12} bp)。这可能是因为这些生物的基因组中存在大量高度重复且无功能的 DNA 区段，所以造成 DNA 含量与其进化水平的矛盾。可见单凭 DNA 的含量高还不足以产生复杂的生物，只有基因组中拥有足够数量的具有一定功能的基因才行。

表 14.11　各类生物 DNA 的含量

生物	每基因组的核苷酸对	生物	每基因组的核苷酸对
哺乳动物	3.2×10^{9}	果蝇	0.1×10^{9}
鸟	1.2×10^{9}	玉米	7×10^{9}
蜥蜴	1.9×10^{9}	链孢霉	4×10^{7}
蛙	6.2×10^{9}	大肠杆菌	4×10^{6}
大多数硬骨鱼	0.9×10^{9}	T_4噬菌体	2×10^{5}
肺鱼	111.7×10^{9}	λ噬菌体	1×10^{5}
棘皮动物	0.8×10^{9}	ϕX174	6×10^{3}

核酸序列中同样也包含了丰富的进化信息。已有研究显示，不同的基因或同一基因中的不同序列，其进化的模式和速率是不同的。特定 DNA 序列的分子进化速率可以通过比较由共同祖先分歧产生的两种不同生物的 DNA 序列来进行估算，从而用分子进化钟来估算其他物种进化的分歧时间。

共同祖先的一种单个的 DNA 序列经过分歧后的独立进化产生两种生物间 DNA 序列的差异，这种差异表现为相应位点核苷酸对的替换、不同长度序列拷贝数的差异或是基因或其他序列发生易位等。应用各种分子生物技术能够检测序列或位点之间的差异。例如，DNA 杂交、RFLP、AFLP、SSLP 和 SNP 等 DNA 标记技术，当然终极的技术是 DNA 测序。通过同功蛋白基因、非蛋白表达基因序列的两两比较或多重比较，并进行差异性分析可以构建分子水平的系统进化树（evolutionary tree）或种系发生树（phylogenetic tree）。种系发生树是指把物种安排在合适的位置，以反映它们来自一个共同的祖先，及其相互之间的亲缘关系。图 14.6 是基于细胞色素 c 基因的核苷酸变化而构建的系统进化树，从中可以确认哺乳动物是一个相关类群，而鸟类是另一个相关类群，就像通过比较形态学和常识推测的那样。

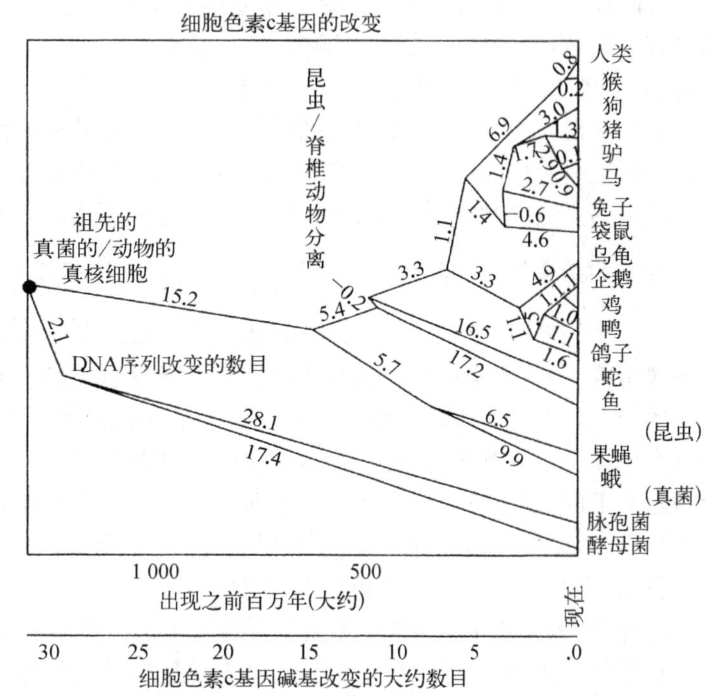

图 14.6　基于细胞色素 c 基因的核苷酸变化构建的系统进化树
数字表示每个分支发生的核苷酸改变的平均数目

3. 分子进化的中性理论

分子水平的研究发现群体中存在大量的中性基因变异，这类变异对生物的生存既没有好处，也没有坏处，在选择上是中性的。中性基因的产生有以下几种情况：① 发生在非编码区的非功能性突变；② 同义突变，碱基序列之间存在差异，氨基酸序列不改变；③ 氨基酸序列发生改变，但蛋白质的功能不发生改变，无表型选择意义。例如，同工酶；又如不同生物的细胞色素 c 的氨基酸残基有些不同，但它们的生理功能却是相同的。人的血红蛋白链中，任一个氨基酸发生替换都将产生一种异常的血红蛋白分子，可是这些异常的血红蛋白分子，只有一部分会改变同氧分子结合的能力，使人患病；另一部分突变则对血红蛋白的生理功能并无不良影响，这样的突变显然在选择上也是中性的。

分子水平上的研究表明，生物 DNA 水平上的进化速率远远高于形态上的进化速率，中性基因的进化速率高于功能上重要基因的进化速率。而根据自然选择学说，具有适应性意义的基因，在自然选择的作用下进化速率应该比中性基因快；存在于物种间分子水平上的差异也更大。许多研究还揭示，在生物物种内广泛存在着丰富的蛋白质和酶的多态性变异，这些多态性并无可见的表型效应，但这种遗传多态性比以前假定的也要高很多。很显然，自然选择理论不能对此予以解释。此外，前文已述及，不同蛋白质的分子进化速率不相同,但同一种蛋白质的分子进化速率都是恒定的,这种恒定性不可能由自然选择所引起,因为自然选择学说认为氨基酸的替换速率随着选择压的改变而改变。

1968年,Kimura基于分子水平的进化研究成果提出了中性突变-随机漂移理论(neutral mutation-random drift theory),简称分子进化的中性理论。

中性学说认为:进化中大多数氨基酸和核苷酸在物种间的变化是在连续的突变压作用之下,由选择上呈中性或近中性的突变经随机固定所造成的。

在进化过程中单位时间(年或世代)内,令中性等位基因的替换率为k。在有N个二倍体的随机交配群体内,$k=2Nux$。这里u是单位时间(与k同一时间单位)内每个配子的突变率,x是一个中性等位基因最后被固定的概率。

由于N个个体的群体在每个常染色体基因座上有$2N$个等位基因,如果等位基因是中性的,所有基因固定下来的概率都相等,则$x=\frac{1}{2N}$,以x值带入$k=2Nux$,则会有$k=2Nu\frac{1}{2N}=u$。

由此证明了中性等位基因的替换率直接等于它们的突变率,它与种群大小、物种的生殖力和寿命等参数都没有关系,也不受环境因素的影响。这意味着,如果突变率保持恒定,则分子进化速率也将保持恒定;还意味着,分子进化是随机发生的,而不是选择的结果。

中性学说指出,群体中蛋白质的遗传多态性代表了基因替换过程中的一个时期,而且大多数多态等位基因在选择上是呈中性的,因而是突变和随机漂变之间的平衡来维持的。换言之,变化的突变型替换和分子的多态现象不是两个独立的现象,而是同一现象的两个方面。按照这一理论,突变与遗传漂变效应平衡,则每个基因座的杂合性的期望值是$\frac{4Neu}{4Neu+1}$,其中Ne是有效群体大小。

综上所述,中性学说认为:选择上呈中性或近中性的突变等位基因在群体中的频率逐代变化起因于随机的遗传漂变,而不是由自然选择作用于有利突变引起的。该学说并不否认自然选择在决定适应性进化过程中的作用。但认为进化中的DNA变化只有一小部分是适应性的,而大量不在表型上表现出来的分子替换对有机体的生存和生殖并不重要,只是随物种随机漂变着。中性学说的本质并不是强调分子的突变型是严格意义上的选择中性,而在于它们的命运在很大程度上是随机的遗传漂变所决定的。换言之,在分子进化的过程中,选择作用是如此微不足道,以致突变压和随机漂变起着主导的作用。

目前,中性学说的准确性和适用范围仍有争议。一般认为,中性学说能更好地解释分子水平上生物大分子的进化,而表型水平上DNA和蛋白质的进化无可争议地受到自然选择的作用。因此,可以认为:中性学说是在现代分子生物学发展的基础上,对自然选择学说的补充和发展。

14.5 物种的形成

物种(species)是生物分类的基本单位,是具有一定的形态结构和生理特征,分布在一定区域内的生物类群,也是生物繁殖和进化的基本单元。界定物种的主要标准是:是否存在生殖隔离,雌雄个体能否相互交配并产生可育的后代。这一标准最初是由Linné所确立的。同种的个体间可以交配产生后代,进行基因交流从而消除群体间的遗传结构差异;不同物种的个体则不能交配或交配后不能产生有生殖力的后代,因此不能进行基因交流。马和驴虽然能够杂交产生骡子,但骡子不能生育,因此马和驴各自属于不同的物种。

每个物种都具有相当稳定的遗传特性,同时,物种也处于不断的发展变化之中。新种的形成和发展则有赖于可遗传的变异,新种的形成是一种由量变到质变的过程。生物进化研究的中心问题,就是物种如何形成的问题。物种的形成可以概括为渐变式物种形成(gradual speciation)和爆发式物种形成(sudden speciation)两种不同的方式。

14.5.1 渐变式物种形成

渐变式是地球历史上物种形成的主要方式,也是Darwin自然选择学说所描述的新物种形成的方式,因此又称为 Darwin 式进化。渐变式是指在很长的时间内旧物种通过突变、选择等过程，首先形成若干地理族或亚种，小的变异逐渐积累，然后发展出生殖隔离的机制，逐渐演变形成新的物种。渐变式又可以分为继承式和分化式。

继承式物种形成(successional speciation)：一个物种在突变、选择等因素的作用下，导致群体的遗传结构改变，经过一系列中间类型过渡为新物种。例如，马的进化历史就是这种方式。

分化式物种形成(differentiated speciation)：是指一个物种在变异累积和隔离(地理隔离与生态隔离)共同作用下，先形成两个或两个以上的地理亚种或生态亚种；亚种间遗传结构进一步分化形成生殖隔离，从而分化形成两个或两个以上的新物种。例如，15 世纪初期，有人在非洲西北角的一个岛上放了一窝欧洲野兔。岛上由于没有野兔的天敌，它们繁殖速度非常快。到了 19 世纪，岛上的野兔和欧洲兔有了显著的变异，其体形只有欧洲野兔的一半大小，毛色、生活习性也有了很大差别，而且与欧洲野兔产生了生殖隔离，彼此杂交不育，表明已经分化成两个不同的兔种。

14.5.2　爆发式物种形成

地球上的有些物种可能是在较短的时间内以爆发式的方式形成的，它可能起源于遗传物质在短时间内发生的较大变化，在自然选择的作用下快速导致新物种的形成，并且没有经过亚种的阶段。

物种的分化可能是通过染色体的畸变形成的。谈家桢研究过的两个果蝇种 *Drosophila pseudoobscura* 和 *Drosophila miranda*，二者可以杂交，但产生的杂种不育。细胞学研究发现，虽然二者染色体数目都是 $2n = 8$，染色体内部结构有许多部分彼此相似，另有许多部分则发生了倒位和易位。植物中也存在染色体畸变导致物种分化的现象。例如，百合科中的头巾百合和竹叶百合都有 12 个连锁群 ($2n = 24$)，两个种之间的分化是由 6 个染色体(M1、M2、S1、S2、S3、S4)发生臂内倒位形成的，两个种的 S5、S6、S7、S8、S9、S10 染色体仍相同。

染色体加倍也可能导致物种的快速形成。自然界中染色体的多倍化常见于植物，多倍化有两种方式：同源多倍化和异源多倍化。马铃薯的普通栽培种是其野生二倍体种经过染色体加倍后变成的同源四倍体，马铃薯的栽培种很难与原始的二倍体种杂交，于是成为一个新种。

异源多倍化在被子植物的形成过程中具有重要的作用，甚至有人认为它是高等植物形成的主要方式。如第 8 章所介绍的，普通小麦起源于三个不同的野生种，逐步地通过远缘杂交和染色体数加倍，形成异源六倍体物种。科学家已经人工合成了与普通小麦相似的新种，新种能与普通小麦杂交并产生可育的后代，这为爆发式物种形成提供了实验证据。

采用远缘杂交和细胞遗传学分析方法，遗传学家还证明了棉花、烟草和芸薹属的许多复合种，都是由基本的二倍体种经过杂交和染色体加倍形成的异源多倍体物种。

现在对于棉属物种的进化有了比较清楚的认识。中棉(*Gossypium arboreum*)和草棉(*Gossypium herbacum*)各有 26 条染色体，陆地棉(*Gossypium hirsutum*)和海岛棉(*Gossypium barbadense*)各有 52 条染色体。目前，我国栽培的棉花都属于陆地棉，原产于中南美洲。根据棉属内各物种间亲缘关系的研究，陆地棉很可能是非洲的草棉和美洲的野生棉(*Gossypium raimondii*)杂交后，经过染色体加倍形成的异源四倍体。

陆地棉的生殖细胞有 26 条染色体，根据染色体大小可以区别为两个染色体组 A 和 D，每组各有 13 条染色体。A 组较大，和草棉的相似；D 组较小，和美洲野生棉相似。陆地棉与草棉和美洲野生棉分别杂交，F_1 都是三倍体，减数分裂时形成 13 个二价体和 13 个单价体。陆地棉与草棉、陆地棉与美洲野生棉都存在生殖隔离。非洲的草棉和美洲的野生棉杂交，F_1 高度不育，但 F_1 的染色体人工加倍后形成的双二倍体，即高度可育，且与草棉和美洲野生棉均有高度的生殖隔离，已形成一个新种。这个新种在很多特征上都和陆地棉相似，二者杂交高度可育。

人工合成自然界原本不存在的新物种，为爆发式物种形成提供了实验根据。我国遗传学家鲍文奎培育的八倍体小黑麦(*Triticale octopioid*)是一个人工合成的新物种，它是由普通小麦(染色体组为 AABBDD，$2n = 6x = 42$) 与黑麦(*Secale cereale*，染色体组为 RR，$2n = 2x = 14$) 杂交，再经人工染色体加倍而获得的新种。八倍体小黑麦的染色体组为 AABBDDRR，$2n = 8x = 56$。小黑麦具有小麦优良的面粉品质和黑麦的抗逆性等优点，在农业生产中具有较高的经济价值。

思考题

1. 人类的会卷舌对不会卷舌是完全显性。某人群中会卷舌者的比例是64%，该人群中会卷舌基因(A)和不会卷舌基因(a)的频率分别是多少？一个会卷舌者与一个不会卷舌者结婚，得到一个会卷舌孩子的概率是多少？
2. 两个小鼠的毛色纯系，一为黑毛，另一为白毛，分别由一对等位基因B和b控制，它们杂交的F_1能否达到Hardy-Weinberg平衡？为什么？如果不能达到平衡，什么交配方式才能导致交配一代达到平衡？
3. 人类的一个群体中血型基因i、A、B的比例为6∶3∶1，若随机婚配，则血型A、B、O和AB型的比例是多少？
4. 人类中，大约12个男性中有1个红绿色盲，问：在女人中色盲比例是多少？整个人群中色盲女人比例为多少？
5. 当选择对杂合子不利时，对选择导致基因频率的改变进行数学推导。
6. 当隐性纯合体完全致死时，在群体中该隐性致死等位基因的最高频率是多少？当该致死等位基因频率达到最高值时，群体的基因型组成是什么？这时如果群体再随机交配一代后，该隐性致死基因的频率是多少？
7. 影响群体遗传平衡的因素有哪些？
8. Lamarck和Darwin对于生物进化有什么不同看法？他们的进化理论还有哪些不合理性？
9. 生殖隔离的机制有哪几种？生殖隔离在物种形成过程中的作用是什么？
10. 请设计一个实验，区别细菌耐药性的提高是选择的结果，还是药物引起的后天获得性状(耐药性)的结果？

推荐参考书

1. 戴灼华，王亚馥，粟翼玟. 2008. 遗传学(第2版). 北京：高等教育出版社.
2. 刘庆昌主编. 2010. 遗传学(第2版). 北京：科学出版社.
3. 迈尔. 2009. 进化是什么. 田洺译. 上海：上海科学技术出版社.
4. 赵寿元，乔守怡. 2008. 现代遗传学(第2版). 北京：高等教育出版社.
5. Fletcher H, Hickey I, Winter P. 2010. Instant Notes in Genetics. 3rd edition. 张博等译. 精要速览系列-遗传学(第3版). 北京：科学出版社.

遗传学大事年表

遗传学是生命科学中发展最快的学科之一，并一直推动着生命科学向前发展．下面将 140 多年来在遗传学的建立和发展过程中具有重大(或较大)知识创新的大事按年代列出，制成此年表，供学生和科学工作者认识参考。

1856 G. Mendel 开始进行豌豆杂交实验。

1865 Mendel 在布隆自然科学协会 2 月 8 日和 3 月 8 日的学术例会上相继报告他的豌豆杂交实验结果。

1866 Mendel 在布隆自然科学协会会刊第 4 卷上发表他的论文《植物杂交实验》，但此后被学术界忽视达 34 年之久。

1871 F. Miescher 发现核酸。

1883 A. Weismann 指出动物体细胞与生殖细胞的区别，并强调只有生殖细胞才传递给下一代。

1888 W. Waldeyer 提出"染色体"这一术语，用来指 W. Roux 于 1883 年报道的细胞核内能染色的丝状体，还曾同时猜测这些丝状体是遗传因子的载体。

1889 F. Galton 发表《自然的遗传》，其中叙述了数量性状的定量测量，并由此开创了生物数学和变异的统计研究。

1899 在英国伦敦召开"植物杂交工作国际会议"，后来被"追认"为"首届国际遗传学大会"。

1900 荷兰的 H. de Vries 、德国的 C. Correns 和奥地利的 E. Tschermak 重新发现 Mendel 定律，W. Bateson 在英国皇家学会的一次致辞中也特别强调了 Mendel 的重大贡献，1900 年被认为是遗传学的诞生之年。

1901 H. de Vrits 提出"突变"的概念和术语。

1902 在美国纽约召开"植物杂交工作国际会议"，后来被"追认"为"第 2 届国际遗传学大会"。

T. Boveri 与 W. S. Sutton 提出染色体在细胞分裂中的行为与 Mendel 的遗传因子平行，提出了一个有科学依据的染色体是遗传因子载体的假说。

1906 在英国伦敦召开"杂交和植物育种国际会议"，大会主席 W. Bateson 提出"遗传学"(Genetics)这个学科的正式名称，闭幕时该次大会被称为"第 3 届国际遗传学大会"。

W. Bateson 与 R. C. Punnett 在甜豌豆中发现连锁遗传现象。

1908 英国医生 G. H. Hardy 和德国数学家 W. Weinberg 各自独立提出群体中遗传因子频率的平衡法则，开创了群体遗传学的研究。

1909 G. H. Shull 育成杂交玉米，植物杂种优势利用从此提高到一个新阶段。

A. W. Garrod 出版《先天性代谢差错》一书，揭示了基因作用与酶的关系，也是医学遗传的先导。

W. Johannsen 提出"基因"(gene)的术语以取代 Mendel 的概念不精确的"遗传因子"，并明确提出"基因型"(genotype)与"表现型"(phenotype)概念的区分。

C. Correns 和 E. Bauer 发现某些植物叶绿体缺失的"非 Mendel 遗传"，成为细胞质遗传的先导。

H. Nilsson-Ehle 提出多因子假说来解释小麦种皮颜色的数量遗传。

1910 T. H. Morgan 发现白眼果蝇，并以之作为实验材料，开创了果蝇遗传学的研究。

1911 Morgan 提出果蝇的白眼、黄身和小翅基因连锁于 X 染色体上。

1912 F. Rambousek 发现蝇类的唾腺染色体。

Morgan 发现雄果蝇中不发生交换，还发现一个性连锁的致死基因。

1913 日本家蚕遗传学家 Y. Tanaka 发现雌性家蚕中不发生交换。

Morgan 的学生 A. H. Stutervant 在果蝇遗传中为连锁概念提供了实验基础，并绘制出一个连锁图。

1915 R. B. Goldschmidt 在舞毒蛾不同地理品系的杂交中发现多种性别类型，提出"中间性"(intersex)的概念。

Morgan 的学生 C. B. Bridges 在果蝇中发现同源异形突变(homeotic mutation)——双胸突变(bithorax)。

1917 Bridges 在果蝇中发现首例染色体缺失。

1918 H. J. Muller 在果蝇中发现平衡致死现象。

1919 Morgan 指出果蝇的基因连锁群数目与单倍染色体的数目一致。

Bridges 在果蝇中发现首例染色体重复。

1920 A. F. Blakeslee 等发现植物三倍体。

1922 Blakeslee 等发现植物单倍体。

1923 Bridges 在果蝇中发现首例染色体易位。

1924 R. Feulgen 和 H. Rossenbeck 提出一种细胞化学检测方法，目前仍广泛用于研究 DNA 的定位，被称为"Feulgen 染色法"。

A. E. Boycott 和代维 C. Diver 报道锥实螺螺壳表现"延迟"的 Mendel 式遗传，A. H. Stutevant 指出锥实螺螺壳的旋向由卵细胞质决定，因而是由母体的基因型所控制的，这是遗传学中发现的首例"母体影响"。

1925 Bridges 完成三倍体果蝇的非整倍体子代分析，指出果蝇的性别与性染色体和常染色体的比例有关。

Stutevant 分析了果蝇"棒眼"的遗传，认为是由基因重复所致，还发现了基因的位置效应。

F. Bernstein 指出人类的 A ,B ,O 血型由一个等位基因系列所控制。

T. H. Goodspeed 和 R. E. Clausen 制造了一个烟草的双二倍体。

1926 Stutevant 在果蝇中发现首例染色倒位。

N. I. Vavilov 出版《栽培植物的起源与地理分布》，其中提出作物的起源中心假说。

1927 B. O. Dodge 开创粗糙脉孢霉(*Neurospora*)的遗传学研究。

G. D. Karpechenko 制造出一个异源四倍体的杂种"萝卜甘蓝". Muller 用 X 射线人工诱变果蝇成功。

1928 I. J. Stadler 用 X 射线诱变玉米并证明射线的剂量与诱变频率成正比。

F. Griffith 发现肺炎球菌的遗传化现象。

1930 1930 至 1932 年间, R. A. Fisher、J. B. S. Haldane 和 S. Wright 出版一系列书籍,奠定了群体遗传学的数学基础。

1933 T. S. Painter 开创果蝇唾腺染色体的细胞遗传学研究。

H. Hashimoto 发现控制家蚕性别的染色体机制。

1934 M. Schlesinger 报道噬菌体由 DNA 和蛋白质构成。

A. Folling 发现苯丙酮尿症,这是首次发现的引起智力障碍的遗传代谢病。

H. Bauer 指出大型的唾腺染色体是多线体。

1935 J. B. S. Haldane 首次计算人类基因的自发突变率。

G. W. Beadle、B. Ephrussi 和 A. Kuhn、A. Butanandt 分别进行果蝇和地中海粉螟眼色的生化遗传学研究。

W. M. Stanley 分离并结晶出烟草花叶病毒。

Bridges 发表果蝇的唾腺染色体图。

1936 M. N. Timofeyeff-Ressovsky 和 M. Delbruck 从放射线作用的靶理论估算基因的体积。

C. Stein 在果蝇中发现体细胞交换。

1937 T. Dobzhansky 出版《遗传学与物种起源》一书,该书是进化遗传学(新 Darwin 主义)的一个里程碑。

H. Karstrom 发现细菌的酶诱导现象,并提出"诱导酶"和"固有酶"的概念和术语。

F. C. Bawden 和 N. W. Pirie 发现烟草花叶病毒由蛋白质和少量 RNA 构成。

1938 B. McClintock 发现玉米染色体的"桥—断裂—融合—桥"循环。

M. M. Rhoades 发现玉米中的增变基因 Dt。

1939 E. L. Ellis 和 M. Delbruck 研究 *E. coli* 噬菌体的繁殖过程,开创了现代噬菌体的研究。

E. Knapp 和 H. Schreiber 在细菌中发现诱变效应最大的紫外线波长与核酸的最大吸收波长一致. 后来被认为是核酸作为遗传物质的间接证据之一。

1941 G. W. Beadle 和 E. L. Tatum 发表链孢霉生化遗传学的经典论文并提出"一个基因一种酶"的假说。

J. Brachet 和 T. Caspersson 各自独立指出,RNA 位于核仁与细胞质中,其含量与细胞合成蛋白质的能力直接有关。

C. Auerbach 与 J. M. Robson 发现芥子气能诱发果蝇突变,开创了化学药物人工诱变的研究. 由于在二战中有毒气体的研究属保密内容,该结果推迟至 1946 年才发表。

K. Mather 提出"多基因"(polygene)的术语,并描述了许多生物的多基因性状。

S. E. Luria 和 M. Delbruck 确证细菌具有自发突变,开创了细菌遗传学的研究领域。

1944 O. T. Avery 等证明 DNA 是肺炎链球菌的遗传转化因子,表明 DNA 是遗传的化学基础而不是蛋白质。

E. L. Tatum 、D. Bonner 和 G. W. Beadle 利用链孢霉的营养缺陷型得出色氨酸生物合成的中间步骤。

1945 S. E. Luria 证明噬菌体可产生突变。

1946 M. Delbruck、W. T. Bailey 和 A. D. Hershey 证明噬菌体的遗传重组。

J. Lederberg 和 E. L. Tatum 证明细菌的遗传重组。

1948 A. Boivin 等指出生物不同细胞中单倍染色体组的 DNA 含量是恒定的,后来被认为是 DNA 作为遗传物质的间接证据之一。

H. K. Mieschall 和 J . Lein 发现链孢霉的某些突变株丧失合成色氨酸的能力,这是"一个基因一种酶"理论的直接证据。

J. Lederberg 等发明用青霉素选择技术分离细菌的生化缺陷突变型。

1949 B. Ephrussi 等发现酵母菌的"小菌落"细胞质基因突变。

A. Kelner 发现可见光对潜在紫外线引起的损伤有回复作用,被称为"光回复现象"。

J. V. Neel 证明镰形细胞贫血为单基因隐性遗传。

1950 B. McClintock 发现玉米的 Ac - Ds 转座因子系统。

E. Chargaff 证明 DNA 分子脱氧腺苷酸与脱氧胸腺嘧啶核苷酸含量相等;脱氧鸟嘌呤核苷酸与脱氧胞嘧啶核苷酸含量相等。

A. Lwoff 等发现溶源性细菌,提出"原噬菌体"概念,并发现紫外线能诱导原噬菌体成为感染性噬菌体。

J. Lederberg 发现大肠杆菌的 λ 噬菌体。

1951 G. Gey 建立人类 HeLa 细胞的永久培养系, J. Mohr 首次发现人类的常染色体连锁(两种血型系统)。

Y. Chiba 应用细胞化学的 Feulgen 染色法证明叶绿体中含有 DNA。

1952 N. D. Zinder 和 J. Lederberg 发现鼠沙门氏菌的转导现象。

W. Beermann 观察到昆虫多线染色体"膨突"(puff)型式的组织特异性,并认为与不同的基因活化有关。

A. D. Hershey 和 M. Chase 证明噬菌体入侵寄主细胞的是 DNA ,蛋白质外壳则留在细胞外,这是 DNA 作为遗传物质的又一直接证据。

1953 J. D. Watson 和 F. H. C. Crick 提出有名的 DNA 双螺旋结构模型。

C. C. Lindegren 在酵母中发现基因转换现象。

A. Howard 和 S. R. Pelc 发现植物细胞有丝分裂各时期中 DNA 的倍数性变化。

W. Hayes 分离出大肠杆菌的高频重组品系 Hfr，并发现杂交时有的基因易进入受体细菌，而另一些基因则很难进入。

1954 G. Gamow 通过排列组合的计算，提出遗传密码是三联体的假说。

A. C. Allison 发现镰状细胞贫血的杂合子能抵抗疟疾感染，这是人类群体中遗传平衡多态性的首例。

H. Bickel、J. Jerrard 和 M. Hickmans 报道，患苯丙酮尿症的婴儿喂饲人工配方的低苯丙氨酸食物后，症状大为改善。

1955 M. Hoagland 制备出合成蛋白质的无细胞体系。

S. Benzer 研测 *E. coli* T_4噬菌体 rⅡ基因区的精细结构，并提出顺反子、重组子、突变子等概念和术语，后二者是亚基因结构，表明基因是可分的。

H. Frankel-Conrat 和 R. C. Williams 从烟草花叶病毒不同品系来源的 RNA 和蛋白质重组"杂种"病毒。

M. Grunberg-Manago 和 S. Ochoa 分离出第一种与核酸合成有关的酶——多核苷酸磷酸化酶。

1956 H. B. Kettlewell 研究椒花蛾的工业黑化机制，证明是由于显眼的浅色型更多地被鸟捕食之故。

F. Jacob 和 E. L. Wollman 证明细菌交配时 DNA 片段从供体进入受体。

S. Ochoa 领导的研究小组在体外酶促合成多聚核糖核苷酸（RNA）；A. Kornberg 领导的研究小组在体外酶促合成多聚脱氧核糖核苷酸（DNA）。

美籍华裔科学家 J. H. Tjio 和 A. Levan 证明人体细胞二倍染色体数目为 46 而不是以前认为的 48。

C. E. Palade 和 P. Siekevitz 分离出核糖体。

M. J. Moses 和 D. Fawcett 分别独立观察到精母细胞中的染色体联会复合体。

A. Gierer、G. Schramm 和 H. Fraenkel- Conrat 分别独立证明 RNA 是烟草花叶病毒感染的遗传的化学物质，而不是蛋白质。

1957 J. H. Taylor 等应用放射性标记的胸腺嘧啶与放射自显影技术，证明蚕豆染色体的半保留复制。

E. W. Sutherland 和 T. W. Rall 分离出环腺苷酸(cAMP)。

V. M. Ingram 报道镰状细胞贫血者与正常人血红蛋白仅差一个氨基酸(缬氨酸取代谷氨酸)。

F. H. C. Crick 提出遗传信息流的"中心法则"。

1958 F. Jacob 和 E. L. Wollman 证明 *E. coli* 不同 Hfr 品系中不同的基因连锁群实际上是同一个环状连锁群。

F. H. C. Crick 假定蛋白质生物合成过程中存在一个"中介物"，将氨基酸带到 RNA 模板上，并由中介物与模板契合(碱基配对)，从而预示了 tRNA 的发现。

P. C. Zamecnik 及其同事鉴别出氨基酸与 tRNA 的复合物。

H. G. Callan 和 H. G. MacGregor 证明两栖动物的灯刷染色体的线状结构由 RNA 所维系，而不是蛋白质。

F. C. Steward 等从野生胡萝卜的单个细胞培养出完整植株，并认为多细胞生物的每个细胞都具有发育上的"全能性"。

M. Meselson 和 F. W. Stahl 应用重氮标记与密度梯度离心技术证明 *E. coli* DNA 的半保留复制。

1959 J. Lejeune 等发现唐氏综合征为 21 号染色体三体所致。

C. E. Ford 等发现透纳氏症的染色体异常为 XO。

P. A. Jacobs 和 A. Strong 发现克来因费尔特综合征的染色体异常为 XXY。

R. L. Sinsheimer 证明 ΦX 2174 噬菌体的 DNA 为单链分子。

E. G. Krebs 等纯化出第一个蛋白激酶。

E. M. Burnet 提出抗体形成的克隆理论。

A. Lina-deFaria 用放射自显影技术证明异染色质的复制落后于常染色质。

M. Chevremont 等证明线粒体中存在 DNA。

K. McQuillen 等用 *E. coli* 证明核糖体是蛋白质合成的场所。

E. Freese 指出突变是 DNA 分子中单对碱基的改变，并提出"转换"、"颠换"等术语。

1960 P. Doty 等证明 DNA 分子的两条互补链能分开(变性)和重新结合(复性)。

V. Clever 和 P. Karlson 发现蜕皮素能诱导摇蚊的唾腺染色体产生特定的膨突。

1961 F. Jacob 和 J. Monod 发表"蛋白质合成的遗传调节机制"的经典论文，提出有名的操纵子学说。

F. Jacob 和 J. Monod 指出，核糖体本身并不具有编码氨基酸的模板，而是基因 DNA 合成另一种寿命很短的 RNA，它的核苷酸序列中才包含有氨基酸的编码信息，从而预言了 mRNA 的存在. 随后，S. Brenner 证明了 mRNA 的存在。

四个研究小组独立发现哺乳动物雌性细胞中有一条 X 染色体失活，因而雌性细胞是"X"染色体的嵌合体。

S. Benzer 发现 T4 噬菌体的 rⅡ基因区中有两个自发突变率特别高的位点，提出"突变热点"概念。

J. Josse 等证明 DNA 的两条互补链的方向相反。

B. D. Hall 和 S. Speiegelman 证明互补的 DNA 和 RNA 单链可以形成"杂种"分子，从而为分离 mRNA 提供了基础。

S. B. Weiss 等分离出 RNA 多聚酶。

G. von Ehrenstein 和 F. Lipmann 用兔网织红细胞中的 mRNA 和核糖体与 *E. coli* 的 tRNA 混合而成的无细胞体系合成了一种类似于兔血红蛋白的蛋白质，表明了遗传密码的通用性。

F. H. C. Crick 用吖啶黄引起的移码突变证明遗传密码子是三联体。

W. Beermann 证明摇蚊唾腺染色体膨突位点是按 Mendel 方式遗传的。

A. Wacker 等发现紫外线诱发 DNA 分子中胸腺嘧啶二聚体的形成。

M. W. Nirenberg 和 J. H. Matthaei 从 *E. coli* 制备了一个无细胞的蛋白质合成体系，应用该体系以多聚尿嘧啶(PolyU)为模板，导向了多聚苯丙氨酸的合成，从而解读出第一个遗传密码(UUU——苯丙氨酸)。

H. Dintzis 发现血红蛋白的生物合成是从氨基端到羧基端。

U. Z. Littauer 发现核糖体中含有两种高分子量的 RNA，对于细菌，其沉降常数分别为 16S 与 32S，而动物中则为 18S 与 28S。

1962 H. Ris 和 W. Plaut 应用电镜技术发现叶绿体含有 DNA。

E. Zukekandl 和 L. Pauling 计算出真核生物进化中不同的血红蛋白链从一个共同祖先分歧出来的大致时间。

R. R. Porter 提出免疫球蛋白分子的四链模型，即由轻链与重链各两条构成。

U. Hening 和 C. Yanofsky 指出三联体密码子内部的交换可引起氨基酸的取代。

J. B. Gurdon 报道，移植了肠上皮细胞核的两栖类去核卵可以发育成正常可育的蛙，指出体细胞核与生殖细胞核的等效性。

W. Arber 提出 DNA 的限制与修饰模型，预言了限制性核酸内切酶的存在。

1963 R. Rosset 和 R. Monier 发现小分子质量的 5SRNA。

J. G. Gall 证明灯刷染色体中的 DNA 是单个 DNA 双螺旋分子。

J. Monod 和 S. Brenner 提出复制子模型。

J. Cains 证明 *E. coli* 的 DNA 是环状分子，复制时形成 Y 形复制叉。

E. Margoliash 测定了许多不同物种来源的细胞色素 c 的氨基酸顺序，绘出第一个特定基因产物的进化树。

L. B. Russel 发现，当一段常染色体易位到 X 染色体上时，易位点附近的常染色体基因随 X 染色体的失活而失活，从而将失活从 X 染色体扩展到附着其上的常染色体片段。

1964 C. Marbaix 和 A. Burny 从小鼠网织红细胞分离出 9S 的 RNA，推测是一种 mRNA。

C. D. Brown 和 J. B. Gurdon 发现爪蟾中核仁组织者缺失的纯合子不能合成 18S 和 28S 的 rRNA。

1965 L. Hayflick 发现体外培养的人体细胞寿命大约是 50 次分裂增殖。

R. W. Holley 等完成酵母丙氨酸 tRNA 的测序。

S. Spiegeman 等应用 Qβ 复制酶合成了 Qβ 噬菌体的 RNA，从而实现了一种自复制的，感染性 RNA 的体外合成。

S. Brenner 等推论 UAG 和 UAA 是终止密码子。

H. Harris 和 J. F. Watkins 应用仙台病毒实现了人鼠细胞融合，获得第一株动物种间杂种细胞株。

A. J. Clark 鉴定出与基因交换有关的一个基因 recA。

1966 B. Weiss 和 C. C. Richardson 分离出 DNA 连接酶。

M. M. K. Nass 证明线粒体 DNA 是一个环状分子。

F. H. C. Crick 提出“摇摆”假说以解释简并密码子的作用。

J. Adams 和 M. Cappecchi 发现甲酰甲硫氨酰 tRNA 是核糖体上合成多肽链的起始者。

M. Ptashne 发现 *E. coli* 对 λ 噬菌体的受体是一种蛋白质，它直接与 λDNA 结合。

M. Waring 和 R. J. Britten 证明脊椎动物的 DNA 中含有重复顺序。

V. A. McKusick 出版《人类的医学遗传》一书，记载了 1 487 种遗传病(1994 年该书出第 11 版时，已达 6 687 种)。

1967 H. G. Khorana 等应用二核苷酸重复或三核苷酸重复的多聚核苷酸为模板合成多肽，以解读遗传密码。

K. Taylor 等人指出 λ 噬菌体不同基因的转录可以从相对的方向进行，因此同一个 DNA 双螺旋分子转录的 mRNA 可以有+链和一链。

M. Goulian、A. Kornberg 和 R. L. Sinsheimer 以 ΦX174 噬菌体的单链 DNA 为模板，用 *E. coli* 的 DNA 多聚酶在体外合成有生物活性的 DNA。

M. L. Birnsttel 从爪蟾中分离纯化出 rDNA。

1968 R. T. Okazaki 等报道新合成的 DNA 含有许多片段，推论 DNA 是不连续复制的。

M. Kimura 提出分子进化的中性基因学说。

H. O. Smith 分离出第一个限制性内切酶。

D. Y. Thomas 和 D. Wilkie 发现酵母线粒体基因的重组。

S. Wright 出版《进化与群体遗传学》第一卷。

E. H. Davison 在爪蟾卵细胞中发现预先转录的、长寿命 RNA。

J. E. Cleaver 发现色素性干皮病患者有 DNA 修复机制的缺陷。

1969 J. G. Gall 等发明原位杂交技术，用于特异性核苷酸序列的细胞学定位。

H. Harris 等发现抗癌基因。

J. R. Beckwith 从 *E. coli* 分离出乳糖操纵子 DNA。

C. Boon 和 F. Ruddle 应用人鼠杂交细胞克隆进行人类基因的染色体定位。

R. E. Lockard 和 J. B. Lingrel 用从兔网织红细胞多聚核糖体中分离出的 9SRNA 为模板合成了小鼠血红蛋白的 β 链，证实了 C. Marbaix 和 A. Burny 1964 年关于 mRNA 的推测。

1970 H. G. Khorana 等报道酵母丙氨酸 tRNA 基因的全合成。

J. Yourno 等用鼠伤寒沙门氏菌组氨酸操纵子的一对移码突变型将 his D 基因与 his C 基因连到一起，结果该二基因编码的两种酶融合成一个大的蛋白质分子，并具有编码两种酶的功能。

O. Baltimore 和 H. M. Temin 在致癌的 RNA 病毒中发现依赖 RNA 的 DNA 多聚酶(逆转录酶)。

M. L. Pardue 和 J. G. Gall 报道臂内异染色质富含重复性 DNA。

R. Sager 和 Z. Ramanis 绘制第一个细胞质基因连锁图,它包含衣藻叶绿体染色体的 8 个基因。

M. Rodbell 和 L. Birmbaumer 发现,在激素激活腺苷酸环化酶的过程中需要 GTP,推测 GTP 结合蛋白参与信号传递。

1971 M. L. O'Riordan 报道用盐酸阿的平染色可以分辨人类的 22 条常染色体。

A. G. Knudson 推测与视网膜母细胞瘤基因等位的正常基因是一个显性抗癌基因。

R. J. Konopka 和 S. Benzer 发现果蝇中的生物钟基因。

J. E. Manning 和 O. C. Richards 在眼虫的叶绿体中检测到环状 DNA 分子。

J. E. Darnell 指出,在 mRNA 前体的转录后加工过程中,会接上一段多聚腺苷酸,具有稳定 mRNA 的作用。

1972 C. H. Pigott 和 N. G. Carr 发现蓝绿细菌(cyanobacteria)的核糖体 RNA 能与眼虫叶绿体的 RNA 进行分子杂交,这一遗传同源性对真核生物叶绿体的内共生起源说提供了有力支持。

R. Siber 等发现 RNA 连接酶。

D. A. Jackson、R. H. Symons 和 P. Berg 实现 SV40 病毒与 λ 噬菌体 DNA 分子的体外拼接,开启了基因工程的先声。

P. S. Carlson 等应用细胞融合的方法获得植物的种间杂种。

J . Hedgpeth 等鉴别出 λ 噬菌体 DNA 的内切酶识别位点的核苷酸序列。

S. N. Cohen 等报道大肠杆菌可被质粒 DNA 转化,并利用质粒的抗菌性基因进行鉴别和选择。

J. Mertz 和 R. W. Davis 应用内切酶使 DNA 分子产生黏性末端。

1973 R. Kavenoff 和 B. H. Zimm 分析了多种果蝇的 DNA 后,得出结论说,染色体中的 DNA 是一种完整的长链 DNA 分子,在着丝粒区域并不间断。

P. Debergh 和 C. Nitsh 直接从马铃薯的小孢子中成功地培育出单倍体植株。

W. Fiers 等首次完成一个编码蛋白的基因(MS2 噬菌体的外壳蛋白基因) DNA 的测序。

B. E. Roberts 和 B. M. Patterson 制备出一个麦胚的无细胞体系以进行体外蛋白质的生物合成。

1974 J. Shine 和 L. Dalgarno 发现 mRNA 的核糖体结合位点。

I. Zaenen 等人发现引起植物冠瘿瘤的农杆菌中存在诱导植物肿瘤的 Ti 质粒。

K. M. Murray 和 N. N. Murray 改造 λ 噬菌体作克隆载体。

R. D. Kornberg 报道核小体为染色体的基本结构. 后来由 M. Noll 等人分离出核小体并进行了电镜观察。

R. W. Hedges 和 A. E. Jacob 在 *E. coli* 中发现转座子。

C. A. Hutchison 等发现骡的线粒体 DNA 的母系遗传。

1975 G. Kohler 和 C. Milstein 发明单克隆抗体技术。

D. Pribnow 发现许多生物的启动子都具有一个共同的核苷酸序列,从而构建了一个关于启动子结构和功能的模型,这个核苷酸序列后来被称为"Pribnow's box"。

E. M. Southern 发明 DNA 印迹原位杂交技术。

F. Sanger 和 A. P. Coulson 应用"加减法"进行 DNA 测序。

L. H. Wang 等检测出罗斯肉瘤病毒 RNA 中与致癌活性有关的区段。

1976 H. R. B. Pelham 和 R. J. Jackson 应用兔网织红细胞制备出无细胞的体外转译系统。

M. F. Gellert 等发现 DNA 旋转酶。

A. Efstratiadis 等首次在体外酶促合成真核基因——编码兔血红蛋白 α 链和 β 链的基因。

1977 E. M. Ross 和 A. G. Gilman 发现对腺苷酸环化酶起调节作用的 G 蛋白。

S. M. Tilghman 等用 λ 噬菌体作载体首次克隆了一个编码蛋白质的基因(鼠 β 珠蛋白基因)。

C. Jacq 等报道爪蟾卵 5SDNA 簇中存在假基因。

J. C. Alwine 等发明用 DNA 放射性探针原位杂交 RNA 的技术,被称为 Northern blotting。

F. Sanger 等完成 ΦX174 噬菌体 DNA 的全部测序。

W. Gilbert 用基因工程方法使大肠杆菌合成了胰岛素和干扰素,这是基因工程的首次成功。

R. J. Roberts 和 P. A. Sharp 分别领导的两个研究小组(前一小组中有一位中国台湾的女科学家周芷 L. T. Chow 曾作出重要贡献)发现断裂基因。

J. Collings 和 B. Holm 制备出柯斯质粒(Cosmid)作为基因载体,可以克隆大片段 DNA。

1978 R. M. Schwartz 和 M. O. Dayhoff 分析了原核、真核、线粒体和叶绿体核酸和蛋白质的大量数据后,根据电脑绘出进化树,指出线粒体和叶绿体作为内共生体进入原始真核生物细胞的时间分别是 20 亿和 10 亿年前。

W. Gilbert 提出术语内含子和外显子。

T. Maniatis 等制备基因文库,并用探针杂交法从中分离基因。

M. S. Collett 和 R. L. Erickson 检测出癌基因 src 的表达产物是一种蛋白激酶。

E. B. Lewis 对果蝇发育基因的作用有重要发现。

C. Coulondre 等报道大肠杆菌突变热点的 DNA 中含有 5-甲基胞嘧啶. V. B. Reddy 等完成 SV-40 病毒 RNA 的测序。

C. A. Hutchison 等发现可以在 DNA 分子的特定位点诱发特定突变。

1979 J. G. Sutcliffe 完成克隆载体 pBR322 的 4 362 个核苷酸对的全测序。

B. G. Barrel 等报道人的线粒体遗传密码与通用密码有所差别。

E. F. Fritsch 等应用 DNA 重组技术测定人类珠蛋白基因的染色体位置和结构。

J. R. Cameron 等发现酵母菌的转座子。

D. V. Goeddel 等用重组 DNA 技术合成人的生长激素基因,该基因在 *E. coli* 中经由乳糖操纵子启动基因的控制而表达——合成人的生长激素。

1980 L. Olsson 和 H. S. Kaplan 应用人的杂交瘤制出纯的单克隆抗体。

J. W. Gordon 等首次获得转基因鼠。

D. Botstein 等报道用限制性内切酶片段多态性来构造人类基因组连锁图的方法。

H. Gronemeyer 和 O. Pongs 发现蜕皮素可以结合到果蝇唾腺染色体的特定位点,而蜕皮素正好是在该处诱导膨突产生。

C. Nusslein-Vorhard 和 E. Wieschaus 发现并研究了果蝇的分节突变。

1981 R. C. Parker、H. E. Varmus 和 J . M. Bishop 发现劳斯肉瘤病毒的致癌是由于致癌基因 V-src 的作用. 该基因没有内含子,而正常的等位基因却含有被 6 个内含子所分隔的外显子。

J. D. Kemp 和 T. H. Hall 应用基因工程方法,以 Ti 质粒为载体,将大豆中的种子贮藏蛋白基因转移到向日葵中,得到"向日豆"(sunbean)。

T. R. Cech 等在四膜虫中发现自催化剪切的 rRNA,这是首次发现的"酶性 RNA",打破了"酶是蛋白质"的一统天下。

G. Hombrecher 等证明根瘤菌诱发植物根瘤与固氮能力是由于连锁于质粒上的 6 个基因。

P. R. Langer 等发明生物素标记 DNA 探针技术。

S. Anderson, B. G. Barrell 和 F. Sanger 等完成人类线粒体基因组的全测序与遗传结构分析。

J. Barerji 等发现增强子,当 β2 珠蛋白基因接上 SV40 病毒的增强子核苷酸序列时,其转录增强数百倍。

1982 E. R. Kandel 和 J. G. Schwartz 发现感觉神经元的长期熟练与对 cAMP 起反应的记忆基因激活有关。

1983 S. Altman 领导的一个研究小组发现核糖核酸酶 P 的催化活性取决于 RNA 而不是蛋白质。

R. F. Doolittle 等发现癌基因 V-sis 系由一个编码血小板生长因子的基因衍化而来。

E. Hafen 等发明标记 DNA 与冰冻组织切片中的转录物 RNA 原位杂交技术,并应用此技术对发育中的果蝇胚胎特定部位同源基因的转录物进行了定位。

1984 W. McGinnis 等测定果蝇与小鼠中同源基因的同源框序列,果蝇与小鼠中同源框核苷酸序列的高度相似,提示该 DNA 序列在动物发育中起着重要作用。

R. F. Pohlman 等测知玉米转座子 Ac 的核苷酸序列。

J . C. W. Shepherd 等发现酵母交配型调节蛋白基因含有同源框。

T. A. Bargiello 和 M. W. Young 首次克隆出生物钟基因。

1985 J. R. Miller 等从爪蟾卵中分离出锌指蛋白,该蛋白结合于 5SRNA 基因而控制其转录。

S. Horowitz 和 M. A. Gorowsky 发现通用的终止密码子 UAA 和 UGA 在某种尾棘虫中编码谷酰胺; E. Yamao 则发现 UGA 在某种支原体中编码色氨酸。

C. W. Greider 和 E. H. Blackburn 从四膜虫中分离出端粒酶。

O. Smithies 等报道通过同源重组方法将一个 DNA 序列插入人的组织培养细胞的 β2 珠蛋白基因。

A. J. Jeffries 等发明 DNA 指纹技术。

R. K. Saiki 和 K. B. Mullis 等报道发明 PCR 技术,并应用此技术在体外对 β2 珠蛋白基因的一个特定片段进行了酶促扩增。

H. L. Carson 证明性选择是夏威夷果蝇种群形态与行为进化的基础。

1986 M. C. Shih 等指出,高等植物中编码甘油醛- 3 -磷酸脱氢酶的核基因系由产生叶绿体的胞内共生体的基因衍化而来,在进化过程中,这些基因从叶绿体转移至核基因组中。

F. Costantini 将克隆的正常 β2 珠蛋白基因注入患地中海贫血小鼠的受精卵中,使小鼠中的地中海贫血基因被正常的 β2 珠蛋白基因所取代,结果该转基因小鼠的红细胞能合成正常的 β2 珠蛋白链,并能把这一性状遗传给后代。

J . Nathans 等分离出人的视觉色素基因。

H. M. Ellis 和 H. R. Horvitz 分离出引起细胞凋亡的基因。

K. Ohyama 领导的研究小组与 K. Shinozake 领导的研究小组分别测定了地钱和烟草叶绿体的染色体 DNA 序列和基因结构,前者含有 1. 21 ×105 bp,后者含有 1. 55 ×105 bp,某些叶绿体基因中具有内含子。

1987 M. R. Kuehn 等用反转录病毒为载体将人的 HPRT 基因转入培养的小鼠胚胎细胞,然后将这些转基因胚胎细胞移植到小鼠胚胎以形成嵌合体,从该嵌合体得到了一个带有人类基因的小鼠品系。

D. C. Page 等克隆了人类 Y 染色体的一个片段,该片段含有影响睾丸分化的基因,发现该片段内有一个 1. 2 ×103 bp 的开放阅读框,它可能编码一个锌指蛋白。

R. L. Cann 等广泛地比较了不同的地理人群线粒体 DNA 序列,从而绘制了一个不同地理人群的基因分化树,结果揭示所有人群的线粒体 DNA 都来自一个作为共同祖先的非洲妇女。

D. T. Burke 等提出一种用酵母人工染色体克隆大片段外源 DNA 的方法。

R. E. Dewey 发现玉米的雄性不育是由于线粒体基因编码的一种蛋白质作用。

1988 W. H. Landschuz 等发现"亮氨酸拉链"，并认为它是 DNA 结合位点。

W. Herr 领导的研究小组发现一个新的 DNA 结合区，它由一簇同源基因所编码. 其中许多基因只在神经系统中表达。

D. C. Wallace 领导的研究小组报道一种细胞质遗传的人类疾病——Leber's 遗传性视神经病变. 该病由线粒体 DNA 的突变所致。

S. L. Mansour 等叙述了实验小鼠基因打靶的一般方法。

1989 L-C Tsui 领导的一个研究小组鉴定出囊肿纤维变性病基因。

J . R. Williamson, M. K. Raghuraman 和 T. R. Cech 提出一个端粒结构的四鸟苷酸模型。

F. D. Hong 领导的研究小组测定了 Rb 基因的结构，它的转录产物由 27 个外显子所编码。

1990 W. F. Anderson 首次对人类遗传病进行基因治疗成功. 病人为一名患腺苷脱氨酶缺陷的四岁女孩，从她体内取得淋巴细胞并进行体外培养，然后将培养物与一个反转录病毒载体携带的正常基因一起保温. 再将这样的转化细胞注入病人体内，这些细胞在病人体内能进行繁殖并使病人痊愈。

M. K. Bhacharyya 等报道，Mendel 经典实验中所用的种子皱缩突变是由于一个转座子的插入，该转座子带有编码豌豆胚胎中控制淀粉含量的酶的基因。

S. J. Baker 等将抗癌基因 P53 导入培养的人癌细胞中，抑制了癌细胞的增殖。

R. Bookstein 等发现某些人的前列腺癌细胞中含有突变的视网膜母细胞癌基因，而导入正常的 Rb 基因后，前列腺癌细胞的恶性生长受到抑制。

F. Barany 发明连接酶链式反应技术，为特定 DNA 序列突变的鉴定和筛选提供了一个迅捷的方法。

1991 D. A. Wheeler 等将克隆的果蝇(*Drosophila simulans*)per 基因导入 per 基因失活黑腹果蝇基因组中，结果转基因的黑腹果蝇"唱"该果蝇的歌。

J . W. Ijdo 等从人类第二染色体的 q13 鉴别出"端粒-端粒"融合的特异性核苷酸顺序，这一融合导致人类祖先的两条杆状染色体成为一条V形染色体. 使人类的染色体数目减至 23 对(猩猩属的染色体为 24 对)。

A. J. M. H. Verkerk 等鉴别出人类 X 染色体脆性位点的 FMR 21 基因，该基因含有特别多的 CGG 三联体重复顺序. 这是一个导致智力低下的伴性基因。

1992 G. G. Oliver 为首的欧洲 35 个实验室的 146 名研究人员公布了一条真核生物染色体(酵母染色体)的全部 DNA 测序，长度为 315 357 对核苷酸。

R. M. Story 等测定了 RecA(重组蛋白)的三维结构. RecA 在基因交换中起着关键作用。

1993 M. C. Mullis 和 C. Nusslein-Volhard 获得斑马鱼的数百个突变，开辟了研究脊椎动物发育的遗传控制的新纪元.

M. E. MacDonald 领导的亨廷顿舞蹈病研究小组的 56 名研究人员克隆并测序了亨丁顿病的基因，该基因中含有过多的不稳定的核苷酸重复顺序。

1994 B. Dujon 为首的 29 个欧洲实验室的 107 名研究人员公布了酵母第 11 号染色体的 DNA 测序，该染色体长度为 666 448 对核苷酸，占酵母整个基因组的 5%，其中 7 个基因具有内含子，并有 43 个重叠基因。

以 N. Morral 为首的欧洲 19 家实验室的 30 名研究人员测定了欧洲各地人群中纤维囊肿变性病(CF)基因中 ΔF508 突变相连的微卫星 DNA 的序列，他们推测突变于 5 万年前起源于欧洲西南部。

S. E. Gabriel 等发现纤维囊肿变性病的传导调节蛋白量与霍乱毒素引起的肠的液体分泌量之间呈正相关。

W. C. Orr 和 R. S. Sohal 获得一些果蝇的转基因品系，它们具有过氧化氢酶和超氧化物歧化酶基因的多份拷贝. 这些果蝇的衰老过程显著延缓。

M. E. Gurney 和 T. Siddique 等得到含有人类超氧化物歧化酶突变基因的转基因小鼠，该突变基因在小鼠中表达并使小鼠出现类似人类的该遗传病症状。

N. W. Kim 等发明一种检测端粒酶的灵敏技术，并发现人类不同组织的体细胞缺乏端粒酶活性，而癌细胞中则有颇高的酶活性，在人类正常的卵巢和睾丸中也发现有端粒酶活性。

Y. Chikashige 等用荧光显微镜观察到细胞减数分裂时染色体的运动。

T. Tully 等分离出果蝇的控制记忆形成的基因。

Y. Zhang 等克隆出"肥胖基因"(obese)，其表达产生可能是一种分泌蛋白，它控制脂肪贮存体的大小。

R. J. Bollag 等发现与小鼠发育有关的 T 基因，其表达产物是一种结合于 DNA 的蛋白质，该基因及其表达产物在昆虫、两栖类和鱼类的发育中也起着关键作用。

S. Whitham 等用玉米的转座子 Ac 为标记，在烟草中克隆了一个抗病基因。

Y. Miki 领导的一个 44 人的研究组鉴定出一个人类的抗癌基因 BRACL，该基因的突变使人易患乳腺癌和卵巢癌。

G. F. Joyce 发现酶性 DNA(deoxyribozyme)。

1995 王身立、禹宽平等发现非特异性 DNA 的酯酶活性。

G. Hader 等证明果蝇的无眼基因 eyeless 是控制果蝇复眼形态发生的主要基因。

R. D. Fleischmann 领导的一个 38 人的研究小组完成流感嗜血杆菌 DNA 的全测序。

C. M. Fraser 领导的一个 27 人小组完成支原体 *Mycoplasma genitalium* 的 DNA 全测序。

S. Labeit 和 B. Kolmer 克隆出编码心脏蛋白 cardiactitin 的 cDNA. 该蛋白是迄今已知的最大的蛋白质分子,较已知的其他蛋白质分子的平均大小要大 50 倍。

A. W. Kerrebrock 等克隆出果蝇的 mei-S332 基因并鉴定了该基因编码的蛋白质,发现此蛋白质引起减数第一分裂中姐妹染色单体的粘着。

S. Horai 等比较了日本、欧洲和非洲妇女以及四种猿类线粒体基因组的全部 DNA 顺序,结果支持了人类线粒体 DNA 分子共同来源于 14 万年前一名非洲女性的观点。

1996 G. D. Penny 等应用基因打靶技术证实 X 染色体的失活。

J. Dubnau 和 G. Struhl 以及 R. Riverra- pomar 领导的研究小组发现同源框蛋白结合于特定 mRNA 的靶序列而控制转录。

C. Bult 领导的一个 40 人小组发现产甲烷球菌 *Methancocus jannaschii* 的基因组中大多数基因 DNA 与其他生物无相似的序列。

1997 英国罗斯林研究所的 I. Wilmut 等宣布用体细胞克隆绵羊成功. 随后,又有人报道克隆乳牛与克隆鼠成功。

1998 我国科学家肖武汉宣布测定出 39 种淡水鱼的线粒体基因序列。

第 18 届国际遗传学大会 8 月在北京召开,我国科学家赵寿元当选为本届国际遗传学联合会主席。

瑞典科学家宣布完成斑疹伤寒菌基因组 DNA 的全测序。

韩国科学家李富荣克隆人类胚胎发育至 4 细胞期。

日本和美国科学家分别克隆肉用牛成功。

国际人类基因组计划联合研究小组破译出人类第 22 号染色体的遗传密码。

1999 中国科学家克隆山羊成功。

中国科学家卢光琇克隆人类胚胎发育至桑椹期。

2000 "人类基因组计划"完成人的 DNA 全测序工作框架图. 在本年度宣布完成基因组 DNA 全测序(或工作框架图)的生物有:果蝇、水稻、拟南芥、柑橘黄叶病菌、脑膜炎球菌、霍乱弧菌、痢疾杆菌、一种嗜酸性原始细菌(*Thermoplasma acidophilum*)以及戊肝病毒等等。

英国科学家报道克隆猪成功。

瑞典科学家 A. Carlsson、美国科学家 P. Greengard 和 E. R. Kandel 因发现神经系统中的信号传导现象而获得诺贝尔生理学或医学奖。

袁隆平获 2000 年度中国国家最高科学技术奖,以表彰他在杂交水稻研究领域的开创性工作和为我国粮食生产和农业科学发展所作出了杰出贡献。

2001 美国科学家 L. H. Hartwell、英国科学家 T. Hunt 和 P. M. Nurse 因发现细胞周期中关键性的调节因子而获得诺贝尔生理学或医学奖。

2002 诺贝尔生理学或医学奖授予给英国科学家 S. Brenner 和 J. E. Sulston、美国科学家 H. R. Horvitz,以表彰他们在器官发育及程序性细胞死亡的基因调控方面所作出的贡献。

水稻、小鼠、疟原虫和按蚊基因组测序完成。

2003 世界上第一只克隆羊"多莉"死亡。

4 月 14 日人类基因组计划宣布:人类基因组序列图绘制成功,人类基因组计划的所有目标均实现。

2006 美国科学家 A. Z. Fire 和 C. C. Mello 因发现 RNA 干涉现象及其技术而获得诺贝尔生理学或医学奖。

李振声获 2006 年度中国国家最高科技奖,以表彰他在小麦染色体工程育种方面所作出的突出成绩。

2007 诺贝尔生理学或医学奖授予美国科学家 M. R. Capecchi 和 O. Smithies、英国科学家 M. J. Evans,以表彰他们在胚胎干细胞研究和小鼠中建立了"基因敲除"技术。

分别来自日本和美国的两个研究组通过独立研究,首次利用人体表皮细胞制造出了类胚胎干细胞——诱导性胚胎干细胞(iPS)。

2008 德国科学家 H. Hausen 因发现人类乳突瘤病毒能诱发宫颈癌;法国科学家 F. Barré-Sinoussi 和 L. Montagnier 因发现艾滋病病毒而获得诺贝尔生理学或医学奖。

2009 三位美国科学家 E. H. Blackburn、C. W. Greider 和 J. W. Szostak 因揭示染色体是如何被端粒和端粒酶保护的而获得诺贝尔生理学或医学奖。

2009 美国科学家 Venkatraman Ramakrishnan 和 Thomas A. Steitz 以及以色列科学家 Ada E. Yonath 因"对核糖体结构和功能的研究"而获得诺贝尔化学奖。

2010 因发展体外授精疗法,英国科学家 Robert Edwards 获得诺贝尔生理或医学奖。

2012 英国科学家 John B. Gurdon 和日本科学家 Shinya Yamanaka 获得了诺贝尔生理或医学奖,获奖理由为"发现成熟细胞可被重编程变为多能性"。

2012 两位美国科学家 Robert J. Lefkowitz 和 Brian K. Kobilka 因"G 蛋白偶联受体研究"而获得诺贝尔化学奖。

参考文献

陈捷编. 2009. 农业生物蛋白质组学. 北京：科学出版社.

陈竺. 2001. 医学遗传学. 北京：人民卫生出版社.

戴朝曦. 1998. 遗传学. 北京：高等教育出版社.

戴灼华，王亚馥，粟翼玟. 2008. 遗传学(第 2 版). 北京：高等教育出版社.

杜传书主编. 1995. 医学遗传学(第 2 版). 北京：人民卫生出版社.

段朝军，李萃，唐发清. 2010. 分子生物学与蛋白质组学实验技术. 长沙：中南大学出版社.

桂建芳，易梅生. 2002. 发育生物学. 北京：科学出版社.

郭平仲. 1987. 数量遗传分析. 北京：北京师范学院出版社.

何华勤. 2011. 简明蛋白质组学. 北京：中国林业出版社.

贺竹梅. 2011. 现代遗传学教程：从基因到表型的剖析(第 2 版). 北京：高等教育出版社.

李璞主编. 2004. 医学遗传学(第 2 版). 北京：中国协和医科大学出版社.

刘庆昌. 2010. 遗传学(第 2 版). 北京：科学出版社.

刘祖洞. 1991. 遗传学(第 2 版)上、下册. 北京：高等教育出版社.

马洛伊 SR，斯图特 VJ，泰勒 RK. 著. 2000. 医用细菌遗传学实验指南. 徐建国等译. 北京：科学出版社.

迈尔著. 2009. 进化是什么. 田洺译. 上海：上海科学技术出版社.

沈萍，陈向东. 2006. 微生物学(第 2 版). 北京：高等教育出版社.

盛祖嘉. 1987. 微生物遗传学(第 2 版). 北京：科学出版社.

宋运淳，余先觉. 1989. 普通遗传学. 武汉：武汉大学出版社.

王身立. 1991. 群体融合对遗传方差的影响. 遗传学报，16(6)：537－540.

王亚馥，粟翼玟. 袁妙葆，王仑山. 1990. 遗传学. 兰州：兰州大学出版社.

徐建国. 2000. 分子医学细菌学. 北京：科学出版社.

徐晋麟，徐沁，陈淳. 2011. 现代遗传学原理(第 3 版). 北京：科学出版社.

徐维衡. 2002. 医学遗传学基础. 北京：北京医科大学北京协和医科大学联合出版社.

薛京伦编. 2006. 表观遗传学：原理、技术与实践. 上海：上海科学技术出版社.

薛开先主编. 2011. 肿瘤表遗传学. 北京：科学出版社.

阎隆飞，张玉麟主编. 2001. 分子生物学(第 2 版). 北京：中国农业大学出版社.

杨金水. 2007. 基因组学(第 2 版). 北京：高等教育出版社.

杨业华. 2006. 普通遗传学(第 2 版). 北京：高等教育出版社.

张红卫. 2006. 发育生物学. 北京：高等教育出版社.

张建民编著. 2005. 现代遗传学. 北京：化学工业出版社.

张玉静主编. 2000. 分子遗传学. 北京：科学出版社.

赵寿元，乔守怡. 2008. 现代遗传学(第 2 版). 北京：高等教育出版社.

浙江农业大学主编. 1998. 遗传学(第 2 版). 北京：农业出版社，

中泽信午[日]. 1985. 孟德尔的生涯及业绩. 北京：科学出版社.

朱军. 2002. 遗传学(第 3 版). 北京：中国农业出版社.

左伋. 2008. 医学遗传学(第 5 版). 北京：人民卫生出版社.

Allis D，Jenuwein T，Reinberg D. 2007. Epigenetics. Cold Spring Harbor Laboratory Press.

Ayala FJ，Kiger JA. 1984. Modern Genetics. 2nd ed. The Benjamin/Cummings Publishing Company，Inc.

Bhaumik SR，Smith E，Shilatifard A. 2007. Covalent modifications of histones during development and disease pathogenesis. Nature Structural & Molecular Biology 14：1008－1016.

Campbell AM，Heyer LJ. 2006. Discovering Genomics，Proteomics and Bioinformatics. 2nd ed. Cold Spring Harbor Laboratory Press and Benjamin Cummings.

Cech NB，Enke CG. 2001. Practical implications of some recent studies in electrospray ionization fundamentals. Mass Spectrometry Reviews，20(6)：362－387.

Fletcher HL，Hickey GI，Winter P. 2007. Genetics，7th ed，Taylor & Francis Group.

Fletcher HL，Hickey GI，Winter P. 2010. Instant Notes in Genetics (3rd edition). 张博 等译. 精要速览系列-遗传学 (第 3 版). 北京：科学出版社.

Goodenough，U. 1984. Genetics，Philadelphia，Saunders College Publishing.

Griffiths AJF，Lewontin RC，Gelbart WM，Miller JH. 2002. Modern Genetic Analysis：Integrating Genes and Genomes. 2nd ed. New York：W. H. Freeman & Co.

Griffiths AJF，Miller JH，Suzuki DT，et al. 2000. An Introduction to Genetic Analysis. 7th edition. New York：W. H. Freeman & Co.

Hartl DL, Jones EW. 2009. Genetics: Analysis of Genes and Genomes. 7th ed. Boston: Jones and Bartlett Publishers, Inc.

Hartwell LH, Hood L, Goldberg ML, et al. 2011. Genetics: From Genes to Genomes. 4th ed. New York: The McGraw-Hill Companies, Inc.

http: //en. wikipedia. org

http: //www. cancer. gov

Jaillon O, Aury JM, Brunet F, Petit JL, et al. 2004. Genome duplication in the teleost fish *Tetraodon nigroviridis* reveals the early vertebrate proto-karyotype. Nature 431, 946 - 957.

Klug WS, Cummings MR, Spencer C. 2006. Essentials of Genetics. 6th ed. Person Prentice Hall, Inc.

Lewin B, Krebs JE, Goldstein ES, Kilpatrick ST. 2011. Genes X, Jones & Bartlett Learning.

Lewontin RC, Griffiths AJF, Gelbart WM, Wessler SR. 2004. An Introduction to Genetic Analysis. 8th ed. New York: W H Freeman.

Nei, M. 1975. Molecular population genetics and evolution, New York: Elsevier & N. Holland.

Passarge E. 2007. Color Atlas of Genetics. 2nd ed. Stuttgart: Georg Thieme Verlag KG.

Pevsner J. 2009. Bioinformatics and functional genomics. 2nd ed. Hoboken: John Wiley & Sons, Inc.

Riles L, Dutchik JE, Baktha A, et al. 1993. Physical maps of the six smallest chromosomes of *Saccharomyces cerevisiae* at a resolution of 2. 6 kilobase pairs. Genetics 134: 81 - 150.

Russell PJ. 1997. Genetics. Addison-Wesley Professional.

Snustad DP, Simmons MJ. 2006. Principles of Genetics. 4th ed. New York. John Wiley & Sons, Inc.

Tamarin RH. 2002. Principles of Genetics. 7th ed. New York: MaGraw-Hill.

Tollefsbol T. 2011. Handbook of Epigenetics: The New Molecular and Medical Genetics (第 1 版 中文导读版). 北京: 科学出版社.

Winter PC, Hickey GI, Fletcher HL. 1999. Instant Notes in Genetics. 北京: 科学出版社.